国家出版基金项目
NATIONAL PUBLICATION FOUNDATION

"十四五"国家重点出版物
出版规划项目

中国作物及其野生近缘植物图志（第一辑）

中国粮食作物及其野生近缘植物图志

上册

刘启新
江苏省中国科学院植物研究所（南京中山植物园）
汪建来
安徽省农业科学院作物研究所
主编

北京师范大学出版集团
BEIJING NORMAL UNIVERSITY PUBLISHING GROUP
安徽大学出版社

图书在版编目(CIP)数据

中国粮食作物及其野生近缘植物图志/刘启新,汪建来主编. —合肥:安徽大学出版社,2024.5

ISBN 978-7-5664-2794-6

Ⅰ. ①中… Ⅱ. ①刘… ②汪… Ⅲ. ①粮食作物—种质资源—中国—图集 ②野生植物—种质资源—中国—图集 Ⅳ. ①S510.29—64②Q948.52—64

中国国家版本馆 CIP 数据核字(2024)第 008540 号

中国粮食作物及其野生近缘植物图志

ZHONGGUO LIANGSHI ZUOWU JI QI YESHENG JINYUAN ZHIWU TUZHI

刘启新 汪建来 主编

出版发行:北京师范大学出版集团
安 徽 大 学 出 版 社
(安徽省合肥市肥西路 3 号 邮编 230039)
www.bnupg.com
www.ahupress.com.cn

印　　刷:合肥远东印务有限责任公司
经　　销:全国新华书店
开　　本:787 mm×1092 mm　1/16
印　　张:64.25
字　　数:1073 千字
版　　次:2024 年 5 月第 1 版
印　　次:2024 年 5 月第 1 次印刷
定　　价:398.00 元
ISBN 978-7-5664-2794-6

策划编辑:刘中飞
责任编辑:刘中飞　陈玉婷　张明举
责任校对:宋　夏
装帧设计:李　军
美术编辑:李　军
责任印制:赵明炎　孟献辉

编 委 会

前 言

民以食为天，国以农为本。在人类悠久的农耕历史中，粮食是一直滋养着人类世世代代的重要资源。粮食作物不仅是人类赖以生存、延续的基础，也是人类文明繁荣发展的承载者。粮食生产和粮食安全是人类社会的基石，也是国家发展中的首要任务、头等大事。然而，随着全球人口的增长和生态环境的变化，粮食安全问题日益凸显，这要求我们重新审视与我们生活息息相关的植物，尤其是那些可能用于农业生产的野生近缘植物。

野生植物长期处于自然环境中，常常具有许多栽培植物不具备的优良基因，如抗病虫基因、抗逆基因、高产基因等，特别是那些生于逆境中的植物，是作物种质创新和品种改良的天然基因库。从野生植物中挖掘这些优良基因，并将其转移至栽培作物中，是作物育种的重要途径，对现代育种有重要意义。例如20世纪70年代，我国通过水稻“三系”配套育成杂交稻，大幅提高水稻产量，其成功的关键就是发现并利用雄性不育的野生稻；我国科学家在小麦的野生近缘植物山羊草中发现抗赤霉病基因*Fhb*1并将其导入小麦，成功培育出抗赤霉病的小麦新品种……

研究作物的野生近缘植物，可扬长避短，对良种培育和粮食安全保障有重要价值。因此，我们编写本书，旨在为农业研究人员、植物学科研人员、生态保护者以及对植物多样性感兴趣的读者提供一个相对全面的研究视角。

本书按照粮食作物种类分设16章，从植物学角度介绍我国当下主要栽培的禾谷类作物（水稻、小麦、大麦、燕麦、谷子、黍稷、玉米和高粱）、薯类作物（甘薯、马铃薯和木薯）、食用豆类作物（绿豆、蚕豆和豌豆）和其他谷类作物（荞麦和藜麦）的形态结构，以及这些粮食作物的野生近缘植物的形态特征、生长环境、地理分布和农业可利用性。重点对形态特征进行全方位、多途径的“图说”，对比栽培作物与其野生近缘植物的形态关系，以揭示其内在联系，展现可用于粮食作物育种的优良性状，促进植物学与育种学的有机结合，更加科学、有效地为农业生产与研究服务。

在我国，关于农作物的书籍种类繁多，例如本世纪初出版的《中国作物及其野生近缘植物：粮食作物卷》。这些书籍内容广泛，涵盖农作物的植物学、细胞学、农艺学、起源与演化，以及农作物的生产情况、栽培技术、新品种、种质资源、作物育种和生产利用等多个方面。然而，专门介绍农作物的图志相对少见，尤其本书这样全面、系统地介绍我国粮食作物及其野生近缘种的图志更是稀缺。与以往的图书相比，本书在立意和编写上都有其特殊性和创新性，同时也面临一些困难和挑战。

一、植物图片的拍摄。本书中植物图片的拍摄不仅需要投入大量人力和财力，花费大量时间，还要克服拍摄过程中的许多特有困难。例如：为了拍摄作物的特定发育阶段，如种子萌发、开花、结果等，常常需要等待并捕捉合适的拍摄时机；为了拍摄野生近缘植物，需要深入各地寻找目标物种；对于拍摄对象，需要从不同角度进行观察，选择最佳视角，进行阶段性的观察和分析，并对拍摄内容进行提炼和筛选，以反映出拍摄对象连续性变化的规律；为了充分展现复杂多样的结构细节，尽可能保持形态的真实度，需要对新鲜植物进行野外现场解剖拍摄。所有这些，都需要创作者具备热情和创新性思维，以及信心和耐心。只有坚持长期拍摄，才能满足本书的图片需求。

二、编写角度的确定。粮食作物最初源于野生植物，后长期生存于栽培环境下。为了获取作物的某些器官以供食用，人类不断施加不同的外部环境条件，进行内部改良，促使作物发生变异，进行定向选育和驯化，最终形成了专称为作物的品种，以区别于野生植物。但究其本质，二者相差无几，只不过是基于不同学科的不同称谓：栽培的作物属于农学研究范畴，野生的植物属于植物学研究范畴。由于两个学科的关注重点和研究方向不同，对同一形态结构的认识角度不同，常导致观察标准和表述方式的差异。农学的观察和研究虽然基于植物学，但为了适应农业生产需求，另外建立了一套技术规范、标准和术语体系。这种差异有时会导致学术上和实践上对同一对象的表达出现不一致的现象。农学领域的工作者常用农作物的农作性状和术语，而从事植物学研究的人员对农学的表述了解甚少。这是一个令人遗憾的现实。此外，除了文字描述，图片是了解和认识植物形态结构的最直观、形象、快速、易理解的途径和形式。鉴于此，本书采用图志的形式，立足于植物学视角，紧密结合农学知识，通过精确的科学描述和丰富的精美图片，从形态学角度展示粮食作物及其野生近缘植物的表形特征、细微结构以及它们之间的异同，旨在建立起一个二者同步的植物形态知识体系，以期在植物学与农学的植物形态学研究之间形成一个基于共同认知的平台和桥梁，促进人们对现有作物改良的理解，激发对未来作物培育的新思路。

三、图片的选择与配置。如果将图志中的文本比作一个人的“骨架”和“脉络”，那么图片就如同其“肌肉”和“外观形态”。编写图志，不仅需要大量植物图片，更关键的在于如何选择和合理布局这些图片。这是本书编写的难点。书中所用图片不仅要能展示植物的重要形态、关键特征，提供多样化的观察视角，还要保证图片清晰、美观，以充分展示植物的精细形态与结构，进一步突出图志的特点和优势。全书收录5000余幅图片，涵盖自然植物照片、植物标本照片、标本解剖照片、彩绘图和墨线图。这些形式丰富的图片，尤其是影响作物品质、产量和抗逆性的植物重要形态部位的图片，能够从不同角度展现植物的形态结构。例如：针对与禾谷类作物抗倒伏性相关的茎上“节”，本书配置详细的剖面图和切面图；针对与作物产量和品质息息相关的花和果，则配以花序、花、果的精细结构图和分解图。

四、复杂信息的表达与处理。本书内容涵盖植物体各种形态结构以及大量植物种类的相关信息。一方面，要以科学、准确、易理解的文字描述大量图片中丰富的植物学信息和农学术语。另一方面，要全面反映粮食作物野生近缘植物的背景信息，如生境、国内外地理分布、农业可利用性等。为实现这些图片之外的大量信息与图片的合理配置，需要分类规划，精心设计。

尽管已充分考虑上述因素，也付出了极大的努力，但纵观全书，仍有不足。其一，受篇幅所限，未能将我国所有的粮食作物一一纳入，同时野生近缘植物的图片配置不够充分。其二，对野生近缘植物的农业可利用性的介绍相对薄弱。其三，野生近缘植物的地理分布和农业可利用性的相关信息采用二维码形式附在书中相应位置，虽然节省了篇幅，但这可能会给不习惯使用智能手机的读者带来阅读上的不便。对此，我们希望在未来的版本中予以弥补，进一步扩充作物种类，丰富植物图片，增加野生近缘植物农业可利用性的信息，使之更加完善。

本书的完成，首先要感谢安徽省农业科学研究院李泽福研究员和华南农业大学崔大方教授对出版项目的鼎力推荐；其次要感谢江苏省中国科学院植物研究所惠红和宋春凤，以及安徽吴楚传媒股份有限公司朱永和、张志转和阮俊平等，他们参与了本书的策划和资料收集工作；再次要感谢在拍摄和取样方面提供方便和帮助的安徽省农业科学院、江苏省农业科学院、四川农业大学、华南农业大学、河北省农林科学院、张家口市农业科学院、阜阳市农业科学院等单位。此外，特别感谢张志转、阮俊平、惠红和刘然等在素材补充、绘图及排版工作中所作的贡献。最后，要特别感谢国家出版基金规划管理办公室的大力资助，以及安徽大学出版社的鼎力支持和辛勤工作。正是这些支持和付出，确保了本书的顺利出版。

由于作者研究水平有限，书中难免有遗漏和错误，诚望广大读者提出宝贵意见，批评指正。

主编

2023 年 12 月

关于本书

全书结构及说明

我国栽培的主要粮食作物可分为4类：禾谷类作物（如水稻、小麦、大麦、燕麦、谷子、黍稷、玉米、高粱）、薯类作物（如甘薯、马铃薯、木薯）、食用豆类作物（如绿豆、蚕豆、豌豆）、其他谷类作物（如荞麦、藜麦）。本书按作物设16章，每章分为2节。

第1节介绍粮食作物，首先介绍其名称、植物学分类、用途、起源和生产情况（参考相关数据库[①]），然后按根、茎、叶、花序/花、果实、种子等器官分设小节，分别描述粮食作物各器官的形态特征。

第2节介绍粮食作物的野生近缘植物，同样从根、茎、叶、花序/花、果实、种子等方面进行形态特征描述。每种野生近缘植物附有独立的二维码，读者可通过扫码查看该物种的生活型及生境、地理分布、农业可利用性等信息。

植物形态结构的描述

每章第1节（粮食作物）的形态结构按不同器官分设小节，结合图片，采用植物学术语分别进行详细描述，并同步列举农学术语；第2节（野生近缘植物）的形态结构按不同器官分段进行简要描述。

---

① 联合国粮食及农业组织数据库：https://www.fao.org/faostat/zh/#data/QCL。

植物图片的配置

本书中图片分为4类：

第1类：题图。每章封面配有1张粮食作物彩色照片，第1节中每一小节配有1张器官彩色照片。

第2类：作物原植物图。每章粮食作物配有1张大田种植场景彩色照片、1张栽培植株的彩色照片和1张原植物的墨线图（含植株及其局部图）。

第3类：作物器官细节图。每章第1节以器官设立小节，每小节根据形态结构描述分别配有大量器官细节彩色照片和个别彩绘图（包括实物图和示意图）。

第4类：野生近缘植物图。每章第2节以植物种类为单位配有植物形态结构图，共有4种，包括活植物彩色照片、植物标本解剖照片、植物标本彩色照片和植物墨线图，除第3种仅展示植株的整体或茎段外形外，其余3种均可同时展示植株、茎段、花序或果序以及花和果的外形及其解剖结构。

野生近缘植物的种类

为了给育种研究人员提供更多选择，本书中粮食作物野生近缘植物的确定采取较为宽泛的近缘种概念，主要基于植物分类学研究和遗传育种研究2个方面的综合分析和判断，收录两类植物：一类是与目标作物在系统发育上具有较近亲缘关系的、目标作物所在属的国内野生植物，此类植物通常与目标作物有相近的遗传特性和生物学特征；另一类是与目标作物在育种上已有成功案例的或研究显示具有潜力的国产野生种或逸为野生种，此类植物在植物育种方面已显露重要的地位和价值。

植物的名称

植物名称的通用性、合理性和一致性对于本书至关重要。同一种植物在不同历史阶段、不同应用领域有时还会有不同的名称。本书中植物的名称共有5种：

学名（拉丁名与中文名）：书中每个分类群（属或种）的名称通常有两个学名，一个是国际上通用的学名，即拉丁名；另一个是将拉丁名汉化的中文名（主要植物志及相关文献中常用的名称）。就植物种类而言，上述名称属于植物名或种类名（简称种名）。

一种植物的学名在分类学上只有唯一、可接受的拉丁名，然而，随着研究的深入、分类标准的更新，植物分类学家对植物种类及其亲缘关系的认识不断加深，一些植物的分类地位可能会发生变动，导致其学名发生改变。

本书中植物的学名参考了《中国植物志》、*Flora of China*、《中国作物遗传资源》、《小麦族生物系统学》、各省市的植物志和相关文献，以及中国生物物种名录①、植物智②、Tropicos③和 IPNI④等数据库。

别名：除被视为正名的学名外，有的植物还有其他中文名，即别名。别名往往更容易记忆，有助于非专业人士交流；在农业等领域，使用别名可以方便快捷地进行沟通，尤其是在商业交易和市场流通中。对于这些别名，本书予以选择性收录。

商品名：粮食作物在商业交易和市场流通中还有商品名。作为粮食商品的部分往往只是植物的可食用部分（即器官），如果实、种子、块根、块茎等，故商品名有时与植物名并不相同。

作物名：书中的作物名（见各章第 1 节的题名）是我国农业或农学上常用的植物中文名，但部分作物的名称与植物学或分类学上的名称并不一致。例如，水稻的植物名为稻，谷子的植物名为粱，玉米的植物名为玉蜀黍等。

野生近缘植物的编排顺序

书中野生近缘植物按属归类。若某种作物的野生近缘种分属 2 个或多个属，则首先进行分属检索，然后按检出顺序对属进行编号、排序。同一属的植物排在同一节内，属内的种类按照种加词的拉丁名字母顺序依次排列。

野生近缘植物的地理分布

本书为野生近缘植物提供了较为详细的地理分布，包括国内地理分布和国外

---

① 中国生物物种名录：http://www.sp2000.org.cn。

② 植物智：https://www.iplant.cn。

③ Tropicos：美国密苏里植物园植物数据库，https://www.tropicos.org。

④ IPNI：国际植物命名索引，https://www.ipni.org。

地理分布。

国内地理分布：根据《中国植物志》和 *Flora of China* 中植物种类的产地记述，中国生物物种名录和WP[①]中的地理分布信息，中国国家标本资源平台[②]和中国数字植物标本馆[③]等标本数据库的标本采集地记录，以及相关文献等汇总而成。每种植物的分布以省（自治区、直辖市、特别行政区）为单位，按照从北向南、由东向西的顺序[④]依次列举。其中，有具体市（县、区）分布的列出其行政名[⑤]，有时也列出重要的山、湖等特定区域名，并按拼音字母顺序依次列举；没有具体市、县分布的仅列出省（自治区、直辖市、特别行政区）名。

国外地理分布：根据《中国植物志》、*Flora of China* 以及 POWO[⑥]、WP、中国植物园联合保护计划[⑦]等网站中的地理分布信息汇总而成，仅列（中文）国家名[⑧]，并按国家名的拼音顺序依次列举。

---

① WP：世界植物，https://www.worldplants.de。

② 中国国家标本资源平台：http://www.nsii.org.cn。

③ 中国数字植物标本馆：https://www.cvh.ac.cn。

④ 本书中野生近缘植物国内地理分布按照以下顺序编写：黑龙江、吉林、辽宁、内蒙古、北京、天津、河北、山西、陕西、宁夏、甘肃、青海、新疆、山东、江苏、上海、安徽、浙江、福建、江西、河南、湖北、湖南、广东、广西、海南、四川、重庆、贵州、云南、西藏、台湾、香港和澳门。

⑤ 全国行政区划信息查询平台：http://xzqh.mca.gov.cn/map。

⑥ POWO：世界植物在线，https://powo.science.kew.org。

⑦ 中国植物园联合保护计划：https://www.cubg.cn。

⑧ 国家和组织 _ 中华人民共和国外交部：https://www.mfa.gov.cn/web/gjhdq_676201/。

目　录

第 1 章

水稻及其野生近缘植物

1.1 水稻

◎ **植物名**

拉丁名：*Oryza sativa* L.

中文名：稻

别　名：水稻、普通栽培稻、栽培稻、亚洲栽培稻、稻子

◎ **商品名**　水稻或稻谷（带壳颖果），米或大米（颖果）

水稻（图 1–1）是稻的通称，为禾本科（Poaceae）稻属（*Oryza* L.）水生或半水生的一年生草本植物，是世界上最重要的粮食作物之一，其产量仅次于玉米和小麦，位居第三，全世界约有 50%人口以其为主食。水稻主要供食用，也可用于制淀粉、酿酒、制糖，以及作饲料、榨油、药用、造纸、编织等。农作上，水稻有许多变异类群和品种，我国的水稻就有籼稻、粳稻、糯稻等类型。

水稻很早就被人类栽培利用，是古老的栽培植物之一，所以又常称为栽培稻，其种植历史可上溯至约 7000 年前。目前，水稻主要分布于亚洲、欧洲南部、美洲热带地区及非洲部分地区，全球有 100 多个国家种植水稻，其中中国、印度、印度尼西亚是主要的水稻生产国。

中国是栽培稻的起源地之一，是水稻遗传资源最丰富的国家之一，也是世界上最大的产稻国，水稻种植面积约占全球水稻种植面积的 20%，总产量居第一位，约为全球总产量的 30%。在国内，水稻种植面积约占全国粮食作物种植面积的 24%，产量约占全国粮食总产量的 30%。目前，我国的主要产稻区在秦岭—淮河以南地区，最高至云贵高原，最北可达黑龙江，最西到新疆，从南向北可分为华南湿热双季稻作区、华中湿润单双季稻作区、西南高原湿润单季稻作区、华北半湿润单季稻作区、东北半湿润早熟单季稻作区、西北干燥单季稻作区等 6 个不同稻作区（带）。

1.植株下部，示根和叶；2.植株上部，示花序和叶；3.小穗侧面；4.小穗正面。

图 1–1 水稻

1.1.1　根

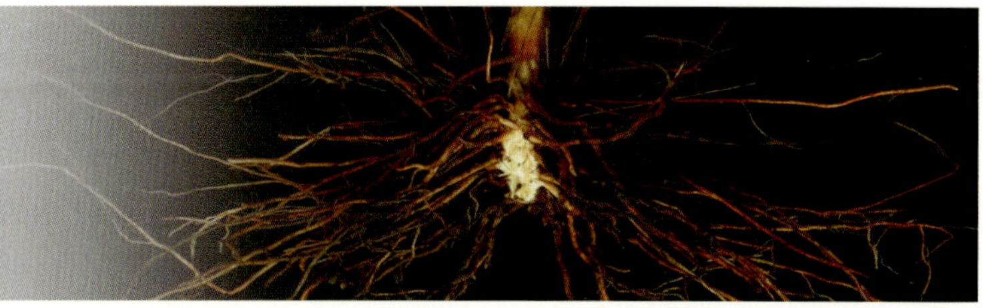

水稻的根常生于有水环境中，根系分布较浅，绝大部分位于深约 20 cm 的土层中，尤其是上部约 10 cm 的表层土内。水稻的根多而细长，形成发达的须根系或纤维状根系，由初生根系和次生根系组成。

1.1.1.1　初生根系

水稻的初生根系由种子根构成。种子根（图 1–2）是种子萌发期间由胚中胚根及胚轴发育形成的根。

水稻的胚中部呈近 90°折弯，其下端为具胚根鞘的胚根，上端为具胚芽鞘的胚芽，中部为极短、难辨的胚轴（下胚轴），侧面着生有盾片（子叶）。盾片有时称为内子叶或侧子叶（相对于胚芽鞘），背部与胚乳相接，腹部包着胚轴，腹侧边缘衍生出的左、右 2 个侧鳞（又称腹鳞）在胚轴的腹面与外胚叶（视为退化子叶，位于盾片对面，着生于胚根鞘上）相叠，并在接缝线的上、下端留有裂缝，胚根鞘和胚芽鞘的末端分别位于裂缝处。

胚开始萌发时，盾片的侧鳞（包括外胚叶）被向外推出，突破谷壳。被推出的侧鳞在空气湿润的环境下会产生大量茸毛。随后，胚芽鞘从开口的上部伸出，农作上称为“破胸”或“露白”；胚根鞘从开口的下部伸出。

胚根鞘发出后，胚根从胚根鞘中穿出。刚伸出或伸出较短时，生长方向不定，伸长后转为向地生长，因此，胚根有时会发生弯曲。胚根向前伸长的同时，其后部陆续发出根毛。根毛在湿润的环境中较多，在水中则很少，甚至不出现。在胚芽鞘伸出地面和不完全叶发出的同时，胚根一直向地伸长，形成主根，并在根毛区上部发出侧根或支根。

由于胚根萌发后形成的伸长根具有吸收水分和养分的功能，所以不再称其为胚根，又因这是最初形成的一条根，故称为初生根或主根。

初生根伸长后，几生一处的盾片节和胚芽鞘节先后发出数条新根（常为 5 条，簇生），称为初生不定根。有时因深播或化学药剂处理，初生不定根的上下会显现出胚芽鞘节之上的根中茎或下胚轴。初生不定根发生于初生根之后，虽不是胚根，但发生于胚轴和胚萌发期间，具有胚根的性质和特点，故称为次生胚根。与之相对，初生根则称为初生胚根。由于这两类“胚根”均发生于种子萌发形成幼苗期间，所以合称为种子根（又称为种根），并由此形成初生根系（生产上称为初生根）。

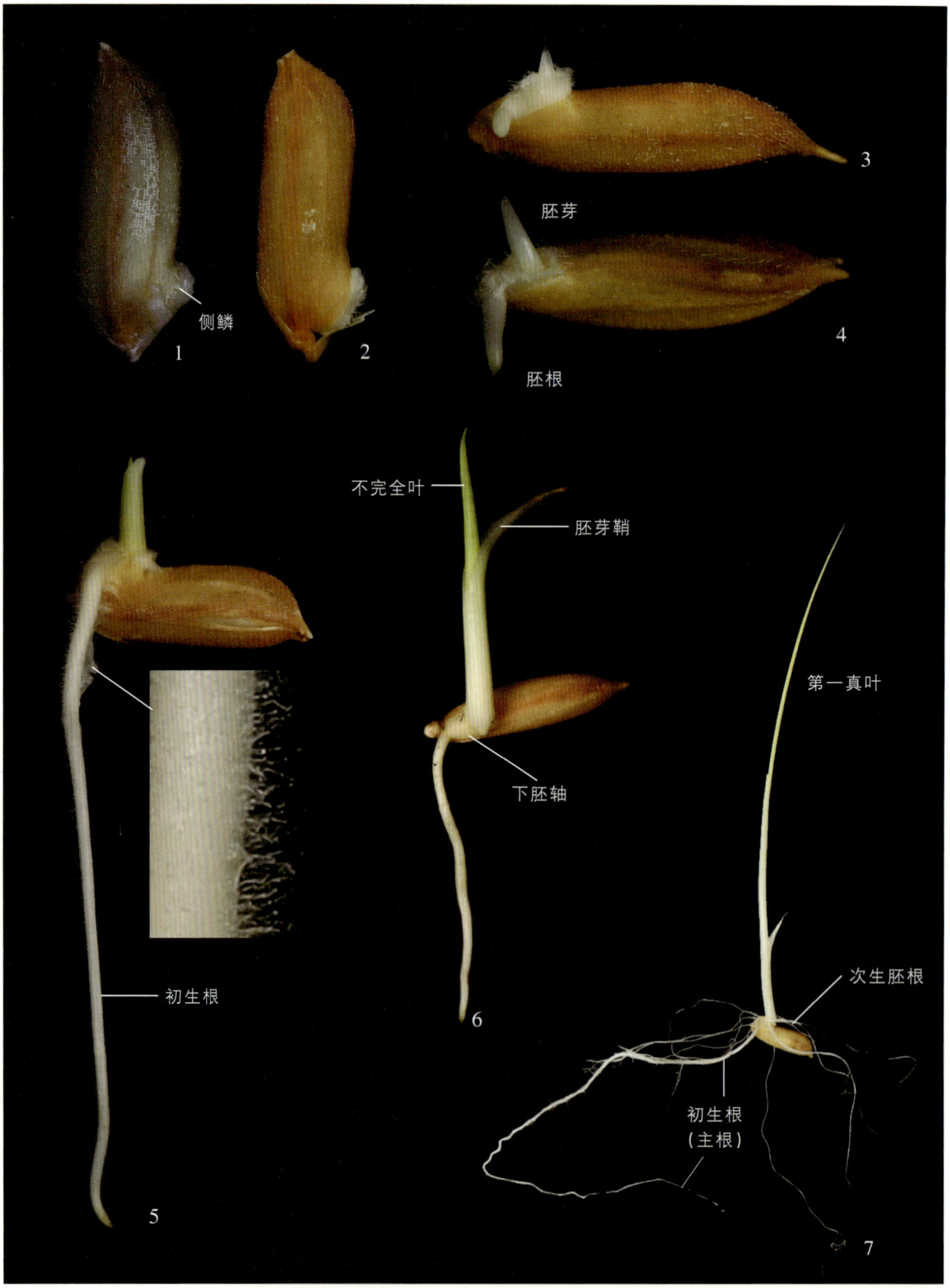

1.盾片的侧鳞突破谷壳；2.侧鳞上密被茸毛；3.胚根鞘和胚芽鞘呈近 90°着生，分别从裂口的下部和上部伸出；4.胚根和胚芽分别向下和向上偏转（实验条件下）；5.初生根（主根）向下伸长，后部发出大量根毛；6.胚根上方的下胚轴；7.初生根具多数支根，次生胚根有多条。

图 1–2　种子根

1.1.1.2 次生根系

水稻的次生根是指在初生根（主根或初生胚根）之后形成的根，包括胚轴和茎的节上根以及主根上的侧根。水稻的根中，除主根及其侧根是固有或固定的定根外，其余的根都是不定根，包括盾片节和胚芽鞘节上的根（次生胚根）。在不定根中，次生胚根为初生不定根，其余的根均属于次生不定根。由于这些不定根均发生于节上，所以农作上称其为节根；又因其发生于种子根之后，农作上有时称其为后生根。

水稻的次生根系是由节生不定根（尤其是茎生节上的根）形成的根系。不定根呈须状，又称须根，由此形成须根系。节生不定根存续于幼苗期至成熟期之前，是水稻一生中最重要的根。根据不定根发生的位置和时间次序，水稻的不定根分为地下不定根（包括爪根、冠根和分蘖根）和地上不定根。

（1）地下不定根

1）发根部位与称谓

水稻的不定根发生于 4 个部位，其中位于地下的有 3 个部位（图 1–3），不同部位的不定根有不同的称谓。

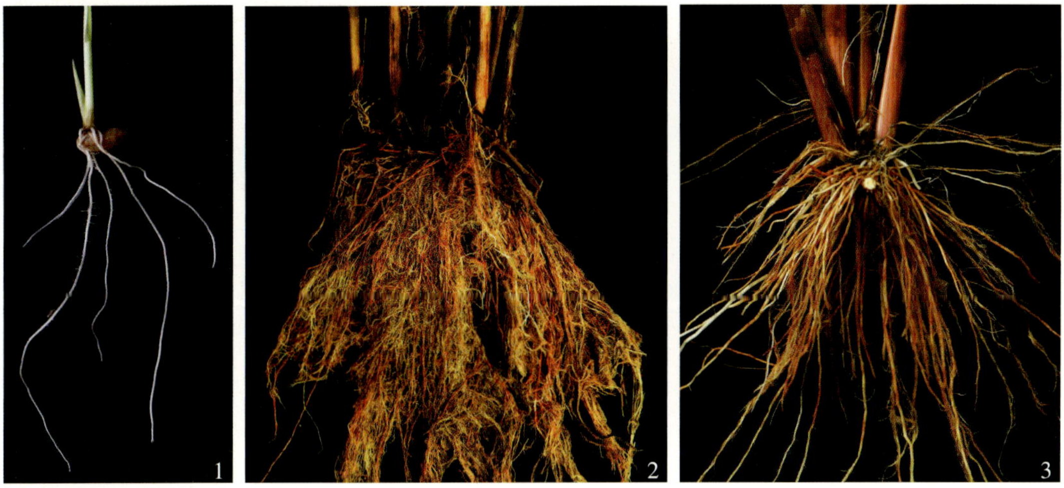

1.发生于胚芽鞘节的爪根；2.发生于茎基部的冠根（根群）；3.发生于分蘖茎的分蘖根。

图 1–3 地下不定根的发生部位

爪根：发生于盾片节和胚芽鞘节。胚萌发后期或第一真叶生长时，此节上长出的最初的初生不定根（即次生胚根），一般 3~5 条，农作上称为爪根。

冠根：发生于茎基部。不定根发生于茎基部的若干节（常在茎基部、近地面 3 cm 左右的节）上，根多、细、密，环生于节部，加之多节密集，根多群集如冠，农作上称为冠根。

分蘖根：发生于分蘖茎基部。不定根常发生于分蘖茎的基部节上，并且随着分蘖的增加而增多，形似主茎的根，但因其位于分蘖茎上，故称为分蘖根。

2）发根节数

水稻发根的节数与出叶的位数之间有一定的规律，可以通过叶位数推断节数。

当水稻的第一真叶伸出时，胚芽鞘节上开始长出不定根。胚芽鞘节是水稻的第一个根节，其上发出的根是第一层节根。此时，出叶节与发根节相差 2 个节位，这与后续茎上出叶节与发根节相差的间隔节数不同。

当第三真叶露尖时，在不完全叶节上开始长出第二层不定根。以后每抽出一片叶，在其下第三节位上开始长出一层新的不定根，间隔 3 个节位，即茎节上的发根节数为 $N-3$（N 为出叶节位数）。水稻的大部分根系都在此阶段形成。到旗叶出现期，就变成约 4 个节位的间隔。

分蘖茎节发根的规律与主茎的情况基本一致，即当分蘖茎长出第三真叶时，其分蘖鞘节上才开始发根。

水稻的幼苗长出第四真叶时，植株的根系开始真正形成；随着叶数的增加，根节不断上移，节根数量快速增加。

水稻不同发育期的地下不定根如图 1–4 所示。

3）分支

水稻的不定根常发生分支即次级根，称为支根。其中，发生于茎节上不定根的分支称为一级支根，从一级支根上发出的根称为二级支根，从二级支根上发出的根称为三级支根，依此类推。不同级别的支根粗度有明显的差异（图 1–5），上一级支根比下一级支根粗数倍。

4）颜色

水稻的根系由不同根龄的根组成，受土壤性质的影响。不同根龄的根呈不同颜色，根的颜色可以反映根的活力。通常幼根和新根代谢旺盛，活力较强，呈白色；浅黄色、黄色和浅褐色的根活力尚可，但开始转弱，农作上称其为“保命根”；老根或比较老的根活力较弱，呈棕色；黑色和灰色的根则是问题根，或生病，或坏死（图 1–6）。

5）分布

水稻根系在地下的分布与发育期有关（图 1–7）。分蘖期，一级支根大量发生，分布在0~20 cm 土层内，在近地表的节上水平生长，横向扩展或向斜下方扩展，形成铺地根系，呈扁椭圆状；拔节期至抽穗期，支根大量发生，并向下扩展，根系呈倒卵圆状；开花期，根系活力逐渐减退，不再扩展。

1.第一真叶发出时盾片节或胚芽鞘节上长出 2 条不定根；2.第一真叶完全发出时胚芽鞘节上长出数条不定根；3.二叶期的不定根；4.三叶期的不定根数量快速增加，形成大量侧根；5.成年植株多数根节上生有大量不定根。

图 1-4　不同发育期的地下不定根

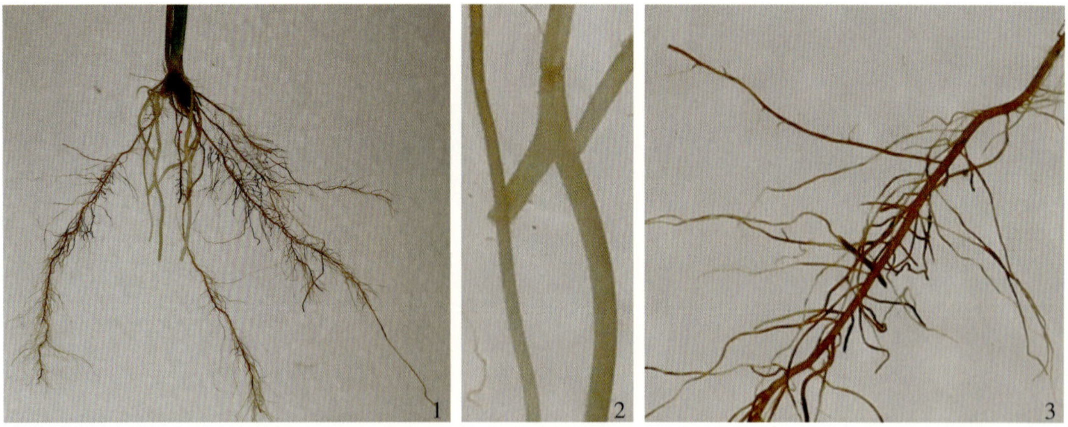

1.完整根系；2.新发出的尚无支根的不定根；3.生有二级支根的不定根。

图 1-5 具有三级分支的地下不定根（苗期）

1.全为白色根，说明根活力旺盛；2.白色根（较多）、浅黄色根、浅褐色根、褐色根（较多）混生；3.白色根很少，黄褐色根和褐色根多，部分根局部变灰，说明根的活力下降，已开始衰退；4.均为棕色根，说明根已老化。

图 1-6 地下不定根的颜色

1.分蘖期的根系；2.开花期的根系。

图 1–7　地下次生根系分布

(2) 地上不定根

地上不定根是指生于地上茎节的不定根。此根又称为浮根或表根，与地下不定根不同：一是此根不是固定发生或常产生的，最常发生于土埋、水淹或植株倒伏的特殊情形下（图 1–8）；二是此根明显细于地下茎节上的不定根；三是此根有时水平生长或反地生长，尤其在水淹条件下；四是此根的支根基本为一级支根，细且短，分布均匀。

1、2.水淹条件下的不定根：1.不定根位于茎节上，仅有短而整齐且分布均匀的一级支根；2.茎节上的不定根明显细于地下不定根。3.倒伏茎节上的不定根。

图 1–8　地上不定根

1.1.2 茎

水稻的茎直立，常丛生。单一的茎由多数明显的节以及两节之间的节间组成。茎可以分为地下茎和地上茎两部分：前者位于地面以下，很短，没有颜色变化，节间极短而密集，节上可生根和分蘖茎；后者位于地面以上，较长，节间伸长，节明显，节上着生有叶，顶端着生有花序。地上茎又称为秆，农作上称为茎秆，分为主茎和分蘖茎。广义的茎还包括地下的根中茎、地上的花序梗以及序轴，但本节并不作介绍。

1.1.2.1　节

水稻的节是茎中具横隔的部位。节的外表似节间，无特殊结构，但发生于节上、稍膨大的叶鞘基部明显凸出，与节形同一体，所以此处将二者视为一个整体，统称为“节”（即广义的节），并以后者为节的标志。

（1）地上节

1）外部形态

水稻的节是形状和颜色都不同于节间的极短茎段。节上方有形态显著、表面光滑膨大、呈枕状的叶鞘基部，称为鞘枕（又称为叶节），稍粗于节间，颜色亦与节间不同。全节可分为上、下两段：上段称为鞘枕段，稍粗于其上方的节间或与之相当，为叶鞘基部膨大部分；下段称为节段，从上向下渐细，至底部稍细于其下方的节间或与之相当。鞘枕段通常比节段长，两段很少等长。

① 节型

水稻地上茎的节可分为直节和弯节 2 种类型（图 1–9）。节型与鞘枕段的形状密切相关。

直节：鞘枕段的上、下边平行、等长，两侧边也平行、等长，能使上、下节间处于同一直线上，茎得以直立。有时节的两对边略不平行，但仍属于直节。

弯节：鞘枕段的上、下边不平行、不等长，两侧边也不平行、不等长、明显弯曲，整个节侧面观呈扇状梯形。上、下两个节间不在同一直线上，茎折曲。茎折曲的程度取决于鞘枕段两侧边的长度差和弧度差。

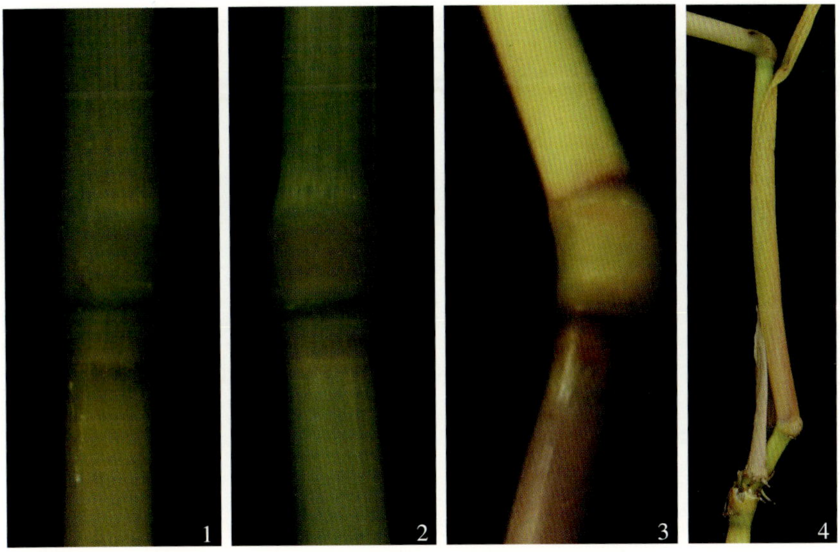

1、2.直节：1.茎直立，节笔直；2.茎近直立，节稍偏。

3、4.弯节：3.茎弯曲度大，节弯弧大；4.同一茎上不同弯曲度的节。

图 1–9　节型

② 颜色

水稻节的颜色比较丰富，有黄色、绿色、褐色和紫色等（图 1–10），常与节间的颜色不同。农作上，节的颜色一般是指灌浆期主茎上倒数第二节的颜色。

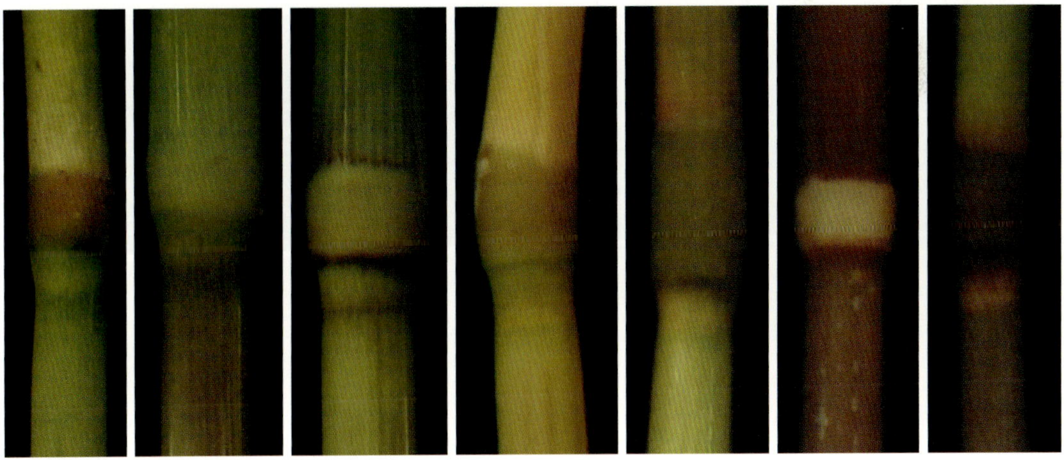

图 1–10　节的颜色

鞘枕段与节段的颜色有时比较接近，有时明显不一样（图 1–11）。一般鞘枕段的颜色明显不同于节上方节间的颜色；节段的颜色与节下方节间的颜色有时基本一致，有时不一致。

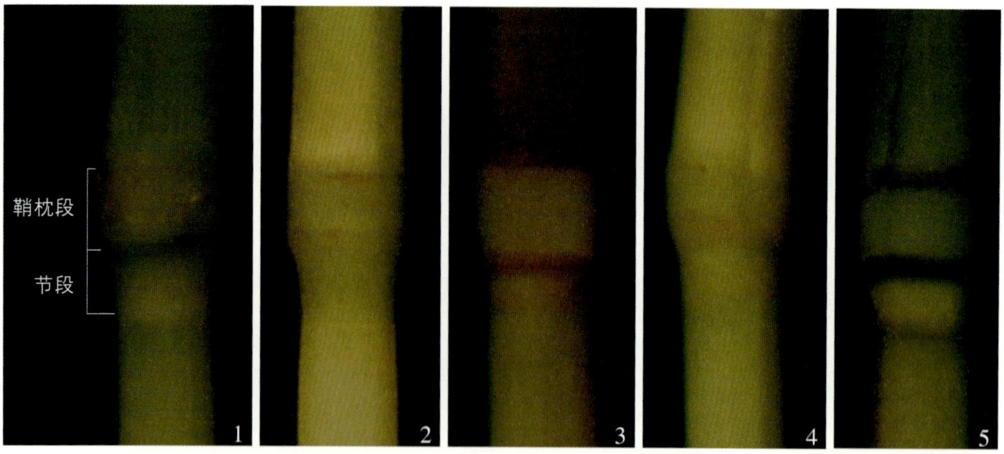

1、2.基本一致；3、4.差异较小；5.差异明显。

图 1–11 鞘枕段与节段的颜色

在节的顶端、鞘枕段与节段的分界线和节底 3 个部位，有时会出现不同于鞘枕段与节段和上、下节间的色线，称为分节色线（图 1–12）。节顶端的色线称为上色线，鞘枕段与节段的分界色线称为中色线，节底的色线称为下色线。

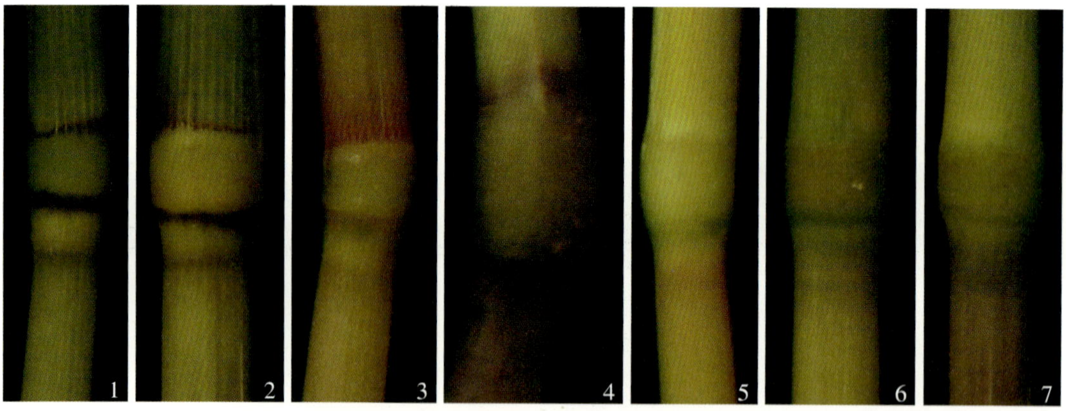

1、2.上、中、下色线清晰；3、4.上、中色线清晰；5、6.中、下色线清晰；7.下色线清晰。

图 1–12 分节色线

③ **长度和粗度**

水稻节的长度（图 1–13）和粗度（图 1–14）差异比较明显。以鞘枕段为代表，无论是直节还是弯节，其长短和粗细均有显著差异，即使同等粗度的茎，其节的长度和粗度也有差异。

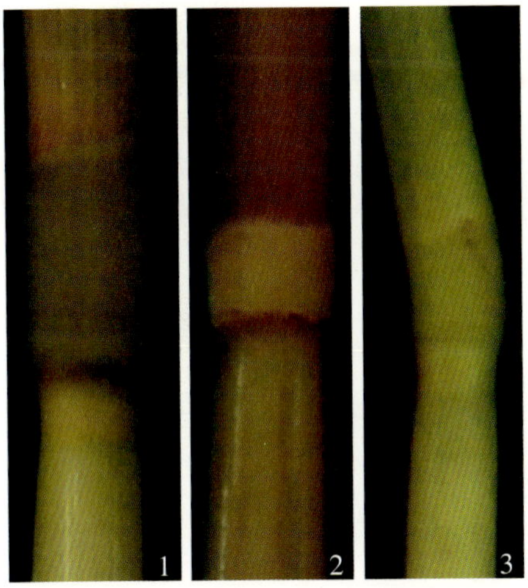

1.粗茎长直节；2.粗茎短直节；3.细茎短弯节。

图 1–13　节的长度

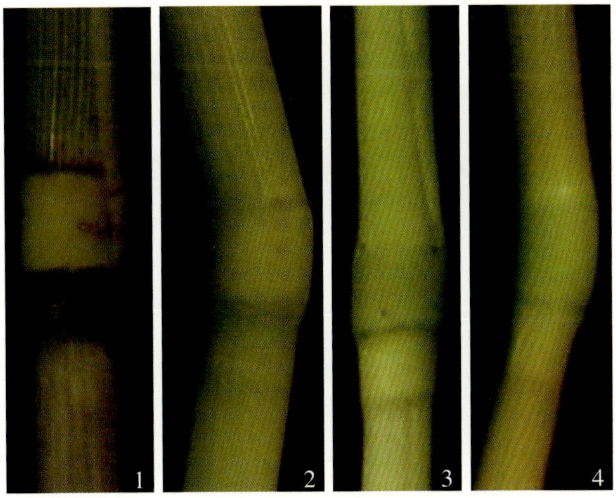

1.粗茎直节；2.粗茎弯节；3.细茎直节；4.细茎弯节。

图 1–14　节的粗度

2）内部结构

水稻节的内部结构有 3 个特点：一是其髓部有横隔，将茎的管状系统分隔成上、下节间及其髓腔（或中空腔）；二是叶（具体为叶鞘）、腋芽或分蘖茎、根的输导组织在此交汇（尤其是茎基部节），维管束分布复杂；三是节内通气组织——气腔发达，与根、分蘖茎和叶相互连通。

① 纵切面

水稻节纵切面结构（图 1–15）可以明显分为上、下两部分，分别对应鞘枕段和节段。纵剖的节在形状上可分直形和弯形，在颜色上可分为黄色和彩色。

鞘枕段：鞘枕段为上节间基部与加厚的叶鞘基部的复合体。其中叶鞘的基部为厚角组织，呈角质增厚，形如基座，故称为鞘枕。鞘枕段是节的最宽部分，虽不是节的最坚实部分，但它增强了节的牢固度，可协助上节间基部完成茎的折曲。

鞘枕段下部接着节段，四周厚实的鞘枕壁保护着中部细弱的上节间基部，其中央部分的上节间基部柔嫩易弯曲，是茎发生折曲的部位（图 1–15：7、8），上节间与叶鞘之间的基部有时会萌生腋芽或分蘖。

节段：节段主要为一横隔，其中与下节间相接的底面端有一层石细胞。横隔将中空的茎隔断，形成节间，同时增大茎的强度，是整个节的实心部分。节段中的横隔为下节间的顶部，同时也是上节间的基部。下节间的维管束以及上节间的叶鞘、腋芽或分蘖茎、不定根的维管束均在节段处交汇，上节间的多个器官原基也发生于节段（尤其是顶部）。

节段的结构比较复杂：一是横隔有近平直、微凹、向内尖凹和深陷等 4 种类型；二是节段的厚度可分为薄、中等厚、厚和极厚等 4 个等级；三是通常周壁明显加厚（这是茎中坚实部位的结构基础），但加厚的程度略有不同，中部留有宽窄不一的髓腔。此处的髓腔是指节段内横隔以上、具有髓薄壁细胞组织的腔体。髓腔上部与上节间基部相连通，其宽窄、长短与节段的厚度有一定关系。节段的髓腔可分为几无、短而宽、短而狭、长而狭共 4 种类型。

Ⅰ. 节形状：1~6.直形；7、8.弯形。Ⅱ. 颜色：1~4.黄色；5~8.彩色。

Ⅲ. 节段横隔类型：1.近平直；2、3.微凹；4~7.向内尖凹；8.深陷。

Ⅳ. 节段厚度：1、2.薄；3、7、8.厚；4、5.极厚；6.中等厚。

Ⅴ. 节段髓腔：1、8.几无；2、3、6.短而宽；4、5.长而狭；7.短而狭。

图 1–15　节的纵切面

② 横切面

通过节的不同位置的横切面（图 1–16 和图 1–17），可以了解节内结构变化。

鞘枕段：与节段相接的基部，可见叶鞘基部外侧肉质加厚；一轮维管束中有一处（左下方）开始断开并错位；中央部分在髓腔周围逐渐显现上节间基部的管壁。鞘枕段下部可见断开的维管束进一步错位；上节间基部的管壁开始出现维管束。鞘枕段中部可见断开错位的维管束进一步向前发展，交叠段加长，其中外断口靠向边缘；上节间基部管壁的维管束进一步发育。鞘枕段顶部可见维管束形成的一圈叶鞘在内外错位的维管束段从内向外开始分层，形成内外交叠的两层叶鞘，但分层尚未及边缘，叶鞘内壁已显现；叶鞘内壁与维管束之间均匀地出现一圈气腔（通气组织）；上节间基部管壁的维管束进一步发育。

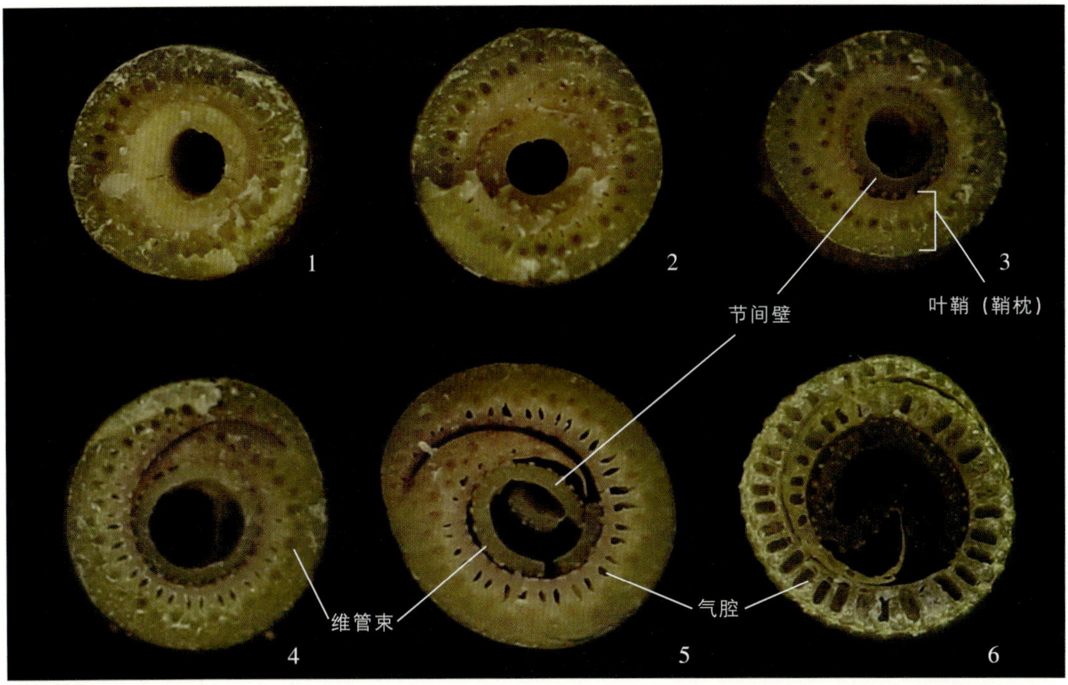

1.基部；2.下部；3.中部；4.顶部，叶鞘未与上节间分离，通气组织显现；5.顶部，叶鞘与上节间分离，但未完全断裂，通气组织进一步发展；6.鞘枕段上方的上节间，叶鞘完全脱离上节间，两端断开呈片状且内卷，通气组织极为发达。

图 1–16　鞘枕段横切面

1.节段底部；2.彩色茎的节段底部；3.彩色茎的节段中部，具白色髓组织；4.彩色茎的节段中部，具彩色髓；5.节段中部，髓中空；6.节段顶部，具髓。

图 1–17　节段横切面

节段： 节段底部横切面可见下节间顶端光滑的横隔表面。横隔呈水平状或尖顶状。节段中部横切面可见中央髓部，髓中有薄壁组织，或中空，为圆孔状髓腔。节段顶部横切面可见外侧开始有肉质加厚，中央为髓腔，二者之间靠近外围处有一圈大型维管束进入加厚的叶鞘基部。

3）节的功能

地上茎的节具有强茎、弯茎、拔节间、生叶、生根、生腋芽（含先出叶和前叶）等 6 种功能，其中后 3 种功能会分别对应形成叶、根、茎类器官。除了常见的叶（含叶鞘），在特殊情况下，节上可以形成不定根和腋芽，前者为地上不定根（图 1–8），后者可进一步发育成高位分蘖茎（侧枝），农作上培育再生稻正是利用了此特性（图 1–18）。

1.节上着生腋芽；2.节的下部生根，上部有分蘖茎，分蘖茎上的节再生分蘖茎（二级分蘖）；3.节上的分蘖茎及其与主茎的关系；4.收割后的稻茬再生稻。

图 1–18　节上着生不定根、腋芽和分蘖茎

4）节的数量

水稻茎上的节有 9~18 个，但地上部分仅见 4~7 个节（图 1–19），具体节数常因品种和环境条件而异。

通常，晚熟品种的节数多于早熟品种的节数，高秆植株的节数多于矮秆植株的节数；同一植株中主茎的节数多于分蘖茎的节数；生长条件一致的同一品种，节数基本一致。

水稻地上茎每节着生一片叶，由于易于观察和统计，所以常依据叶数估算茎上的节数。

1.具 4 节；2.具 5 节；3.具 7 节（以叶代节：a~g）；4.分蘖茎的节数少于主茎的节数。

图 1–19　地上茎的节数

(2) 地下节

地下节是指地下茎的节（图 1–20），多且密集。地下节不同于地上节（有 6 种功能），只有生叶、生根和分蘖 3 种功能。

地下节上可以发生不定根，农作上称其为根节。节上的不定根数量众多，是水稻根系的主要组成部分。

地下节上的腋芽可以发育成分蘖茎，农作上又称为分蘖节。分蘖茎的基部节可再分蘖，依次形成一级分蘖、二级分蘖等。由地下节发出的分蘖茎常形同主茎，亦可正常结实，这正是水稻茎丛生的原因。

地下茎上不同部位节的功能不完全一样。着生胚芽鞘和不完全叶的苗前茎节上只发生不定根（图 1–4）；着生真叶的地下节上既可以着生叶（近根叶），发生不定根，也可以发生分蘖。

1.根节密集；2.节上具不定根；3.节上具不定根和腋芽；4.分蘖茎上再生分蘖茎；5.分蘖茎与主茎同形。

图 1–20　地下节

1.1.2.2　节间

(1) 地上节间

1）外部形态

节间是两个相邻节之间的部分，从一个节的顶部至上一个节的底部。从拔节期开始，水稻节间逐渐伸长，称为伸长节间。节间的伸长是一种居间生长。伸长后的节间为圆筒状，表面光滑，壁薄且坚挺，外有叶鞘包卷和保护。

① 长度

水稻地上茎的节间数较少，通常为 4~7 个。单个节间的长度在茎上的分布具有一定规律（图 1–21），通常是从茎基部向顶部逐渐增长，基部第一个节间最短，顶部一个节间最长，该节间往往变为花序梗，农作上称为穗下节间、穗顶或穗颈节间。随着花序梗的伸长，其长度可以是基部节间的数倍，有时可达茎长的 1/3。

分蘖节上发出的分蘖茎，其节间长度的分布规律与主茎基本一致，只是稍短一些。

1.地上茎（去除叶鞘）的节间及其长度分布；2.茎下部节间（5 个节间）长度对比；3.分蘖茎基部的节间很短；4.茎下部节形成的分蘖茎的节间较主茎的稍短。

图 1–21　节间长度在茎上的分布

② 颜色

水稻节间的颜色（图 1-22）除了常见的绿色或黄绿色，还有其他颜色，如紫色、褐色等。这些具有其他颜色的茎称为彩色茎。有的茎的节间壁内外颜色一致，有的则不一致。彩色茎的节间内壁下部与上部的颜色多不同。

农作上，水稻节间颜色一般是指灌浆期主茎倒数第二节间的颜色，常见的有黄色、绿色、红色和紫色等。

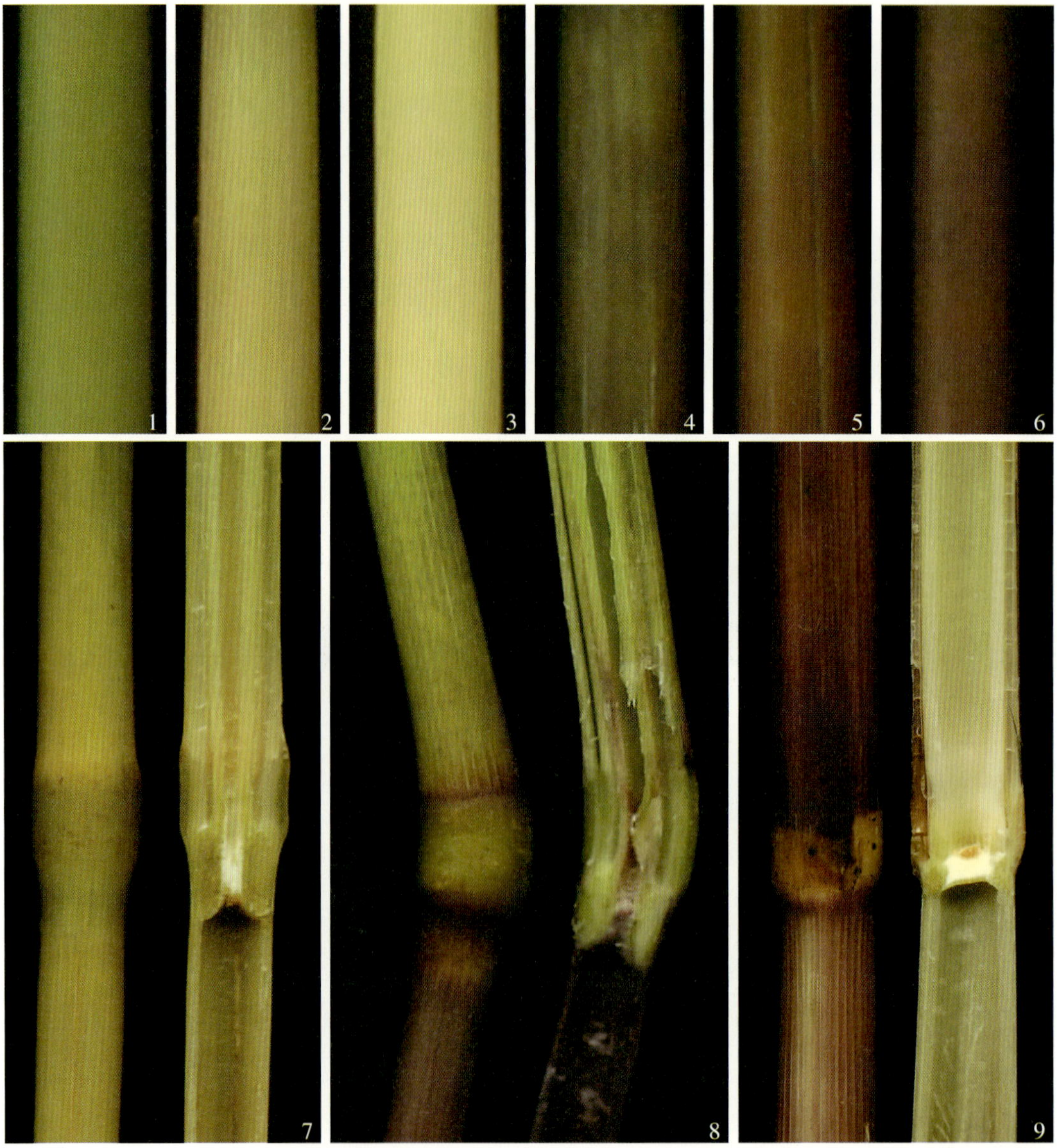

1~6.外表颜色。7~9.外表与内壁颜色对比：7.内外一致；8.内外基本一致；9.内外不一致。

图 1-22 节间颜色

2）内部结构

节间从下向上分为下、上两部分。节间下部位于鞘枕段内，为节间的基部，往往被忽略，常不作为节间。节间下部细，柔软，易弯曲，并下延至节段内，周围有叶鞘基部增厚的鞘枕包围（图 1–16：2~4）。与下部相比，节间上部粗、长、硬，表面具细棱，外部有叶鞘紧包。横切面可见节间中央有一髓腔（常为空腔）；茎壁有 2 轮维管束，一轮较大维管束环布于基本组织中，一轮细密的小维管束分布于外围的边缘机械组织中，并向外凸出。

3）节间数量

水稻茎上的节间数量与节的数量基本一致，但通常是指地上茎的伸长节间数量。农作上常以叶数来估算节间数量。一般生育期长的品种，伸长节间数量较多；反之，则较少。

(2）地下节间

地下茎的节间长度短缩（图 1–23），但数量很多，有 7~13 个。地下茎的节间不会随着地上茎的节间伸长而伸长，或几不伸长。

图 1–23　地下节间

1.1.2.3 茎类型

水稻为丛生作物，农作上将其茎分为主茎和分蘖茎 2 种类型（图 1–24），其中分蘖茎少者 2 或 3 个，多者 10 个以上。

在一丛茎中，往往将位于中央、直立、高大、具分蘖的单个茎称为主茎，将其余的茎称为次生茎或次级茎，其中从分蘖节上发出的次级茎称为分蘖茎（或分蘖），从茎基部以上部位的节上发出的次级茎称为分枝。此外，从外形上，茎可以分为直立茎和弯曲茎；从位置上，茎还可以分为地上茎和地下茎。

在农作上，主茎是最重要的茎，有关茎的许多性状及其指标的设定、观察和度量，均以主茎为依据。

1.具有 1 个主茎和 9 个分蘖茎；2.具有 1 个主茎和 3 个分蘖茎；3.具有 1 个主茎和 2 个分蘖茎。

图 1–24 主茎和分蘖茎

1.1.2.4 株高

植株的高度简称株高，是水稻栽培品种的重要性状之一。水稻的株高包括茎和花序两部分的长度（图 1–25），即具最长果序的植株（黄熟期）从茎基部（贴地面）至果序顶部（不包括芒）的长度。有的植株高度可达 1.5 m。

茎的长度简称茎长（或茎高），农作上称为秆长，是指黄熟期单株主茎自地面至果序最下部分枝节点（农作上称为穗颈节）的长度。

按株高划分，水稻可分为矮（≤70 cm）、中矮（>70~90 cm）、中等（>90~110 cm）、中高（>110~130 cm）、高（>130 cm）5 个等级。茎长同样被划分为 5 个等级，分别为短、中短、中等、中长、长，各等级的长度均比株高的相应等级短 20 cm。

为适应不同生长环境，人们培育出了各种不同高度的水稻品种，有可适应寒冷地区的品种，有可适应温暖潮湿地区的品种，也有可适应干燥环境的品种。

1.株高和茎长对比。2~4.不同株高的水稻：2.中高；3.中等；4.矮。

图 1-25　株高与茎长

1.1.2.5 茎侧偏

水稻的茎侧偏（或秆侧偏）是指茎向外侧偏离的角度。农作上，在灌浆期将其称为茎秆角度，在收获期则用倒伏性表示。

茎秆角度是指水稻丛生茎中向外偏离程度最大的茎秆与地面垂直线形成的夹角，倒伏性是指植株与地面垂直线之间的倾斜角度，二者含义相近，均可划分为5类。按茎秆角度，可划分为直立型（≤30°）、中间型（>30°~45°）、散开型（>45°~60°）、披散型（>60°）、匍匐型（茎或茎秆下部平铺于地面）5类；按倒伏性，可划分为直立（≤30°）、稍斜（>30°~45°）、斜（>45°~60°）、倒（>60°，仅稻穗部触地）、伏（全株和稻穗平伏于地面）5类（图1–26）。

水稻倒伏与茎的强度和茎秆角度有一定关系。茎的强度越弱，越易倒伏；茎秆角度越大，越易倒伏。倒伏对水稻的产量影响较大。

1.直立型（直立）；2.中间型（稍斜）；3.散开型（斜）；4.披散型（倒）；5.匍匐型（伏）。

图 1-26　茎侧偏

1.1.3 叶

叶是进行光合作用的主要器官，与株型的形成密切相关。水稻的茎生叶往往习称为稻叶，以叶鞘着生于茎的节上，并在茎上按二列叶序互生。

水稻的叶有狭义和广义之分：狭义的叶是指生于地上茎的叶，即茎生叶或秆生叶，农作上称为抱茎叶；广义的叶还包括胚性叶和鞘形叶。从性质上看，更广义的叶还可包括花序上的颖片和稃片。本节主要讨论茎生叶。

按来源和发育次序，水稻的叶可以分为保留在种皮内的盾片和先出的、胚性的胚芽鞘，继出的、过渡性的不完全叶，以及后出的、茎节生的茎生叶。

1.1.3.1 叶的类型

水稻的叶在不同发育期和不同部位有不同类型。

（1）胚性叶

水稻的胚性叶是指在胚中已发育的叶，有仅保留在种皮（果壁）内的盾片（相当于侧生子叶）和可出土的筒状胚芽鞘（相当于顶生子叶）。盾片基部有时会发出次生胚根。胚芽鞘所在的节能发生水稻最早的不定根（图 1–2：7）。

盾片和胚芽鞘都是胚的组成部分，可以视为既成结构或器官，其生长发育依赖胚，不受后天外界条件的影响和制约。胚芽鞘（出土后称为芽鞘）外形为鞘状，且没有叶绿素，但是与之后由茎节发出的鞘形叶来源不同，属于特殊的叶。

（2）鞘形叶

鞘形叶（图 1–27）简称为鞘叶，是指仅有叶鞘而无叶片的真叶，可分为 3 种：在胚芽鞘之后发出的不完全叶（图 1–2：6），包被地下分蘖芽的分蘖芽鞘，以及位于地上的分蘖茎基部鞘或腋芽鞘（即先出叶或前叶）。

（3）完全叶

完全叶是指在胚性叶或分蘖芽鞘之后长出、同时具有叶鞘和叶片的真叶。根据着生部位、形态特征、生理特性和功能等，从茎基部至茎顶部，水稻的完全叶可以再细分成 4 种叶，即近根叶、过渡叶、生殖生长叶和旗叶（图 1–28）。

近根叶：又称营养生长叶，是着生于分蘖节的叶。

过渡叶：分蘖末期至花序分化始期长出的 2~4 片叶，其中最下部一片叶的叶鞘在地下非伸长节上，其余 1~3 片叶均为基部的茎生叶。

生殖生长叶：茎最上部的 3 片叶。其功能期始于颖花分化期，一直延续到成熟期前。它们对提高结实粒数和促进中上部节间的发育、籽粒的灌浆、结实等有重要作用。

旗叶：又称剑叶，是茎上顶生的一片叶，也是最后生长的叶，叶片最宽，包着花序，对水稻产量的影响最大。

1.高位分蘖茎基部 2 片鞘形叶；2.高位分蘖茎上再生分蘖茎基部的鞘形叶；3.鞘形叶包着已开始抽茎的腋芽，同时下部又被叶鞘包着。

图 1–27　鞘形叶

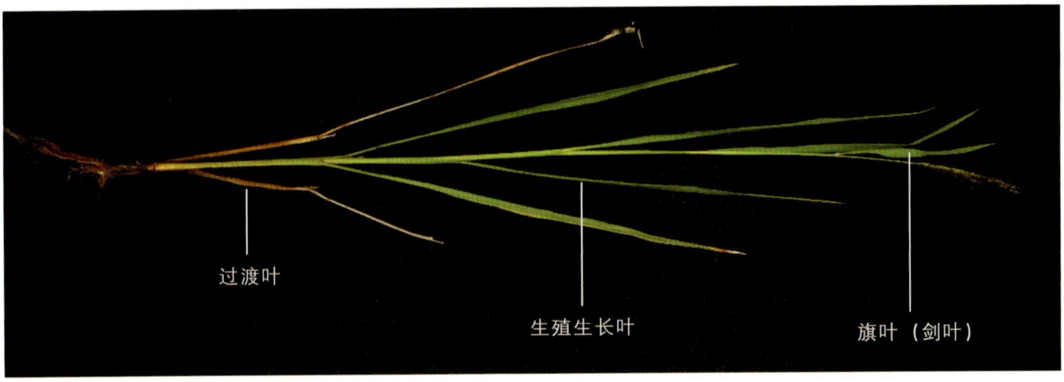

图 1–28　植株上不同部位的完全叶

1.1.3.2 叶的组成与结构

水稻的叶主要是茎生叶（完全叶），由叶片、叶鞘、叶舌和叶耳组成（图 1–29），其中叶片与叶鞘过渡处为叶颈，叶舌位于叶颈的内侧，叶耳位于叶颈的两侧端（常脱落，有时无叶耳）。

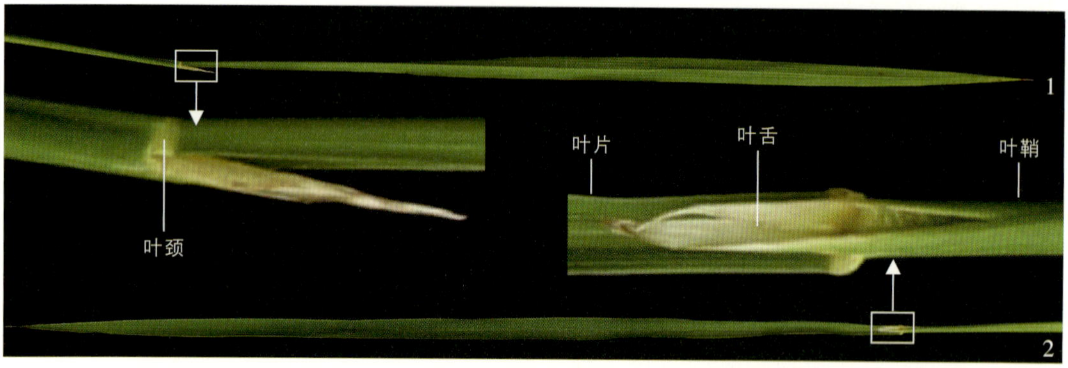

1.叶正面；2.叶反面。

图 1–29 叶的组成

（1）叶片

1）形状

水稻的叶片形状简称为叶形（图 1–30），基本为披针形类，且多为长披针形、狭披针形、线状披针形或线形，顶端渐尖或长渐尖，下部略狭或极狭，基部圆、稍圆、渐狭或狭长，具平行脉，正反两面无毛或粗糙，边缘粗糙或具微齿。叶片的长度和宽度都有一定变化。

2）长度

水稻的叶片长度简称为叶长，在不同发育期和同一株的不同高度呈现规律性变化（图 1–31）。幼苗期、分蘖期叶片与之后的拔节孕穗期、开花结实期叶片的形状和大小（长度和宽度）不同：前两期的叶片狭长，从下向上逐渐增长，分蘖期的叶片稍有加宽，植株上的叶片长度和宽度呈单向增大。后两期的叶片下部的长度同样也是从下向上逐渐增长，但上部的则相反，从倒二叶至倒四叶开始向上由长至短，整个植株的叶片长度呈正态分布。

3）颜色

水稻叶片的颜色简称为叶色（图 1–32），其正反面颜色相近，在分蘖盛期以绿色和紫色为主，而在孕穗期、穗苞膨大期和果期有绿色、黄色、红色、紫色及杂色等颜色。

1~6.叶片形状：1、2.线形；3、4.线状披针形；5、6.长披针形。7.叶片（顶部）正面。8.叶片（顶部）反面。9~11.叶片基部形状：9.稍圆；10.渐狭；11.狭长。12~15.叶片长度和宽度对比：12、13.宽度不一；14、15.长度不等。

图 1–30　叶形

1.幼苗期植株的叶长变化；2.分蘖期植株的叶长变化；3.拔节孕穗期植株叶的分布（左）及相应叶位上的叶长对比（右）；4.开花结实期植株的叶长对比，从倒三叶开始向上由长变短；5.分蘖茎与主茎的叶长变化规律相似。

图 1–31　叶长

1~9.单色；10~12.杂色。

图 1-32　叶色

(2) 叶鞘

1) 组成与结构

叶鞘是包卷于茎(秆)外、两缘相互叠合呈鞘状的叶柄，长，薄，硬，具细棱，单侧开口，包着节间；背部为鞘脊，有凸起的中脉(有时稍平)与叶片的中脉对接；两个叠合的鞘缘为膜状。

叶鞘底部接着节的鞘枕段，顶部接着与叶片相交处的叶舌(图 1–33：1~6)。所以宽泛的叶鞘包括鞘枕段、鞘管和叶舌 3 个部分。

从鞘枕段顶部与叶鞘交界处的横切面结构来看，不同植株或品种的表现各异。有的叶鞘内侧完全与上节间脱离，有的甚至外侧也完全与外壁断开，形成鞘裂口。叶鞘中部厚，向两端逐渐变薄，直至膜质边缘。叶鞘内的通气组织发达，气腔大而规则，排成一圈，从中部向两端渐小(图 1–16：6)。

茎下部的叶鞘稍膨松，微包茎；茎上部的叶鞘薄、匀，紧包茎。

叶鞘外表无毛。叶鞘的内侧表面(图 1–33：7、8)光滑，鞘脉间可见分布均匀的膜质横隔。

叶鞘的纵切面(图 1–33：9、10)可见脉间通气组织的气腔及其端壁与鞘脉垂直或斜交。

2) 颜色

叶鞘外部的颜色非常丰富，常见的有白色、黄色、绿色、褐色、红色、紫色等，即使同一植株的叶鞘颜色也可能呈渐变效果(图 1–34)。

(3) 叶颈

叶鞘与叶片的交界过渡处的关节称为叶颈(图 1–35)，常为一段狭窄、平滑的叶环，是叶片基部的延伸，农作上称为叶枕①。

水稻叶颈通常为向缘渐宽，向脊渐窄，侧面观呈梯形、楔形、三角形或近条形。叶颈的颜色一般有黄色、绿色、紫色等。

(4) 叶耳

叶耳是在叶颈两侧端、从叶片基部衍生的条状附属物(图 1–36)，呈镰形钩状，狭小，抱茎，外侧边缘上常有长柔毛或纤毛。叶耳细小，易脱落。有的品种无叶耳(称为筒稻)。

叶耳颜色有半透明的白色、黄色、绿色、紫色等。农作上，水稻叶耳的颜色一般是指主茎倒二叶的叶耳颜色。

---

①植物学上的叶枕是指(豆科植物)叶中叶柄或小叶柄基部膨大呈枕状的结构。禾本科植物中叶的叶鞘与叶片交界处并无此膨大结构，不宜称为叶枕。

——作者注

1~6.叶鞘外表：1.叶鞘全形；2.鞘枕段；3.叶颈；4.两个叠合的膜状鞘缘；5.叶舌；6.鞘脊，示叶鞘、叶片、叶颈和叶舌之间的关系。

7、8.叶鞘内侧表面：7.鞘脉之间有间隔均匀的气腔；8.脉间裂开，可见断裂的白色端壁。

9、10.叶鞘纵切面，脉间通气组织中的气腔端壁呈膜质横隔状：9.斜向分布；10.垂直分布。

图 1–33　叶鞘组成与结构

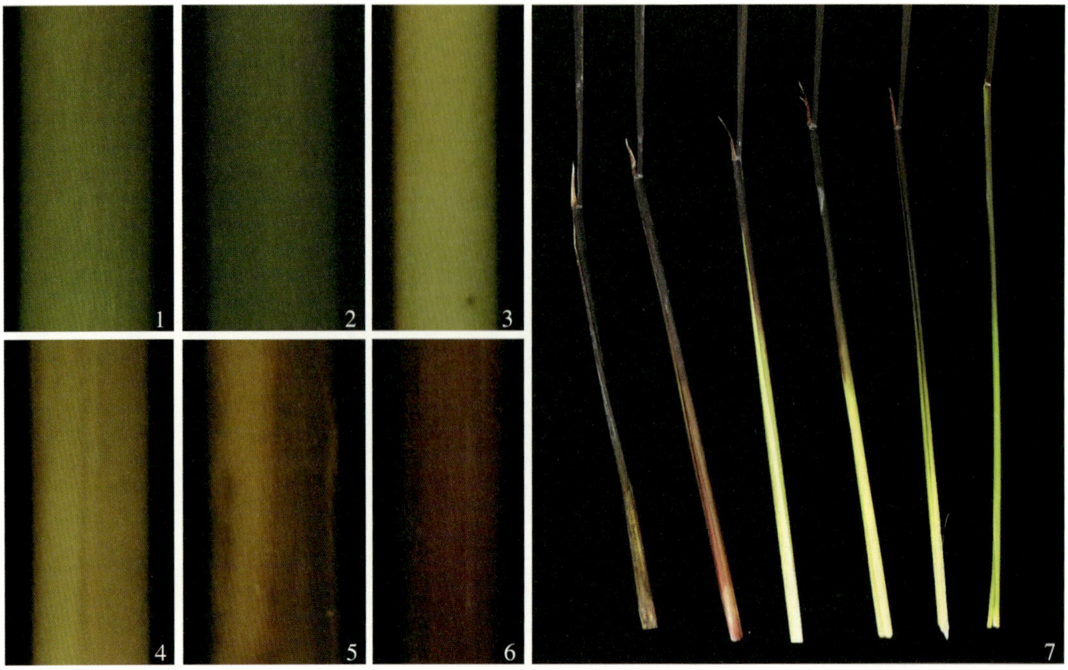

1~6.不同植株的叶鞘颜色；7.同一植株的叶鞘颜色，从左至右为茎基部到顶部的叶鞘。

图 1–34 叶鞘颜色

1、2.梯形；3.楔形；4、5.条形；6.条形，缢缩；7、8.三角形。

图 1–35 叶颈

1.侧面观，示外侧边缘长柔毛分布；2.正面观。

图 1–36　叶耳

(5) 叶舌

在叶颈向茎的内侧、从叶鞘背部顶端延伸出的膜质、薄纸质或纸质舌片，称为叶舌。叶舌常呈雀舌状，两侧基部下延至叶鞘边缘。水稻的叶舌在形状、颜色和长度（分别简称为舌形、舌色和舌长）上都有变化：舌形可分为无、尖至渐尖、二裂和平截等类型（图 1–37）；舌色有白色、绿色、褐色、红色、紫色等，有时有紫色线条；舌长是指叶颈内侧表面至叶舌顶端的长度，可分为无（无叶舌）、短（<1.5 cm）、长（≥1.5 cm）3 个等级。

1.渐尖；2.披针形，顶端尖；3、4.披针形，上部有缺刻；5、6.顶端二裂；7.二裂至近基部，裂片近等长；8.二裂至基部，裂片不等长。

图 1–37　叶舌

1.1.3.3 旗叶

水稻茎（秆）上最后长出或最顶部的叶在农作上称为旗叶，又称为剑叶。旗叶与花序的关系密切，而且影响产量。

(1) 长度

水稻旗叶的长度是指旗叶的叶颈至叶片尖端的长度，可分为极短（≤20 cm）、短（>20~25 cm）、中等（>25~35 cm）、长（>35~45 cm）、极长（>45 cm）5 类（图 1–38）。

1、2.极短；3.短；4.中等；5.长。

图 1–38 旗叶长度

(2) 偏斜角度

旗叶的偏斜角度在农作上称为剑叶角度，是指旗叶叶颈至叶尖的连线与主茎延长线之间的夹角。根据偏斜角度的大小，旗叶姿态可分为 4 种类型（图 1–39）：直立型（≤20°）、中间型（>20°~60°）、平展型（>60°~90°）和披垂型（>90°）。

1.直立型；2.中间型；3、4.平展型；5.披垂型。

图 1–39　旗叶姿态

1.1.4 花序

水稻为禾本科植物，其花序（果期形成果序）以小穗为基本单位。在农作上，常用“穗”表述禾本科植物的花序或果序，如水稻的花序或果序称为稻穗。

1.1.4.1 组成与结构

水稻的花序为圆锥花序，疏展，下部有细长的花序梗（亦称为总花梗）。由于花序梗是由茎顶端的节间演变的，所以水稻的花序属于顶生花序。水稻的花序发育至开花之后，其结构和各部分比例可以保持到果期，而且外形基本一致，所以本节将二者合并介绍。

水稻花序中有一根中轴，即花序轴，简称为序轴，农作上称为穗轴或主梗，是花序梗顶端的延伸。花序轴上有节，称为序轴节，农作上称穗轴节或穗节，一般有 8~15 个，其中花序梗顶端的节为花序的第一个序轴节，农作上称为穗颈节；序轴最顶端的一个节为最末序轴节，称为退化生长点。这两个节分别为序轴的起点和终点，两个相邻节之间的序轴段称为序轴节间，农作上称为节片。

在序轴上有多级花序分枝（图 1-40），简称为序枝，农作上称为枝梗。直接生于序轴节上的分枝称为一级序枝；由一级序枝发出的分枝称为二级序枝，二级序枝幼时常稍弯曲，后变平直。一级序枝和二级序枝具棱，粗糙；在一、二级序枝上着生有小穗梗，每个小穗梗顶端着生一个小穗。小穗在末级序枝上呈总状排列。各级序枝以及小穗梗和小穗均着生于节上。

1.1.4.2 花序特征

（1）伸出度

水稻的花序生于旗叶的叶鞘内。进入生育期以后，花序开始从旗叶中伸出（这个过程在农作上称为抽穗），并以花序顶部露出旗叶的叶鞘 1~2 cm 作为抽穗的开始，花序梗随之挺出。花序伸出的程度在农作上称为穗伸出度，在不同品种间有差异。

花序梗下部被旗叶的叶鞘包卷，基部为茎顶的节，其出露于叶鞘的部分在农作上称为穗颈或穗颈节间。花序梗位置特殊，既是茎端的一个节间，又是茎与花序的连接段。

1.自然状态的花序（果序）；2.花序的结构（人为调整）；3.序轴的穗颈节，示一级序枝着生方式；4.小穗及其小穗梗在序枝上呈总状排列；5.花期二级序枝，幼时弯曲。

图 1–40　花序结构

水稻的花序伸出度是指主花序的穗颈节的伸出度，即穗颈顶端的节点与旗叶的叶颈之间的距离（当穗颈节在旗叶鞘外时，以正值表示；当穗颈节在旗叶鞘内时，以负值表示），可分为紧包（≤-5.0 cm）、近抽出（>-5.0~0 cm）、稍抽出（>0~2.0 cm）、抽出较好（>2.0~8.5 cm）、抽出良好（>8.5 cm）等 5 种类型（图 1-41）。

1.紧包；2.近抽出；3.稍抽出；4.抽出较好；5.抽出良好。

图 1-41 花序伸出度

(2) 序形

花序的整体结构和形态简称为序形，农作上称为穗型。

水稻的序形是根据接近成熟时主花序（农作上称主穗）的开展程度划分的，即按一级序枝与序轴间的夹角（单侧）和小穗的密集程度划分，可分为密集型（≤20°）、中间型（>20°~50°）和散开型（>50°）3 种类型（图 1-42）。

(3) 序轴节上一级序枝数

水稻花序的序轴节着生有一级序枝，数量有多有少。同一节上常着生 1 或 2 个一级序枝，有时可着生更多（图 1-43）。当有 2 或 3 个一级序枝时，一级序枝有时在节上稍错位，呈互生状，但更多情况下呈簇生状。

1.密集型；2.中间型；3.散开型。

图 1–42 序形

1.同时具有 1 枝和 2 枝；2.每节均为 2 枝（对生）；3.一节上有 1~3 枝；4.一节上有多枝簇生。

图 1–43 序轴节上一级序枝数

(4) 序枝密度

水稻花序二级序枝的数量对水稻的产量影响很大。农作上用每个一级序枝上二级序枝的数量表示序枝密度，并分为无（无或近无）、少（≤2）、多（<4，但全序不一致）、聚集（≥3，且全序一致）4 个等级（图 1–44）。

1.无；2~4.少；5、6.多；7、8.聚集。

图 1–44　序枝密度

(5) 序枝上小穗梗数

水稻花序的各级序枝上均可直接着生小穗梗。小穗梗数通常较少（图 1–45）。对于具有二级序枝的序枝，其一级序枝的顶部常有 4~6 根小穗梗，少有 3 根；二级序枝常有 2~4 根小穗梗，少有 5 或 6 根；偶有三级序枝者，小穗梗数更少。花序上有许多无二级序枝的一级序枝（有时二级序枝退化），其小穗梗数普遍较多。

Ⅰ. 具二级序枝的一级序枝：1.顶生 3 根；2.顶生 4 根；3.顶生 5 根；4.顶生 6 根。

Ⅱ. 二级序枝：1、2、4.全具 3 根；3、6.全具 2 根；5.全具 4 根；7、8.同时具 2~6 根。

Ⅲ. 缺乏二级序枝的一级序枝：9.具 5 根；10.具 5 根（下部二级序枝退化）；11.具 12 根。

图 1–45　序枝上小穗梗数

(6) 序姿

花序生长的姿态称为序姿。花序早期的序轴是直的，进入果期后有的序轴会发生不同程度的弯曲，使得水稻呈不同序姿，主要表现为花序在花序梗顶端的弯曲姿态，可用花序顶端到穗颈节的连线与花序梗的延长线之间的夹角大小来表示。

农作上用穗立来反映序姿，但穗立特指主花序的序轴和穗颈的直立程度，用旗叶的叶颈至花序顶尖的连线与茎的延长线之间的夹角大小来表示，可分为直立（≤20°）、半直立（>20°~50°）、弯曲（>50°~90°）、下垂（>90°）4 种类型（图 1–46）。

1、2.直立；3~5.半直立；6.弯曲；7.下垂。

图 1–46　序姿

1.1.4.3　小穗

(1) 组成与结构

小穗是变态的小枝或极为简化的穗状花序。水稻的小穗仅有 1 朵花，此花的雄蕊和雌蕊外的花被退化为鳞片状的浆片或鳞被，花外包着干燥型的稃被和颖被，所以有时将小穗习称为颖花。

水稻的小穗是仅存单花的小穗，由 5 朵小花高度简化而成。小穗生于细长的小穗梗（相当于花序梗）顶端。在小穗梗顶端有 2 个极不明显、呈半月状凸起的退化颖片，为 2 朵退化小花的遗迹；紧靠其上方有 3 朵小花，生于隐约可见、极短缩的小穗轴（相当于花序轴）上。所以，习称的小穗即指这 3 朵小花。

水稻的小穗结构（图 1–47）：小穗最下方（基部）有左右 2 片基本同形、顶端渐尖的狭小薄片，可视为 2 朵小花退化消失而仅剩的颖片（相当于苞叶或苞片），下方的称为外颖（或第一颖、下颖），上方的称为内颖(或第二颖、上颖)，内外颖合称为颖被；在内颖之上，有一段极短的小穗轴，其顶上生有 1 朵可育小花；小花的基部或外侧有一大一小 2 枚套合的舟状苞片，因其直接生于小穗轴顶端，包于（禾本科植物的）花外，特称为稃片，其中在外的称为外稃（相当于苞片），在内的称为内稃（相当于小苞片或先出叶），内稃和外稃合称为稃被；真正的花位于稃被之内。

1.小穗梗顶部的小穗，稃被已裂开，示内稃和外稃；2.小穗轴下部有退化颖片，中部有内颖和外颖，上部有小花的外稃和内稃（基部）。

图 1–47　小穗组成与结构

农作上对小穗结构的各个部位有不同的称谓：退化颖片称为副护颖，外颖和内颖分别称为第一护颖和第二护颖，外稃和内稃分别称为外颖和内颖。

(2) 颖被

由于稃被及其内的花合称为小花，所以小穗是由颖被及其内的小花构成的。小穗颖片的着生位置、长度、形状和颜色等特征是鉴别水稻品种的重要性状。

1）着生位置

外颖与内颖分别位于2个小穗轴节上。其中，外颖位于第一节上，与外稃同侧；内颖位于第二节上，与内稃同侧。小穗轴有时会发生弯曲，小穗轴节间极度短缩，使2枚颖片看起来很近。由于小穗轴短缩的程度不同，因此2枚颖片的分离程度也有一定差异：有的间离，有的微离，有的紧贴（图1–48）。

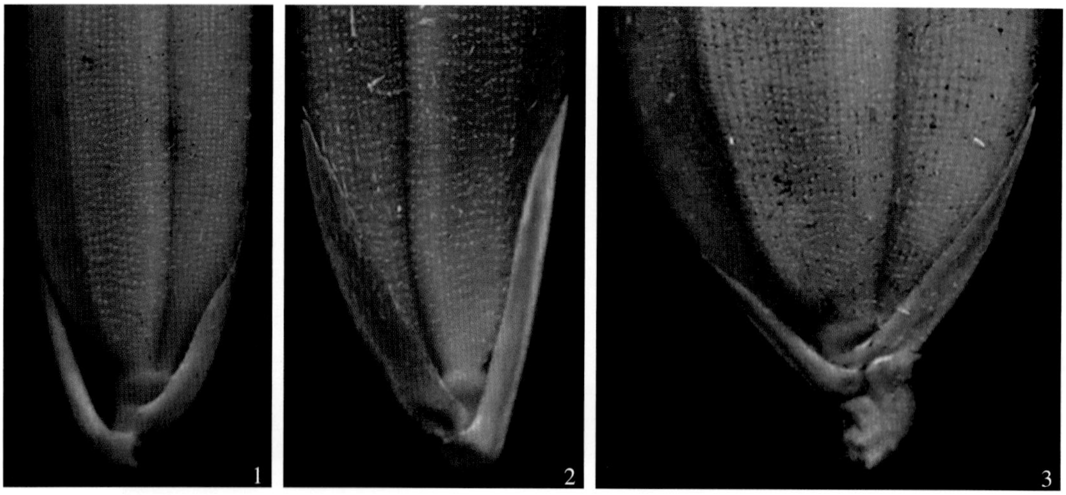

1.间离；2.微离；3.紧贴。

图 1–48　颖片的分离程度

2）长度

颖片长度可分为短（≤1.5 mm）、中等（>1.5~2.5 mm）、长（>2.5 mm）、极长（与外稃等长或更长）。

3）形状

颖片形状常见的有矩形、披针形、长披针形、卵状披针形、卵状三角形等（图1–49），有的颖片有刺毛。

4）颜色

颖片颜色有白色、黄色、绿色、粉色、橙色、红色、褐色、黑色等（图1–50）。

1.矩形，顶部长尖；2.披针形；3.长披针形；4.卵状披针形；5.卵状三角形。

图 1–49　颖片形状

图 1–50　颖片颜色

1.1.5 小花

水稻的花是一类花被简化或退化的花，属于不完全花。由于花始终包被在 2 个稃片中，不能单独显露，所以常将其与稃被一起合称为小花。

1.1.5.1 组成与结构

水稻的小花着生于内颖之上、第一个小穗轴节间顶部膨大的节上。该节间有时会发生弯曲；膨大的节由上下 2 个节融合而成；2 个稃片几乎相对着生于节上。

小花由稃被（含 2 个稃片）和花组成，而花包括雄蕊、雌蕊和鳞片状的浆片（即花被）。外稃盖扣着内稃的两侧边，花包在其中（图 1–51）。

图 1–51　小花结构

1.1.5.2 外形变化

花蕾期，2 个稃片闭合；开花时，内、外稃半打开，花丝伸出散粉；花开后，2 个稃片又闭合起来。开花前后基本同形，直到果实成熟，形状变化甚微（图 1–52）。

1.花蕾期，稃片薄，隐约可见其内花药；2.开花时，内、外稃裂开；3.开花中期（盛期），2 个稃片呈半开状态，花丝伸出稃被；4.花开后，2 个稃片又闭合。

图 1–52　小花开花过程的形态变化

1.1.5.3　稃被

（1）形态

小花稃片有长短两大类，长者呈长矩圆形，短者呈长圆形，两者均为内、外稃两侧压扁，腹缝线位于扁形谷粒的中间，而不在两侧，此为水稻及稻属种类的分类特征之一。稃片具有规则的、细密的格状网纹，表面呈方格状小乳状凸起，同时散布有短糙毛。外稃有 5 脉，背部有 3 棱，其中棱隆起呈龙骨状，两侧的侧棱微凸，边缘呈条状稍向内增厚，边缘具微刺齿；内稃背面圆凸，腹面呈槽状，有 3 脉，边缘具 2 条向外凸起的棱，棱外侧为膜质的狭边。当外稃与内稃闭合时，外稃的边缘紧扣着内稃的缘棱。稃片顶端称为稃尖，常具喙，喙顶端钝圆、微凸或尖凸，甚至具芒尖或长短不一的芒（图 1–53）；基部圆，直接着生于小穗轴节上。

（2）稃毛

稃被表面毛被称为稃毛。无论是长矩圆形稃被，还是长圆形稃被，稃毛有长短之分，但生长的方向均朝向顶端。有的稀疏，有的稠密，主要分布于稃片上半部，其中顶部最多、最长（图 1–54）。

根据稃毛的有无以及毛的多少和分布，可以将稃被细分为无毛（光稃）、脊上有毛、上部有毛、全部被毛 4 类。

1~3.稃被形状：1.长矩圆形稃被的侧面；2.长圆形稃被的侧面；3.内稃背面（两侧为外稃边缘）。
4~6.稃被特征：4.内稃缘棱和光滑边缘；5.外稃边缘具微刺齿；6.稃片上的格状纹理。
7~10.稃片顶端形状：7.钝圆；8.微凸；9.尖凸；10.具芒。

图 1–53 稃被形态

农作上，按照成熟期主果序小穗的稃片上具毛区域的面积占稃片总面积的比例，可将毛被分为极疏（或极低，≤1.0%）、较疏（或低，>1.0%~5.0%）、中等（>5.0%~25.0%）、较密（或高，>25.0%~50.0%）、极密（或极高，>50.0%）5 个等级。

1~4.长矩圆形稃被：1.毛被极少或近无；2.毛被较多；3.毛被较短；4.毛被较长。
5~7.长圆形稃被：5.毛被从下向上渐长；6.毛被少而短；7.毛被密而长。

图 1–54　稃毛

(3) 颜色

水稻稃被的颜色简称为稃色，是鉴别品种的重要性状之一。农作上将稃色称为颖色，是指果熟时稃片的颜色，常见的有白色、黄色、褐色、红色、紫色和紫黑色等以及复合色（图 1–55）。

(4) 芒

有的水稻品种，外稃的稃尖延伸成一枚尖锐的长硬毛，称为芒。芒的有无、长短和颜色是鉴别品种的重要性状之一。按照主穗最长芒的长度划分，可分为 5 级（图 1–56）：无（完全无芒或有芒尖，或有芒粒数在 10%以下）、短（≤1.0 cm）、中（>1.0~3.0 cm）、长（>3.0~5.0 cm）、特长（>5.0 cm）。我国栽培稻的地方品种中有芒的较多，而现代改良的品种中有芒的很少。灌浆期芒的颜色有白色、黄色、粉红色、红色、褐色、紫色、黑色等。

1~15.单色；16~19.复合色。

图 1-55 稃色

1.无（无芒和有芒尖）；2.短；3.中；4.长；5.特长。

图 1–56　芒的长度等级

1.1.5.4　花

水稻的花有 2 枚浆片、6 枚雄蕊和 1 枚雌蕊，其中雄蕊由花丝和花药组成，雌蕊由 2 个具羽状柱头的花柱以及 1 个子房组成（图 1–57）。

1.开花的小花，示 6 个雄蕊和 1 个雌蕊（柱头）；2.花药，示 2 个药室，外形呈细四棱柱状；3.花药背面，示 2 个长条形药室，基部具距，花丝着生于花药基部；4.雌蕊生于内稃一侧的基部；5.雌蕊，子房绿色，2 个花柱生于子房顶端，每个花柱顶端有 1 个羽状柱头。

图 1–57　花的组成

1.1.6 果实

水稻是禾本科植物，果实为颖果，其内仅含 1 粒种子，果壁与种壁愈合，属于干果。但是，水稻的颖果外常具稃被，稃被下部通常附着颖被，所以该果实不是单纯的颖果。从果实结构来看，由于颖果、稃被和颖被合为一体，所以水稻的果实不仅仅是由花形成的，而是由整个小穗参与形成的，可以视为一种假果。因为颖果位于稃被内，且二者不易分离，所以农作上将其合称为谷粒，有时习称为水稻种子。

由于水稻序枝的粗细和长短不同，生于末级序枝上小穗梗顶端的果实会有不同着生姿态，如直立、倾斜或下垂等。

1.1.6.1 组成与结构

水稻果实的组成与结构包括胚、胚乳和籽实皮三部分。其中籽实皮是指种子的种壁与果壁，二者融合，不易分离。水稻果实有一个特殊之处，即稃被始终包在颖果外面，农作上将其稃被称为颖壳。此外，颖被（外颖和内颖）常附着在谷粒基部，不容易脱落，所以有时水稻的谷粒包含颖被（图 1–58）。

1.谷粒，示颖被和稃被；2.颖果，示胚和花柱遗迹。

图 1–58　谷粒和颖果

1.1.6.2 谷粒

(1) 谷粒形状

谷粒形状简称为粒形，可按谷粒的长宽比（长/宽）分为短圆形(≤1.8)、阔卵形（>1.8~2.2)、椭圆形（>2.2~3.3)、长矩形（>3.3）4类（图1–59)。

1.短圆形；2.阔卵形；3.椭圆形；4.长矩形。

图 1–59 谷粒形状

(2) 谷粒长度

谷粒长度是指成熟期谷粒从外稃基部至稃被顶部的长度，有芒品种的谷粒则测量到稃片芒尖。按照谷粒长度，水稻的谷粒可划分为极短(≤4.0 mm)、短(>4.0~6.0 mm)、中（>6.0~8.0 mm)、长(>8.0~10.0 mm)、极长(>10.0 mm）5个等级（图1–60)。

1.极短；2.短；3.中；4.长；5.极长。

图 1–60 谷粒长度

(3) 谷粒宽度

谷粒宽度是指成熟饱满谷粒的稃被两侧最宽部位的宽度，分为极窄（≤1.5 mm）、窄（>1.5~2.5 mm）、中（>2.5~3.5 mm）、宽（>3.5~4.5 mm）、极宽（>4.5 mm）5 个等级（图 1–61）。

1.极窄；2.窄；3.中；4.宽；5.极宽。

图 1–61　谷粒宽度

(4) 谷粒颜色

谷粒颜色是基于成熟期主果序(农作上称为主穗）上整体稃被的颜色进行划分的，有黄色、褐色、红色、紫色等（图 1–62）。谷粒颜色在农作上常称为颖色，因品种而异。

图 1–62 谷粒颜色

1.1.6.3 颖果

水稻的谷粒除去稃被后即为颖果，此时颖果在农作上称为糙米（或籽粒），有时又称为米粒（或米）。米粒（或米）是指去除糙米表面果皮、种皮甚至胚乳的糊粉层后的部分。

除颜色有所差异外，米粒基本与糙米相同；但糙米与谷粒除颜色明显有差异外，其大小和形状也有一定差异。

（1）颖果形状

颖果按形状可划分为近圆形、椭圆形、半纺锤形、纺锤形、锐尖纺锤形 5 类（图 1–63）。

1.近圆形；2.椭圆形；3.半纺锤形；4.纺锤形；5.锐尖纺锤形。

图 1–63 颖果形状

(2) 颖果长度

颖果按长度可划分为极短（≤5.0 mm）、短（>5.0~6.0 mm）、中（>6.0~7.0 mm）、长（>7.0~8.0 mm）、极长（>8.0 mm）5 个级别（图 1–64）。

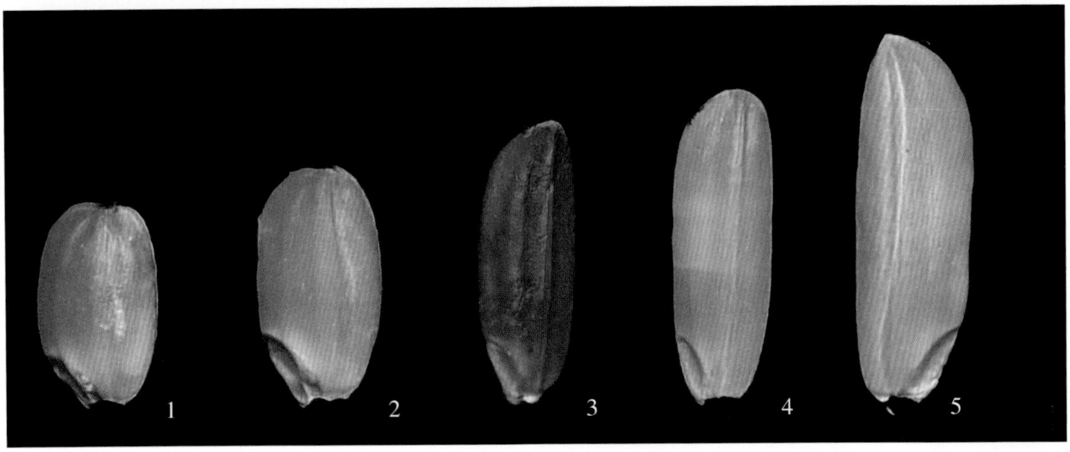

1.极短；2.短；3.中；4.长；5.极长。

图 1–64 颖果长度

(3) 颖果宽度

颖果按宽度可划分为窄（≤2.4 mm）、中（>2.4~3.2 mm）、宽（>3.2 mm）3 类（图 1–65）。

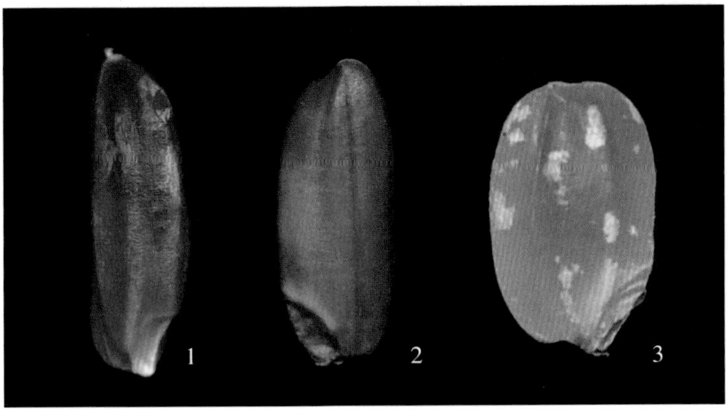

1.窄；2.中；3.宽。

图 1–65 颖果宽度

(4) 颖果颜色

颖果颜色有白色、红色、褐色、黑色等（图 1–66）。

图 1–66 颖果颜色

1.2 水稻的野生近缘植物

稻所在的稻属全世界有 22~24 种，全属可以分为 3 组，其中稻位于稻组，有 17 种。稻属的栽培种主要有 2 个：一个是广泛栽培（尤其是亚洲）的稻，也称为亚洲栽培稻，品种极为丰富；另一个是非洲栽培的光稃稻（*O. glaberrima* Steud.）。中国的稻属有 5 种，其中栽培 2 种（包括稻），野生 3 种。

疣粒稻（别名：疣粒野生稻）

Oryza meyeriana subsp. *granulata* (Nees & Arn. ex Watt) Tateoka

茎：高 30~70 cm，稍压扁；具 5~9 节。

叶：叶鞘长 5~8 cm，短于其节间，无毛。叶舌长 1~2 mm，无毛。叶耳明显。叶片线状披针形，长 5~20 cm，宽 6~20 mm，正面沿脉呈锯齿状粗糙，反面平滑，顶端尖，基部圆形。

花序/花：圆锥花序，狭窄，直立，长 3~12 cm；序枝 2~5 枚，长 2~6 cm，上升，具棱，棱粗糙，疏生小穗。小穗浅绿色或灰色，椭圆形长圆状，长约 6 mm，约为宽的 2 或 3 倍。颖片退化，仅留痕迹。不孕小花的外稃狭披针形或锥状，稍不相等，长约 1 mm，具 1 脉，无毛；可孕小花的外稃无芒，顶端钝或有短小的 3 齿，侧面具沟槽，表面具不规则小疣点。雄蕊 6 枚，花药黄白色，长 3.5~4.5 mm；柱头 2 枚，白色，羽状。

1.植株中下部，示根和叶；2.植株上部，示花序和叶；3.小穗，示不孕外稃；4.雌蕊。

图 1-67 疣粒稻

药用稻（别名：药用野生稻）
Oryza officinalis Wall. ex G. Watt

茎：直立或下部匍匐，高 1.5~3.0 m；具 8~15 节，其中基部 2 或 3 节具不定根。

叶：叶鞘长约 40 cm，长于其节间 3 倍以上。叶舌膜质，长约 4 mm。叶耳不明显。叶片线状披针形，质地较厚，长 30~80 cm，宽 2~3 cm，顶端尖，中脉粗壮，侧脉不明显，反面粗糙，基部贴生微毛，边缘呈锯齿状粗糙。

花序/花：圆锥花序，疏散，长 30~50 cm，基部常为顶生叶的叶鞘所包。序轴节间长约 5 cm，序枝长 10~15 cm，基部节上有 3~5 枝，呈细毛状粗糙，下半部常裸露，腋间生微柔毛。小穗梗长 1~4 mm，粗糙；顶端具 2 枚半月形退化颖片。小穗黄绿色或带褐黑色，宽卵形长圆状，长 4~5 mm，成熟时易脱落。不孕小花的外稃线状披针形，长 1.5~2 mm，顶端渐尖，具 1 脉，边缘有细纤毛；可孕小花的外稃阔卵形，脉纹粗厚隆起，脊上部或边脉生疣基硬毛，表面疣状凸起在每侧呈24~26 纵行；芒自外稃顶端伸出，长 5~10（~25）mm，纤细，具细毛；内稃与外稃同质，宽约为外稃的一半，脊疏生疣基硬毛，顶端有小尖头，边缘干膜质。花药长约 2.5 mm。

1.叶；2.花序；3.末级弯曲的序枝及排成总状的小穗。

图 1–68　药用稻

野生稻（别名：普通野生稻）
Oryza rufipogon Griff.

茎：高约 1.5 m；下部常海绵质，呈匍匐状；具 5~9 节，其中近地面的地上部或水中的节可生不定根；分蘖力强。

叶：叶鞘绿色或紫色，圆筒状，疏松、无毛。叶舌膜质，长达 17 mm，顶部尖，二裂。叶耳明显，黄绿色或淡紫色。叶颈无色或淡紫色。叶片线形，长达 40 cm，宽约 1 cm，顶端渐尖，边缘与中脉粗糙。

花序/花：圆锥花序，幼时直立，后下垂，长约 20 cm。花序梗较长。花序轴及序枝粗糙；序枝少而散生，一般仅有一级序枝，序枝节间略呈“之”字形弯曲。小穗分布稀疏，在序枝上近前后相接，呈单列。小穗梗有时上弯。小穗长 8~9 mm，宽 2~3 mm；基部具 2 枚微小半圆形退化颖片，果实成熟后易自小穗梗关节上脱落。外颖和内颖退化呈鳞片状狭披针形，顶部渐尖。可孕小花的外稃长圆形，厚纸质，长 7~8 mm，表面有规则的细密网纹，具 5 脉，糙毛状粗糙，顶端深紫色或无色，沿脊上部具较长纤毛；芒着生于外稃顶端，长 5~40 mm，具一明显关节，紫色，具毛；内稃与外稃同质，具 3 脉，被糙毛。浆片 2 枚；雄蕊 6 枚，花药淡黄色，长约 5 mm；柱头 2 枚，紫色或无色，羽状，外露。

1.花序；2.一级序枝；3.具不同长度芒的小穗；4.小穗，示颖被、外稃和内稃；5.去除外稃的小花。

图 1–69 野生稻

第2章

小麦及其野生近缘植物

2.1　小麦

◎ **植物名**

拉丁名：*Triticum aestivum* L.

中文名：小麦

别　名：普通小麦、冬小麦、麸麦、浮麦、浮小麦、空空麦

◎ **商品名**　小麦（颖果）

小麦(图 2-1)为禾本科(Poaceae)小麦属(*Triticum* L.)一年生草本植物。小麦具有很高的营养价值，富含淀粉、蛋白质、脂肪、矿物质、硫胺素、核黄素、烟酸及维生素 A 等。小麦主要供食用，其制成的面粉品质好，适宜制作各种面食及糕点；其籽粒可用于制酒精、淀粉及糊精；其茎秆、谷糠和麸皮可作牲畜饲料。

小麦是世界上分布最广、种植历史最悠久的粮食作物之一，其种植面积最大，约占谷类作物总面积的 31%；总产量第二，约占谷类作物总产量的 26%；商品率最高，是世界上贸易额最大的粮食作物之一，全世界有 1/3 以上的人口以小麦为主粮。

中国是世界上较早种植小麦的国家之一，也是全球小麦第一大生产国，以 2023 年为例，小麦种植面积约 2363 万 hm^2，产量达到 13659 万 t。小麦在我国的种植面积和产量仅次于玉米和水稻，是第三大农作物。小麦在我国种植范围很广，南北从广东至黑龙江，东西从沿海地区至新疆和西藏，主要分布于华北平原及其邻近地带，可分为 10 个种植区：北部冬麦区、黄淮冬麦区、长江中下游冬麦区、西南冬麦区、华南冬麦区、东北春麦区、北部春麦区、西北春麦区、青藏春冬麦区和新疆冬春麦区。

1.具花序（无芒）植株；2.花序（具芒）；3.分蘖茎；4.小穗；5.外颖；6.外稃。

图 2–1 小麦

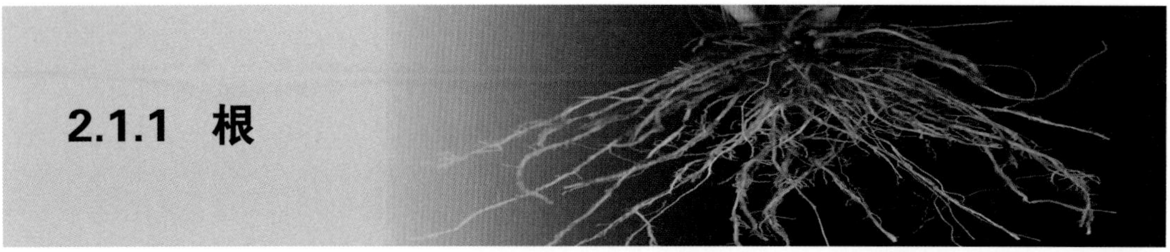

2.1.1 根

小麦的根系由初生根系和次生根系组成，根多，分支多，细长，形成须根系，具有吸收、代谢和支持功能，既是吸收器官，也是合成、运输和支撑器官。

2.1.1.1 初生根系

小麦的初生根系（图 2–2）是指种子萌发阶段形成的根，狭义上是指由胚根发育的主根（初生根或初生胚根），广义上还包括盾片节、胚芽鞘节上发生的幼根，即初生不定根或次生胚根。上述这些根由种子提供营养发育而成，故又称为种子根，有 3~5（~8）条。无论是胚根，还是在其后发出的幼根，发出前均有根鞘包被，发出后表面均分布许多根毛。农作上，将第一真叶出土之前发生的根都称为初生根。

初生根中的胚根形成主根，种子根可以发生侧根，对小麦初生根系的形成（主要是幼苗期）有重要作用。不同于其他禾谷类作物，小麦的初生根系续存于整个生育期，始终发挥作用。

2.1.1.2 次生根系

小麦幼苗长出 3 片叶后，胚芽鞘节长出第一个分蘖，分蘖节上发出次生根（图 2–3）。在农作上，次生根多指从三叶期到拔节期的生育期阶段（属于分蘖期或整个幼苗期）茎基部节（含分蘖节）上发出的不定根。这些次生根形成了次生根系。

小麦的次生根为不定根，是根系的主要组成部分。与初生根一样，次生根也可以发生分支，即次级的侧根或支根，但比初生根粗而短，二者共同形成根群。由于次生根发生于茎基部节上，因此又被称为节根或次生不定根。

主茎的基部节每发出一个分蘖茎，分蘖节上同时发出 1 或 2 条次生根；分蘖茎长出 3 片叶后，其基部同样发出次生根。小麦各节次生根的多少与环境条件和品种有关。

广义上，相对于胚根形成的主根（或初生胚根），其余的根都是次生根或不定根。在胚根萌发之后发出的第一对幼根（初生不定根或次生胚根）位于胚芽鞘基部的节处，此处属于第一个茎节，因此次生根和不定根也被认为开始于胚芽鞘节。

1.胚根和一对侧生幼根；2.胚根上的根毛；3.第一真叶出现时的侧生幼根；4.第二真叶出现时的幼根；5.三叶期前的幼根。

图 2–2　初生根系

1.幼苗期的次生根，示第一分蘖发生；2.丛生植株的次生根系，示根群；3.次生根上的支根。

图 2–3　次生根系

2.1.2 茎

小麦的茎是一个有节相隔的细管状柱系统，下接须根系，上连穗状花序，中间节上生叶，主要功能是支撑地上部分与输导水分和养分。茎的一小部分在地下，称为地下茎；大部分在地上，称为地上茎，呈圆筒状，分成节和节间，无分枝，故又称为秆，农作上称为茎秆或麦秆。农作上的茎主要是指地上茎。

2.1.2.1　节

节是茎中坚硬而充实的部分，分为地下节和地上节。

（1）地上节

地上节主要是指两节间之间的部位，具有 4 种重要功能：着生叶鞘；增强茎秆强度；伸长节间，增加植株高度；促使茎秆直立或弯曲。此外，广义上，地上茎的节还包括花序中的序轴节，但本节不介绍此类节。

1）外部形态

小麦地上茎的节位于茎上稍缢缩处（稍细于茎），一般还包括紧接其上端的膨大茎段（明显粗于茎），二者形成复合体，即通常所说的节，其中下部缢缩部分为实节，称为节段，上部膨大部分为鞘枕，称为鞘枕段(图 2–4)。

地上节的鞘枕是叶鞘的基部，角质化加厚，上连着真正的叶鞘，下接着节段，有时上缘可见叶鞘开口（图 2–5：1）。节的鞘枕表面常平滑，有时具白粉，少数具毛（图 2–5：2）；颜色多为绿色，但有不同程度的变化，如粉绿色、淡绿色、翠绿色、黄绿色、深绿色、褐色等。

小麦地上茎的节在外形上可以根据鞘枕段分为直节和弯节两类。

直节：鞘枕段的两端面平行，两侧边等长，上下节间呈一条直线。该类节从侧面看有方节（侧边平直）和圆节（侧边弧曲）2 种；从长度看有长节、中节和短节 3 种，其中长的直节往往会伴有些微弯倾（图 2–6：8）。

弯节：鞘枕段的两端面不平行，两侧边不等长，上下节间不呈一条直线。弯节常见于分蘖茎的中下部，发生于茎秆倾斜或倒伏后，使茎发生明显弯曲或折曲(图 2–6：9~13)。

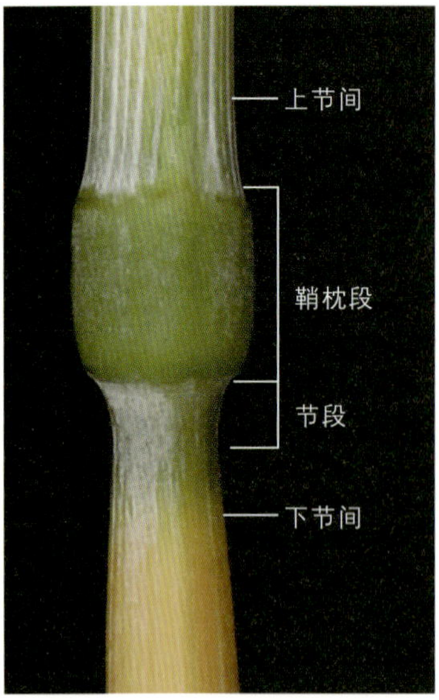

图 2-4　地上节的分段

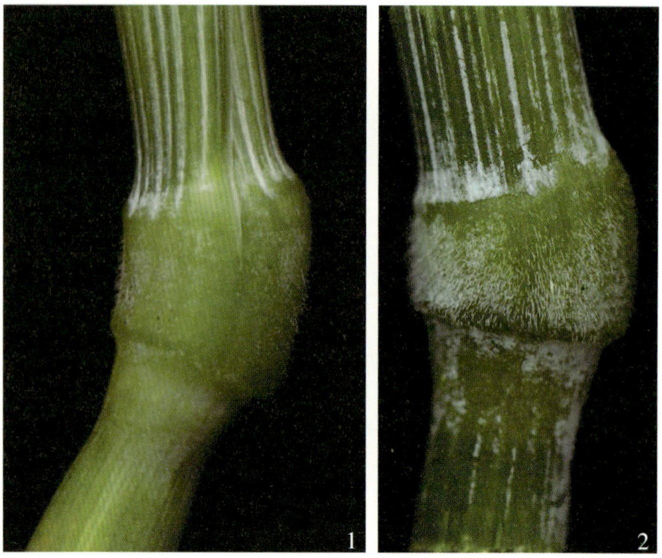

1.叶鞘基部开口至鞘枕段中上部；2.节外被毛。

图 2-5　地上节（鞘枕段）的特征

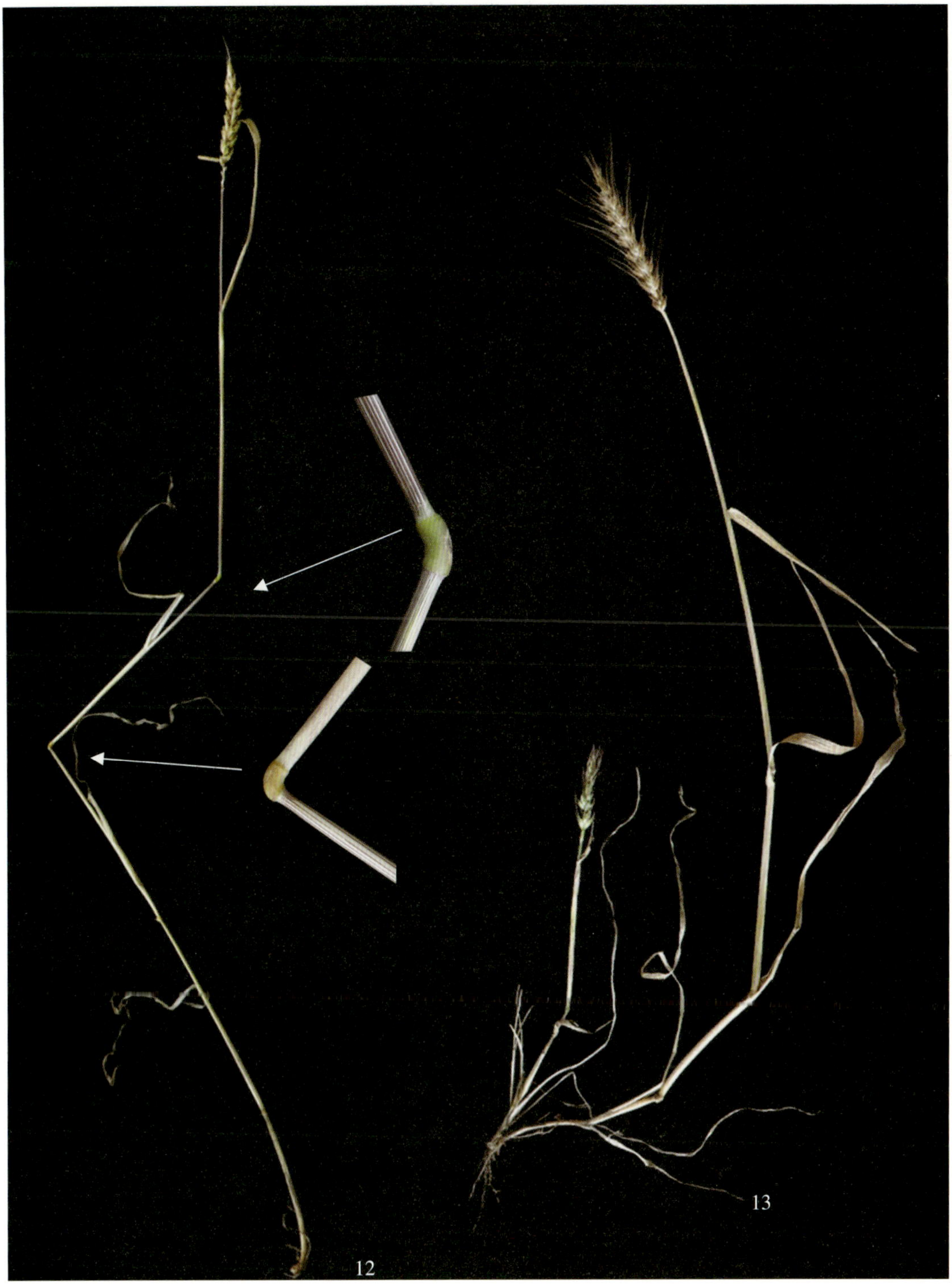

1~8.直节：1、2.短节的圆节；3.短方节；4、5.中方节；6~8.长方节。
9~11.弯节：9、10.长节；11.中节。12、13.同一茎具不同弯节：12.倒伏后生长的折曲茎；13.分蘖茎。

图 2–6　直节与弯节

2）内部结构

① 横切面

节段：主要是横隔，将上、下节间隔断，是节的实心部分。

节段下缘（图 2–7：1）与下节间相接，中央为下节间的顶部，周缘可见下节间壁中的维管束以及外层的厚角组织和表皮。

节段上缘（图 2–7：2）可分为内外两部分：前者为上节间的节内节间起始部位，中央隐约可见髓部的薄壁细胞组织，外围节间壁具有交互排列的 2 轮维管束；后者为鞘枕起始部位，宽厚。

鞘枕段：节内节间与鞘枕增厚的复合体，是节最宽的部分，但并不是节最坚实的部分，其内部是节间的基部，称为节内节间，外部是枕状膨大、增厚的叶鞘基部——鞘枕。鞘枕体（图 2–7：3）和鞘枕上缘（图 2–7：4）的横切面可分为内外两部分：中央部分为节内节间，外围为较厚的鞘枕。节间壁和叶鞘壁中均有 1 轮维管束；节间的髓部薄壁细胞组织下部较多，越向上越少，甚至在中央形成髓腔，而且髓腔越向上越大；鞘枕顶端向上节间的叶鞘过渡，明显变薄，形成鞘裂口。

② 纵切面

在纵切面（图 2–7：5~7）上可清晰地看出节段横隔较薄，鞘枕段很厚，明显分为内部节间和外部鞘枕两部分。鞘枕段的节间为上节间的基部，呈现 4 个特点：一是节间基部的顶端钝圆，且超出鞘枕体；二是节间内部充满髓薄壁细胞组织，从鞘枕上缘开始出现髓腔，并向上逐渐扩大；三是此处节间是节外上节间的基础，是整个节间中最细的部分；四是此处节间壁最薄弱、柔嫩，茎弯曲会在此处发生。

（2）地下节

在茎的基部，节常位于地下或地表，属于地下节（图 2–8），有时称为茎基节。地下茎的节主要有 2 种重要功能：发生不定根和形成分蘖茎。此节可产生不定根，所以也称为根节；又因此节上叶鞘内的腋芽能生长发育成次一级茎——分蘖茎，所以也称为分蘖节。

（3）节数

小麦主茎的总节数是指从胚芽鞘节到穗颈节的节数，包括茎的地上节和地下节的数量，为“叶片数+2”，其中“2”是指胚芽鞘的节和第一真叶的节。

小麦茎上的节一般有 7~14 个，其中地下部分 3~7 个，地上部分 4~7 个。农作上的节数常指主茎地上部分的节数。一丛小麦植株中，主茎常具 5 或 6 个节，成穗分蘖茎则多具 4 或 5 个节(图 2–9)。

1~4.茎中部节的横切面：1.节段下缘；2.节段上缘；3.鞘枕体；4.鞘枕上缘。
5~7.茎中部节的纵切面：5.圆节（左为外形）；6.中弯节；7.长弯节（左为外形）。

图 2-7　地上节内部结构

1.根节；2.茎基部节；3.分蘖节。

图 2-8　地下节

1.地上茎具 5 节（以叶指示）；2.主茎和分蘖茎分别具 5 节和 4 节。

图 2-9　节数

2.1.2.2 节间

从外形看，小麦的节间（图 2–10）为下一个节顶端（鞘枕段的顶端）至上一个节基部（鞘枕段的基部）的茎段；但从内部结构看，应是两个节段之间的部分，包括节内节间和节外节间两部分。其中：前者以内部充满髓薄壁细胞组织（生长后期逐渐减退，甚至全部消失）、外部有鞘枕包围为特征；后者以内部中空、外部有叶鞘包围为特征。此处的节间指后者。

小麦茎上的节间通常全部或大部分被叶鞘包围。其中：地上茎的节间为伸长节间，长而中空，稀有实心品种；地下茎的节间短而实心，一般缩集在一起。广义上的节间还包括如下 3 种：一是幼苗初生根与茎基节之间的节段，称为根中茎，可视为茎的第一个节间；二是茎顶端的节间，发育成花序梗，农作上将其视为节间，称为穗下节间（或穗颈）；三是花序轴上的序轴节间，农作上称为穗轴节间。

节间的伸长为居间生长。小麦幼苗进入拔节期后，节间基部居间分生组织开始活动，地上茎的节间开始显现，并随着花序发育而逐渐伸长，形成茎。地上茎中部的节间通常中部粗，上下两端渐细，接近节的部位稍缢缩。

（1）长度

一般地下茎的节间短，不伸长；地上茎的节间伸长，其中基部第一节间最短，在此之上的节间从下向上逐渐增长（图 2–11），最上一节即穗下节间（花序梗）最长，有时超过茎长的 1/3。

（2）粗度

节间的粗度（图 2–12）实际代表了茎的粗度，与小麦茎秆抗倒伏能力密切相关。农作上，节间的粗度是指节间中部的粗度，包括直径和壁厚 2 个方面。

直径：在一株小麦中，主茎的节间直径大于分蘖茎上与之对应节间的直径(图 2–9：2)。在一根茎中，节间直径通常是茎基部和顶端的细，中部和中下部的粗，但有时茎基部第二节间最粗，此后的节间越向上越细，至穗下节间顶端最细(图 2–11：1)。

壁厚：节间（中部）壁厚一般以茎基部第一节间最厚，越往上壁越薄，穗下节间壁最薄（图 2–12）。

1.去除叶鞘的节间，示粗度变化；
2.节间短于叶鞘；3.节间长于叶鞘。

图 2–10　地上茎的节间

1.节间长度对比，a~e 分别为基部至顶部的节间；2、3.茎上各节间的长度对比（叶数与节间数对应）。

图 2–11　节间长度

上排：成熟期茎基部、中部、顶部节间的壁厚。
下排：成熟期茎基部（第一节间）至顶部（即穗下节间）5 个节间中部的直径。

图 2–12　节间粗度

（3）颜色

节间的颜色基本上就是茎的颜色（茎色），农作上称为秆色，常与品种有关。本书节间的颜色以穗下节间（花序梗）的颜色为代表。小麦的茎秆颜色丰富多彩，常见的有绿色、黄色、橙色、褐色、红色、紫色、蓝色等（图 2-13）。生产上种植的小麦，茎秆颜色在成熟前多为绿色，部分品种带紫色，蜡熟期的茎秆颜色主要分为黄色和紫色两大类。

图 2-13 穗下节间颜色

2.1.2.3　茎类型

(1) 同一茎中的类型

小麦的茎有丰富的形态变化，同一茎的不同部位形态不同，功能各异，广义上的茎从下向上可以分为根中茎、地下茎、地上茎、花序梗和花序轴等 5 种类型。

根中茎： 位于第一真叶节与胚芽鞘节（初生根系的顶端）之间的节间（图 2–14：1），是上胚轴的第一个节间，属于茎的最基部，也是茎与初生根的过渡段。根中茎长短不一（有时甚至没有），与播种深浅有一定关系：通常播种深的小麦根中茎出现的频率高且较长，第二、三节间也会过度伸长，形成类似根中茎的分节现象①；播种浅的小麦多数没有根中茎。

地下茎： 位于地下或靠近地表下方的茎段，在植株各茎中的基部，其节间很短，节常紧缩在一起，节上着生叶鞘，可发生次生根和分蘖茎。

地上茎： 位于地上部分的茎段，通常指茎秆（麦秆），其中的节间为伸长节间，节上通常仅着生叶的叶鞘，但在特殊情况下（如茎秆受损且土、水和养分条件较好，或盆栽）也有可能出现分蘖。

花序梗： 位于茎顶端的一个节间，具有茎的形态特征，下连茎、上接穗，是从茎向花序轴过渡的茎。

花序轴： 位于花序梗顶端的变态茎段，形态细长、扁平、实心，由序轴节间（节片）和序轴节组成，节上着生小穗。

(2) 同一株中的类型

小麦植株具有丛生茎秆，农作上将其分为主茎和分蘖茎两类（图 2–14）。

主茎： 当有分蘖发生，形成新茎（一级分蘖茎）时，原茎相应地称为主茎。农作上，用主茎代表一丛植株的茎。主茎在发育早晚、生长次序和营养分配等方面均优于分蘖茎，所以一般长势较好，相对高大和粗壮。

分蘖茎： 茎基部节上腋芽形成的次一级茎称为分蘖茎或侧茎，习称为分蘖。按分蘖次序，分蘖茎可分为不同级别：由主茎产生的分蘖茎为一级分蘖茎，由一级分蘖茎产生的分蘖茎为二级分蘖茎，依此类推。

根据成穗率，分蘖茎可分为两类：凡能抽穗并结实的分蘖茎为有效分蘖茎（主要是一、二级分蘖茎），不能抽穗结实的分蘖茎为无效分蘖茎。

---

①此处根中茎虽然外形与根状茎相似，有明显的节和节间，节上有不定根，但小麦不是多年生植物，其上没有顶芽，节上缺乏腋芽和鳞片状叶，无营养繁殖能力，所以不属于根状茎。　——作者注

1.幼苗的根中茎；2.主茎和分蘖茎，示有效分蘖茎和无效分蘖茎；3.成熟期植株的主茎和各级分蘖茎。

图 2-14 茎的类型

2.1.2.4　株高

株高与茎的长度密切相关，主要是茎长。农作上，株高是指一丛植株中主茎（最高单茎）的高度。

小麦的株高是指由基部（地面）至穗顶（不含芒）的长度，一般为 60~100 cm。小麦株高的差异（图 2-15）主要表现在 3 个方面：一是不同品种之间的差异；二是相同品种在不同环境下生长的差异；三是同一株丛中不同单茎间的差异。

1.大田中不同品种的株高对比；2.同一株丛中不同单茎的株高对比；3.高、矮茎对比。

图 2-15　株高对比

2.1.3 叶

叶是小麦重要的营养器官和保护器官，叶片具有光合作用，叶鞘可保护茎和花序，所以叶在农业生产上备受关注。

小麦的叶有多种形态，广义上可以分为四类：第一类是真叶，即营养叶；第二类是鞘状叶，即胚芽鞘和分蘖鞘（又称先出叶）；第三类是变态叶，包括小穗的颖片和小花的稃片；第四类是盾片。其中：胚芽鞘生于胚轴上（胚体的第二叶）；分蘖鞘生于茎基部分蘖节上（图 2–8：3）；真叶包括第一真叶（叶片顶端钝圆）及生于地下茎分蘖节上和地上茎节上的叶，农作上将前者称为近根叶，后者称为茎生叶；颖片和稃片生于花序上；盾片为胚性叶，仅存于种内。上述各种叶中，茎生叶对小麦的作用最大。本节主要介绍茎生叶。

2.1.3.1 组成与结构

完整的茎生叶由叶片、叶鞘、叶耳、叶舌四部分组成（图 2–16）。叶片与叶鞘的交界部位有叶颈，从叶片和叶鞘的背部向边缘扩展，侧面观呈三角形，薄于叶片和叶鞘，其脉连通叶脉和鞘脉，是叶片上下返折的缓冲结构。

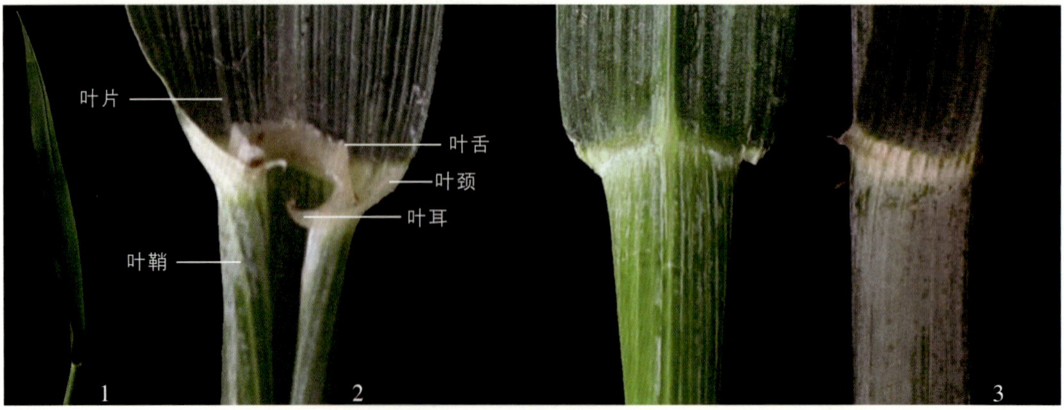

1.叶；2.叶的组成；3.叶颈背面（左）和侧面（右）。

图 2–16 茎生叶的组成与结构

(1) 叶片

叶片是进行光合作用的主要器官。小麦的叶片幼时螺旋弯扭，后展平（图 2–17），一般狭长，顶部渐尖，基部钝圆；叶脉为平行脉，中脉（又称主脉）明显且向反面微凸。第一真叶顶端钝圆，幼时具毛被（图 2-17：4）。

同一茎上的叶片，从下向上，长度和宽度渐增，其中倒数第二叶最长，农作上称为倒二叶；倒数第一叶最宽，农作上称为旗叶。旗叶有时也称为功能叶、剑叶或顶叶，其叶片明显比茎上其他叶片宽大。旗叶具有高效的光合作用，可以合成有机物供小麦灌浆，决定小麦产量的高低。旗叶大小及伸展姿态与品种有关。农作上，有时通过观察旗叶的姿态快速、便捷地判断植株的叶姿。

小麦的叶片为等面叶，其颜色为绿色或深绿色，两面同色或反面稍淡于正面。有的品种叶片具毛。

1.地上茎不同部位的叶；2、5.叶片正面；3、6.叶片反面；4.第一真叶，具毛被；7.叶脉。

图 2-17　叶片

(2) 叶鞘

叶鞘是扁平化如叶片的变态叶柄，基部着生于节上，上部呈筒状，包卷着茎，单侧裂开，向下部逐渐交叠。地上茎的叶鞘能增大茎的机械强度，且有输导作用、光合作用和贮藏养分的作用。

叶鞘通常指鞘枕顶端至叶片基部的叶柄，广义上还包括其基部的鞘枕（位于节上，包围节间基部）和顶端的叶舌。鞘枕厚而外凸，表面光滑，闭合状；叶鞘表面有细棱，鞘裂边缘为膜质，叶鞘在鞘枕上部或鞘基段交合重叠，在节间从下向上逐渐松离，有时露出节间；叶舌是鞘顶外延的短薄片，呈膜质。

茎下部叶的叶鞘通常松弛包茎，越向上包茎越紧。茎上叶鞘的长度一般从下向上逐节加长，旗叶的叶鞘最长。旗叶的叶鞘早期包着幼嫩花序（农作上称为穗苞）；中期鞘边向外敞开，花序从中挺出（抽穗）；后期包裹穗下节间（穗颈），使之直挺。

小麦的叶鞘常与茎同色，稀不同色。除了常见的绿色（或带紫色），叶鞘有时被白粉，还有黄色、橙色、红色等颜色（图 2-18）。

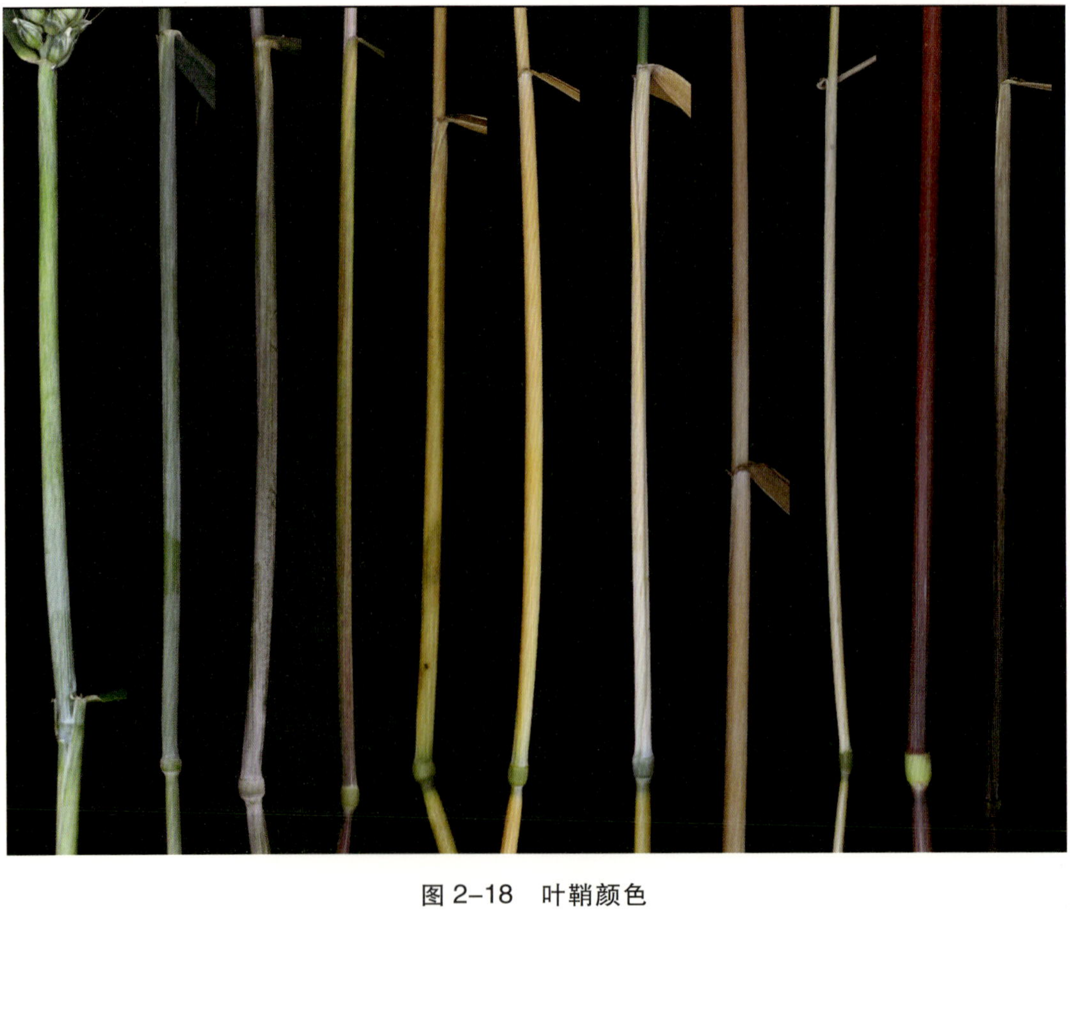

图 2-18 叶鞘颜色

小麦的叶鞘有多种类型（图 2–19），除地上茎的叶鞘外，还有胚芽鞘、分蘖鞘等，不同类型叶的叶鞘功能不尽相同。

胚芽鞘（图 2–19：1）为包被胚芽的鞘，出土后称为芽鞘，是单子叶植物（特别是禾本科）特有的，具有顶土和保护胚芽中的幼叶、生长锥出土冒芽的功能。它是仅有鞘而没有叶片的叶，是小麦出土叶中的第一片叶，也是主茎的第一片叶。当第一真叶长到正常大小时，胚芽鞘即皱缩、枯萎。

1.胚芽鞘。2.分蘖鞘。3~5.旗叶的叶鞘：3.早期；4.中期；5.后期。

图 2–19　叶鞘类型

分蘖鞘（图 2–19：2）位于分蘖节上，是包在腋芽（位于真叶的叶鞘之中）外面的一片无叶片的鞘形叶，膜质，顶端开裂（分蘖茎从其中伸出），又名先出叶，具有保护功能。

(3) 叶耳

小麦的叶耳（图 2–20）是叶片基部两侧向外延伸的锥形结构。两耳伸出鞘缘，抱茎（即节间），可增大叶鞘与茎的贴合度。两耳有时相接，有时随鞘口分开而远离，有时会因鞘沿错位而上下分置（图 2–20：4）。叶耳有绿色和紫色两种颜色。

1.背面观；2.侧面观；3.正面观；4.一对错位的叶耳。

图 2–20 叶耳

(4) 叶舌

叶舌（图 2–21）是叶鞘顶端（内表皮）的衍生结构，可防止雨水、灰尘、害虫等进入叶鞘。小麦的叶舌多为膜质，无色或褐色，两面光滑，顶端具不规则微齿，两端向鞘开口渐低。

1.背面观；2.正面观；3.侧面观。

图 2–21 叶舌

2.1.3.2　叶姿

小麦叶片在茎上有不同伸展姿态，农作上称为叶姿，是指各叶的叶片在茎上大体一致的伸展方向。叶姿与小麦生长期间的光合作用效率和田间通风效果有一定的关系。

叶姿主要视茎与叶片正面（叶颈至叶尖的连线）之间的夹角而定，可分为直挺、平展和下披 3 种类型（图 2–22）。其中：直挺者也包括斜举者，是指上举的叶片与茎之间的夹角小于 45°；平展者是指叶片近水平状展开，与茎之间的夹角为 45°~90°；下披者是指叶片倾向下垂，与茎之间的夹角大于 90°。

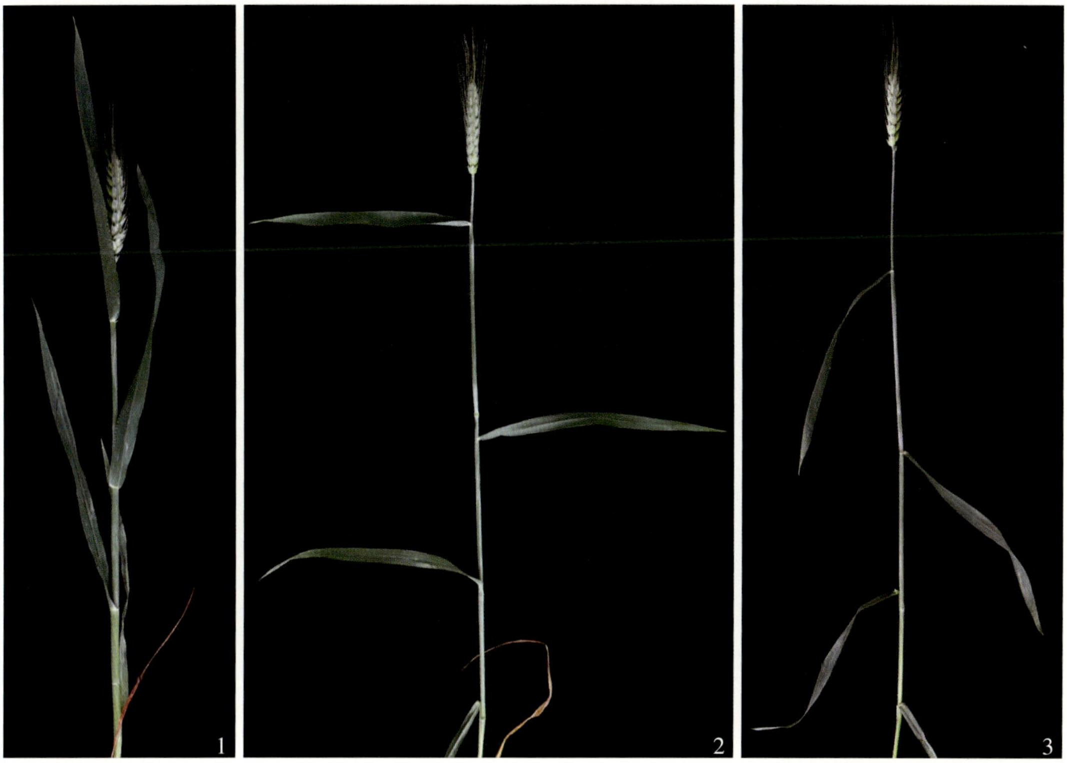

1.直挺；2.平展；3.下披。

图 2–22　叶姿

2.1.4 花序

小麦的花序为直立的复穗状花序，由花序梗、花序轴和小穗组成。花序的形状、长宽和密度与品种有关。

农作上，小麦的花序（花穗）及果熟期的果序（果穗）统称为穗。其中花序梗称为穗梗，花序轴称为穗轴，花序轴节间称为节片，小穗轴的节间称为小节片。小麦的花序和果序的外形与结构基本一致，所以本节花序等同于果序。

2.1.4.1 外观

（1）序粗

小麦的序粗在农作上称为穗粗，是指花序中部的粗细程度，包括花序侧面观上两排小穗的总宽度以及正面观小穗的宽度。序粗是序轴和小穗轴节间长度、小花外稃长度以及小穗开度（即小穗轴与序轴之间的夹角大小）的综合反映，通常分为粗穗、中等粗穗和细穗（图 2–23）。一般序轴和小穗轴节间越短，外稃越长，小穗开度越大，花序越粗；反之则越细。

（2）序长

序长在农作上称为穗长，是指（主茎上）花序的基部小穗（含不育小穗和退化小穗）至花序顶部（不含芒）的长度。小麦花序的长度差异较大，常为 5~25 cm，多为 8~15 cm，大体可以分为短穗（≤5 cm）、较短穗（>5~8 cm）、中等长穗（>8~12 cm）、较长穗（>12~18 cm）和长穗（≥18 cm）5 类（图 2–24）。

（3）序形

序型是花序外部轮廓（不含芒）形状的简称，农作上称为穗型。它与序轴的长度、序轴节间的长度、小穗的长度以及小穗在序轴上的分布密切相关。小麦的序形多样，有线状、柱状、长矩状、长纺锤状、椭圆状、棒槌状、长圆锥状和分枝状等(图 2–25)。

（4）序密度

序密度在农作上称为穗密度，是指小穗在序轴上的分布紧密程度，是序轴节间长度和小穗高度的综合反映。小麦的穗密度一般分为密穗、中等密穗和疏穗(图 2–26)。

密穗： 侧面看不到或看不清楚序轴，下节小穗顶端达到同侧上节小穗中部以上，花序整体上粗短。这是因为序轴节间短，小穗轴与序轴之间的夹角大。

中等密穗： 侧面可以看到序轴，下节小穗顶端达到同侧上节小穗中部以下，包括下节小穗顶端覆盖上节小穗基部者（属于稍疏）。大多数小麦为中等密穗。

疏穗： 侧面可以看到较长的序轴，下节小穗顶端仅抵或不及同侧上节小穗基部，花序多细长。这是因为序轴节间长，小穗轴与序轴之间的夹角小。

1.粗穗；2.中等粗穗；3.细穗。

图 2–23　序粗

1.短穗；2.较短穗；3.中等长穗；4.较长穗；5.长穗。

图 2-24 序长

1.线状；2.柱状；3.长矩状；4.长纺锤状；5.椭圆状；6.棒槌状；7.长圆锥状；8.扭曲状；9.分枝状。

图 2–25　序形

1.密穗；2.中等密穗；3.疏穗。

图 2–26 序密度

2.1.4.2 结构

小麦花序有一根直挺的花序轴，即序轴。序轴是左右曲折的主轴，序轴节上着生小穗。小麦的序轴由序轴节间构成。序轴节间长 3~5 mm，扁平，上部宽厚，下部窄薄，纵切面呈楔形；外侧（背面）圆拱，绿色，具脉纹；内侧（腹面）平滑或下陷；两侧成狭边，沿缘具纤毛。序轴节间以腹面相对，上下交互排列；顶端宽平，腹面侧着生上一个序轴节间，背面侧着生一个小穗（图 2–27）。

1.花序的侧面观；2.序轴正面；3.序轴侧面；4.序轴节间边缘具毛被；5.序轴节间顶端宽平。

图 2–27　序轴及序轴节间

2.1.4.3　小穗

小穗着生于序轴节间的顶端，其中位于序轴基部和顶部的小穗常退化（图 2–28）；正常发育的小穗，其顶部的小花多退化。

1.序轴下部及基部的退化小穗；2.序轴上部及顶部的退化小穗；3.序轴基部退化程度不同的小穗。

图 2–28　序轴上的退化小穗

(1) 组成与结构

小穗（图 2–29）是序轴分枝的变态。每个小穗基部都有 1 个呈垫状的极短小穗梗，其顶端有 1 个小穗轴。

小穗轴基部有 2 个呈上下排列或近对生的颖片，称为颖被，农作上称为护颖。颖被之上有 3~9 朵小花，其中顶端的小花败育或退化。

小穗轴细弱而扁平，其结构与序轴相似，由多个小穗轴节间构成，小穗轴上的节间自下而上渐长、渐窄；每个节间上宽下窄，两面被短毛，侧棱被纤毛。

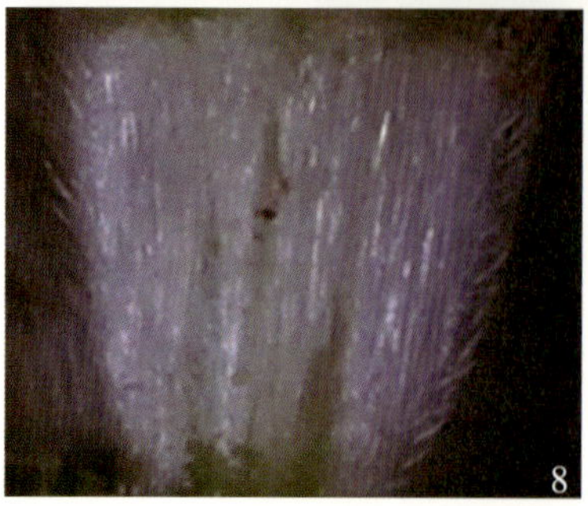

1.具 4 朵小花的小穗（颖片具微芒）；2.具 5 朵小花的小穗（颖片具长芒）；3.具 6 朵小花的小穗；4.具 7 朵小花的小穗（颖片无芒）；5.单侧小穗排列的背面观（左）和腹面观（右）；6.小穗分解图（a~f 为第 1 至第 6 朵小花，腹面）；7.小穗顶端的退化小花，示最长小穗轴节间；8.小穗轴节间及其毛被。

图 2–29　小穗及其组成

(2) 颖被

小穗最下方的基部或外部具有 2 个颖片构成的颖被，直接着生于垫状小穗梗上；顶端渐尖至平截，两侧边缘薄或膜质。颖片的形状、颜色、毛被多样，颖脉以及顶部形状等也有多种变化。

1) 颜色

颖片的颜色简称为颖色。小麦颖色可以分为颖体颜色和颖脉颜色，二者有时不一致，变化丰富（图 2-30），其中前者有灰白色、绿色、橙色、黄色、红色、褐色等，后者有绿色、褐色、橙色、红色、黑色等。

图 2-30　颖片颜色

2) 形状

颖片的形状因品种而异，主要有长圆形、椭圆形、卵形、长方形和圆形等（图 2-31）。

3) 毛被

颖片常光滑，或有硅突。少数颖片被毛，如背部及颖脊具短柔毛或小刺毛，侧边或下部边缘具纤毛（图 2-32）。

1.长圆形；2.椭圆形；3.卵形；4.长方形；5.圆形。

图 2–31　颖片形状

1.下部边缘被纤毛；2.边缘具短柔毛；3.背部和颖脊具柔毛；4.颖脊前部具小刺毛。

图 2–32　颖片毛被

4）颖脉

颖片的背部具数条脉（图 2–33：4），其中位于颖片背部的中脉（主脉）凸起呈龙骨状，称为颖脊。颖脊的顶部和前部明显隆起，并有狭窄耸起、宽圆隆状、低矮微凸等类型。有些品种的颖脊上具刺毛或小锯齿。不同品种间颖脊的差异一般不明显。

5）顶部

颖片的顶部有多种结构变化，包括颖肩、颖嘴和颖芒。

颖肩：颖脊两侧颖体的顶端，可反映颖脊与颖侧边之间的边界变化，大体可分为无肩、斜肩、方肩、丘肩 4 种类型（图 2–33）。

颖嘴：颖脊向前凸出（但不成芒）的形状，有钝圆状、尖锐状和鸟喙状，也少有向后凹陷的特殊形状（图 2–34）。

颖芒：颖脊主脉在颖体外的延伸，即颖片顶端形成的芒（图 2–35），有弯芒和直芒两类，其中后者根据颖与芒的长度比再分为短直芒（芒长不超过颖体长）、中直芒（芒长为颖体长的 1~2 倍）和长直芒（芒长为颖体长的 2 倍以上）。

1.无肩；2.斜肩；3.方肩；4.丘肩。

图 2–33　颖肩

1、2.钝圆状；3.尖锐状；4.鸟喙状；5.凹陷状。

图 2–34　颖嘴

1.弯芒。2~4.直芒；2.短直芒；3.中直芒；4.长直芒。

图 2–35　颖芒

2.1.5 小花

小麦的小花由外稃、内稃和花构成，其中外稃和内稃合称为稃被（农作上称为颖）。花始终包在稃被内，而小花则生于小穗的颖被内（图 2-36）。

1.内稃及花的雄蕊和雌蕊（柱头）；2.外稃（腹面）；3.内稃、外稃和雌蕊（子房）。

图 2-36 小花结构

2.1.5.1 稃被

在农作上，成熟期小麦的稃被(有时甚至包括颖被)称为壳，紧包或不包颖果。

小麦的外稃形状有长卵形、长圆形或长圆状披针形，背面的前部有时具稃脉，顶端具凸尖或伸长成芒（称为稃芒），边缘膜质。外稃变化较多，包括背部颜色、毛被、稃脉以及顶端的延伸或稃芒等。内稃变化较少，与外稃近等长，形状也基本同外稃，但常为膜质，两侧有两脊，脊外侧的狭边仍为膜质（图 2-36：3），向外稃腹面扣合。

（1）稃色

稃被的颜色简称为稃色，农作上称为壳色。小麦花序的颜色包括颖色和稃色，二者基本一致，常以外稃的颜色为主，所以外稃的颜色可以代表花序的颜色。除常见的绿色外，外稃的颜色还有灰白色、黄绿色、橙色、黄色、褐色、红色、蓝色、黑色以及多色镶嵌（杂色）等（图 2-37）。

图 2-37　稃色

(2) 稃芒

1) 稃芒类型

小麦的稃芒有直芒和弯芒两类，多数为直芒。按芒的有无及芒的长度，小花的稃芒可分为无芒、微芒、短芒、长芒、超长芒等类型（图 2-38）。

无芒包括稃体顶端不凸尖、微凸尖或不呈芒状的渐尖；微芒是指芒长不超过稃体长（最长者与稃体等长）的芒；短芒为芒长超过稃体、但不及稃体长 2 倍的芒；长芒的芒长为稃体长的 2~4 倍；超长芒的芒长为稃体长的 4 倍以上。

1.无芒。2~5.直芒：2.微芒；3.短芒；4.长芒；5.超长芒。6~9.曲芒：6.微芒；7.短芒；8.长芒；9.超长芒。

图 2-38　稃芒类型

2）序芒类型

小麦的品种众多，花序上的芒形式多样，变化丰富，不仅小花的稃芒有类型和长度的变化，花序上的芒也有分布上的变化，包括全无芒和局部无芒。

花序上的芒简称为序芒。序芒虽然源于稃芒，但与类型单一的稃芒不同，主要反映芒在花序上分布的不同式样，因此将花序上芒的变化类型称为序芒类型，包括整序的芒长类型以及花序上不同部位芒的形态和长度变化。

整序的芒长有无芒、微芒、短芒、中等芒、长芒等变化，农作上（依据穗顶部的芒）将序芒划分为 5 种类型（图 2–39：1~5）：极短（芒长短于小穗）、短（芒长为小穗长的 2~3 倍）、中等（芒长为小穗长的 5~6 倍）、长（芒长为全穗长的 1/2~3/4）、极长（芒与全穗等长或长于全穗）。根据芒在花序上不同部位的分布状况，序芒可分为全序同形芒、半穗异形芒（下部或上部）、序顶具芒、序上兼具直芒和曲芒等类型（图 2–39：6~11）。

4
5
6
7
8
9

1~5.序芒长度：1.极短芒；2.短芒；3.中等芒；4.长芒；5.极长芒。

6~11.序芒分布：6、7.直芒和曲芒混生；8.上部直芒下部曲芒；9、10.下部短芒上部长芒；11.顶生芒。

图 2-39　序芒类型

2.1.5.2　花

小麦真正的花在稃被之内，包含 2 个鳞被（浆片，相当于花被）、3 个雄蕊(含花丝和花药)、1 个雌蕊(含子房、花柱和柱头),是花被简化的花（图 2-40）。

1.生于内稃基部的左右 2 朵花，示雄蕊和雌蕊与内稃的关系。2.花药白色。3.花药黄色。
4.花的组成：a.完整的花，示 3 个雄蕊；b.鳞被；c.雌蕊。

图 2–40 花的组成与结构

2.1.6 果实

小麦的果实成熟时果皮与种皮不易分开，植物学上称为颖果，农作上称为籽粒或籽实，俗称为种子，但实际上是含有单粒种子的颖果。

小麦颖果的发育过程（图 2–41）大体可以分为灌浆期（子房后期和幼果前期）、乳熟期（幼果期和幼果后期）、面团期（果中期）、蜡熟期（果后期）和完熟期（果熟期）。

1、2.灌浆期；3~5.乳熟期；6、7.面团期；8、9.蜡熟期；10.完熟期。

图 2–41 颖果发育过程

2.1.6.1 形状

小麦成熟后的颖果形状简称为果形，农作上称为粒形，常见的有长圆状、椭圆状和卵圆状（图 2–42）。

颖果的顶端具毛被，称为冠毛（农作上称为种子毛），有多少之分；腹面具腹沟，有深浅和宽窄之分，腹沟浅而窄的品种出粉率高；基部具微凹、较平、明显的种脐，其上可见微外凸的胚形。

1.长圆状；2.椭圆状；3.卵圆状。

图 2–42　颖果形状

2.1.6.2　颜色

成熟颖果的颜色（图 2–43）简称为果色，农作上称为粒色，常见的有白色、红色、黑紫色、青色。其中：白色、乳白色或黄白色的为白皮小麦；深红色或红褐色的为红皮小麦；青色或黑紫色的为彩皮小麦。我国种植的小麦以白皮小麦为主，地方品种以红皮小麦居多，品种分布与种植地区有一定关系。

图 2–43　颖果颜色

2.1.6.3 质地

成熟颖果的胚乳有不同的软硬程度，农作上称为粒质。小麦颖果质地（图 2–44）可分为硬质（或称玻璃质，胚乳的全部或大部分为角质）、半硬质（胚乳中部分为角质，部分为粉质）和软质（胚乳的大部分为粉质）。

成熟颖果的饱满度(图 2–45）分为饱满、较饱满、中等饱满、欠饱满和瘪 5 个等级。

1~3.硬质；4~6.半硬质；7~9.软质。

图 2–44　颖果质地

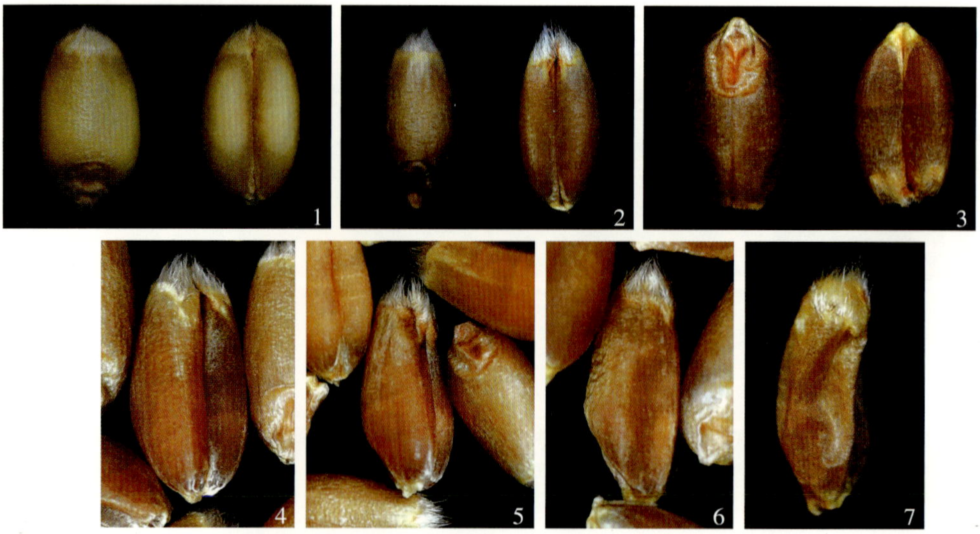

1.饱满；2.较饱满；3.中等饱满；4、5.欠饱满；6、7.瘪。

图 2–45　颖果饱满度

2.2　小麦的野生近缘植物

小麦是异源六倍体，其基因源很丰富。目前，已知小麦族中有十余个属的数十种与小麦杂交成功。因此，小麦族的植物几乎都可被视为小麦的近缘植物。根据分子系统学研究，雀麦族隶属于小麦族，但这种观点还存在争议，而且雀麦族的植物在小麦育种中的应用研究也少有报道。所以本书中的小麦野生近缘植物不包含雀麦族（我国分布有雀麦属 *Bromus* L.和扇穗茅属 *Littledalea* Hemsl.）的种类。

我国小麦族有 13 属 182 种，其中野生 165 种，引种栽培 17 种（包括山羊草属 *Aegilops* L.的 8 种、小麦属 *Triticum* L.的 4 种、大麦属 *Hordeum* L.的 3 种和黑麦属 *Secale* L.的 2 种）。本节中与小麦野生近缘植物相关的所有种类按属（属内的种类按种加词的英文字母顺序）依次介绍（按检索表中顺序介绍，大麦属的种类见第 3 章），具体的属及其形态特征区别如下：

1. 野生。
  2. 序轴节上常生 2 至多个小穗，有时赖草属和披碱草属中有单生。
    3. 颖片明显，短于或长于第一小花。
      4. 序轴均具关节，可逐节断落，序轴节上生 2 或 3 个小穗；小穗内生 1 或 2 朵小花。
        5. 每节上有 3 个小穗，小穗仅内生 1 朵小花，仅居中的小穗可成熟，两侧者常不孕且呈芒状，顶生于序轴的小穗也常退化 ………………………………………… **大麦属 *Hordeum***
        5. 每节上有 2 或 3 个小穗，小穗各内生 1 或 2 朵小花，且均能成熟 ……………………………………… **新麦草属 *Psathyrostachys***
      4. 序轴无关节，不逐节断落，序轴节上生 2 至数个小穗（有时仅 1 个）；小穗内生数朵小花。
        6. 叶片坚硬；颖片细长，呈锥状，具 1~3 脉 …………… **赖草属 *Leymus***
        6. 叶片柔韧；颖片披针形，具 3~5 脉。
          7. 外稃基部的基盘通常十分明显 …………………… **披碱草属 *Elymus***
          7. 外稃基部的基盘通常不明显 ………… **假鹅观草属 *Pseudoroegneria***
    3. 颖片无或极微小，也可为芒状或锥状 ……………………… **猬草属 *Hystrix***
  2. 序轴节上常仅生 1 个小穗。
    8. 多年生（稀一年生）；小穗彼此微分离或呈稀疏覆瓦状排列于一个稍延长的

序轴上，顶生小穗多正常发育；颖片及外稃常扁平或背部圆形 ………………………………………………………… **偃麦草属 *Elytrigia***

8. 多年生或一年生；小穗常紧密排列于一个甚短的序轴上，顶生小穗不孕或退化；颖片及外稃两侧压扁或背部显著有脊。

9. 一年生；序轴具关节而逐节断落；颖片两侧成熟时多少变硬而呈角质边缘 ………………………………………… **旱麦草属 *Eremopyrum***

9. 多年生；序轴延续而不折断；颖片两侧具宽膜质边缘。

10. 顶端小穗通常不孕；颖片具脊 ……………………… **冰草属 *Agropyron***

10. 顶端小穗发育良好；颖片不具脊或仅顶端具脊 ………………………………………………………… **仲彬草属 *Kengyilia***

1. 多为栽培。

11. 序轴节上有 1 个小穗。

12. 颖片锥状，仅具 1 脉 ……………………………………… **黑麦属 *Secale***

12. 颖片卵形，具 3 至数脉。

13. 小穗膨大或呈圆柱状；颖片背部扁平或呈圆形而无脊；小穗成熟时常自其基部整个脱落，或序轴逐节断落 ………………… **山羊草属 *Aegilops***

13. 小穗体扁；颖片背部显著有脊；小穗成熟时并不自基部脱落，序轴也不逐节断落 ……………………………………………… **小麦属 *Triticum***

11. 序轴节上有 3 个小穗 ……………………………………… **大麦属 *Hordeum***

2.2.1　新麦草属

Psathyrostachys Nevski

新麦草属全球有 10 种，主要分布于中亚地区。均为多年生草本，花序较紧密，序轴节上有 2 或 3 个小穗。各种均为二倍体，异花授粉。我国有 5 种，分布于华北和西北地区。新麦草属植物多为山地草原及山地半荒漠带常见牧草，具有抗旱、抗病和耐盐碱等生物学特性。

华山新麦草

Psathyrostachys huashanica Keng ex P. C. Kuo

茎：具长的地下根状茎。秆稀疏散生，高 30~60 cm，表面无脉，具 2~4 节。

叶：叶鞘长于节间，基部褐色，无毛。叶舌高约 0.5 mm，边缘具纤毛。叶片通常平展，长 3~20 cm，宽 2~4 mm，正面黄绿色，被柔毛，反面灰绿色，无毛，边缘粗糙。

花序/花：穗状花序，浅绿色，长 4~9 cm，宽 1~1.5 cm；序轴质脆，成熟时逐节断落，密被短柔毛，边缘具粗毛；序轴每节具小穗 2 或 3 个。小穗黄绿色，内生小花 1 或 2 朵；小穗轴节间长 2~3.5 mm。颖片线形，长（9~）10~12 mm，粗糙。外稃无毛，粗糙；第一外稃长 8~10 mm，先端具长（5~）7~9（~14）mm 的芒；内稃与外稃等长，具 2 脊，沿脊上部疏生短缘毛。花药黄色，长 4.5~6 mm。

1

2

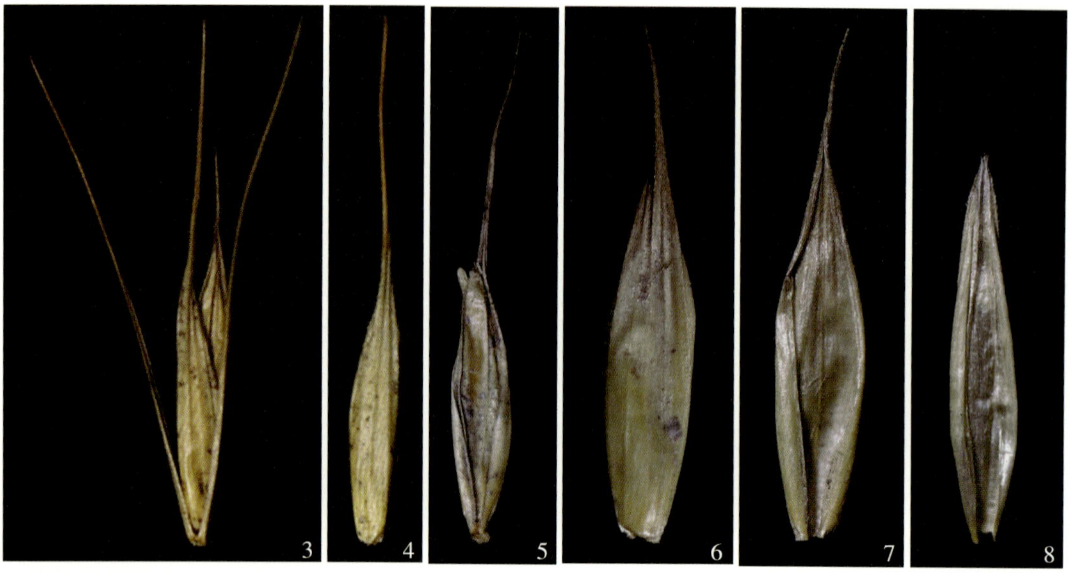

1.花序；2.序轴节间及毛被；3.小穗，示颖片和小花；4.小花背面；5.小花腹面；6.外稃背面；7.外稃腹面；8.内稃腹面。

图 2-46　华山新麦草

新麦草

Psathyrostachys juncea (Fisch.) Nevski

茎：具直伸短根状茎。秆密集丛生，高 50~80（~100）cm，具 2~4 节，光滑，无毛，仅于穗状花序下密被短柔毛，基部残留枯黄的纤维状叶鞘。

叶：叶鞘短于节间，光滑，无毛。叶舌膜质，高 0.3~1 mm。叶片浅绿色至灰绿色，平展或边缘内卷，长 4~18 cm，宽 2~8 mm，正反面均无毛、粗糙。

花序/花：穗状花序，长（5~）9~12 cm，宽（5~）7~12 mm；序轴质脆而易断，被微柔毛，边缘具粗毛；节间通常长 3~5 mm，基部者长达 10 mm；每节具小穗 2 或 3 个。小穗绿色，成熟时黄褐色，长 8~11 mm，内生小花（1）2 或 3 朵。颖片锥形，长（4~）5~8 mm，具不明显的 1 脉，表面粗糙或被微柔毛。外稃披针形，长（7~）8~11 mm（含芒），被短硬毛或柔毛，先端渐尖成长 1~2（~3）mm 的芒；内稃稍短于外稃。鳞被长 1.3~1.5 mm；花药黄色，长 3.8~4.8 mm。

紫药新麦草

var. *hyalantha* (Rupr.) S. L. Chen

主要特征：秆在穗状花序下密被紧密的短柔毛。花药紫色，长 3~4 mm。

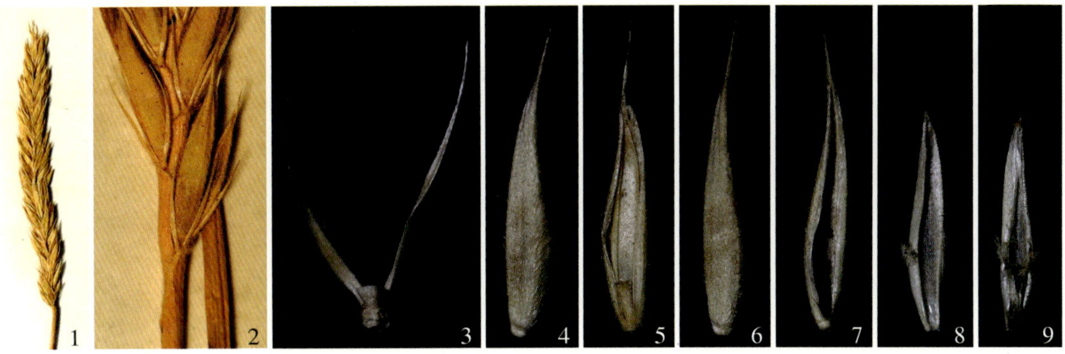

1.花序；2.序轴，示小穗；3.内、外颖；4.小花背面；5.小花腹面，示小穗轴节间；6.外稃背面；7.外稃腹面；8.内稃背面；9.内稃腹面。

图 2–47　新麦草

单花新麦草

Psathyrostachys kronenburgii (Hack.) Nevski

茎：具直伸的短根状茎。秆密集丛生，高（50~）70~90 cm，具 3~5 节，无毛，仅于穗状花序下被短柔毛，基部残留枯黄的纤维状叶鞘。

叶：叶鞘短于节间，无毛。叶舌高 0.4~2 mm。叶片绿色或灰绿色，平展或内卷，长 3~13 cm，宽 2~5 mm，正反面均粗糙。

花序/花：穗状花序，淡绿色，长 5~7 cm，宽 9~12 mm；序轴质脆，易断，被短柔毛，边缘多毛；节间长 2~4 mm；每节具小穗 3 个。小穗狭卵状，内生小花 1 或 2 朵。颖片淡紫色，锥形，长（6.5~）8~10 mm，密被柔毛。外稃披针形，长 6~12 mm，具凸出 5 脉，被柔毛，先端渐尖成长（1.8~）2~3.5 mm 的短芒；内稃与外稃等长，沿 2 脊被纤毛。鳞被长 0.6~1.3 mm；花药紫色，长 5~6 mm。

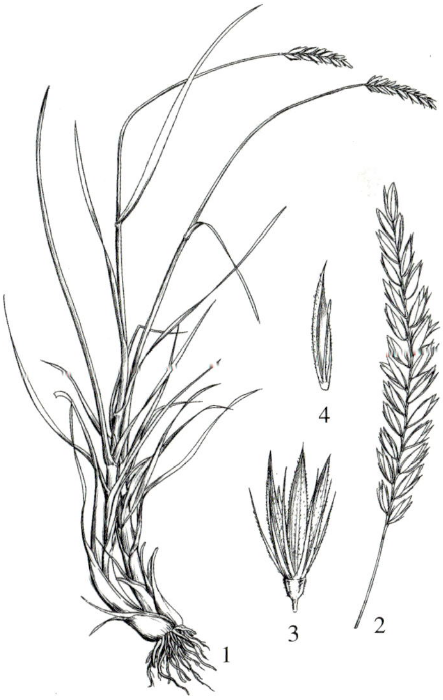

1.具花序植株；2.花序；3.同一节上的 3 个小穗，示序轴及颖片；4.顶部小花腹面及退化小花。

图 2–48　单花新麦草

毛穗新麦草
Psathyrostachys lanuginosa (Trin.) Nevski

茎：秆密集丛生，浅灰绿色，纤细，通常高 15~40 cm，最高可达 60 cm，具 2 或 3 节，光滑，无毛，仅于穗状花序下被少量柔毛，基部残留灰褐色叶鞘。

叶：叶鞘短于节间，紧密包茎。叶舌高 0.2~0.6 mm。叶片浅灰绿色，平展至稍内卷，长 1~13 cm，宽 1~3 mm，正面粗糙至被短柔毛，反面无毛至粗糙。

花序/花：穗状花序，长椭圆状，长 1~4 cm，宽 8~10 mm。序轴灰白色或灰绿色，质脆；每节具小穗 2 或 3 个。小穗长 8~10 mm，内生小花 1 或 2 朵。颖片锥形，长（5~）6~8 mm，密被长柔毛。外稃披针形，长 7~9 mm（含芒），密被长柔毛，先端具长 1~2.5 mm 的芒；内稃长 6~8（~9）mm，疏生柔毛，沿脊密生纤毛，先端锐尖。花药黄色，长 3~4 mm。

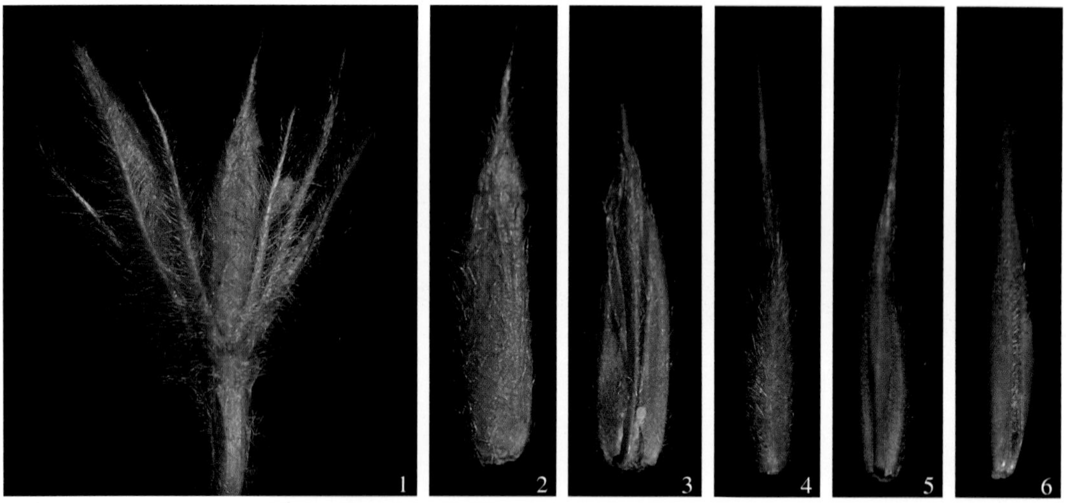

1.序轴 1 个节间（背面观）顶端、节上的 3 个小穗（脱落 1 个）和 6 个颖片；2.小花背面；3.小花腹面；4.外稃背面；5.外稃腹面；6.内稃背面。

图 2–49　毛穗新麦草

匍茎新麦草

Psathyrostachys stoloniformis C. Baden

茎：具地下根状茎。秆松散丛生，高 40~60 cm，具 2 或 3 节，无毛，仅于穗状花序下被短柔毛。

叶：叶鞘褐色，生于秆基部，通常短于节间。叶舌高 0.4~0.6 mm。叶片边缘内卷，长（2~）8~17 cm，宽（2~）3~5 mm，正反面均粗糙。

花序/花：穗状花序，长圆柱状，长 7~9 cm，宽 8~12 mm。序轴边缘具粗毛；通常每节具小穗 3 个。小穗狭椭圆状，内生小花 1 或 2 朵。颖片长（8~）10~12（~14）mm，上部粗糙，下部具柔毛。外稃长（8~）9~12（~14）mm（含芒），常被稀疏柔毛；内稃长（6.5~）7~10 mm，先端 2 裂。鳞被长 1.4~1.8 mm；花药黄色，长 3.5~4.5（~5）mm。

1.花序；2.序轴 1 个节间及节上 3 小穗（背面）；3.节上颖片；4.小穗，示 2 小花；5.小花背面（外稃）；6.内稃背面；7.外稃腹面和侧面；8.内稃腹面。

图 2–50　匍茎新麦草

2.2.2 赖草属

Leymus Hochst.

赖草属的叶片常内卷且质地较硬，穗状花序直立，序轴节上小穗较多（2~5个）。有些种是优良牧草，根状茎发达而坚韧，返青早，生长旺盛。该属为四倍体至十二倍体，异花授粉，其中很多种已与小麦杂交成功。全世界有 50 种，广布于北半球的寒温地带。我国有 24 种，均为野生种，分布于西北至东北地区，多见于新疆和青海。

阿英赖草

Leymus aemulans (Nevski) Tzvelev

茎：秆密集丛生，纤细，表面平滑，无毛。

叶：叶片线形，苍绿色，平展或近凹，宽可至 2.5 cm，正面粗糙，反面光滑。

花序/花：穗状花序直立，疏松，长 5~10 cm。序轴每节具小穗 1 个。小穗浅绿色，长 1.5~20 mm，内生小花 3~5 朵。颖片钻状线形，基部宽披针形，向先端逐渐变狭，宽 0.5~0.7 mm，无脉，无毛；外颖长 3~6 mm，先端锐尖或具短芒；内颖长 6~12 mm，先端具芒。外稃宽披针形，长（9~）10~12 mm，具不明显的 5 脉，表面平滑、无毛，芒长 2~5 mm，粗糙。

1.花序；2.序轴节上 1 小穗；3.外颖侧面；4.内颖背面；5.小穗（其中的 2 小花）；6.小花背面；7.外稃背面；8.外稃腹面；9.内稃腹面。

图 2–51 阿英赖草

分株赖草
Leymus altus D. F. Cui

茎：秆单生或疏丛生，直立，高 80~150 cm，具 2 节，平滑，无毛。

叶：叶鞘光滑，无毛。叶舌膜质，高约 2 mm。叶片平展或卷曲，宽 4~5 mm，正面粗糙，反面无毛。

花序/花：穗状花序直立，长 8~15 cm，宽 7~9 mm。序轴边缘具缘毛；节间长 5~7（~30）mm；节上被柔软长毛；序轴中部以下每节具小穗 2 或 3 个，中部以上每节具小穗 1 个。小穗灰绿色，长 1.5~1.8 cm，内生小花 4~6 朵；小穗轴被微柔毛，节间长 1.5~2 mm。颖片线状披针形，长 10~15 mm，边缘膜质，具缘毛，先端渐尖或有芒，具 3 脉，侧脉不明显。外稃披针形，具 5 脉，被微柔毛，边缘具缘毛，先端具长 1~3 mm 的芒；基盘被长约 1 mm 的柔毛；第一外稃长 10~14 mm；内稃与外稃等长，沿脊上部具缘毛。花药黄色，长 3~4 mm。

1.具花序植株；2.小穗，具 5 小花；3.外稃背面。

图 2–52　分株赖草

窄颖赖草
Leymus angustus (Trin.) Pilg.

茎：根状茎向下延伸。秆单生或丛生，高 60~100 cm，具 3 或 4 节，表面无毛，或在节以及穗状花序下被短柔毛，秆基部残留褐色纤维状叶鞘。

叶：叶鞘灰绿色，常比节间短，表面平滑或稍粗糙。叶舌膜质，高 0.5~1 mm，先端钝圆。叶片粉绿色，常卷曲，质地厚硬，长 15~25 cm，宽 5~7 mm，正面光滑，反面近光滑，先端锐尖。

花序/花： 穗状花序直立，长 15~20 cm，宽 7~10 mm。序轴被短柔毛；每节具小穗 2 或 3 个。小穗长 10~14 mm，内生小花 3 或 4 朵；小穗轴节间长 2~3 mm，被短柔毛。颖片线状披针形，长 10~13 mm，常覆盖第一外稃的基部，具 1 脉；外颖稍短，或与内颖近等长。外稃披针形，具不明显的 5~7 脉，表面密被微柔毛，顶端短尖或渐尖成长约 1 mm 的芒；基盘被短柔毛；第一外稃长 10~14 mm（含芒）；内稃稍短于外稃，沿脊上部具缘毛。花药长 2.5~3 mm。

短穗赖草

var. *brevistachyus* L. B. Cai

主要特征： 穗状花序较短，长 8~10 cm；每节具小穗 1 或 2 个。颖片长 7.5~9.5 mm。第一外稃长 7~8 mm。

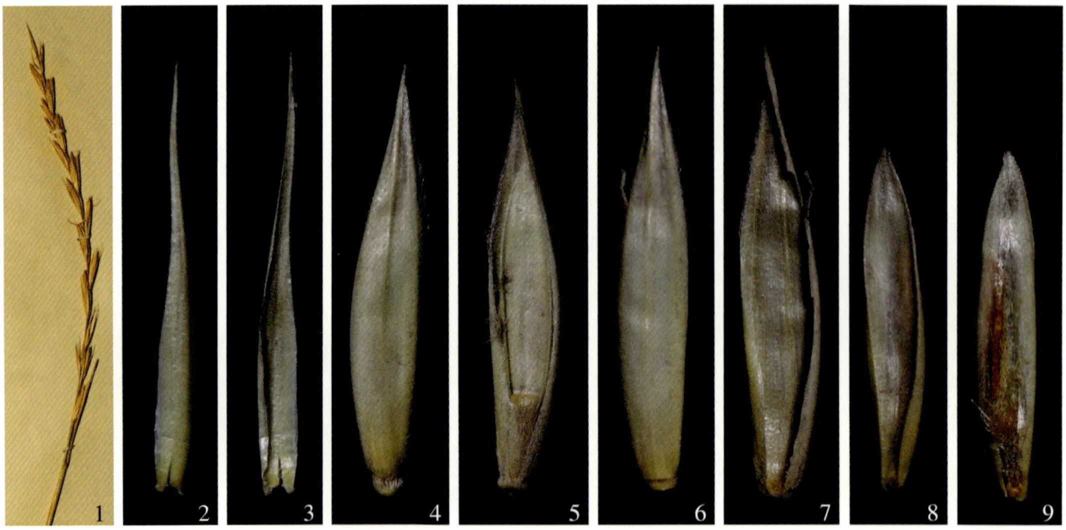

1.花序；2.颖片背面；3.颖片腹面；4.小花背面；5.小花腹面；6.外稃背面；7.外稃腹面；8.内稃背面；9.内稃腹面。

图 2-53 窄颖赖草

芒颖赖草

Leymus aristiglumis L. B. Cai

茎： 秆直立，高 30~50 cm，直径 1.5~2 mm，具 3 节。

叶： 叶鞘基部常呈纤维状，边缘具缘毛。叶舌膜质，高 1.2~2 mm。叶片对折或边缘内卷，长 7~16 cm，宽 2.5~4 mm，两面粗糙。

花序/花： 穗状花序直立，排列致密，绿色，长 7~10 cm，宽 6~9 mm。序轴被微柔毛；每节具小穗 2 或 3 个。小穗长 8~11 mm，内生小花 3 或 4 朵；小穗轴密被微柔毛。颖片长圆状披针形，近等长，长 3.5~4.5 mm，宽约2 mm，具 1 脉，边缘膜质，先端具芒，芒长 4~5 mm。第一外稃长 6~7 mm；内稃与外稃等长，顶端微缺，脊部具疏松短硬毛。花药黄色，长约 4 mm。

阿尔金山赖草

Leymus arjinshanicus D. F. Cui

茎： 根状茎向下延伸。秆丛生，直立，高 30~70 cm，具 2~4 节，基部残留褐色叶鞘。

叶： 叶鞘表面无毛，边缘膜质，有时具短缘毛。叶舌高约 0.5 mm，先端截形。叶片长 10~20 cm，宽约 3 mm，正面被微柔毛，反面无毛，边缘具小皮刺。

花序/花： 穗状花序直立或稍弯曲，小穗排列疏松，长 4~10 cm，宽 6~8 mm。序轴节间长 5~7 mm，基部可达 15 mm；每节具小穗 1 个。小穗灰绿色或淡紫色，长 10~15 mm，内生小花 3 或4 朵；小穗轴密被短柔毛，节间长约 2 mm。颖片质地

1.具花序植株；2.小穗，具 4 小花；3.内、外颖；4.小花背面（外稃）；5.小花腹面。

图 2–54 芒颖赖草

1.具花序植株，示根状茎上不定根；2.小穗；3.小花腹面。

图 2–55 阿尔金山赖草

引自《新疆植物志》（谭丽霞绘）

较硬，线状披针形，具 1 脉，背面上部粗糙，中下部光滑，边缘具短小皮刺；外颖细而短，长 6~8 mm；内颖粗而长，长 8~10 mm。外稃宽披针形，边缘膜质，具不明显的 5 脉，表面无毛或边缘具缘毛，顶端渐尖或具长 1 mm 的芒；基盘被短柔毛；第一外稃长 10~12 mm（含芒），先端渐尖；内稃与外稃等长，先端微 2 裂，脊上半部具纤毛。花药黄色，长约 4 mm。

羊草
Leymus chinensis (Trin.) Tzvelev

茎：根状茎向下延伸或横走。秆稀疏丛生，直立，高 40~90 cm，具 4 或 5 节，基部残留枯黄的纤维状叶鞘。

叶：叶鞘表面光滑。叶舌纸质，高 0.5~1 mm，先端截形，顶具裂齿。叶片平展或卷曲，长 7~18 cm，宽 3~6 mm，正面及边缘粗糙，反面较平滑。

花序/花：穗状花序直立，长 7~15 cm，宽 10~15 mm。序轴边缘具短缘毛；节间长 6~10 mm，基部节间长可达 16 mm；中部每节常具小穗 2 个，上部和基部则每节 1 个。小穗粉绿色，长 10~22 mm，内生小花 5~10 朵；小穗轴表面光滑，节间长 1~2 mm。颖片钻形，质较硬，长 6~8 mm，短于第一外稃或与其等长，不覆盖第一外稃的基部，具不明显的 3 脉，背部无毛，边缘具短毛，上部粗糙，中下部光滑。外稃披针形，边缘膜质，较狭窄，顶端渐尖或形成芒状短尖，背部具不明显的 5 脉；基盘光滑；第一外稃长 8~9 mm；内稃与外稃等长，先端稍 2 裂，上半部脊上具微细纤毛或近无毛。花药长 3~4 mm。

1.花序；2.小穗；3.内颖；4.外颖；5.小花背面（外稃）；6.小花腹面及小穗轴节间；7.小穗顶部 3 小花侧面观，示内、外稃。

图 2-56 羊草

粗穗赖草

Leymus crassiusculus L. B. Cai

茎：秆直立，高 70~110 cm，直径约 4 mm，具 2 或 3 节。

叶：叶鞘无毛或具缘毛。叶舌膜质，高 1.5~2 mm，顶端平截。叶片常卷曲，长 20~40 cm，宽 5~7 mm，正面平滑或粗糙，反面无毛。

花序/花：穗状花序，黄褐色，小穗排列紧密，长 16~22 cm，宽 1.5~2 cm，表面密被长毛。序轴节间长 4~10 mm；每节具小穗 4~6 个，最多达 11 个。小穗长 10~18 mm，内生小花 4~7 朵；小穗轴节间长 1~1.5 mm，密被短柔毛。颖片线状披针形，近等长，长 10~13 mm，比小穗短，具 1 脉，边缘膜质，被缘毛。外稃披针形，具不明显的 5 脉，密被短柔毛；第一外稃长 8~10 mm，顶端具芒，长度不到 2 mm；内稃与外稃等长，脊部具稀疏刚毛，顶端微缺。花药黄色，长约 5 mm。

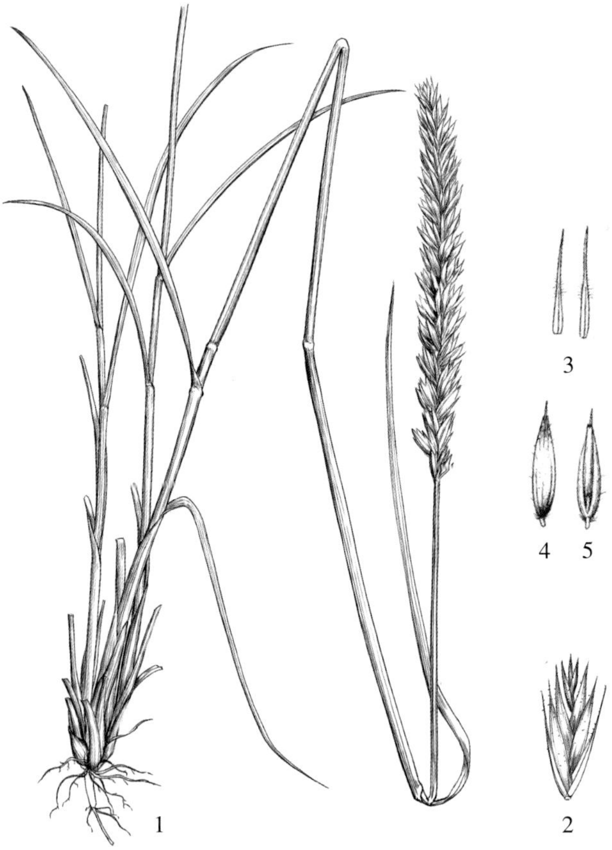

1.具花序植株；2.小穗，具 7 小花；3.内、外颖；4.小花背面；5.小花腹面，示小穗轴节间。

图 2–57　粗穗赖草

弯曲赖草
Leymus flexus L. B. Cai

茎： 秆直立，高 60~100 cm，直径 2~3 mm，具 3~5 节。

叶： 叶鞘无毛，或在下部被短柔毛。叶舌膜质，高约 1.5 mm。叶片通常卷曲，长 15~27 cm，宽 4~5 mm，正面粗糙，反面无毛。

花序/花： 穗状花序，浅褐色，长 15~25 cm，宽约 1 cm。序轴密被白色微柔毛；节间长 8~15 mm；每节通常具小穗 3 个。小穗长 13~17 mm，内生小花 3~7 朵；小穗轴节间长 0.5~1.5 mm。颖片线状披针形，长 11~14 mm，不覆盖第一外稃的基部；外颖和内颖近等长，具 1 或 2 脉，边缘膜质，具缘毛，先端狭窄呈芒状。外稃披针形，具 5 脉，表面无毛或被柔毛，芒长 2~3 mm；基盘具长柔毛；第一外稃长9~10 mm；内稃与外稃等长，脊上部具短毛。花药黄色，长 3~4 mm。

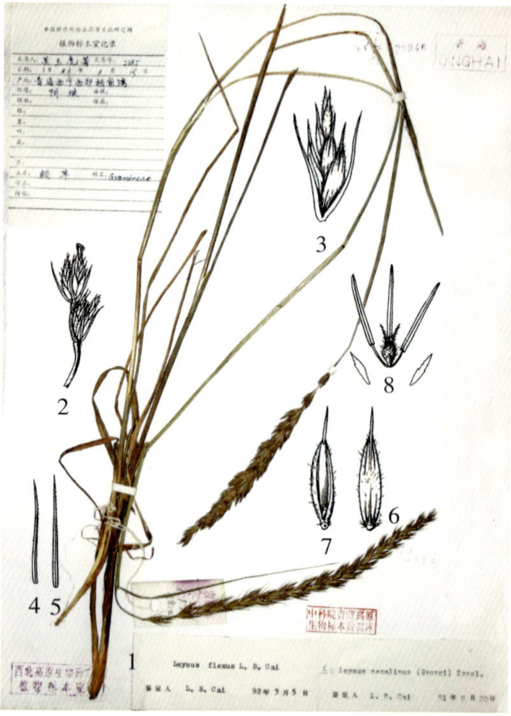

1.具花序植株（标本）；2.花序片段，示小穗排列；3.小穗，具 6 小花；4.外颖；5.内颖；6.小花背面，基盘具长柔毛；7.小花腹面；8.花，示鳞被、雄蕊（花丝短，花药长）和雌蕊。

图 2–58 弯曲赖草

大药赖草（别名：卡瑞赖草）
Leymus karelinii (Turcz.) Tzvelev

茎： 秆丛生，高 50~110 cm，直径 2~5 mm。

叶： 叶片线形，质坚硬，长 10~14 cm（偶见 23 cm），宽 2~7 mm。

花序/花： 穗状花序，长 6~20 cm，小穗排列非常密集。序轴每节具小穗 2 个。小穗长 10~15（~18）mm，内生小花 3 或 4 朵。颖片与小穗等长，完全覆盖外稃，边缘膜质。外稃长 10~15 mm（含芒）。花药黄色，长 4~5 mm。

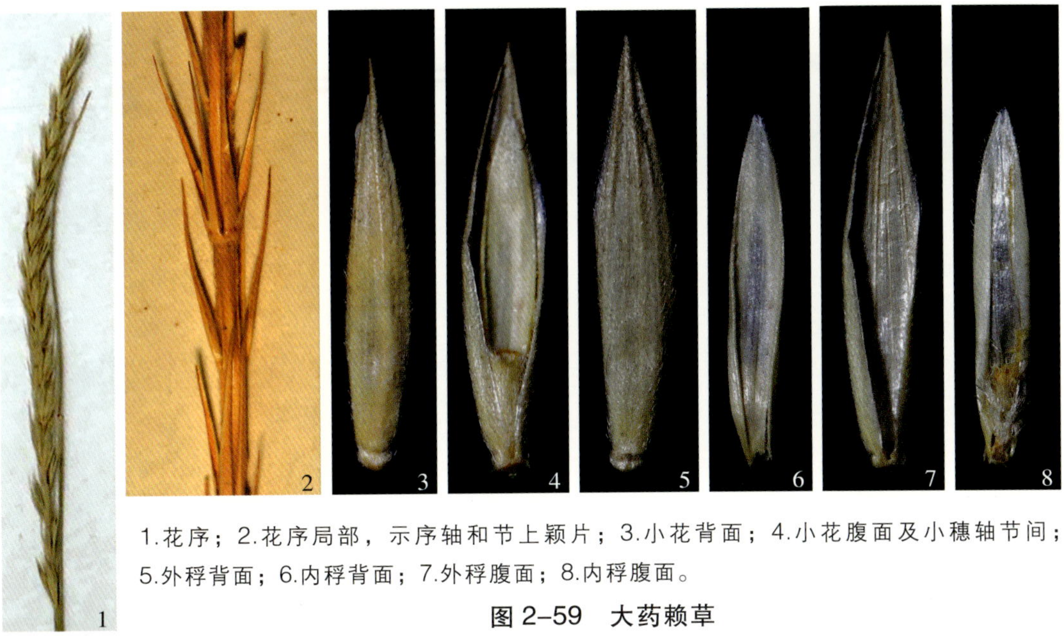

1.花序；2.花序局部，示序轴和节上颖片；3.小花背面；4.小花腹面及小穗轴节间；5.外稃背面；6.内稃背面；7.外稃腹面；8.内稃腹面。

图 2–59　大药赖草

滨麦

Leymus mollis (Trin.) Pilg.

茎：根状茎向下延伸。秆单生或少数丛生，直立，高 30~80 cm，平滑，无毛。

叶：叶鞘表面无毛，茎基部的叶鞘膜质，常呈纤维状。叶舌高 1~2 mm。叶片常卷曲，质地厚硬，长 10~15 cm，宽 4~7 mm，正面稍粗糙，反面光滑。

花序/花：穗状花序，长 9~15 cm，宽 10~15 mm。序轴粗壮，被短柔毛；节间长6~10 mm；每节具小穗 2 或 3 个，花序上下两端者或为单生。小穗长 15~20 mm，内生小花 2~5 朵；小穗轴节间长 2~3 mm，被短毛。颖片长圆状披针形，长 12~20 mm，宽 2~2.5 mm，具 3~5 脉，背面具脊状中脉，被微柔毛，边缘膜质。外稃披针形，具 5 脉，先端具小短尖，被细微柔毛；第一外稃长 12~14 mm；内稃稍短于外稃；沿脊具小纤毛。

1.植株下部，示根和叶；2.花序和旗叶；3.小穗，示外颖和内颖；4.小花背面（外稃）；5.小花腹面，示内稃和小穗轴节间；6.花，示鳞被、雄蕊（花丝）和雌蕊。

图 2–60　滨麦

多枝赖草

Leymus multicaulis (Kar. & Kir.) Tzvelev

茎： 根状茎向下延伸或横走。秆单生或丛生，直立，高 50~80 cm，直径 1.5~3 mm，具 1~5 节，光滑，无毛，仅于花序下被短柔毛，秆基部残留枯黄的叶鞘，多呈纤维状，有时为淡紫色。

叶： 叶鞘表面光滑。叶舌高 1~2 mm。叶片灰绿色（带白霜），平展或卷曲，长 10~30 cm，宽 3~8 mm，正面粗糙，被微柔毛，反面较平滑。

花序/花： 穗状花序，长 5~14 cm，宽 6~10 mm。序轴粗糙或被短柔毛，具缘毛；节间长 3~8（10）mm；每节具小穗 2 或 3 个。小穗绿色或淡紫色，成熟后变黄，长8~15 mm，内生小花 2~6 朵；小穗轴节间长 1~2 mm，被短毛。颖片钻形，长 5~7 mm，不覆盖第一外稃基部，短于第一外稃或与其等长，具 1 脉，被硬糙毛。外稃宽披针形，具不明显的 5 脉，表面无毛，顶端具长 2~3 mm 的芒；基盘被微柔毛；第一外稃长 5~9 mm；内稃短于外稃，沿脊具纤毛。花药长约 3 mm。

1.花序；2.花序下部，小穗排列疏松，可见序轴节间；3.外颖；4.内颖；5.小穗；6.小花背面（外稃）；7.小花腹面，示顶端退化小花；8.小花外稃和内稃的腹面。

图 2-61 多枝赖草

柄穗赖草

Leymus obvipodus L. B. Cai

茎：根状茎延长。秆直立或稍膝曲，高 40~75 cm，直径 2~3 mm，仅在穗状花序下具 2 或 3 节，表面密被短柔毛，基部残留纤维状叶鞘。

叶：叶鞘通常被微柔毛。叶舌膜质，高 1~2 mm，先端钝。叶片内卷，长 6~18 cm，宽 2~4 mm，两面密被微柔毛。

花序/花：穗状花序直立，疏松，淡绿色，长 8~18 cm，宽 6~8 mm。序轴密被短柔毛；节间长 0.5~2（~5）cm；每节具小穗 1 或 2 个。小穗长 11~18 mm，内生小花 4~8 朵；小穗具梗，梗长 1~10 mm，表面密被短柔毛；小穗轴密被微柔毛；节间长 0.5~2 mm。颖片披针形或线状披针形，具 1~3 脉，背面无毛或粗糙，边缘膜质，先端具长 2~4 mm 的芒；外颖长 6~7.5 mm；内颖长 5~6.5 mm。外稃披针形，表面有光泽，具不明显的 5 脉，背面无毛或粗糙，沿边缘或近边缘具短柔毛；第一外稃长 7~10 mm，顶端具长 1~3 mm 的短芒；内稃稍短于外稃，沿脊部疏生有刺，两脊之间无毛，先端 2 裂。花药黄色，长约 4 mm。

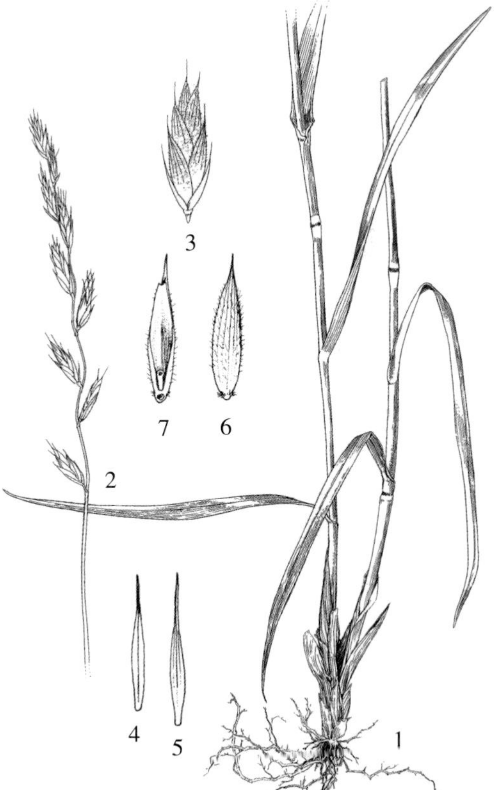

1.植株的中下部，示根和叶；2.花序；3.小穗，具 5 小花；4.外颖；5.内颖；6.小花背面（外稃）；7.小花腹面，示内稃和小穗轴节间。

图 2–62　柄穗赖草

宽穗赖草

Leymus ovatus (Trin.) Tzvelev

茎：根状茎下伸。秆单生，高 70~100 cm，具 3 或 4 节，无毛或于花序下密被贴生细毛，基部残留枯褐色纤维状叶鞘。

叶：叶鞘平滑，无毛。叶舌膜质，高约 1 mm，被微柔毛，先端截形。叶片平展或卷曲，长 5~15 cm，宽 5~8 mm，正面密被长柔毛，反面密被短柔毛。

花序/花：穗状花序直立，呈椭圆状或长椭圆状，长 5~9 cm，宽 15~25 mm。序轴密被柔毛；节间长 2~6 mm，基部者长达 10 mm；每节具小穗 4 个。小穗长 10~20 mm，内生小花 5~7 朵；无梗或具长约 1 mm 的短梗；小穗轴节间长约 1 mm，贴生短柔毛。颖片线状披针形，先端狭窄如芒，下部具窄膜质边，具缘毛，常具不明显的 3 脉，脊部粗糙；外颖和内颖近等长，长 10~13 mm，覆盖或不正覆盖第一外稃的基部。外稃披针形，具 5~7 脉，背面具微糙硬毛，边缘具缘毛，先端渐尖或具长 1~3 mm 的芒；基盘具短硬毛；第一外稃长 8~10 mm；内稃稍短于外稃或与其等长，脊上半部具纤毛。花药长 3.5~4 mm。

注：有的学者认为，宽穗赖草可能与赖草是同一物种。

1.花序；2.序轴，密被短柔毛，节上有数个小穗；3.小穗，具 6 小花；4.颖片背面；5.颖片腹面；6.小花背面；7.小花腹面，示小穗轴节间；8.外稃背面；9.外稃腹面；10.内稃背面；11.内稃腹面。

图 2-63　宽穗赖草

毛穗赖草

Leymus paboanus (Claus) Pilg.

茎：根状茎向下延伸。秆单生或少数丛生，高 45~90 cm，具 3 或 4 节，光滑，无毛，基部残留枯黄的纤维状叶鞘。

叶：叶鞘光滑，无毛。叶舌高约 0.5 mm。叶片平展或卷曲，长 10~30 cm，宽 4~7 mm，正面微粗糙，反面光滑。

花序/花：穗状花序直立，长 6~18 cm，宽 3~13 mm。序轴纤细，基部平滑，向上渐被微柔毛，具缘毛；序轴节间长 3~6 mm，基部者长达 12 mm；每节具小穗 2 或 3 个。小穗长 8~13 mm，内生小花 3~5 朵；小穗轴节间长约 1.5 mm，密被短柔毛。颖片线状长钻形，长 6~12 mm，稍长于小穗或与其等长，微被细小刺毛，不覆盖第一外稃的基部。外稃披针形，具不明显的 3~5 脉，被微柔毛，先端渐尖或具长约1 mm 的短芒；第一外稃长 6~10 mm；内稃与外稃近等长或稍长于外稃。花药长约 3 mm。

胎生赖草

var. *viviparus* L. B. Cai

主要特征：花序长 6~9 cm；小穗常胎生。

注：关于本种，也有并入原变种的观点。

1.花序；2.花序局部，示序轴及小穗，节上具线状长钻形颖片；3.小花背面（外稃）；4.小花腹面，示小穗轴节间；5.外稃腹面；6.内稃腹面。

图 2–64　毛穗赖草

垂穗赖草

Leymus pendulus L. B. Cai

茎：具延长的根状茎。秆直立或下部稍膝曲，高 60~150 cm，直径 2~3 mm，具 4~6 节，表面平滑，基部宿存叶鞘。

叶：叶鞘表面无毛或粗糙，通常裂解成纤维状。叶舌膜质，高 2~3.5 mm，先端钝圆。叶片绿色，平展或内卷，长 5~22 cm，最长可达 53 cm，宽 2~7 mm，两面均粗糙，边缘具疏刺或具缘毛。

花序/花：穗状花序，线状，长 23~32 cm，浅褐色，弯垂，小穗排列非常稀疏。序轴中部以下节间长 15~30 mm，上部节间长 6~12 mm，密被短柔毛；每节具小穗 2 或 3 个。小穗长 11~15 mm，内生小花 5~9 朵；小穗轴节间长 1~1.5 mm，密被短柔毛。颖片近等长，草质，线状披针形，长 9~11 mm，具 1 脉，背面粗糙，中部边缘疏生纤毛。外稃披针形，具不明显的 5 脉，背面疏生短刺，沿着边缘或靠近边缘处生短柔毛；第一外稃长 6~9 mm，具长 2~3 mm 的纤细芒；内稃稍长于外稃或与其等长，沿脊疏生短刺，先端尖或 2 裂。花药黄色或淡紫色，长 2.5~3.5 mm。

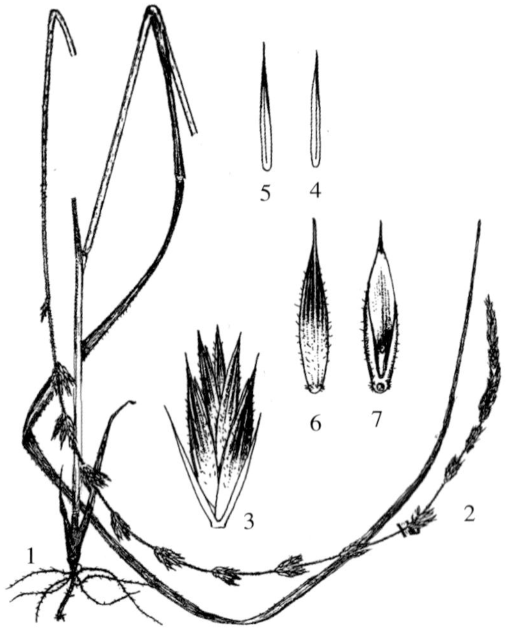

1.植株下部，示根和叶；2.花序；3.小穗，具 5 小花；4.外颖；5.内颖；6.小花背面；7.小花腹面。

图 2-65　垂穗赖草

皮山赖草

Leymus pishanicus S. L. Lu & Y. H. Wu

茎：根状茎长，向下延伸。秆直立，稀疏丛生，高 50~80 cm，通常具 3~5 节，光滑，无毛。

叶：叶鞘光滑，无毛。叶舌高 1~2 mm。叶片通常扁平或边缘内卷，长 6~18 cm，宽 2~4.5 mm，正面和边缘粗糙，反面平滑，无毛。

花序/花：穗状花序直立，疏松，纤细，长 8~13 cm。序轴节间长 8~12 mm，边缘粗糙或具纤毛；通常每节具小穗 1 个。小穗内生小花 2 或 3 朵。颖片披针形，长 9~11 mm；外颖和内颖等长，先端渐尖，平滑，无毛，边缘膜质，具显著 3 脉，具纤毛。外稃长圆状披针形，具 5 脉，背部光滑，无毛；第一外稃长 12~14 mm，顶端无芒；内稃显著短于外稃，长约 9 mm，被微柔毛，沿脊具纤毛，顶端微缺。

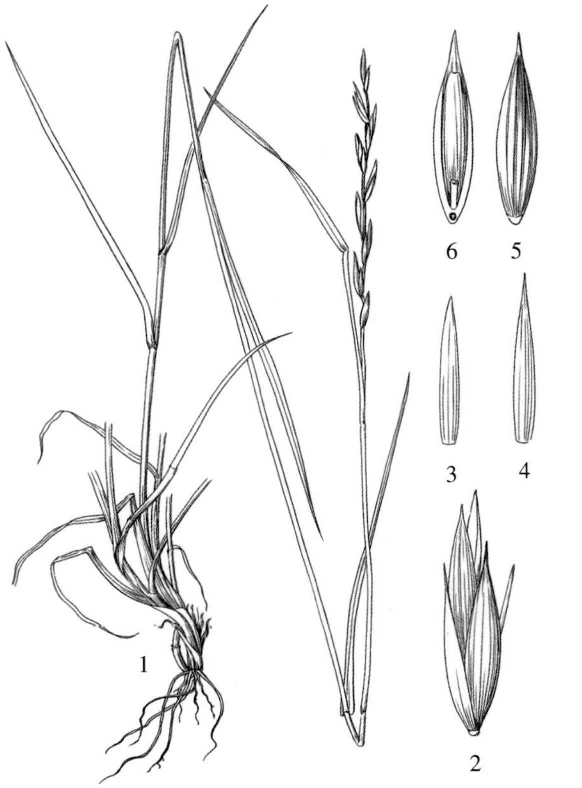

1.具花序植株；2.小穗，具 3 小花；3.外颖；4.内颖；5.小花背面（外稃）；6.小花腹面、内稃背面和小穗轴节间。

图 2–66　皮山赖草

描改自《植物分类学报》,1997,35(2)(阎翠兰绘)

柴达木赖草

Leymus pseudoracemosus C. Yen & J. L. Yang

茎：具节间密集的地下根状茎。秆高 60~90 cm，具 2 或 3 节，无毛，花序下被短柔毛。

叶：叶鞘通常长于节间，无毛，边缘膜质。叶舌膜质，高约 3 mm。叶片淡灰绿色，平展或卷曲，长 15~34（~40）cm，宽（4~）5~7 mm，正面被柔毛，反面无毛或粗糙。

花序/花：花序直立，长 12~25 cm，直径 2~3 cm，近端有时具短分枝。序轴密被短柔毛，边缘具长柔毛；节间长 5~30 mm；每节具小穗 3~5 个。小穗长 17~20 mm，内生小花 5~10 朵；小穗轴节间长 1~2 mm，被短柔毛。颖片披针形或狭披针形，具不明显的 3 脉，边缘膜质，具缘毛，先端具长 1~1.7 mm 的芒；外颖长10~12 mm；内颖长 13~16 mm。外稃披针形，具 5~7 脉，最多具 10 脉，密被长柔毛，边缘膜质，具缘毛；基盘绒毛状；第一外稃长 9.5~13 mm；芒长 0.2~1.5 mm；内稃稍短于外稃或与其等长，沿脊部具缘毛，先端 2 裂。花药淡黄色，长 3~5 mm。

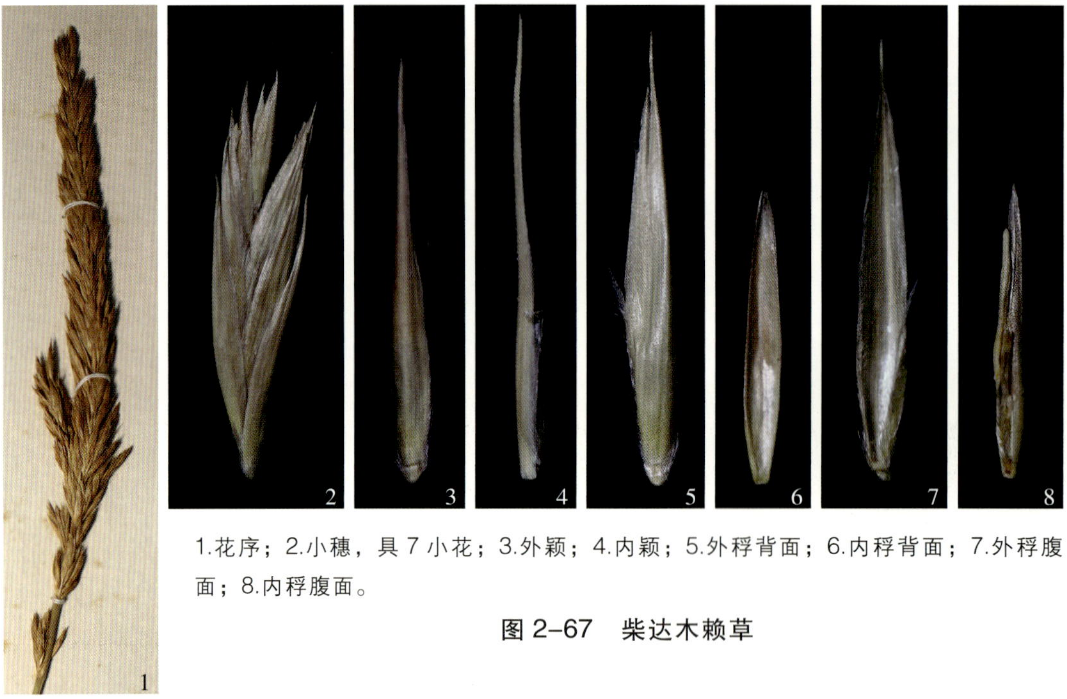

1.花序；2.小穗，具 7 小花；3.外颖；4.内颖；5.外稃背面；6.内稃背面；7.外稃腹面；8.内稃腹面。

图 2–67　柴达木赖草

大赖草
Leymus racemosus (Lam.) Tzvelev

茎：具长的横走根状茎。秆直立，高可达 100 cm，粗壮，直径约 10 mm，花序下被粗糙短柔毛。

叶：叶鞘黄褐色，边缘膜质，松散包茎。叶舌膜质，高约 2 mm，先端平截。叶片浅绿色，质硬，长 20~40 cm，宽约 15 mm，正面粗糙，反面光滑，叶缘粗糙。

花序/花：穗状花序直立，长 15~30 cm，直径 10~20 mm。序轴粗壮，表面无毛；小穗轴节间长 3~4 mm；每节具小穗 4~6 个。小穗浅灰绿色，长 15~22 mm，内生小花 3~5 朵。颖片线状披针形，先端渐尖，长 12~20 mm，中脉粗壮，2 条侧脉不明显，边缘渐薄。外稃披针形，具 7 脉，下部柔软，有毛，无芒；第一外稃长 15~20 mm；内稃稍短于外稃。

1.花序；2.花序局部，节上具多枚颖片；3.小穗；4.外颖；5.内颖；6.小花背面（外稃）；7.小花腹面，示小穗轴节间；8.外稃腹面；9.内稃背面；10.内稃腹面。

图 2–68 大赖草

单穗赖草

Leymus ramosus Tzvelev

茎：根状茎长，向下延伸。秆丛生，直立，高 50~80 cm，常具 3~5 节，光滑，无毛。

叶：叶鞘无毛或下部被微柔毛。叶舌极矮。叶片苍绿色，通常平展或边缘内卷，长 6~18 cm，宽 2~6 mm，正面和边缘粗糙或被微柔毛，反面平滑，无毛。

花序/花：穗状花序直立，纤细，疏松，长 4~8 cm，宽 6~10 mm。序轴节间长 8~12 mm，边缘常具糙硬毛；每节具小穗 1 个。小穗灰绿色或略带紫色，长 11~17 mm，内生小花 2 或 3 朵。颖片线状披针形，质硬，长 5~9 mm，先端渐尖，无脉或中脉不明显，表面平滑，无毛；外颖与内颖等长，边缘膜质，具纤毛。外稃宽披针形，长 6~8 mm，顶端无芒或具长约 2 mm 的短芒，具 5~9 脉，背部平滑，无毛；内稃明显短于外稃，顶端微凹，被微柔毛，2 脊具纤毛。

图 2–69 单穗赖草

若羌赖草

Leymus ruoqiangensis S. L. Lu & Y. H. Wu

茎：秆丛生，高 30~70 cm，具 3 或 4 节，表面无毛，基部残留叶鞘。

叶：叶鞘褐色，表面无毛，边缘膜质，有时具短缘毛。叶舌高约 0.5 mm。叶片常卷曲，长 6~15 cm，宽 1~3 mm，正面粗糙或被微柔毛，反面光滑，无毛，边缘具小皮刺。

花序/花：穗状花序直立，疏松，长 4.5~14 cm。序轴节具纤毛，边缘具缘毛；节间长 6~15 mm；每节常单生 1 个小穗。小穗淡紫色或灰绿色，长 10~15 mm，内生小花 3 或 4 朵；小穗轴密被短柔毛，节间长约 2 mm。颖片钻形或狭披针形，长 7~10 mm，无脉或具 1 脉，表面无毛或具柔毛，边缘粗糙，先端渐尖；外颖与内颖近等长。外稃长圆状披针形，具 5 脉，边缘膜质，顶端渐尖或具长 1 mm 的芒；基盘被短柔毛；第一外稃长 10~12 mm（含芒）；内稃与外稃等长，先端微 2 裂，沿脊具短毛或无毛。花药淡黄色或略带紫色，长 3~4 mm。

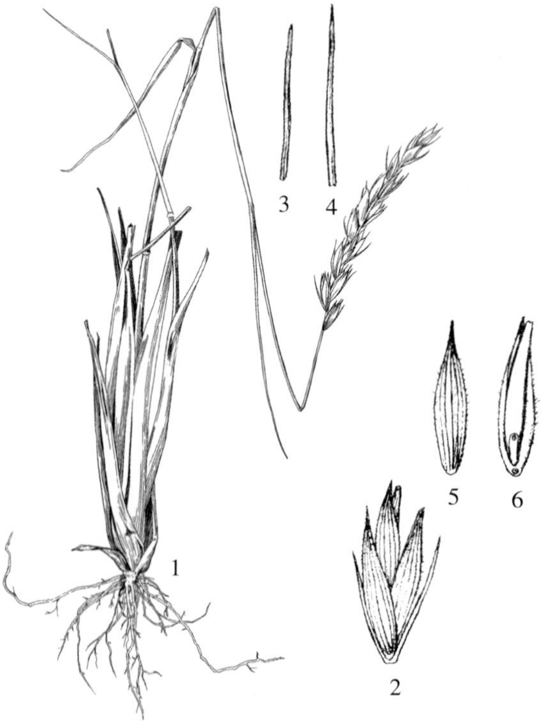

1.具花序植株；2.小穗，具 4 小花；3.外颖；4.内颖；
5.小花背面（外稃）；6.小花腹面，示内稃和小穗轴节间。

图 2–70　若羌赖草

赖草

Leymus secalinus (Georgi) Tzvelev

茎：秆单生或丛生，直立，高 18~100 cm，具 2~5 节，表面无毛或在穗状花序下密被柔毛。

叶：叶鞘幼嫩时边缘具纤毛，成熟时无毛。叶舌膜质，高 1~1.5 mm，先端截形。叶片平展或卷曲，长 8~30 cm，宽 4~7 mm，正面及边缘粗糙或密被短柔毛，反面稍粗糙或平滑。

花序/花：穗状花序直立，灰绿色、褐色或淡褐色，长（6~）10~15（~24）cm，宽 10~17 mm。序轴被短柔毛，节与边缘被长柔毛；节间长 3~7 mm，基部节间长可达 20 mm；每节具小穗 1~3（4）个。小穗长 10~22 mm，内生小花 4~7（~10）朵；小穗轴节间长 1~1.5 mm，贴生短毛。颖片线状披针形，长 8~15 mm，短于小穗，不覆盖第一外稃的基部，先端狭窄如芒，具不明显的 3 脉，上半部粗糙，边缘具纤毛；内颖长于外颖。外稃披针形，背面具 5 脉，边缘膜质，被短柔毛或中部以上无毛，先端渐尖或具长 1~3 mm 的芒；基盘具长柔毛；第一外稃长 8~10（~14）mm；内稃短于外稃或与其等长，顶端常微 2 裂。花药长 2~4 mm。

1.花序；2.序轴节间及节上 3 个小穗；3.小穗；4.内、外颖；5.小花背面；6.小花腹面。

图 2–71　赖草

短毛叶赖草

var. *pubescens* (O. Fedtsch.) Tzvelev

主要特征：秆高 40~100 cm，具 3~5 节。叶片反面密被短柔毛。穗状花序直立，灰绿色，长 10~15 cm，宽 10~17 mm。颖片具 3 脉。内稃与外稃等长。

青海赖草

var. *qinghaicus* (L. B. Cai) G. H. Zhu & S. L. Chen

主要特征：秆高 18~45 cm，具 2 或 3 节。叶片正面粗糙，具短柔毛，反面粗糙或平滑。穗状花序棕色或略带褐色，长 6~10 cm。颖片狭披针形，常具 1 脉。内稃短于外稃。

纤细赖草

var. *tenuis* L. B. Cai

主要特征：秆高 40~100 cm，具 3~5 节。叶片正面粗糙或平滑。序轴每节具小穗 1 或 2 个。每个小穗内生小花 2 或 3 朵。颖片近钻形。内稃与外稃等长。花药长 2~3 mm。

阔颖赖草（别名：山西赖草）

Leymus shanxiensis G. H. Zhu & S. L. Chen

茎：秆直立，高 70~110 cm，直径 2~3 mm，具 3 或 4 节。

叶：叶鞘粗糙。叶舌膜质，高约 0.8 mm。叶片平展或卷曲，长 10~25 cm，宽 3~5 mm，正面粗糙或密被短柔毛，反面无毛。

花序/花：穗状花序直立，淡绿色，长 8~15 cm，宽 10~13 mm。序轴节间长 6~11 mm，偶见长达 20 mm，密被短柔毛；每节具小穗 2 个。小穗长 18~25 mm，内生小花 5~9 朵；小穗轴节间长 0.5~1.5 mm，被致密短柔毛。颖片披针形，只覆盖外稃的基部；两颖近等长，长 11~16 mm，常具 3~5脉，偶具 7 脉，边缘膜质，具缘毛，先端缩窄成芒。外稃长圆状披针形，具 5~7

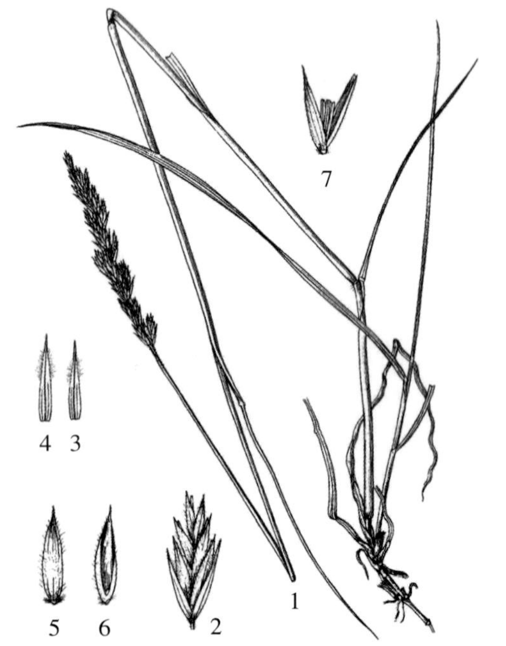

1.具花序植株；2.小穗；3.内颖；4.外颖；5.小花背面；6.小花腹面；7.小花内外稃及花药。

图 2-72　阔颖赖草

脉，密生长软毛；第一外稃长 10~12 mm，芒长不及 2 mm；内稃稍短于外稃或与其等长，沿脊部具稀疏刚毛，先端微缺。花药黄色，长约 5 mm。

天山赖草

Leymus tianschanicus (Drobow) Tzvelev

茎：根状茎向下延伸。秆单生或丛生，直立，高 70~120 cm，直径 3~6 mm，具 3 或 4 节，除花序下部稍粗糙外，表面平滑，无毛，基部残留纤维状叶鞘。

叶：叶鞘光滑，无毛。叶舌膜质，高 2~3 mm，先端钝圆。叶片平展或卷曲，质地较硬，长 20~40 cm，宽 5~9 mm，无毛，边缘及正面粗糙。

花序/花：穗状花序直立，长 20~30 cm，宽约 1 cm。序轴密被柔毛，边缘具缘毛；节间长 6~20 mm；每节具小穗 2 或 3 个。小穗长 15~19 mm，内生小花 3~5 朵；小穗轴节间长约 3 mm，密被微柔毛。颖片线状披针形，与小穗等长或略长于小穗，不覆盖外稃基部，两颖等长或外颖略短，先端短尖至渐尖，基部边缘膜质，狭窄。外稃长圆状披针形，具 5 脉，先端渐尖，背部被短柔毛，边缘具缘毛；基盘被长柔毛；第一外稃长 10~13 mm，芒长 1~3 mm；内稃短于外稃或与其等长，边缘具短缘毛。花药长约 5 mm；子房顶端被白色微柔毛。

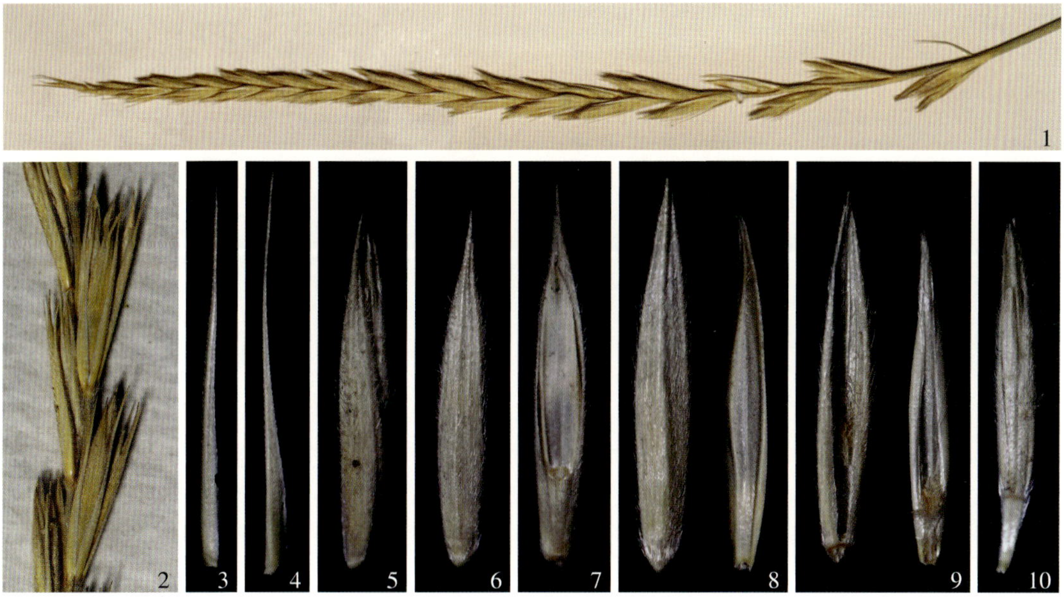

1.花序；2.序轴及节上小穗；3.外颖；4.内颖；5.小穗；6.小花背面（外稃）；7.小花腹面，示小穗轴节间；8.外稃和内稃背面；9.外稃和内稃腹面；10.小穗轴顶端小花及退化小花。

图 2–73　天山赖草

伊吾赖草

Leymus yiunensis N. R. Cui & D. F. Cui

茎： 秆成疏丛，直立或膝曲，高 14~35 cm，常具 1 节，光滑，无毛，基部残留枯黄的叶鞘。

叶： 叶鞘平滑，无毛，或仅于边缘具纤毛。叶舌膜质，截平，高 0.5~1 mm。茎生叶片通常内卷，长 4~9 cm，宽 1~2.5 mm，正面和边缘粗糙，反面平滑，无毛。

花序/花： 穗状花序直立，稠密，长（3~）5~11 cm，宽（3.5~）5~10 mm。序轴于节上密被白色长柔毛，边缘具纤毛至皮刺；节间长 3~7 mm，基部可达 13 mm，每节具小穗 2 个。小穗长 7~11 mm，内生小花 3~5（~8）朵；小穗轴节间长 1~1.5 mm，密被短柔毛。颖片狭披针形，边缘膜质，常覆盖第一外稃的基部，先端逐渐向上狭窄呈芒状，中上部粗糙，下部被短柔毛，具 1 脉；外颖与内颖近等长，长 5~9 mm。外稃披针形，具明显的 5 脉，背部密被白色柔毛，边缘具纤毛；基盘具长 0.5~1 mm 的柔毛；第一外稃长 7~9 mm（含芒），内稃与外稃近等长，先端微 2 裂，沿脊部具缘毛。花药黄色，长 2~3 mm；子房椭球状，先端被微柔毛。

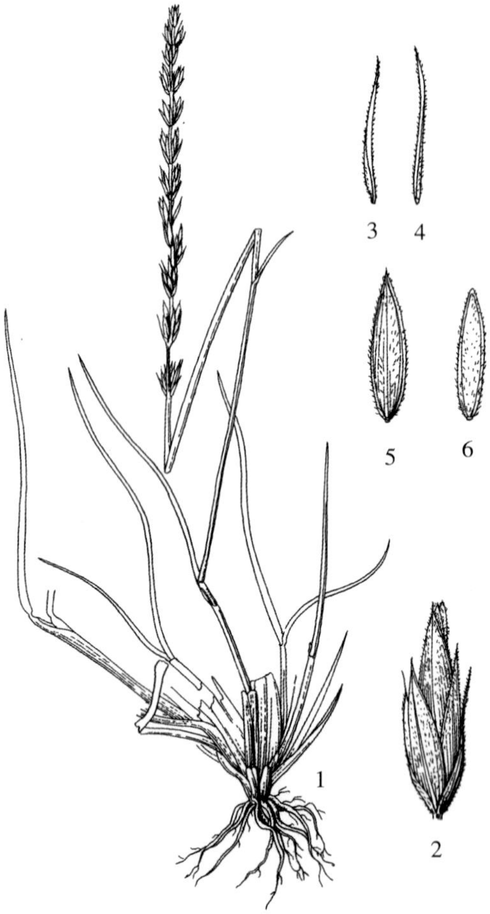

1.具花序植株；2.小穗；3.外颖；4.内颖；5.小花背面（外稃）；6.内稃腹面。

图 2-74　伊吾赖草

2.2.3　披碱草属

Elymus L.

披碱草属全世界约有 180 种，广布于温带和亚热带地区，主要分布于亚洲，尤其是中国。披碱草属是一个多系起源的类群，与大麦属、假鹅观草属 *Pseudoroegneria* (Nevski) Á. Löve、冰草属 *Agropyron* Gaertn.等关系密切，特别是鹅观草属 *Roegneria* K. Koch。由于二者有许多共同的形态特征，加之分子系统学研究表明二者属于一个分支，所以有将鹅观草属并入披碱草属的观点，但二者具体的系统位置和关系还有待研究。披碱草属与鹅观草属均属于小麦族，其中的种类与小麦近缘，所以本书采用包含鹅观草属的广义披碱草属（种类的中文名参照 *Flora of China*）。我国有 89 种，其中特有种有 62 种，均为野生种类。

异芒披碱草（别名：异芒鹅观草）

Elymus abolinii (Drobow) Tzvelev

茎：秆直立，高 80~115 cm。

叶：叶片扁平，宽 4~7 mm，无毛，粗糙，或正面沿脉具柔毛。

花序/花：穗状花序直立或下垂，长 10~20 cm。序轴具短刚毛；每节具小穗 1 个，疏散。小穗绿色或色较浅，长 15~30 mm，内生小花 4~11 朵；小穗轴被柔毛。颖片绿色、有光泽，披针形或线状披针形，近等长，长 11~16 mm，宽 2~3 mm，具 5~9 脉，非常粗糙，边缘干膜质，顶端逐渐变尖，常两侧不对称，具 1 齿。外稃呈披针形，长 9~13 mm，粗糙有毛，顶端具 1 齿，芒有时下弯，长 3~35 mm 或退化至长约 1 mm 的尖点；内稃比外稃短，顶端截形或微钝。花药长 3~7 mm。

曲芒异芒草（别名：曲芒鹅观草）

var. *divaricans* (Nevski) Tzvelev

主要特征：小穗长 15~25 mm，内生小花 5~7 朵。外稃芒长 15~35 mm。

裸穗异芒草（别名：裸穗鹅观草）

var. *nudiusculus* (L. B. Cai) S. L. Chen

主要特征：小穗长 15~20 mm，内生小花 4 或 5 朵。颖片线状披针形，具 6~9 脉。外稃芒长 3~8 mm；内稃顶端截形。

多花异芒草（别名：多花鹅观草）

var. *pluriflorus* D. F. Cui

主要特征：小穗长 25~30 mm，内生小花 4 或 5 朵。外稃芒长 15~22 mm。

1.植株下部，示根和叶；2.花序；3.小穗，具 5 小花；4.内颖；5.外颖；6.小花背面；7.小花腹面。

图 2–75　异芒披碱草

阿拉善披碱草（别名：阿拉善鹅观草）
Elymus alashanicus (Keng) S. L. Chen

茎：具根状茎。秆稀松丛生，高 40~60 cm，质刚硬，具 3 节。

叶：叶鞘基生者常碎裂成纤维状。叶舌透明，膜质，高约 1 mm。叶片刚毛状，内卷，长 5~8（~12）cm，宽 2~3 mm，两面具短柔毛或反面无毛。

花序/花：穗状花序直立，纤细，长 5~10 cm。序轴节间较长；小穗轴紧靠序轴；每节具小穗 1 个。小穗淡黄色，细长，长 12~15 mm，宽 2~3 mm，内生小花 3~6 朵，无毛；小穗轴无毛。颖片呈长圆状披针形，具 3 脉，边缘膜质，顶端锐尖，稀钝；外颖长 5~6 mm；内颖长 7~9 mm。外稃呈披针形，具不明显的 5 脉，平滑，边缘窄膜质，顶端锐尖或尖；基盘无毛；第一外稃长约 10 mm；内稃与外稃近等长或稍长于外稃，顶端截形。花药乳白色，长约 3 mm。

涞源披碱草（别名：涞源鹅观草）
Elymus alienus (Keng) S. L. Chen

茎：秆稀松丛生，高（30~）60~90 cm，具 3 或 4（~6）节。

叶：叶鞘无毛或具反曲短柔毛。叶片扁平，长 12~20 cm，宽 4~9 mm，正面具短柔毛，反面无毛。

花序/花：穗状花序直立或微弯曲，长 7~15 cm。序轴上每节具小穗 1 个。小穗绿色，带紫色，长 14~17 mm（不含芒），内生小花 4~6 朵；小穗轴被微柔毛，节间长 1~2.5 mm。颖片呈长圆状披针形，具 3~5（6）脉，沿着脉平滑或粗糙，顶端锐尖或渐尖；外颖长 7~8 mm；内颖长 8~10 mm。外稃呈披针形，背面无毛，沿脉和近边缘处粗糙或被微柔毛，芒直立或稍反曲，长 10~25 mm；基盘具毛，长 0.4~0.6 mm；第一外稃长 9~10 mm；内稃稍短于外稃，脊上部具纤毛，顶端钝。花药长约 2.5 mm。

1.植株中下部，示根和叶；2.花序；3.小穗；4.外颖；5.内颖；6.小花背面；7.小花腹面，示小穗轴节间。

图 2-76　阿拉善披碱草

1.植株中下部，示根和叶；2.花序及旗叶；3.小穗；4.外颖；5.内颖；6.小花背面；7.小花腹面，示小穗轴节间。

图 2-77　涞源披碱草

高原披碱草

Elymus alpinus L. B. Cai

茎：秆直立，高 25~35 cm，通常具 5 节。

叶：叶鞘通常长于节间，无毛。叶舌高约 0.3 mm，顶端通常截形。叶片扁平或稍内卷，长 6~10 cm，宽 3~5 mm，两面无毛，边缘具缘毛。

花序/花：穗状花序直立或稍弯曲，长 4~6 cm，宽约 9 mm。序轴无毛，边缘具短毛；序轴节间长 2~3 mm；每节具小穗 1 或 2 个。小穗绿色，长 10~12 mm，内生小花 3 或 4 朵；小穗轴密被微柔毛。颖片呈狭披针形，近等长，长 3~4 mm，具 1~3 脉，沿中脉粗糙，顶端渐尖。外稃呈披针形，背面具短柔毛；第一外稃长 7~8 mm，芒纤细，长 3~7 mm；内稃稍长于外稃。花药黑色，长约 1.5 mm；子房顶端被短柔毛。

高株披碱草（别名：高株鹅观草）

Elymus altissimus (Keng) Á. Löve ex B. Rong Lu

茎：秆丛生，直立，坚硬，高 70~150 cm，具 5~7 节，节处常微膝曲。

叶：叶片灰绿色，扁平，长 7~25（~40）cm，宽 6~10 mm，正面长有稀疏细柔毛，反面无毛，边缘粗糙。

花序/花：穗状花序直立或微曲，长 15~18 cm。每节具小穗 1 个。小穗长约 11 mm，内生小花 1~3 朵。颖片淡绿色或略带紫色，呈长圆形，顶端锐尖，质厚，长 5~6 mm，具 5~7 条明显的脉，或外颖具 3 脉。外稃黄绿色或略带紫色，呈长圆状披针形，除基部及边缘贴生短柔毛外，其余部位均无毛，上半部具 5 脉；第一外稃长约 10 mm，顶端有较粗壮而稍反曲的芒，芒长 10~20 mm；内稃稍短于外稃，顶端近圆形或微凹。

1.花序；2.序轴及小穗；3.外颖；4.内颖；5.小花背面；6.小花腹面。

图 2–78　高株披碱草

狭穗披碱草（别名：狭穗鹅观草）

Elymus angustispiculatus S. L. Chen & G. H. Zhu

茎： 秆直立或在基部稍膝曲，高 80~100 cm，直径 2~2.5 mm，约具 4 节。

叶： 叶鞘边缘具纤毛。叶舌纸质，高约0.6 mm，顶端截形。叶片扁平，长 8~15 cm，宽 4~6 mm，两面无毛或正面粗糙。

花序/花： 穗状花序直立或稍弯曲，长 16~20 cm，宽约 6 mm。序轴背面粗糙，边缘有短毛；每节具小穗 1 个。小穗窄，长 16~26 mm，内生小花 4~6 朵。颖片呈披针形，近等长，长 8~10 mm，具 3 脉，沿脉粗糙，顶端具短尖头（1~2 mm）。外稃呈狭披针形，背面无毛，芒直立，长 20~25 mm，粗糙；基盘无毛或微具柔毛；第一外稃长 10~12 mm；内稃与外稃近等长，脊上部有短纤毛，脊间无毛。花药黄色，长 2~2.7 mm。

1.植株中下部，示根和叶；2.花序；3.小穗，具 5 小花；4.外颖；5.内颖；6.小花背面；7.小花腹面，示小穗轴节间。

图 2–79　狭穗披碱草

假花鳞草
Elymus anthosachnoides (Keng) Á. Löve ex B. Rong Lu

茎：秆单生或丛生，高 60~75 cm，直径 1.5~2.5 mm，具 4~6 节。

叶：叶鞘无毛。叶片扁平，长 11~25 cm，宽 3.5~7 mm，两面具长柔毛，或正面具柔毛或无毛。

花序/花：穗状花序下垂，长 8~16 cm。序轴上每节具小穗 1 个。小穗淡黄绿色或略带紫色，长 24~30 mm（不含芒），内生小花 5~7 朵；小穗轴节间长约 3 mm，具长柔毛。颖片呈披针形，具 3~5（~7）脉，脉上粗糙，先端锐尖；外颖长 5~7.5 mm；内颖长 7~9 mm。外稃呈披针形，遍生粗而长的毛，边缘及上部的毛显著；第一外稃长 13~14 mm，顶端芒粗壮，反曲，长 20~35 mm；内稃与外稃近等长或稍短，脊间具短缘毛。花药红褐色，长 1~2 mm。

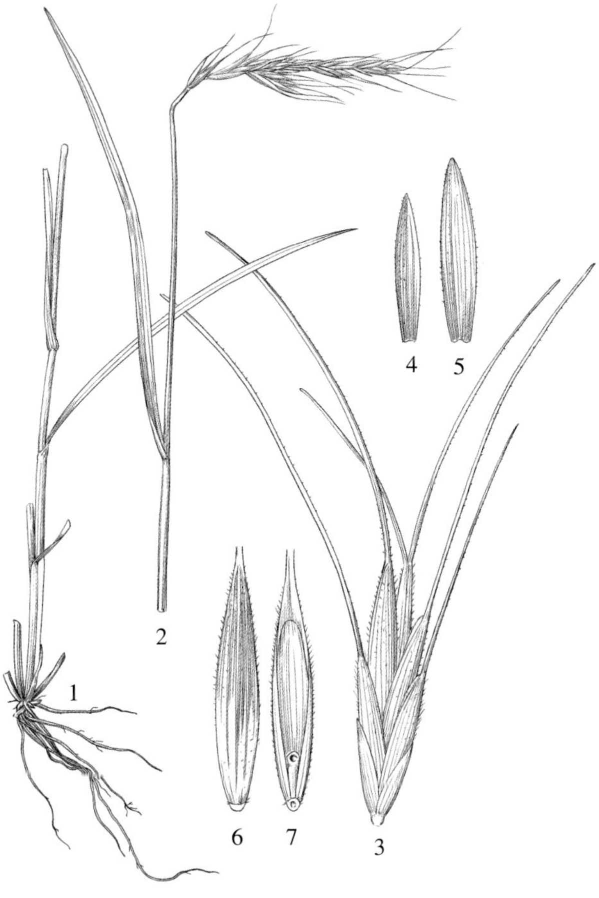

1.植株下部，示根和叶；2.花序和旗叶；3.小穗，具 6 小花；4.外颖；5.内颖；6.小穗背面；7.小穗腹面。

图 2-80　假花鳞草

糙稃花鳞草
var. *scabrilemmatus* (L. B. Cai) S. L. Chen

主要特征：穗状花序长 10~16 cm。外稃无毛或粗糙。

小颖披碱草（别名：小颖鹅观草）
Elymus antiquus (Nevski) Tzvelev

茎：秆在基部丛生，纤细，高 50~100 cm，具 3~5 节，无毛或在花序下粗糙。

叶：叶鞘平滑或粗糙、疏生毛，有时边缘具缘毛。叶舌高 0.2~0.5 mm。叶片扁平，长 6~15 cm，宽 2.5~8 mm，两面粗糙或具短柔毛。

花序/花：穗状花序在开花时稍下垂，2 列，长 7.5~21 cm。序轴无毛或在背面和边缘上粗糙，每节具小穗 1 个。小穗近无梗，绿色或紫色，长 20~40 mm，宽 2~6 mm，内生 3~7（~9）朵发育的小花。颖片呈长圆形、披针形或近卵形，背面或仅脉上粗糙，边缘透明，顶端短尖；外颖长 1.5~3 mm，宽 0.5~1.2 mm，具 2 或 3 脉；内颖长 3~5.5 mm，宽 0.6~1.5 mm，具 3~5 脉。外稃披针形，长 8~11.5 mm，宽 1.2~1.8 mm，无毛、具短柔毛或背面密被毛，芒直立或微曲，成熟时长 10~20 mm；基盘具浓密刚毛；内稃稍短于外稃，正面具粗糙的短柔毛，沿脊向上具缘毛，顶端钝。花药黄色或紫色，长 2~3 mm。

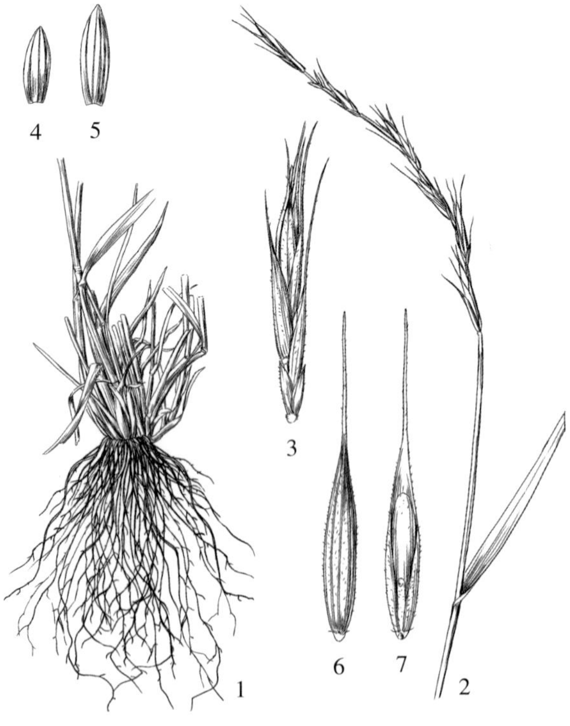

1.植株下部，示根；2.花序及叶（下部）；3.小穗，具 6 小花；4.外颖；5.内颖；6.小花背面；7.小花腹面，示小穗轴节间。

图 2–81　小颖披碱草

芒颖披碱草（别名：芒颖鹅观草）

Elymus aristiglumis (Keng & S. L. Chen) S. L. Chen

茎：秆单生或丛生，直立，高（15~）40~50 cm，具 1 或 2 节，无毛。

叶：叶鞘无毛。叶片扁平，长 6~8（~11）cm，宽 5 mm，无毛、粗糙或密被短硬毛。

花序/花：穗状花序下垂，紫色，长 6~8 cm（不含芒）。序轴边缘粗糙，每节具小穗 1 个。小穗长 12~15 mm（不含芒），内生小花 2 或 3（4）朵；小穗梗长 0.5~1 mm，粗糙。颖片呈狭披针形，具 1~3脉，稍偏斜而使外稃基盘外露，顶端具芒，芒长 3~7 mm；外颖长 3~4 mm；内颖长 3~5 mm。外稃呈长圆状披针形，无毛或具微糙硬毛；第一外稃长约10 mm，先端芒糙涩反曲，长 2~4 cm；内稃与外稃等长，顶端渐窄，稍下凹，遍生微糙硬毛，脊上具短缘毛。花药黑色。

1.具花序植株；2.小穗；3.外颖；4.内颖；5.小花背面；6.小花腹面，示小穗轴节间。

图 2–82　芒颖披碱草

毛芒颖草（别名：毛芒颖鹅观草）

var. *hirsutus* (H. L. Yang) S. L. Chen

主要特征：叶片内卷，宽不及 2 mm，两面密被短硬毛。外稃遍布微糙硬毛，芒长 2~3 cm。

平滑披碱草（别名：光花芒颖鹅观草）

var. *leianthus* (H. L. Yang) S. L. Chen

主要特征：叶片扁平，宽 4~5 mm，无毛或粗糙。外稃平滑，无毛，芒长达4 cm。

黑紫披碱草

Elymus atratus (Nevski) Hand.-Mazz.

茎：秆疏丛生，直立，纤细，高 40~60 cm，基部呈膝曲状。

叶：叶鞘平滑，无毛。叶片不同程度内卷，长 3~10（~19）cm，宽约 2 mm，两面均无毛，基生叶正面有时生柔毛。

花序/花：穗状花序长 5~8 cm。小穗成熟后黑紫色，长 8~10 mm，内生小花 2 或 3 朵，通常 1 或 2 朵小花可育。颖片呈狭长圆形或披针形，外颖与内颖近等长，长 2~4 mm，顶端短尖或渐尖，稀可具长约 1 mm 的小尖头，具 1~3 脉，主脉粗糙，侧脉不明显。外稃呈披针形，全部密生微小短毛，具 5 脉，脉在基部不甚明显；第一外稃长 7~8 mm，先端延伸成芒，芒反曲粗糙，长 10~17 mm；内稃与外稃等长，顶端钝圆，脊上具短缘毛。

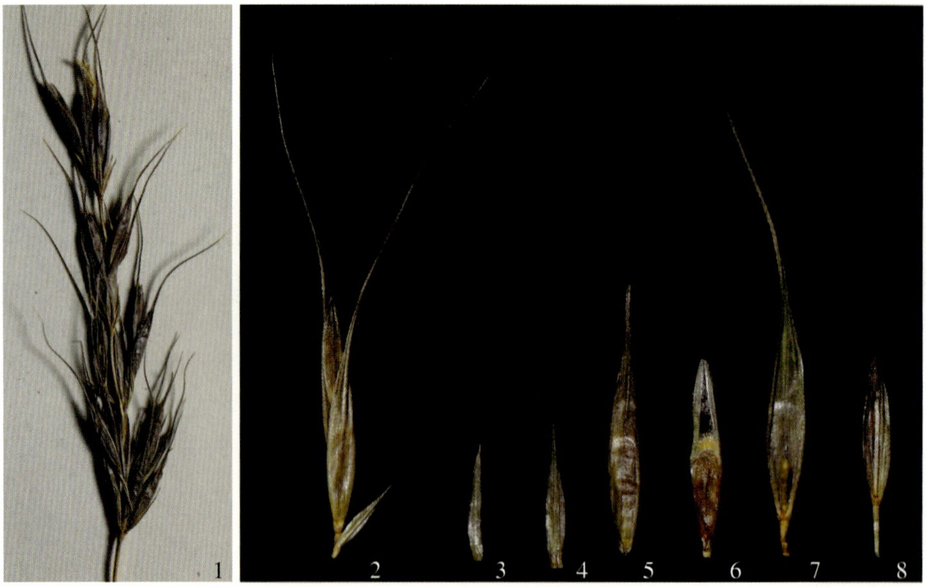

1.花序；2.小穗，具 2 小花；3.外颖；4.内颖；5.外稃背面；6.内稃腹面；7.外稃腹面；8.小穗顶端小花腹面，示小穗轴末端节间及退化小花。

图 2–83　黑紫披碱草

毛盘草（别名：毛盘鹅观草）

Elymus barbicallus (Ohwi) S. L. Chen

茎：秆疏丛生，高 40~100 cm，具 4 或 5 节，无毛或在节下被微柔毛；节无毛或白色、具柔毛。

叶：叶鞘无毛或外部边缘具缘毛。叶片长 15~30 cm，宽 3~8 mm，两面无毛或粗糙，或反面粗糙、正面具柔毛。

花序/花：穗状花序直立或稍下垂，长 18~22 cm。序轴上每节具小穗 1 个。小穗绿色，长 15~25 mm（不含芒），内生小花 5~8 朵。颖片呈披针形或长圆状披针形，顶端锐尖或渐尖；外颖长 7~14 mm，具 3~5 脉；内颖长 8~14.5 mm，具 5~7 脉。外稃长 8~13 mm，仅背面无毛，近基部与边缘以及脉上稍粗糙，芒直立，长 20~30 mm；基盘具毛，长 6~10 mm；内稃稍短于外稃或与其等长，脊上部具短纤毛，脊间具短硬毛，顶端微缺或圆形。花药淡黄色；子房具长硬毛。

1.花序；2.小穗，具 5 小花；3.外颖；4.内颖；5.小花背面（外稃）；6.小花腹面，示内稃和小穗轴节间；7.外稃腹面；8.内稃腹面。

图 2–84 毛盘草

毛叶毛盘草

var. *pubifolius* (Keng) S. L. Chen

主要特征：秆高约 50 cm，无毛；节无毛。叶鞘无毛。叶片长15~20 cm，宽 3~7 mm，正面具柔毛，反面粗糙。颖片长 7~12 mm。外稃长约 10 mm；内稃稍短于外稃。

毛节毛盘草

var. *pubinodis* (Keng) S. L. Chen

主要特征：秆高 40~50 cm，节下被微柔毛；节白色，具柔毛。叶鞘外部边缘具缘毛。叶片长 16~30 cm，宽 4~7 mm，两面无毛或正面粗糙。外颖长 10~14 mm；内颖长 12~14.5 mm。外稃长 12~13 mm。

硬穗披碱草

Elymus barystachyus L. B. Cai

茎：秆疏丛生或单生，高 50~80 cm，直径 2.5~4.5 mm，具 3~5 节，基部节膝曲。

叶：叶鞘无毛。叶舌膜质，高约1 mm。叶片长 7~22 cm，宽 4~8 mm，无毛。

花序/花：穗状花序长 8~18 cm，宽 5~9 mm。序轴边缘具缘毛；通常每节具小穗 2 个。小穗略带紫色，长 10~18 mm，内生小花 4~6 朵。颖片呈线状披针形，长 7~10 mm，具 4~7 脉，沿脉具微糙硬毛，顶端渐尖或长成 1.5 mm 的尖。外稃呈长圆状披针形，近端粗糙，上部和边缘密被短柔毛，顶端锐尖或具短芒，芒长 1~2 mm；第一外稃长 7~8 mm；内稃与外稃等长，脊上具缘毛。花药黑色或微黄色，长约 2 mm。

1.植株中下部，示叶；2.花序；3.小穗；4.外颖；5.内颖；6.小花背面；7.小花腹面，示小穗轴节间。

图 2–85 硬穗披碱草

短芒披碱草

Elymus breviaristatus (Keng) Keng f.

茎：秆疏丛生，直立或基部膝曲，高约 70 cm。

叶：叶鞘光滑。叶片扁平，粗糙或反面平滑，长 4~12 cm，宽 3~5 mm。

花序/花：穗状花序下垂，疏松，纤细，长 10~15 cm。序轴边缘粗糙或具短缘毛；通常每节具小穗 2 个，有时接近顶端各节仅具 1 个。小穗灰绿色稍带紫色，长 13~15 mm，内生小花 4~6 朵。颖片呈长圆状披针形或卵状披针形，具 1~3 脉，脉上粗糙，长 3~4 mm，顶端通常尖。外稃呈披针形，上部具明显的 5 脉，全部被短小微毛，有时背部无毛；第一外稃长 8~9 mm，先端具粗糙的短芒，芒长（1~）2~5 mm；内稃与外稃等长，脊上具短缘毛，脊间被微毛，顶端狭窄。

1.花序；2.序轴节间，每节具 2 个小穗；3.小穗；4.外颖；5.内颖；6.小穗中 3 小花，示小花背面（中）和小花腹面（下）；7.外稃腹面；8.内稃背面；9.小穗轴顶端小花腹面，示小穗轴末端节间及退化小花。

图 2–86　短芒披碱草

短柄披碱草（别名：短柄鹅观草）

Elymus brevipes (Keng) S. L. Chen

茎：秆单生或丛生，直立，高 30~60 cm。

叶：叶片干后内卷，坚硬，正面粗糙，反面平滑。

花序/花：穗状花序弯曲或下垂，基部分枝，长 7~11 cm（不含芒）。序轴纤细；每节具小穗 1 个。小穗绿色，略带紫色，多少有光泽，长 14~22 mm，宽 4~7 mm。小穗梗长 0.5~2 mm。颖片呈披针形，具明显的 3 脉，粗糙，顶端锐尖或渐尖；外颖长 1.5~3 mm；内颖长 3~4.5 mm。外稃呈披针形，粗糙或近无毛；第一外稃长 9~10 mm，芒反曲，粗糙，长 25~30 mm；内稃长 8~9 mm，背面被微毛，脊上部 1/3 疏生纤毛，顶端截形。花药黄色，长 1.5~2.5 mm。

1.花序；2.花序下部，示分枝；3.外颖；4.内颖；5.小花背面；6.小花侧面；7.小花，示外稃、内稃和花药。

图 2–87　短柄披碱草

短颖披碱草（别名：短颖鹅观草）

Elymus burchan-buddae (Nevski) Tzvelev

茎：秆在基部丛生，直立或膝曲上升，高 10~60 cm，具 2 或 3 节，无毛或在花序下粗糙。

叶：叶鞘光滑或粗糙。叶片浅绿色至绿色，有时有白霜，紧密内卷或具内卷边缘，长 2~10（~18）cm，宽 1~4 mm，两面无毛、粗糙或近有毛。

花序/花：穗状花序小穗稍呈 2 列，很少偏向一侧，长 4~11 cm，宽 10~15 mm。序轴背面和边缘粗糙；每节具小穗 1 个。小穗无梗或近无梗，有白霜，长(10~）14~35 mm，宽3~6 mm，内生小花 2~5（~7）朵。颖片呈卵状披针形或披针形，脉上粗糙，有时背面粗糙，边缘有时非常狭窄、透明，顶端锐尖或短尖；外颖长 1.5~5 mm，宽 0.5~2 mm，具（2）3（4）脉；内颖长 3~5（~7.5）mm，宽 0.6~2 mm，具 3~5 脉。外稃呈狭披针状椭圆形，长 7~10 mm，宽 1.3~2 mm，粗糙至背面被短柔毛，芒成熟时明显弯曲，长 1~3 cm；基盘狭窄，尖，刚毛密或疏；内稃短于外稃或与其等长，正面无毛至粗糙，沿脊具缘毛，顶端圆形或钝。花药黄色至深紫色或黑色，长 1~2 mm。

图 2–88　短颖披碱草

峰峦披碱草（别名：峰峦鹅观草）

Elymus cacuminis B. Rong Lu & B. Salomon

茎：秆在基部丛生，直立或膝曲上升，高 25~57 cm，具（2）3（4）节，无毛，或在花序下疏生粗糙毛。

叶：叶鞘浅灰色或带紫色，通常在基部有毛，上部平滑。叶舌高 0.5 mm。叶耳浅绿色、棕色或紫色。叶片浅绿色至带紫色，线形，紧密内卷或具内卷边缘，很少扁平，长 2~15 cm，宽 1~6 mm，正面不同程度具短柔毛，反面粗糙。

花序/花：穗状花序在开花时明显下垂，紧密或疏松，长 4~13 cm，宽8~12 mm。序轴背面和边缘粗糙；每节具小穗 1 个。小穗绿色或紫色，长 25~40 mm，宽 2.5~4.5 mm，内生小花 3~6 朵；小穗梗长 5~9 mm。颖片呈卵形或狭披针形，背面无毛，沿脉粗糙，边缘薄，顶端短尖；外颖长 2~6 mm，宽 0.5~1.4 mm，具（1）2~5 脉；内颖长（2.5~）3~9 mm，宽 0.8~1.5 mm，具 3~5（~7）脉。外稃呈狭披针状椭圆形，长 8~11 mm，宽 1.2~2 mm，成熟时芒明显弯曲，长 15~30 mm；基盘狭窄，不同程度被刚毛；内稃稍短于外稃，正面无毛至疏生短柔毛，沿脊具缘毛。花药黄色或紫色，长 1.3~2 mm。

1.具花序植株；2.小穗，具 5 小花；3.外颖；4.内颖；5.小花背面（外稃），示基部刚毛；6.小花腹面，示内稃、小穗轴节间和基盘。

图 2–89　峰峦披碱草

改自《小麦族生物系统学》（颜济绘）

马格草
Elymus caesifolius Á. Löve ex S. L. Chen

茎：秆丛生，直立，高 30~60 cm，具 2 或 3 节，无毛。

叶：叶鞘无毛或基部者具柔毛。叶片灰绿色，内卷，质硬，长（2~）6~16 cm，宽（1~）3~5 mm，正面及边缘粗糙，反面平滑。

花序/花：穗状花序直立，长 6~15 cm。序轴上每节具小穗 1 个。小穗长 13~15 mm（不含芒），内生小花 3~5 朵。颖片呈长圆状披针形，顶端急尖或渐尖，边缘干膜质，具明显而粗糙的 3 脉或内颖具 5 脉；外颖长 4~7 mm；内颖长 6~8 mm。外稃呈长圆状披针形，背部微糙涩，上部具明显的 5 脉，脉上粗糙或具微小硬毛，芒粗糙，长 15~30 mm；第一外稃长 9~11 mm；内稃稍短于外稃或与其近等长，顶端截平，背面上半部具微糙硬毛，脊上具短缘毛。

1.植株下部，示根和叶；2.花序；3.小穗，具 3 小花；4.外颖；5.内颖；6.小花背面（外稃）；7.小花腹面，示内稃和小穗轴节间。

图 2–90　马格草

纤瘦披碱草（别名：纤瘦鹅观草）
Elymus caianus S. L. Chen & G. H. Zhu

茎：具短根状茎。秆直立，高约 70 cm，直径 1.2~2 mm，具 3 或 4 节。

叶：叶鞘通常比节间短，无毛。叶舌非常矮，顶端截形。叶片扁平或边缘内卷，长 2~6 cm，宽 2~3 mm，正面粗糙或疏生短柔毛，反面常无毛。

花序/花：穗状花序疏松，稍下垂，长 10~12 cm。序轴纤细，边缘具刺；序轴节间长 5~12 mm。小穗略带紫色，长 12~16 mm（不含芒），内生小花 3 或 4 朵；小穗轴被微柔毛，节间长 2~2.5 mm。颖片呈披针形，具 3 脉，脉上粗糙，顶端渐尖；外颖长2~3 mm；内颖长 4~5 mm。外稃呈狭披针形，常在中部和近边缘上方具刺；第一外稃长 8~10 mm，芒长 6~8 mm；内稃稍短于外稃或与其等长，沿脊具刺，脊间无毛，顶端截形或钝。花药黄色，长约 1 mm；子房呈倒卵状，顶端具短柔毛。

1.具花序植株；2.小穗，具 4 小花；3.外颖；4.内颖；5.小花背面（外稃）；6.小花腹面，示内稃和小穗轴节间。

图 2–91　纤瘦披碱草

钙生披碱草（别名：钙生鹅观草）

Elymus calcicola (Keng) S. L. Chen

茎：秆纤细，高约 100 cm，约具 5 节。

叶：叶片灰绿色，扁平，质厚，长 10~20 cm，宽 4~5 mm，正面具短柔毛，反面无毛，或沿脉被微柔毛。

花序/花：穗状花序长 12~20 cm，不同程度向下弯曲。序轴每节具小穗 1 个。小穗长 12~17 mm（不含芒），内生小花 3~6 朵。颖片呈狭披针形，通常不对称，边缘膜质，顶端渐尖，平滑或脉上微粗糙；外颖长 5~8 mm；内颖长 6~10 mm。外稃无毛，粗糙或具粗毛；第一外稃长 9~11 mm，芒直立，纤细，长 15~25 mm，粗糙；内稃与外稃等长或稍长于外稃，顶端狭窄，钝，通常稍 2 裂，脊上具短硬纤毛（几乎达到基部）。

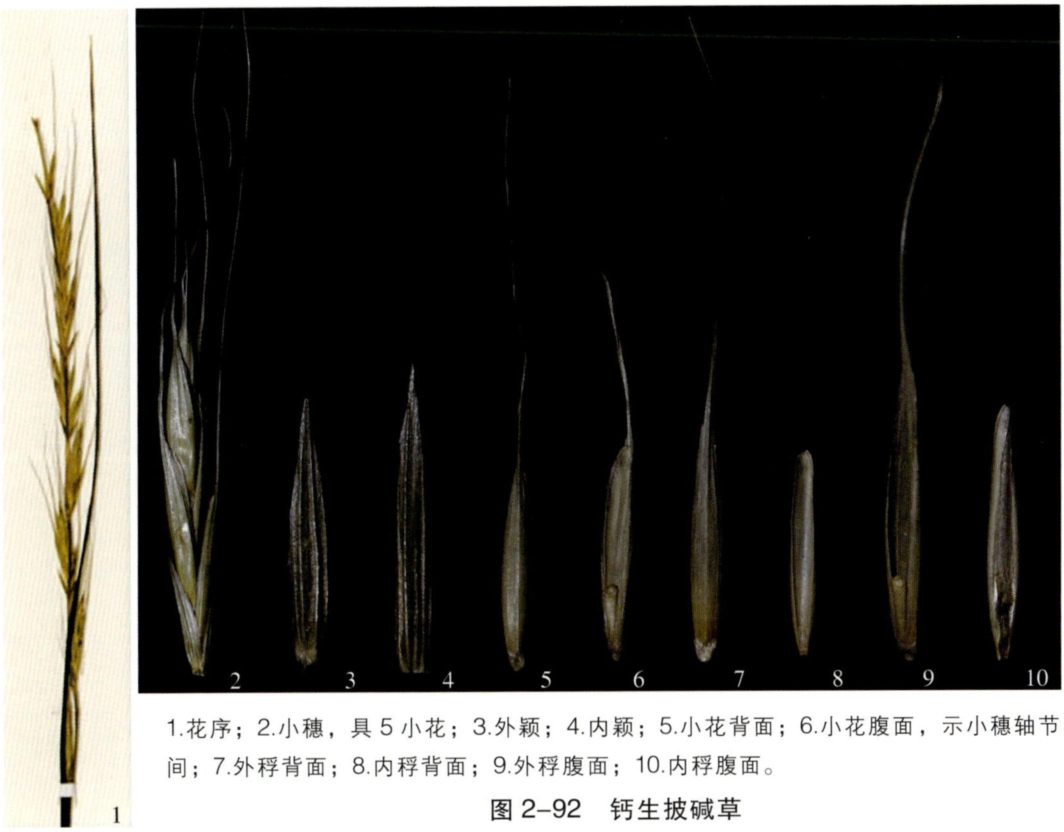

1.花序；2.小穗，具 5 小花；3.外颖；4.内颖；5.小花背面；6.小花腹面，示小穗轴节间；7.外稃背面；8.内稃背面；9.外稃腹面；10.内稃腹面。

图 2–92　钙生披碱草

沟槽披碱草（别名：沟槽鹅观草）

Elymus canaliculatus (Nevski) Tzvelev

茎：秆直立或膝曲上升，纤细至粗壮，高 30~70 cm，具 3 或 4（5）节，无毛。

叶：叶鞘无毛，或在基部疏生粗糙或浅灰色微带紫色的毛。叶舌高 0.2~0.6 mm。叶耳浅绿色或紫色，长 0.4~0.7 mm。叶片绿色至深绿色，内卷，长 6~20 cm，宽 1~4 mm，正面粗糙至具柔毛，反面无毛，但边缘粗糙。

花序/花：穗状花序在开花时明显下垂，小穗排成 2 列，疏松，长 6~20 cm，宽 6~15 mm。序轴粗糙；每节具小穗 1 个。小穗浅绿色至紫色，长 4~7 cm，宽 4~7 mm，内生 4~7（~9）朵发育的小花。颖片呈狭披针状椭圆形；外颖长 3~9 mm（不含芒），宽 0.7~1.8 mm；内颖长 4~10 mm（不含芒），宽 1~2 mm，具 5~7 脉，背面粗糙，边缘薄或透明，顶端短尖或渐缩为一个长 5 mm 的短芒。外稃呈狭披针状椭圆形，长 8~12 mm，宽 1~2 mm，背面具短柔毛，芒粗壮，明显弯曲，成熟时长 25~50 mm；基盘狭窄，尖，具小刚毛或密被刚毛；内稃呈狭披针状椭圆形，稍短于外稃或与其等长，正面无毛，沿脊具缘毛。花药黄色或紫色，长 4~5 mm。

1.花序；2.小穗及颖片，具 5 小花；3.小花背面（外稃）；4.小花腹面；5.外稃背面；6.内稃背面；7.外稃腹面；8.内稃腹面。

图 2–93　沟槽披碱草

犬草

Elymus caninus (L.) L.

茎： 秆疏丛生，高 80~150 cm，光滑。

叶： 叶鞘无毛。叶片绿色或灰绿色，宽线形，扁平，薄，长 12~20 cm，宽 5~10 mm，无毛或正面粗糙至散生柔毛。

花序/花： 穗状花序下垂，稍密，长 10~20 cm。序轴上每节具小穗 1 个。小穗绿色，稀绿紫色，长 10~15 mm（不含芒），内生小花 2~5 朵。颖片披针形，上部突然变窄，具 3~5 脉，具宽次脉，粗糙，边缘干膜质；外颖长 6~10 mm，芒长约 2 mm；内颖长 7~11 mm，芒长 2~4 mm。外稃长 9~11 mm，光滑，芒弯曲，长 15~18 mm；内稃顶端截形。花药长 2.5~2.8 mm。

1.花序；2.花序局部，示序轴节上小穗；3.小穗，具 5 小花；4.外颖；5.内颖；6.开放小花，示外稃背面（前）和内稃腹面（后）；7.内稃背面；8.外稃腹面。

图 2–94　犬草

陈氏披碱草（别名：陈氏鹅观草）
Elymus cheniae (L. B. Cai) G. H. Zhu

茎：秆直立或在基部膝曲，高 30~60 cm，直径 1.5~2.5 mm，具 3 或 4 节，无毛。

叶：叶鞘无毛。叶舌膜质，高约 0.5 mm，顶端截形。叶片扁平或边缘内卷，长 3~10 cm，宽 2~4 mm，两面通常无毛。

花序/花：穗状花序直立，长 5~13 cm，宽约 4 mm。序轴无毛，但棱边具短纤毛。序轴节间长 5~7 mm。小穗绿色或紫绿色，长 10~14 mm，内生小花 2~4 朵。小穗轴被微柔毛。颖片呈披针形或长圆状披针形；内外两颖常近等长，长 7~11 mm，具 4~6 脉，无毛，边缘膜质。外稃呈披针形，背面有刺；第一外稃长 8~10 mm，芒长 1~3 mm；内稃稍短或长于外稃，沿脊具短纤毛，脊间无毛。花药黄色，长 1.5~2 mm。

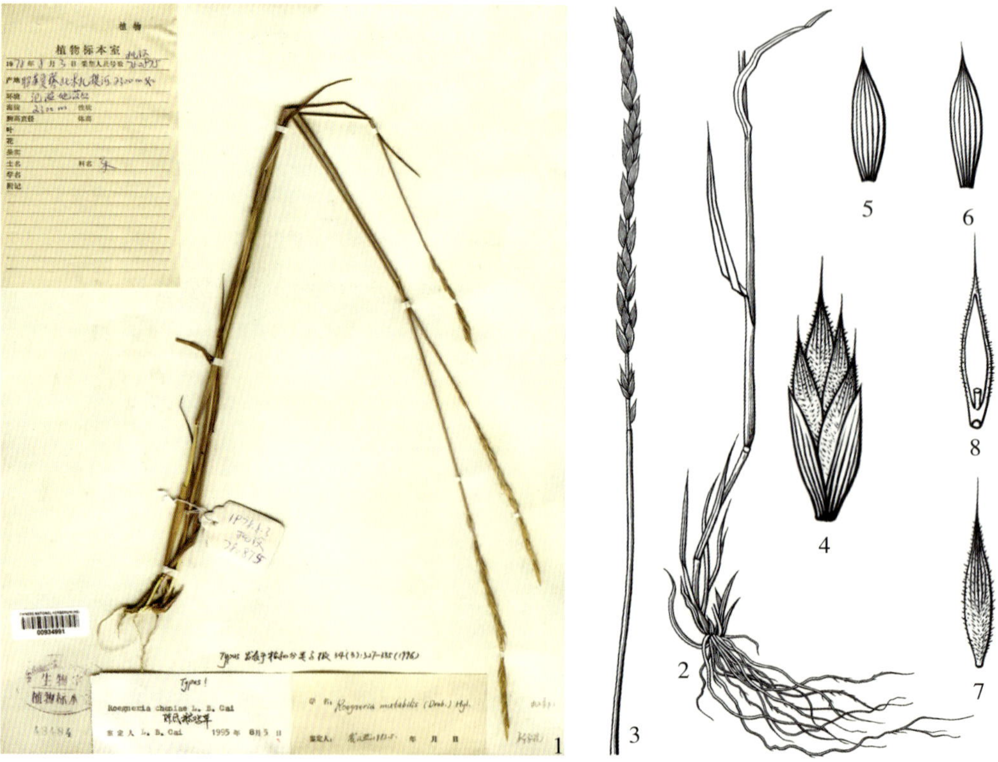

1.标本；2.植株中下部，示根和叶；3.花序；4.小穗，具 4 小花；5.外颖；6.内颖；7.小花背面（外稃）；8.小花腹面，示内稃和小穗轴节间。

图 2–95　陈氏披碱草

纤毛披碱草（别名：纤毛鹅观草）

Elymus ciliaris (Trin. ex Bunge) Tzvelev

茎：秆单生或丛生，常在基部膝曲，有时直立，高 40~130 cm，直径 1~5 mm。

叶：叶鞘无毛，或在基部具柔毛。叶片扁平，长 9~25 cm，宽 3~10 mm，无毛至粗糙，具柔毛或短柔毛，或密生毛。

花序/花：穗状花序直立或下垂，长 10~22 cm。序轴粗糙，边缘具糙硬毛；每节具小穗 1（2）个。小穗绿色，长 10~22 mm（不含芒），内生小花 5~12 朵。颖片长圆状披针形或椭圆状披针形；外颖长 6~11 mm；内颖长 7~13 mm；具 5~7 脉，粗糙，有缘毛，或沿脉和边缘有白色长硬毛，顶端锐尖、渐尖或尖。外稃披针状长圆形或长圆形，粗糙至被刚毛或两者兼有，顶端尖或具芒；第一外稃长 7~12 mm，芒常反曲，长 10~30 mm；内稃长椭圆形，远短于外稃，脊上有粗糙短毛，顶端截形。

1.小穗，具 10 小花；2.小穗轴节间及基部小花侧面，外稃边缘具白色长硬毛；3.小花，示外稃（背面）、内颖（腹面）和子房；4.外颖背面；5.内颖腹面；6.小花背面（外稃）；7.小花腹面；8.外稃背面和内稃腹面。

图 2–96　纤毛披碱草

阿穆尔纤毛草（别名：毛叶鹅观草、阿麦纤毛草）

var. *amurensis* (Drobow) S. L. Chen

主要特征：秆直径 4~5 mm。叶片两面和边缘密被短柔毛。颖片长圆状披针形，沿脉和边缘粗糙，顶端锐尖或渐尖。外稃粗糙或被短硬毛，边缘具短缘毛；第一外稃长 9~12 mm，芒长 20~25 mm。

日本纤毛草（别名：竖立鹅观草）

var. *hackelianus* (Honda) G. H. Zhu & S. L. Chen

主要特征：叶片正面和边缘粗糙，反面无毛。颖片椭圆状披针形，顶端锐尖或尖。外稃被粗毛，边缘具短毛；第一外稃长约 8 mm，芒长 5~25 mm；内稃沿脊被粗毛。

毛花纤毛草

var. *hirtiflorus* (C. P. Wang & H. L. Yang) S. L. Chen

主要特征：秆直径 1~2 mm。叶片两面具短柔毛，沿脉和边缘具白色柔毛。颖片长圆状披针形，沿脉和边缘有白色长毛，顶端渐尖。外稃具点状粗糙且密被糙硬毛；第一外稃长 7~9.5 mm，芒长 16~25 mm；内稃沿脊具疏纤毛。

毛叶纤毛草

var. *lasiophyllus* (Kitag.) S. L. Chen

主要特征：叶片两面密被柔毛。颖片椭圆状披针形，沿脉和边缘具缘毛，先端尖。外稃背面具糙硬毛，边缘具长缘毛，芒长 10~25 mm。

短芒纤毛草

var. *submuticus* (Honda) S. L. Chen

主要特征：叶片通常无毛。外稃背面具糙硬毛，边缘具长缘毛，顶端尖或具 1~3（~7）mm 小尖头；内稃脊上具缘毛。

短芒紊草

Elymus confusus var. *breviaristatus* (Keng) S. L. Chen

茎：高 30~70 cm，具3 节。

叶：叶鞘无毛，但在基部反折具柔毛。叶片绿色，常内卷，长 3~7.4 cm，宽约 4 mm，正面粗糙，反面无毛。

花序/花：穗状花序直立，长约 10 cm。小穗淡黄色、绿色或略带紫绿色，长 10~15 mm（不含芒），内生小花 4 或 5 朵。颖片呈狭披针形，具 3 或 5 脉，脉上粗糙，顶端长渐尖或内颖具短芒；外颖长 4~6 mm；内颖长 6~8 mm。外稃背部疏生微糙硬毛；第一外稃长 9~11 mm，芒反曲，长 13~15 mm，粗糙；内稃与外稃等长，脊中部以上具短缘毛，顶端通常截平。

注：原变种紊草中国不产。

1.植株下部，示根；2.花序；3.小穗，具 5 小花；4.外颖；5.内颖；6.小花背面（外稃）；7.小花腹面，示内稃和小穗轴节间。

图 2–97　短芒紊草

缩芒披碱草（别名：缩芒鹅观草）

Elymus curtiaristatus (L. B. Cai) S. L. Chen & G. H. Zhu

茎： 茎直立，高 40~65 cm，直径 1~2 mm，通常具 3 节，粗糙。

叶： 叶鞘常无毛，但基生叶者反曲，具长柔毛。叶舌极矮，顶端截形。叶片内卷，长 4~10 cm，宽 2~3 mm，两面无毛或在正面疏生长柔毛。

花序/花： 穗状花序直立或微弯，长 9~12 cm。序轴无毛，但边缘具刺；节间长 7~12 mm。小穗略带紫色，狭窄，长 13~19 mm（不含芒），内生小花 5~7 朵。小穗轴被微柔毛。颖片呈披针形或长圆状披针形，两颖近等长，长 5~6 mm，具 3~5 脉，脉上粗糙，边缘狭膜质。外稃呈披针形，背面无毛但上部和边缘粗糙，芒直立，长 5~10 mm；基盘被短柔毛；第一外稃长 9~10 mm；内稃稍长于外稃，脊上部具缘毛，脊间粗糙，顶端截形或钝。花药黑色，长 2.3~3.2 mm。

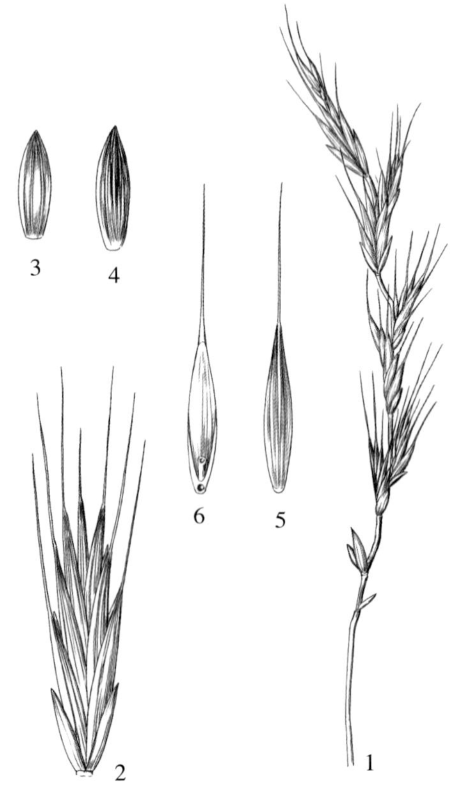

1.花序；2.小穗，具 7 小花；3.外颖；4.内颖；5.小花背面（外稃）；6.小花腹面，示内稃和小穗轴节间。

图 2–98 缩芒披碱草

披碱草

Elymus dahuricus Turcz.

茎： 秆直立或基部膝曲，高 40~140 cm。

叶： 叶鞘无毛，或在基部密被柔毛。叶片扁平，稀内卷，正面平滑或粗糙，反面光滑，有时呈粉绿色，长 5~25 cm，宽 5~10（~12）mm。

花序/花： 穗状花序直立，较紧密，长 14~18 cm，宽 5~10 mm。序轴边缘具短缘毛；每节具小穗 1 或 2 个。小穗绿色或带紫色，成熟后通常为麦秆色，长 9~15 mm，内生小花 2~5 朵。颖片披针形或线状披针形，长 7~10 mm，顶端渐尖或具长达 5 mm 的芒，具 3~5 条明显而粗糙的脉。外稃披针形，全部密生短小糙毛；第一外稃长 7~9 mm，顶端延伸成芒，芒直或下弯，长 10~20 mm；内稃与外稃等长，脊上具缘毛，至脊间不同程度少被短柔毛，先端狭截形。

注： 根据近年的研究，本种并入弯穗麦属 *Campeiostachys* Drobow。在我国还分布有以下 3 个变种，但有不同意见，认为这 3 个变种应并入原变种。

1.植株下部，示根和叶；2.花序；3.小穗，具 4 小花；4.外颖；5.内颖；6.小花背面（外稃）；7.小花腹面，示内稃和小穗轴节间。

图 2–99 披碱草

圆柱披碱草

var. *cylindricus* Franch.

主要特征： 秆纤细，高 40~80 cm。叶鞘无毛。颖片沿脉粗糙。第一外稃长 7~8 mm，芒长 6~13 mm。

青紫披碱草

var. *violeus* C. P. Wang & H. L. Yang

主要特征： 秆粗壮，高 80~140 cm。叶鞘基部密被柔毛。颖片通常沿脉粗糙，具微糙硬毛。第一外稃长 8~9 mm，芒长 10~18 mm。

西宁披碱草

var. *xiningensis* (L. B. Cai) S. L. Chen

主要特征： 秆粗壮，高 80~110 cm。叶鞘无毛。颖片沿脉粗糙。第一外稃长约 8 mm，芒长 2~5 mm。

柔弱披碱草（别名：柔弱鹅观草）
Elymus debilis (L. B. Cai) S. L. Chen & G. H. Zhu

茎： 秆纤细，高 50~60 cm，直径 1~2 mm，具 5~7 节，粗糙，节具短而柔软的毛。

叶： 叶鞘无毛。叶舌高约 0.3 mm，顶端截形。叶片扁平，长 7~15 cm，宽 3~5 mm，正面粗糙或疏松具长柔毛，反面常无毛。

花序/花： 穗状花序常下垂，长 6~11 cm，宽 5~7 mm。序轴边缘有刺；节间长 4~5 mm。小穗绿色，长约 9 mm（不含芒），内生小花 2 或 3 朵。颖片呈狭披针形，长 2.5~4 mm，两颖近等长或外颖短，具 2 或 3 脉，粗糙，或沿脉具刺，顶端有长 1.5~3 mm 的芒。外稃呈披针形，具 5 脉，背面粗糙或具刺，顶端有芒；第一外稃长 7~8 mm，芒弯曲，纤细，长 7~10 mm；内稃稍长于外稃，脊上具刺，脊间粗糙，顶端截形。花药黄色，长约 1 mm。

1.植株中下部，示根和叶；2.花序及旗叶；3.小穗，具 3 小花；4.外颖；5.内颖；6.小花背面（外稃）；7.小花腹面，示内稃和小穗轴节间。

图 2–100 柔弱披碱草

长芒披碱草（别名：长芒鹅观草）

Elymus dolichatherus (Keng) S. L. Chen

茎：秆直立，高 60~90 cm，具 4 或 5 节，常被白粉。

叶：叶片扁平或内卷，长 10~20 cm，宽 3~7 mm，正面粗糙或密生短柔毛，反面无毛。

花序/花：穗状花序直立、稍垂或不同程度弯曲，长 10~15（~17）cm。序轴不同程度被微毛；每节具小穗 1 个。小穗具梗，绿色或带有紫色，长 12~20 mm（不含芒），内生小花 3~6 朵。颖片长圆状披针形，近等长，长 6~8 mm（不含芒），具 3~5 脉，脉上粗糙，边缘膜质，先端渐尖或具芒。外稃具微齿，上半部具明显的 5 脉，边脉达侧齿顶端，芒纤细，直立或稍曲折，长（10~）15~30 mm；内稃稍短于外稃，脊仅中部以上粗糙。

1.花序；2.花序局部，示序轴节间、颖片和小穗（具 6 小花）；3.小花背面；4.小花腹面和侧面。

图 2–101　长芒披碱草

岷山披碱草（别名：岷山鹅观草、耐久鹅观草）
Elymus durus (Keng) S. L. Chen

茎：秆单生或丛生，直立，高 55~80 cm，节带紫色且常具白霜，有的下部节处常膝曲而肿胀，无毛。

叶：叶鞘有时反曲，具短柔毛。叶片扁平或内卷，质较硬，长 6~20（~25）cm，宽 1~4.5 mm，正面粗糙或疏松被微柔毛，反面平滑或被微柔毛。

花序/花：穗状花序下垂，长 5~11 cm。序轴上每节具小穗 1 个。小穗绿色或紫绿色，长 16~22 mm，内生小花（3）4~7 朵。小穗梗长 0.8~1.5（~2）mm，无毛或被微柔毛。颖片呈披针形，脉上粗糙，边缘薄，顶端锐尖、渐尖或尖；外颖长 3~4（~7）mm，具 1~5 脉；内颖长 5~9 mm，具 3~5 脉。外稃呈披针形，具短硬毛或粗糙；第一外稃长约 11 mm，芒反曲，长 15~28 mm，粗糙；内稃与外稃近等长，脊上具硬纤毛，脊间被微柔毛。花药黑色，长约 1.5 mm。

1.植株下部，示根和叶；2.花序及旗叶；3.小穗，具 4 小花；4.小花侧面，示外稃、内稃和小穗轴节间；5.花药；6.果实。

图 2–102　岷山披碱草

昌都披碱草（别名：昌都鹅观草）

Elymus elytrigioides (C. Yen & J. L. Yang) S. L. Chen

茎：秆稀松丛生，直立，高 60~75 cm，直径 1~1.2 mm，具 2~4（~6）节，无毛。

叶：叶鞘比节间短，无毛，在基部常碎裂成纤维状。叶舌膜质，高约 0.5 mm，顶端截形。叶片绿色，扁平或内卷，质硬，长（7~）10~15 cm，宽 1.5~3.3 mm。

花序/花：穗状花序直立，线状，长（5~）8~16 cm，具小穗 5~12 个。序轴无毛；节间长 8~15 mm，在序轴基部的或长至 20 mm；每节具小穗 1 个。小穗长 12~15 mm，内生小花 5 或 6 朵；小穗轴无毛或被微柔毛；节间长 1.5~1.8 mm。颖片呈长圆状披针形，无毛，草本，边缘膜质，顶端钝或锐尖，单侧具牙齿；外颖长 3.5~6.5 mm，具 3 或 4 脉；内颖长 5~8.5 mm，具 4 或 5 脉。外稃长圆状披针形，具 5 脉，无毛，顶端钝或无尖，或有长约 0.5 mm 的尖头；基盘钝，被微柔毛；第一外稃长 7.8~9 mm；内稃与外稃等长或稍长于外稃，背面无毛，沿脊上部具纤毛，顶端截形。花药黄色或淡褐色，长 4.5~5 mm。

1.花序；2.序轴及节上小穗；3.内颖；4.外颖；5.小花背面，内稃长于外稃；6.小花腹面，示小穗轴节间；7.外稃背面；8.内稃背面；9.外稃腹面；10.内稃腹面。

图 2–103　昌都披碱草

肥披碱草
Elymus excelsus Turcz.

茎：秆粗壮，高可达 140 cm，直径约 6 mm。

叶：叶鞘无毛或在基部被短柔毛。叶片扁平，长 20~30 cm，宽 10~16 mm，两面粗糙或反面平滑，常带粉绿色。

花序/花：穗状花序粗壮，直立，长 15~22 cm，序轴边缘具短缘毛；每节具小穗 2 或 3（4）个。小穗长 12~15（~25）mm（不含芒），内生小花 4 或 5 朵。颖片呈狭披针形，长 10~13 mm，具 5~7 条明显而粗糙的脉，顶端具长达 7 mm 的芒。外稃上部具明显的 5 脉，背部无毛，粗糙，顶端和脉上及边缘被微小短毛；第一外稃长 8~12 mm，芒反曲，粗糙，长 15~20（~40）mm；内稃稍短于外稃，脊上具缘毛，脊间稍具短柔毛。

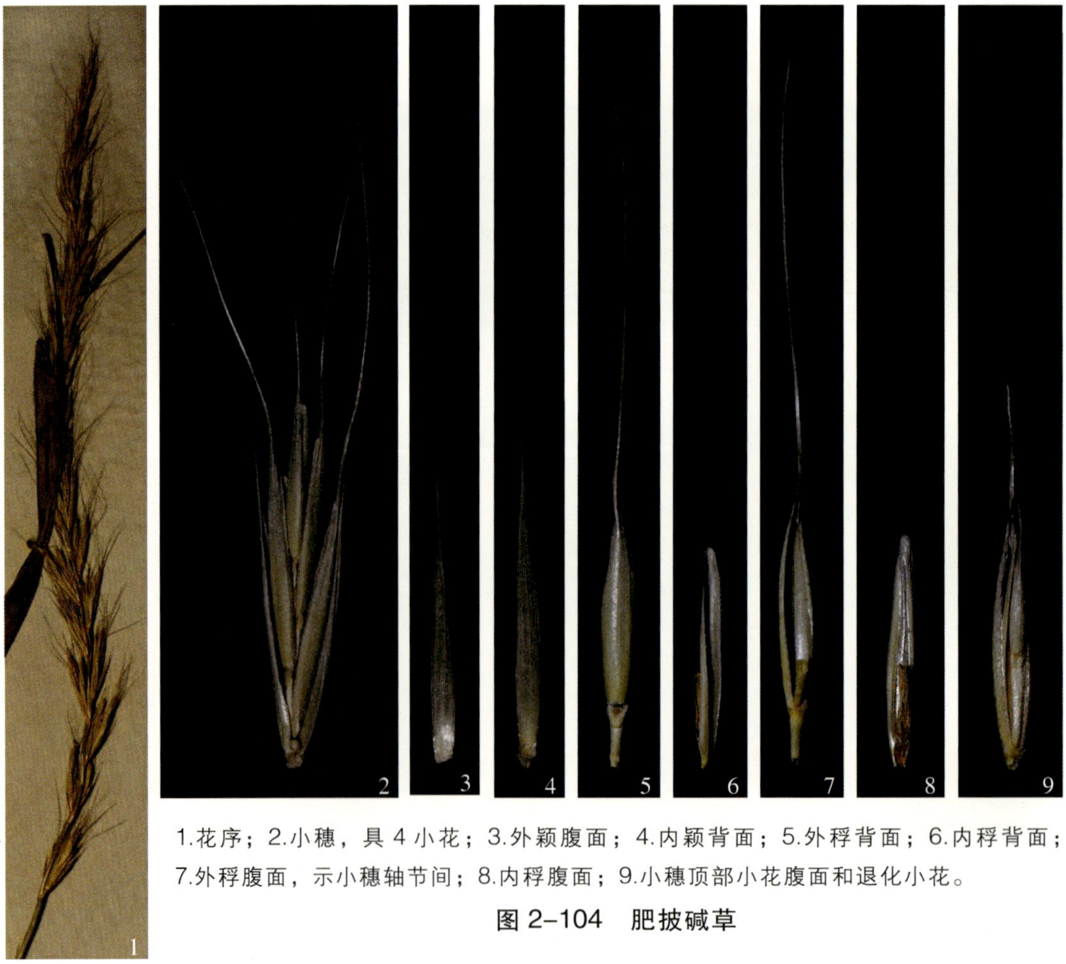

1.花序；2.小穗，具 4 小花；3.外颖腹面；4.内颖背面；5.外稃背面；6.内稃背面；7.外稃腹面，示小穗轴节间；8.内稃腹面；9.小穗顶部小花腹面和退化小花。

图 2–104　肥披碱草

光鞘披碱草（别名：光鞘鹅观草）

Elymus fedtschenkoi Tzvelev

茎：秆粗壮，直立或在基部稍膝曲，高 50~100 cm。

叶：叶鞘无毛，光滑，很少在基部具柔毛。叶片宽 5~12 mm，无毛，粗糙或正面具疏松柔毛。

花序/花：穗状花序直立或稍弯曲，偏向一侧，长 7~16 cm。序轴上每节具小穗 1 个。小穗近无梗，绿色或带绿色的褐紫色，长 15.5~25 mm（不含芒），内生小花 5 或 6 朵。颖片呈宽披针形，长 11~18 mm，宽 2.3~3.5 mm，具 5~7 脉，边缘膜质，顶端渐尖或尖，有时具 1 齿。外稃粗糙或具贴伏刚毛，呈披针形，长 10~14 mm，芒反曲，长 25~37 mm；内稃呈披针形，长 9~13 mm，沿脊具糙硬毛，顶端微钝。花药长 2.5~3 mm。

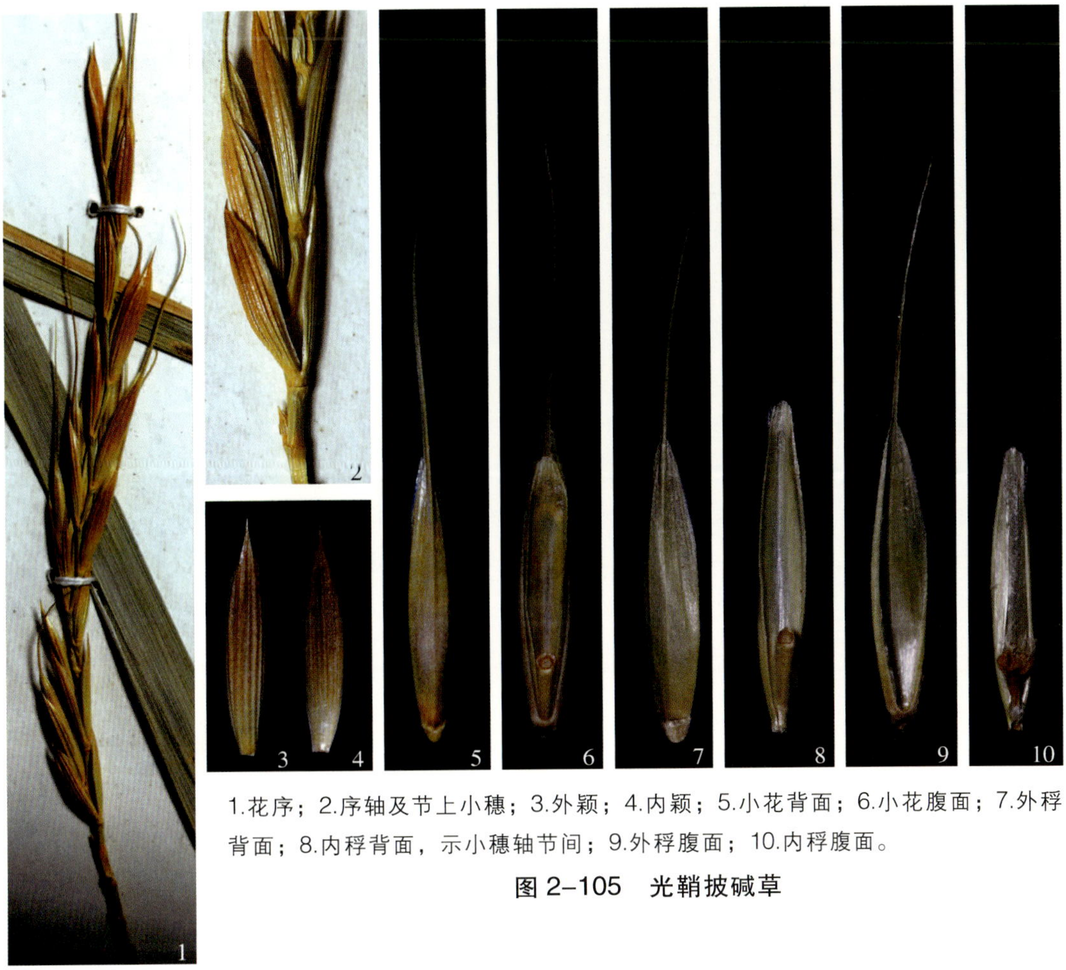

1.花序；2.序轴及节上小穗；3.外颖；4.内颖；5.小花背面；6.小花腹面；7.外稃背面；8.内稃背面，示小穗轴节间；9.外稃腹面；10.内稃腹面。

图 2–105　光鞘披碱草

台湾披碱草（别名：台湾鹅观草）

Elymus formosanus (Honda) Á. Löve

茎： 秆直立，高 30~90 cm。

叶： 叶鞘无毛，或在基部被短柔毛。叶片两面无毛或粗糙，长达 20 cm，宽 2~6 mm。

花序/花： 穗状花序稍下垂，长 10~20 cm。小穗排列疏松，序轴上每节具小穗 1 个。小穗长约 2 cm，内生小花 5~7 朵。颖片呈披针形；外颖长约 5 mm；内颖长 7~9 mm，具 5~7 脉，顶端锐尖，脉粗壮，粗糙。外稃呈长圆状披针形，长约 8 mm，背面圆形，粗糙或具短柔毛，边缘具短缘毛，芒下弯，长 10~35 mm，质硬；基盘圆形；内稃与外稃近等长，脊上具纤毛，先端近圆形或稍微缺。

毛鞘台湾草（别名：毛鞘鹅观草）

var. *pubigerus* (Keng) S. L. Chen

主要特征： 秆高 30~50 cm。叶鞘常在基部被短柔毛。叶片宽 2~4 mm。穗状花序长 10~12 cm。外稃芒长 10~20 mm。

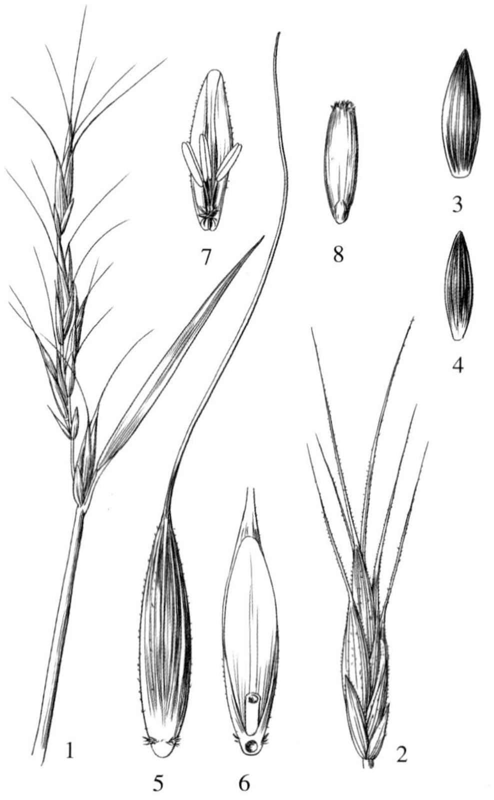

1.花序和旗叶；2.小穗，具 6 小花；3.外颖；4.内颖；5.小花背面（外稃）；6.小花腹面，示内稃和小穗轴节间；7.花和内稃腹面；8.果实。

图 2–106 台湾披碱草

光穗披碱草（别名：光穗鹅观草）

Elymus glaberrimus (Keng & S. L. Chen) S. L. Chen

茎：秆，丛生直立，通常灰绿色，高约 80 cm。

叶：叶鞘平滑，无毛，或在基部被微柔毛。叶片灰绿色，扁平或干后内卷，干燥时有白霜，质较硬，长 8~15 cm，宽（1~）3~4 mm，正面粗糙，反面无毛。

花序/花：穗状花序直立，长 5~12 cm，纤细，具小穗 6~11 个，排列极稀疏。序轴上每节具小穗 1 个。小穗淡绿色，成熟后呈草黄色，无毛；小穗轴无毛或具微柔毛。颖片长圆状披针形，无毛，边缘膜质，顶端锐尖或一侧具齿；外颖长 4~6 mm，具 3 脉；内颖长 5.5~7.5 mm，具 3~5 脉。外稃呈长圆状披针形，连同基盘均无毛；第一外稃长约 9 mm，芒下弯，长 10~20 mm，粗糙；内稃与外稃等长，先端微缺或截形，背部无毛或下部粗糙，脊具短缘毛。

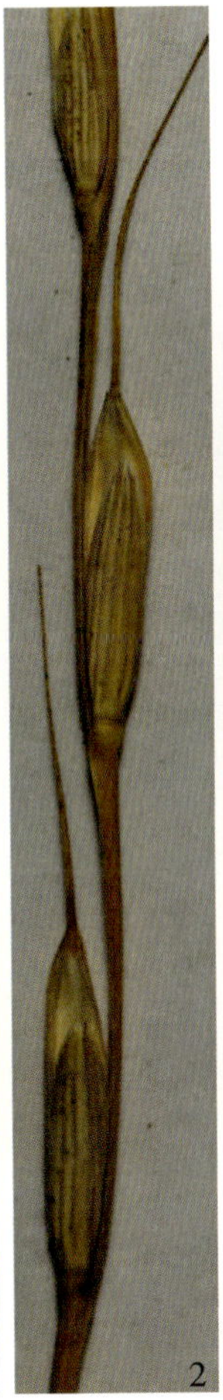

短芒光穗披碱草

var. *breviaristus* S. L. Chen ex D. F. Cui

主要特征：植株通常具有短根状茎。外稃芒长 3~5 mm。

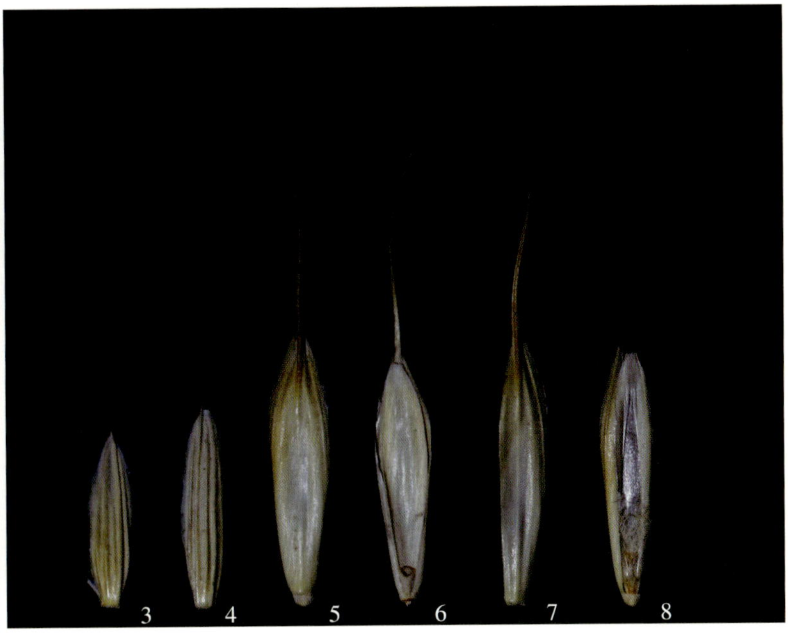

1.花序；2.序轴及节上小穗；3.外颖；4.内颖；5.小花背面（外稃）；6.小花腹面，示内稃背面和小穗轴节间；7.外稃背面；8.内稃腹面。

图 2–107　光穗披碱草

真穗披碱草（别名：直穗鹅观草、细穗鹅观草、百花山鹅观草）

Elymus gmelinii (Ledeb.) Tzvelev

茎：秆纤细，疏丛生，高 60~100 cm，基部直径 1.5~3 mm。

叶：叶鞘平滑，无毛，但在基部反曲，被短柔毛。叶片扁平或内卷，长 9~20（~26）cm，宽 2~8 mm，正面粗糙或被微柔毛，反面无毛。

花序/花：穗状花序直立或下垂，通常近生，长 9~15 cm。序轴上每节具小穗 1 个。小穗黄绿色或略带紫色，长 15~25 mm，内生小花（3~）5~7 朵。颖片呈长圆状披针形或披针形；外颖长 6~11 mm；内颖长 9~12 mm；具 5~7 脉，沿脉粗糙，顶端锐尖或渐尖。外稃呈披针形，全缘具短硬毛；第一外稃长 10~12 mm，芒二叉开，长 25~45 mm；内稃与外稃等长或近等长，脊上具短硬毛，顶端微钝或微缺。花药长 2.5~3.5 mm。

大芒披碱草（别名：大芒鹅观草）

var. *macratherus* (Ohwi) S. L. Chen & G. H. Zhu

主要特征：秆高 75~100 cm，基部直径约 3 mm。颖片近等长，长 10~15 mm。外稃芒长 30~45 mm。

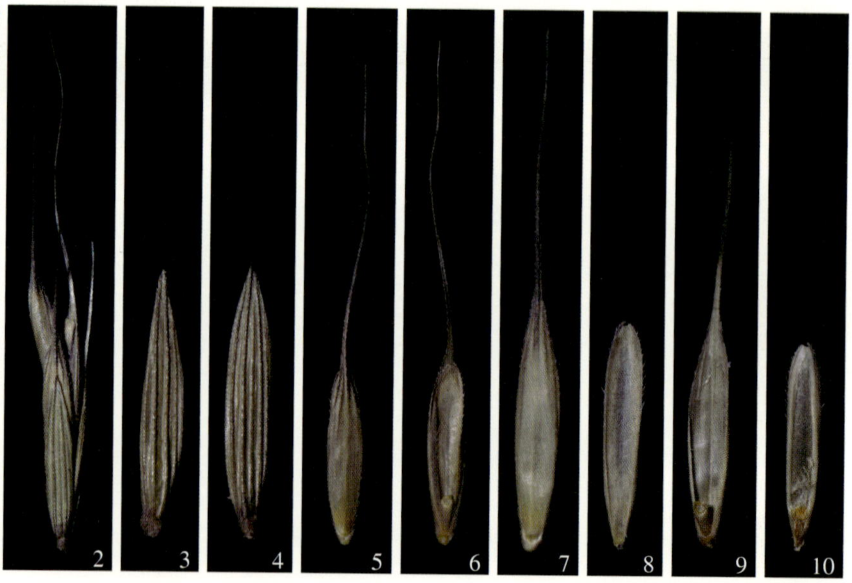

1.花序；2.小穗，具 4 小花；3.外颖；4.内颖；5.小花背面（外稃）；6.小花腹面，示小穗轴节间；7.外稃背面；8.内稃背面；9.外稃腹面；10.内稃腹面。

图 2–108 真穗披碱草

大披碱草（别名：大鹅观草）

Elymus grandis (Keng) S. L. Chen

茎： 秆单生或丛生，坚硬，高 80~100 cm，具 5 或 6 节。

叶： 叶片近革质，长 20~30 cm，宽约 10 mm，两面平滑或正面粗糙。

花序/花： 穗状花序直立，长 20~25 cm，纤细，小穗排列极稀疏。序轴粗糙；每节具小穗 1 个。小穗长 20~30 mm，内生小花约 12 朵。颖片长圆状披针形，光滑或粗糙，边缘多少膜质，长 10~15 mm，通常具 5~7 脉，脉隆起粗壮，顶端具凸尖。外稃白色，具柔毛，顶端凸尖；第一外稃长约 15 mm（含长约 1 mm 的短尖头）；内稃长为外稃的 2/3~3/4，脊上几乎平滑，先端截形或近圆形。

1.花序；2、3.序轴及节上小穗；4.外颖；5.内颖；6.小花背面（外稃）；7.小花腹面，示内稃背面和小穗轴节间；8.内稃背面；9.外稃腹面，示基部小穗轴节间；10.内稃腹面。

图 2–109　大披碱草

本田披碱草（别名：本田鹅观草）

Elymus hondae (Kitag.) S. L. Chen

茎：秆高 70~100 cm，无毛。

叶：叶鞘无毛，或基部叶鞘常具倒毛。叶片扁平，长 13~20 cm，宽 3~9 mm，正面粗糙，脉上具糙毛，反面光滑，近无毛。

花序/花：穗状花序，长 15~20 cm，小穗排列疏松。序轴上每节具小穗 1 个。小穗绿色略带紫色，长约 16 mm（不含芒），内生小花约 5 朵。颖片呈披针形，顶端渐尖或尖，脉上粗糙；外颖长 7~10 mm，具 3~5 脉；内颖长 8.5~11 mm，具 4~6 脉。外稃粗糙，顶端两侧或一侧具微齿，芒直立，长 15~25 mm；基盘具毛，长约5 mm；第一外稃长约 10 mm；内稃稍短于外稃，脊上部具纤毛，脊间上部被微柔毛，顶端钝或微缺。

1.花序；2.序轴及节上小穗；3.外颖；4.内颖；5.小花背面；6.小花腹面，示内稃和小穗轴节间；7.外稃背面；8.内稃背面；9.外稃腹面；10.内稃腹面。

图 2–110　本田披碱草

红原披碱草（别名：红原鹅观草）
Elymus hongyuanensis (L. B. Cai) S. L. Chen & G. H. Zhu

茎：秆直立或在基部膝曲，高 50~70 cm，直径 1.3~2.5 mm，常具 2 节。

叶：叶鞘无毛。叶舌非常矮，顶端截形。叶片扁平或内卷，长 7~10 cm，宽 1.5~3 mm，正面有疏松的长柔毛，反面近无毛。

花序/花：穗状花序，长 7~10 cm，下垂，小穗排列疏松。序轴无毛，但边缘粗糙；节间长 5~12 mm；每节具小穗 1 个。小穗绿色，长 10~12 mm（不含芒），内生小花 2 或 3 朵。颖片呈披针形，约 3 脉，无毛或沿脉粗糙，顶端锐尖；外颖长 3~4 mm；内颖长 4~6 mm。外稃呈披针形，背面疏生刚毛；第一外稃长 8~9 mm，芒直立，长 6~11 mm；内稃与外稃近等长，脊上具短缘毛，脊间疏生刚毛，顶端近截形至近圆形。花药黑色，长约 2 mm。

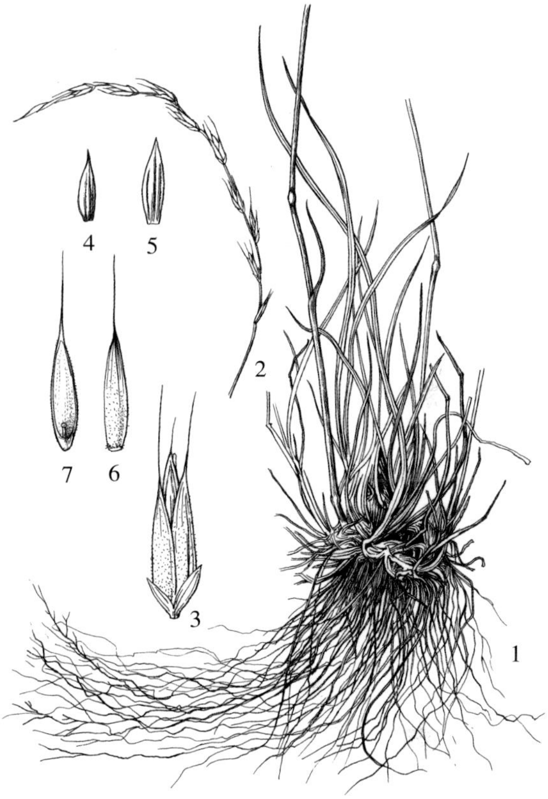

1.植株下部，示根和叶；2.花序；3.小穗，具 3 小花；4.外颖；5.内颖；6.小花背面（外稃）；7 小花腹面，示内稃和小穗轴节间。

图 2–111　红原披碱草

矮披碱草（别名：矮鹅观草）
Elymus humilis (Keng & S. L. Chen) S. L. Chen

茎：秆疏丛生，高 20~25 cm，常具 2 节，平滑，无毛。

叶：叶鞘光滑，无毛，基部叶鞘枯时碎裂，呈棕褐色，纤维状。叶片常内卷，长 2.5~5.5（~10.5）cm，宽 1~4 mm，正面被短柔毛，反面被微柔毛。

花序/花：穗状花序长 4.5~7 cm。序轴无毛或被微柔毛，边缘具缘毛；每节具小穗 1 或 2 个。小穗长 8~13 mm（不含芒），内生小花 3~5 朵。小穗轴密被糙伏毛。颖片披针形，偏斜，边缘略带紫色，膜质，具2~5 脉，侧脉有时不明显，顶端渐尖至具长 1~3 mm 而略带紫色的芒状尖头；外颖长 7~10 mm；内颖长 8~11 mm。外稃呈披针形，边缘略带紫色，膜质，上部具 5 脉，粗糙，芒略带紫色，直立，长 2~5 mm；基盘具毛，长 0.2~0.5 mm；第一外稃长 8~9 mm；内稃与外稃等长，顶端微缺，背部有微毛，2脊具翼，翼缘具硬纤毛。花药幼时略带紫色，长约 2 mm。

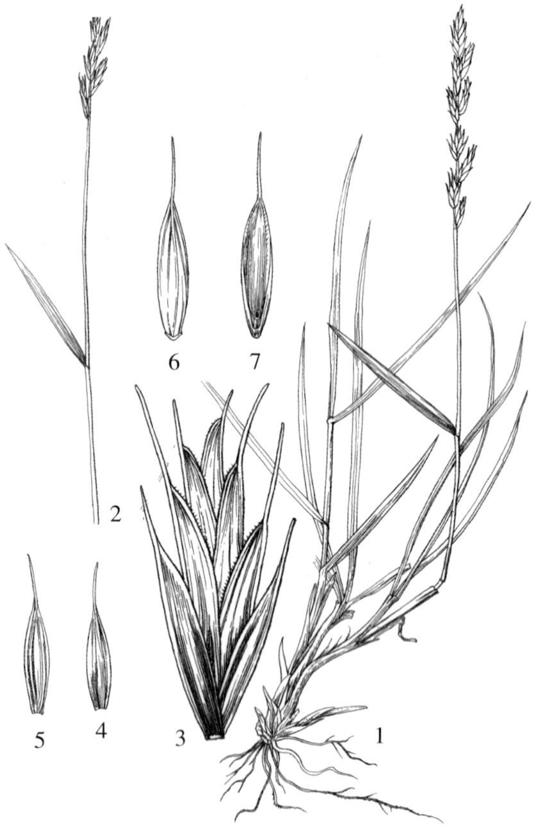

1.具花序植株；2.花序和旗叶；3.小穗，具 5 小花；4.外颖；5.内颖；6.小花背面（外稃）；7.小花腹面，示内稃和小穗轴节间。

图 2-112　矮披碱草

杂交披碱草（别名：杂交鹅观草）

Elymus hybridus (Keng) S. L. Chen

茎：秆直立或基部倾斜，高约 90 cm。

叶：叶鞘棕色或带紫色。叶片扁平，长 15~25 cm，宽（2.5~）5~8 mm。

花序/花：穗状花序下垂，长约 27 cm。序轴上每节具小穗 1 个。小穗绿色，长 17~20 mm（不含芒），内生小花 6~8 朵。颖片呈长圆状披针形，顶端渐尖或具 1~2.5 mm 短芒，边缘膜质，脉上粗糙。外稃呈长圆状披针形，边缘宽膜质、透明，近边缘处有长缘毛，上部及基部两侧常疏生微糙硬毛，中部较平滑，顶端具长芒，芒微粗糙，劲直或上部微曲折，长 2~3 cm；内稃稍短于外稃或与其等长，顶端钝，脊显著具翼，翼缘上部 3/4 具短缘毛。子房顶端具淡黄色的硬毛。

1.植株下部，示根和叶；2.花序和旗叶；3.小穗，具 7 小花；4.外颖；5.内颖；6.小花背面（外稃）；7.小花腹面，示内稃和小穗轴节间；8.外稃腹面。

图 2-113　杂交披碱草

内蒙披碱草（别名：内蒙古鹅观草、短芒鹅观草）
Elymus intramongolicus (Shan Chen & Gaowua) S. L. Chen

茎：秆疏丛生，直立，高 100~160 cm，直径约 5 mm，具 4 或 5 节，平滑，无毛。

叶：叶鞘无毛。叶舌撕裂状，先端钝。叶片扁平，长 15~25 cm，宽 5~10 mm，正面被短柔毛，反面沿脉被微糙硬毛。

花序/花：穗状花序直立，绿色或带紫色，长 9~15 cm。序轴棱边具短缘毛；节间长 5~10 mm；每节具小穗 1 个，排列于序轴两侧。小穗长 11~13.5（~18.5）mm，内生小花 3~5 朵。颖片呈线状披针形，具 5~7 脉，顶端渐尖或具 1~1.5 mm 的芒，背部密被长硬毛，边缘近膜质；外颖长 9~10 mm；内颖长 10~11 mm。外稃呈披针形，具 5 脉，背部被微柔毛，顶端常具不相等的 2 齿；第一外稃长 11~12.5 mm，芒长 1~2.5 mm；内稃比外稃短，背部被微柔毛，脊具短缘毛。

低株披碱草（别名：低株鹅观草）

Elymus jacquemontii (Hook. f.) Tzvelev

茎：秆纤细，高 15~20 cm，具 2 或 3（4）节。

叶：叶片绿色或浅绿色，内卷，长 2~4（~7）cm，宽 1~2 mm，正面粗糙或多少具短柔毛，反面无毛。

花序/花：穗状花序长 4~11 cm，宽 8~20 mm，具小穗 4 或 5 个。序轴纤细，长 8~15 mm，无毛；每节具小穗 1 个。小穗近无梗，长 12~18 mm，内生小花 4~7 朵。颖片长 4.5~7 mm，具 5 脉，无毛，边缘透明，顶端具短芒，长 1~3（~5）mm。外稃呈披针形，全缘无毛；第一外稃长 7~9 mm，芒明显弯曲，长 2~5（~6）cm；内稃与外稃等长，脊上具纤毛，顶端钝。花药黄色或紫色，长 1.2~2.5 mm。

1.花序；2.序轴节间及小穗；3.外颖；4.内颖；5.小穗，具 6 小花；6.外稃腹面；7.内稃腹面。

图 2–114 低株披碱草

九峰山披碱草（别名：九峰山鹅观草）

Elymus jufinshanicus (C. P. Wang & H. L. Yang) S. L. Chen

茎：秆疏丛生，常在基部膝曲，高 70~90 cm。

叶：叶鞘通常比节间长，无毛。叶舌高 0.5~1 mm，顶端截形。叶片呈线形，常内卷，长 8~18 cm，宽 1~1.5 mm，正面常具长柔毛，反面常无毛。

花序/花：穗状花序直立，长 12~15 cm，纤细，小穗排列稀疏。序轴背面近无毛，边缘具缘毛；每节具小穗 1 个。小穗淡黄色，长 13~18 mm，宽 2~3 mm，内生小花 3 或 4（5）朵；小穗轴密被短柔毛。颖片呈长圆状披针形，具 3~5 脉，正面密被短柔毛，顶端渐尖；外颖长 9~11 mm；内颖长 11~12 cm。外稃呈披针形，近无毛；第一外稃长约 11 mm，芒长约 5 mm；内稃比外稃短。花药黄色，长 1.5~2 mm。

1.植株中下部，示根和叶；2.花序；3.小穗，具 4 小花；4.颖片；5.外稃背面；6.外稃腹面；7.小花腹面，示内稃和小穗轴节间。

图 2–115　九峰山披碱草

柯孟披碱草（别名：鹅观草、弯穗鹅观草）

Elymus kamoji (Ohwi) S. L. Chen

茎：秆疏丛生，直立或在基部膝曲，高（30~）50~100 cm。

叶：叶鞘常无毛，边缘常具纤毛。叶舌高约 0.5 mm，顶端截形。叶片扁平或内卷，长 5~40 cm，宽（1~）3~13 mm，粗糙，无毛。

花序/花：穗状花序下垂，很少直立，长（2.5~）7~20 cm。序轴节间长 8~16（~25）mm；每节具小穗 1 个。小穗绿色或带紫色，长（10~）13~25 mm（不含芒），内生小花（3~）5~8 朵；小穗轴被微柔毛，节间长（1.5~）2~2.5 mm。颖片呈卵状披针形至长圆状披针形，具 3~5（~7）脉，边缘宽膜质，顶端具芒 2~7 mm，很少锐尖和无芒；外颖长 4~8 mm；内颖长 5~9 mm。外稃呈披针形，无毛至具短硬毛，边缘膜质，芒直立或稍反曲，长 18~40 mm；基盘被柔毛至短硬毛；第一外稃长 8~11 mm；内稃稍短于外稃或与其等长，顶端近圆形或钝，脊显著具翼。

1.植株中下部，示根和叶；2.花序和旗叶；3.小穗，具 6 小花；4.外颖；5.内颖；6.小花背面（外稃）；7.小花腹面，示内稃和小穗轴节间。

图 2–116　柯孟披碱草

细瘦披碱草

（别名：细瘦鹅观草）

var. *macerrimus* (Keng) G. H. Zhu

主要特征：秆高 30~45 cm。小穗长 10~13 mm，内生小花 3~5 朵。颖片顶端常锐尖。

偏穗披碱草（别名：偏穗鹅观草）

Elymus komarovii (Nevski) Tzvelev

茎：秆直立或基部微膝曲，高 50~75 cm。

叶：叶鞘平滑，无毛，有时基部具短柔毛。叶片扁平，长 8~21 cm，宽 4~8 mm，正面被毛且粗糙，反面粗糙无毛。

花序/花：穗状花序直立，常紧密，长 8.5~15 cm。序轴边缘粗糙；每节具小穗 1 个。小穗绿色或紫绿色，长 1.3~2.5 mm（不含芒），内生小花 3~5 朵。颖片呈披针形，近等长，长 8~10 mm，具 5~7 脉，边缘干膜质，顶端不对称，芒粗糙，芒长 2~7 mm。外稃呈披针形，长 10~12 mm，被微柔毛，芒直立，长 8~15 mm，粗糙；内稃与外稃近等长，脊上具纤毛，顶端微缺或钝。花药长约 2 mm。

1.花序；2.花序局部，示序轴节间及节上小穗；3.外颖；4.内颖；5.小花背面（外稃）；6.小花腹面，示内稃和小穗轴节间；7.小穗顶部小花腹面和小穗轴末端节间上的退化小花。

图 2–117 偏穗披碱草

少花披碱草（别名：少花鹅观草）

Elymus kronokensis (Kom.) Tzvelev

茎：秆直立，纤细，高（20~）30~60 cm，平滑，无毛。

叶：叶片扁平，长 5~9 cm，宽 1.5~2.5 mm，正面被柔毛，反面粗糙无毛。

花序/花：穗状花序直立，紧密，长 4~12 cm。序轴密被长硬毛；每节具小穗 1 个。小穗紫色或绿色带紫色，长 9~10 mm，内生小花 2（3）朵。颖片呈披针形或宽披针形，长 4~6（~7）mm，宽 1.5~2.5 mm，具 3~5 脉，无毛或脉上粗糙，边缘紫色或淡紫色，膜质，顶端凸尖成 1（~3）mm 的芒尖。外稃披针形，长 7~8（~9）mm，具 2~4（~5）mm 的短芒，无毛；内稃与外稃等长，脊具纤毛，顶端微缺，具缘毛。

1.具花序植株；2.花序。

图 2–118　少花披碱草

稀节披碱草（别名：稀节鹅观草）

Elymus laxinodis (L. B. Cai) S. L. Chen & G. H. Zhu

茎：秆丛生，直立或在基部膝曲，高 40~80 cm，直径 1~1.5 mm，具 3 或 4 节，花序下面和节上被短柔毛。

叶：叶鞘被微柔毛或粗糙。叶舌膜质，高约 0.5 mm，顶端截形。叶片扁平，长 10~16 cm，宽 4~6 mm，正面具长柔毛，反面粗糙或沿脉具缘毛。

花序/花：穗状花序直立或稍弯曲，小穗排列疏松，长 8~11 cm。序轴纤细，被微柔毛；节间长 13~20（~28）mm。小穗狭窄，长 15~18 mm，内生小花 2~5

朵。颖片呈披针形，具3~5 脉，沿脉和边缘疏生刺，顶端锐尖；外颖长 3~4 mm；内颖长 4~5 mm。外稃呈狭披针形，背面被微柔毛；第一外稃长 9~10 mm，芒弯曲，长 12~16 mm；内稃稍短于外稃，沿脊粗糙，脊间被微柔毛，顶端截形或钝。花药黄色，长 2~2.5 mm。

光花披碱草（别名：光花鹅观草）
Elymus leianthus (Keng) S. L. Chen

茎：秆常在基部膝曲，高约 45 cm，常具 4 节。

叶：叶鞘光滑，无毛。叶片扁平或内折，长 6~11 cm，宽 2~4 mm，无毛或正面粗糙。

花序/花：穗状花序不同程度弯曲，长约12 cm。序轴边缘具短缘毛；每节具小穗 1 个。小穗内生小花 3 或 4 朵，长 12~14 mm（不含芒）。颖片呈狭长圆形，近等长，顶端渐尖或延伸为长 1~2 mm 的粗糙短尖头，连尖头在内长 5~8 mm，具 3~5 脉，脉上微粗糙。外稃呈长圆状披针形，具 5 脉，无毛，脉上粗糙，边缘膜质，芒长 4~5 mm，粗糙；基盘近无毛；第一外稃长 9~10 mm；内稃与外稃近等长，顶端钝或微凹，无翼或脊上具短缘毛。花药黄色，长 2~3 mm。

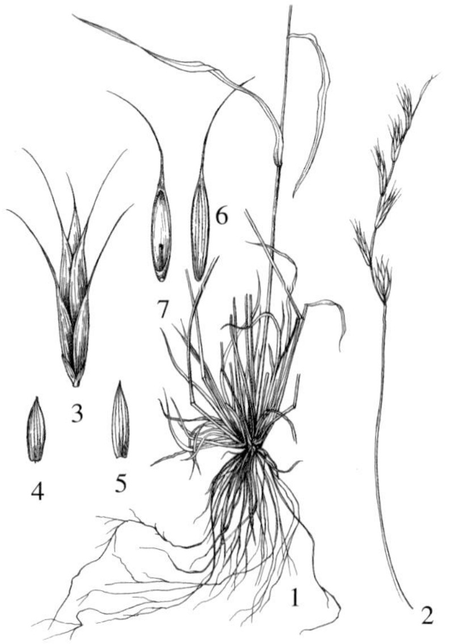

1.植株下部，示根和叶；2.花序；3.小穗，具 5 小花；4.外颖；5.内颖；6.小花背面（外稃）；7.小花腹面，示内稃和小穗轴节间。

图 2–119　稀节披碱草

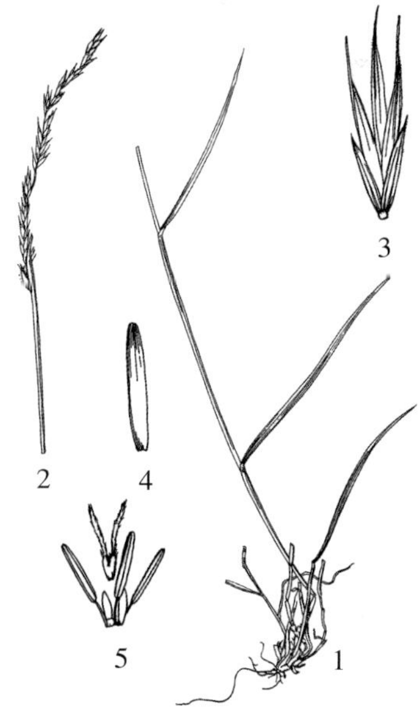

1.植株下部，示根和叶；2.花序；3.小穗，具 3 小花；4.内稃；5.花，示雄蕊、雌蕊和鳞被。

图 2–120　光花披碱草

光脊披碱草（别名：光脊鹅观草）

Elymus leiotropis (Keng) S. L. Chen

茎： 秆丛生，直立，高 60~90 cm，具 3 节，基部的节膝曲。

叶： 叶鞘无毛。叶舌高 0.2 mm，先端截形。叶片扁平或稍内卷，长 7~17 cm，宽 2~5 mm，正面粗糙，反面平滑。

花序/花： 穗状花序，纤细，弯曲或下垂，长 10~15 cm，小穗排列极稀疏。序轴上每节具小穗 1 个。小穗紫绿色，长 15~20 mm（不含芒），内生小花 4 或 5 朵。颖片呈长圆状披针形，具 3~5 脉，先端锐尖或渐尖；外颖长 5~7 mm；内颖长 6~8 mm。外稃呈披针形，全部被微糙硬毛；第一外稃长 10~13 mm，芒粗壮，反曲，长 25~40 mm；内稃稍短于外稃，上部粗糙，脊光滑，顶端截平或微凹。

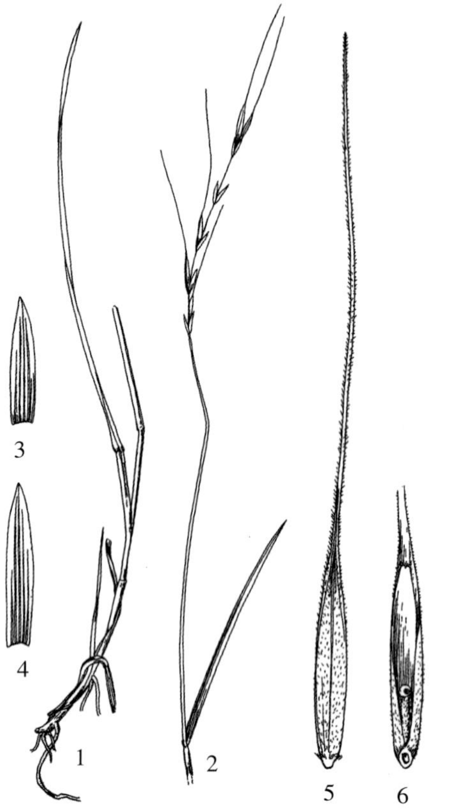

1.植株下部，示根和叶；2.花序和旗叶；3.外颖；4.内颖；5.小花背面（外稃）；6.小花腹面，示内稃和小穗轴节间。

图 2–121 光脊披碱草

大丛披碱草（别名：大丛鹅观草）

Elymus magnicaespes D. F. Cui

茎： 植株无根状茎。秆丛生，直立，高 50~70 cm，直径约 2 mm，具 2 节。

叶： 叶鞘平滑，无毛，基部宿存叶鞘常碎裂，呈纤维状。叶舌膜质，高约 5 mm，先端截形。叶片刚毛状，内卷，长 6~15 cm，宽 1.5~2.5 mm，正面粗糙，反面无毛。

花序/花：穗状花序直立，纤细，长 8~12 cm，小穗排列稀疏。序轴粗糙，边缘具短缘毛；节间长约 10 mm；每节具小穗 1 个。小穗长 11~18 mm，宽 2~3 mm，内生小花 4~6 朵；小穗轴密被微柔毛，节间长约 1.5 mm。颖片呈长圆状披针形，具 4 或 5 脉，边缘膜质，顶端渐尖或尖；外颖长 3~6 mm；内颖长 6~9 mm。外稃呈长圆状披针形，无毛，顶端渐尖；第一外稃长约 10 mm；内稃与外稃等长，顶端渐窄，脊上具短纤毛。花药长约 3 mm。

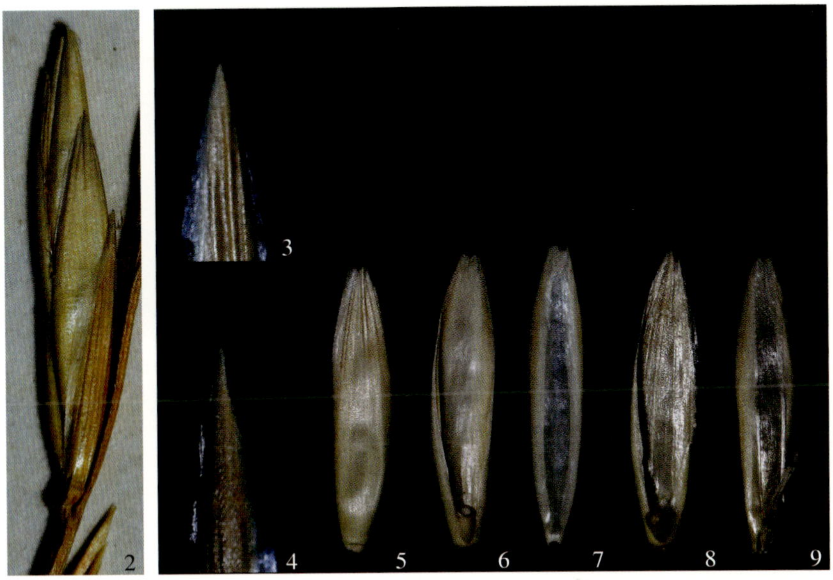

1.花序局部，示序轴节间及节上颖被；2.序轴节及小穗；3.外颖边缘膜质；4.内颖边缘膜质；5.小花背面（外稃）；6.小花腹面，示内稃和小穗轴节间；7.内稃背面；8.外稃腹面；9.内稃腹面。

图 2-122　大丛披碱草

大柄披碱草（别名：大柄鹅观草）

Elymus magnipodus (L. B. Cai) S. L. Chen & G. H. Zhu

茎：秆直立，高 20~35 cm，直径 1~2.5 mm，具 2 节，平滑，无毛。

叶：叶鞘通常长于节间，除上部叶的叶鞘外均无毛。叶舌纸质，非常矮。叶片内卷，长 4~7 cm，宽 1.5~2.5 mm，两面无毛或正面粗糙。

花序/花：穗状花序直立，长 6~9 cm，小穗排列疏松。序轴无毛；节间长 10~20（~28）mm；每节具小穗 1 个。小穗黄绿色，长 15~25 mm（不含芒），内生小花 6~8 朵，小穗梗长 1~2.5 mm。颖片近等长，长 4.5~7 mm，具 4~7 脉，背面无毛，顶端锐尖。外稃呈披针形，背面光滑，无毛；第一外稃长 9~10 mm，芒直立或稍下弯，长 9~15 mm；内稃稍短于外稃或与其等长，沿脊具短纤毛，顶端截形或近圆形。花药黑色，长 2~3 mm；子房倒卵形，顶端具短柔毛。

1.植株下部，示根；2.花序；3.小穗，具 8 小花；4.外颖；5.内颖；6.小花背面（外稃）；7.小花腹面，示内稃和小穗轴节间；8.内稃腹面。

图 2-123 大柄披碱草

狭颖披碱草（别名：狭颖鹅观草）

Elymus mutabilis (Drobow) Tzvelev

茎：植株具根状茎，无根状茎者秆丛生。秆直立，高 60~120 cm。

叶：叶片扁平，长 10~20 cm，宽 4~7 mm，无毛。

花序/花：穗状花序常紧密，长 6~20 cm，宽 4~7 mm。序轴边缘具缘毛；节间长 9~15 mm。小穗粉绿色或带紫色，每节具小穗 1 个。小穗长 10~20 mm，内生小花 2~5 朵；小穗梗非常短。颖片呈披针形或宽披针形，长 7~13 mm，宽 1.5~2 mm，具5脉，粗糙或具糙硬毛，边缘有时宽膜质，顶端渐尖至具芒（1~2 mm）。外稃呈狭椭圆形，长 8~9 mm，粗糙，不同程度具柔毛，或全部被短柔毛，芒长 1~7 mm；内稃与外稃等长或近等长，边缘具缘毛，顶端微凹、截形或钝。花药长2~3 mm。

1.花序；2.序轴节间及节上小穗；3.外颖；4.内颖；5.小花背面；6.小花腹面，示内稃和小穗轴节间；7.外稃腹面；8.内稃背面；9.内稃腹面。

图 2-124　狭颖披碱草

林缘披碱草（别名：林缘鹅观草）

var. *nemoralis* S. L. Chen ex D. F. Cui

主要特征：植株有根状茎。小穗通常为绿色。颖片呈宽披针形。外稃全部被短柔毛，芒长 1~2 mm。

密丛披碱草（别名：密丛鹅观草）

var. *praecaespitosus* (Nevski) S. L. Chen

主要特征：植株无根状茎。秆丛生。小穗粉绿色或带紫色。

吉林披碱草（别名：吉林鹅观草、中井鹅观草）
Elymus nakaii (Kitag.) S. L. Chen

茎：秆直立，基部微倾斜，高约 100 cm，节处不同程度被微毛。

叶：叶鞘无毛或下部者具反曲短柔毛。叶片质较软而扁平，长 11~20 cm，宽 4~7 mm，正面具柔毛，反面无毛。

花序/花：穗状花序直立，长 10~13 cm，纤细，小穗排列较稀疏，偏于序轴的一侧。小穗内生小花约 5 朵。颖片呈披针形，顶端渐尖至具小尖头，具（3~）5（~7）脉，沿脉粗糙，边缘无毛；外颖长 9~10 mm；内颖长 9.5~11.5 mm（含尖头）。外稃上部具明显的 5 脉，脉上与近边缘部分以及近基部具微糙硬毛，其余部分无毛；第一外稃长约 10 mm，芒反曲，长 18~22 mm；内稃与外稃近等长，顶端微缺、截形或近圆形，脊上部具硬纤毛，下部无毛，脊间的上部被微柔毛。

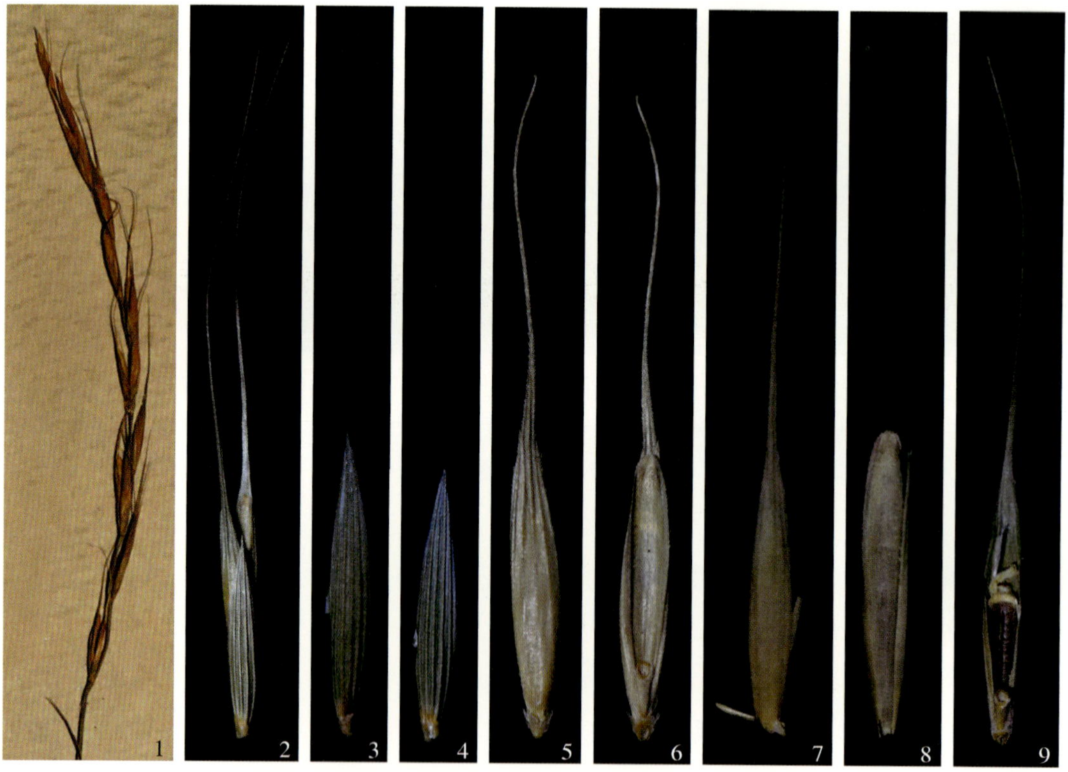

1.花序；2.小穗，可见颖片和小穗中的 2 小花；3.外颖；4.内颖；5.小花背面（外稃）；6.小花腹面，示内稃和小穗轴节间；7.外稃背面；8.内稃背面；9.外稃腹面和幼果。

图 2–125　吉林披碱草

齿披碱草（别名：齿鹅观草）
Elymus nevskii Tzvelev

茎： 秆基部膝曲，粗壮，高 50~120 cm。

叶： 叶鞘光滑或下部者具柔毛。叶片扁平，宽 7~11 mm，被散生毛，正面粗糙，反面无毛或粗糙。

花序/花： 穗状花序直立。序轴边缘粗糙。小穗排列紧密，通常偏于序轴一侧。小穗长 20~30 mm，狭窄，稍向不同方向叉开，内生小花 5~9 朵。颖片呈宽披针形，两颖近等长，长 12~15 mm，宽 2.5~4 mm，顶端渐尖，常具 1 齿，边缘透明，具明显的（5~）7~9 脉，粗糙。外稃呈披针形，长 11~13 mm，具短芒，长 1~5（~7）mm，芒粗壮，被毛，粗糙；内稃与外稃近等长，长 10~12 mm，顶端钝圆，脊上被毛。花药长 2.5~3 mm。

1.具花序植株；2.小穗；3.外颖；4.外稃。

图 2–126 齿披碱草

垂穗披碱草
Elymus nutans Griseb.

茎： 秆直立，基部膝曲，高（13~）50~70 cm。

叶： 叶鞘基部具柔毛。叶片扁平，长 6~8 cm，宽 3~5 mm，正面具柔毛，反面粗糙或平滑。

花序/花： 穗状花序，长 5~12 cm，下垂，曲折，小穗排列较紧密。序轴边缘粗糙；具短缘毛；通常每节具小穗 2 个，而接近顶端及下部节具小穗 1 个。小穗不同程度偏生于序轴一侧，近无梗或具短梗，绿色，成熟后略带紫色，长 9~15 mm，内生小花 2~4 朵。颖片呈长圆形，长 4~5 mm，两颖近等长，顶端渐尖或具长 1~4 mm 的短芒，具 3~4（~5）脉，沿脉粗糙。外稃呈狭披针形，全部被微柔毛；第一外稃长（6~）10 mm，芒粗糙，向外反曲或稍展开，长（3~）12~20 mm；内稃与外稃等长，顶端钝圆或截平，脊上具纤毛，其毛向基部渐次不显，脊间被微柔毛。

三颖披碱草

var. *triglumis* (Q. B. Zhang) G. H. Zhu & S. L. Chen

主要特征：秆高 13~20 cm。小穗通常具 3 个颖片。颖片具 5 脉。第一外稃长 6~9 mm，芒长 3~9 mm。

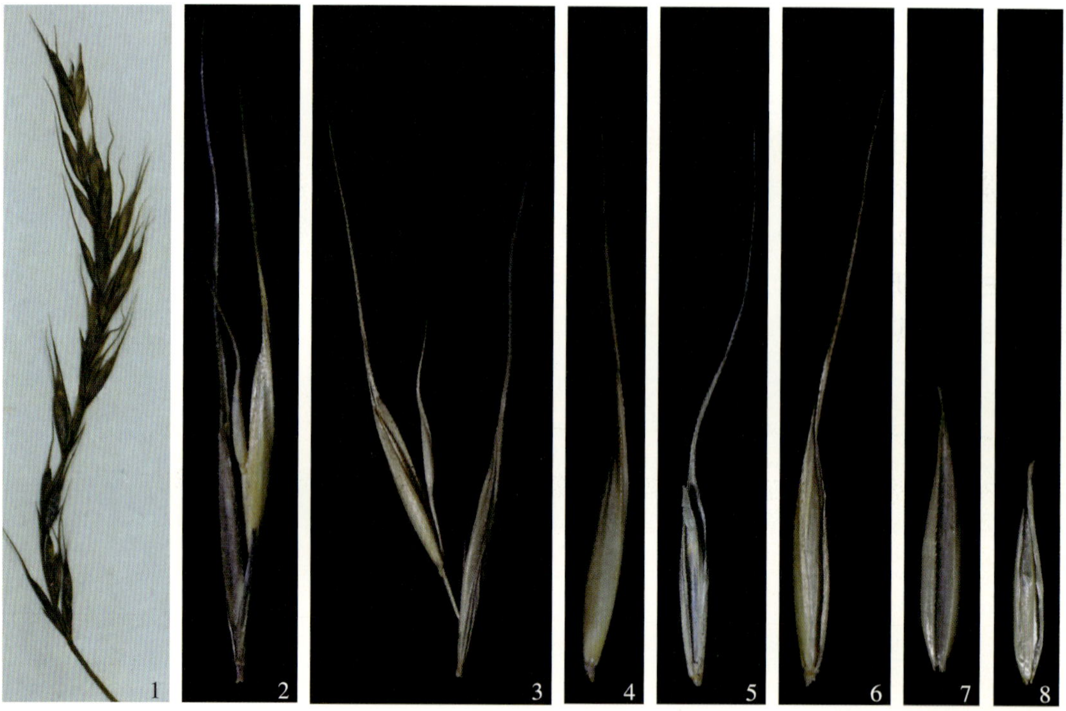

1.花序；2.小穗，示颖片；3.小穗顶端 2 小花，示小穗轴节间和末端退化小花；4.小花背面；5.小花腹面，示内稃背面；6.外稃侧面；7.内稃背面；8.内稃腹面。

图 2-127　垂穗披碱草

缘毛披碱草（别名：缘毛鹅观草）

Elymus pendulinus (Nevski) Tzvelev

茎：秆高 60~110 cm，全株无毛，或在节上被微柔毛。

叶：叶鞘无毛，或在基部具反曲短柔毛。叶片扁平，长 10~25 cm，宽 3~9 mm，无毛、粗糙或正面具柔毛。

花序/花： 穗状花序稍下垂，长 12~25 cm。序轴上每节具小穗 1 个。小穗基部绿色或带紫色，长 15~25 mm（不含芒），内生小花 4~9 朵。颖片呈披针形或长圆状披针形，具 3~7 脉，有时沿脉粗糙，边缘有时松弛，具短缘毛，顶端锐尖或尖；外颖长 7~9 mm；内颖长 7~10 mm。外稃呈披针形或长圆状披针形，边缘具长纤毛，背部粗糙，或仅于近顶端处疏生缘毛；第一外稃长 8~11 mm，芒直立或稍反曲，纤细，长 15~30 mm；内稃稍短于外稃或与其近等长，脊上部具短缘毛，脊间被短柔毛。花药长约 2 mm。

多秆披碱草（别名：多秆鹅观草）

subsp. *multiculmis* (Kitag.) Á. Löve

主要特征： 秆在节上被微柔毛。叶鞘无毛。小穗内生小花 6~9 朵。

毛秆披碱草（别名：毛秆鹅观草）

subsp. *pubicaulis* (Keng) S. L. Chen

主要特征： 秆在上部（从叶鞘外露）和节上被浓密反曲短柔毛。叶鞘具反曲短柔毛，尤其在下部。小穗内生小花 4 或 5 朵。

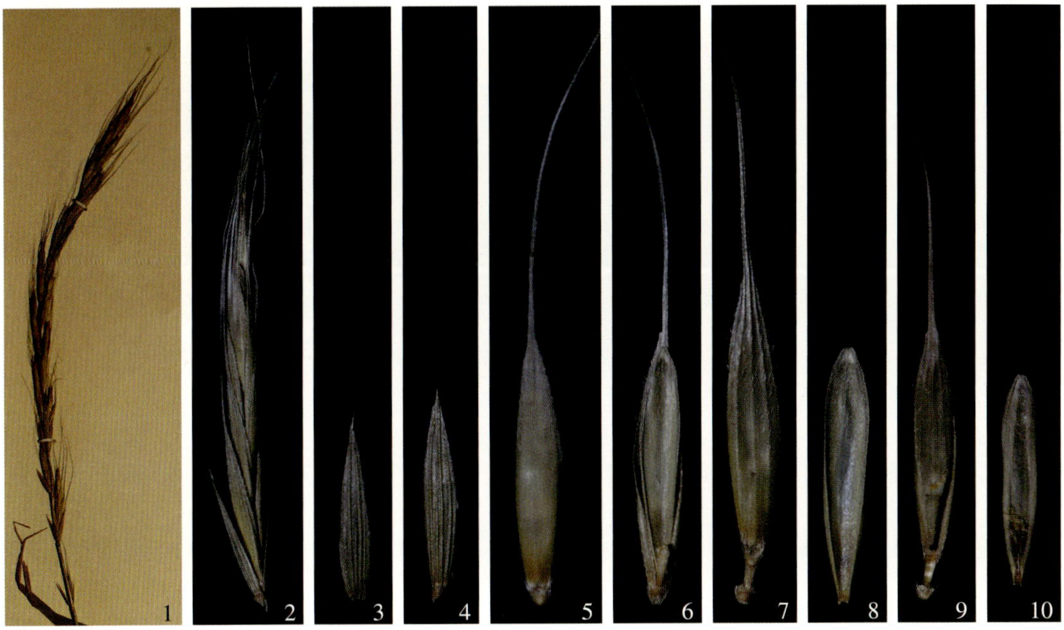

1.花序；2.小穗，具 8 小花；3.外颖；4.内颖；5.小花背面；6.小花腹面，示内稃和小穗轴节间；7.外稃背面；8.内稃背面；9.外稃腹面；10.内稃腹面。

图 2–128　缘毛披碱草

宽叶披碱草（别名：宽叶鹅观草）

Elymus platyphyllus (Keng) Á. Löve ex D. F. Cui

茎：秆直立，高 60~100 cm。

叶：叶鞘平滑，无毛。叶片扁平，质硬，长 5~18 cm，宽 5~12 mm，正面具柔毛，反面无毛，但沿脉粗糙。

花序/花：穗状花序直立，淡绿色，长 8~13 cm。序轴上每节具小穗 1 个。小穗紧密排列且偏于一侧，长 18~24 mm（不含芒），内生小花 6~7 朵。颖片呈披针形，具 5~7（~9）脉，脉上粗糙或沿脉具短硬毛，顶端尖；外颖长 10~12 mm；内颖长 11~15 mm。外稃呈披针形，全部被短柔毛；第一外稃长 10~12 mm，顶端具长为 7~14 mm 的直芒；内稃与外稃等长，背面被微柔毛，顶端截平而微凹，脊具刚毛状缘毛。花药长约 3 mm；子房具长硬毛。

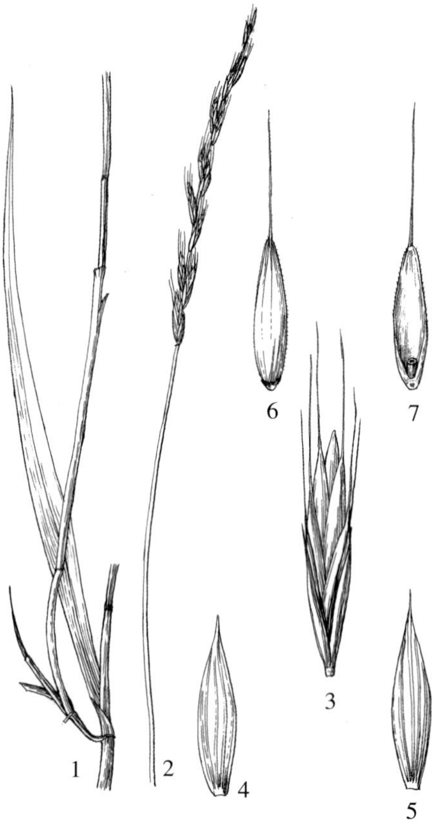

1.植株中下部，示叶；2.花序；3.小穗，具 7 小花；4.外颖；5.内颖；6.小花背面（外稃）；7.小花腹面，示内稃和小穗轴节间。

图 2–129　宽叶披碱草

阿尔泰披碱草（别名：阿尔泰鹅观草）

Elymus pseudocaninus G. H. Zhu & S. L. Chen

茎：秆直立，高 50~75 cm，具 3 节，无毛，节略带紫色。

叶：叶鞘幼时略带紫色，老时黄棕色，平滑，无毛。叶舌膜质，高约 1 mm。叶片常内卷，长 10~18 cm，宽 2~3.5 mm，正面粗糙，反面光滑。

花序/花：穗状花序紧密，长 8~9 cm。序轴平滑，边缘具短缘毛；节间长 7~9 mm；每节具小穗 1 个。小穗略带紫色，中上部小穗长 13~15 mm，内生小花 3 或 4 朵；小穗轴被微柔毛，节间长 2~3 mm。颖片宽披针形，近等长，长 9~11 mm，具 5 脉，边缘宽膜质，顶端无芒。外稃披针形，淡紫色，被微柔毛，芒略带紫色，下弯，粗壮，长 14~18 mm；基盘被微柔毛；第一外稃长 10~12 mm；内稃稍短于外稃或与其等长，脊上半部具短缘毛。花药黄色，长约 2.5 mm。

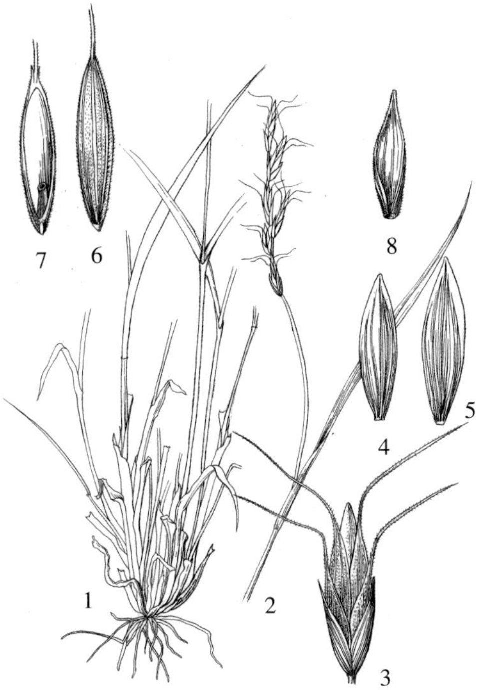

1.植株下部，示根和叶；2.花序和旗叶；3.小穗；4.外颖；5.内颖；6.小花背面（外稃）；7.小花腹面，示内稃和小穗轴节间；8.外稃腹面。

图 2–130　阿尔泰披碱草

微毛披碱草（别名：微毛鹅观草）
Elymus puberulus (Keng) S. L. Chen

茎：杆疏丛生，直立或基部膝曲，高约 60 cm。

叶：叶鞘无毛，基生者具柔毛或短柔毛。叶片扁平，长 15~22 cm，宽 5~7 mm，正面灰绿色，被短柔毛，反面深绿色，无毛。

花序/花：穗状花序，长 8~11 cm，稍下垂或弯曲，纤细，小穗排列稀疏。序轴上每节具小穗 1 个。小穗绿色，长约 12 mm（不含芒），内生小花 2 或 3 朵；小穗梗无或长 0.5~0.7 mm，被微柔毛。颖片呈长圆状披针形，先端锐尖或渐尖，具 3~5 脉；外颖长 4.5~6 mm；内颖长 5.5~7 mm。外稃呈披针形，上部具明显的 5 脉，平滑或微糙涩，芒直立，纤细，长 17~23 mm；基盘具毛，长 1~3 mm；第一外稃长 8.5~9 mm；内稃稍短于外稃，顶端微缺或近圆形，脊近于平滑，仅于近顶端处具短缘毛。花药黄褐色，长约 1.4 mm；子房顶端具长硬毛。

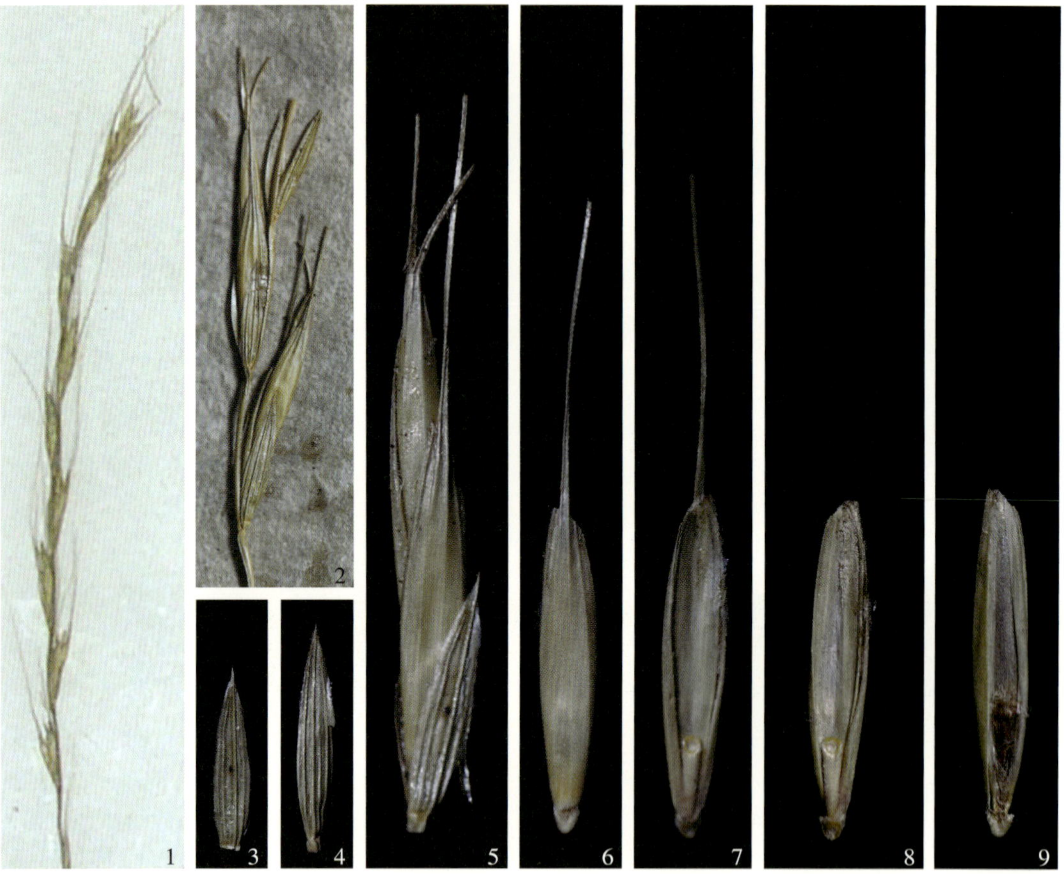

1.花序；2.花序局部，示序轴节间及小穗着生方式；3.外颖；4.内颖；5.小穗，具 3 小花；6.小花背面；7.小花腹面，示内稃背面和小穗轴节间；8.内稃背面；9.内稃腹面。

图 2–131　微毛披碱草

普兰披碱草（别名：普兰鹅观草）

Elymus pulanensis (H. L. Yang) S. L. Chen

茎：秆疏丛生，高 30~50 cm，具 3 或 4 节。

叶：叶扁平或内卷，长 7~10 cm，宽 1.5~3 mm，两面无毛或具稀疏长柔毛。

花序/花：穗状花序弯曲，长 8~10 cm，具小穗 5~8 个。序轴无毛；节间长 14~20 mm；每节具小穗 1 个。小穗长 22~26 mm，内生小花 7~9 朵。颖片呈长圆状披针形，具 3~5 脉，无毛，边缘膜质；外颖长 4.5~5 mm，芒长（1~）1.5~5 mm；内颖长 5~7 mm，具长达 7 mm 的芒。外稃呈披针形，不同程度具微糙硬毛；第一外稃长约 11 mm，顶端具微反曲的芒，芒长 30~40 mm；内稃与外稃等长，脊上部具短缘毛。

中国西南野生生物种质资源库
Germplasm Bank of Wild Species
采集编号(Coll.No.)：Yangyp-Q-0002
采集日期(Date)：2008.08.25
采集者(Collector)：陈家辉，庄会富，刘德团，边巴扎西
采集地(Location)：中国西藏自治区阿里地区普兰县霍尔乡
纬度(Lat.)：N30°46′35.9″ 经度(Long.)：E81°36′56.5″
海拔(Alt.)：4623 m 坡向： 坡度：
生境和伴生物种(Habitat)：路边土堆，沙质地：Artemisia，Potentilla，猪毛菜，平卧藜
其他描述(Description)：直立草本，30cm
地方名(Local name)：
野外鉴定(Initial Identification)：
KUN
标本馆
1401650
KUN No. 0911421
采集编号(Coll.No.)：Yangyp-Q-0002
禾本科 Gramineae
普兰鹅观草 Roegneria pulanensis H. L. Yang
鉴定人(Det.)：陈家辉 2008 年

图 2–132　普兰披碱草

紫芒披碱草
Elymus purpuraristatus C. P. Wang & H. L. Yang

茎： 秆粗壮，高可达 160 cm，被白粉。

叶： 叶鞘无毛。叶片常内卷，长 15~25 cm，宽 2.5~4 mm，正面粗糙，反面平滑。

花序/花： 穗状花序直立或稍弯曲，纤细，常紧密，长 8~15 cm。序轴边缘具短缘毛；每节具小穗 2 个。小穗粉绿色略带紫色，长 10~12 mm，内生小花 2 或 3 朵。颖片呈披针形或线状披针形，长 7~10 mm，先端短尖，具 3 脉，沿脉具短硬毛，粗糙，并夹以紫红色小点。外稃呈长圆状披针形，背部全体被毛，亦具紫红色小点，尤以顶端、边缘及基部更密；第一外稃长 6~9 mm，顶端芒紫色，长 7~15 mm，被柔毛；内稃与外稃等长或近等长，脊上具短缘毛。

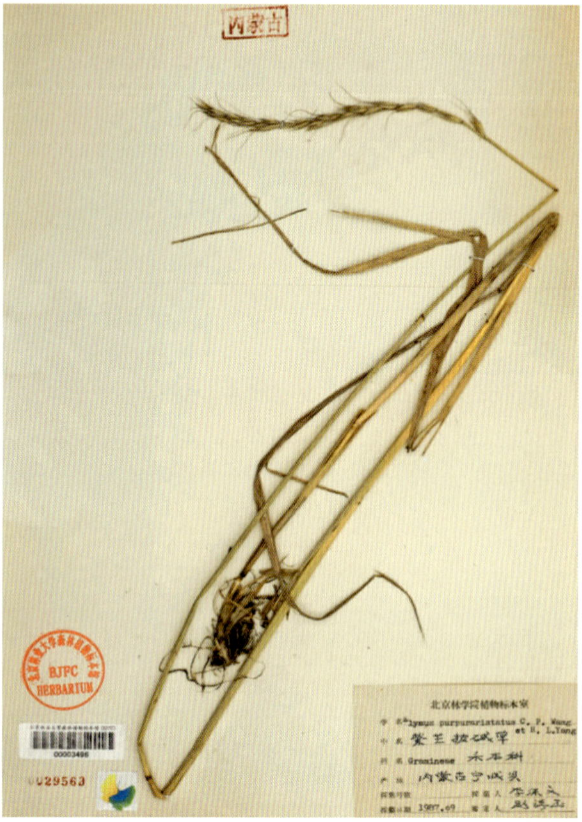

图 2-133　紫芒披碱草

紫穗披碱草（别名：紫穗鹅观草）
Elymus purpurascens (Keng) S. L. Chen

茎： 秆疏丛生，坚硬，直立或基部稍倾斜，高 60~90 cm。

叶： 叶鞘光滑，无毛。叶片内卷，质硬，长 11~22 cm，宽 3~6 mm，正面粗糙或具短柔毛，反面无毛，边缘粗糙。

花序/花： 穗状花序下垂，部分略带紫色，长 13~15 cm，具小穗 8~13 个。序轴上每节具小穗 1 个。小穗内生小花 4~7 朵，长 15~23 mm（不含芒）。颖片呈长圆状披针形，长 5~8 mm，具 5 脉，粗糙，顶端锐尖；外颖具 3 脉，边脉不明显。外稃呈披针形，背部粗糙或具微糙硬毛，中部以上具明显的 5 脉；第一外稃长 9~11 mm，芒粗壮，粗糙，略带紫色，反曲，长 18~28 mm；内稃与外稃近等长，脊间被微柔毛，脊上部具短缘毛。

1.花序；2.小穗，具 4 小花；3.外颖；4.内颖；5.小花背面；6.小花腹面；7.外稃背面；8.外稃腹面；9.内稃背面；10.内稃腹面。

图 2–134　紫穗披碱草

反折披碱草（别名：反折鹅观草）

Elymus retroflexus B. Rong Lu & B. Salomon

茎：秆高 55~75 cm，具 3 或 4 节，无毛。

叶：叶鞘光滑。叶舌高 0.4~0.5 mm，顶端撕裂状。叶耳长 1~1.2 mm，宽 0.1~0.2 mm。叶片呈狭线形，长 4~10 cm，宽 1~2 mm，粗糙。

花序/花：穗状花序下垂，长 6.5~12 cm，宽 5~10 mm，小穗排列疏松。序轴平滑；每节具小穗 1 个。小穗长 4~6.5 mm，宽 2~5 mm，内生小花 3~5 朵；小穗轴具柔毛，长 2.5~3 mm。颖片呈狭椭圆形，近等长，沿脉粗糙，边缘膜质，顶端锐尖或短尖；外颖长（1.5~）2~5 mm，宽 0.5~1 mm，具 2 或 3 脉；内颖长（3~）5~7.5 mm，宽0.8~1.3 mm，具3~5脉。外稃呈狭披针形，长9~12 mm（不含芒），宽1~1.5 mm，芒成熟时弯曲，长35~55 mm；内稃呈狭披针形，长8~9 mm，宽0.9~1.2 mm，沿脊具纤毛，顶端截形，有毛。花药黄色，长2.5~3 mm。

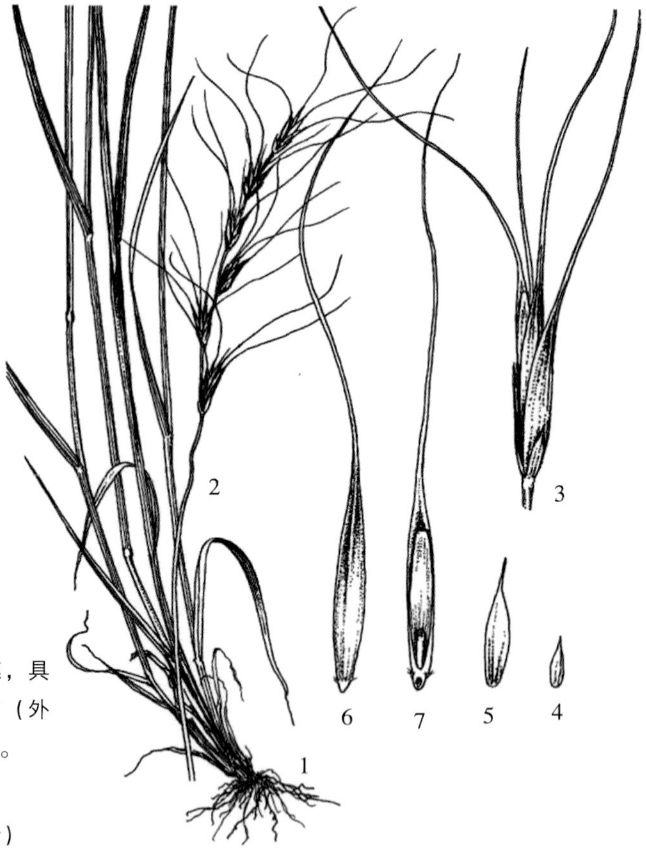

1.植株下部，示根和叶；2.花序；3.小穗，具4小花；4.外颖；5.内颖；6.小花背面（外稃）；7.小花腹面，示内稃和小穗轴节间。

图2–135 反折披碱草

引自《小麦族生物系统学》（颜济绘）

粗糙披碱草（别名：粗糙鹅观草）

Elymus scabridulus (Ohwi) Tzvelev

茎：秆高50~60 cm，具2或3节，节上具短柔毛。

叶：叶鞘无毛或在分蘖叶鞘具倒向细毛。叶片内卷，长7~15（~20）cm，宽约3 mm，两面粗糙。

花序/花：穗状花序直立，长8~10 cm。序轴节间压扁，边缘具刚毛；每节具小穗1个。小穗排列紧密，偏于序轴的一侧，直立，长约12 mm，内生小花5或6朵。颖片呈披针形，具3~5脉，沿脉粗糙，边缘膜质，顶端渐尖或尖，通常一侧有明显的齿；外颖长9~10 mm；内颖长11~12 mm。外稃粗糙，呈披针形；第一外稃长7~8 mm，顶端延伸成芒，芒直立或稍反曲，略带紫色，纤细，长12~15 mm；内稃线状长圆形，与外稃等长，顶端钝，脊上部具刺状纤毛。花药黄色，呈长圆形，长约1.5 mm；子房顶端疏生柔毛。

扭轴披碱草（别名：扭轴鹅观草）

Elymus schrenkianus (Fisch. & C. A. Mey.) Tzvelev

茎：秆粗壮，高 30~90 cm。

叶：基部叶鞘被反曲短柔毛。叶扁平，长 5~8 cm，宽 3~6 mm，粗糙，有时被短柔毛。

花序/花：穗状花序偏于一侧，下垂，紧密，长 5~11 cm。序轴节间长 3~8 mm。小穗绿色带紫，偏向同一侧，常有短梗，内生小花 3 或 4（5）朵。颖片呈线状披针形，不等长，具 3 脉；外颖长 4.0~4.5 mm，顶端具芒，芒长 2~3.5 mm；内颖长 4.5~5.5 mm，芒长达 5 mm。外稃呈披针形，极粗糙；第一外稃长约 11 mm，芒反曲，长 15~22 mm；内稃与外稃等长或近等长，沿脊具糙毛，顶端微钝，具糙硬毛。花药长 1.5~1.8 mm。

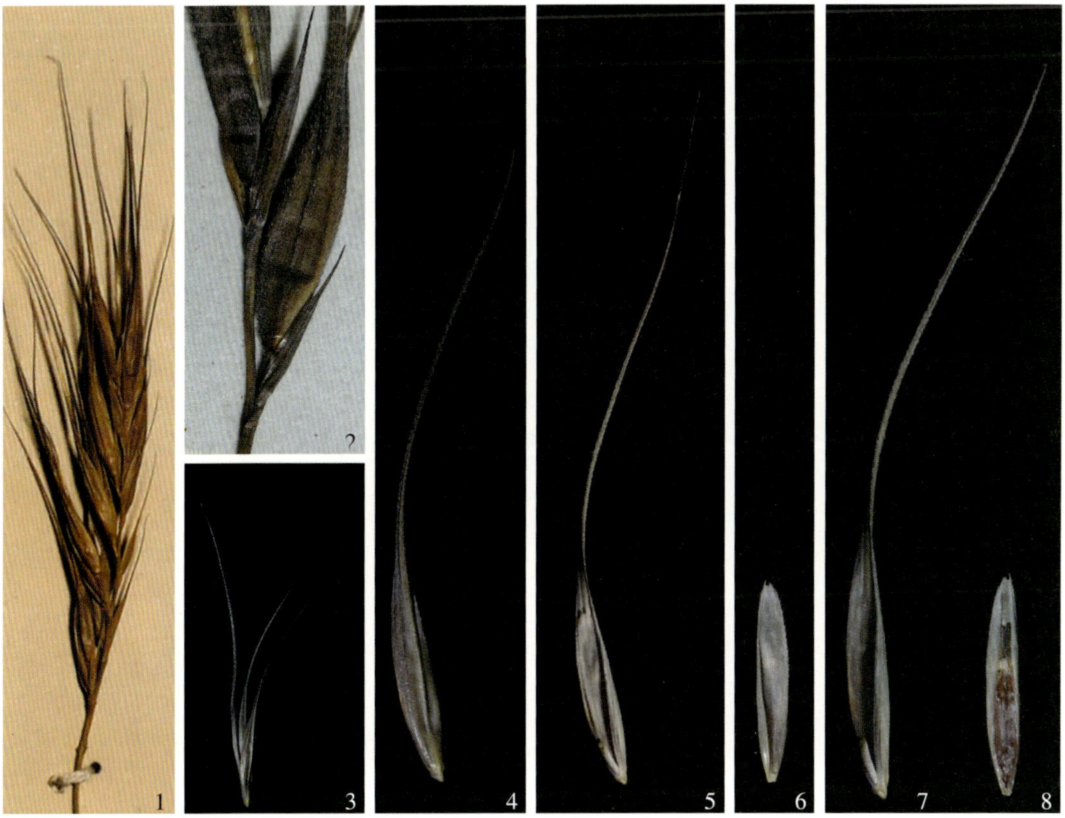

1.花序；2.花序局部，示序轴、小穗梗和颖片；3.小穗，具 3 小花；4.小花背面；5.小花腹面；6.内稃背面；7.外稃腹面；8.内稃腹面。

图 2-136 扭轴披碱草

秋披碱草（别名：秋鹅观草）

Elymus serotinus (Keng) Á. Löve ex B. Rong Lu

茎：秆疏丛生，直立，基部外倾，高 20~45 cm。

叶：基部叶鞘被微毛或边缘具纤毛。叶片内卷，长 9~11（~20）cm，宽 1~2 mm，两面无毛或正面粗糙。

花序/花：穗状花序纤细，弯曲，下垂，长 6~10 cm，具小穗 5~11 个，排列稀疏。序轴上每节具小穗 1 个。小穗黄褐色或带紫色，长 12~13（~22）mm（不含芒），内生小花 3~6（7）朵。颖片呈长圆状披针形，顶端锐尖或渐尖，疏松被微柔毛，具 3~5 脉，脉上粗糙；外颖长 5~6 mm；内颖长 7~8 mm，芒通常长 2~5 mm。外稃呈长圆状披针形，上半部具短硬毛，下半部被微柔毛；第一外稃长约 10 mm，芒反曲，长 25~30 mm，粗糙；内稃与外稃等长，脊间被微柔毛。

1.植株下部，示根和叶；2.花序；3.小穗，具 4 小花；4.外颖；5.内颖；6.小花背面（外稃）；7.小花腹面，示内稃和小穗轴节间。

图 2–137　秋披碱草

蜿轴披碱草（别名：蜿轴鹅观草）

Elymus serpentinus (L. B. Cai) S. L. Chen & G. H. Zhu

茎：秆直立，高 40~60 cm，直径 1~2 mm，通常 4 节，无毛。

叶：叶鞘比节间短，无毛。叶舌膜质，高约 0.4 mm，顶端截形。叶片扁平，长 4~15 cm，宽 3~4 mm，正面具长柔毛，反面无毛。

花序/花：穗状花序下垂，长 7~11 cm，小穗排列极疏松。序轴纤细，弯曲，背面粗糙，边缘具短缘毛；节间长 7~12 mm；每节具小穗 1 个。小穗绿色，长 13~16 mm（不含芒），内生小花 4~6 朵；小穗轴被微柔毛。颖片呈长圆状披针形，具 4 或 5 脉，沿脉粗糙，边缘狭膜质，顶端在一侧或两侧具牙齿；外颖长 5~6 mm，芒长 3~4 mm；内颖长 6~7 mm，芒长 4~6 mm。外稃呈披针形，背面无毛，沿脉粗糙；第一外稃长 9~10 mm，芒明显下弯，长 14~18 mm；内稃明显短于外稃，沿脊柔软具短缘毛，脊间被微柔毛，顶端微缺。花药黄色，长约 3 mm；子房在顶端被微柔毛。

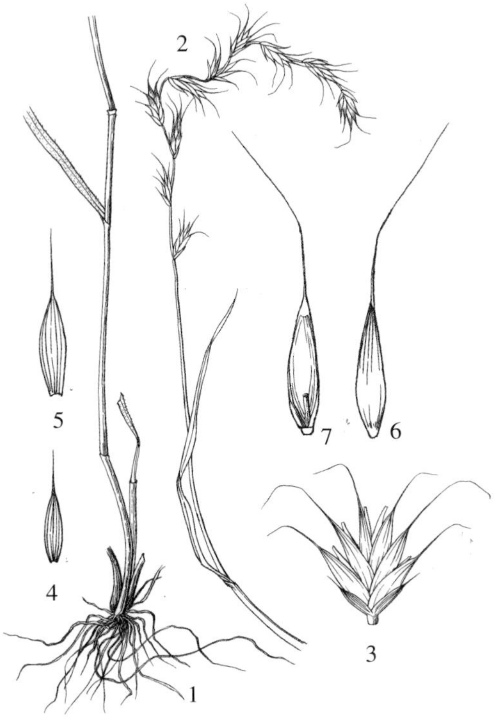

1.植株下部，示根；2.花序及旗叶；3.小穗，具 6 小花；4.外颖；5.内颖；6.小花背面（外稃）；7.小花腹面，示内稃和小穗轴节间。

图 2–138　蜿轴披碱草

山东披碱草（别名：山东鹅观草）

Elymus shandongensis B. Salomon

茎：秆疏丛生，直立或在基部稍外倾，高 60~90 cm。

叶：叶鞘通常无毛。叶舌高约 6.5 mm。叶片扁平或边缘内卷，长 10~25 cm，宽 4~8 mm，无毛。

花序/花：穗状花序直立或稍弯曲，长 8~20 cm；序轴上每节具小穗 1 个。小穗长 13~20 mm（不含芒），内生小花 5~8 朵。颖片呈长圆状披针形，具 5~7 脉，顶端锐尖或尖，脉粗糙，粗壮；外颖长 5~7 mm；内颖长 7~9 mm。外稃呈长椭圆状披针形，边缘膜质，背面近无毛，芒直立，长（12~）20~30 mm，粗糙；基盘两侧有短柔毛；第一外稃长 9~10 mm；内稃与外稃近等长，无翅，沿脊具短刚毛。

1.具花序植株；2.小穗，具 6 小花；3.外颖；4.内颖；5.小花腹面，示内稃和小穗轴节间。

图 2–139 山东披碱草

守良披碱草（别名：守良鹅观草）

Elymus shouliangiae (L. B. Cai) G. H. Zhu

茎：秆直立，高 60~70 cm，直径 2~3 mm，约 4 节。

叶：叶鞘无毛。叶舌高约 0.3 mm，顶端截形。叶片扁平，长 9~17 cm，宽 3~6 mm，坚硬，两面无毛或正面粗糙。

花序/花：穗状花序长 16~19 cm，小穗排列极疏松。序轴无毛，但边缘粗糙；节间长 15~23 mm；每节具小穗 1 个。小穗长 26~32 mm（不含芒），内生小花

8~10 朵；小穗轴节间被微柔毛。颖片呈披针形，无毛；外颖长7~8 mm，具 3 或 4 脉，顶端渐尖；内颖长 8~9 mm，具 5~7 脉，顶端具芒，芒长 2~5 mm。外稃披针形，无毛；第一外稃长 11~12 mm，芒粗壮，下弯，长35~40 mm；内稃与外稃近等长，粗糙或脊上具刺，脊间无毛，顶端截形。花药棕色，长 4~5 mm；子房呈倒卵形，顶端具短柔毛。

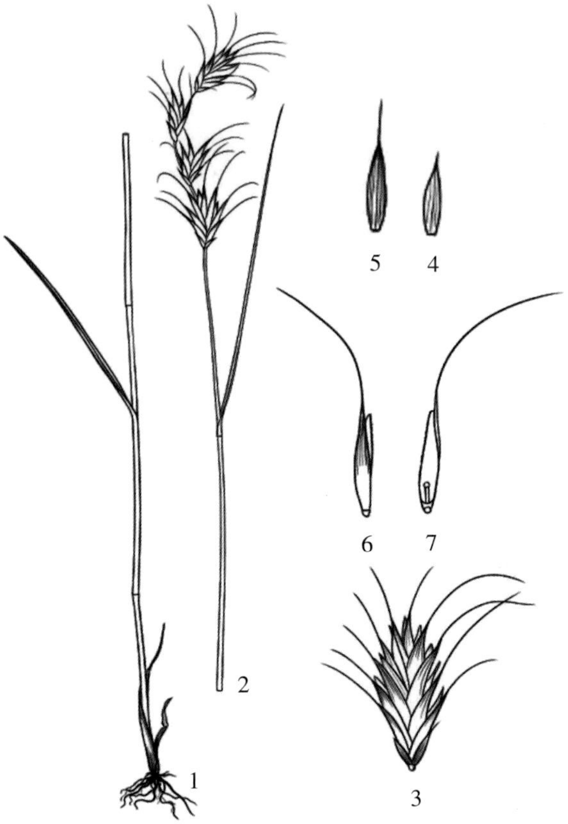

1.植株下部，示根和叶；2.花序和旗叶；3.小穗，具 10 小花；4.外颖；5.内颖；6.小花背面（外稃）；7.小花腹面，示内稃和小穗轴节间。

图 2–140 守良披碱草

老芒麦

Elymus sibiricus L.

茎：秆通常直立或基部稍倾斜，高 60~90 cm。

叶：叶鞘无毛。叶片扁平，长 10~20 cm，宽 5~10 mm，无毛或正面稍具短柔毛。

花序/花：穗状花序下垂，疏松，长 15~20 cm。序轴边缘粗糙，具短缘毛；通常每节具小穗 2 个，有时基部和上部的各节仅具 1 个小穗。小穗灰绿色或带紫色，内生小花（3）4 或 5 朵。颖片呈狭披针形，长 4~5 mm，具 3~5 脉，沿脉粗糙，背部无毛，顶端渐尖或具长达 4 mm 的短芒。外稃呈披针形，背部粗糙无毛或全部密生微毛，具 5 脉，脉在基部不明显；第一外稃长 8~11 mm，顶端芒粗糙，长 15~20 mm，稍展开或反曲；内稃与外稃近等长，顶端 2 裂，脊上具短缘毛，脊间被微柔毛。

1.花序；2.小穗的 5 小花，示第一小花和第二小花背面；3.小穗的颖片，示内、外颖；4.外稃背面；5.内稃背面；6.外稃腹面；7.内稃腹面。

图 2–141　老芒麦

中华披碱草（别名：中华鹅观草）

Elymus sinicus (Keng) S. L. Chen

茎：秆疏丛生，或具有极短根状茎，直立或在基部膝曲，高 60~90 cm，无毛。

叶：叶鞘无毛。叶片内卷，质硬，长 6~22 cm，宽（1~）3~7 mm，正面具柔毛，反面无毛。

花序/花：穗状花序直立，长 8~13 cm。序轴上每节具小穗 1 个。小穗长 13~15 mm，内生小花 4 或 5 朵。颖片呈长圆状披针形，通常偏斜，具 3~5 脉，顶端锐尖或具芒，芒长 1~3 mm；外颖长 7~8 mm；内颖长 8~10 mm。外稃呈长椭圆状披针形，背面疏生微柔毛，芒直立或稍下弯，长 10~18 mm；基盘具毛，长 0.1~0.4 mm；第一外稃长约 9 mm；内稃与外稃等长，顶端微缺或截形，脊上部具刺状纤毛，脊间上部被微柔毛。

1.花序；2.小穗，具 4 小花；3.外颖；4.内颖；5.小穗上小花的背面（第一、三小花）和腹面（第二、四小花）；6.内稃腹面；7.外稃腹面。

图 2–142　中华披碱草

中间披碱草（别名：中间鹅观草）

var. *medius* (Keng) S. L. Chen & G. H. Zhu

主要特征：叶片长 7~22 cm，宽约 7 mm。穗状花序长 12~13 cm。小穗长约 15 mm，内生小花 5 朵。颖片顶端具芒，芒长 1~3 mm。

新疆披碱草（别名：新疆鹅观草）

Elymus sinkiangensis D. F. Cui

茎：秆高 60~80 cm，具 2 或 3 节。

叶：上部叶鞘平滑，无毛，下部叶鞘具倒生柔毛。叶舌高约 0.3 mm。叶片扁平，长 5~30 cm，宽 3~5 mm，正面被长柔毛，反面无毛，边缘具纤毛。

花序/花：穗状花序紧密，直立，长 7~10 cm。序轴近无毛，边缘具纤毛；节间长 4~7 mm；每节具小穗 1 个。小穗长 13~15（~18）mm，内生小花 4 或 5（6）朵。颖片呈披针形，具3~5 脉，沿脉具短硬毛，边缘膜质，顶端渐尖或具芒，芒长约 2 mm；外颖长 9~10 mm（含芒）；内颖长 10~12 mm（含芒）。外稃呈披针形，上部和近边缘具短硬毛；第一外稃长 10~12 mm，芒下弯，长 20~35 mm，粗糙；内稃与外稃等长，脊上具纤毛。花药黄色，长 1.5~2 mm。

弯曲披碱草（别名：弯曲鹅观草）

Elymus sinoflexuosus (L. B. Cai) S. L. Chen & G. H. Zhu

茎：具短根状茎。秆直立，高 30~50 cm，直径 1.5~2.5 mm，具 3 或 4 节，无毛。

叶：叶鞘无毛。叶舌膜质，高约 1 mm，顶端截形。叶片内卷，长 4~14 cm，宽 2~3 mm，正面粗糙或短柔毛。

花序/花：穗状花序疏松，稍下垂，长 10~16 cm。序轴弯曲，边缘具刺；节间长 12~16 mm；每节具小穗 1 个。小穗长 15~20 mm（不含芒），内生小花 6 或 7朵；小穗轴通常被微柔毛。颖片呈长圆状披针形；外颖长 5~6 mm；内颖长 7~8 mm，具5~7 脉，无毛，先端锐尖或尖。外稃呈披针形，背面疏被刺；第一外稃长 9~10 mm，芒弯曲，长 20~25 mm，粗糙；内稃稍短于外稃或与其等长，沿脊具刺，脊间无毛，顶端截形。花药黄色，长 1.5~2 mm。

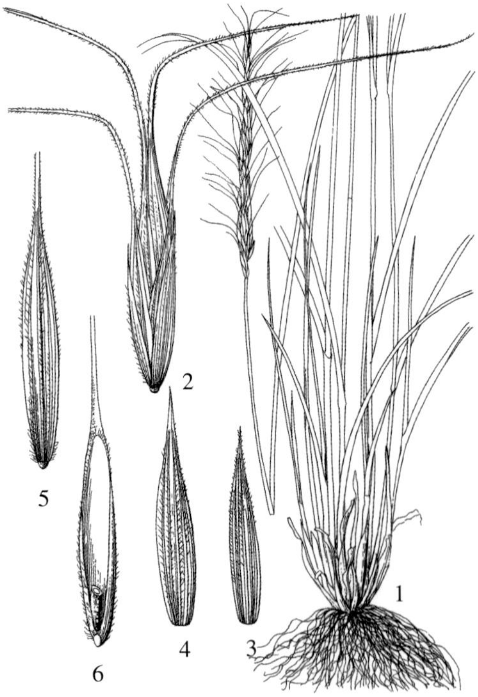

1.具花序植株；2.小穗，具 4 小花；3.外颖；4.内颖；5.小花背面（外稃）；6.小花腹面，示内稃和小穗轴节间。

图 2-143　新疆披碱草

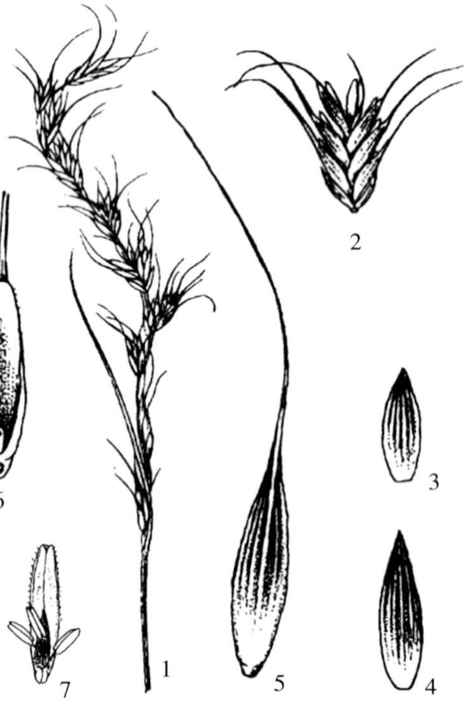

1.花序；2.小穗，具 7 小花；3.外颖；4.内颖；5.小花背面；6.小花腹面，示内稃和小穗轴节间；7.花，示内稃、雄蕊和雌蕊。

图 2-144　弯曲披碱草

引自《小麦族生物系统学》（颜济绘）

无芒披碱草

Elymus sinosubmuticus S. L. Chen

茎： 秆直立或基部膝曲，纤细，高 25~45 cm，具 2 节，平滑。

叶： 叶鞘短于节间，光滑。叶舌极矮。叶片扁平或内卷，长 3~6 cm，宽 1.5~3 mm，正面粗糙，反面平滑。

花序/花： 穗状花序稀疏，弯曲，略带紫色，长 3.5~7.5 cm。序轴边缘粗糙；下部节间长 5~9（~15）mm，上部节间长 3~4 mm；每节通常具小穗 2 个，而接近顶端各节仅具小穗 1 个，顶生小穗有时不发育。小穗近无梗或具长约 1 mm 的短梗，长（7~）9~13 mm，内生小花（1）2 或 3（4）朵，密被微柔毛。颖片呈长圆形，近等长，长 2~3 mm，具 3 脉，主脉粗糙，顶端锐尖或渐尖。外稃披针形，不同程度被微柔毛；第一外稃长 7~8 mm，芒长不到 2 mm；内稃与外稃等长，脊上具小纤毛，顶端狭钝。花药长约 1.7 mm。

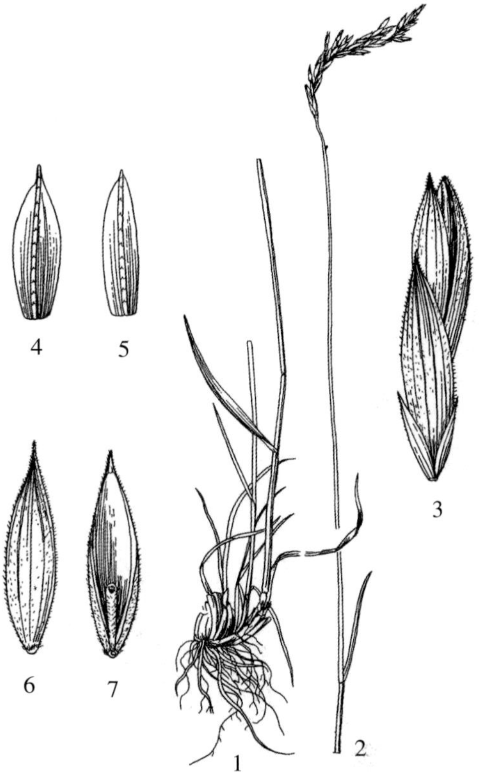

1.植株下部，示根和叶；2.花序；3.小穗，具 3 小花；4.外颖；5.内颖；6.小花背面（外稃）；7.小花腹面，示内稃和小穗轴节间。

图 2–145　无芒披碱草

肃草（别名：多变鹅观草、大肃草）

Elymus strictus (Keng) S. L. Chen

茎： 秆直立或基部稍膝曲，高 50~100 cm，无毛。

叶： 叶鞘无毛。叶片灰绿色或被粉质，内卷，长（3.5~）8~16 cm，宽（1~）4~8 mm，坚硬，正面被短柔毛，反面无毛。

花序/花： 穗状花序直立，长（3.5~）10~18（~26）cm。序轴上每节具小穗 1 个。小穗有白霜，成熟时带紫色，长（8~）15~20 mm，内生小花（3~）5~8（~14）朵。

外颖长 5~8（~11）mm；内颖长 6~13 mm；具（3~）5~7 脉，顶端锐尖或具 1~5 mm 短尖头，脉通常粗壮，粗糙。外稃光滑，背面无毛，或仅在中部无毛，其他部位不同程度被微毛，或沿脉和基盘具长硬毛；第一外稃长（7~）9~10 mm，芒近直立，稍下弯，长（7~）14~22 mm，粗糙；内稃与外稃等长，沿脊上部具短毛，在脊间上部被微柔毛或无毛，顶端微缺或截形。花药通常为黄色，长 1~2 mm。

粗壮肃草

var. *crassus* (L. B. Cai) S. L. Chen

主要特征：外稃背面无毛或沿脉在基盘上具粗毛；内稃脊间无毛。

1.花序局部；2.序轴节间及其节上着生的小穗；3.小穗，具 9 小花，小穗梗紫色；4.颖被和第一小花稃被；5.外颖；6.内颖；7.小花背面（外稃）；8.外稃背面；9.外稃腹面；10.内稃背面，示小穗轴节间；11.内稃腹面。

图 2–146 肃草

林地披碱草（别名：林地鹅观草）

Elymus sylvaticus (Keng & S. L. Chen) S. L. Chen

茎： 秆疏丛生，直立或基部稍倾斜，高约 100 cm，具 4 或 5 节。

叶： 叶鞘平滑，无毛。叶片扁平，长 13~25 cm，宽 6~9 mm，柔软，无毛。

花序/花： 穗状花序长 7.5~8.5 cm，小穗排列稍密。序轴上每节具小穗 1 个，两侧排列。小穗长 12~14 mm（含芒状尖头），内生小花 3 朵。颖片呈披针形，长 8~10 mm，具 3~5 脉，粗糙，边缘狭膜质，先端锐尖、尖或具芒（1~2 mm）。外稃具微糙硬毛，边缘狭膜质，先端缩小，具 1~3 mm 短芒，有时于一侧具微齿；第一外稃长 9~11 mm；内稃与外稃近等长，沿脊上部密被短缘毛，脊间被微柔毛，先端微缺。

1.花序；2.花序局部，示序轴节间和小穗着生方式；3.小穗，具 3 小花；4.外颖；5.内颖；6.小花背面；7.小花腹面；8.外稃背面；9.外稃腹面；10.内稃背面；11.内稃腹面。

图 2-147　林地披碱草

麦宾草

Elymus tangutorum (Nevski) Hand.-Mazz.

茎：秆直立或在基部膝曲，高 120 cm，具 4 或 5 节。

叶：叶鞘光滑。叶片扁平，长 10~20 cm，宽 6~14 mm，两面粗糙或正面具柔毛、反面平滑。

花序/花：穗状花序直立，长 8~15 cm，直径 8~10 mm，小穗排列稍密。序轴边缘具小纤毛，通常每节具小穗 2 个。小穗绿色或略带紫色，长 9~15 mm，内生小花 3 或 4 朵。颖片呈披针形至线状披针形，长 7~10 mm，具不明显的 5 脉，粗糙或沿脉具微糙硬毛，顶端渐尖或具长 1~3 mm 的短芒。外稃披针形，无毛或仅上部具微糙硬毛，具 5 脉，脉在上部明显；第一外稃长 8~12 mm，顶生直立粗糙的芒，芒长（3~）5~11 mm；内稃与外稃等长，顶端钝头，脊上具纤毛。

1.花序；2.花序局部，示序轴节间；3.序轴节上的小穗；4.小花背面（外稃）；5.小花腹面，示内稃和小穗轴节间。

图 2-148 麦宾草

柔穗披碱草（别名：柔穗鹅观草）
Elymus tenuispicus (J. L. Yang & Y. H. Zhou) S. L. Chen

茎：秆疏丛生，直立，高 35~75 cm，直径 0.5~1 mm，具 4 或 5 节，无毛，但在节上被微柔毛。

叶：叶鞘与节间等长或长于节间，具长柔毛，基部宿存叶鞘常碎裂成纤维状。叶舌透明膜质，高约 0.5 mm，顶端截形。叶片绿色，扁平或内卷，长 15~20 cm，宽 3~4 mm，正面具长柔毛，反面粗糙。

花序/花：穗状花序直立或稍下垂，纤细，长 9.2~10.5 cm（不含芒），小穗排列极稀疏。序轴无毛，但边缘具糙毛；序轴节密被短柔毛，每节具小穗 1 个。小穗长 13~16 mm，内生小花 4~9 朵；小穗轴被微柔毛。颖片呈长圆状披针形，草质，具长硬毛，边缘膜质，顶端渐尖，具 0.5~1 mm 的短尖头；外颖长 5~6.5 mm，具 3 或 4 脉；内颖长 6.5~7.5 mm，具 4 或 5 脉。外稃呈长圆状披针形，下部密被短柔毛，上部粗糙具缘毛，芒直立，长 10~20 mm；基盘钝，密被微柔毛，侧面具毛，长 0.6~0.8 mm；第一外稃长 7.5~8 mm；内稃短于外稃或与外稃近等长，沿脊上部 1/2~3/4 具纤毛，脊间被短柔毛，顶端钝圆。花药黄色，长 2~2.5 mm。

1.具花序植株；2.小穗，具 8 小花；3.外颖；4.内颖；5.小花背面（外稃）；6.小花腹面，示内稃和小穗轴节间。

图 2–149　柔穗披碱草

天山披碱草（别名：天山鹅观草）

Elymus tianschanigenus Czerep.

茎：秆直立，高 50~100 cm，平滑，无毛。

叶：叶鞘平滑，无毛。叶片扁平，长 10~18 cm，宽 5~10 mm，正面粗糙或被柔毛，反面粗糙，有时散生柔毛。

花序/花：穗状花序直立或稍下垂，近楔形，紧密，长 7~17.5 cm。序轴上每节具小穗 1 个。小穗紫绿色，长 12~15 mm（不含芒），内生小花 3~5（~7）朵。颖片呈宽披针形，稍不对称，近等长，长 9~12 mm，具 5~7 脉，粗糙，顶端锐尖或短尖，有时具 1 齿。外稃呈披针形，长 9~12 mm，具柔毛，芒直立，长（4~）7~16 mm；内稃与外稃等长或稍长于外稃，脊上具纤毛，顶端稍微缺或微钝。花药长约 2.5 mm。

1.具花序植株（标本）；2.外颖；3.内颖；4.小花背面（外稃）；5.小花腹面，示内稃和小穗轴节间。

图 2-150 天山披碱草

西藏披碱草（别名：西藏鹅观草）
Elymus tibeticus (Melderis) G. Singh

茎： 秆疏丛生，高 70~100 cm，具 3 或 4 节，平滑，无毛，节或具短柔毛。

叶： 基部叶鞘密被短硬毛，上部无毛。叶片绿色，扁平，长 12~16 cm，宽 3~6 mm，正面具柔毛，反面和近边缘粗糙。

花序/花： 穗状花序近直立或不同程度下垂，通常紧密或下部疏松，长 10~16 cm（不含芒）。序轴上每节具小穗 1 个。小穗绿色，长 10~16 mm（不含芒），内生小花（3）4 或 5 朵。颖片呈长圆状披针形；外颖长 7~8.5 mm；内颖长 8.5~10 mm；具 5~7 脉，沿脉粗糙，边缘狭透明膜质，先端渐尖或具 6 mm 短芒。外稃呈狭披针形，长 8~10 mm，背面无毛，先端具短硬毛，顶端芒长 10~17 mm，直立或微曲；内稃与外稃近等长，狭披针形，顶端平截，钝或微缺，脊上具短缘毛，背部往上具短硬毛。花药黄色，长 2~2.3 mm。

1.植株下部，示根和叶；2.花序及旗叶；3.小穗；4.外颖；5.内颖；6.小花背面（外稃）；7.小花腹面，示内稃和小穗轴节间。

图 2–151　西藏披碱草

毛穗披碱草（别名：毛穗鹅观草）
Elymus trichospiculus (L. B. Cai) S. L. Chen & G. H. Zhu

茎：常具短根状茎。秆直立或在基部稍膝曲，高 90~110 cm，直径 1.5~2.5 mm，具 4 或 5 节，通常无毛，但在穗状花序下被微柔毛。

叶：叶鞘基部者具长柔毛。叶舌高约 0.5 mm。叶片扁平，长 6~16 cm，宽 2~4.5 mm，两面（特别是正面）具柔毛。

花序/花：穗状花序狭窄，长 8~12 cm，小穗排列稀疏。序轴背部被微柔毛，边缘具刺；每节具小穗 1 个。小穗长 12~18 mm，内生小花 3~5 朵；小穗轴具短硬毛；节间长 1.5~2.5 mm。内颖与外颖近等长，呈披针形，长 5~6 mm，具 3 脉，沿脉具短硬毛，先端渐尖或具长约 2 mm 的短尖头。外稃呈长圆状披针形，具 5 脉，背面密被长柔毛，顶端具 6~12 mm 直芒；第一外稃长 9~10 mm；内稃与外稃等长，脊上部具短纤毛，脊间无毛，顶端截形。花药黄色，长约 2 mm。

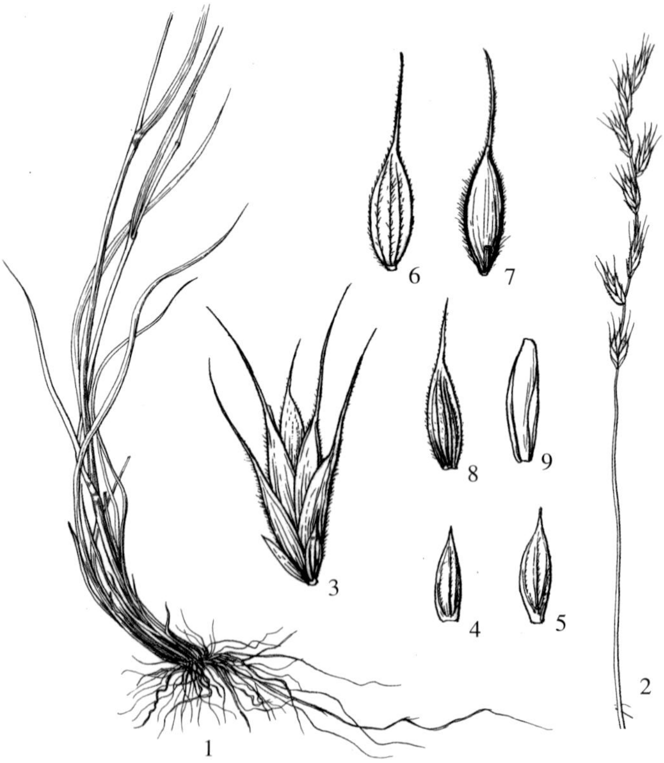

1.植株中下部，示根和叶；2.花序；3.小穗，具 5 小花；4.外颖；5.内颖；6.小花背面；7.小花腹面；8.外稃背面；9.内稃腹面。

图 2–152　毛穗披碱草

三齿披碱草（别名：三齿鹅观草）

Elymus tridentatus (C. Yen & J. L. Yang) S. L. Chen

茎： 秆丛生，直立或在基部稍平卧膝曲，高 40~65 cm，直径 1.5~2 mm，具 2 或 3 节，光滑，无毛。

叶： 叶鞘无毛。叶舌干膜质，高约 0.5 mm，顶端截形。叶片内卷或近内卷，长 5~7 cm，宽约 2 mm，正面具短柔毛，反面无毛。

花序/花： 穗状花序直立，长 5~11.5 cm，宽约 5 mm，纤细，具小穗 6~14 个，排列稀疏。序轴通常无毛，每节具小穗 1 个。小穗紫色或绿紫色，长 10~13 mm，宽约 2 mm，内生小花 4 或 5 朵；小穗轴节间长 1.5~2 mm，被贴伏微柔毛。颖片呈长圆形或长圆状椭圆形，稍偏斜，不等长，具明显的 3（5）脉，无毛，有时沿脉疏生短刺，顶端钝圆，稀锐尖；外颖长 4~5 mm；内颖长 5~6 mm。外稃呈长椭圆状披针形，长(7~）8~9 mm，近端和侧面被贴伏白色短柔毛，顶端截形，具 3 齿，齿长 0.5~1 mm；基盘钝，侧面被微柔毛；内稃短或长于外稃，脊间粗糙，脊的远端 1/3~1/2 具刚毛，顶端截形。花药黑色，长约 2 mm。

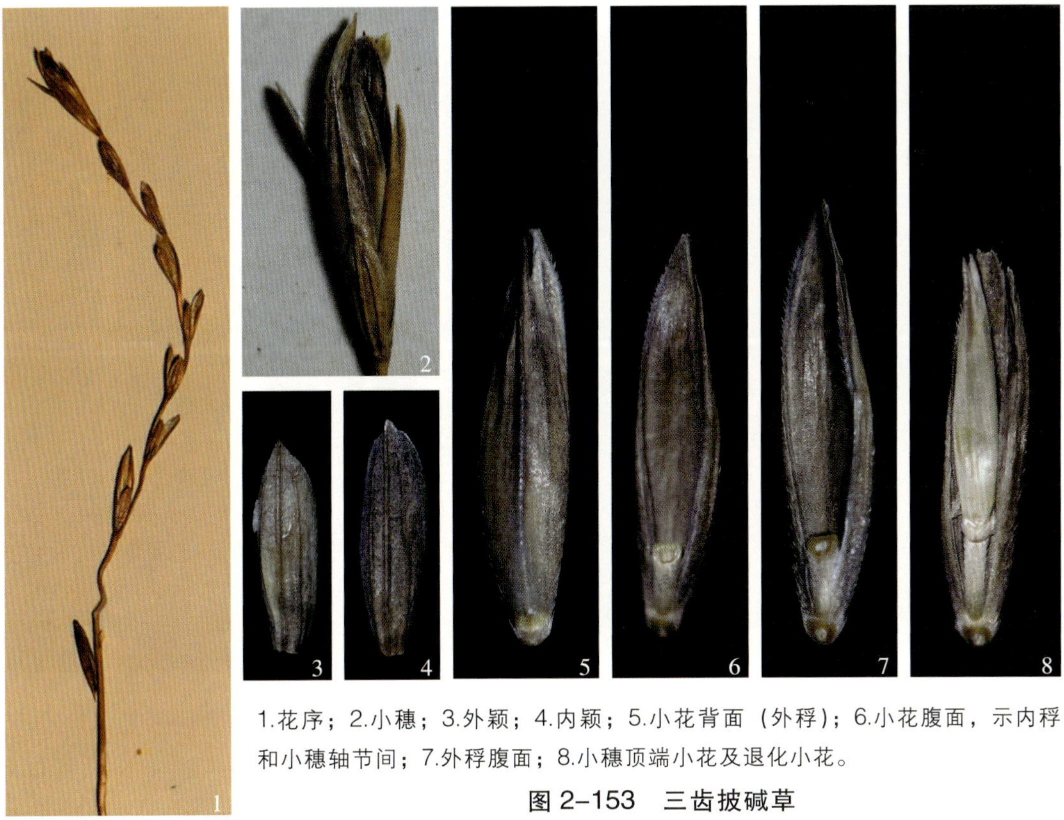

1.花序；2.小穗；3.外颖；4.内颖；5.小花背面（外稃）；6.小花腹面，示内稃和小穗轴节间；7.外稃腹面；8.小穗顶端小花及退化小花。

图 2–153　三齿披碱草

云山披碱草（别名：云山鹅观草、高山鹅观草）

Elymus tschimganicus (Drobow) Tzvelev

茎：秆直立，通常在基部节微弯曲，高 25~60 cm，平滑，无毛。

叶：叶鞘无毛，或下部具短柔毛。叶片近外卷，灰绿色，宽 1.5~3 mm，两面无毛或正面稍有毛。

花序/花：穗状花序弯曲下垂，长 7~9 cm。序轴上每节具小穗 1 个。小穗灰白色或灰绿色，稀微带紫色，内生小花5~7 朵，小穗之间相距 10~12 mm。颖片呈线状披针形，长 4~8 mm，仅及第一小花的 1/4~1/2，具（3~）5 脉，沿脉粗糙，先端通常渐尖，偶有短芒。外稃呈披针形，粗糙，长 9~10 mm，芒反曲，长 20~30 mm；基盘两侧具短刚毛或无毛；内稃与外稃近等长，顶端稍微缺或钝。花药长 2~2.5 mm。

光稃披碱草（别名：光稃鹅观草）

var. *glabrispiculus* D. F. Cui

主要特征：叶鞘无毛。外稃基盘光滑，无毛。

1.花序；2.序轴节上小穗；3.外颖；4.内颖；5.小花背面（外稃）；6.小花腹面，示内稃和小穗轴节间；7.外稃腹面；8.内稃背面；9.内稃腹面。

图 2–154 云山披碱草

毛披碱草

Elymus villifer C. P. Wang & H. L. Yang

茎： 秆疏丛，直立，高 60~75 cm。

叶： 叶鞘密被长柔毛。叶片平或稍内卷，长 9~15 cm，宽 3~6 mm，具长柔毛。

花序/花： 穗状花序稍弯曲，长 9~12 cm。序轴节处膨大，密被长硬毛，棱边具狭翅；每节具小穗 2 个或上部及下部仅具 1 个。小穗长 6~10 mm，内生小花 2 或 3 朵。颖片呈狭披针形，长 4.5~7.5 mm，具 3 或 4 脉，沿脉具微糙硬毛，边缘狭膜质，顶端渐尖或具 1.5~2.5 mm 的芒尖。外稃呈长圆状披针形，上部具 5 条明显的脉，背部粗糙，上部具短硬毛；第一外稃长 7~11 mm；内稃与外稃等长，脊上被短缘毛，脊间被短毛。

1.花序；2.序轴及节上着生的小穗；3.内、外颖；4.小花背面（外稃）；5.小花腹面，示内稃和小穗轴节间；6.外稃背面；7.外稃腹面；8.内稃背面。

图 2–155　毛披碱草

绿穗披碱草（别名：绿穗鹅观草）

Elymus viridulus (Keng & S. L. Chen) S. L. Chen

茎：秆直立，坚硬，高约 80 cm，具 4 节，光滑，无毛。

叶：下部 1 或 2 节的叶鞘常生倒毛，上部无毛。叶片呈线形，扁平或内卷，长 10~15 cm，宽 2~4 mm，正面粗糙，基部具柔毛，反面平滑，无毛。

花序/花：穗状花序不同程度下垂，长 7.5~9.5 cm。序轴无毛，但边缘具毛；每节具小穗 1 个。小穗长 14~18 mm（含尖头），内生小花 5 或 6 朵。颖片绿色有光泽，呈宽披针形，近等长，稍偏斜，无毛，边缘宽膜质，具 4~6（~7）脉，主脉隆起几成脊，长 8~12 mm（含长 1~2 mm 的小尖头）。外稃绿色，呈长圆状披针形，无毛，或仅上部及近边缘微糙涩，边缘具宽约 1 mm 的乳白色膜质；第一外稃长约 10 mm，芒长 2~6 mm；内稃稍短于外稃或与其近等长，顶端稍微缺或截形，两面被微柔毛，脊上部具短硬刺状的纤毛。花药黄色，长约 4 mm。

1.花序；2.小穗，具 5 小花；3.外颖；4.内颖；5.小花背面（外稃）；6.小花腹面，示内稃和小穗轴节间；7.外稃背面；8.内稃背面；9.外稃腹面；10.内稃腹面。

图 2–156 绿穗披碱草

杨氏披碱草（别名：杨氏鹅观草）

Elymus yangiae B. Rong Lu

茎：秆直立或在顶端下垂，高 60~100（~110）cm，具 4~7 节，最上面的节间长 23~35 cm。

叶：叶鞘粗糙。叶舌高 0.3~0.6 mm，顶端撕裂状。叶耳长 1.2~2 mm，宽 0.5~0.8 mm。叶片呈狭线形，长 5~25 cm，宽 3~4 mm，两面粗糙，边缘具纤毛。

花序/花：穗状花序下垂，长 10~15 cm，宽 5~8 mm。序轴边缘粗糙；每节具小穗 1 个。小穗长 35~45 mm（含芒），内生小花 5~10 朵；小穗轴具柔毛，长 1.7~2.1 mm。颖片呈披针形，脉上粗糙，边缘膜质，顶端短尖或锐尖；外颖长 2~4.5 mm，宽 0.2~0.7 mm，具（1）2 或 3 脉；内颖长 3~3.5 mm，宽 0.4~0.9 mm，具 2 或 3（~5）脉。外稃呈狭披针形，长 7~10 mm，疏生短柔毛至密被柔毛，芒通常直立，长 12~32 mm；内稃呈狭披针形，长 8~10 mm，具短柔毛，顶端尖，2 裂。花药黄色，长 3.5~4.2 mm。

1.花序；2.小穗；3.内、外颖；4.小花腹面，示内稃和小穗轴节间；5.外稃背面；6.内稃背面；7.外稃腹面；8.内稃腹面。

图 2–157 杨氏披碱草

玉树披碱草（别名：玉树鹅观草）

Elymus yushuensis (L. B. Cai) S. L. Chen & G. H. Zhu

茎：秆直立，高 45~60 cm，直径 1~2 mm，具 2 或 3 节，无毛。

叶：叶鞘无毛。叶舌极矮，顶端平截。叶片通常内卷，长 5~9 cm，正面和边缘具柔毛，反面无毛。

花序/花：穗状花序，长 6~11 cm，纤细，小穗排列稀疏，弯曲。序轴无毛；节间长 7~18 mm，其中基部节间可达 30 mm；每节具小穗 1 个。小穗通常略带紫色，长 12~20 mm，内生小花 4~6 朵；小穗轴被短柔毛。颖片呈披针形，具 3~5脉，无毛；外颖长4~5 mm；内颖长 6~7 mm。外稃呈长圆状披针形，上半部具明显的 5 脉，背面具小刺毛；第一外稃长 8~9 mm，芒长 2~4 mm；内稃稍短于外稃或与其等长，脊上部具短刺毛，顶端平截。

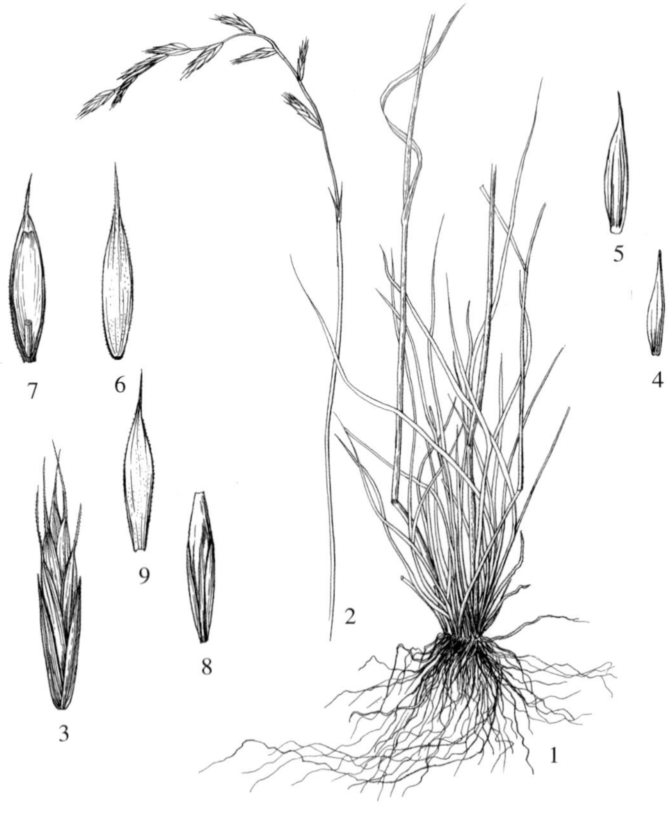

1.植株下部，示根和叶；2.花序；3.小穗，具 5 小花；4.外颖；5.内颖；6.小花背面（外稃）；7.小花腹面，示内稃和小穗轴节间；8.内稃腹面；9.外稃腹面。

图 2–158 玉树披碱草

小株披碱草（别名：小株鹅观草）

Elymus zhui S. L. Chen

茎：秆直立或基部稍膝曲，高 25~30 cm，具 4 节。

叶：叶鞘无毛或于分蘖的叶鞘被短柔毛。叶舌无或高 0.5 mm。叶片绿色，扁平或内卷，长 8~10（~15）cm，宽 2~4 mm，正面密被柔毛，反面具柔毛。

花序/花：穗状花序直立，长 8~9 cm。序轴每节具小穗 1 个，两侧排列。小穗绿色，内生小花（2）3~5 朵。颖片呈长圆状披针形，具明显的 5 或 6 脉，脉上粗糙，顶端锐尖，有时上部一侧有齿；外颖长 5~7 mm；内颖长 6~8 mm。外稃呈披针形，全部被微柔毛，上部具明显的 5 脉；第一外稃长约 8.5 mm，芒反曲，长约 12 mm；内稃与外稃近等长，顶端近圆形，脊上部具硬纤毛，脊间顶端被微柔毛。

1.植株下部，示根和叶；2.花序和旗叶；3.小穗，具 5 小花；4.外颖；5.内颖；6.小花背面（外稃）；7.小花腹面，示内稃和小穗轴节间。

图 2–159　小株披碱草

2.2.4 假鹅观草属

Pseudoroegneria (Nevski) Á. Löve

假鹅观草属全世界大约有15种，广布于北半球，是一个十分耐干旱的植物分类群。我国仅有1种，分布于新疆。

假鹅观草

Pseudoroegneria cognata (Hack.) Á. Löve

茎： 秆直立，高60~100 cm，平滑，无毛。

叶： 叶鞘平滑，无毛。叶片青绿色，长12~18 cm，宽（1~）2~7 mm，正面被短柔毛，反面无毛。

花序/花： 花序穗状，直立，高7~19 cm，细。序轴平滑。小穗通常青绿色，长10~18 mm，宽3~6 mm，内生小花（3）4~6（8）朵。颖片具5脉，先端锐尖至渐尖；外颖长5~10 mm；内颖长6~12 mm。外稃长8~11 mm，先端钝或近尖，具5脉，中间2脉靠近中脉，略低于边脉；内稃与外稃等长，沿脊上部具短纤毛，先端微钝。花药长约3.5 mm。

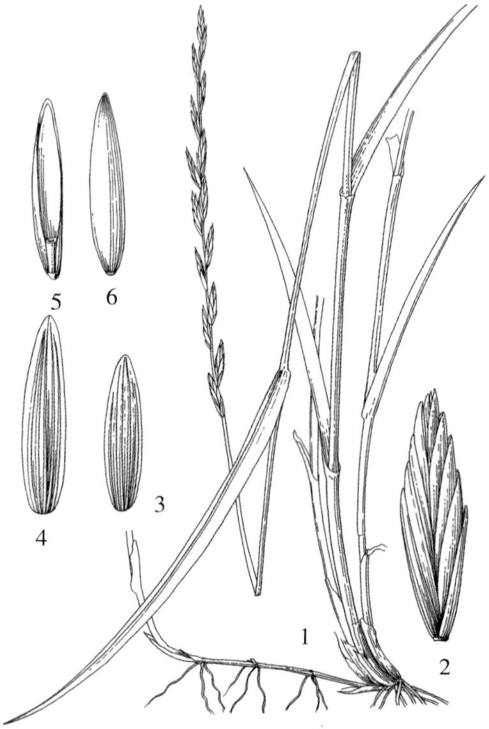

1.具花序植株；2.小穗；3.外颖；4.内颖；5.小花腹面，示内稃和小穗轴节间；6.小花背面（外稃）。

图2–160 假鹅观草

引自《新疆植物志》（张荣生绘）

2.2.5　猬草属
Hystrix Moench

猬草属全世界有 10 种，分布于亚洲暖温带和北美洲地区。我国有 4 种（其中 1 种为我国特有种），均为野生种，分布于东北至西南广大地区。

高丽猬草
Hystrix coreana (Honda) Ohwi

茎： 秆丛生，在基部膝曲，高 50~65 cm，具 3 或 4 节，穗状花序以下被长柔毛。

叶： 叶鞘短于节间，被长柔毛。叶舌膜质，高约 0.3 mm。叶片平展，宽 5~9 mm，两面被柔毛。

花序/花： 花序穗状，略低垂，长 8~10 cm。序轴被长柔毛。每个小穗内生小花 3 或 4 朵。颖片呈钻形，不等长，具 3 脉，沿脉粗糙，先端渐尖成粗糙的芒；外颖长约 9 mm(含芒)；内颖长约 10 mm（含芒）。外稃长约 15 mm（含芒），具 5 脉，除近顶端外均无毛；内稃长约 9 mm，沿脊具缘毛。鳞被长约 1.6 mm；花药长约 5.5 mm。

1.具花序植株；2.花序局部；3.小穗，具 4 小花。

图 2–161　高丽猬草

猬草

Hystrix duthiei (Stapf ex Hook. f.) Bor

茎：秆高 80~100 cm，具 4 或 5 节。

叶：叶鞘光滑或基生者被微毛。叶舌高约 1 mm，顶端截平。叶片长 10~15 cm，宽 6~18 mm，无毛或正面疏生柔毛。

花序/花：穗状花序，纤细，下垂，长 10~15 cm。序轴被微柔毛；节间长 4~6（~10）mm；每节具小穗 2 个。小穗长 13~14 mm，内生小花 1 朵。颖片多数退化，稀呈芒状，长 1~6 mm。外稃呈披针形，长 9~11 mm，具 5 脉，背面贴生小刺毛，芒长 15~25 mm；基盘钝圆，被短柔毛；内稃稍短于外稃，沿脊疏生缘毛。鳞被及雌蕊均被细毛；花药黄色，长约 5 mm。

1.花序；2.小穗轴被微柔毛，每节具小穗 2 个；3.小穗中的 2 小花；4.小花背面（外稃）；5.小花腹面，示内稃和小穗轴末端节间；6.内稃背面和小穗轴节间。

图 2-162　猬草

东北猬草

Hystrix komarovii (Roshev.) Ohwi

茎：秆高 100~130 cm，具 4~6 节，表面光滑，无毛，在穗状花序下的无毛或被短柔毛。

叶： 叶鞘无毛或微粗糙。叶舌质较硬，高约 1.5 mm。叶片平展，长 10~20 cm，宽 1~2 cm，正面被短柔毛，反面微粗糙。

花序/花： 穗状花序，较纤细，不同程度下垂，绿色，长 10~20 cm，宽 10~15 mm。序轴节间长 3~5（~15）mm，具短柔毛，边缘具缘毛；每节具小穗 2 个。小穗内生小花 2 或 3 朵；小穗轴节间长1~2 mm，被微毛。颖片锥形，长 3~6 mm（上部小穗的颖片有时退化，长 1~2 mm），具 1 脉，被短柔毛。外稃披针形，常具 7 脉，背面具短刺毛；基盘密被短柔毛；第一外稃长约 12 mm，芒长 10~15 mm；内稃线状披针形，稍短于外稃，沿脊被短小刺毛。

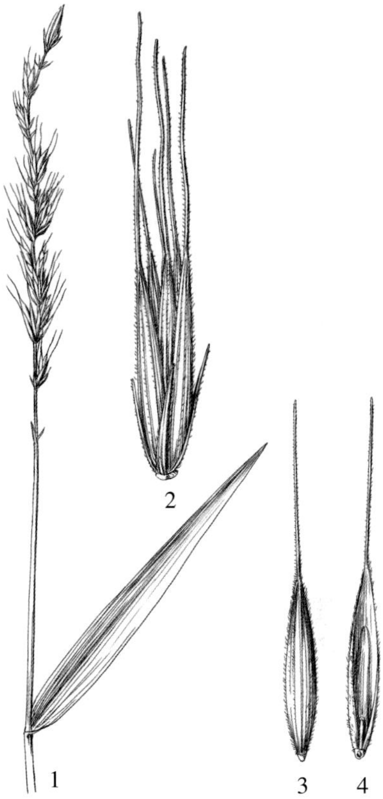

1.花序和旗叶；2.同一节上的 2 个小穗及颖片；3.小花背面；4.小花腹面，示内稃和小穗轴节间。

图 2–163　东北猬草

昆仑猬草

Hystrix kunlunensis K. S. Hao

茎： 秆高 40~60 cm，具 3 或 4 节，表面平滑，节上无毛。

叶： 叶鞘短于节间，无毛。叶舌极矮或近无。叶片绿色，线状披针形，长 5~7 cm，宽 2~5 mm，正面无毛，反面无毛至粗糙，基部近耳状，先端渐尖；新生枝的叶片更狭窄。

花序/花： 穗状花序，致密，长约 5 cm。序轴无毛，质脆；每节具小穗 2 个。小穗内生小花 2 或 3 朵；第一小花两性，第二小花单性。颖片锥形，长 2~5 mm，内颖与外颖不等长，表面粗糙或被微柔毛。外稃线状披针形，长 6~9 mm，由一个短节间从颖片中分离出来，最终脱落，芒近弯，长 10~12 mm，粗糙，具不明显的脉；内稃线状长圆形，具 2 脊，无毛，沿脊被短毛。

2.2.6 偃麦草属

Elytrigia Desv.

偃麦草属全世界有40种，中国有野生种2种，引种有数种，多为优良牧草，有些种已用于小麦杂交育种，如长穗偃麦草 *E. elongata* (Host) Nevski、中间偃麦草 *E. intermedia* (Host) Nevski、脆轴偃麦草 *E. juncea* (L.) Nevski、硬叶偃麦草 *E. smithii* (Rydb.) Nevski 和毛偃麦草 *E. trichophora* (Link) Nevski。

曲芒偃麦草

Elytrigia gmelinii (Trin.) Nevski

茎：具短的根状茎。秆通常紧密丛生，基部膝曲，高35~65 cm，光滑，无毛。

叶：叶鞘平滑，无毛。叶舌矮。叶片有白霜，扁平或边缘内卷，宽3 mm，正面被微柔毛，反面无毛。

花序/花：穗状花序直立，纤细，长7~11 cm，偏向一侧。序轴边缘粗糙。小穗有白霜或略带紫色，长13~18 mm（不含芒），内生小花5~7朵。颖片呈狭披针形，具5或6脉，无毛，顶端渐尖，芒长4 mm；外颖长6~9 mm；内颖长7~10 mm。外稃呈狭披针形，长10~11 mm，具糙硬毛，芒弯曲，长15~23 mm。

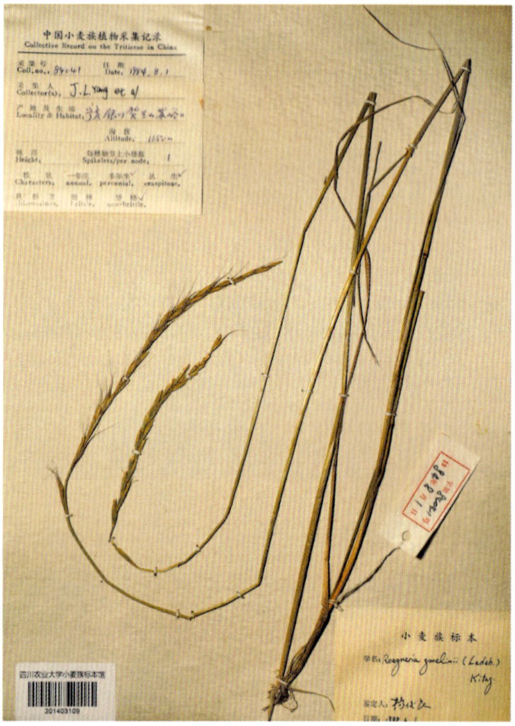

图2-164　曲芒偃麦草

偃麦草
Elytrigia repens (L.) Nevski

茎：具横走的根状茎。秆不丛生，绿色，有白霜，或略带紫绿色，具 3~5 节，高 40~80 cm，平滑。

叶：叶鞘光滑，无毛，基部叶鞘具柔毛。叶舌高约 0.5 mm。叶片扁平，长 10~20 cm，宽 5~10 mm，正面粗糙或具柔毛，反面平滑。

花序/花：穗状花序直立，长 10~18 cm，宽 8~15 mm。序轴平滑，但边缘具短硬毛；节间长 10~15（~30）mm。小穗长 10~18 mm，宽 6~10 mm，内生小花 5~7（~10）朵，无毛。颖片披针形，两颖片近等长，4~15 mm，具 5~7脉，无毛，边缘膜质，芒长 4~8 mm（含 1~2 mm 的尖头）。外稃长圆状披针形，长 6~12 mm，先端渐尖，具短尖头，芒长（2~）4~8 mm；内稃稍短于外稃，沿脊具短缘毛。花药黄色，长约 5 mm。

1.植株下部，示根和叶；2.花序和旗叶；3.小穗；4.外颖；5.内颖；6.小花背面；7.小花腹面，示内稃和小穗轴节间。

图 2–165　偃麦草

多花偃麦草
subsp. *elongatiformis* (Drobow) Tzvelev

主要特征：颖长 4~8 mm。外稃长 6~10 mm。

芒偃麦草
subsp. *longearistata* N. R. Cui

主要特征：颖长 10~15 mm，顶端具芒，芒长 4~8 mm。外稃长约 12 mm，顶端具芒，芒长 4~8 mm。

2.2.7 旱麦草属

Eremopyrum (Ledeb.) Jaub. & Spach

旱麦草属全世界有8种，主要分布于北非、地中海至印度西北部和中国西北部，多适应旱生环境。我国有4种，均为野生种，分布于新疆及周边地区。该属植物富含蛋白质，而纤维含量较少。

光穗旱麦草

Eremopyrum bonaepartis (Spreng.) Nevski

茎：秆在基部附近膝曲，略带紫色，高5~30 cm，穗状花序下被短柔毛。

叶：叶鞘在上部叶上不膨大，或最上部叶的稍膨大，无毛或很少被微柔毛，粗糙。叶片绿色，宽2~5 mm，粗糙。

花序/花：穗状花序绿色或淡绿色，卵球状，长2~4.5 cm，宽15~25（~28）mm。小穗发散，梳状排列，彼此紧贴，成熟时疏松，长12~15 mm，内生小花3~5朵，无毛。颖片呈线形，明显侧面压扁，长9~14 mm，比小穗短，顶端逐渐变细至呈钻形。外稃呈线状披针形，长12~14 mm，无毛，顶端逐渐变细，直至成芒，长1.5~3 mm；内稃比外稃短且窄，沿脊有短而密的缘毛，顶端具2齿。

1.植株（标本）；2.花序；3.花序局部，示序轴及小穗；4.颖片和稃片。

图2-166 光穗旱麦草

毛穗旱麦草
Eremopyrum distans (K. Koch) Nevski

茎： 秆通常在基部膝曲，高 14~20 cm，穗状花序下被毛。

叶： 叶鞘稍膨大，但最上面叶的不膨大。叶片绿色，长 3~5 cm，宽 2~3 mm，粗糙，两面被短柔毛。

花序/花： 穗状花序长圆状或长圆形卵球状，长 2~5.5 cm，宽 15~25 mm。小穗绿色或略带紫色，长 13~17 mm，内生小花 3~5 朵，具长柔毛。颖片呈线形或线状披针形，明显侧面压扁，微扭曲，连芒与小穗等长，顶端逐渐变细至纤细，芒长 6~8 mm，粗糙。外稃具长柔毛，顶端逐渐变窄至纤细，芒长 5~7 mm，粗糙；内稃顶端渐尖。花药黄色，长约 1.5 mm。

1.花序；2.花序局部，示序轴节上小穗；3.小穗，具 3 小花；4.颖片背面；5.颖片腹面；6.小花背面；7.小花腹面及顶端退化小花；8.外稃背面；9.内稃背面；10.内稃腹面。

图 2–167　毛穗旱麦草

东方旱麦草

Eremopyrum orientale (L.) Jaub. & Spach

茎：秆高 8~25 cm，常具 3 节，节多膝曲，穗状花序下具短柔毛。

叶：叶鞘粗糙，下部叶者被微柔毛、无毛，上部叶者稍膨大。叶片绿色，扁平， 长 2~5 cm，宽 2~4 mm，两面具短柔毛。

花序/花：穗状花序呈椭圆状卵球形，长 1.5~3 cm，宽 8~16（~18）mm。小穗绿色，长 9~14 mm，内生小花 3~5 朵，具长柔毛。颖片呈线状披针形，极侧面压扁，不对称，扭曲，与小穗近等长（含芒），背部具脊，具 2 或 3 脉，两颖近等长，长 4~7 mm（不含芒）。外稃呈披针形，先端渐狭或延伸成极短的芒，密生柔毛，背部具脊，具 5 脉；基盘极短；第一外稃长 6~7 mm（不含芒）；内稃稍短于外稃或与其等长，顶端 2 裂，脊上粗糙或疏生短缘毛。

1.花序；2.花序基部，示弯曲的序轴节间及其节上小穗；3.小穗及其中的 2 小花；4.颖片背面（左）和腹面（右）；5.小花背面（左）和腹面（右）。

图 2–168　东方旱麦草

旱麦草

Eremopyrum triticeum (Gaertn.) Nevski

茎：秆高 10~30 cm，具 3 或 4 节，基部多膝曲，穗状花序下被微毛。

叶：叶鞘上部显著膨大，无毛或下部者被微柔毛。叶舌薄膜质，先端截形，高 0.5~1 mm。叶片扁平，长 1.5~8 cm，宽 2~3 mm，两面粗糙或疏生微柔毛。

花序/花：穗状花序椭圆形卵球状或近球状，收缩，紧密，长 1~1.7（~2）cm，宽 6~16 mm。小穗呈紧密覆瓦状，绿色，长 6~10 mm，内生小花 3~6 朵，无毛。小穗轴扁平，其节间长约 0.6 mm。颖片呈披针形，无毛，长 4~6 mm，顶端渐尖，两颖基部部分连合，背部隆起，其 2 脉粗壮且互相靠近以成脊。外稃粗糙，第一外稃不同程度被微柔毛，长 5~6 mm，顶端渐尖或具短芒（芒长 1~1.5 mm）；基盘长约 0.4 mm；内稃短于外稃，顶端呈齿状。

1.花序；2.上下相邻的 2 个小穗；3.小穗的侧面；4.颖片背面；5.颖片侧面；6.小穗背面；7.小花腹面；8.外稃腹面及小穗轴节间。

图 2-169　旱麦草

2.2.8 冰草属

Agropyron Gaertn.

冰草属全世界有 15 种，为欧亚大陆寒温带的分类群，属内植物普遍具较强的抗寒性。我国有 5 种，均为野生种，分布于华北和西北地区。

冰草

Agropyron cristatum (L.) Gaertn.

茎：秆疏丛，高 20~60（~80）cm，通常被微柔毛，很少无毛。

叶：叶鞘有毛或无毛。叶片内卷或平，长 5~15（~20）cm，宽 2~5（~9）mm，正面被适中短柔毛，反面无毛。

花序/花：穗状花序长圆形卵球状或披针形卵球状，长 2~6 cm，宽 8~25 mm。小穗紧密平行，排成 2 行，呈篦齿状，内生小花（3~）5~11 朵，长 6~18 mm。颖片呈披针形或卵状披针形，具柔毛或无毛；外颖长 2~3 mm；内颖长 3~4 mm，通常具略短于颖体的芒。外稃被有稠密的长柔毛或显著地被稀疏柔毛，顶端具短芒，长 2~4 mm；内稃脊上具短小刺毛。花药长约 4 mm。

光穗冰草

var. *pectinatum* (M. Bieb.) Roshev. ex B. Fedtsch.

主要特征：颖片与外稃无毛，或疏被刺毛。

1.植株下部，示根和叶；2.花序及旗叶；3.小穗；4.外颖；5.内颖；6.小花背面。

图 2–170 冰草

多花冰草

var. *pluriflorum* H. L. Yang

主要特征：穗状花序披针形卵状，宽 20~25 mm。小穗内生小花 9~11 朵，长 8~18 mm。颖片和外稃具柔毛。

沙生冰草

Agropyron desertorum (Fisch.) Schult.

茎：秆紧密丛生，直立或在基部膝曲，高 20~70 cm，无毛或紧接花序下被柔毛。

叶：叶鞘无毛或被短柔毛。叶片灰绿色，内卷，质硬，长 5~10 cm，宽 1~3 mm，正面粗糙，反面平滑，无毛。

花序/花：穗状花序直立，长 4~8 cm，宽 5~10 mm。序轴被短柔毛；节间长 1~2 mm。小穗长 5~10 mm，宽 3~5 mm，内生小花 4~7 朵。颖片呈卵状披针形，脊上具稀疏短柔毛；外颖长（2~）3~4 mm；内颖长 4~5 mm，芒尖长 1~2 mm。外稃呈披针形，长 5.5~7 mm，无毛至密被柔毛，顶端具长 1~3 mm 的芒尖；内稃脊上疏被短纤毛。花药长约 4 mm。

1.花序；2.小穗；3.外颖背面；4.内颖腹面；5.小花侧面；6.开放的小花，示内、外稃；7.外稃腹面；8.内稃腹面。

图 2–171　沙生冰草

毛沙生冰草

var. *pilosiusculum* Melderis

主要特征：外稃密被长柔毛。

根茎冰草

Agropyron michnoi Roshev.

茎：具多分支的根状茎。秆不丛生，直立，高 42~68 cm，无毛。

叶：叶鞘无毛。叶舌干膜质，高约 1 mm，先端截形。叶片扁平或边缘内卷，顶端呈刺毛状，长 3~9 cm，宽 2~4 mm，正面被微柔毛并疏生长柔毛，反面无毛。

花序/花：穗状花序紧密，椭圆状或披针形椭球状，长 5~10 cm，宽 9~14 mm。序轴被短柔毛。小穗灰绿色，长 5~10 mm，内生小花 5~7（~10）朵。颖片船形，无毛或背部脊上被长毛，顶端具长为 1~3 mm 的芒尖；外颖长 2.5~3.5 mm；内颖长 3~4 mm。外稃呈披针形，不同程度具绵状毛和短刺毛，顶端芒长约 2 mm；第一外稃长 5~8 mm；内稃与外稃等长，脊上被毛。

1.花序；2.花序局部，示序轴、颖片和密集着生的小穗；3.小穗上小花各个侧面及小穗节间；4.小花背面（外稃）；5.小花腹面，示内稃。

图 2–172　根茎冰草

沙芦草（别名：蒙古冰草）

Agropyron mongolicum Keng

茎： 秆丛生，直立或在基部膝曲，高 20~60 cm，具 2 或 3（6）节。

叶： 叶鞘无毛。叶舌先端截形。叶片内卷，长 5~15 cm，宽 2~3 mm，无毛或脉上密被微细刚毛。

花序/花： 穗状花序条状，中等疏松，长 3~9（~12）cm，宽 4~6 mm。序轴节间长 3~5（~10）mm，无毛或被微柔毛。小穗向上斜升，长 8~14（~19）mm，宽 3~5 mm，内生小花（2）3~8 朵。颖片两侧不对称，具 3~5 脉；外颖长 3~6 mm；内颖长 4~6 mm，顶端具长约 1 mm 的短尖头。外稃无毛或被微柔毛，具 5 脉，顶端具短尖头，长约 1 mm；第一外稃长 5~8 mm；内稃短于外稃或与其等长，脊具短纤毛。

毛稃沙芦草

var. *helinicum* L. Q. Zhao & Jie Yang

主要特征： 颖片无毛，但外稃明显被长柔毛。

毛沙芦草

var. *villosum* H. L. Yang

主要特征： 颖片顶端具短芒，长约 2 mm。外稃密被长柔毛。

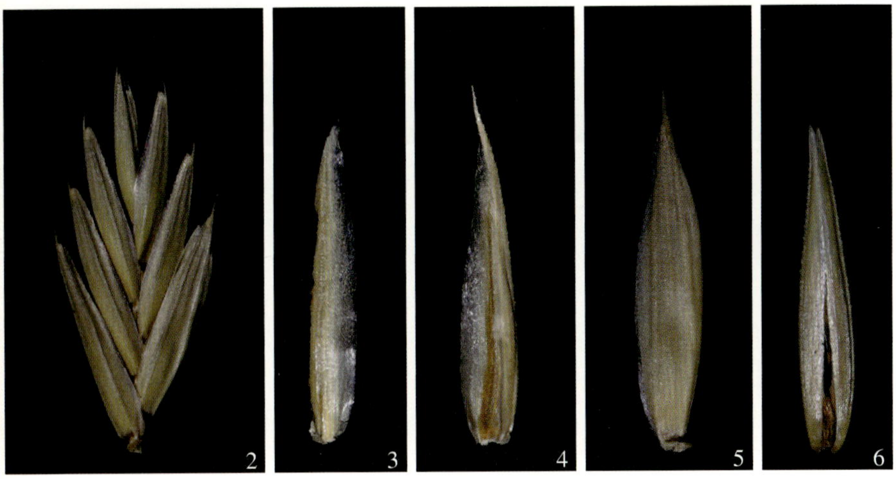

1.花序；2.小穗；3.外颖；4.内颖；5.小花背面（外稃）；6.小花腹面。

图 2–173 沙芦草

西伯利亚冰草
Agropyron sibiricum (Willd.) P. Beauv.

茎：秆丛生，直立或在基部膝曲，高 50~80 cm，无毛，或在穗状花序下粗糙。

叶：叶鞘无毛，平滑或粗糙。叶片扁平或内卷，长 10~20 cm，宽 4~6 mm，正面粗糙或被微柔毛，反面平滑。

花序/花：穗状花序稍弯曲，长 7~12 cm，宽 10~15（~20）mm。序轴节间长 4~5（~7）mm。小穗灰绿色，长 15~20 mm，宽 4~6 mm，内生小花 9~11 朵。颖片呈卵状披针形，两边不对称，具短尖头，无毛或脊上粗糙；外颖长 5~6.5 mm，具 3~5 脉；内颖长 6~7 mm，具 5 脉。外稃无毛或粗糙，先端尖；第一外稃长约 8 mm；内稃稍短于外稃或与其等长，脊上具纤毛。花药长 3.5~4 mm。

1.花序；2.序轴节间及小穗；3.外颖；4.内颖；5.小花背面；6.小花腹面，示内稃和小穗轴节间；7.外稃背面；8.内稃背面；9.外稃腹面；10.内稃腹面。

图 2–174　西伯利亚冰草

2.2.9　仲彬草属（别名：以礼草属）

Kengyilia C. Yen & J. L. Yang

仲彬草属植物具有抗病、抗旱、抗寒、耐碱等特性，是良好的牧草，也是麦类作物和牧草育种的重要种质资源，主要分布于我国西北和西南地区。全世界约有 30 种，中国有 24 种，均为野生种，其中 21 种为中国特有种。

毛稃仲彬草（别名：毛稃以礼草）

Kengyilia alatavica (Drobow) J. L. Yang, C. Yen & B. R. Baum

茎：秆密集丛生，直立或在基部膝曲，高 25~70 cm，平滑，无毛，节上被微柔毛或全部密被反曲毛。

叶：叶鞘无毛或密被短柔毛。叶片有白霜，长 5~10 cm，宽 3~5 mm，正面及边缘粗糙或被微柔毛，反面无毛或被短柔毛。

花序/花：穗状花序直立，紧密，长 5~8 cm，宽 8~11 mm。序轴被微柔毛至密被短柔毛，边缘粗糙或具短硬毛。小穗绿色或带紫绿色，长 10~16 mm，宽 5~7 mm，内生小花 3~6 朵。颖片披针形，长 7~11 mm，宽约 2.5 mm，具 5 脉，无毛或上部粗糙，边缘宽膜质。外稃呈披针形，长 8~9 mm，密被短硬毛或短柔毛，芒长 2~5 mm；内稃与外稃等长或稍长于外稃，脊上部具缘毛。鳞被呈短宽三角形或长狭三角形；花药黄色，长 2~3 mm。

长颖仲彬草（别名：长颖鹅观草、长颖以礼草）

var. *longiglumis* (Keng) C. Yen, J. L. Yang & B. R. Baum

主要特征：秆密被反曲毛。叶鞘密被短柔毛。叶片正面被微柔毛，反面被短柔毛。鳞被呈长狭三角形。

1

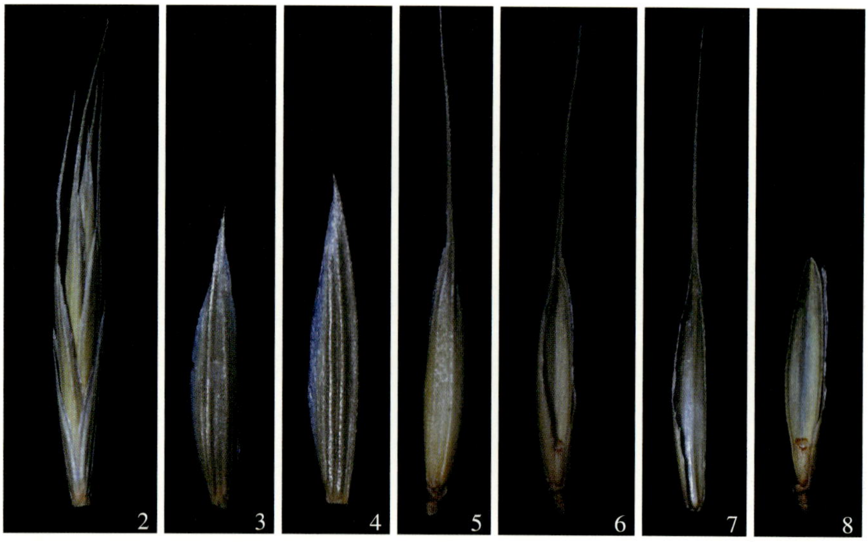

1.花序；2.小穗；3.外颖；4.内颖；5.小花背面（外稃）；6.小花腹面，示内稃和小穗轴节间；7.外稃腹面；8.内稃背面及小穗轴节间。

图 2–175　毛稃仲彬草

巴塔仲彬草（别名：巴塔以礼草）

Kengyilia batalinii (Krasn.) J. L. Yang, C. Yen & B. R. Baum

茎：秆密集丛生，直立或在基部膝曲，高 12~40 cm，无毛或在穗状花序下被微柔毛。

叶：叶鞘无毛，或密被短柔毛，或边缘具缘毛。叶舌矮。叶片扁平或内卷，宽约 4 mm，正面柔软有毛，反面无毛或被短柔毛。

花：穗状花序紧密，长 2.5~7 cm，宽 6~10 mm。序轴无毛，或被微柔毛，或密被长柔毛，节间长 2~5 mm。小穗绿色或带紫绿色，长 8~14 mm，内生小花 3~6 朵，有毛。颖片呈长圆状卵形、披针形或卵形，草质，长 4~7 mm，具 3~5 脉，被白色长硬毛或软毛，沿脉具缘毛，边缘宽膜质，先端锐尖或具芒

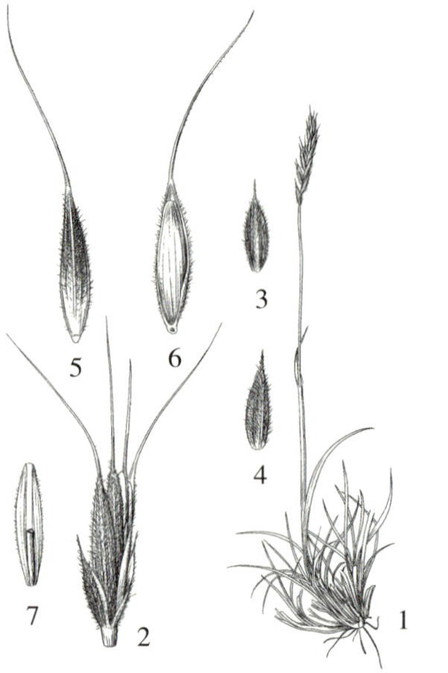

1.具花序植株；2.小穗，具 4 小花；3.外颖；4.内颖；5.小花背面（外稃）；6.小花腹面；7.内稃背面及小穗轴节间。

图 2–176　巴塔仲彬草

(2~4 mm)。外稃呈卵形或宽披针形，长 6~8 mm，密被长硬毛或软长毛，芒稍弯曲，长 8.5~13 mm；内稃呈披针形，与外稃近等长，脊上部具短缘毛，先端截形或微缺。花药黄色或紫色，长 2.5~4 mm。

矮生仲彬草（别名：矮生以礼草）

var. *nana* (J. L. Yang, C. Yen & B. R. Baum) C. Yen, J. L. Yang & B. R. Baum

主要特征：秆高 12~25（~35）cm。叶鞘密被短柔毛。序轴密被长柔毛。花药紫色，长 2.5~2.7 mm。

卵颖仲彬草（别名：卵颖以礼草）

Kengyilia eremopyroides Nevski ex C. Yen, J. L. Yang & B. R. Baum

茎：植株具短根状茎。秆密丛生，直立，高 31~37 cm，直径 1.5~2 mm，有节，无毛，但是上面节间被短柔毛。

叶：叶鞘无毛。叶舌高约 0.5 mm，干膜质，先端截形。叶片扁平，长（1.5~）2~5.5 cm，宽 2.5~3 mm，正面具柔毛，反面密被柔毛。

花序/花：穗状花序直立，稍弯曲，长（3.5~）4~4.5 cm，宽 8~10 mm。序轴密被柔毛，下部节间长 5~7 mm，上部节间长 1.5~2 mm。小穗麦秆色或紫色，卵状，长 10~11 mm，内生小花 4~6 朵。颖片呈卵形，具 3~5 脉，无毛，先端锐尖或短尖；外颖长 4~4.5 mm；内颖长 4.5~5 mm。外稃呈卵状长圆形，长 7~8 mm，密被长硬毛，芒长 3~4 mm，粗糙；内稃短于外稃，脊上部疏生短缘毛，先端微缺。花药黑色，长约 2 mm。

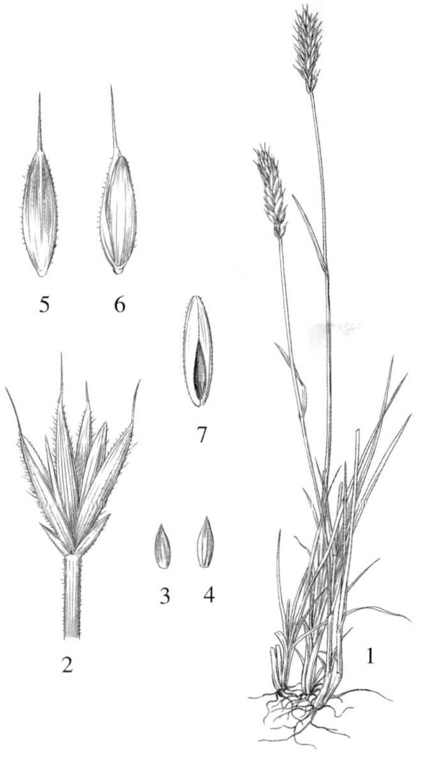

1.具花序植株；2.小穗，具 4 小花；3.外颖；4.内颖；5.小花背面（外稃）；6.小花腹面；7.小花内稃腹面。

图 2–177　卵颖仲彬草

孪生仲彬草（别名：孪生鹅观草、孪生以礼草）

Kengyilia geminata (Keng & S. L. Chen) S. L. Chen

茎：植株通常具短根状茎。秆疏丛生，高 75~100 cm，无毛或在穗状花序下被微柔毛。

叶：叶鞘无毛。叶片扁平，长 7.5~27 cm，宽 3~5 mm，正面被微柔毛或粗糙，反面无毛，边缘具缘毛。

花序/花：穗状花序通常弯曲下垂，长 8~15 cm。通常序轴下部每节具小穗 2 个，上部每节具小穗 1 个。小穗带绿色或略带紫色，长 16~20 mm，内生小花 5~7 朵。颖片呈披针形，疏生长柔毛，先端渐尖或尖；外颖长 5~8 mm；内颖长 6~8 mm。外稃呈长圆状披针形，密被长柔毛；第一外稃长 9.5~10.5 mm，芒紫色，长 5~11 mm；内稃与外稃等长，背面疏生微柔毛，边缘具缘毛（长 0.6~1.2 mm），先端狭截形。

1.植株下部，示根和叶；2.花序；3.小穗，具 6 小花；4.外颖；5.内颖；6.小花背面（外稃）；7.小花腹面，示内稃和小穗轴节间。

图 2–178 孪生仲彬草

描改自《南京大学学报（生物学）》，1963，3（1）（史渭清绘）

仲彬草（别名：戈壁以礼草）

Kengyilia gobicola C. Yen & J. L. Yang

茎： 秆密集丛生，高约 60 cm，直径 1.5~2 mm，具 2 或 3 节，无毛，但穗状花序下具短柔毛。

叶： 叶鞘在基部常碎裂成纤维状，无毛。叶舌干膜质，高约 0.5 mm。叶片扁平或内卷，长（6~）7~8 cm，宽约 3 mm，正面具长柔毛，反面无毛。

花序/花： 穗状花序直立，长 8~12 cm，宽 4~6 mm。序轴密被短柔毛；节间长 5~10 mm。小穗呈卵状，长 15~20 mm，内生小花（5~）7 或 8 朵；小穗轴被短柔毛，节间长 1~1.8 mm。颖片呈长圆形，有时偏斜，草质，近等长，长 6.7~7.5 mm，具 3~5 脉，无毛或沿脉具长硬毛，先端尖或在一边具 1 齿。外稃长 7~9 mm，具长柔毛，芒长 1~4 mm；内稃稍短于外稃或与其等长，被短柔毛，沿脊具短缘毛，先端截形。花药黄色或紫色，长 2~3 mm。

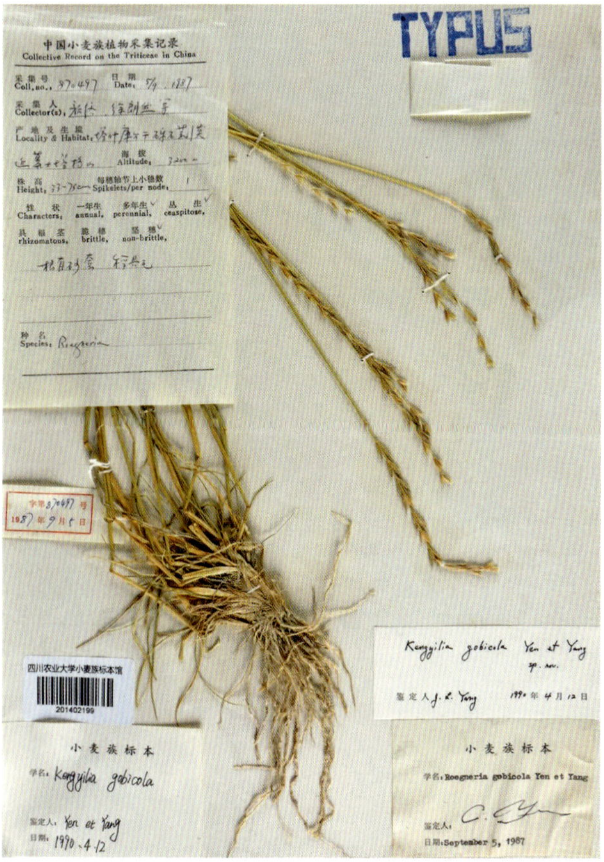

图 2–179　仲彬草

大颖仲彬草（别名：大颖草、大颖以礼草）

Kengyilia grandiglumis (Keng) J. L. Yang, C. Yen & B. R. Baum

茎：秆疏丛生，在基部膝曲，高 40~70 cm，平滑，无毛。

叶：叶鞘平滑，无毛。叶片灰绿色，内卷或呈褶皱状，长 6.5~17（~25）cm，宽 1~4 mm，正面粗糙，反面无毛，先端渐尖。

花序/花：穗状花序长 7~8 cm。序轴无毛。小穗长 10~13 mm，内生小花 3~5 朵。颖片灰绿色，略带紫色，呈长圆状披针形，上部偏斜，两颖近等长，长 8~10 mm；外颖通常具 3 脉；内颖具 4 或 5 脉，无毛或具柔毛，边缘近膜质，先端渐尖或短尖。外稃在下部和中部无毛，平滑，但在上部和侧部密被糙硬毛；第一外稃长约 9 mm，先端具长 1~3 mm 的小尖头；内稃稍短于外稃，下部被微柔毛，脊上部具短缘毛，先端微缺。花药黑色或深绿色。

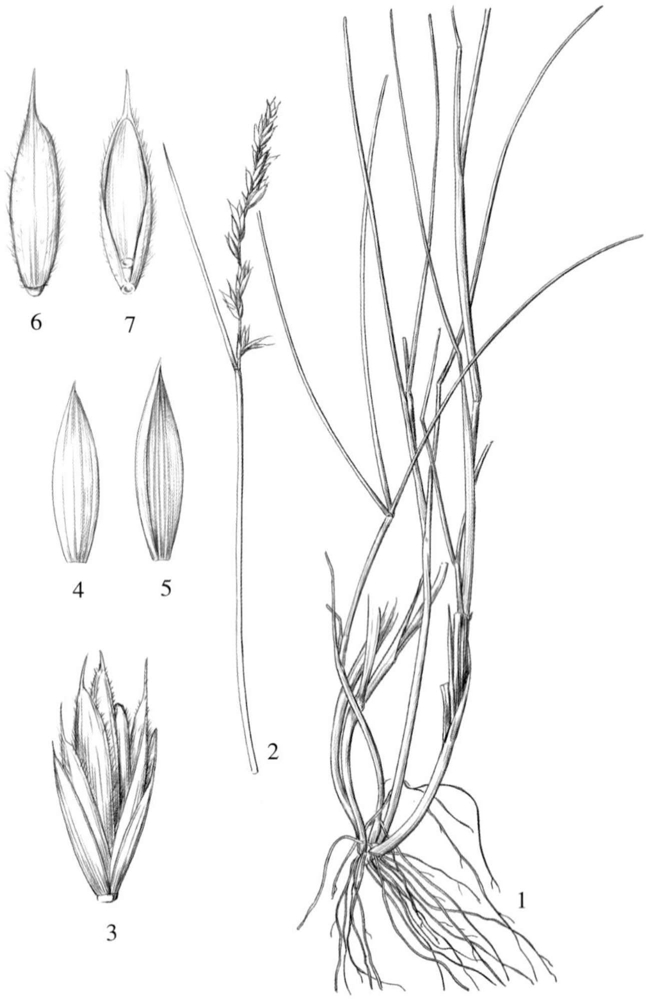

1.植株中下部，示根和叶；2.花序和旗叶；3.小穗，具 4 小花；4.外颖；5.内颖；6.小花背面（外稃）；7.小花腹面，示内稃和小穗轴节间。

图 2–180　大颖仲彬草

贵德仲彬草（别名：贵德以礼草）

Kengyilia guidenensis C. Yen J. L. Yang & B. R. Baum

茎：秆密集丛生，直立，高 35~50 cm，直径约 1.5 mm，具 2 或 3 节，在穗状花序下具短柔毛。

叶：叶鞘无毛，最下部叶上很少具短柔毛。叶舌干膜质，高约 0.5 mm，先端截形。叶片呈狭披针形，扁平或稍内卷，长 8.5~9 cm，宽约 3 mm，正面密被白色毛，毛长约 1 mm，反面无毛。

花序/花：穗状花序直立，长卵状，长 3~3.5 cm，宽约 5 mm。序轴密被白色柔毛；节间长 1.5~2 mm。小穗带绿紫色，呈长圆形卵状，长约7 mm（不含芒），内生小花（4）5~7 朵；小穗轴密被微糙硬毛，节间长 1~1.2 mm。颖片呈宽披针形，不等长，具 1（~3）脉，密被白色长硬毛，边缘膜质，先端渐尖或短尖；外颖长 3~5 mm；内颖长4~7 mm。外稃呈卵形，长 7~9 mm(不含芒)，密被白色毛，毛长约 1 mm，芒长 1.5~4 mm；基盘具毛，毛长约 0.8 mm；第一外稃长约 7 mm；内稃与外稃等长，脊上具短缘毛，脊间密被长硬毛，先端微缺。鳞被呈三角形；花药黄色，长约 3 mm。

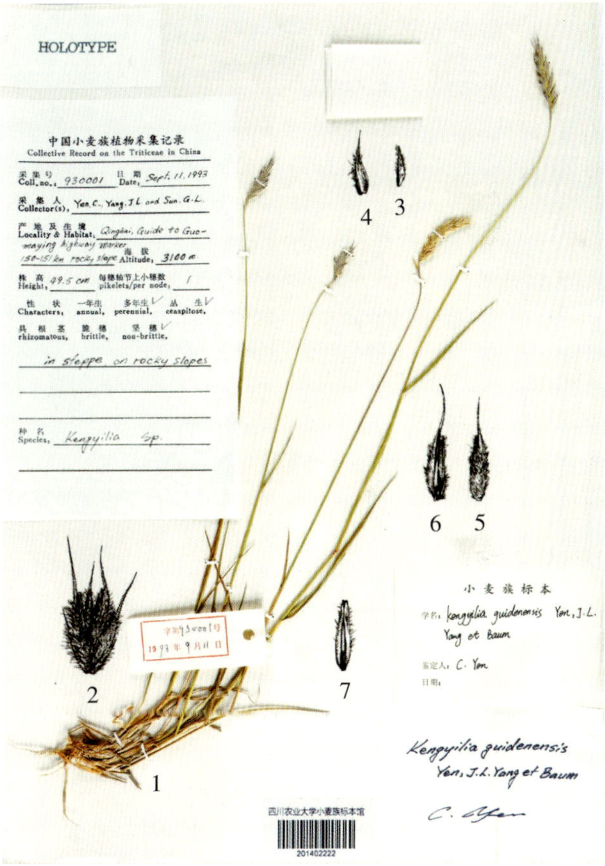

1.具花序植株（标本）；2.小穗；3.外颖；4.内颖；5.小花背面（外稃）；6.小花腹面；7.小穗轴顶部小花内稃腹面。

图 2–181　贵德仲彬草

哈巴河仲彬草（别名：哈巴河以礼草）

Kengyilia habahenensis B. R. Baum, C. Yen & J. L. Yang

茎：植株具短根状茎。秆疏丛生，高 80~120 cm。

叶：叶鞘下部具长柔毛，上部无毛或疏生柔毛。叶舌具流苏。叶片线形，扁平或边缘内卷，边缘具缘毛。

花序/花：穗状花序紧密，具栉状外观，长（3~）4~7（~8）cm，宽 5~10 mm。序轴疏生微糙硬毛。小穗呈线状长圆形，长约 15 mm，宽约 2 mm，内生小花 3~11 朵。颖片稍不对称，长 3~5（~7）mm，具 3~5 脉，先端锐尖或短尖至尖，中脉凸起，从基部到先端形成脊，通常具缘毛；外颖稍短于内颖。外稃脉靠合，柔软，有毛，先端尖或具长约 3 mm 的芒；第一外稃长约 7 mm；内稃与外稃等长。鳞被边缘具缘毛；花药长约 2 mm。

图 2–182　哈巴河仲彬草

和静仲彬草（别名：和静以礼草）

Kengyilia hejingensis L. B. Cai & D. F. Cui

茎：秆直立或稍膝曲，高 60~80 cm，直径 2.5~3.5 mm，具 3 或 4 节。

叶：叶鞘无毛。叶舌膜质，高约 5 mm，先端截形。叶片扁平，长 7~14 cm，宽 4~8 mm，正面具白色长柔毛，反面无毛或粗糙。

花序/花：穗状花序直立，紧密，绿色，长 8~11 cm，宽 6~8 mm。序轴边缘具缘毛；节间长约 5 mm。小穗长 15~18 mm，内生小花 4~6 朵。颖片呈卵状披针形，近等长，长 8~9 mm，具 4~6 脉，无毛，边缘膜质，芒长 2~5 mm。外稃呈披针形，具 5~7 脉，背面粗糙或疏生刺；第一外稃长 10~11 mm，芒长 7~12 mm；内稃稍短于外稃，沿脊具短缘毛，脊间粗糙。花药黄色，长 1.4~1.8 mm；子房先端具长硬毛。

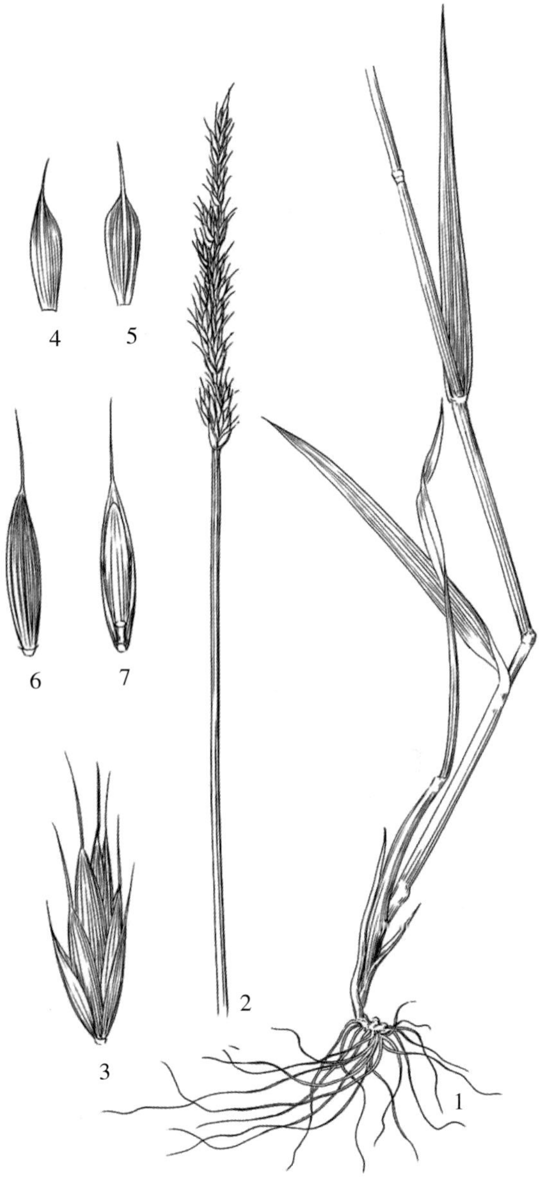

1. 植株下部，示根和叶；2.花序；3.小穗，具 5 小花；4.外颖；5.内颖；6.小花背面（外稃）；7.小花腹面，示内稃和小穗轴节间。

图 2–183　和静仲彬草

糙毛仲彬草（别名：糙毛鹅观草、善变鹅观草、光叶糙毛草、糙毛以礼草）

Kengyilia hirsuta (Keng) J. L. Yang, C. Yen & B. R. Baum

茎：秆密集丛生，直立或外倾，质硬，高 40~70（~150）cm，具 2 或 3 节，只在穗状花序下被短柔毛。

叶：叶鞘无毛或在基部具长柔毛。叶片扁平或边缘内卷，质硬，通常两面无毛，或正面具柔毛，或反面密被微柔毛，边缘具缘毛。

花序/花：穗状花序长（3~）6~8 cm，宽 7~10 mm。小穗密集覆瓦状，带绿色或带紫色，长 10~15 mm（不含芒），内生小花 3~7 朵。颖片绿色，呈卵状长圆形，具 3 或 4 脉，无毛，或沿中脉上部粗糙，先端渐尖或尖；外颖长 4.5~6 mm；内颖长 5~7 mm。外稃黄棕色，具粗毛；第一外稃长 8~10 mm，芒直立或稍反折，长（1~）2~6 mm；内稃稍短于外稃或与其等长，沿脊具长硬毛或缘毛，先端微缺或 2 裂。花药深绿色。

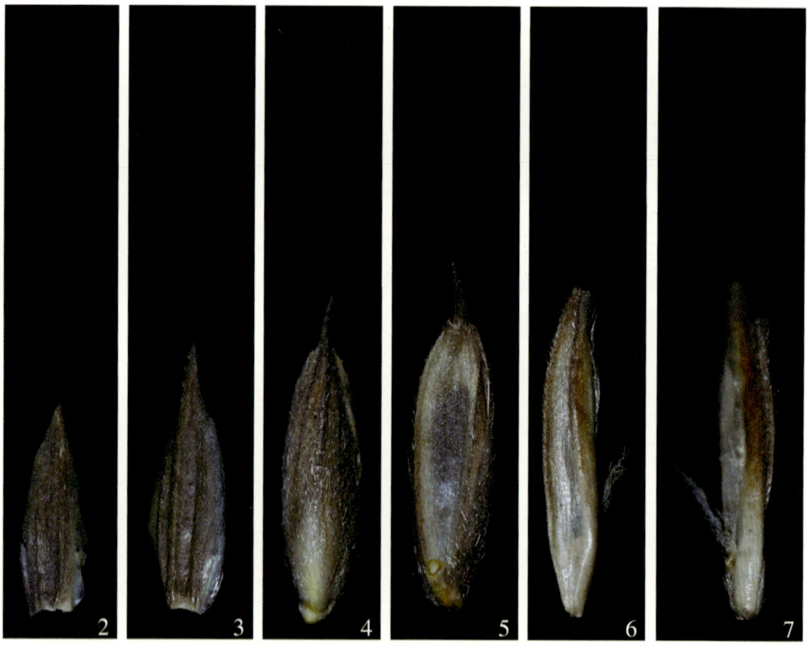

1.花序；2.外颖；3.内颖；4.小花背面（外稃）；5.小花腹面，示内稃和小穗轴节间；6.内稃背面；7.内稃侧面。

图 2–184　糙毛仲彬草

喀什仲彬草（别名：喀什以礼草）

Kengyilia kaschgarica (D. F. Cui) L. B. Cai

茎： 秆密集丛生，高 25~35 cm，直径约 2 mm，具 2 或 3 节，无毛，但在穗状花序下被微柔毛。

叶： 下部叶片的叶鞘通常密被反曲短柔毛，上部叶片的叶鞘无毛。叶舌膜质，高约 0.5 mm，先端截形。叶片通常内卷，长 6~15 cm，宽 1.5~2 mm；正面具长柔毛和粗糙，反面无毛，平滑或粗糙。

花序/花： 穗状花序直立，紧密，长 3~8 cm，宽 5~7 mm。序轴密被短柔毛；节间长 4~5 mm，在穗状花序基部的长约 8 mm。小穗长 9~11 mm，内生小花 3~5 朵；小穗轴密被短柔毛，节间长 1~1.5 mm。颖片呈卵状长圆形，具3~5 脉，沿脉具缘毛，边缘宽膜质；外颖长 5~7 mm（不含芒）；内颖长 6~8 mm（不含芒）。外稃呈长圆形，密被短柔毛，芒下弯，长7~11 mm；基盘两面具柔毛；第一外稃长 7~9 mm；内稃稍短于外稃，脊具缘毛。花药长约 1.5 mm。

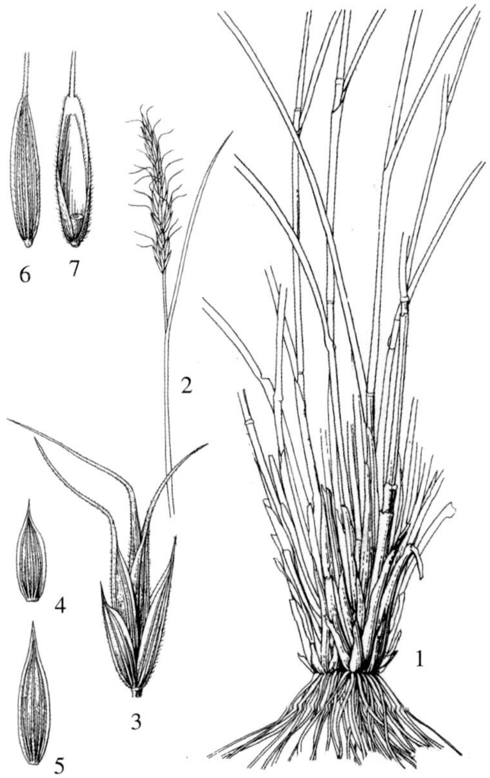

1.植株下部，示根；2.花序和旗叶；3.小穗，具 3 小花；4.外颖；5.内颖；6.小花背面（外稃）；7.小花腹面，示内稃和小穗轴节间。

图 2–185　喀什仲彬草

青海仲彬草（别名：青海鹅观草、青海以礼草）

Kengyilia kokonorica (Keng) J. L. Yang, C. Yen & B. R. Baum

茎：秆单生或丛生，高 30~50 cm，具 2 或 3 节，在穗状花序下被微柔毛。

叶：叶鞘无毛。叶片内卷，长 2~15（~18）cm，宽 2~5 mm，无毛。

花序/花：穗状花序紧密，长 3~6 cm，宽 7~8 mm。小穗绿色或略带紫色，长 8~10 mm，内生小花 3 或 4（~6）朵。颖片背面绿色，呈披针状卵圆形，长 3~4 mm（不含芒），具 1~3 脉，密被长硬毛，边缘膜质，中脉稍隆起，芒长 2~3 mm。外稃密被长硬毛；第一外稃长约 6 mm，芒长 4~6 mm，粗糙；内稃与外稃等长，脊具缘毛。花药淡黄黑色，长 2~2.2 mm；子房先端被微柔毛。

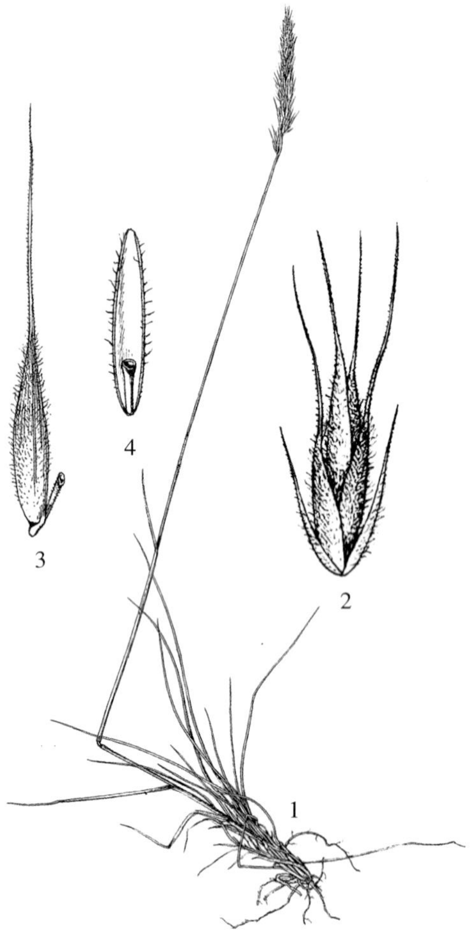

1.具花序植株；2.小穗，具 4 小花；
3.小花背面（外稃）和小穗轴节间；
4.小花腹面，示内稃和小穗轴节间。

图 2–186　青海仲彬草

疏花仲彬草（别名：疏花鹅观草、疏花以礼草）

Kengyilia laxiflora (Keng) J. L. Yang, C. Yen & B. R. Baum

茎：秆密集丛生，直立或在基部膝曲，高 50~70 cm。

叶：叶片通常内卷，长约 10 cm，宽约 3 mm。

花序/花：穗状花序弯曲，纤细，相当疏松，长 10~15（~20）cm。仅上部序轴具小柔毛。小穗长 16~22 mm，内生小花 6~9 朵。颖片柔软，草质，无毛，边缘膜质；外颖长约 4 mm，具 3 脉；内颖长 6~7 mm，具 5 脉。外稃呈披针形，具 5 脉，具微糙硬毛，先端锐尖或渐尖，或具长 1~2 mm 的芒；第一外稃长可达 11 mm（含芒）；内稃稍长于外稃，沿脊具短缘毛。

稀穗仲彬草（别名：稀穗以礼草）
Kengyilia laxistachya L. B. Cai & D. F. Cui

茎：秆密集丛生，高 25~55 cm，具 2 或 3 节。

叶：叶鞘无毛。叶舌高约 0.3 mm，先端截形。叶片通常内卷，长 5~8 cm，无毛或正面被微柔毛。

花序/花：穗状花序直立或稍弯曲，长 5~7 cm，宽约 5 mm。序轴纤细，背面被微柔毛；节间长 6~9 mm。小穗长 10~12 mm，内生小花 3~5 朵。颖片呈宽披针形或长圆形，具 2~4 脉，无毛，边缘膜质，先端尖或短尖；外颖长 5~7 mm；内颖长6~8 mm。外稃呈长圆状披针形，背面密被长柔毛；第一外稃长 7~8 mm，芒长 2~3 mm；内稃稍短于外稃，脊上部具刺，脊间无毛，先端截形。花药长 2~2.5 mm。

1.植株下部，示根和叶；2.花序和旗叶；3.小穗，具 7 小花；4.小花背面（外稃）；5.小花腹面，示内稃和小穗轴节间。

图 2–187　疏花仲彬草

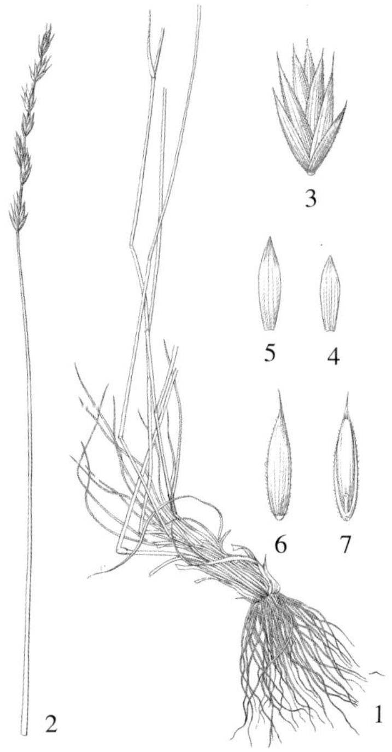

1.植株下部，示根和叶；2.花序；3.小穗，具 5 小花；4.外颖；5.内颖；6.小花背面（外稃）；7.小花腹面，示内稃和小穗轴节间。

图 2–188　稀穗仲彬草

黑药仲彬草（别名：黑药鹅观草、黑药以礼草）

Kengyilia melanthera (Keng) J. L. Yang, C. Yen & B. R. Baum

茎： 植株具地下根状茎。秆疏丛生，直立，有光泽，高 15~60 cm，具 2 或 3 节。

叶： 叶片长 2.5~8（~12）cm，宽 2~4 mm。

花： 穗状花序直立或弯曲，长 4~7 cm，宽 10~15 mm。小穗密集，长 10~14 mm，内生小花 3~5朵。颖片呈长圆状披针形，具 3~5 脉，无毛，或被微柔毛，或密被短柔毛；外颖长 4~6 mm；内颖长 5~7 mm。外稃密被短柔毛，先端无芒，尖，或具长 2~4 mm 的芒；第一外稃长约 8 mm；内稃稍短于外稃或与其等长，先端微凹或截形，背面被微柔毛，脊上具缘毛。花药黑色。

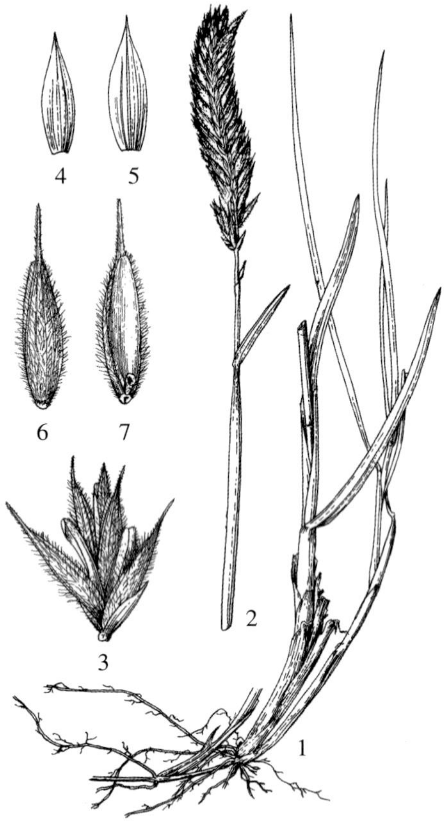

1.植株下部，示根和叶；2.花序和旗叶；3.小穗，具 5 小花；4.外颖；5.内颖；6.小花背面（外稃）；7.小花腹面，示内稃和小穗轴节间。

图 2-189　黑药仲彬草

大黑药仲彬草

（别名：大河坝黑药草、大黑药以礼草）

var. *tahopaica* (Keng) S. L. Chen

主要特征： 秆高 40~60 cm。颖片密被短柔毛。外稃先端无芒或尖。

无芒仲彬草（别名：无芒鹅观草、无芒以礼草）
Kengyilia mutica (Keng) J. L. Yang, C. Yen & B. R. Baum

茎：秆通常在基部膝曲，高 60~70 cm，具 3 节，在穗状花序下被微柔毛。

叶：叶鞘无毛。叶片质硬，长 12~19 cm，宽 4~6 mm，无毛。

花序/花：穗状花序直立，长 5~7 cm，宽约 8 mm。小穗带绿色，长约 12 mm，内生小花 4 或 5 朵。颖片呈长圆状卵形，长 5~6 mm，具 3 脉，无毛或被微柔毛，先端锐尖，中脉凸出。外稃密被长柔毛，先端锐尖或具极微小短尖头；第一外稃长约 9.5 mm；内稃与外稃等长或稍长于外稃，脊上部具缘毛，先端微缺或钝。

1.植株下部，示根和叶；2.花序；3.小穗，具 4 小花；4.外颖；5.内颖；6.小花背面（外稃）；7.小花腹面，示内稃和小穗轴节间。

图 2–190　无芒仲彬草

帕米尔仲彬草（别名：帕米尔以礼草）

Kengyilia pamirica J. L. Yang & C. Yen

茎：秆密集丛生，高 60~70 cm，直径 1.2~2 mm，具 2 或 3 节，无毛，但在穗状花序下具短柔毛。

叶：叶鞘无毛。叶舌透明膜质，高约 0.5 mm，先端截形。叶片内卷，长 9~10（~15）cm，宽 2~7 mm，正面沿侧脉密被长柔毛，反面无毛，或两面具长柔毛。

花序/花：穗状花序呈披针状至倒卵状，长 8~10 cm，宽 8~12 mm。序轴密被长柔毛；节间长 2~7 mm。小穗紫色，长 12~16 mm（不含芒），内生小花 5~8 朵；小穗轴密被短柔毛，节间长 0.5~2 mm。颖片呈长圆形，等长或近等长，长 6~7（~9）mm，具 3~5 脉，密被长硬毛，先端锐尖或短尖，或具 1~2 mm 的芒。外稃呈卵形，长 7~9 mm，密被长柔毛，芒直立，长 10~15 mm，粗糙；基盘侧面具长约 0.8 mm 的毛，在别处长 0.2~0.5 mm；内稃与外稃近等长，脊上部疏生缘毛，脊间被微柔毛或粗糙，先端微缺或截形。花药黄色至紫色，长约 3 mm。

1.具花序植株（标本）；2.小穗；3.外颖；4.内颖；5.小花背面；6.小花腹面；7.花，示内稃腹面和雄、雌蕊。

图 2-191　帕米尔仲彬草

弯垂仲彬草（别名：弯垂以礼草）

Kengyilia pendula L. B. Cai

茎： 秆直立，高 20~85 cm，直径 1.8~2.5 mm，具 3 或 4 节，在穗状花序下被微柔毛。

叶： 叶鞘通常短于节间，无毛，或在基部具短硬毛。叶舌高约 0.5 mm，先端截形。叶片扁平或边缘内卷，长 5~10 cm，宽 3~5 mm，正面具长柔毛，反面无毛。

花序/花： 穗状花序下垂，紫色，长 9~13 cm，宽 9~15 mm。序轴密被短柔毛；节间长 4~6 mm，或在穗状花序的基部达 24 mm。小穗长 14~18 mm（不含芒），内生小花 5~8 朵；小穗轴被微柔毛。颖片呈披针形，具 3~5 脉，沿脉粗糙，先端通常短尖；外颖长 4.5~6 mm；内颖长 5.5~7 mm。外稃呈披针形，上部具 5 条清晰的脉，背面具柔毛，边缘密被长柔毛；第一外稃长 8~9 mm，芒长 5~6 mm；内稃稍长于外稃，脊具刺，脊间无毛，先端截形。花药变黑，长约 2.5 mm。

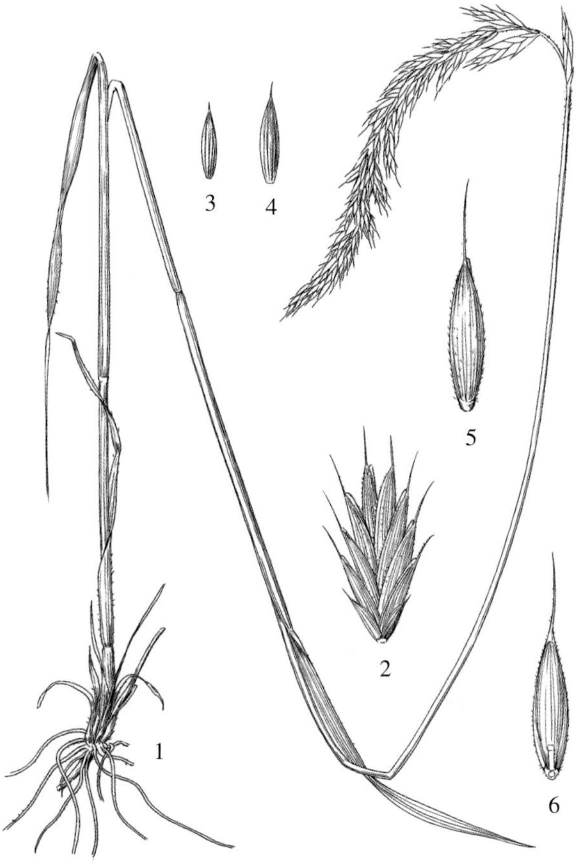

1.具花序植株，示根和叶；2.小穗，具 8 小花；3.外颖；4.内颖；5.小花背面（外稃）；6.小花腹面，示内稃和小穗轴节间。

图 2-192　弯垂仲彬草

硬秆仲彬草（别名：硬秆鹅观草、硬秆以礼草）

Kengyilia rigidula (Keng) J. L. Yang, C. Yen & B. R. Baum

茎：秆疏丛生，直立或在基部膝曲，质硬，高（40~）50~75 cm，具 3 或 4 节，无毛。

叶：叶鞘无毛或被反曲微柔毛。叶片内卷，长 3~10（~25）cm，宽（1~）2~4 mm，两面被微柔毛，边缘具缘毛。

花序/花：穗状花序弯曲，长 7.5~8 cm。小穗长 10~15 mm，内生小花 4~6 朵。颖片呈卵状披针形，具 3 或 4 脉，无毛，但是上部沿中脉粗糙，先端锐尖；外颖长 2~4 mm，有时具 1~2 脉；内颖长 3~5 mm。外稃呈长圆状披针形，具 5 脉，疏被微柔毛；第一外稃长 7~8 mm，芒长 1~3 mm；内稃与外稃等长或稍长于外稃，背面被短柔毛，脊上部具缘毛。花药黄色或近黑色。

1.花序；2.小穗；3.外颖；4.内颖；5.小花背面（外稃）；6.小花腹面，示内稃；7.外稃背面；8.内稃背面；9.外稃腹面；10.内稃腹面。

图 2-193 硬秆仲彬草

沙湾仲彬草（别名：沙湾以礼草）
Kengyilia shawanensis L. B. Cai

茎：秆疏丛生，直立或在基部稍膝曲，高 20~30 cm，直径 1.5~2.5 mm，具 3 或 4 节。

叶：叶鞘无毛。叶舌纸质，非常矮，先端截形。叶片扁平，长 5~10 cm，宽 2.5~5 mm，两面无毛或正面疏生长柔毛，边缘具缘毛。

花序/花：穗状花序直立，长 5~10 cm，宽 3~5 mm。序轴背面粗糙，边缘具刺；节间长 6~9 mm。小穗绿色，长 10~16 mm（不含芒），内生小花 3~5 朵；小穗轴被微柔毛。颖片呈宽披针形或长圆形，具3~5 脉，无毛，边缘宽膜质，先端锐尖或尖；外颖长 5.5~7.5 mm；内颖长 7~8.5 mm。外稃呈披针形，背面密被短柔毛；第一外稃长 8~9 mm；芒直，长 2~7 mm；内稃与外稃近等长，脊上具刺，脊间无毛。花药黄色，长约 3 mm。

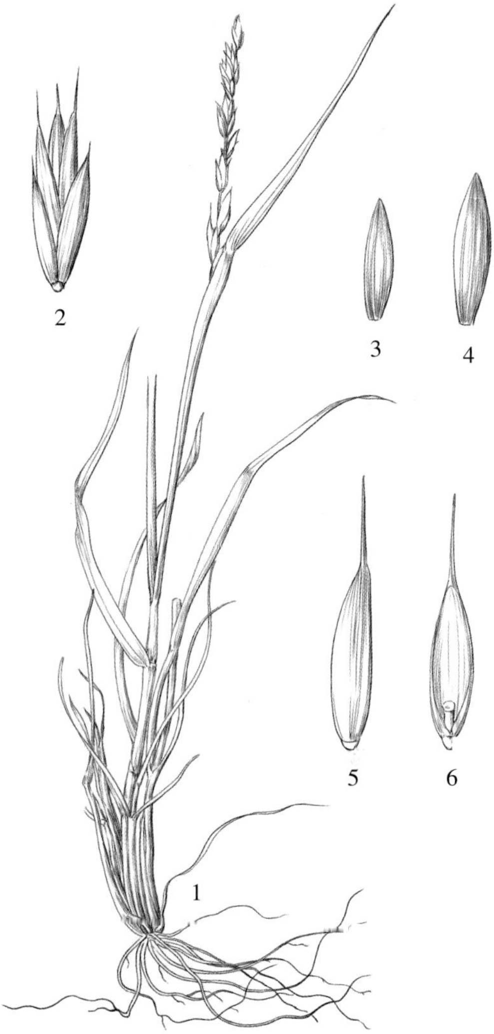

1.具花序植株；2.小穗，具 5 小花；3.外颖；4.内颖；5.小花背面（外稃）；6.小花腹面，示内稃和小穗轴节间。

图 2–194　沙湾仲彬草

窄颖仲彬草（别名：窄颖鹅观草、窄颖以礼草）

Kengyilia stenachyra (Keng) J. L. Yang, C. Yen & B. R. Baum

茎：秆直立，高 60~90 cm，具 3 节，无毛。

叶：叶鞘无毛。叶片嫩时扁平，干后不久内卷，长 5~15 cm，宽 3~5 mm，硬，正面被微柔毛，反面无毛。

花序/花：穗状花序长约 10 cm，宽 1 cm。小穗草黄色或带紫色，长 12~15 mm（不含芒），内生小花 4 或 5 朵。颖片呈披针状长圆形，两颖近等长（4~5 mm）或内颖稍长，具 1~3 脉，脉上具微糙硬毛，先端锐尖。外稃疏生或上部密被长硬毛；第一外稃长约 10 mm，芒长 5~10 mm，粗糙；内稃短于外稃，脊上部具缘毛，先端微缺或截形。花药近黑色。

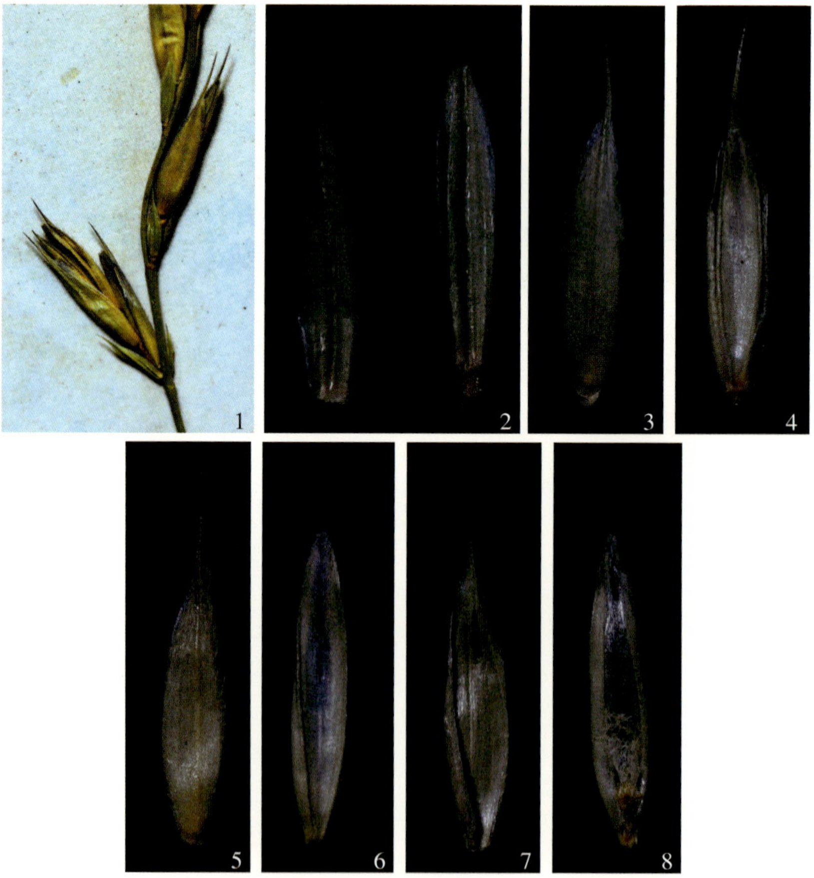

1.花序局部，示序轴、颖片和小穗；2.外颖和内颖；3.小花背面（外稃）；4.小花腹面，示内稃；5.外稃背面；6.内稃背面；7.外稃腹面；8.内稃腹面。

图 2–195　窄颖仲彬草

黄药仲彬草（别名：黄药以礼草）

Kengyilia tahelacana J. L. Yang, C. Yen & B. R. Baum

茎： 秆密集丛生，有时在基部膝曲，高 90~110 cm，具 4 或 5 节，无毛，但在穗状花序下被短柔毛。

叶： 叶鞘无毛。叶舌干膜质，高约 0.4 mm，先端截形。叶片扁平，长 15~32 cm，宽 5~8 mm，正面粗糙，反面无毛。

花序/花： 穗状花序稍弯曲，长 8~10 cm，宽约 1.5 cm。序轴全部被微柔毛；节间长 4~9 mm。小穗绿色，呈披针状，长 15~16 mm（不含芒），内生小花约 8 朵；小穗轴被微柔毛，节间长 1.5~2 mm。颖片呈长圆形，稍偏斜，草质，近等长，长 7~8 mm，具（3~）5（6）脉，被白色柔毛，边缘膜质，先端渐尖、短尖，或具长 1~2 mm 的芒。外稃呈长圆状披针形，长 6~9 mm，上部被短柔毛，芒直，长 10~15 mm；基盘无毛但两面有毛；内稃与外稃等长或稍长于外稃，脊上部具短缘毛，脊间被微柔毛，先端微缺。花药黄色，长 2.5~3 mm。

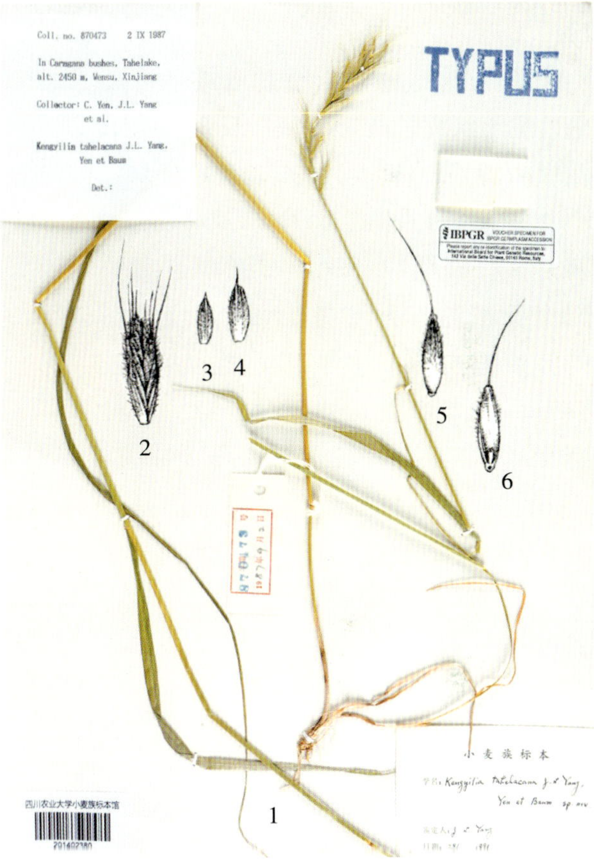

1.具花序植株（标本）；2.小穗，具 8 小花；3.外颖；4.内颖；5.小花背面（外稃）；6.小花腹面，示内稃和小穗轴节间。

图 2–196　黄药仲彬草

梭罗草（别名：梭罗以礼草）

Kengyilia thoroldiana (Oliv.) J. L. Yang, C. Yen & B. R. Baum

茎：秆密集丛生，高 12~15 cm，具 1 或 2 节，无毛。

叶：叶鞘无毛。叶片内卷，长 2~5（~8）cm，宽 2~3.5 mm，正面和边缘粗糙，反面无毛。

花序/花：穗状花序紧密或适中疏松，呈卵状或长圆形卵状，长 3~7.5 cm，宽 1~1.5 cm（不含芒）。序轴无毛。小穗长 10~13 mm，内生小花 4~6 朵。颖片呈长圆状披针形，具长柔毛或只沿中脉粗糙，先端锐尖、渐尖或尖；外颖长 5~6 mm，具3 或 4 脉；内颖长 6~7 mm，具 5 脉。外稃具 5 脉，密被短柔毛；第一外稃长 7~8 mm，芒长 1~7 mm；内稃稍短于外稃，脊上部具长缘毛，先端微缺或 2 裂。花药黑色。

1.具花序植株；2.小穗，具 5 小花；3.外颖；4.内颖；5.小花背面（外稃）；6.小花腹面，示内稃和小穗轴节间。

图 2–197　梭罗草

疏穗梭罗草

（别名：疏穗梭罗以礼草）

var. *laxiuscula* (Melderis) S. L. Chen

主要特征：穗状花序长 5~7.5 cm（不含芒）。颖片只沿中脉粗糙。外稃芒长 5~7 mm。

昭苏仲彬草（别名：昭苏以礼草）

Kengyilia zhaosuensis J. L. Yang, C. Yen & B. R. Baum

茎：秆密集丛生，高 60~90 cm，直径约 2 mm，具 3 或 4 节，无毛但是节被短柔毛。

叶：叶鞘无毛。叶舌干膜质，高约 0.5 mm，先端截形。叶片扁平或稍内卷，长 18~20 cm，宽 5~7 mm，正面粗糙，反面无毛。

花序/花：穗状花序直立或稍弯曲，长 14~20 cm，宽约 1 cm。序轴粗糙或具长硬毛；节间长 7~10 mm。小穗绿色，呈披针状，长 15~17 mm（不含芒），内生小花 6 或 7 朵；小穗轴被短柔毛，节间长 1.5~2 mm。颖片呈长圆形，近偏斜，具 5 脉，无毛，边缘宽膜质，先端渐尖、短尖，或具长为 1~2 mm 的芒；外颖长 9~11 mm；内颖长 10~12 mm。外稃呈狭披针形，草质，长 8~10 mm（不含芒），密被长柔毛，边缘膜质，芒长 2~6 mm；基盘有毛；内稃短于外稃，脊上部具缘毛，先端截形。花药淡黄色，长 3.5~4 mm。

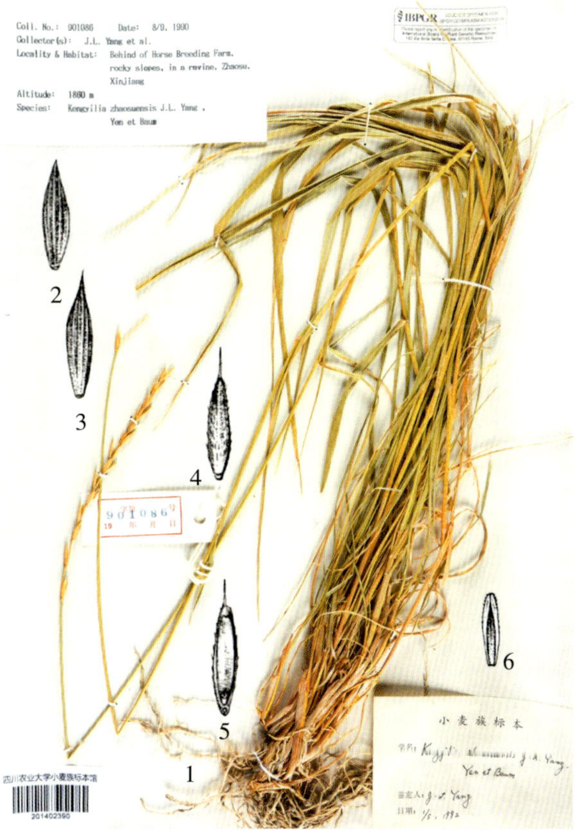

1.具花序植株（标本）；2.外颖；3.内颖；4.小花背面（外稃）；5.小花腹面，示内稃和小穗轴节间；6.内稃腹面。

图 2-198　昭苏仲彬草

2.2.10 黑麦属
Secale L.

黑麦属全世界仅有 5 种，主要分布于欧亚大陆温带地区。中国有 3 种，其中脆轴黑麦为野生种，黑麦 *S. cereale* L.和野黑麦 *S. sylvestre* Host（又名小黑麦）为栽培种。

脆轴黑麦
Secale segetale (Zhuk.) Roshev.

茎： 秆丛生，直立或在基部膝曲，有白霜，高约 100 cm，无毛，或在穗状花序下具柔毛。

叶： 叶片扁平或内卷，长 10~40 cm，宽 3~8 mm，粗糙或正面具短柔毛。

花序/花： 穗状花序条状，长 4~13 cm，宽约 1 cm。序轴脆，或下部坚韧，边缘具缘毛。小穗呈披针状，长 12~15（~17）mm，内生小花 2 或 3 朵。颖片长 9~12 mm，无毛或疏生微柔毛，沿脊具短而粗糙的缘毛，顶端渐尖，长约 5 mm(含芒)。外稃呈长披针形，长 8~12 mm，无毛，光滑，很少粗糙，芒长 2~7 cm；内稃与外稃等长。

图 2–199　脆轴黑麦

2.2.11　山羊草属
Aegilops L.

山羊草属的种类与小麦亲缘关系密切，小麦的 3 个基因组中有 2 个来自山羊草。该属的种类为一年生野生植物，多为远缘杂交抗病育种的试验材料。属内种间鉴别主要依靠花序和小穗的形状、颖片顶部截平与否、颖片和外稃的芒形态。山羊草属全世界有 21 种，分布于地中海沿岸和中亚地区。我国有 8 种，其中山羊草为野生种，其余均为引种栽培植物，如两芒山羊草 *A. biuncialis* Vis.、圆柱山羊草 *A. cylindrica* Host、卵穗山羊草 *A. ovata* L.、短穗山羊草 *A. triaristata* Willd.、三芒山羊草 *A. triuncialis* L.、伞穗山羊草 *A. umbellulata* Zhuk.和偏凸山羊草 *A. ventricosa* Tausch。

山羊草（别名：节节麦）
Aegilops tauschii Coss.

茎：秆高 20~40 cm。

叶：叶鞘无毛但是边缘具缘毛。叶舌薄膜质，高 0.5~1 mm。叶片长 4~6 cm，宽约 3 mm，粗糙，正面具柔毛。

花序/花：穗状花序呈圆柱状，具小穗（5~）7~10（~13）个。小穗呈圆柱状，长约 9 mm，内生小花 3 或 4（5）朵。颖片革质，长 4~6 mm，通常具 7~9（10）脉，顶端截平或微齿状。外稃呈披针形，顶端具长为 1~4 cm 的芒，具 5 脉，脉仅于顶端显著；第一外稃长约 7 mm；内稃与外稃等长。

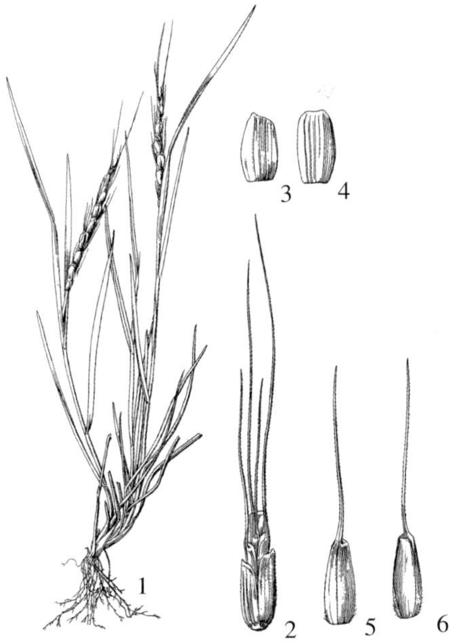

1.具花序植株；2.小穗，具 4 小花；3.外颖；4.内颖；5.小花背面（外稃）；6.外稃腹面。

图 2-200　山羊草

2.2.12 小麦属

Triticum L.

小麦属全世界有 25 种，该属中有重要粮食作物种类，广泛分布于欧亚大陆和北美地区。属内植物可以分为 3 个分支，分别具有 Au、B、D 基因组，其中许多种类与小麦有密切的亲缘关系，是改良小麦品种的优质种质资源。我国有 4种，分别为栽培的小麦、野生种杂生小麦以及引种栽培的一粒小麦 *T. monococcum* L.和圆锥小麦 *T. turgidum* L.（包括硬粒小麦和波兰小麦 2 个亚种）。

杂生小麦

Triticum turanicum Jakubz.

茎：秆高 120~130 cm，上部节间实心。

叶：叶片长，下垂，被微柔毛。

花序/花：穗状花序，长 9~15 cm，宽约 1 cm。序轴坚韧，边缘具缘毛；节间长 5~6 mm。小穗长 16~20 mm，内生小花 3~5 朵（完全小花 3 或4 朵）。颖片狭窄，长 12~15 mm，宽约 4 mm，被微柔毛，顶端锐尖，齿很短。外稃芒近黑色，长 14~16 mm，粗糙；内稃与外稃等长。

1.具花序植株；2.小穗。

图 2–201　杂生小麦

第3章

大麦及其野生近缘植物

3.1　大麦

◎ **植物名**

拉丁名：*Hordeum vulgare* L.

中文名：大麦

别　名：普通大麦、栽培大麦、普通栽培大麦、牟麦、饭麦

◎ **商品名**　大麦（颖果）

大麦（图 3-1）为禾本科（Poaceae）大麦属（*Hordeum* L.）一年生草本植物。大麦属有 30 多种，其中具有栽培价值的只有普通大麦（*H. vulgare* L.）。按有无稃壳，大麦可分为皮大麦和裸大麦，其中裸大麦俗称元麦、米麦或青稞。大麦是世界上最古老的作物之一，具有食用、饲用、酿造、药用等多种用途，在世界谷类作物中占有重要地位。

大麦的栽培历史悠久，人类远古时代就已栽培。世界各地先后发现公元前 15000~前 5000 年栽培大麦的遗物。一般认为，大麦原产于西亚，后传至东亚、北非和欧洲。中国的大麦栽培历史可追溯到新石器时代中期，距今约 5000 年的古羌族已在黄河上游栽培大麦。安徽省蚌埠市禹墟遗址发现史前大麦，证实 4000 年前人类已种植大麦。西汉以前，大麦在黄河、长江流域和西北荒漠地区广为种植。

大麦的适应性很强，具有良好的耐旱、耐寒和耐盐性，分布于南纬 50°到北纬 70°、海拔 2 m 到海拔 4750 m 的广阔地带。大麦在欧洲的栽培面积最大，占大麦栽培总面积的 46%左右；其次为亚洲，约占 22%。大麦在我国南起海南，北至黑龙江，东起沿海各省，西到新疆和青藏高原都有种植。根据中国农业科学院作物品种资源研究所等单位的研究，我国大麦生产划分为三大栽培区：青藏高原的裸大麦区、北方的春大麦区和秦岭-黄河以南的冬大麦区。

1.植株中下部，示根和叶；2.植株上部，示具直芒的花序；3.具曲芒的花序；4.三联小穗；5.具直芒的中间小穗（腹面）；6.具曲芒的中间小穗（腹面）。

图 3-1 大麦

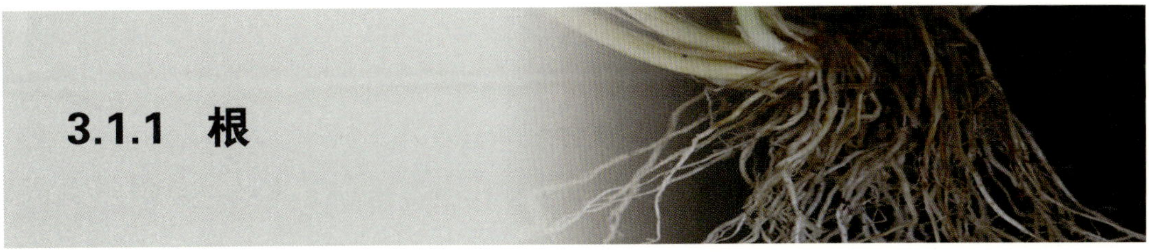

3.1.1 根

大麦的根细，呈须状，为须根系，包括初生根系和次生根系，其中次生根系主要由次生根及其支根构成，多成根群。发达的根系不仅具有极强的吸收水分和养分的功能，而且有利于固定植株，分解或合成生理活性物质，与植株发育和产量密切相关。

大麦的根与小麦的根十分相似，有许多相同之处。从根系的类型看，大麦的初生根系是种子根，次生根系均为不定根。

3.1.1.1 初生根系

大麦的初生根系（图 3–2）由胚根形成的主根和初生不定根发育而成。

当种子萌发时，胚根鞘首先撑破颖壳而伸出，农作上称为“露嘴”或“露白”。之后，胚根从胚根鞘的顶孔中伸出，形成主根，这是大麦的第一条根，属于真正的初生根。随后，胚轴上的胚芽鞘节几乎同时发出第一对不定根，有时会接连发出第二、三对不定根。这些后来发出的不定根称为初生不定根，其在外形上与胚根较相近，而且均发生于种子，所以通常将胚根和初生不定根合称为种子根。它们共同形成初生根系。

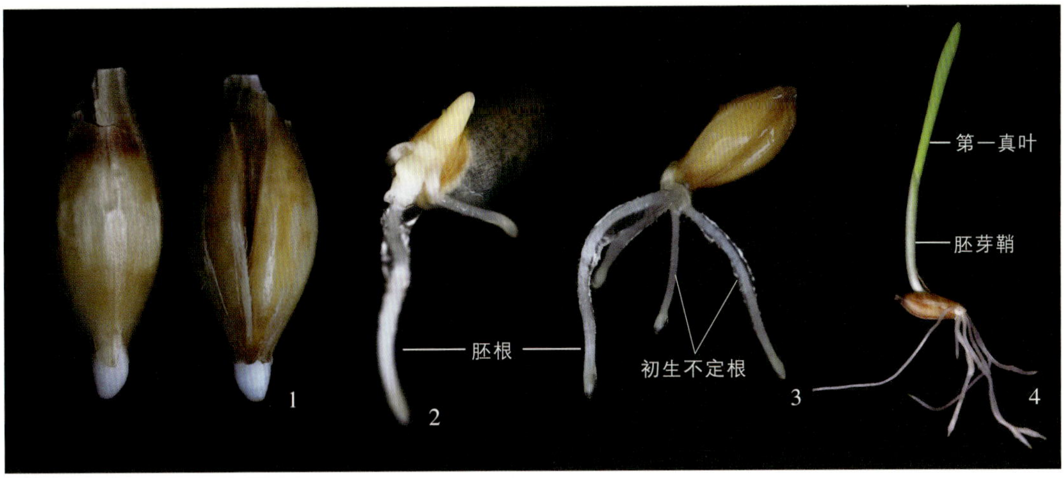

1.胚根鞘初露；2.胚根和胚芽鞘（节）下第一对初生不定根；3.胚根和初生不定根；4.初生根系，示胚芽鞘和第一真叶。

图 3–2　初生根系

3.1.1.2 次生根系

大麦的次生根系（图 3–3）由次生不定根发育而成。

大麦的次生根均为不定根，因其呈须状，这些根又称为须根，形成的根系称为须根系。相对于胚根形成的主根和初生不定根（即种子根），后面发出的不定根具有次生性质，所以称为次生不定根，其形成的根系称为次生根系。

次生根系主要形成于分蘖期，在大麦根系中占有绝对地位，是最重要的组成部分。大麦分蘖前后的一段时间内，在近土表的茎基部节的周围发育出次生不定根。由于此根发生于茎的节上，故又称为节根。一般在三叶期之后，或第一真叶节上发出不定根以后，茎上每伸出一片叶，在其下第三节位上即发生新的次生不定根，直至花序分化期。

大麦地下茎的基部节上一般会发出分蘖茎，后者基部的节上也常发生不定根，并且随着分蘖的增加而增加，与主茎上的不定根共同构成次生根系。

广义上，相对于胚根，在其萌发之后形成的发生于胚轴各节上的初生不定根也应属于次生不定根，包括盾片节、胚芽鞘节发出的不定根。

不定根可再形成多级侧根或分支，称为支根。支根是形成纤维状根群的主要来源。

1.具多分蘖茎的植株，示部分茎的次生不定根系；2.单茎株上的不定根系；3.茎基部节上的不定根；4.不定根上的支根。

图 3–3 次生根系

3.1.2 茎

大麦的茎始于胚芽。种子的胚根鞘包被的胚根从麦粒基部伸出后不久，胚芽鞘包被的胚芽也从麦粒基部伸出，但皮大麦的颖壳坚韧，胚芽鞘沿着麦粒背部从其顶部伸出。随着胚芽的发育，其内部节原基逐渐形成节；至苗期，具节的茎已成雏形；进入拔节期后，茎逐渐伸长并外显。

大麦的茎与小麦的茎有许多相同之处，茎直立，由多个节和节间组成，并且不分枝，称为秆，在农作上称为茎秆。

3.1.2.1 节

胚芽中各类叶的基部有节原基，在种子萌发的过程中，随着各类叶的伸展外露，其节也逐渐发育形成。至拔节期，大麦的节已全部形成。

大麦一般有 9~13（~16）个节，其中地上部一般为 4~7 个（图 3–4），具体数量因品种而异。一般生育期长的品种节数较多，生育期短的品种节数较少。

大麦的茎每节着生 1 叶，因而植株的节数与叶数相等（芽鞘节和穗颈节除外），所以常用叶数来判断节数。生于地下茎上的叶，即苗期生长的叶，一般比地上茎着生的叶要小而早枯。

1.地上茎具 6 个节（以叶指示）；2.地下茎具多个节（以叶指示）；3.去叶地上茎的 6 个节位。

图 3–4　茎上节数

（1）地上茎的节

1）外部形态

与小麦一样，大麦地上茎的节仅略细于节间而不显，但其上的鞘枕却非常凸出，粗于上下节间，表面光滑，呈绿色、褐色、红褐色等颜色。节可视为节段与鞘枕段的复合体。其中：节段位于下部，稍缢缩，稍细于下节间，是鞘枕着生的部位；鞘枕段位于上部，稍膨大，粗于上节间，上接上节间叶鞘。

以鞘枕段为标志，节有直型和弯型两类（图 3–5）：前者较多，且有长、短之分；后者较少，为长节类型，普遍形成膝曲，致使茎秆折弯，属非正常现象，常见于植株倒伏后继续发育生长的茎上。

1.短直型节，示鞘枕段（a）与节段（b）；2、3.长直型节；4.弯型节（膝曲）；5.去除叶鞘的节，示鞘枕段中下部和渐细的节内节间。

图 3–5 节的外观

2）内部结构

① 纵切面

节段： 位于节的下部、下节间的顶端，鞘枕及节内节间均发生于此段上缘。此段是节及上下节间中最窄的部分，具有横隔，是节的坚实部分，是节间形成的原因，可增大茎强度、分生叶，是真正的节。

鞘枕段： 位于节的上部，在节中较厚。此段呈短筒状，是节及上下节间中最粗的部分；其中部有节内节间，外围为叶鞘基部增厚形成的鞘枕。节内节间是上节间（即节外节间或节上节间）的基部，相对较细，具有较多髓薄壁细胞组织，但强度相对较弱，可以发生弯曲，使茎折弯（图 3–6：3）。节内节间可再细分为上、中、下三部分：上部位于鞘枕的上缘，髓腔较小，是上节间及其髓腔向上方逐渐增粗扩大的开始处；中部具较大的中空髓腔；下部直抵节段的中央。外围的鞘枕明显增厚，基部始于节段上缘的四周，中部最厚，紧包整个节内节间，顶部延接着包围上节间的叶鞘。

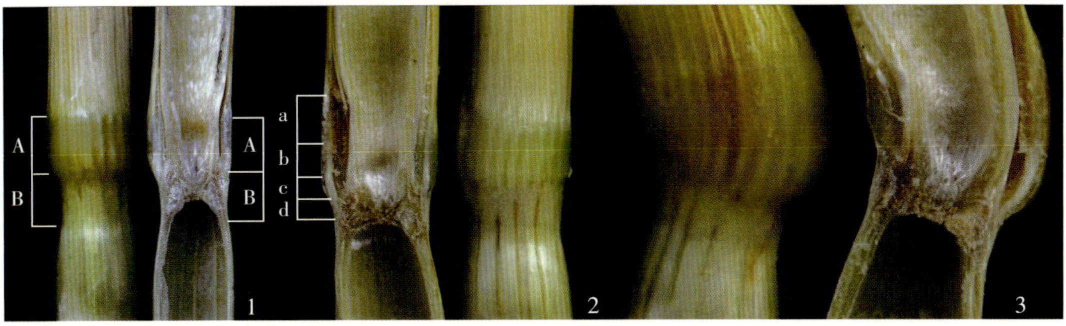

1.直节，示鞘枕段（A）和节段（B），左侧为对应的外形；2.直节，示鞘枕段的上、中、下三部分（a~c）以及节段（d）横隔，右侧为对应的外形；3.弯节，示节内节间弯曲，左侧为对应的外形。

图 3-6　节的纵切面

② 横切面

鞘枕段下部和上部的横切面可见叶鞘维管束（位于外轮）、节间维管束（位于内轮）以及中空的髓腔（图 3-7：3、4）。与鞘枕段相比，节段横切面上最大的不同是中部不中空（图 3-7：1、2）。

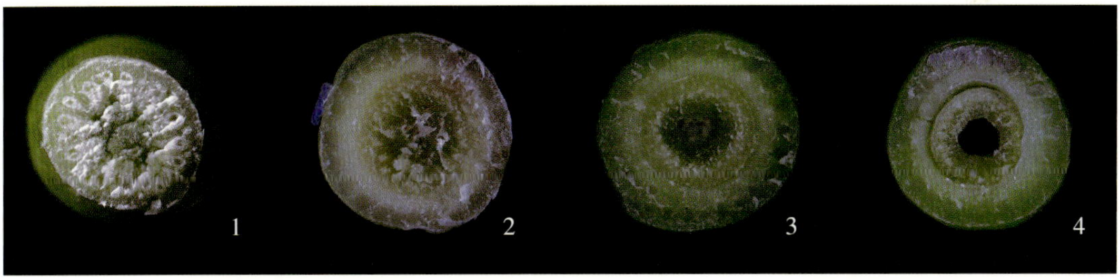

1.节段基部；2.节段顶部；3.鞘枕段下部；4.鞘枕段上部。

图 3-7　节的横切面

(2) 地下茎的节

1）根节

无论对主茎还是对分蘖茎，根节（图 3-8）通常都是不定根及其根系的发生处。每根茎上的根节数量不等。

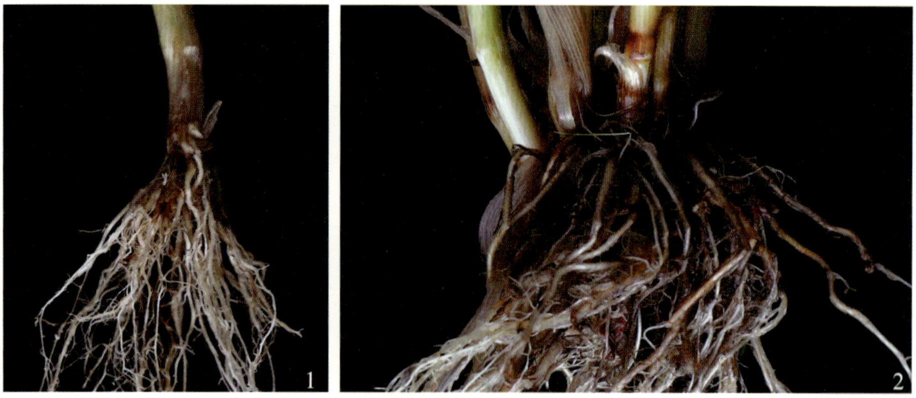

1.单根独苗成株的根节；2.一株具多分蘖茎植株基部的根节。

图 3–8　根节

2）分蘖节

分蘖节（图 3–9）的叶腋中有腋芽，这些腋芽在地下部分的节上常发育成分蘖茎。

大麦属于密集型分蘖，在条件良好的情况下，可发生多次分蘖，分蘖出的新茎近似于主茎。在大麦幼苗期，茎下部第一节或第二、三节密集、紧缩在地表附近，各自形成分蘖节，从分蘖节的叶腋里长出分蘖茎。一个分蘖的茎未伸长前，在土壤中或土表的基部节上可再形成新的分蘖茎。

1.丛生植株（半株），示分蘖节密集；2.分蘖茎上的新分蘖节。

图 3–9　分蘖节

3.1.2.2　节间

(1) 表面

节间位于两节之间，其外大部分有叶鞘包围，有时被全部包围。节间表面光滑，具纵向脉纹，其上有硅质毛。一个节间通常在上下两端、靠近节的部位微向内缢缩，但临近地表茎下部的节间两端一般不缢缩（图 3–10）。

(2) 长度

同一茎中，位于地下的节间长度明显短于地上的节间，后者称为伸长节间。

地下的节间有多个，短缩，致使多个根节上的不定根密集形成根群。地上的节间有 4~7 个，显著增长，并且自下而上逐个加长（图 3–11）。值得注意的是，最顶端的节间演变为花序梗，农作上称为穗颈节间，是茎中最长的节间，其长短通常与品种有关。

1.节间全部（左侧）和节间大部分（右侧）被叶鞘包围；2.茎中部节间的外形（去除叶鞘），示两端缢缩、中间粗；3.临近地表的茎下部节间，示节间短而不缢缩；4.表面可见脉纹。

图 3–10　节间表面

图 3–11　节间长度

（3）粗度

农作上，节间的粗度是指节间中部的粗度，包括直径和壁厚 2 个方面。粗壮茎秆的抗倒伏能力强。茎粗与品种和栽培环境条件有关。一般二棱品种的茎较细，六棱品种的茎较粗。通常肥水充足，茎粗壮；密植遮阴，茎细弱。

茎的地上部分，不同部位的节间直径具有规律性的变化。一般情况下，同一节间的下部细，中部最粗，上部又变细，最顶端的穗颈节间也是如此；同一茎自下而上渐细，最顶端为全茎最细的节间（图 3–11 和图 3–12：1~4）。

茎的节间中空，节间及茎的强度取决于节间壁厚。植株的抗倒伏能力与节间壁厚息息相关，尤其是下部节间壁厚。通常地上茎的下部节间壁厚于上部节间壁，而且自下而上逐节变薄，穗颈节间最薄（图 3–12）。

1~4.地上部分的节间横切面：1.茎基部的节间；2.下部节间；3.中部节间；4.顶部（穗颈）节间。5.收割后的麦茬，示同一株中不同粗度茎的中空节间。

图 3–12　节间粗度

3.1.2.3　茎的类型

大麦茎的类型与小麦的相似。不仅同一茎上不同部位有不同的形态类型，而且同一株丛生的茎中，不同的茎也有不同的称谓。

(1) 单茎

单一茎中，茎的形态从下向上有 4 种不同的类型。它们虽然形态特征有别，但都具有茎的特点和属性。

除了常见的地上茎，还有位于茎基部的地下茎，此段节间短缩，节具有分生不定根和分蘖茎的功能；位于茎顶端的花序梗（穗颈），是由茎向花序过渡的茎段，细长且仅有 1 个节间；位于穗颈顶端的花序轴，序轴节间扁短，节生小穗。

(2) 丛生茎

一株大麦常有多根丛生茎，彼此有粗细、高低等区别，在农作上常将其分为主茎和分蘖茎两大类。茎基部的节会分蘖形成新茎，长出的新茎近似于原茎，此时新茎称为分蘖茎或侧茎，原茎称为主茎。分蘖茎的基部可再形成新的分蘖茎。条件适宜时，一株中可有 10 余根分蘖茎。大麦分蘖茎的数量会影响分蘖茎的生长状态（图 3–13）。分蘖茎少时，呈直立型；分蘖茎多时，位于外侧的下部呈不同程度的弯曲，形成匍匐型分蘖茎，冬性品种的分蘖茎多，这种现象尤为明显。

1.直立型分蘖茎；2.匍匐型分蘖茎；3.分蘖茎上再生分蘖茎。

图 3–13　分蘖茎的类型

3.1.2.4 茎的颜色

大麦的茎（以穗颈为代表）多为绿色，成熟后期常枯黄，颜色深浅不同。除此之外，部分品种的茎在成熟之前具有不同颜色，如黄色、褐色、红色、紫色、蓝色等（图 3–14）。

图 3–14 茎的颜色

3.1.3　叶

大麦生长发育过程中，先后出现 5 种类型的叶，即种子萌发时首先出现的胚芽鞘、具有叶形的第一真叶、幼苗后期至成株期的茎生叶（包括中下部营养叶和顶部旗叶）、成穗期花序中小穗基部的颖片和小花的稃片。其中第 1 种仅有叶鞘，缺乏叶片；第 2 种叶形短而宽，明显扭曲，叶顶钝圆，叶耳退化；后面 2 种只有叶片，呈苞片状，是变态叶。本节的叶是指具有叶鞘和叶片的叶，即常见的茎生叶。

3.1.3.1　叶位

大麦的叶单生于茎的各节，呈二列互生式排列。叶在茎上的部位大体可以分为下、中、上 3 个叶位（图 3–15），与植株各期发育密切相关。

苗期发出的叶位于茎基部（下位叶），其光合作用产物主要用于长根、分蘖和壮苗；茎基部的叶发生早，衰亡早。中期形成的叶位于茎中部（中位叶），产生的营养物主要起壮秆、大穗的作用。后期发育的叶位于茎上部（上位叶），如倒三叶，尤其是旗叶，形成的营养物主要用于灌浆和增加粒重。

1.茎基部叶；2.茎中部叶；3.茎顶部叶；4.具多茎丛生植株和单茎植株的叶位。

图 3–15　叶位

3.1.3.2 组成与结构

叶是茎上的附属物，呈绿色，其中叶鞘包裹节间，叶片是光合作用部位。完整的叶具有叶鞘和叶片以及位于二者交界处的叶颈、叶耳和叶舌（图 3-16）。

1.叶与茎的关系，示茎上不同生长角度的叶；2.单叶的外形（隐去叶鞘下部和叶尖）；3.叶的各个部位(叶片、叶鞘、叶舌、叶耳和叶颈)。

图 3-16 叶的组成

(1) 叶片

大麦的叶片为线状披针形、披针形或长卵状披针形，顶端急尖至渐尖，基部钝圆，两边全缘，微粗糙，具平行脉，中脉在叶片中下部明显。叶片属于等面叶，两面颜色相差不大，反面颜色常较正面的稍浅（图 3-17）。

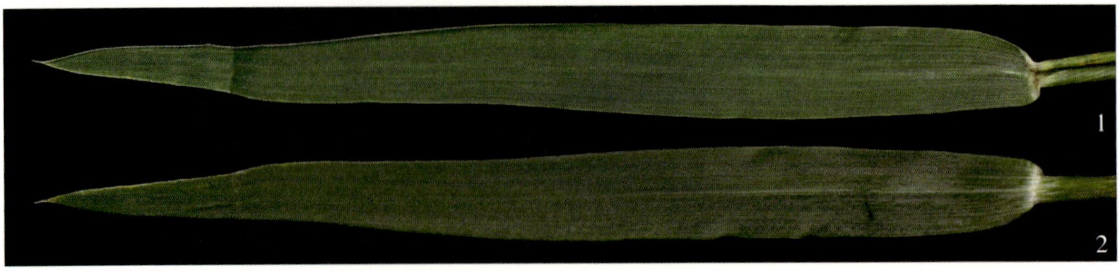

1.叶片正面；2.叶片反面。

图 3-17 叶片的正面和反面

1）长与宽

农作上，大麦叶片的长度是指旗叶下方第一片叶的叶鞘顶端（叶颈）至叶片顶端的长度；叶片的宽度是指旗叶下方第一片叶的叶片中部的宽度。大麦叶片的长宽比一般在 5:1 至 13:1 的范围内，因品种而异。同一茎上的叶片，下部的短于上部的，倒二叶的最长，旗叶的最宽。

2）叶姿

大麦的叶姿是指抽穗后叶片的生长姿态，有直立、平展和下披 3 种（图 3–18）。

1.直立；2.平展；3.下披。

图 3–18　叶姿

3）叶色

大麦的叶色是指抽穗期叶片的颜色，常见的有绿色、黄绿色和蓝绿色（图 3-19）。

图 3-19 叶色

(2) 叶鞘

大麦的叶鞘具有包卷茎的特性和保护节间的功能，包括鞘枕段和节间叶鞘两部分，发生于节的节段。叶鞘通常起始于节上方的鞘枕段，止于叶颈或叶舌基部。鞘枕段位于节间的基部，是节的组成部分，也是保护节内节间、连接节与节间叶鞘的特殊结构。叶鞘基部愈合，自节部向上包围节间，一侧开裂。茎上不同部位的叶鞘包卷程度有差异，一般茎下部的叶鞘包卷松，茎上部的叶鞘包卷紧（图 3-20）。

1）长度

茎上不同部位的叶鞘长度呈现规律性的变化：一般随节间的伸长而伸长，在茎上越向上越长（图 3-21）。

2）颜色

由于节间全部或大部分被叶鞘包裹，所以叶鞘的颜色可以代表大麦植株的颜色。叶鞘的颜色与茎的颜色有的一致，有的不一致。通常叶鞘初期呈绿色，成熟期颜色逐渐由绿变黄，最后枯黄。但是，有的品种叶鞘具有不同颜色，如红色、紫色、蓝色、黑色等（图 3-22）。

1.茎中下部叶鞘松，一侧开裂；2.茎上部叶鞘紧卷。

图 3-20　叶鞘包卷程度

图 3-21　叶鞘长度

图 3-22　叶鞘颜色

(3) 叶舌和叶耳

叶舌位于叶鞘与叶片的交界处，是叶鞘在叶颈之上、叶片基部的衍生结构。大麦的叶舌为膜质，无色、透明，顶端边缘具微齿和微毛（图 3–23），基部随叶鞘卷曲而贴附于茎，可防止雨水、害虫等侵入叶鞘。

1.膜质叶舌，示顶端微齿和微毛；2.背面观；3.侧面观。

图 3–23　叶舌

叶耳位于叶片基部的两侧、叶颈的两端。大麦的叶耳为半月形爪状附属物，无毛，呈白色、绿色、红色或紫色，有脉贯通。叶耳成对，双耳的长短和大小有时不一致，通常以水平状从两侧环抱茎秆，其中一侧的位置高于另一侧，有时明显高低错位（图 3–24）。

1.双耳水平环抱；2.双耳错位环抱；3.单耳侧面观；4~6.双耳形态不一，显著错位不环抱。

图 3–24　叶耳

3.1.4 花序

大麦植株营养生长至一定阶段后，茎顶端的生长锥伸长，分化出幼穗，经生长发育，逐渐形成花序。大麦的花序与小麦的相似，亦为复穗状花序，但大麦的花序以三联小穗为基本单位（小麦的以小穗为基本单位），其中每个小穗仅含 1 朵小花。三联小穗是指 3 枚小穗呈“一”字形并排联生在同一节上构成的一个完整结构，花序扁平或多棱。三联小穗的中间小穗可育，2 个侧生小穗可育或不可育。与小麦类似，大麦的花序和果序的外形和结构基本一致，农作上统称为穗，所以本节中的图片也含果序。

3.1.4.1 外观

大麦的花序生于茎（秆）的顶部，由旗叶的叶鞘内伸出，花序梗细长，花序外形呈柱状或扁柱状，习称为麦穗。不同发育期的花序颜色有变化（图 3–25），最常见的在幼时呈绿色，中期逐渐由绿变黄，成熟后枯黄。

(1) 花序姿态

在大麦成熟期，花序在茎顶部上的着生姿态在农作上称为穗姿，可分为直立、水平、下垂 3 种类型（图 3–26）。

(2) 花序长度

大麦花序的长度在农作上称为穗长，是指序轴（花序轴或穗轴）的基部至顶部（不含芒）的长度。

花序一般长 3~10 cm，有时长达 15 cm，宽 11~16 mm。农作上，根据长度可将穗长大体分为短穗、中等长穗和长穗 3 个等级（图 3–27）。

(3) 花序外形

大麦花序外形在农作上称为穗型，常分为 3 种类型（图 3–28）：二棱型、四棱型（中间型）和六棱型。不同穗型的形成主要与花序轴上三联小穗中侧生小穗的发育状况有关。当侧生小穗不育时，花序扁平，呈二棱状（如二棱大麦）；当侧生小穗可育时，花序常呈四棱或六棱状（如六棱大麦）。

1.花序生于茎顶。2、3.花序形状：2.圆柱状；3.扁柱状。

4~6.不同时期的花序颜色：4.幼期；5.中期；6.后期。

图 3-25　花序及其形状和颜色

1、2.直立；3、4.水平；5、6.下垂。

图 3–26　花序姿态

1、2.短穗；3、4.中等长穗；5、6.长穗。

图 3-27　花序长度

1、2.四棱大麦；3、4.二棱大麦；5、6.六棱大麦。

图 3–28　花序外形

（4）花序密度

序轴上三联小穗的着生密度，在农作上称为穗密度。序密度与序轴节间的长度有关，序轴节间长时序密度小，反之序密度大。根据单位序轴长度中的节数也可以确定序密度，节数少则序密度小，反之序密度大。

农作上，根据花序中部 4 cm 长的序轴上的节数，可将大麦的序密度划分为疏、密、极密 3 类（图 3–29）。

1、4.疏；2、5.密；3、6.极密。

图 3-29　花序密度及序轴节间长度对比

3.1.4.2　结构

(1) 序轴

1) 序轴构成

大麦的花序由一条位于花序中央、直伸而扁平的花序轴（简称为序轴，又称为穗轴）及其两侧的三联小穗组成。

序轴可以视为花序梗（即穗颈节间）之上茎的延伸和变态，包括节和节间。其中：节称为序轴节（即穗轴节）；节间称为序轴节间（即穗轴节间），农作上称为节片。成熟时，节部坚韧，节间之间不断开，故花序始终保持完整。

2）序轴节间

① 形态

序轴上的节间扁平，呈近矩形或近梯形，上下两节间呈错位联结，即上节间的下端向轴微弧弯，着生于下节间上端的侧面、三联小穗的下部，侧面观两节间呈“S”形交互相接（图3–30）。

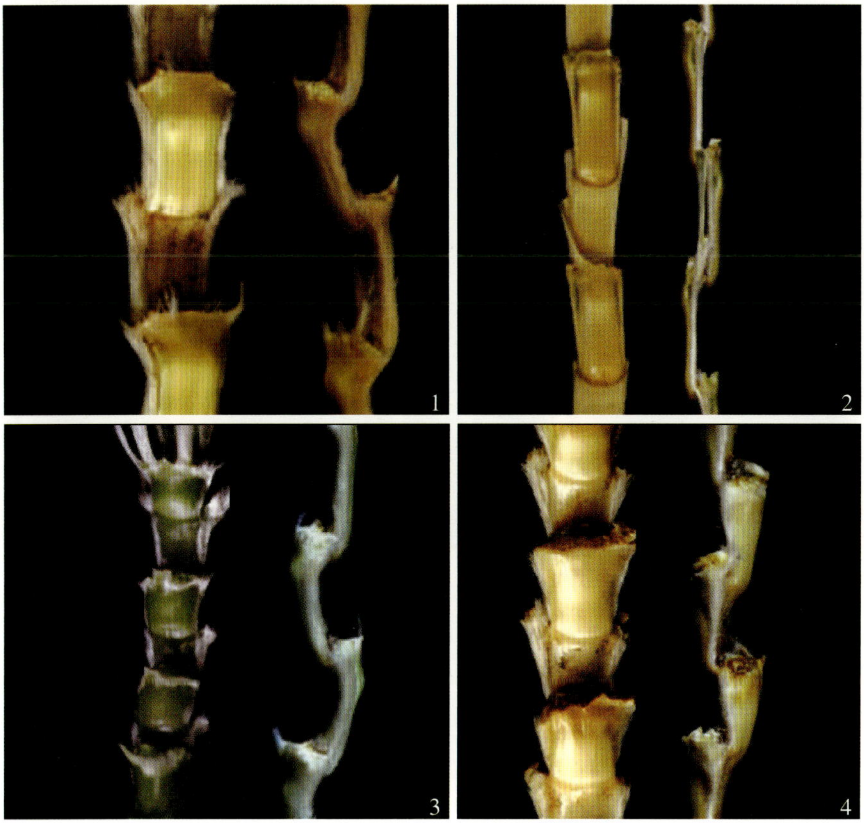

1、2.近矩形节间，上下厚度近相等；3、4.近梯形节间，上厚下薄。

图3–30 序轴节间

正面：一般为中部宽厚，两侧渐薄，边缘具狭翼，翼上密被白色短柔毛或茸毛。

侧面：上下两端向轴微弧弯，其中近矩形的上下近等厚，梯状矩形的纵切面呈楔形，上部厚于下部。

俯视：上顶端截面宽平，其顶面是三联小穗和颖片着生的部位，侧缘是上节间着生的部位。

② 长度

序轴节间的长度与花序的松紧程度及小穗着生角度有关。小穗着生角度是指小穗长轴与序轴之间的夹角。序密度大（紧密）的花序，序轴节间较短，小穗着生角度大；序密度小（疏松）的花序，序轴节间较长，小穗着生角度小。六棱大麦的序轴节间常较短，二棱大麦的序轴节间常较长（图 3–31）。

1、2.六棱大麦；3~5.二棱大麦。

图 3–31 序轴节间长度和小穗着生角度

③ 数量

每个序轴节间着生 1 个三联小穗，可以通过统计三联小穗的数量估计序轴上的节间数量。序轴节间数量与大麦的产量有一定关系，节间多，则小穗多。

序轴节间的数量与品种和类型有关，也与植株的健壮程度有关。一般在水肥充足、密度合适、向阳、通风的条件下，无病害的健壮植株的序轴上通常有 20 多个节间，多者达 35 个；相反，瘦弱植株序轴上的节间数少于 15 个。

（2）三联小穗

在大麦中，小穗原基产生 3 个小穗分生组织，包括 1 个中央小穗分生组织和 2 个侧生小穗分生组织，每个分生组织分别分化为 1 个小花分生组织，最终产生花器官。

大麦的 3 枚小穗常呈“一”字形并排联生于同一个节间端部，形成一个独立的结构单元，称为三联小穗。其中：位于中间的为中间小穗；以其腹面对向序轴的扁平面，位于两侧的小穗为侧生小穗。侧生小穗稍转变方向，以其腹面稍对序轴的侧棱。相邻节间上的三联小穗，相互反向错位对生，使得节间的三联小穗看似排在整个序轴的两边（图 3–32）。

1.三联小穗在扁平序轴两面上下错位排列；2.着生三联小穗的节间顶端平面，示小穗着生位置及小穗梗断裂痕迹。

图 3–32　三联小穗及排列方式

3.1.4.3　小穗

大麦的小穗有 3 种常见形态，即具硬直芒的可育小穗、具帽状钩芒的可育小穗和无芒有梗的侧生不育小穗。小穗是变态小枝，从下向上由 4 个部分组成，包括 1 个退化的小穗梗、2 个颖片、1 朵小花（包含 2 个稃被和 1 朵花）和 1 根基刺。

（1）小穗梗

小穗常以三联小穗的形式着生于序轴的节间顶端。中间小穗（可育）皆无或近无小穗梗；2 个侧生小穗中可育的无小穗梗，不育的有极短的小穗梗。因此，三联小穗的基部基本平着于垫状的节间顶上。

（2）颖片

每个小穗基部有 2 个颖片。颖片着生于节间顶端平台的外沿。中间小穗的 2 个颖片同型，生于外稃的背面；侧生小穗的 2 个颖片同型或异型，生于 2 个外稃的侧面。颖片为狭披针形、线状披针形或长圆状披针形，外被短柔毛，先端常延伸为（3~）8~15（~20）mm 的芒，芒呈细长、弯软的细线状或为直硬的长刺状（图 3–33）。

1、2.三联小穗：1.背面；2.腹面。3、4.颖片的毛被。5.颖片在序轴上的着生方式。6~11.颖片及其芒的形状：6、7.披针形，长芒；8.狭披针形，短芒；9.长圆状披针形，极短芒；10.线状披针形或线形，极短芒；11.细线状，极长芒。12.侧生不育小穗，示小穗梗和颖片。

图 3–33 小穗及其颖片

(3) 基刺

在内稃背面（或稃粒腹面）的基部生有 1 根由小穗轴顶端节间变成的刺状物，称为基刺或腹刺。基刺细长，呈针状或狭条形，其上密被柔毛或长柔毛。三联小穗的中间小穗和侧生小穗上均有基刺（图 3–34）。基刺是大麦的重要特征之一，其长短及毛的疏密程度是大麦品种分类的重要依据之一。

1.中间小穗腹面的针状基刺；2.三联小穗中间小穗腹面的线状披针形基刺；3.中间小穗腹面具长柔毛的基刺；4.侧生小穗腹面具长柔毛的基刺。

图 3–34　小穗基刺

3.1.5 小花

大麦的花为颖花，常以小花的形式存在。大麦的小花着生于颖被的内侧或上方，由稃被和包于其内的花两部分组成。

稃被（图3–35）是小花基部的苞片，有外稃和内稃之分，其中外稃位于内稃之下的外侧，先端渐狭，顶端具芒，两侧包着内稃，有时从两侧全包内稃，有时仅下部包住内稃的下部。

1.外稃下部和两侧包着内稃；2.外稃包至内稃腹面。

图 3–35 稃被

3.1.5.1 外稃

（1）类型

根据小花的可育与否以及芒的类型，可将常见外稃分为 3 类（图 3–36）：中间可育小穗中小花具硬直芒的外稃，中间可育小穗中小花具帽状钩芒的外稃，侧生不育小穗中小花具梗无芒的外稃。

大多数大麦品种的外稃具有芒，其中具帽状钩芒的大麦称为帽大麦或钩大麦。

（2）形状

可育小穗的外稃（图 3–37：1~4）宽大，微背腹压扁，背部外拱，背面观呈宽披针形，长 9~14 mm，宽 4~6 mm，具 5 条脉，两侧具 2 脊，先端渐狭，有时延伸成明显的芒（直芒或帽状钩芒），有时不伸长，为无芒。

不育小穗的外稃（图 3–37：5~10）明显狭长，长条形至狭披针形，顶端通常钝圆，无芒。

1.中间可育小穗的外稃，具硬直芒，示背面（左）和腹面（右）；2.中间可育小穗（腹面）的外稃，具帽状钩芒；3.侧生不育小穗（腹面）具梗的外稃，无芒。

图 3–36　外稃的常见类型

1~4.可育小穗：1.外稃顶端渐狭，可见 3 条明显的背脊，无芒；2.外稃顶端狭窄，无芒；3.无芒外稃腹面观；4.外稃具直芒。5~10.不育小穗：外稃宽度不等，形状从长条形至狭披针形，顶端钝圆，无芒。

图 3–37　外稃的形状

（3）芒

大麦的芒常见于可育小穗外稃的顶端，通常宿存，但有些品种无芒、近无芒或成熟时芒易自行脱落。除此之外，明显可见的芒常扁平、细长，但也有呈分裂状或帽状的，而且有具齿和不具齿之分。

1）芒型

① **直芒类**（图 3–38）：芒体均匀渐细。基部宽扁，上下较为平滑，向上渐细呈圆柱状，直至呈线状，顶端锐尖。芒的长度变化较大，从极短到极长，因品种而异，可以分为微芒型、直芒型和曲芒型 3 种类型。

微芒型：外稃顶端呈芒尖状至芒与穗等长。

直芒型：芒硬、直、长。

曲芒型：芒软、弯曲、扭曲、细长。

② **钩芒类**（图 3–39）：芒体不规则，非均匀渐变，短粗，呈钩曲状、扭曲状、分枝状，形态奇异而复杂，可分为帽芒型、扭芒型和叉芒型 3 种类型。

帽芒型：顶端增粗，粗体下部向外凸起，呈帽状或箭状。

扭芒型：芒体上下粗度陡变，且呈扭曲状。

叉芒型：顶端裂开、分叉。

2）芒的光滑度

大麦的芒通常在其两侧有齿状凸起（或小刺毛）。按照有无齿状凸起（或小刺毛），芒可分为光芒（光滑）和齿芒（不光滑），其中后者的齿多为小刺毛（图 3–40）。

3）序芒类型

序芒类型在农作上称为穗芒类型，是指一个花序的所有小穗（包括中间小穗和侧生小穗）外稃芒的长度和形状的组合类型，除了无芒的类型，有的全序具有单一类型的芒，有的则混生多种芒，可分为 3 种类型（图 3–41）。

直芒型：具单一芒型的有 4 种，包括微芒、等穗芒、短芒和长芒；混生 2 种芒型的有 5 种，包括中长芒+侧无芒、中长芒+侧微芒、中长芒+侧短芒、中短芒+侧无芒、中微芒+侧无芒。

钩芒型：具单一芒型的有 2 种，包括短钩芒和长钩芒；混生 2 种芒型的有 3 种，包括中长钩芒+侧短钩芒、中钩芒+侧微芒、中钩芒+侧无芒。

直芒和钩芒混合型：直芒型和钩芒型的复合混生，可组合形成变化丰富的序芒类型。

1.微芒型；2.直芒型（由短至极长）；3.曲芒型（由扭曲至微曲）。

图 3–38 直芒类型

1.帽芒型；2.扭芒型。

图 3-39　钩芒类型

1、2.光芒；3、4.齿芒，示小刺毛。

图 3-40　芒的光滑度

1.近无芒。2~5.直芒型：2.微芒；3.等穗芒；4.短芒；5.长芒。6.钩芒型：帽钩芒。
7.直芒和钩芒混合型：直芒、曲芒、帽芒和扭芒混生。

图 3–41　序芒类型

(4) 稃色

大麦花序成熟期外稃的颜色实际上代表整个花序的颜色，又称穗色，常见的有近白色、黄绿色、黄色、褐色、红色、紫色、蓝紫色、黑色等(图 3–42)。

图 3–42　稃色

3.1.5.2 内稃

内稃（图 3–43）是稃被中背对着小穗轴的稃片，直接包被着花，与外稃相对，并位于其内。与外稃相比，内稃有如下几点不同：着生位置介于外稃和基刺之间；略小于外稃；基部完全包被于外稃内；两侧边向内紧扣，位于外稃内侧；端部渐狭，顶端钝圆而无芒；没有中脉；背部具有 2 个凸出的脊；两脊之间部分为深浅不一、宽窄不等的沟状内凹（即腹沟），且随着成熟进程凹陷逐渐收窄和加深，直至外表呈漏斗状或狭缝状，上宽下窄。

1.花期的内稃腹面观（去除外稃，露出花）；2.乳熟期的内稃背面观，示基刺；3.成熟期的内稃背面观，示腹沟。

图 3–43 内稃

3.1.5.3 花

大麦的花是一种特化的花，被完全包于稃被中，花柄极短或近无，花被变为 2 个鳞被，雄蕊和雌蕊分别为 3 枚和 1 枚（图 3–44）。

（1）鳞被

大麦花的鳞被（图 3–45）呈浆片状，有 2 枚，并列着生于花的基部，背靠外稃，腹对子房。

鳞被为扁平叶状体，顶端具柔毛，下厚上薄，背面微拱凸。不同大麦品种鳞被的大小和形状有所不同，通常四棱大麦和六棱大麦的较大，二棱大麦的较小。同一品种的鳞被大小和形状较稳定。

图 3–44 花的组成与结构

(2) 雄蕊

大麦花的雄蕊（图 3–46）等长，其中 1 枚远离小穗轴，位于 2 个鳞被之间和鳞被与子房之间的结合部，紧邻外稃，其余 2 枚靠近小穗轴，位于内稃与子房之间。雄蕊长 7~9 mm，花丝长 4~5 mm，无色，极细，表面光滑；花药有 2 枚并列的长梭形花粉囊。

(3) 雌蕊

大麦花的雌蕊（图 3–47）由 1 枚心皮构成，子房外表被柔毛，具 1 室，内有 1 枚倒生胚珠。花柱 2 枚，极短，白色，生于子房顶部。柱头呈羽毛状，有大量分枝，表面粗糙，长短不等。

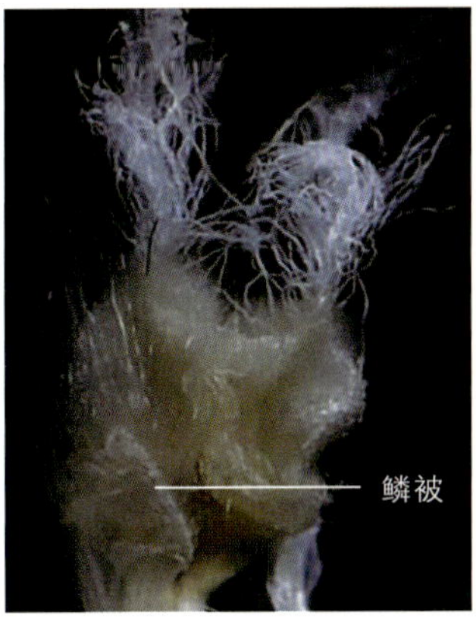

图 3–45 鳞被

图 3–46 雄蕊

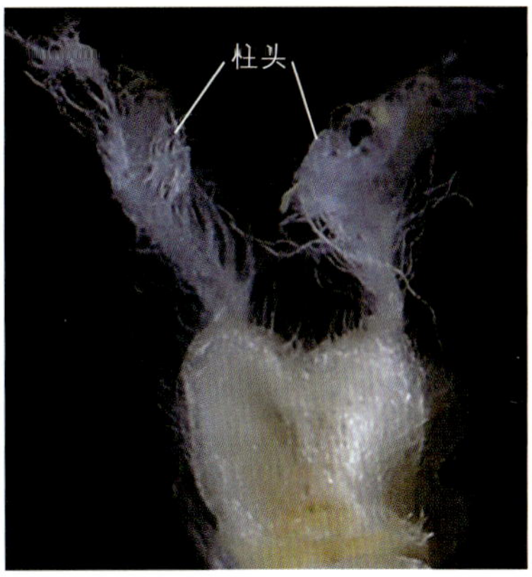

图 3–47 雌蕊

3.1.6 果实

大麦的果实为颖果，内含 1 粒种子。种壁与果壁不分离，农作上有时称为籽实或籽粒。大麦的果实形似种子，其外有稃被，如同种皮，故习称为种子。

3.1.6.1 分类

农作上常将种子或颖果外的包裹层通称为壳。除少数品种外，大麦成熟期颖果的稃被常不与颖果分离，农作上将此特性称为带壳性。此处的壳也可称为稃壳。据此，大麦的颖果被分为带壳和不带壳两类，前者称为皮大麦，后者称为裸大麦（图 3–48）。

（1）皮大麦

农业生产上所说的大麦一般系指皮大麦。皮大麦的颖果成熟时分泌一种黏性物质，使之与稃壳紧连不离，所以农作上有时又称其为有壳大麦或带稃种子。皮大麦实际为谷粒，其外观偏长，两端尖锐，呈菱形纺锤状。由于稃壳干枯，稃脊凸起，皮大麦表面明显粗糙，凹凸不平。

（2）裸大麦

裸大麦是指颖果成熟后与内、外稃相分离的大麦，不具带壳性，故又称为无壳大麦或裸粒种子，在不同地区还有元麦、青稞、米大麦等称谓。

裸大麦背腹微扁，横切面观略呈肾形，朝向内稃的一面有内陷的腹沟。腹沟幼嫩时浅而平坦，仅见于中下部；成熟干硬后，凹陷较深，纵贯全体。此外，裸大麦的顶端可见不明显的果毛。

1.未成熟的皮大麦，示外稃（无芒）紧紧贴包内稃（中部凹陷）；2.皮大麦；3.裸大麦。

图 3–48 皮大麦与裸大麦

3.1.6.2 大小

由于有皮大麦和裸大麦之分，所以大麦果实的大小分为两种情形：一种是指裸粒的大小，通常长 6~8 mm，宽 3~4 mm；另一种是指带稃（谷粒）的大小，一般要大于前者。

大麦颖果的大小与品种和生长条件有关，也与其所依附的小穗着生位置有关。六棱大麦：以中间小穗的颖果最为饱满充实，体积较大，侧生小穗的颖果相对瘦弱，体积较小。二棱大麦：仅中间小穗结实，故其颖果较六棱大麦的大而整齐。在三联小穗均能结实的大麦中，两个侧生小穗间夹角大的颖果相对较大，夹角小的颖果相对较小。

3.1.6.3 形状

颖果的形状在农作上称为粒形或籽形。大麦成熟时籽形（以裸大麦为例）有圆柱状、长圆状、卵圆状、椭圆状和圆球状等（图 3–49）。

1.圆柱状；2.长圆状；3.长卵圆状；4.近圆球状。

图 3–49 颖果的形状

3.1.6.4 颜色

大麦果实的颜色有多种（图 3–50），裸大麦常见的颜色有黄白色、棕色、蓝灰色、紫红色和黑色。皮大麦有稃被，其颜色略有不同，常见的有淡黄色、深黄色、褐色、紫红色和黑色。

1、2.裸大麦；3~9.皮大麦。

图 3–50　果实颜色

3.2　大麦的野生近缘植物

大麦属是一个广布于温带和亚热带高山地区的属，类型多样，染色体为 2*n*~6*n*，有 4 个基因组（H、I、Xa、Xu）。近年来，基于核基因和叶绿体基因的研究结果表明，大麦属为单系类群。大麦属与新麦草属、赖草属、猬草属、三柄麦属 *Hordelymus* (Jess.) Harz 和带芒草属 *Taeniantherum* Nevski 的亲缘关系较近，其中前 3 个属在我国有分布。大麦属在世界范围内有 30~40 种，既有一年生的栽培种和野生种，也有多年生的野生种；我国有 10 种，主要分布于西北、华中和东北地区，其中大麦和二棱大麦为栽培种。我国的大麦野生近缘种约 41 种，除了大麦属的 8 种，还包括新麦草属（见本书 2.2.1 节）、赖草属（见本书 2.2.2 节）和猬草属（见本书 2.2.5 节）的野生种类。

六棱大麦（别名：野生六棱大麦）

Hordeum agriocrithon A. E. Åberg

茎： 秆直立，高 60~90 cm，光滑，无毛。

叶： 叶鞘常无毛。叶舌膜质，高 1~2 mm。叶耳宿存，呈披针形。叶片扁平，长 10~15（~20）cm，宽 1~1.5 cm。

花序/花： 穗状花序呈六棱状，小穗排列紧密。序轴脆，成熟后逐节断落。小穗均可育，全部无梗，外形彼此相似。颖片长 5~6 mm，宽约 1 mm，密被微柔毛，先端具纤细的芒，芒长约 10 mm。外稃长约 14 mm，先端芒长约 15 mm。

1.植株（标本）；2.三联小穗。

图 3–51　六棱大麦

布顿大麦草
Hordeum bogdanii Wilensky

茎：秆丛生，高 40~80（~100）cm，直径约 2 mm，具（2）3~5（6）个节，节微凸起，密被灰毛。

叶：叶鞘膜质或呈纤维状，平滑，但是下部的叶鞘有时有毛。叶舌膜质，高 0.2~0.6 mm。通常无叶耳。叶片灰绿色，平，长 6~15 cm，宽 3~8（~10）mm，两面粗糙或正面有柔毛。

花序/花：穗状花序，淡绿色，有白霜，或绿紫色至紫色，长 4~10 cm，宽（3~）5~7 mm。序轴常坚韧，除顶部外边缘粗糙有毛。三联小穗中两侧者有长约 1.5 mm 的小穗梗；颖片刚毛状，长 6~10 mm；外稃长 5~7 mm，具短柔毛，芒长 4~9 mm；内稃通常与外稃等长。中间小穗无梗，披针形；颖片刚毛状，长5~10 mm；外稃长 5~7 mm，密被短毛，顶端具长 5~10 mm 的芒；内稃与外稃近等长，先端截形或锐尖。花药通常黄色，长 1.1~2 mm。

1.花序；2.中间小穗背面和颖片；3.中间小穗腹面；4.侧生小穗背面；5.侧生小穗腹面及颖片；6.内稃背面；7.内稃腹面。

图 3–52　布顿大麦草

短芒大麦草

Hordeum brevisubulatum (Trin.) Link

茎：秆丛生，常直立，无毛或在节上密被短柔毛。

叶：叶鞘基部常呈纤维状，有时膜质，多少被短柔毛。叶舌高 0.2~0.7 mm。叶耳宿存或无。叶片扁平或内卷，长（3~）5~15（~17.5）cm，宽（2~）6~5（~7）mm，正面粗糙或密生短柔毛，反面无毛至粗糙或密生短柔毛，具直或弯曲的长细胞，有或无硅细胞。

花序/花：穗状花序，灰绿色，成熟时带紫色，长（2.5~）3~8.5（~9.5）cm，宽 4~8 mm。序轴脆。三联小穗中两侧者常较小或发育不全，具长 0.9~2.3 mm 的小穗梗；其颖片为针状，长 5.5~6.5（~7）mm；外稃无芒，长约 5 mm。中间小穗无小穗梗；颖片刚毛状；外稃无毛或近无毛，先端有尖头，芒常比外稃短；内稃先端微尖。鳞被长（0.6~）0.8 mm，宽 1.4（~1.6）mm，上部和边缘多少被短柔毛，顶端锐尖至渐尖；花药黄色至紫色，长（2~）2.5~4 mm。

拟短芒大麦草

subsp. *nevskianum* (Bowden) Tzvelev

主要特征：秆在节上密被短柔毛。叶片反面具曲折状的长毛，硅细胞非常密。外稃被短柔毛，但毛通常稀疏。

注：关于本亚种，也有观点认为其仍属于原亚种短芒大麦草。

糙稃大麦草

subsp. *turkestanicum* Tzvelev

主要特征：秆高约 50 cm，通常在节上密被短柔毛。叶片长 5~8 cm，宽 2~4 mm，两面密被柔毛或粗糙，反面表皮具直的长细胞，没有硅细胞。穗状花序紧密，通常呈灰紫色。两侧小穗先端渐尖，中间小穗具芒，外稃密被粉紫色柔毛或具长微刺。

1

1.花序；2.三联小穗背面，示刚毛状颖片和序轴节间；3.三联小穗腹面，示侧生小穗的小穗梗以及位于小穗腹面的针状基刺和毛被；4.中间小穗的外稃腹面（左，刚毛腹面）和内稃腹面（右）；5.侧生小穗腹面；6.侧生小穗的外稃背面（左）、内稃背面和基刺（中）以及刚毛状颖片（右）。

图 3–53　短芒大麦草

内蒙古大麦草

Hordeum innermongolicum P. C. Kuo & L. B. Cai

茎： 秆直立，高 80~140 cm，具 3~5 个节，基部的节常膝曲。

叶： 叶鞘无毛。叶舌膜质，高 0.5~1 mm。叶片长 6~15 cm，宽 4~6 mm，正面有短柔毛，反面近无毛。

花序/花： 穗状花序，红褐色，长 7~16 cm，宽 5~7 mm。序轴节间长 2~3 mm。三联小穗中两侧者小穗梗长 0.5~1 mm；颖片针状，长 6~8 mm；外稃长 5~7 mm，芒长 3~4 mm。中间小穗无小穗梗，常内生小花 2 朵，其中第二小花不育，第一小花发育；颖片披针形，刚毛状，长 6~9 mm，具不明显的 2 或3 条脉；外稃披针形，长 7~10 mm，贴生微短硬毛，具 5 条脉，顶端芒长6~8 mm。花药黄色，长 2~2.3 mm。

注： 本种与紫大麦草的特征相近，有观点将其并入后者。

1.植株中下部，示根和叶；2.花序及旗叶；3.花序局部；4.三联小穗背面，示刚毛状颖片、中间小穗和侧生小穗；5.三联小穗腹面；6.内、外颖；7.中间小穗的外稃（后）和内稃（前）。

图 3–54　内蒙古大麦草

芒颖大麦草

Hordeum jubatum L.

茎： 秆丛生，直立或在基部微倾斜，高 30~60 cm，粗约 2 mm，具 3~5 个节，节呈褐色或红褐色，光滑，无毛。

叶： 茎下部的叶鞘比节间长，被反向柔毛；茎中部以上的叶鞘比节间短，光滑，无毛。叶舌干膜质，顶端截平，高约 0.5 mm。叶颈带浅褐色。叶片粗糙，长6~12 cm，宽1.5~4 mm。

1.早中期花序；2.后期花序，示中上部小穗的芒弯折；3.完整的三联小穗，示颖片和退化侧生小穗；4.三联小穗；5.中间小穗开裂的小花，示外稃（下方）和内稃（上方）以及花；6.雄蕊和雌蕊。

图 3–55　芒颖大麦草

花序/花： 穗状花序柔软，绿色或略带紫色，长约 10 cm（含芒）。序轴成熟时逐节断落，节间长约 1 mm，棱边有短硬纤毛。三联小穗中两侧小穗各有长约 1 mm 的小穗梗；颖片长 5~6 cm，弯软，呈细芒状；小花常退化为芒状，基部具长0.5~1 mm 的小穗梗，极少为雄花。中间小穗无小穗梗；颖片长 2.5~6.5 cm，纤细，弯曲，远长于小花；基针细长；外稃呈披针形，长 5~6（~8）mm，顶端具长达 7 cm 的细芒；内稃与外稃等长。颖芒和稃芒均被短刺毛。花药绿色，长圆柱状；花柱极短，柱头 2 枚，上侧布满羽状毛。

瓶形大麦（别名：野生瓶形大麦）

Hordeum lagunculiforme Bacht.

茎： 秆直立，光滑，无毛。

叶： 叶鞘常无毛。叶舌膜质。叶耳宿存。叶片扁平状。

花序/花： 穗状花序六棱。序轴脆。三联小穗的侧生小穗可育，有小穗梗，长 1.5~2 mm；中间小穗可育，无小穗梗。

1.植株下部，示根和叶；2.花序及旗叶；3.三联小穗；
4.颖果背、腹面。

图 3–56　瓶形大麦

紫大麦草

Hordeum roshevitzii Bowden

茎： 秆直立，丛生，质较软，高 40~70 cm，具 3 或 4（~6）节，光滑，无毛。

叶： 叶鞘膜质，在秆基部的比节间长，在秆上部的比节间短。叶舌膜质，高约 0.5 mm。叶耳通常无。叶片扁平，长 3~15 cm，宽 3~4 mm，两面无毛，但粗糙，表皮没有硅细胞。

花序/花： 穗状花序绿色或紫绿色至微黑紫色，长 5~8 cm，宽 3~6 mm。序轴脆，节间长约 2 mm，边缘粗糙具纤毛。三联小穗中两侧小穗不发育，很少为雄性，具长约 1 mm 的小穗梗；颖片刚毛状，长 5~9（~10）mm，粗糙；外稃和内稃长约 4 mm；外稃芒长约 2.3 mm。中间小穗无小穗梗，内生小花 1 朵；颖片刚毛状，长 6~8 mm；外稃披针形，长 5~7 mm，无毛，芒长（2~）4~8 mm；内稃稍短于外稃或与其等长。花药黄色，长 1~1.7 mm。

1.花序；2.花序局部，示序轴；3.三联小穗侧面，示刚毛状颖片和侧生小穗的小穗梗；4.中间小穗背面（左）和腹面（右）；5.中间小穗外稃背面；6.中间小穗内稃腹面；7.外稃侧面；8.内稃背面；9.侧生小穗及刚毛状颖片。

图 3–57　紫大麦草

钝稃野大麦

Hordeum spontaneum C. Koch

茎： 秆高 40~50 cm，具 5 或 6 节，无毛，微被灰白色蜡粉。

叶： 叶鞘比节间短，无毛，光滑，松弛包茎。叶舌黄褐色，先端截形，高约 1 mm。叶耳宿存，环抱于秆，长 2~3 mm。叶片长 5~10 cm，宽 4~6 mm。

花序/花： 穗状花序上小穗排列呈 2 列，长 4~6 cm（含芒），宽约 1 cm，微压扁，成熟时深棕色或黑褐色。序轴脆，节间扁平，长约 3 mm，密被短柔毛，成熟或干后逐节断落，落痕扁圆形，维管束痕迹明显。三联小穗中两侧小穗不育，小穗梗长约 2 mm；颖片窄披针形，长 5~6 mm，具长 6~10 mm 的细芒；外稃长约5 mm，先端钝圆，具非常短的芒（6~10 mm）。中间小穗长 1~1.4 cm，无小穗梗；颖片呈线状披针形，长约 5 mm，宽不及 1 mm，密被毛，顶端逐渐缩成纤细、粗糙的芒；外稃呈宽椭圆形，无毛，顶端延长成平的、非常粗糙的芒，芒长 5~17 cm。

尖稃野大麦

var. *ischnatherum* (Coss.) Thell.

主要特征： 三联小穗中两侧不育小穗的外稃顶端骤尖，具长 1~2 mm 的尖头。

芒稃野大麦

var. *proskowetzii* Nábělek

主要特征： 三联小穗中两侧小穗的外稃顶端延伸为 6~10 mm 的芒。

1.具花序植株（标本）；2.三联小穗；3.侧生小穗颖片；4.中间小穗颖片。

图 3–58　钝稃野大麦

第 4 章

燕麦及其野生近缘植物

4.1　燕麦

◎ **植物名**

拉丁名：*Avena sativa* L.

中文名：燕麦

别　名：莜麦、玉麦、铃铛麦、香麦

◎ **商品名**　燕麦（颖果）

燕麦（图 4–1）为禾本科（Poaceae）燕麦属（*Avena* L.）一年生草本植物。燕麦是世界性的栽培作物，是重要的粮饲兼用作物，在世界谷物生产中十分重要。

燕麦是世界上主要农作物之一，耐旱，喜凉，主要分布于欧洲、北美洲、中美洲和亚洲东部，澳大利亚也有分布，其中俄罗斯、加拿大、美国、澳大利亚、德国、芬兰及中国等为主产国。其谷粒可供磨面食用，或作饲草、饲料，营养价值很高。根据籽粒成熟后有无内外稃紧密包裹，燕麦可分为带稃型的皮燕麦和裸粒型的裸燕麦。皮燕麦一般多饲用、少食用，是世界范围内燕麦栽培的主要类型，而我国主要种植多食用、少饲用的裸燕麦。

燕麦在中国已有 2000 多年种植史。经过自然选择和栽培选育，燕麦发生了许多变异，加之国外种类和品种的引进，我国燕麦的种质资源越来越丰富。在我国，燕麦是次要农作物，主要种植于华北、西北和西南地区海拔较高的冷凉地带，长江中下游海拔较高地带也有零星种植，但现在种植面积有减少趋势。根据栽培分布，我国燕麦可分为不同生态型：北方丘陵山区旱地早熟生态型、华北早熟生态型、北方丘陵旱地中晚熟生态型、北方滩川地中熟生态型、西南平坝生态型和西南高山生态型。

1.花序及旗叶；2.小穗；3.小花的外稃和内稃；4.果实背、腹面；5.花，示雄蕊、雌蕊和鳞被。

图 4–1 燕麦

4.1.1 根

燕麦的根与小麦、大麦的根有许多相似之处，为须根系，可分为初生根系和次生根系（含支持根）。

4.1.1.1　初生根系

初生根系（图 4–2）是由种子的胚萌发形成的根，又叫种子根，主要是指种子萌发期间的 3~5 条根，有的多达 8 条，包括胚根和胚轴基部发出的不定根。初生根系着生许多纤细的根毛，具有吸收水分和养分的作用，生存于幼苗生长期间，前后约 2 个月，在次生根形成后逐渐枯萎。

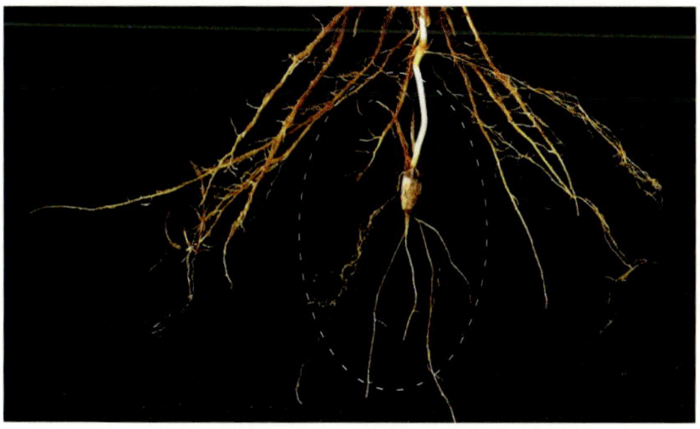

图 4–2　初生根系

4.1.1.2　次生根系

燕麦幼苗进入分蘖期后，生长在地下 3 cm 左右茎基部的多个分蘖节上会长出多数须根状的次生根。因为此根均生于节上，所以也称为节根。

次生根最早发生于胚芽鞘节，之后陆续发生于地下茎的数个节上，并形成须根系。与初生根不同，次生根均生于节上，每节有 2~4 条根，而且在形成时除首先突破根鞘外还要突破生于节上的叶鞘。由于次生根生于节上，所以根会成层分布(图 4–3)，又因节间长度不同，根的密集程度亦有所不同。

燕麦的次生根均为不定根，比初生根粗壮，侧根多且密，形成次生根系。次生根系一般分布于地表 15~20 cm 的土层中，也有深达 2 m 的，吸收水分、养分的能力远比初生根系强。次生根续存于茎发育过程中，直至果期，属于永久根。

1.具 2 层次生根；2.具 4 层次生根，示根中茎；3.具 6 层次生根（未含初生根）。

图 4–3　次生根系

4.1.1.3　支持根

支持根（图 4–4）是指从地上茎的节上发出的根，有时也称为气生根，属于次生不定根，但又不同于地下次生根。支持根通常生于靠近地面的 1~3 个节上，比较短，常暴露于空气中，有时呈绿色。

支持根具有过渡性，尤其是贴近地面的茎节形成的支持根更明显。支持根有根毛，入土后具有吸收养分的功能，但该功能没有地下次生根的强。

1.从节处破鞘发出；2.在节上与枝同时发育；3.生有密集的根毛。

图 4–4　支持根

燕麦的根系通常是指生于地下的初生根和次生根，但完整的根系还应包括支持根，以及位于胚芽鞘节与第一真叶节之间的根中茎。根据根系的组成，燕麦的根系从下向上依次为：由种子形成的初生根，由胚芽鞘节形成的次生根，由上胚轴基部节间形成的根中茎，由地下茎节形成的地下次生根，靠近地面的茎上节形成的支持根。

4.1.2 茎

燕麦为禾本科植物，一般高 60~150 cm，但低矮品种仅约 25 cm，高大的可达 200 cm。其茎与小麦和大麦的茎基本一致，呈圆筒状，由节和节间组成，分为地上茎和地下茎，其中前者又称为秆，农作上称为茎秆。广义的茎还包括花序梗和花序的序轴、序枝和小穗轴，它们都是由节和节间组成的轴状系统，但花序的各组成部分节间细且不中空。本节介绍的茎不包括花序梗和花序。

4.1.2.1 组成与结构

(1) 节

燕麦茎上的节有地上茎的节（图 4–5)和地下茎的节（图 4–6)，其外形和结构与小麦和大麦有许多相似之处。

1)外形

节在茎上稍膨大,地上茎的节(图 4–5),下部与下节间基本等粗,上部呈极短的圆柱体,表面光滑,上下两端平行。但当茎弯曲时,两侧宽度不等,侧面观呈梯形,有时两端面形成清晰的界线。节的上下两端向上下节间逐渐过渡变细,有时生有柔毛。根据节是否有毛和毛的多少,可将燕麦的节划分为无毛、少毛(有稀疏毛)、中等毛(有较多毛)、多毛(有浓密毛)4 类。

2)结构

节是由上下两段结构形成的圆柱段。其中：下段是节段，具横隔，较细；上段是鞘枕段，内有节内节间，外有叶鞘基部鞘壁增厚的鞘枕。

燕麦茎上的节具有如下 5 种功能。

强化茎：茎是中空的，节横于茎中，其节段中的横隔是茎中坚实的部分；鞘枕段具有增厚的鞘枕，紧包和保护着内部充有髓的节内节间，可强化节间。

生叶：在节的节段上端着生叶的叶鞘。

增长节间：节内有居间分生组织，有助于节间的伸长。

生根：地下茎上根的发生处，有时地上茎的基部节也可生根。

生腋芽：腋芽生于节的鞘枕内，其中位于地下茎节上的可以发育形成分蘖茎（图 4–6)；位于地上茎节上叶腋（叶鞘内）里的可以发育形成分枝。

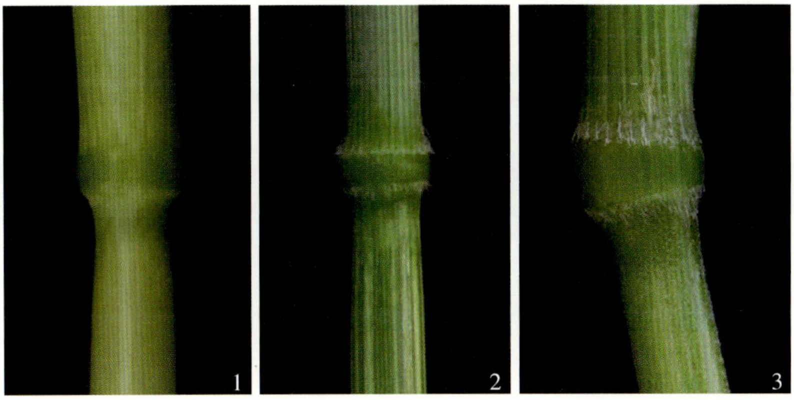

1.节的上下两端与上下节间之间界线不明显，无毛；2.节的上下两端边界明显，被毛；3.弯茎上的节两侧宽窄不一。

图 4–5　地上茎的节

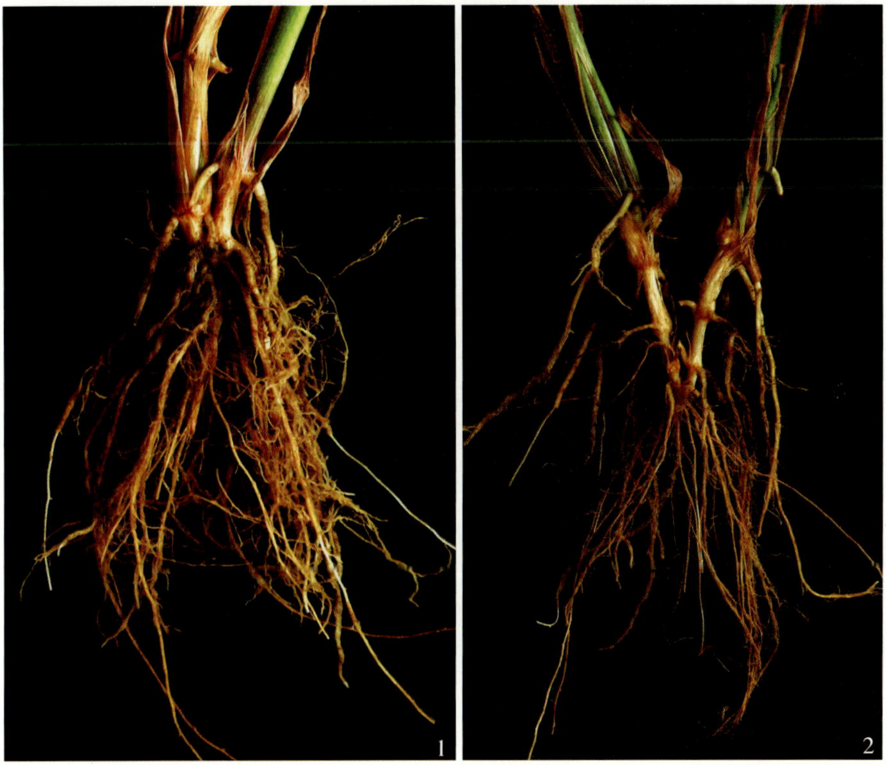

1.生根和分蘖；2.下部的节和上部的节都可产生分蘖。

图 4–6　地下茎的节

3）节数

节是叶着生的部位，每节生 1 叶。节常位于鞘枕下方，可以通过直接观察鞘枕或叶片推测节的位置，所以常以叶数指示茎上的节数。地上茎的节数常为 4~8 个。

（2）节间

节间内部中空，外表光滑，无毛，大部分被叶鞘包围。成熟期节间的颜色有黄色和紫色等颜色。

同一株的茎，地下茎的节间普遍短于和细于地上茎的节间。一般地上茎基部的节间较细、较短，向上逐渐变粗、变长，其中最顶端的节间（即花序梗）最长。节间一般中部粗，基部（靠近下一节处）和顶部（靠近上一节处）渐细（图 4–7）。节间的壁，基部的最厚，顶端的最薄。

农作上，节间粗度一般是指主茎地上第二节间中部的直径，有细（<0.3 cm）、中等（0.3~0.4 cm）、粗（>0.4 cm）3 个等级。

1~3.地上茎的节间：1.具花序的茎，自基部向上节间渐长，花序梗远长于下部各节间；2.同一茎自基部向上节间渐粗；3.节间的两端细，中部粗。4.地下茎的节间：节间短，从下向上渐长。

图 4–7　节间

4.1.2.2　分蘖茎

燕麦地下茎常具分蘖，形成分蘖茎。一丛植株中会有主茎和分蘖茎之分。由于分蘖茎会与主茎竞争养分，所以农作上也会关注分蘖茎的数量。有的分蘖茎上的花序可正常发育至果实成熟，有的分蘖茎上的花序则不能，其中前者为有效分蘖，后者为无效分蘖。分蘖茎的数量（图 4–8）与品种和栽培条件有关。

1、2.具 1 个分蘖茎；3.具 2 个分蘖茎；4.具 4 个分蘖茎（主茎具花序）；5.具 4 个分蘖茎；6.具 4 个分蘖茎（分蘖茎上再生分蘖茎）。

图 4–8　分蘖茎及其数量

4.1.3 叶

燕麦的叶与小麦和大麦的叶基本一致。叶着生于节上，一节一叶，一般有 4~8 叶。完整的叶包括叶片、叶鞘、叶舌和叶颈。与小麦和大麦不同，燕麦的叶无叶耳。在苗期，这一特征可作为区分燕麦与其他麦类作物的重要依据。

4.1.3.1 组成与结构

(1) 叶片

叶片狭长，呈长披针形或剑状披针形，顶端渐尖，基部圆，叶脉平行，表面微糙，具规则排列的硅质凸起，反面及边缘具细毛；整体薄平而质软，上部易下垂。燕麦叶片正反面的颜色基本相同，常为绿色，但亦有淡绿色、深绿色、灰绿色等不同变化（图 4–9）。

(2) 叶鞘

叶鞘（图 4–10）着生于节的鞘环上，围绕着茎秆，基部闭合，其余两侧交叠，有时上部不交叠。广义上，叶鞘从下向上可以分为 3 部分，即基部的鞘枕、中部细长的圆筒状鞘管、顶端的叶舌。鞘枕在节处增厚或呈枕状，外表光滑，无脉，无毛，肉质，比鞘管厚，呈套筒状保护节内节间；鞘管长且薄，紧包卷着节间，鞘脉清晰，内面光滑，鞘缘膜质，有时鞘管顶部或上部不交叠；鞘顶端与叶片交界处有向上衍生的叶舌（图 4–10：2、6）。

燕麦靠近节的叶鞘基部有时被茸毛（图 4–10：5）。按照叶鞘是否有毛及毛的多少，叶鞘毛被可划分为 4 个等级：无毛、少毛、中等毛和多毛。

叶鞘的颜色与茎的颜色基本相同，与叶片的有时不同。由于叶鞘在茎上的覆盖程度较高，所以其颜色在一定程度上代表茎秆的颜色。叶鞘通常为绿色，但是有的叶鞘多少被白粉（图 4–10：1、3、4），使得叶鞘呈浅绿色或灰绿色。叶鞘内表面光滑，鞘脉均匀、清晰（图 4–10：6），有的鞘脉分布不均匀。

茎上不同部位的叶鞘包卷节间的程度不同，一般基部或下部的叶鞘较松，中上部的叶鞘较紧，但旗叶的叶鞘在孕穗期间会因为花序发育而膨大（图 4–10：7）。

(3)叶舌

燕麦的叶舌发达或无，膜质，白色，顶端边缘呈缺刻状（图 4–11）。

1、2.叶片形状：1.正面；2.反面。3~9.叶片颜色。

10、11.叶脉及脉间具硅质凸起，边缘具细毛：10.幼叶；11.成年叶。

图 4-9　叶片

1.叶鞘在鞘枕段闭合，鞘管上两鞘缘的交叠始于此处；2.茎中部，鞘管上部两缘交叠，从下向上逐渐分离，鞘管顶端有向外衍生的叶舌，叶鞘边缘膜质；3.鞘管基部被白粉；4.鞘管被白粉；5.鞘管基部有毛被，鞘脉宽窄不一；6.叶鞘内表面光滑，鞘脉均匀、清晰；7.中部叶鞘紧卷，旗叶的叶鞘已膨大。

图 4–10　叶鞘

1.茎中部叶舌正面观；2.茎顶端幼叶的叶舌，未展开，卷曲。

图 4–11　叶舌

(4)叶颈

叶颈是叶片与叶鞘的过渡区，其颜色不同于叶片和叶鞘，普遍较浅或偏黄，平滑，从叶片中脉基部向叶片边缘或叶鞘边缘逐渐扩大（图 4–12）。

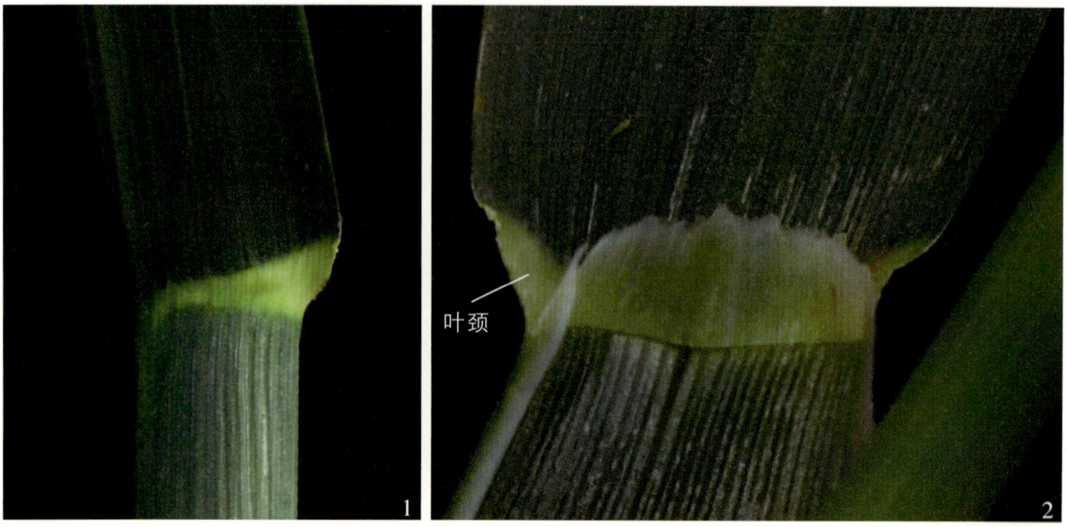

1.侧面观；2.正面观。

图 4–12　叶颈

4.1.3.2　旗叶

旗叶是茎顶部的叶或茎上部第一叶，也称为倒一叶，是保护花序的叶，包卷或托举花序梗，对燕麦籽粒的形成至关重要，直接影响燕麦的产量。

农作上用旗叶的伸展方向或伸展角度表示其生长姿态，分为上举、平展和下垂 3 类。旗叶角度是指旗叶的叶片偏离茎秆或花序梗的程度，常用叶片中脉与花序梗的夹角大小来表示，可以分为锐角（叶片向斜上方伸展，即上举）、直角(叶片近水平伸展，即平展)、钝角（叶片向斜下方伸展，即下垂）3 类（图 4–13）。

旗叶硬度可用旗叶的叶片直挺或弯曲的程度表示，分为弯曲、稍弯和直挺 3 个等级(图 4–14)。

1、2.锐角（上举）；3.直角（平展）；4.钝角（下垂）。

图 4–13　旗叶角度

1.弯曲；2.稍弯；3.直挺。

图 4–14　旗叶硬度

4.1.4 花序

农作上，燕麦的花序称为穗，是以小穗为单位排成的圆锥花序或复总状花序。花序生于茎顶端（即顶生），幼时为旗叶的叶鞘包被，展开后，花序梗下部仍有旗叶叶鞘的保护和支撑。燕麦花序的外形与结构与果序基本一致，所以本节包含二者。

4.1.4.1 组成与结构

花序位于花序梗顶端，由序轴（花序的主轴）、序枝（花序的分枝）和小穗组成（图 4-15）。在农作上，花序梗称为穗梗，序轴称为穗轴，序枝称为枝梗。花序的各级序枝生于序轴节上（一级序枝或小穗）或序枝节上（二级序枝或小穗）；序轴节的序枝数量自下而上逐渐减少，基部的最多，顶部的只有 1 个小穗；序轴顶端和各级序枝顶端均为一个具梗小穗。

图 4-15　花序结构

4.1.4.2　序形

花序的外部形状称为序形，农作上称为穗型。根据一级序枝的着生方式，燕麦的花序可分为周散型和侧散型两大类。周散型花序是指花序的序枝环绕序轴向四周均衡地分散；侧散型花序是指花序的序枝倒向序轴的一侧。根据序轴节间和序枝的长度，燕麦的花序可分为紧穗型和松散型。

农作上，根据上述分类依据，将花序分为侧紧型、侧散型、周紧型、周散型 4 种类型（图 4-16）。

1.侧紧型；2.侧散型；3.周紧型；4、5.周散型。

图 4-16　序形

4.1.4.3 序枝

燕麦花序的序枝级数很少，多为一级，极少有二级。

一级序枝在序轴的节上为半轮生状态，每个半轮生状分枝为 1 个轮层。每节为 1 个轮层，每个轮层着生多个大小不同的一级序枝。一般每个序轴上有 4~8 个轮层（节）。直接着生于一级序枝上的次一级序枝为二级序枝。

小穗着生于序轴和末级序枝的节上及其顶端。多数小穗着生于一级序枝的节上，部分小穗直接着生于序轴的节上，与一级序枝簇生于一侧，共同形成轮层。花序中每个轮层的序枝（含小穗）数量自下而上逐级减少，直至小穗直接着生于序轴顶部（图 4–17）。

A.第一轮，2 枝 2 穗；B.第二轮，1 枝 2 穗；C.第三轮，1 枝 2 穗；D.第四轮，1 枝 2 穗；E.第五轮，2 穗；F.序轴末端 3 节，每节均为 1 穗。

图 4–17 花序的轮层

4.1.4.4　小穗

(1) 小穗数

每个花序着生的小穗数差异较大，一般为 15~40 个（图 4–15），多者可达上百个。

小穗数的多少与品种及栽培条件有关：水肥条件好、种植密度小、序枝和小穗分化期间气温低，形成的小穗多；反之，则形成的小穗少。

(2) 小穗姿态

小穗姿态与小穗梗直接相关。燕麦的小穗梗细长而柔软，使得小穗常呈下垂状态。根据小穗梗弯曲程度，按小穗与序枝间的夹角大小可将小穗姿态分为直立（<15°）、半直立（15°~60°）、下垂（>60°）3 种类型（图 4–18）。

(3) 形状

小穗的形状有纺锤状、长卵状、串铃状和鞭炮状（图 4–19）。

(4) 组成与结构

燕麦的小穗由小穗梗、颖被、小花等结构组成（图 4–20）。

1）小穗梗

小穗是燕麦花序的基本组成单位，与小穗直接相接的是小穗梗。燕麦的小穗梗有 2 个特点：一是细长，粗细均匀；二是顶部从下向上逐渐膨大，顶端形成陀螺状，并着生小穗。同一个花序中，小穗梗的长短变化明显（图 4–21），而且在序轴或序枝上着生的角度有所不同，因此形成花序内部的变化。

2）颖被

燕麦小穗直接着生于小穗梗顶端膨大的节上，下部有内颖和外颖组成的颖被，有时也称为第一颖（外颖）和第二颖（内颖）。在农作上将颖被称为护颖，将外颖、内颖分别称为第一护颖和第二护颖。

颖片为卵状披针形或长卵圆形，顶尖渐尖，膜质、厚膜质或纸质，边缘膜质，颖脉粗，近平行，每脉表面有 2 行小硅质凸起，脉间有垂直或斜的横向次级脉（图 4–20）。外颖基部半包着内颖，二者紧贴。小花与内颖之间有小穗轴间隔。

3）小花

小穗的颖片（内颖）内着生有小花。燕麦每个小穗有 1~3（4）朵小花。如有 2 朵或 2 朵以上小花，小花之间的小穗轴明显，不易断落，彼此呈先后或上下鱼贯排列（图 4–22）。顶生小花通常为雄花或不完全花。

1、2.直立；3~5.半直立；6.下垂。

图 4-18 小穗姿态

1、2.纺锤状；3.长卵状；4、5.串铃状；6、7.鞭炮状。

图 4-19　小穗形状

1.具 1 朵小花的小穗，2 个颖片近等长，小花着生于内颖基部；2.具 2 朵小花的小穗，着生第 2 小花的小穗轴节间较长；3.小穗的外颖基部半包着内颖；4、5.颖片局部，示纵向颖脉和横向次级脉。

图 4–20 小穗组成与结构

1.不同序枝上小穗梗长度对比；2.同一节点上小穗梗长度对比；3、4.小穗梗顶端膨大。

图 4-21　小穗梗

1、2.具 1 朵小花；3、4.具 2 朵小花；5、6.具 3 朵小花。

图 4-22　小花数

4.1.5 小花

燕麦的花为花被高度简化的花，始终包于稃被内，形成稃-花复合体，亦称为小花。小花外部的稃被分为外稃（在下）和内稃（在上），内部的花有 2 个浆片或鳞被、3 个雄蕊、1 个雌蕊。

小花无小花柄，以外稃的基部直接着生于小穗轴节上；内稃下部同样无柄，基部与外稃几乎着生于同一节上。内稃相当于花的苞片，花的各个组成部分着生于内稃之上的（各）节上。当有第二小花时，第二小花着生于第一小花之上小穗轴的节上。2 朵小花之间有明显的小穗轴节间，该节间的下端位于外稃与内稃之间，上端位于第二外稃的基部。

4.1.5.1 稃被

小花的稃被（图 4–23）中，外稃长于内稃，外稃薄纸质或厚膜质，内稃膜质。

第一小花的外稃背部无毛，基盘仅具少数短毛或近无毛，无芒或仅背部有较直的芒，顶端常 2 裂；第二小花的外稃无毛，通常无芒。栽培燕麦如具芒，仅第一小花的外稃具芒。内稃舟状，背部光滑，无脉，两侧具有 2 脊，脊上被短纤毛。

燕麦的芒可分为近无芒、短芒（≤2 cm）、长芒（>2 cm）3 个等级。芒型主要是直挺型，曲芒（芒似膝盖弯曲形）较少。芒还有颜色（白色和黑色）、粗细的变化。

4.1.5.2 花

燕麦的花（图 4–24）由雄蕊、雌蕊和退化的花被（鳞被）组成。花被位于子房一侧，2 枚，透明质，下部联合，上部分开，为浆片状。雄蕊 3 枚，其中 1 枚位于鳞被与子房之间，2 枚位于子房的另一侧；花丝白色，较短，极细；花药黄色，长条形，着生于花丝顶端。雌蕊的子房为单心皮。子房密被长柔毛，柔毛白色；花柱 2 枚，较短，白色，幼时拳曲；柱头发达，呈羽毛状，羽裂丝状、密集。

1.近无芒；2.具直芒；3.芒生于外稃中部，外稃上部具 5 脉；4.具 2 朵小花的小穗（已去颖被），第一小花外稃有芒（可见内、外稃），第二小花无芒；5.内稃背部具短茸毛；6.外稃边缘宽膜质，顶端 2 裂；7.内稃背面；8.内稃腹面。

图 4–23　稃被

1.尚有内稃包被的花，2 个鳞被膨大，2 个花柱卷旋；2.花丝伸长前的花；3.雌、雄蕊，花药侧向开裂，内有花粉，羽状柱头上粘有花粉，子房密被长柔毛。

图 4–24　花的组成与结构

4.1.6　果实

燕麦的果实为颖果，其特征是果壁与种壁不易分开，农作上称为籽粒，习称为种子。

4.1.6.1　小穗中果实分布

燕麦果实成熟时其外侧的颖被会裂开，但不脱落，其中外颖的基部两侧仍然包被着内颖。颖内有多枚果实（以 3 果为例），带稃的果实以稃面相向的方式自下而上依次分布，其中最下的 1 枚最大，最上的 1 枚最小。当有败育小花时，其基部的末端小穗轴节间宿存于最小果实基部的外稃与内稃之间。

当小穗仅有 1 枚果实时，果实基部无小穗轴节间。当小穗中具多枚果实时，最下部 1 枚果实的基部无小穗轴节间，其余果实的基部均有一段小穗轴节间，并且位于下部果实的粗于位于上部果实的（图 4–25）。

1.小穗侧面，可见 3 枚发育果实；2.一个小穗中的 3 枚果实（含稃被），示小穗轴节间长度与粗度变化。

图 4–25　小穗中果实分布与形态

4.1.6.2 果外附属物

(1) 稃被

燕麦的果实在发育过程中外部始终有稃被包被，直至果实成熟。

稃被包被的程度存在不同，果实成熟后遇风落粒或自然落粒也与稃被包被程度有关。稃被开裂的程度（即开口大小）可分为松口、中等、紧口 3 类。

颖果成熟后，一类完全包在稃内，另一类完全脱离稃被。农作上将成熟果实是否具有稃被的现象称为带稃性。根据果实是否带稃被（皮），农作上将燕麦的籽粒划分为带皮粒和裸粒 2 种（图 4–26），前者称为皮燕麦（谷粒的形式），后者称为裸燕麦。

稃被的颜色简称为稃色，农作上称皮燕麦的颜色为稃壳颜色，常见的有白色、黄色、褐色、红色、紫色、黑色等颜色，其中尤以白色和黄色为主。

1.果实带稃（皮燕麦）；2.果实不带稃（裸燕麦）。

图 4–26　果实带稃性

(2) 小穗轴节间

燕麦的小穗有数朵小花时，除顶生小花外，每朵小花都可以发育成 1 个颖果。当果实成熟时，裸燕麦的果实会从稃被中脱落，但皮燕麦由于果实包于稃被内，果实脱落时连同稃被从小穗轴的节处脱落，并且在其外稃与内稃之间会留存有上个果实基部的小穗轴节间(图 4–27)。

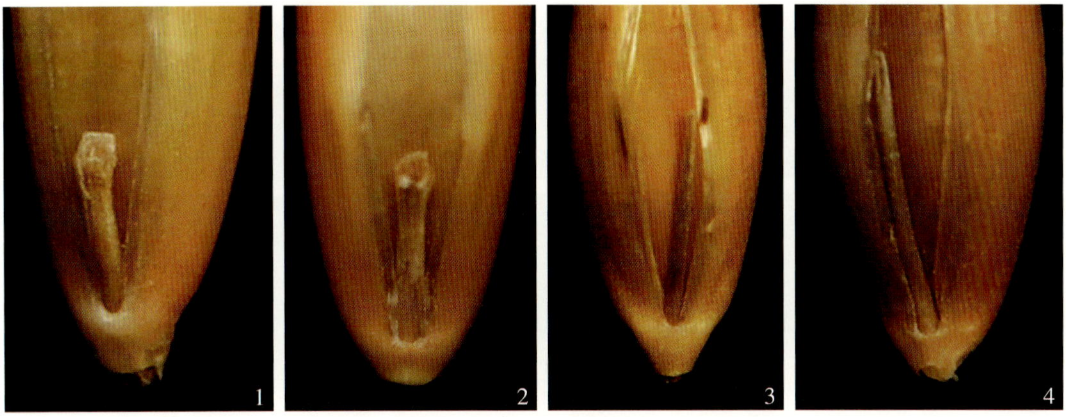

1、2.小穗轴节间粗壮，顶端具断面；3、4.小穗轴节间细长，顶端具断面。

图 4–27　小穗轴节间

4.1.6.3　颖果

(1) 果形

由于燕麦的果实分为皮燕麦和裸燕麦，即带稃和不带稃两类，所以其果实的形状应分别讨论。

皮燕麦果实的形状实际是果外稃被形成的形状，严格地说不是果实真正的形状，所以皮燕麦的果实形状有带稃和去稃两种情形（图 4–28)。带稃的果实常见形状有长椭圆状、长纺锤状、柱形卵状、长卵状和卵状 5 种；去稃的果实具毛被(主要位于顶端)，常见形状有椭圆状、长圆状、纺锤状、长卵圆状等。

裸燕麦果实的形状有长筒状、纺锤状、长圆状、椭圆状和卵状 5 种（图 4–29)。

(2) 果色

由于皮燕麦的颜色实际指的是稃被的颜色，所以燕麦果实的颜色仅指裸燕麦的颜色，有白色、黄色、红色、褐色、黑色等。

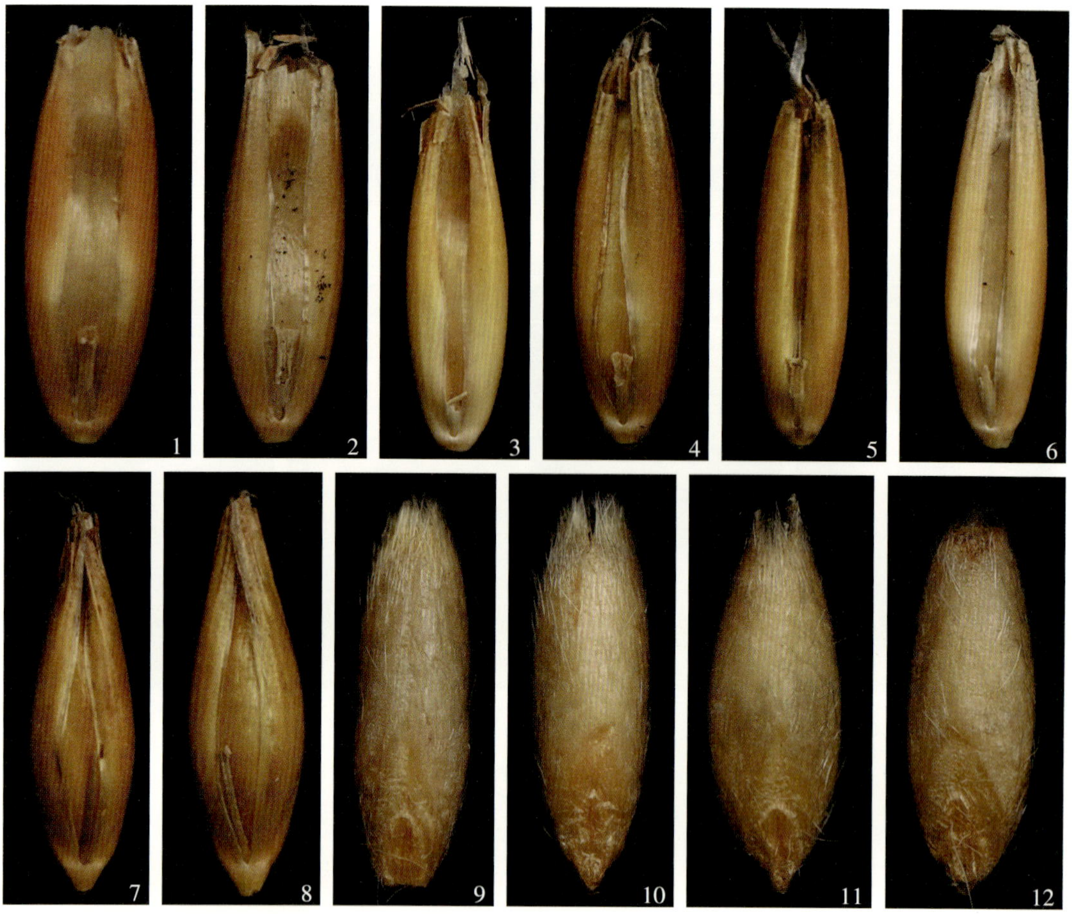

1~8.带稃果实：1、2.长椭圆状；3、4.长纺锤状；5、6.柱形卵状；7、8.长卵状。
9~12.去稃果实：9.椭圆状；10.长圆状；11.纺锤状；12.长卵圆状。

图 4-28 皮燕麦果实的形状

1.长筒状；2.纺锤状；3.长圆状；4.椭圆状；5.卵状。

图 4-29 裸燕麦果实的形状

4.2　燕麦的野生近缘植物

通常认为，燕麦的近缘植物仅为属内种类。全世界燕麦属约有 25 种，分布于欧亚大陆的温寒带。我国燕麦属有 5~7 种，多为引种栽培植物，其中莜麦为栽培植物（偶逸为野生），野燕麦已为归化种。

莜麦（别名：油麦）

Avena chinensis (Fisch. ex Roem. & Schult.) Metzg.

茎： 秆直立，丛生，高 60~100 cm，具 2~4 节。

叶： 叶鞘松弛，基部叶的叶鞘长于节间，常被微毛，鞘缘膜质，透明。叶舌膜质，透明，高约 3 mm，顶端钝圆，或微齿裂。叶片扁平状，质软，长 8~40 cm，宽 3~16 mm，粗糙。

花序/花： 圆锥花序疏松，开展，长 12~20 cm，分枝纤细，具棱角，刺状粗糙。小穗长 25~35（~45）mm，内生小花 3~7 朵；小穗轴细且坚韧，常弯曲，无毛，成熟期不易断落，第一节间长达 1 cm。颖片呈宽披针形，草质，边缘透明膜质，两颖近等长，长 15~25 mm，明显短于小穗，具 7~11 脉。外稃无毛，草质而较柔软，边缘透明膜质，具 9~11 脉，顶端具 2~4 个小钝齿；第一外稃长 20~25 mm，上部 1/4 以上伸出 1 芒，芒长 1~2 cm，细弱，直立或反曲，很少无芒；基盘无毛；内稃短于外稃，长 11~15 mm，具 2 脊，顶端延伸呈芒尖状，脊上具密纤毛。雄蕊 3 枚，花药长约 2 mm。

1

1.野外生长的植株；2.花序及旗叶；3.纤细的序枝及下弯的小穗轴；4.小穗，具 6 朵小花；5.小穗中各小花腹面（从左至右为顶部至基部小花）；6.小穗中第一小花外稃背部具芒；7.外颖（左）和内颖（右）；8.外稃顶端具多个小钝齿。

图 4–30 莜麦

野燕麦（别名：燕麦草、南燕麦）

Avena fatua L.

茎：秆直立，或在基部膝曲，高 50~150 cm，不分枝，具 2~4 节，光滑。

叶：叶鞘光滑，或基部叶的叶鞘被微毛。叶舌透明膜质，高 1~5 mm。叶片扁平，长 10~30 cm，宽 4~12 mm，微粗糙或正面和边缘疏生柔毛。

花序/花：圆锥花序开展，金字塔状，长 10~40 cm；序枝具棱角，粗糙。小穗长 17~25 mm，内生小花 2 或 3 朵；小穗梗下弯，顶端膨胀；小穗轴密生淡棕色或白色硬毛，其节脆硬，易断落，第一节间长约 3 mm。颖片草质，两颖片长度近相等，具 9~11 脉，先端尖。外稃质地坚硬；第一外稃长 15~20 mm，背面中部以下具淡棕色或白色硬毛，芒自稃体中部稍下处伸出，长 2~4 cm，膝曲，芒柱扭转，黑棕色；基盘毛长可达 4 mm。

光稃野燕麦

var. *glabrata* Peterm.

主要特征：外稃无毛（基盘通常具毛），成熟时淡黄色。

1

2

3

1.茎上叶和节；2.叶舌；3.圆锥花序；4.序枝上的小穗自然下垂，示弯曲小穗梗；5.小穗；6.内颖和外颖；7.去颖小穗中的 3 朵小花，示外稃上长硬毛和芒；8.小花腹面，示内稃、具长硬毛的外稃和具硬毛的小穗轴节间；9.芒柱扭转；10.小穗顶端的不育小花。

图 4–31 野燕麦

第5章

谷子及其野生近缘植物

5.1　谷子

◎ **植物名**

拉丁名：*Setaria italica*（L.）P. Beauv.

中文名：粱

别　名：谷子、粟、小米、粟米

◎ **商品名**　粟、小米（颖果）

谷子（图 5-1）为禾本科（Poaceae）狗尾草属（*Setaria* P. Beauv.）一年生草本植物，是重要的栽培谷类作物。

谷子具有多种用途，其中以粮食生产为主。谷子的籽粒营养价值高，除可作为粮食外，还可入药，用于饲养牲畜，用作酿造原料。谷子的茎叶可制成干草、青饲料或作青贮饲料；谷糠亦是良好的饲料。

谷子起源于我国，是我国古老的栽培作物，早在 7000 年前新石器时期的黄河流域就有种植，现欧亚大陆的温带和热带地区均有广泛栽培，主要分布于东南亚、中亚等地区。

我国是谷子的主产国，栽培面积和总产量居世界第一。我国栽培谷子的历史悠久，谷子种植区域辽阔，生态环境各异。谷子的单穗粒多，繁殖系数大，以自花授粉为主，天然异交率为 1%~3%，因此，在漫长的自然选择和人工选择条件下，我国形成了多种多样的谷子遗传资源。全国各地均可栽培谷子，以东北、华北地区最为普遍，特别是干旱严重的河北、山西和内蒙古等地。根据谷子的生态型和品种适应性，可将全国谷子种植区域划分为 4 个区，即东北平原区、华北平原区、内蒙古高原区和黄河中上游黄土高原区。

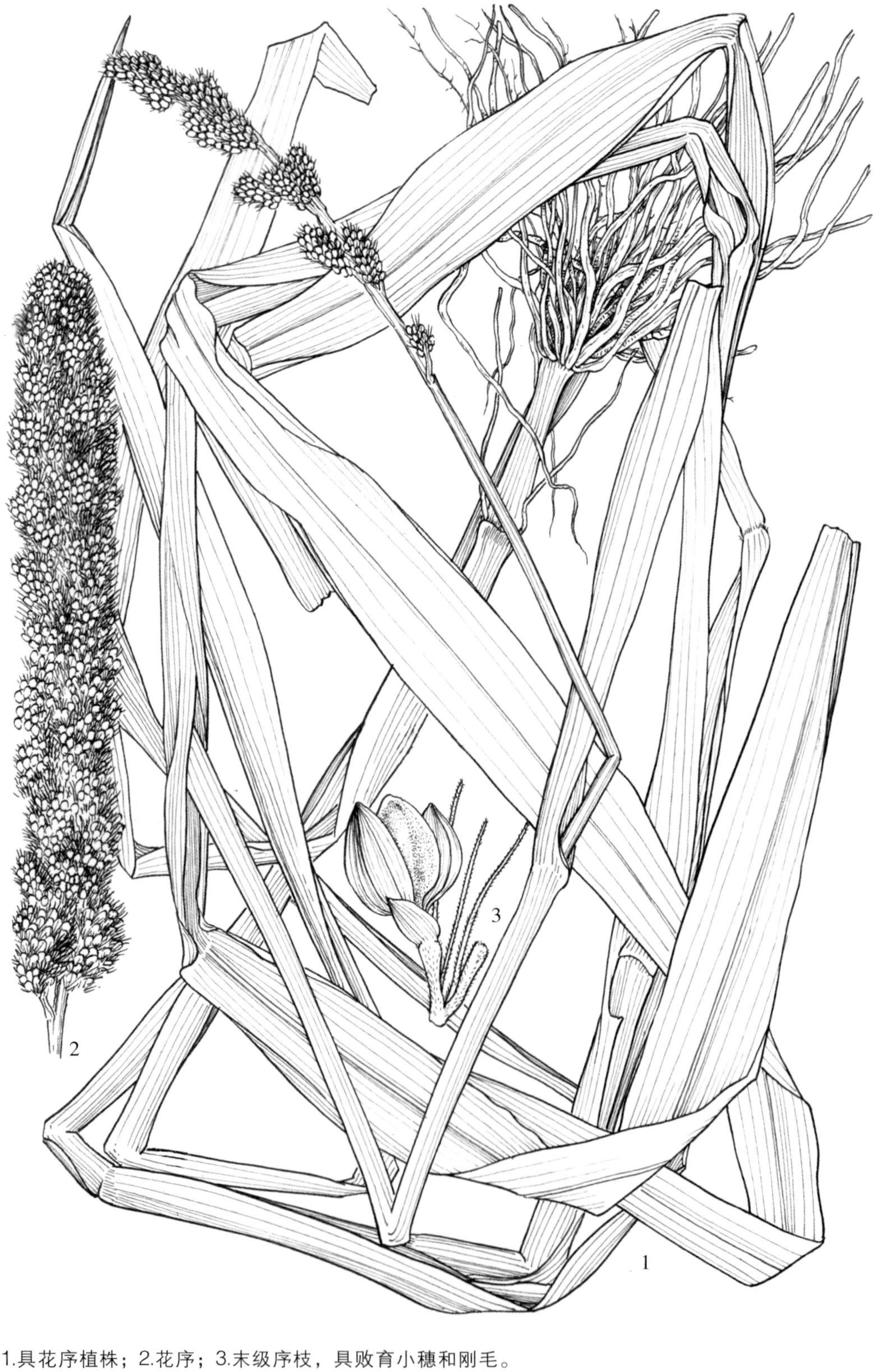

1.具花序植株；2.花序；3.末级序枝，具败育小穗和刚毛。

图 5–1　谷子

5.1.1 根

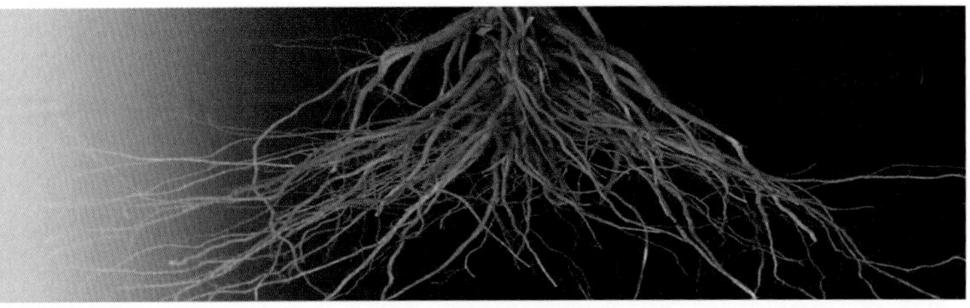

谷子的根系是须根系，包括初生根系和次生根系（含支持根）。

5.1.1.1 初生根系

初生根系是指来源于胚、在种子萌发过程中形成的、早期发出的根，包括由胚根形成的主根（初生根）、初生不定根以及根中茎。

初生根系在谷子苗期之初的生长速度超过谷子的地上部分。三叶期后，其功能逐渐被次生根系取代，因而农作上也称其为临时根。

（1）初生根

谷子的种子（实为颖果）萌发时，胚根鞘首先由种子下部的种脐突破种壁（含果壁），随后胚根从胚根鞘中向外伸出。因此根是最初发出的根，故称为初生根。因其由种子发出，有时也称为种子根。初生根垂直向下生长，在随后的发育中逐渐发生侧根，成为主根，构成初生根系的主体（图 5–2）。

（2）根中茎及初生不定根

胚根发出时，胚中的中胚轴同时将胚芽鞘向外推，沿着稃内侧从种子上端发出。中胚轴长度不定，有时亦可发出不定根。中胚轴生于初生根与胚芽鞘之间，是根与茎的过渡结构，既非根也非真正的茎（胚芽鞘节以上为真正的茎），但也可视为茎基部的第一个节间。由于中胚轴位于地下，也属于根的范畴，所以特称其为根中茎。因为中胚轴来源于胚轴，具有初生根的性质，因此，生于其上的不定根属于初生根，称为初生不定根（图 5–3）。

5.1.1.2 次生根系

在初生根之后发出的根称为次生根。谷子的次生根均为不定根，亦称为次生不定根。次生根均发生于茎的节上，有时称为节根。相对于初生根，次生根存续于植株的整个生长发育期，所以也称为永久根。

谷子的次生根包括位于地下的胚芽鞘和苗期真叶节上发出的不定根，也包括位于地上、靠近地面的茎基部节上发出的不定根（特称为支持根，见本书 5.1.1.3 节）。在外形上，地下次生不定根与地上支持根相近。

1、2.胚根鞘突破种壁；3.胚根从胚根鞘中伸出；4.胚根向下延伸；5.初生根伸长，胚芽鞘和中胚轴伸出；6、7.第一真叶刚显至完全伸出胚芽鞘；8.第二真叶伸出，主根开始发侧根，根中茎开始发出初生不定根；9.三叶期的初生根系进一步发展。

图 5–2　初生根系的发育过程

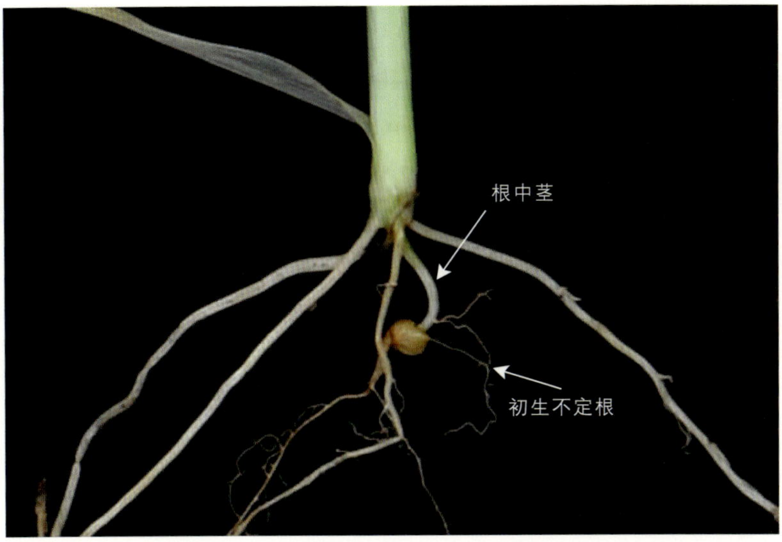

图 5–3 五叶期苗的根中茎及初生不定根

次生根（图 5–4）最早发生于胚芽鞘节。幼苗三叶期以后，随着叶的陆续发出，位于地下的次生根不断发生，直至形成 6 或 7 轮次生根，根的数量进一步增加，分层、成轮并发生侧根，形成庞大的须根系，农作上称为根群。

谷子的次生根自茎的基部向下生长，分布于地下 20~50 cm 处，部分品种的根系入土深度可达 150 cm，横向扩展可达 90 cm。

5.1.1.3 支持根

谷子的茎向上生长（农作上称为拔节）以后，近地面的节上会长出支持根。因其暴露于空气中，故又称为气生根。支持根是生于地上茎的次生不定根，是次生根系的组成部分，也是谷子根系中非常重要的一类根，其最主要的功能是支持和保护植株，减轻倒伏。

谷子的支持根常分布于近地面的茎基部数节上，其外有叶鞘包被。当支持根向外生长时，位于叶鞘内的根鞘首先从茎中发出，随后支持根突破根鞘，从叶鞘基部穿出，逐渐向斜下方伸展。

支持根发出后，基部常留存有根鞘环。根鞘环短，有时其外部随节有毛被。支持根（图 5–5）常位于地上，呈绿色，有时为紫红色；其向下生长、进入地下后，入土部分为白色或淡褐色。支持根的向茎端较粗，向末端渐细。地面以上的部分光滑，坚挺，直伸或以不同弧度下弯；地面以下的部分则有分支或支根。支持根的长度变化较大，不仅不同节上的支持根长度不同，而且同一节上的支持根长度亦不同。支持根通常会随节的生长而呈现出分布层次和长短变化：距离地面越近的节，生于其上的支持根越短；距离地面越远的节，生于其上的支持根越长。

1.五叶期的次生根，明显粗于初生根；2.根群，包括地下多层次生不定根（最顶部 1 层为支持根）；3.地下次生根的不同外形；4.地下茎发出的次生根分层、成轮（去除了部分根）。

图 5-4　次生根

1.地上茎基部 2 层支持根，上层支持根长而稀疏；2.发育不良的上层支持根短而未及地面；3.支持根呈紫色；4.同一节上支持根的排列；5.支持根基部的根鞘环，示毛被；6.支持根的形状，示粗细变化以及入土部分的少数侧根。

图 5-5　支持根

5.1.2 茎

谷子是禾本科植物，其茎又称为秆，农作上称为茎秆。狭义上，茎是指生于地面以上的植株主干，包含茎基部具有支持根的节间部分。广义上，茎还包括茎顶端的花序梗和花序轴，以及地面以下具有节根的短缩茎，因此茎的下部最末端应从胚芽鞘节开始，上部最末端应为花序轴顶端。本节仅介绍狭义的茎。

5.1.2.1 茎的组成

谷子多数品种只有一根主茎，很少分枝，表面光滑，有节和节间，外部被叶鞘。

(1) 节

谷子的地上茎有 6~25 个节。节在茎上隆起，为实心部位，是植株极其重要的组织结构，具有 4 种功能：一是增大茎的强度，使其保持直立状态；二是使节间延长，茎生长增高；三是着生叶和根；四是形成分蘖或分枝。

茎上节被包于叶鞘内。节隆起膨大，两侧向上、下节间逐渐斜下，形成上、下两个斜侧面，顶面尖、平或微凹，有时下凹明显或呈凹槽状，所以节分为上、下两部分，有时亦分为上、中、下三部分，其中中部或中下部可发生不定根和腋芽，基部为着生叶鞘的鞘环。

茎上节基部均着生有叶。节上叶鞘内有时具腋芽，在地上茎可发育成分枝茎，在地下茎可发育成分蘖茎。茎节生有不定根。在具尖顶的节上，不定根生于节下斜面、靠近叶鞘基部内侧；在顶面平或呈凹槽状的节上，不定根则生于节平面。地上茎的基部、靠近地面以上的少数几个节常生有支持根，地下茎的节上均生有次生不定根。节顶面与叶鞘之间的距离（厚度）自下而上渐宽，而节的宽度（厚度）渐窄。

谷子的节上常有附属物：从节下沿开始，整个节外始终有叶鞘包被；叶鞘基部的节下方常具极短的柔毛；节中部或下部的支持根基部生有根鞘环（图 5-6）。

1、2.具较薄顶面的节；3.具凹槽的节；4.节中下部显露支持根的根鞘顶；5.节上具支持根；6.具宽顶面的节，中部生支持根；7.节下方、叶鞘基部具毛被，节中部具支持根的鞘环，节上部显露未发出的支持根；8~10.同一茎下部、中部、上部的节。

图 5-6　节的外部形态

（2）节间

谷子茎的节间中空，其基部有居间分生组织，位于节的上部。节间（图 5-7）通常全部由叶鞘包围和保护，很少有节间顶部暴露在外，而且叶鞘多出现在茎下方，但茎顶端为花序梗的 1 个节间，其下部常被叶鞘包裹，上部常裸露在外。一株谷子的茎有6~25 个节间。

颜色：节间的颜色常为绿色，少数品种为紫红色，有时暴露在鞘外的绿色节间或节间部分颜色会发生变化，如转变为黄色、褐色、紫红色等。

长度：地上茎的节间通常明显伸长，但长度差异不大，同一茎上不同部位的节间长度不同，一般基部较短，越向上越长，中部以上长度相近；顶端一个节间特别长，特化为花序梗；地下茎的节间均很短。不同品种之间的节间长度存在较大的差异，有的节间普遍较长，有的节间普遍很短。

粗度：同一茎的节间粗度从基部向上逐渐变细，顶端一个节间（花序梗）最细；不同品种甚至同一品种在不同栽培条件下的不同植株的粗度也存在差异。

1.全茎的节间（19 个）；2~10.节间的颜色；11.同一茎的节间粗度自下而上逐渐变细；12.不同品种茎的粗度对比；13~15.不同品种茎的节间长度对比。

图 5–7　节间的外部形态

5.1.2.2 株型

株型是指植株的外形。由于谷子的茎不分枝或极少分枝，叶片多狭长、下垂，所以株型主要取决于茎的弯曲程度或茎的姿态。

茎的外形呈圆柱状，下部略扁平，中空，直立。谷子的茎较细长，常直立，自下而上逐渐变细。由于花序（谷穗）长而粗，受重力作用发生弯曲或下垂，所以茎的上部或中上部通常呈不同程度弯曲，有时甚至会延及茎的中下部，有时顶部会弯垂，使植株呈现不同姿态。茎弯曲的程度与品种、果穗大小和栽培条件有关，只有少数茎矮短、粗壮的品种或果穗较小的品种的茎为直立（图 5-8）。

1~3.茎细，植株中上部弯曲、倾斜，穗大而下垂；4.茎粗，植株中下部直立，上部弯曲，穗长而弯；5.茎粗，植株直立，顶部弯曲，穗弯；6.茎粗，植株直立，顶部弯垂，穗大、长而下垂；7.茎细，植株直挺，穗小、微弯至近直；8.茎粗，植株直挺，穗粗短而直立。

图 5–8　株型

5.1.2.3　株高

谷子的株高通常是指植株生长定型后，从分蘖节至花序基部的高度，主要是指地面以上的茎高。

株高有时也包括整个花序。由于谷子的果穗通常较大、较重，茎的顶部甚至上部或中上部向下弯曲，所以实际垂直高度要低于茎高。株高可由 3 种高度计量：一是地面至花序基部或花序梗顶端的高度；二是地面至花序顶端的高度；三是地面至茎弯曲弧度最高点的高度。

谷子的株高与品种有关，一般为 50~150 cm，有时更矮或更高，大体可分为矮（<50 cm）、较矮（50~100 cm）、中等（>100~150 cm）、较高（>150~200 cm）和高(>200 cm) 5 个等级（图 5–9）。

190
高
中等
矮
1
2
3
4
5

1.较高植株（至茎顶 170 cm，至穗顶 191 cm）。2.较矮植株（至茎顶 70 cm，至穗顶90 cm）。
3.同田栽培的不同株高谷子的对比。
4~9.不同高度等级的植株：4、5.高；6.较高；7.中等（大田栽培的谷子）；8.较矮；9.矮。

图 5–9　株高

5.1.2.4 分蘖和分枝

谷子茎的节部叶腋内可产生腋芽。腋芽可发育成新的次级茎，其中位于地下茎节上和地面茎基部节上的称为分蘖，由此节（该节称为分蘖节）形成的茎称为分蘖茎；位于茎的其他节上的称为分枝，由此节（该节称为分枝节）形成的茎称为分枝茎（图 5-10）。

在农作上，具有分蘖的特性和具有分枝的特性分别称为分蘖性和分枝性。谷子的分蘖性是指抽穗期地下茎分蘖节位的腋芽发育为（一级）分蘖的能力，分枝性是指成熟期地上茎分枝节位的腋芽发育为（一级）分枝的能力。受顶端优势影响，谷子的腋芽通常受抑制，分枝发育较少。

1.地下节形成的分蘖茎；2.地上节形成的分枝茎。

图 5-10　分蘖茎和分枝茎

5.1.3 叶

叶是谷子最主要的光合作用器官。谷子的叶始于胚芽鞘或第一真叶，发展于苗期，繁盛于拔节期之后，衰败于果熟后期。在谷子的整个生长发育过程中，先后出现不同类型的叶。本节主要介绍生于地上茎的叶。

5.1.3.1 叶的类型

谷子的胚芽鞘最早出现于地面，其余叶均发生于其后，属于真叶，其中常见的叶是生于地上茎的叶。谷子的叶有多种类型，如胚芽鞘、第一真叶、苗期叶、茎生叶等。

（1）胚芽鞘

除种子的盾片（即子叶，不出土）外，谷子的第一叶为胚芽鞘（图 5–11），有叶鞘，无叶片，为不完全叶。该叶包着胚芽，最早突破颖果壁，伸出地面，保护第一真叶直到其出土。胚芽鞘半膜质，表面光滑，无脉，顶端具斜向开口；真叶发出后，胚芽鞘呈长鞘筒状，包围真叶下部。真叶陆续发出后，胚芽鞘很快枯萎。

1.一叶一心期的胚芽鞘和第一真叶；2.二叶期枯萎的胚芽鞘；3.三叶期后枯萎的第一真叶和破损的胚芽鞘。

图 5–11　胚芽鞘和第一真叶

（2）第一真叶

谷子的第一真叶是指第一个具有叶鞘和叶片的叶（图 5–11），是行使叶功能的第一叶。胚芽鞘出土后不久，该叶随即从鞘顶裂口中伸出。第一真叶的叶片宽平，叶鞘呈圆筒状，二者在靠“茎”（此时实为多叶套合形成）处平直过渡；叶鞘和叶片光滑，叶脉与鞘脉清晰，均匀一致。第一真叶与其他叶的不同之处：叶片最短，呈椭圆形，顶端稍尖或凸尖，下部渐狭，与叶鞘之间几乎无明显界线。

（3）苗期叶

广义上，谷子的苗期叶包括第一真叶与拔节期前生长的叶，但第一真叶在形态、大小、生存时间等方面与其后生长的叶有明显的不同，故此处不含第一真叶。

与第一真叶相比，苗期叶有许多不同：叶片更大、更长，呈披针形、长披针形、线状披针形或长线状披针形，有中脉，顶端渐尖，基部逐渐显现，与叶鞘之间有明显界线——叶颈线（农作上称叶枕），其颜色有差异，且向外斜展。由于此时真正的茎尚未形成，节间紧缩，苗期叶呈套合生长，多叶的叶鞘及其内部卷曲呈柱状的叶向上延伸，看似成茎。随着“茎”的增粗，下部叶的叶鞘中鞘缘在鞘的上部自上而下逐渐分开。新发出的叶或“茎”顶端的心叶，其下部卷成筒状，位于其下部叶的叶鞘内，上部逐渐展平（图 5–12）。

第一真叶后陆续发出的苗期叶与拔节后生长的茎生叶相比有一定的差别，如苗期叶发生时间段或发育期早，叶片较小，着生叶的茎节多在地下，节间极短，叶间距小，位于茎基部，光合作用能力弱，衰败较早等。

1.五叶期的苗期叶；2.第一真叶已失绿、枯黄，第二真叶已分出叶鞘和叶片（下部）；3.第二真叶后发出的叶，叶片与叶鞘交界处已有叶颈显现；4、5.顶端叶的下部呈卷状（不同角度）。

图 5–12　苗期叶

（4）茎生叶

茎生叶主要是指拔节期后茎上发生的叶，是谷子叶中最主要的一类叶，具有强大的光合作用能力。茎生叶与苗期叶相比：叶片普遍较大，既宽又长，呈长披针形；叶颈更明显；叶鞘极长，常长于节间，且包被节间；叶间距大；生存期长。

5.1.3.2　叶的组成与结构

在前述的 4 类叶中，前 3 类叶的结构相对简单，下面详细介绍茎生叶的组成与结构。谷子的茎生叶由叶鞘、叶片、叶舌和叶颈等部分组成（图 5–13）。

（1）叶鞘

谷子的叶鞘着生于节的下部，向上合围节和节上方的节间，外形呈圆筒状。

鞘筒单边开口，两鞘边通常交叠，交叠面自下而上逐渐减小，有时上部不交叠，或闪露节间；交叠程度因节位在茎上的高度和节的粗度而不同。茎上最顶部叶的叶鞘常不全部包被茎上最顶部的节间——穗颈，少数品种的顶部叶鞘完全包被穗颈甚至花序的下部；由于茎增粗，成年植株茎基部或下部叶的叶鞘顶部或中上部会裂开或偏离茎，呈现出不包被节间的现象。少数品种的鞘边交叠程度很小，甚至仅在节间基部或下部交叠。

谷子的叶鞘常超出节间的长度，包被上一个节上的叶鞘，有时甚至包被 2 或 3 个节间，很少短于节间；叶鞘普遍短于叶片，短者为叶片长的 1/3，长者为叶片长的 2/3。叶鞘通常细长，少数品种的叶鞘粗短；叶鞘的长度可分为短、中等、长 3 个等级（图 5–14）。

1.茎上部叶，长披针形；2.茎中部叶，线形，示叶鞘和叶颈；3.叶的局部，示叶鞘和叶舌。

图 5-13　叶的组成

1.短；2.中等；3.长。

图 5-14　叶鞘长度

叶鞘有发达的维管束和机械组织，表面可见清晰的平行鞘脉。叶鞘密具疣毛或无毛，尤以近鞘边和鞘基背面的毛较密；叶鞘边缘光滑或具短纤毛。

谷子叶鞘的颜色有黄绿色、绿色、紫褐色、紫色、紫红色等（图 5-15）。农作上的叶鞘颜色以第五叶的叶鞘颜色为准。

图 5–15　叶鞘颜色

(2) 叶片

1）大小

谷子的叶片大小用长度和宽度表示，农作上通常指主茎倒二叶的长度和宽度。不同品种的叶片长度和宽度不同，不同栽培条件下同一品种的叶片长短也有一定差异。叶片的长度范围较大，短者约 10 cm，长者达 45 cm 甚至更长，可分为极短、短、中等、长、极长 5 个等级。叶片的宽度范围更大，窄者约 5 mm，宽者约5 cm，甚至更宽，可分为很窄、窄、宽、很宽等不同等级（图 5–16）。

2）形状

叶片呈长剑状披针形、长披针形、线状披针形或线形、狭线状披针形，基部钝圆，先端渐尖或长渐尖(图 5–17)。

3）毛被

谷子的叶片两面无毛，正面粗糙，反面稍光滑，边缘有小刚毛（图 5–18）。

4）颜色

谷子成年植株茎生叶的叶片常为不同程度的绿色、紫色或绿中带紫的颜色(图 5–19)。

1.长而窄；2.长而宽；3.中等长而窄；4.中等长而宽；5.短而窄；6.短而宽。

图 5-16　叶片大小

1、2.长剑状披针形；3、4.长披针形；5、6.线状披针形；7、8.狭线状披针形。

图 5–17　叶片形状

1.正面；2.反面。

图 5–18　叶片毛被

图 5–19　叶片颜色

(3) 叶舌

叶舌是叶鞘口缘衍生的附属结构，着生于叶鞘与叶片基部交界处。谷子的叶舌短而厚，密被长纤毛（图 5–20）。

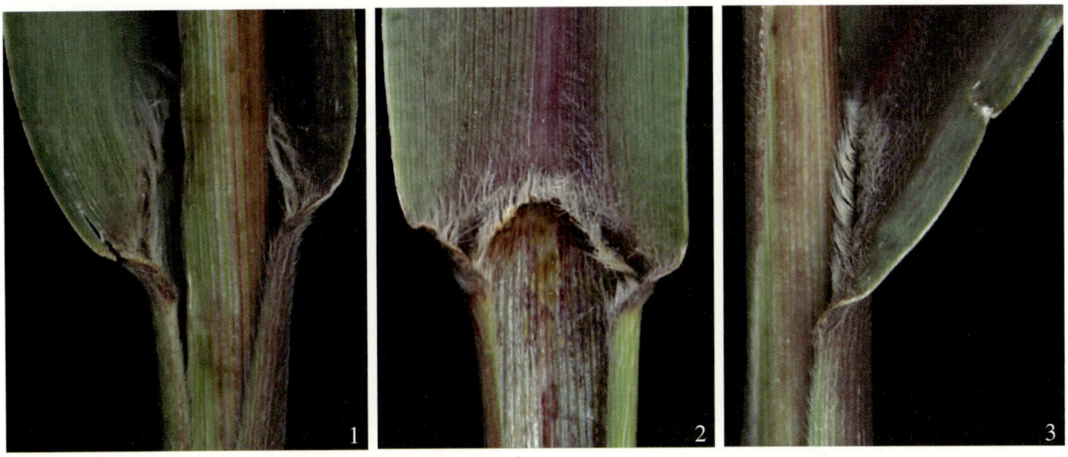

1、2.正面观；3.侧面观。

图 5–20　叶舌

(4) 叶颈

叶颈是叶片基部与叶鞘的交界处或过渡部位，从中脉基部向两侧扩展，以适应叶片基部增宽以及叶片离茎和上下移动。谷子的叶颈较窄，侧面观略呈狭三角形（图 5–21）。

1、2.背面观；3.侧面观。

图 5–21　叶颈

5.1.3.3 叶的分布

在谷子的地上茎上，除基部外，其他部位叶的分布都比较均匀（图 5–22）。茎上不同部位的叶大体呈现出如下规律：①叶间距相差不大；②茎下部的叶短于茎中上部的叶，尤其是苗期生长的叶。

图 5–22 叶在茎上的分布

5.1.4　花序

谷子花期的花序和果期的果序在外形和结构上基本一致，其中果序只是花序在果期的另一种称呼，所以农作上常将花序与果序统称为穗，亦称为谷穗，有时也称为花穗（花期）或果穗（果期）。本节所述花序也包括果序。

5.1.4.1　组成与结构

谷子的花序为一分枝繁复的总状圆锥花序，外形呈穗状花序，以小穗为基本单位，具有 3 级序枝（即花序分枝）。整个花序有一根通直的花序轴，简称为序轴，又称为主轴或穗轴，表面密被白色柔毛。序轴上着生排列整齐的 3 级序枝，使得花序基本形状呈近圆柱状、圆锥状或穗状。花序密实、丰满，三级序枝（即末级序枝）上聚生多数（6~12 个）小穗（图 5–23）。小穗基部生有由不发育小枝形成的芒状刚毛（1~5 根），刚毛长于小穗，花序表面毛糙。

农作上将每个一级序枝及其上着生的所有次级序枝、小穗和刚毛统称为谷子的穗码（图 5–23：3）。所以可以认为谷子的花序是由序轴和数量众多的穗码组成的，花序的变化多发生在穗码上。

(1) 花序梗

谷子的花序梗由茎最顶端节间转化而成，虽然如此，但它常与花序形成一个整体，属于繁殖器官的组成部分，农作上也称其为穗颈。它是茎与花序的过渡部位，直接影响植株的高度和姿态。花序梗虽然结构单　，但仍有多方面的形态变化，包括长度、粗度、弯曲度、颜色等，其中最重要、最明显的是长度和弯曲度（图 5–24），尤其是前者。

花序梗是全茎中最长的节间，也是最细的节间，所以相对其他节间更易发生弯曲，且弯曲的程度与其长度极为相关。花序梗下部有叶鞘包裹，所以通常所见的露在叶鞘外的长度并不是其真实长度。不同品种谷子的花序梗长度亦有差异。

根据露在叶鞘外的花序梗的长度，花序梗可分为未出鞘、极短（含刚出鞘）、较短、中等长、较长、极长等不同等级；根据弯曲程度，花序梗可分为直立、稍弯、中等弯、大弯、弯垂等不同等级。

农作上将谷子成熟期的果序梗在自然生长条件下的弯曲形状称为穗颈形状，分为直立、中弯、弯曲和钩形。

1.花序全形；2.花序局部，示一级序枝分布式样；3.穗码，示二级序枝分布式样；4.二级序枝，示三级序枝分布式样；5.末级序枝（三级序枝），示小穗分布式样。

图 5-23 花序结构（刚毛形成后）

1.未出鞘，直立；2.极短，直立；3.较短，直立；4.较短，稍弯；5.较短，弯垂；6.中等长，大弯；7.较长，弯垂；8.极长，大弯。

图 5–24　花序梗长度和弯曲度

（2）序轴

花序轴简称序轴，农作上称为穗轴，是花序梗的延续。谷子的序轴单一，很少有分枝，有时少数一级序枝稍长，也会形成形似分枝的拟分枝。序轴直通花序顶端，其上着生一级序枝；序轴粗细不同，且与花序梗的粗度相关；常具细棱，有时棱不明显或无棱；序轴及序枝常有柔毛（毛被），有时毛被较少或无（图 5–25）。

1~3.分枝：1.不分枝；2.拟分枝；3.分枝。4~6.毛被：4.密被毛；5.疏被毛；6.无毛。

图 5–25 序轴的分枝和毛被

(3) 小穗[①]

谷子的小穗长 2~3 mm，生于三级序枝上，体积很小，数量极多，一个花序上有数百个甚至成千上万个。小穗生于小穗梗顶端膨大的节上，此节称为节盘。小穗由颖被和小花（花期）或颖果（果期）组成（图 5-26），其中颖被包着小花或颖果。颖被由内颖和外颖组成，位于小穗的基部，农作上称为护颖，呈黄绿色、绿色、浅紫色或紫色。外颖（即第一颖）位于外侧或小穗的基部，长度为小穗的 1/3~1/2，具 3 脉。内颖（即第二颖）位于外颖内侧（上方），长度稍短于小穗或约为小穗的 3/4，先端钝，具 5~9 脉。内颖明显大于外颖，而且着生位置高离外颖的着生点，二者近似上下排列。颖果脱落后颖被宿存。在内颖以内生有由外稃（具数脉）和内稃包被形成的小花。

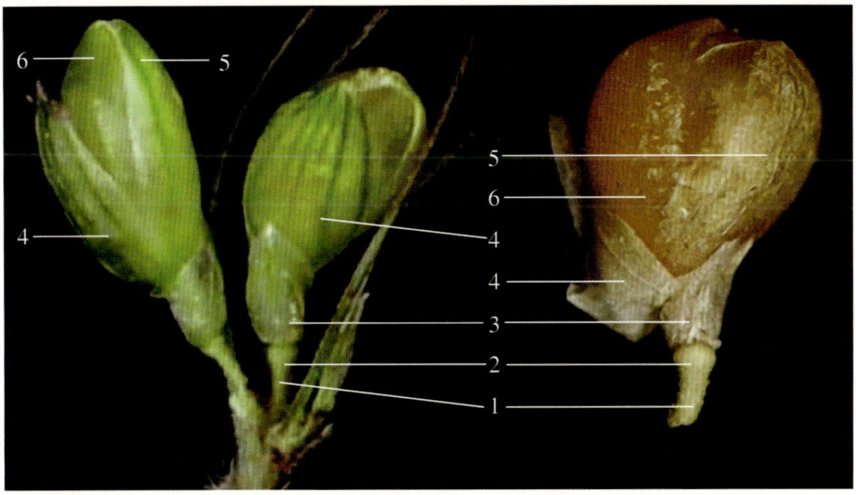

1.小穗梗；2.小穗节盘；3.外颖；4.内颖；5.第一外稃；6.第二外稃。

图 5-26 小穗结构（左为花期，右为果期）

(4) 刚毛

谷子的小穗梗基部着生有（1）3~5 条刚毛，农作上称为刺毛。颖果脱落后，刚毛仍宿存。刚毛有长有短，长度因品种而异，是区分品种的重要特征。同一个花序上，不同部位的刚毛长度亦不相同。农作上，依据灌浆期刚毛的长度，将刚毛分为很长（>12 mm）、较长（>9~12 mm）、长（>7~9 mm）、短（>4~7 mm）、很短（2~4 mm）、近无等不同等级。刚毛的颜色为黄色、绿色、褐色或紫色（图 5-27）。

---

①谷子的小穗具副颖 1 枚，位于小穗下方，较小且远离小穗。小穗颖被内生 2 朵小花，其中位于下部的小花常为稃被退化的不孕花（雄性或中性花），偶为具稃被的可孕花（如黍稷，见本书第 6 章）；位于上部的小花为具坚硬稃被的可孕两性花。 ——作者注

1
2
3
4
5
6
7
8
9
10
11
12

1.花期刚毛。2.果期刚毛。3~7.刚毛长度（与果对比）：3.很长；4.较长；5.长；6.短；7.很短。8~16.刚毛颜色。

图 5–27 刚毛

5.1.4.2 形态

谷子的花序外形相对简单，稀有分枝，但花序内部结构繁复，在序轴和刚毛以及花序的长度、粗度、密度、弯度、形状、颜色等方面有许多变化，表现出形态多样性。

（1）长度

花序的长度简称为序长，农作上称为穗长。序长取决于序轴的长度。以不分枝的序轴为例，普通谷子花序长 10~40 cm，甚至更长，其上穗码也较多，有 70~80 个。花序的长度和穗码的数量常因品种而异。以大田栽培的品种为中等穗类型，短于此者为短穗类型，长于此者为长穗类型（图 5–28）。

（2）粗度

谷子花序的粗度简称为序粗，农作上称为穗粗，与一级序枝的长度和分枝角度有关。普通谷子的花序直径为 6~60 mm，不同品种的粗度不同。以大田栽培品种为中等穗类型，大体可以分为细穗类型、中等穗类型、粗穗类型（图 5–29）。

（3）密度

谷子花序的密度简称为序密度，是指花序的松散或紧密程度。序密度与花序上一级序枝的分布疏密相关。农作上将序密度称为穗松紧度和穗码密度。谷子的穗松紧度是指成熟期果序（即果穗）上小穗或颖果排列的紧密程度，分为疏松、中等、紧密 3 个等级（图 5–30）。穗码密度是指成熟期果序中部单位长度的序轴（穗轴）上着生的穗码数量，分为疏松、较松、中等、较密、密 5 个等级。穗码的大小和分散程度直接影响序密度。

1、2.长穗类型；3、4.中等穗类型；5、6.短穗类型。

图 5–28 花序长度

1、2.细穗类型；3、4.中等穗类型；5~8.粗穗类型。

图 5–29　花序粗度

1~4.紧密；5、6.中等；7~10.疏松。

图 5–30 花序密度

(4) 弯度

谷子花序的弯度在农作上称为穗弯度，是指花序本体弯曲的程度，与序轴的长度和粗度、花序或果序的大小有关，分为不弯（含直挺、下垂）、微弯、中弯、大弯等(图 5-31)。

1.直挺；2.下垂；3、4.微弯；5、6.中弯；7、8.大弯。

图 5-31　花序弯度

(5) 形状

花序的外部形状简称为序形，农作上称为穗型，可分为若干类型。谷子的序形主要由序轴和一级序枝决定。序轴的长度决定花序的长度；序轴的分枝情况决定花序是属于不分枝型（单轴型）还是属于分枝型；一级序枝的长度、疏密程度则决定花序的粗度、松散度。

1）不分枝型

不分枝型花序虽然为单体，但在某些方面（如整体的长度、粗度和弯度，顶部和基部的粗度，穗码的分布等）有许多变化，可形成不同的形状，如卵状、圆筒状、圆柱状、鞭状等（图 5–32）。

1.短柱状；2.细柱状；3.粗柱状；4.鞭状；5.长圆状；6.细棍棒状；7.短棍棒状；8.棍棒状；9.鱼串状；10.长纺锤状；11.长梭状；12.鸡嘴状；13.长圆锥状；14.弯穗状；15.钩状；16.圆弧状；17.念珠状。

图 5–32　不分枝型花序

2）分枝型

谷子花序中分枝型花序（图 5-33）比较少见。由于分枝有数量、长度和分布位置的变化，所以亦形成不同序形，常见的有鸭嘴状、猫爪状、龙爪状、佛手状等，其中佛手状又可以分为小佛手状（分枝较短，位于花序中部）和大佛手状（分枝较长，位于花序基部）。

1.小佛手状；2.大佛手状；3、4.鸭嘴状；5.猫爪状；6.龙爪状。

图 5-33 分枝型花序

（6）颜色

谷子花序的颜色简称为序色，农作上称为穗色，主要有白色、黄色、红色、灰褐色、黑色等（图 5-34）。它是由小穗颖被的颜色决定的，所以农作上也称为籽粒颜色。同一花序中小穗的颜色一般相同（纯色），也可以不同，但不同颜色的小穗在花序上均匀分布（混色）。

图 5–34　花序颜色

5.1.5 小花

谷子的小花在小穗中，位于颖被之内，由稃被和花组成。颖被之内有 2 朵上下排列的小花：位于下部的小花退化，称为不育小花或不孕小花；位于上部的小花可育，称为可育小花、可孕小花或结实小花。严格意义上，小花含有花外的稃被，并不是真正的花，应属于伪花或假花。

5.1.5.1 稃被

可育小花有内外稃形成的稃被（图 5–35）。外稃呈卵圆形或圆形，质坚硬，平滑或具细点状皱纹；内稃稍短于外稃。内外稃靠合，包被小花的其余各部分。

不育小花的外稃称为第一外稃，与小穗等长，具 5~7 脉；内稃薄纸质，披针形，长为外稃的 2/3。可育小花的外稃称为第二外稃，与第一外稃等长，卵圆形或圆形，质坚硬，平滑或具细点状皱纹。稃被幼时通常为绿色，果熟期则为不同颜色。

由可育小花发育成熟的籽粒，自第一外稃基部与内颖分离、脱落。

5.1.5.2 花

谷子的花是真花（简化的花），由鳞被（浆片）、雄蕊、雌蕊组成（图 5–35）。

（1）鳞被

谷子的鳞被由花被演变而来，为浆片，先端不平，呈微波状。开花时，浆片吸水膨胀，撑开内外稃，便于花丝伸出稃外。

（2）雄蕊

谷子的花有 3 枚雄蕊。开花时，花丝伸出稃被，花粉囊纵裂，散出花粉。花药呈白色、黄色或褐色。

（3）雌蕊

谷子雌蕊的花柱从基部分离；柱头 2 个，呈羽毛状。柱头的颜色有白色、紫色等。授粉后，柱头逐渐消失。

1.小花结构示意图；2.外稃；3.内稃；4.雄蕊及子房。

图 5-35　可育小花的组成与结构

5.1.6 果实

谷子的果实为颖果，由胚、胚乳、种壁和果壁构成，其中后二者甚薄，合生，不易分离，农作上称为籽粒或籽实，有时习称为种子或谷子。

果实由子房受精后膨大发育而成。谷子的果实成熟后依然被包裹在稃被中，不易脱离，此时应称为谷粒，其中稃被在农作上称为谷壳。谷子去除谷壳后的果实为颖果（图 5–36），通称为小米，但可食用的小米是去除果壁（含种壁）后的部分。

图 5–36　谷粒（左）和稃被内的颖果（右）

5.1.6.1　颖果

（1）形状和大小

谷子的颖果呈近圆球状或椭圆状（图 5–37），外形有背腹之分。背面为凸起面，有沟，胚位于沟内；腹面为具脐面，比较平坦，基部有下凹的脐。种皮由一层大细胞组成，糊粉层也由单层细胞组成。谷子的果序结实数甚多，籽实极小，直径约 0.1 cm，千粒重为 1.9~3.6 g，四倍体品种千粒重在 5 g 以上。

1~3.近圆球状；4~6.椭圆状。

图 5–37　颖果形状

(2) 颜色

成熟颖果的颜色简称为果色，农作上称为粒色，也称为籽粒颜色或颖壳色，常见的有白色、黄色、红色、灰褐色、黑色等，各色间有过渡色（图 5–38）。

图 5–38　颖果颜色

5.1.6.2　小米

谷子成熟果实脱壳后的部分俗称为小米。通常，在脱壳的过程中，种壁、果壁、胚会被连带去除。小米的形状为圆球状，常因加工后胚脱落而形成凹缺，所以小米实际上多为胚乳。

（1）大小

小米极小，直径约 1 mm，不仅不同品种的小米大小不同，而且同一品种的小米也会出现大小差异（图 5–39）。

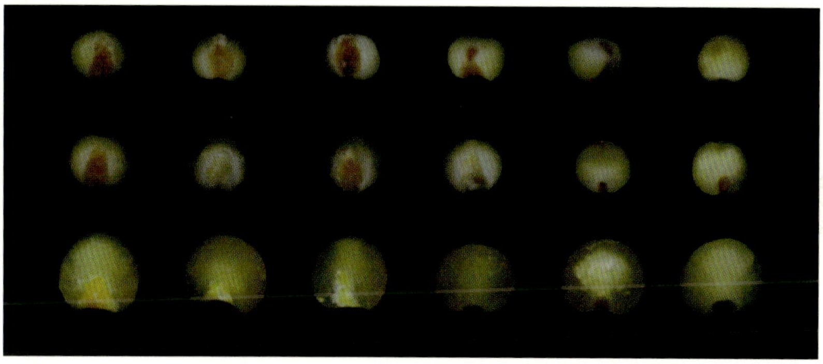

图 5–39　同一品种小米的大小差异

（2）颜色

小米的颜色有白色、浅黄色、黄色、青灰色等（图 5–40），其中常见的为黄色和白色。

图 5–40　小米颜色

5.2 谷子的野生近缘植物

谷子是禾本科狗尾草属的一个二倍体栽培种。全世界狗尾草属有 130~140 种，主要分布于热带和亚热带地区，并扩散到全球暖温带地区，其中绝大多数种类为野生植物，包括牧草和杂草。中国分布有 14 种狗尾草属植物，除谷子外，其余种类均为野生种。这些植物为谷子的近缘野生种，在抗旱、耐盐碱、养分高效利用、抗病虫等众多方面蕴含丰富的有益基因。

断穗狗尾草

Setaria arenaria Kitag.

根：须根纤细，长可达 20 cm。

茎：秆丛生，斜向上升，基部微膝曲，纤细，高 20~100 cm，光滑，无毛。

叶：叶鞘松弛，基部叶鞘薄纸质，具较细疣毛，上部叶鞘鞘口和边缘具细纤毛，其余均无毛。叶舌矮，顶端具细纤毛。叶片狭长披针形，薄，长 5~15 cm，宽 2~7 mm，基部宽圆形，先端长渐尖，主脉粗，呈脊状，两面无毛，稍粗糙。

花序/花：圆锥花序紧缩，呈圆柱状，长 2~9 cm，宽 5~8 mm（不含刚毛）。下部序枝常稍疏离；序轴具稠密长柔毛，稀无毛。小穗狭椭圆状，长 2.5~3 mm，托以 1~4 枚或更多的细弱刚毛。刚毛上举或略斜展，绿色或紫色，长 2~8 mm。外颖卵形，薄纸质，长为小穗的 1/2 或更短，先端渐尖，具 3 脉；内颖与小穗等长或稍短，具 5 脉。第一外稃与小穗等长，具 5 脉；第一内稃狭披针形，膜质，长为第二小花的 1/2~2/3。第二外稃浅黄色或灰绿色，具极细的横皱纹，顶端稍尖。鳞被 2 枚，楔形，顶端微凹；花柱基部分离。

1.具花序植株；2.外颖；3.内颖；4.第一外稃；5.第一内稃；6.鳞被。

图 5–41　断穗狗尾草

莩草（别名：松村稷）

Setaria chondrachne (Steud.) Honda

根：具鳞片的横走根状茎，鳞片质厚，密生棕色毛。

茎：秆直立或基部匍匐，纤细，高 60~170 cm，基部质地较硬，光滑或鞘节处密生毛。

叶：叶鞘边缘及鞘口有白色长纤毛，其余均无毛或极少数生稀疏疣基毛。叶舌高约 0.5 mm，顶端具不规则撕裂状纤毛。叶片扁平，线状披针形或线形，长 5~38 cm，宽 5~20 mm，基部圆形，先端渐尖，两面无毛，稀具疏疣基毛，正面常粗糙。

花序/花：圆锥花序，长圆形披针状、圆锥状或线状，长 12~30 cm。序枝斜向上举，下部序枝长 1~2.5（~5）cm 或更短；序轴上有短毛和极疏长柔毛，序枝处毛较密。小穗椭圆状，长约 3 mm，顶端尖，常托 1 枚刚毛。刚毛较细弱，长 4~10 mm，粗糙。外颖卵状，长为小穗的 1/3~1/2，顶端尖或钝，边缘膜质，具 3（~5）脉；内颖长为小穗的 3/4，顶端尖，具 5（~7）脉。第一小花中性；第一外稃与小穗等长，顶端尖，具 5 脉；第一内稃狭披针形，薄膜质，较外稃短。第二外稃与第一外稃等长，顶端呈喙状小尖头，平滑，光亮，微现细纵条纹。花柱基部联合。

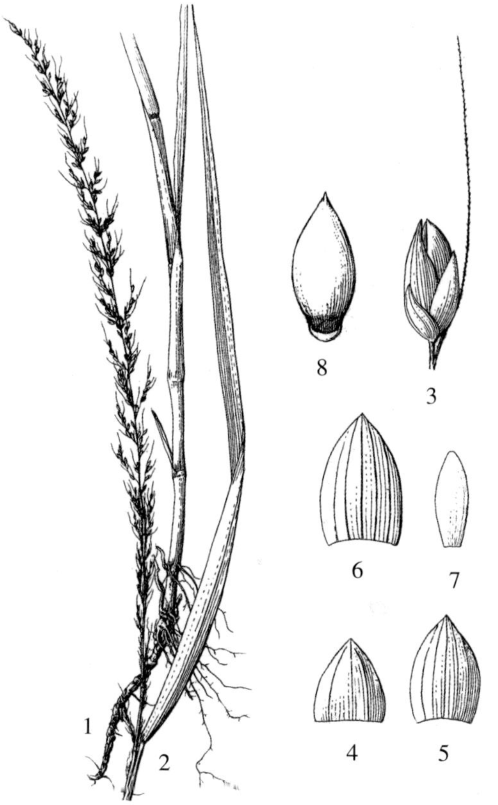

1.植株下部，横走根状茎具有鳞片；2.花序及旗叶；3.小穗，小穗梗具 1 刚毛；4.外颖；5.内颖；6.第一外稃；7.第一内稃；8.第二外稃。

图 5-42　莩草

大狗尾草（别名：法氏狗尾草）
Setaria faberi R. A. W. Herrmann

根：具支持根。

茎：秆直立或基部膝曲，粗壮而高大，高 50~120 cm，直径可达 6 mm，光滑，无毛。

叶：叶鞘松弛，边缘具细纤毛，部分基部叶鞘边缘膜质，无毛。叶舌退化为长 1~2 mm 的纤毛。叶片线状披针形，长 10~40 cm，宽 5~20 mm，基部钝圆或渐狭几呈柄状，先端渐尖、细长，边缘具细锯齿，无毛或正面有较细疣毛，少数叶反面有细疣毛。

花序/花：圆锥花序紧缩，呈圆柱状，下垂，长 5~24 cm，宽 6~13 mm（不含芒）。序轴具较密的白色长柔毛，花序基部通常不间断。小穗椭圆状，长 2.8~3 mm，顶端尖，托以 1~3 枚较粗且直的刚毛。刚毛常绿色，少数为浅褐紫色，长 10~15 mm，粗糙。外颖宽卵形，长为小穗的 1/3~1/2，顶端尖，具 3 脉；内颖长为小穗的 3/4 或较小穗稍短，少数长为小穗的 1/2，顶端尖，具 5~7 脉。第一外稃与小穗等长，具 5 脉；第一内稃披针形，膜质，长为小穗的 1/3~1/2。第二外稃与第一外稃等长，顶端尖，具细横皱纹，成熟后背部极膨胀隆起。鳞被楔形；花柱基部分离。

1 2

1.自然状态下的花序；2.完整花序，基部具退化小穗；3.序轴上着生密集的序枝；4.序枝极短，小穗梗基部具数条刚毛，上部具多个小穗；5.小穗及其外颖；6.小穗及其内颖；7.颖果背面；8.颖果腹面。

图 5-43　大狗尾草

西南莩草（别名：福勃狗尾草）

Setaria forbesiana (Nees ex Steud.) Hook. f.

茎：秆直立或基部膝曲，坚硬，高 60~170 cm，直径 2~4 mm，光滑，无毛。

叶：叶鞘无毛，边缘密生纤毛。叶舌高约 3 mm。叶片线形或线状披针形，长 10~40 cm，宽 4~20 mm，基部钝圆或狭窄，先端渐尖，扁平，无毛。

花序/花：圆锥花序直立或微下垂，呈狭尖塔状、披针状或穗状，长 10~40 cm，宽 1~4 cm。序枝斜向上举或较开展，短或稍延长，长 5~20 mm；序轴被微毛而粗糙，或被稀疏长柔毛。小穗椭圆状或卵圆状，绿色或部分呈紫色，长 2.8~3.2 mm，有极短小穗梗；小穗下部均有 1 枚刚毛。刚毛劲直或稍弯，绿色或紫色，长为小穗的 3~4 倍，粗壮糙涩。外颖宽卵形，长为小穗的 1/3~1/2，先端尖或钝，边缘质较薄，具 3~5 脉；内颖长为小穗的 2/3~3/4，先端钝圆，具（5~）7~9 脉。第一小花常为雄性；第一外稃与小穗等长，常具 3~5 脉；第一内稃与第一外稃等长，与第二小花等宽，常具 2 脉。第二外稃硬骨质，与第一外稃等长，具细点状皱纹，成熟时，背部极隆起呈半球形，包着同质内稃。花柱基部联合。

短刺西南莩草

var. *breviseta* S. L. Chen & G. Y. Sheng

主要特征：叶鞘较节间长，大都松散，不包茎。着生小穗的小序枝较紧贴序轴。刚毛细少而短曲，与小穗等长或稍长。第一小花常为中性；第一内稃较短而狭。

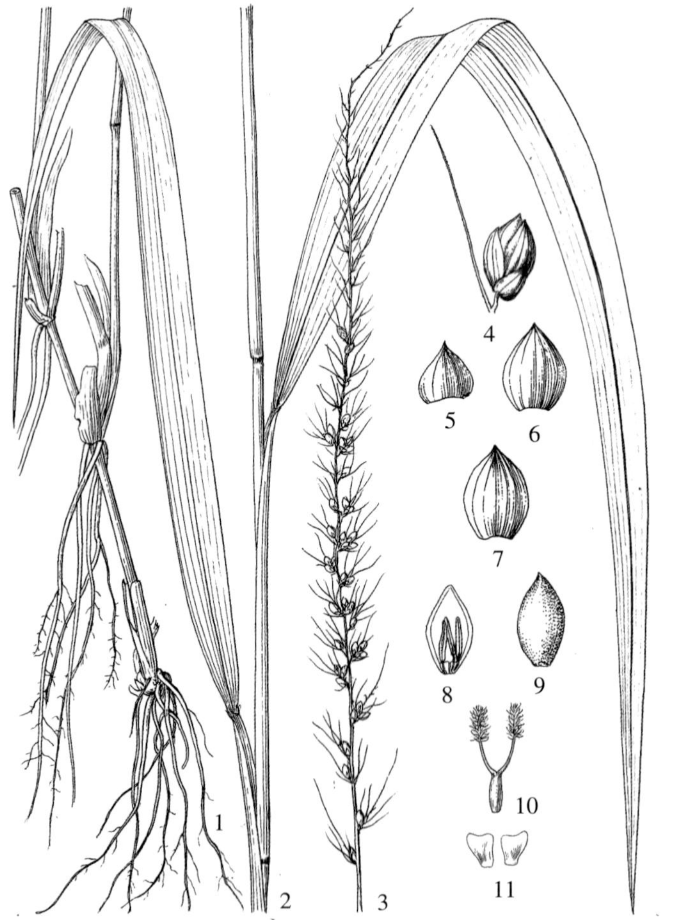

1.植株下部，示根；2.植物中部，示茎和叶；3.花序；4.小穗和刚毛；5.外颖；6.内颖；7.第一外稃；8.第一小花（雄花）的内稃和雄蕊；9.第二外稃；10.雌蕊；11.鳞被。

图 5–44 西南莩草

贵州狗尾草

Setaria guizhouensis S. L. Chen & G. Y. Sheng

根：具有鳞片状的根状茎。

茎：秆直立，高达 37 cm，鞘节常密生毛。

叶：叶鞘背面和边缘有疣基毛，但上部几无毛。叶舌为一圈长约1.5 mm的纤毛。叶片线状披针形，长 10~15 cm，宽 4~6 mm，先端渐尖，基部近圆形，与鞘口几同宽，两面粗糙。

花序/花：圆锥花序，鼠尾状，长 11~35 cm。序轴被长柔毛或短毛，序枝短，斜向贴上序轴。小穗狭椭圆状，长约 2.5 mm，顶端尖，较紧密排列于小枝上，其下托以 1 或 2 枚刚毛。刚毛微弯曲，长 2~5 mm，粗糙。外颖三角状卵形，长约为小穗的 1/3，具 3 脉，主脉延伸呈尖头；内颖长为小穗的 1/2~2/3，具 5 脉，先端尖。第一小花中性；第一外稃较小穗略短，具 5 脉，主脉延伸呈尖头；第一内稃退化。第二外稃质硬，较第一外稃长，具不明显的 3 脉和点状横皱纹，先端呈小而硬的紫色尖头，包着较短的同质内稃。鳞被 2 枚，楔形，顶端微凹；花药 3 枚，浅黄褐色；花柱 2 枚，基部联合，柱头帚状。

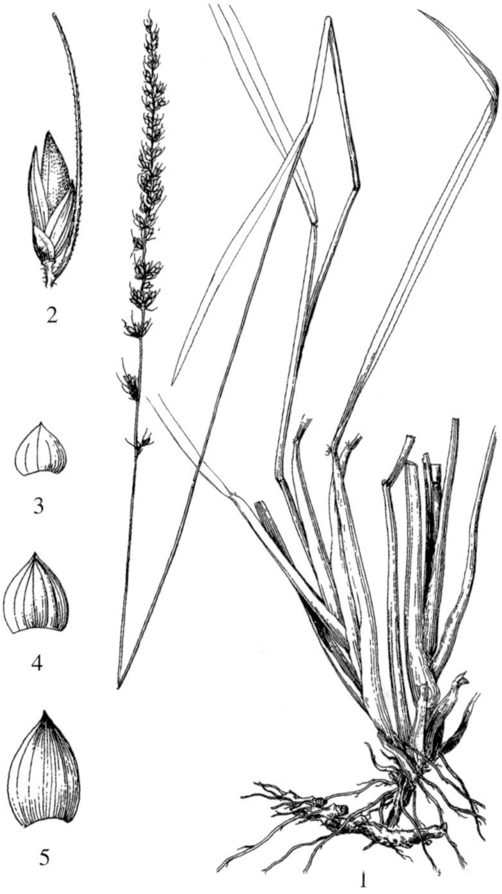

1.具花序植株，示根状茎；2.小穗，小穗梗具刚毛；3.外颖；4.内颖；5.第一外稃。

图 5-45　贵州狗尾草

描改自《中国植物志》第 10（1）卷（韦力生绘）

具稃贵州狗尾草

var. *paleata* S. L. Chen & G. Y. Sheng

主要特征：植株较高大，秆高超过 37 cm。花序长约 35 cm。具有第一内稃。

间序狗尾草

Setaria intermedia Roem. & Schult.

茎： 秆高可达 60 cm，基部膝曲，节上生根，节间较长，平滑，无毛。

叶： 叶鞘常松散，基部叶鞘常无毛，上部叶鞘背面具较密疣基毛，边缘密被细纤毛，鞘口边缘尤密。叶舌矮，边缘密生纤毛。叶片线形，质薄，长 10~35 cm，宽 6~10 mm，基部狭，先端长渐尖，两面密被疣基毛。

花序/花： 圆锥花序，收缩，呈狭披针状或线状，长 10~17 cm，宽 10~15 mm。序枝排列疏松，基部序枝长 15~20 mm，近花序顶常仅为一独生小穗，序轴及序枝均有棱。小穗椭圆形球状，长 1.5~2 mm，小穗梗粗糙，着生 1 或 2（3 或多数）枚刚毛。刚毛直或稍弯曲，坚硬，长 3~10 mm。颖片近膜质，质薄；外颖宽卵形，长为小穗的 1/3~1/2，具 3（~5）脉；内颖长为小穗的 1/2~2/3，具 5 脉。第一小花中性；第一外稃较小穗略短，边缘包裹第二小花，先端近尖，具 5 脉；第一内稃膜质，与第二小花等宽或略狭，等长或稍短，边缘内折呈 2 脊。第二小花外稃革质，长约 1.7 mm，宽约 1 mm，成熟后呈橘红色，背部较隆起呈脊状，先端急尖，具较粗横皱纹。鳞被楔形，顶端略呈波状；花柱基部分离。

1.具花序植株；2.小穗及刚毛；3.外颖；4.内颖；5.第一外稃；6.鳞被和雌蕊。

图 5-46　间序狗尾草

棕叶狗尾草

Setaria palmifolia (J. Konig) Stapf

根： 具根状茎。须根较坚韧。

茎： 秆直立或基部稍膝曲，高 75~200 cm，直径 3~7（~10）mm。

叶： 叶鞘松弛，常具疣基毛，少数无毛，上部边缘被较密而长的疣基纤毛，下部边缘薄纸质，无纤毛。叶舌高约 1 mm，被长 2~3 mm 的纤毛。叶片纺锤状宽披针形，长 20~60 cm，宽 2~7 cm，基部窄缩呈柄状，先端渐尖，近基部边缘具疣基毛，具纵深皱褶，两面有疣毛或无毛。

花序/花： 圆锥花序，呈开展或稍狭窄的塔状，长 20~60 cm，宽 2~10 cm。序枝排列疏松，长可达 20 cm，甚粗糙。小穗披针形卵状，长 3~4 mm，部分小穗下托以 1 枚长 5~15 mm 的刚毛，成熟小穗不易脱落。外颖三角状卵形，长为小穗的 1/3~1/2，先端稍尖，具 3~5 脉；内颖卵形，长为小穗的 1/2~3/4，先端尖，具 5~7 脉。第一小花雄性或中性；第一外稃与小穗等长或略长，先端渐尖，呈稍弯曲的小尖头，具 5 脉；第一内稃膜质，狭三角形，长约为外稃的 2/3。第二小花两性；第二外稃与第一外稃等长或略短，背面具不明显的横皱纹，顶端具小而硬的尖头。鳞被楔形微凹，基部沿脉色深；花柱基部联合。

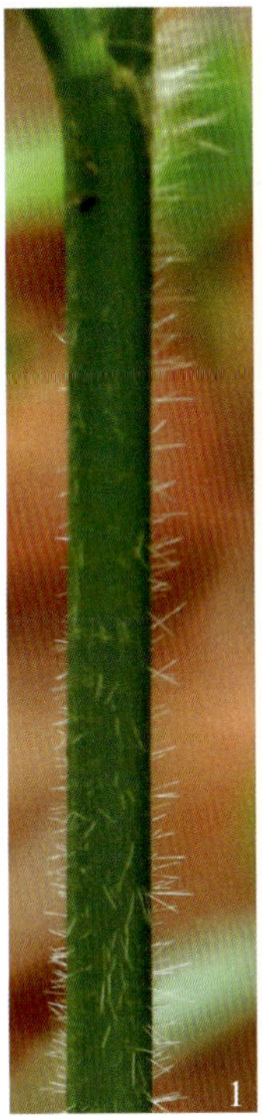
1

2

3

1.叶鞘及疣基毛；2.叶，具纵深皱褶；3.花序；4.一级序枝；5.二级序枝，部分小穗下具 1 枚刚毛；6.二级序枝局部放大，示小穗排列方式，可见小穗的外颖和内颖；7.小穗的外颖和第一外稃；8.小穗第一小花的背面（左）和腹面（右），示紫红色花药和白色羽毛状柱头；9.芒。

图 5–47　棕叶狗尾草

幽狗尾草

Setaria parviflora (Poir.) Kerguélen

根：具短而多节的根状茎或根头。

茎：秆直立或基部膝曲，高 20~90 cm。

叶：叶鞘压扁，具脊，无毛。叶舌为一圈长约 1 mm 的短纤毛。叶片平，卷折呈线形，质硬，长 5~30 cm，宽 2~8 mm，基部略收窄，先端渐尖，无毛或叶面近基部具长柔毛，边缘略粗糙。

花序/花：圆锥花序，圆柱状，长 2~15 cm，宽 5~12 mm。序轴被短细毛；序枝退化为单一成熟小穗，被 8~12 枚刚毛包围。小穗椭圆状，长 1.8~2.5 mm。刚毛长为小穗的 2 或 3 倍，成熟时金黄色或紫褐色。外颖卵形，长约为小穗的 1/3，先端尖，具 3 脉；内颖宽卵形，长约为小穗的1/2，先端钝，具 5 脉。第一小花中性，少数为雄性；第一外稃与小穗等长或略短，具 5 脉；第一内稃扁平，薄纸质或膜质，明显窄于且略短于第二小花，具 2 脊。第二小花两性；第二外稃软骨质或革质，具较细的横皱纹，先端尖，边缘内卷，包裹扁平的同质内稃。花柱基部联合。

1.具花序植株；2.小穗及刚毛；3.外颖；4.内颖；5.第一小花外稃和内稃；6.第二小花外稃；7.第二小花内稃和花；8.雄蕊和雌蕊；9.颖果。

图 5–48　幽狗尾草

皱叶狗尾草（别名：风打草）

Setaria plicata (Lam.) T. Cooke

根：须根细而坚韧，少数有鳞芽。

茎：秆直立或基部倾斜，高 45~130 cm，直径可达 6 mm，无毛或生疏毛，节和叶鞘与叶片交界处常被白色短毛。

叶：叶鞘背脉常呈脊，密生或疏生较细疣毛或短毛，边缘常密生纤毛，或基部叶鞘边缘无毛而近膜质。叶舌边缘密被长 1~2 mm 的纤毛。叶片椭圆状披针形或线状披针形，质薄，长 10~40 cm，宽 1~3 cm，基部渐狭呈柄状，先端渐尖，纵向皱褶较浅，两面或一面疏被疣毛，或具极短毛而粗糙，或无毛，但边缘无毛。

花序/花：圆锥花序，狭长圆状或线状，长 15~33 cm。序轴具极细短毛，粗糙；序枝斜向上升，长可达8 cm，上部序枝排列紧密，下部序枝排列疏松而开展。小穗绿色或微紫色，披针形卵状，长 3~4 mm，部分小穗下托以 1 枚长 1~2 cm 的刚毛。颖片薄纸质；外颖宽卵形，长为小穗的 1/4~1/3，顶端钝圆，边缘膜质，具有 3（~5）脉；内颖长为小穗的 1/2~3/4，先端钝或锐尖，具 5~7 脉。第一小花常中性或有 3 枚雄蕊；第一外稃与小穗等长或稍长，具 5 脉；第一内稃膜质，狭短或略狭于第一外稃，边缘稍内卷，具 2 脉。第二小花两性；第二外稃与第一外稃等长或稍短，具明显的横皱纹。鳞被 2 枚；花柱基部联合。

光花狗尾草

var. *leviflora* (Keng ex S. L. Chen) S. L. Chen & S. M. Philips

主要特征：全株比较瘦小，秆高可达 70 cm。叶片狭长，具明显的纵向皱褶。圆锥花序的序枝短，长 1~3 cm。小穗长约 15 mm。第二外稃光亮，无皱纹。

1

2

1.叶，有纵向较浅皱褶；2.花序；3.一级序枝；4.二级序枝，具 1 枚刚毛，示小穗着生方式；5.小穗外颖顶端钝圆，带紫红色，内颖边缘具宽膜质，羽毛状柱头紫红色；6.小花背面观，外稃具脉；7.小花腹面观，内稃具 2 脊。

图 5–49　皱叶狗尾草

金色狗尾草

Setaria pumila (Poir.) Roem. & Schult.

茎： 秆直立或基部膝曲，高 20~90 cm，光滑，无毛，仅花序下面略粗糙。

叶： 叶鞘无毛，上部圆为筒状，下部扁压，具脊，边缘薄膜质。叶舌有一圈长约 1 mm的纤毛。叶片线状披针形或狭披针形，长 5~40 cm，宽 2~10 mm，基部钝圆，顶端长渐尖，正面粗糙，反面光滑，近基部被稀疏长柔毛。

花序/花： 圆锥花序紧缩，呈圆柱状或狭圆锥状，长 3~17 cm，宽 4~8 mm（不含刚毛），直立。序轴被短细柔毛。刚毛金黄色或稍带褐色，长为小穗的2~3 倍，粗糙，先端尖。小穗宽卵状，长（2~）2.5~3.5 mm。外颖宽卵形或卵形，长为小穗的 1/3~1/2，先端尖，具 3 脉；内颖宽卵形，长为小穗的 1/2~2/3，先端略钝，具 5~7 脉。第一小花常雄性，常含 3 枚雄蕊或无；第一外稃与小穗等长或稍短，具 5 脉；第一内稃膜质，与第二小花等长且等宽，具 2 脉。第二小花两性；第二外稃革质，与第一外稃等长，先端尖，成熟时背部极隆起，具明显的横皱纹。鳞被楔形；花柱基部联合。

1.叶片；2.叶鞘；3.花序；4.序枝上的刚毛，示小穗着生方式；5.小穗各个角度对比，示外颖和内颖；6.小穗侧面观（上，示第一外稃）和腹面观（下，示内颖和第二外稃）。

图 5-50　金色狗尾草

倒刺狗尾草

Setaria verticillata (L.) P. Beauv.

根：须根粗壮。

茎：秆多分枝，直立或近基部微膝曲，高 20~100 cm，光滑，无毛，基部秆浅紫色。

叶：叶鞘质薄，上部包秆较紧，下部松弛，常无毛或被极稀疏细小疣毛，边缘被极细纤毛。叶舌高 0.5~1 mm，边缘有一圈细纤毛。叶片狭长披针形，质薄，长 5~20 cm，宽 4~18 mm，基部宽钝圆，先端呈钻状渐尖，两面无毛或正面微粗糙，边缘具细锯齿。

花序/花：圆锥花序紧缩，呈圆柱状，长 4~15 cm。序轴有棱，具倒刺小毛；序枝轮状着生，在序轴上有间断，花序下部具少数长柔毛和倒刺小毛。小穗绿色，椭圆状，长 1.8~2.4 mm，托以 1~4 枚具倒刺小毛的刚毛。刚毛绿色或顶端为浅褐色，长 3~8 mm。外颖长为小穗的 1/3~1/2，先端尖，边缘宽膜质，具 3 脉；内颖与小穗等长或略短，顶端稍尖，具 7 脉。第一小花中性；第一外稃与小穗等长或略长，具 5 脉；第一内稃狭披针形，长约为第二小花的 1/2。第二外稃与第一外稃等长或略短，背面具细点状或细的横皱纹。鳞被楔形，顶端微凹；花药橘黄色，长约 0.7 mm；花柱基部分离。

1.具花序植株（标本）；2.小穗，刚毛具倒刺；3.小穗腹面；4.小穗背面；5.外颖；6.内颖；7.第一外稃；8.第二外稃。

图 5-51　倒刺狗尾草

狗尾草（别名：谷莠子、莠）

Setaria viridis (L.) P. Beauv.

根：须根，具支持根。

茎：秆直立或基部膝曲，高可达 70（~150）cm，基部直径 3~7 mm。

叶：叶鞘松弛，无毛或被稀疏柔毛或疣毛，边缘密被绵毛状长纤毛。叶舌极矮，边缘有长 1~2 mm 的纤毛。叶片扁平，长三角状狭披针形或线状披针形，长 4~30 cm，宽 2~18 mm，先端长渐尖，基部钝圆形，几呈截状或渐狭，常无毛或被稀疏疣毛，边缘粗糙。

花序/花：圆锥花序紧密，直立或稍弯垂，呈圆柱状或基部稍疏离，长 2~15 cm，宽 4~13 mm（不含刚毛）。序轴具较长柔毛。小穗椭圆状，长 2~2.5（~3）mm，先端钝，2~5 个簇生于序轴上短小序枝上。刚毛绿色或褐黄色至紫红色或紫色，长 4~12 mm，粗糙或稍粗糙，直或略扭曲。外颖卵形或宽卵形，长为小穗的 1/4~1/3，顶端钝或稍尖，具 3 脉；内颖椭圆形，与小穗近等长，具 5~7 脉。第一外稃与小穗等长，具 5~7 脉，顶端钝；第一内稃短小狭窄。第二外稃椭圆形，先端钝，具细点状皱纹，边缘内卷，狭窄。鳞被楔形，顶端微凹；花柱基分离。

厚穗狗尾草

subsp. *pachystachys* (Franch. & Sav.) Masam. & Yanag

主要特征：秆匍匐状丛生，斜向上升或直立，基部多数膝曲，高 5~25 cm。叶鞘松，基部具较密的疣毛，边缘具长纤毛。叶片狭披针形，长 1.5~5 cm，宽2~4 mm，无毛，但两面粗糙。圆锥花序，呈卵状或椭圆状，长 1~4 cm，宽约 1.5 mm（含刚毛）。小穗长 2~2.5 mm。刚毛 10~25 枚，非常密，绿色、黄色或紫色，长 6~8 mm。

巨大狗尾草

subsp. *pycnocoma* (Steud.) Tzvelev

主要特征：植株粗壮，高 60~150 cm，基部分枝。叶片线形，长 15~40 cm，宽 1~2.5 cm，两面无毛。圆锥花序，长 7~24 cm，宽 1.5~2.5 cm（含刚毛）。小穗长 2.5~3 mm。刚毛绿色、褐色或略带紫色，长 7~12 mm。

1.植株；2.叶；3.花序，示序轴上序枝密集着生；4.短序枝，示 3 个簇生小穗的不同侧面；5.序枝上的刚毛；6.小穗，示外颖（前）和内颖（后）；7.小穗背面，示外颖及第一外稃；8.小穗腹面，示内颖和外颖基部。

图 5–52　狗尾草

云南狗尾草

Setaria yunnanensis Keng & G. D. Yu ex P. C. Keng & Y. K. Ma

根：须根，稀疏粗壮，具横走根状茎。

茎：秆直立或基部膝曲生根，高约 70 cm，基部径约 1.5 mm，光滑，但秆节贴生微毛。

叶：叶鞘较节间短，无毛或被疣基毛，边缘被极细纤毛，上部叶鞘边缘具疣基毛。叶舌极矮，边缘纤毛状。叶片质薄，线状披针形，长 3~14 cm，宽 4~12 mm，基部狭窄成柄状，先端渐尖，两面被疣毛，叶反面具密而疣大的细毛。

花序/花：圆锥花序，狭长圆状，较开展，长 4~17 cm，宽 5~30 mm。序轴有棱，被细短纤毛而粗糙；序枝斜向上升，长达 8 cm，下部序枝常再生次级序枝；各级序枝顶伸出 1 枚刚毛，罕见下部个别小穗下有 1 枚刚毛。小穗淡黄绿色，披针形卵状或椭圆状，长 2.4~2.6 mm。刚毛长 1~8 mm。外颖三角形，长约为小穗的1/3，先端尖或渐尖，具 1~3 脉；内颖薄纸质，与小穗等长或略短，先端尖或钝，具 5 脉。第一小花中性或雄性；第一外稃呈紫色，薄纸质，与小穗等长，先端有尖头，具 3~5 脉；第一内稃膜质透明，长为第一外稃的 1/3~2/3 或等长，但常较狭窄。第二外稃卵形，软骨质，与第一外稃等长，先端尖，背部具点状皱纹，边缘内卷，包裹同质内稃。鳞被楔形，顶端稍凹；雄蕊 3 枚，花药红褐色，长约 1 mm；花柱基部联合，柱头 2 枚，黑紫色，帚刷状。

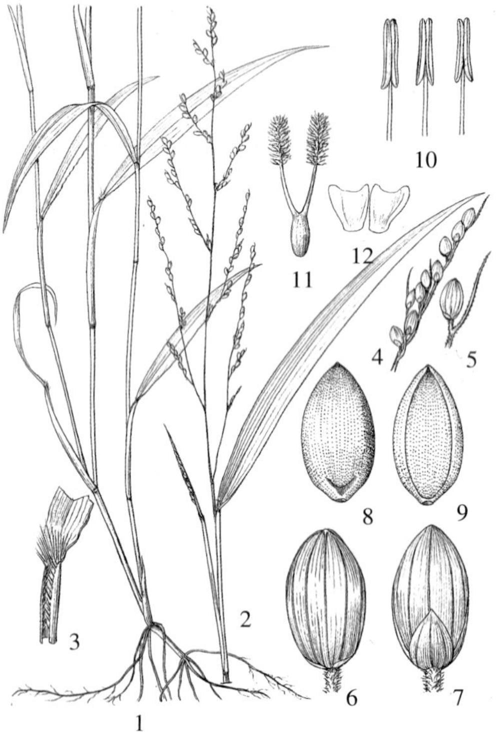

1.植株下部，示根和叶；2.植株上部，示花序和旗叶；3.叶片与叶鞘之间、叶鞘边缘的疣基毛；4.末级序枝，示小穗分布方式；5.小穗及小穗梗，具 1 枚刚毛；6.小穗腹面，示内颖；7.小穗背面，示外颖和第一小花外稃；8.第二外稃背面；9.第二内稃；10.雄蕊；11.雌蕊，柱头帚刷状；12.鳞被。

图 5–53　云南狗尾草

第6章

黍稷及其野生近缘植物

6.1　黍稷

◎ **植物名**

拉丁名：*Panicum miliaceum* L.

中文名：稷

别　名：黍、糜

◎ **商品名**　稷子、糜子、黍子、黏糜子等（颖果）

黍稷（图 6-1）为禾本科（Poaceae）黍属（*Panicum* L.）一年生草本植物，是全球广为种植的主要粮食作物，具有生育期短、病虫害少、抗旱耐瘠、抗逆性强等特点，不仅是高寒、高海拔、干旱贫瘠地区的主要作物，还是治理沙漠、改造盐碱地、开垦荒地的先锋作物和自然灾害后的补救作物。

黍稷的营养成分丰富。其蛋白质含量明显高于大米、小米、高粱米、玉米、小麦和大麦；脂肪含量与玉米、小米和高粱米相近，高于大米和小麦；氨基酸种类多，含量高；含有锌、硒等微量元素，磷、铁等元素的含量高于大米和小麦；维生素含量丰富，其中维生素 B_1、B_2 和 E 的含量均高于大米和小麦。此外，茎秆可用于造纸，茎叶可作饲料，籽实可入药。

据记载，黍稷有 7000 多年的栽培历史。公元 5 世纪以来，黍稷作为主要粮食作物在欧洲和亚洲尤其是俄罗斯、中国、印度等国家广泛种植。目前，黍稷广泛分布于亚洲、欧洲、非洲和大洋洲，以欧亚地区为主。

黍稷起源于我国，在我国的栽培范围十分广泛，东至黑龙江，北至内蒙古，西至新疆，南至海南，但主要集中在长城沿线。黍稷有糯、粳之分，东经 110°以东地区主栽糯性品种（黍），该线以西地区主栽粳性品种（稷）。根据中国黍稷种质资源的分布，可将其分为不同生态类型，如黄土高原生态型、内蒙古高原生态型、西北干旱灌区生态型、华北平原生态型、东北平原生态型、高寒区生态型、南方生态型等。

1.具花序植株；2.小穗；3.颖果（腹面）。

图 6–1　黍稷

6.1.1　根

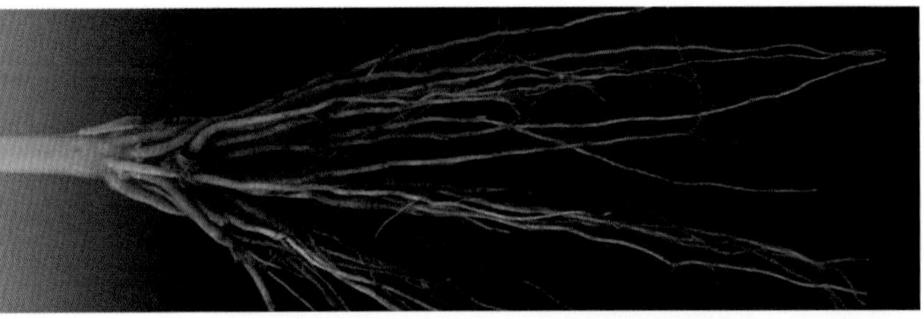

黍稷的根主要形成于抽穗前，根的数量和根系的强弱与植株的发育、抗倒伏能力、籽粒品质和产量密切相关。

黍稷的根与谷子的根有许多相似之处。根多而丛生，形成须根系，农作上称为根群，其主要根群常分布于地面以下 1~20 cm 处。根据根的外部形态及其发生时期、部位和功能，黍稷的根可分为初生根系和次生根系（含支持根），以及根中茎及其不定根。

6.1.1.1　初生根系

黍稷种子中的胚萌发时，胚根突破颖果壁和胚根鞘发育成一条垂直入土的根，之后陆续长出许多侧根。此根形成主根，又称为种子根，属于初生根系（图 6–2）。

黍稷裸露的颖果和带壳的谷粒均可萌发、生根。萌发时，胚根鞘首先突破果实下方的腹面种皮（果皮）或稃被而伸出，顶端钝圆。随后，胚根从胚根鞘中凸出、伸长，而胚根鞘仍留存于胚根基部。胚根刚发出时呈直伸状，伸长后转为向下或向地生长，有时会因此而发生弯曲和扭转。

黍稷的种子根在苗期生长较快，至四叶期可深达 4~5 cm。随着植株发育至次生根发生，种子根生长开始逐渐减缓、衰弱。种子根对幼苗的生长发育、抗干旱有重要的作用，只要根不受损伤，幼苗在干旱条件下也能成活。

6.1.1.2　次生根系

黍稷的次生根不同于初生根，均为不定根，主要由地面及地下的茎基部节形成。次生根为须根，其上发出许多侧根，侧根上还可发生次级侧根。这些次生根是黍稷根系的主体，共同形成次生根系。次生根主要向斜下方和横向生长。

（1）地下次生根

地下次生根（图 6–3）最早发生于胚芽鞘基部的节上。但通常认为，真正的次生根始于第一真叶的节，因为从发育上来看它是真正的叶，从外形上来看它明显强于胚芽鞘节上的根，前者长而粗，后者短而细。第一真叶之后的每个节都会发生数量不等的不定根，包括地下茎的节和地上茎基部的节，其中位于地上茎节上的不定根为支持根。

1、2.裸露颖果：1.胚根鞘突破果壁；2.胚根鞘发出后，胚根鞘与胚芽鞘之间可见胚轴。3~9.带壳谷粒：3.胚根鞘突破果壁；4、5.胚芽鞘沿着稃片内侧、顺着果背从果实上方发出，胚根从胚根鞘中伸出；6、7.不同状态下萌发的胚根发生弯曲和扭转；8.胚芽鞘向上伸长时，胚根向下延伸；9.第一真叶发出时细长的种子根。

图 6–2 初生根（水培）

1、2.二叶期胚芽鞘节上发出的次生根，示根中茎的不定根；3.三叶期胚芽鞘基部和第一真叶基部的次生根，第二真叶基部（包于叶鞘内）的次生根刚突破叶鞘；4.成年植株地下次生根。

图 6–3　地下次生根

主茎上的次生根可有 3~6 层，20~40 条，全株次生根数量可多达 80 条。次生根的数量与品种以及播种时间、土壤、水分、营养等栽培条件有关。一般情况下，晚熟品种、播种早、土壤状态良好、提供营养的面积大，次生根数量多。

（2）支持根

黍稷的支持根是位于地面以上、茎基部的 1 至数节上发生的根（图 6–4），为次生不定根，在分布上与地下次生根有连续性。

由于所处环境不同，支持根与地下次生根在颜色上明显不同：其上部位于空中，不发侧根，由刚发出来的绿白色逐渐转变为绿色；其下部有时会入土，入土部分会发出侧根，颜色变为白色或带褐色、浅褐色。支持根发生于叶鞘基部内侧、节的下部。当其发出时，根鞘首先突破茎表面，然后支持根穿破叶鞘，从根鞘中伸出，根鞘短而宿存。

1.茎基部接近地面的 1~3 节上生有支持根，刚发出时为绿白色；2.具 5 层支持根的植株，支持根的数量从下向上逐节减少；3.支持根基部宿存的根鞘；4.拥挤的支持根和节上部的毛被。

图 6–4　支持根

支持根粗而坚硬，一般入土不深，但入土后也能产生侧根。支持根能吸收养分和水分，同时具有防止茎倒伏的作用。当土壤表面湿润时，支持根易形成。

6.1.1.3 根中茎

在黍稷种子根与次生根之间有一段位于地下、似根又似茎的特殊结构，称为根中茎（图 6–5）。

由于根中茎来源于胚轴，位于胚芽鞘节之下，并不处于发生次生根的区段，所以根中茎及其发出的不定根也可以归入初生根范畴，但其上发出的不定根发生于初生根之后，应属于次生根。胚芽鞘以及包于其内的第一真叶的出土缘于根中茎的伸长，所以其生长情况与幼苗的生长关系密切。

根中茎在黍稷生长发育过程中普遍存在且明显。根中茎的长短与播种深度有关，当播种较深时，根中茎上还会长出不定根。

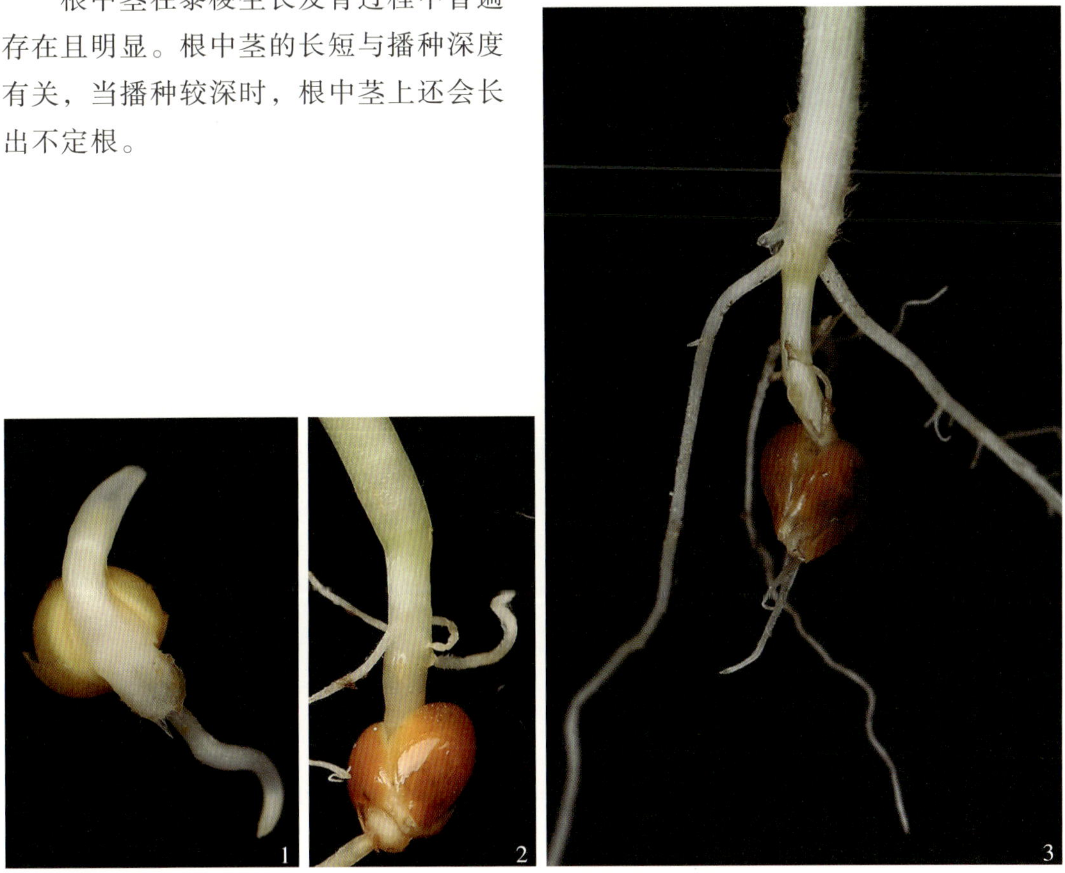

1.胚芽鞘伸出时的根中茎；2.胚芽鞘节下方的根中茎及其不定根；3.第一真叶基部节发出次生根时的根中茎及其不定根。

图 6–5 根中茎及其不定根

6.1.2 茎

黍稷幼苗的胚芽分化出节与节间，拔节期节间开始伸长，茎遂形成。茎有地下茎和地上茎之分，如无特别说明，本节的茎是指地上茎。地上茎由于具有明显的节和节间，所以称为秆，农作上称为茎秆。

6.1.2.1 茎的类型

茎是一类轴性系统，可以是单一系统或分枝系统，其中后者包括主茎和分枝茎。从茎的形态、来源、性质和功能看，黍稷的茎（广义上）可分为如下三大类：

根中茎：在种子萌发过程中由中胚轴发育而来，短，具有推送胚芽鞘及真叶出土的作用。

花序梗、花序轴和序枝：由茎尖生长锥分化，在繁殖器官形成过程中由变性的茎、枝发育而来，具有多级序枝，主要作用是承载小穗。

着生根、叶的茎：地下茎和地上主茎及其腋芽形成的分枝，由茎生长锥下部节、叶和腋芽原基分化，在营养器官形成过程中由节间伸长发育而来，节间粗而长，主要作用是形成植株和支撑叶。

第三类茎又分为主茎、分蘖茎和分枝茎 3 种（图 6–6），其中主茎来源于种子的胚芽，分蘖茎来源于主茎基部（位于地下）分蘖节的腋芽，分枝茎来源于主茎中上部（花序抽出后）分枝节的腋芽。一个植株上，主茎只有 1 根；分蘖茎较多，可达 20 多根，但只有 1~3 根可以发育成穗；分枝茎数量不等，但同一植株上的分枝穗成熟期和成熟度很不一致，且分枝穗的籽粒不饱满，结实率低。

6.1.2.2 株型

黍稷植株可根据高度、弯曲度和分蘖茎数量分为不同的株型（图 6–7）。

根据单株高度，黍稷的株型可分为高株型、中等高株型和矮株型。

单株弯曲度是指包括花序（果序）在内的单株是直立还是弯曲。通常茎是直立的，包括茎比较粗或比较矮的品种。但是，当茎较细或花序（果序）较大时，植株会有不同程度的弯曲，有的弯曲度比较大。所以，根据单株弯曲度，黍稷的株型可分为直立型、稍弯曲型、弯曲型和显著弯曲型。

根据植株中分蘖茎的数量，黍稷的株型可分为单茎型和多茎丛生型，其中前者由主茎及其分枝构成，后者由主茎和分蘖茎构成。

1.主茎和茎中上部节上的分枝茎，具有分枝穗；2.主茎和在茎基部形成的分蘖茎。

图 6–6　地上茎类型

1

2

3

4

1.生于一处的矮株型、中等高株型、高株型。

2~8.弯曲度：2.直立型；3、4.稍弯曲型；5~7.弯曲型；8.显著弯曲型。9.多茎丛生型。

图 6–7　株型

6.1.2.3 分枝和分蘖

黍稷的腋芽在适当的条件下可发育成茎，即腋芽成茎现象（图 6–8）。此茎为次级茎，具有主茎的形态特征，也可正常形成果实，但长势弱于主茎。

不同位置的腋芽在不同时期形成的次级茎，由于发育的先后次序和程度不同，有的可以形成果实，有的不能形成果实，有的果实可以成熟，有的果实不能成熟，有的甚至不能形成花序。地上茎和地下茎的腋芽均有可能形成次级茎，分别对应分枝茎和分蘖茎，每株腋芽成茎的能力有差别，可以分为不同等级（图 6–9）。

黍稷分枝性的强弱可根据一株上有多少节具分枝茎进行划分，可分为无、少、中、多 4 个等级。分蘖性的强弱常以主茎上分蘖茎的数量表示，可以分为无、少、多 3 个等级。

1.腋芽和分枝茎发生于节上的位置；2.具 1 个分枝茎；3.同一节上具 1 个腋芽和 1 个分枝茎。

图 6–8 腋芽成茎

1、2.分枝：1.无分枝；2.多分枝。3~5.分蘖：3.分蘖茎少；4、5.分蘖茎多。

图 6-9　分枝和分蘖

6.1.2.4　茎高

黍稷的茎高是指主茎的高度，农作上也称秆高，即主茎分蘖节至花序或果穗基部的长度，所以茎高由茎和花序梗两部分组成。茎高在很大程度上决定了株高。

茎高因品种和栽培条件而异，特别是矮秆和高秆 2 种类型，茎高差别较大，前者只有 30~40 cm，后者可超过 2 m。

6.1.2.5 茎色

黍稷的茎一般为绿色或紫色。我国黍稷品种的茎色以绿色居多（图 6–10）。

图 6–10　茎色

6.1.2.6 茎的组成

(1) 节

节是黍稷茎中最坚实的部分，内有横隔，将中空的茎分成若干封闭的茎段，从而加强茎的强度。节包被于叶鞘内，节上着生腋芽和不定根。

1）节的外形

黍稷地上茎的节以包于其外的鞘枕（叶鞘基部）为标志。鞘枕并不是节的本体，其紧贴于节体，外观明显，常膨大、外凸，显著粗于下节间，与上节间叶鞘等宽或稍宽（图 6–11）。节体粗细不等，与鞘枕紧贴或稍有间隙。

2）节的类型

节有两大类（图 6–12）：第一类节是外侧有叶鞘包被的节，也是最多、最常见的节，其中有 4 种情形。一是地下茎的节，生有大量不定根，有的节还具分蘖茎，节下方叶鞘早枯、破损或腐烂；二是地上茎基部的节，生有数量不等的支持根，支持根从节下方叶鞘穿出，节下方叶鞘常破裂或枯损；三是地上茎中上部的节，仅节下方有叶鞘包被；四是地上茎中上部的节，节上生有少数腋芽或分枝，节下方叶鞘基部常保持完整。第二类节是花序的序轴节和序枝节，节上仅有下级分枝。本节主要介绍第一类节。

1.去除叶鞘的节，可见节与鞘枕之间有间隔，节下部有支持根原基。
2~4.含叶鞘的节：2.鞘枕与叶鞘等宽；3.鞘枕宽于叶鞘；4.鞘枕稍宽于叶鞘，节微外偏。

图 6–11 节的外形

1.茎基部（包括地下茎）仅有不定根的节；2.地上茎中上部仅有叶鞘包被的节；3.地上茎中上部有叶鞘包被和腋芽成茎的节；4、5.地上茎基部有支持根、叶鞘破损的节；6.花序上的节。

图 6–12 节的类型

3）节数

茎上节的数量（即节数）可以分为地下茎节数、地上茎节数和花序节数 3 类，其中地下茎节数最少，花序节数最多，地上茎节数介于二者之间。地面以上主茎的节数一般有 4~11 个，由于每节生 1 叶，所以常以叶数代指节数。

(2) 节间

节间是两节之间的茎段，内部中空，髓部贴生于空腔的内壁。

黍稷的节间（图 6-13）常呈圆管状，但有时稍扁，尤其是茎的基部和下部的节间比较明显。具腋芽的节间在腋芽的下方会形成一条凹槽，并且自下而上逐渐变浅、变窄。

节间的数量与节的数量基本一致。节间的数量与品种类型、土壤肥力、播种时间等因素有关。

节间在茎上的分布有一定规律。地下茎的节间紧缩、极短，地上茎的节间长于地下茎的节间，称为长节间；不同位置的节间长度有一定变化，茎基部的节间普遍较短，茎顶部第一个节间（农作上称穗颈或穗颈节间）普遍较长，茎中上部的节间长度介于二者之间，并且其内部的节间长度相差不大，或自下而上逐渐加长，或大约呈正态分布。

节间上部无叶鞘覆盖的部位有时被疣基毛或柔毛，在节间上自下而上逐渐增多，毛的长度不等，毛被的密度也有差异。

1.下部节间略扁；2.具腋芽的节间具凹槽；3~6.节间密被疣基毛或长柔毛；7.茎顶部第一个节间（未出鞘）以下的节间长度相差不大的植株；8.茎顶部第一个节间（已出鞘）以下的节间长度大约呈正态分布的植株。

图 6–13　节间

6.1.3 叶

黍稷常见的叶是地上茎上生长的叶，但广义的叶还包括胚芽鞘和第一真叶。由于苗期叶（简称为苗叶）在茎形成后很快枯萎，较少见，所以本节主要介绍地上茎上生长的叶。

6.1.3.1 叶的类型

黍稷从种子萌发到拔节成茎，先后形成 4 类叶：胚芽鞘、第一真叶和苗期叶以及茎生叶（见本书 6.1.3.2 节至 6.1.3.4 节）。

（1）胚芽鞘

胚芽鞘在胚中发育，在种子萌发过程中一方面逐渐增大，另一方面因中胚轴伸长而被推出地表，内包胚芽。胚芽鞘仅有叶鞘，是不完全叶，外表光滑，白色，薄，顶端尖，具斜口。黍稷的胚芽鞘（图 6–14）发出时常见到明显的中胚轴，隐约可见包于其内的胚芽。

图 6–14　胚芽鞘

(2) 第一真叶

第一真叶（图 6-15）从胚芽鞘的鞘口伸长，明显不同于胚芽鞘，绿色，表面被毛，幼时呈卷曲状。随着发育，上部的叶片逐渐展开，叶片与叶鞘之间有粗略的过渡（二者的界线尚不明显），叶脉清晰，全叶上下连通。一叶一心期，第一真叶发育完全，叶片平展，上宽下窄，呈倒披针形或倒卵状披针形，中脉微现，顶端尖，基部微外扩，与叶鞘相连。

1、2.刚发出，卷曲状，被毛：1.正面；2.反面。
3.一叶一心期，叶片已开展。4.叶片与叶鞘之间的过渡，叶鞘被毛。

图 6-15　第一真叶

(3) 苗期叶

苗期叶（图 6-16）是从第二真叶（简称为第二叶）开始直到拔节之前的叶。与第一真叶相比，第二真叶有 3 点不同：一是叶片形状发生改变，下部宽，上部逐渐变窄，呈披针形，顶端渐尖或长渐尖；二是叶片与叶鞘的界线更加明显，叶片开展程度更大；三是到苗后期，叶片与叶鞘之间的叶舌和叶颈逐渐显现。

6.1.3.2　毛被

黍稷的茎生叶普遍被毛（图 6-17）。叶鞘表面着生疣基毛，叶片两面被柔毛，有时无毛。根据毛的长度和密度，黍稷可分为少毛、中等毛被和多毛 3 种类型。一般多毛品种的抗旱、抗风沙和抗病虫能力较强。

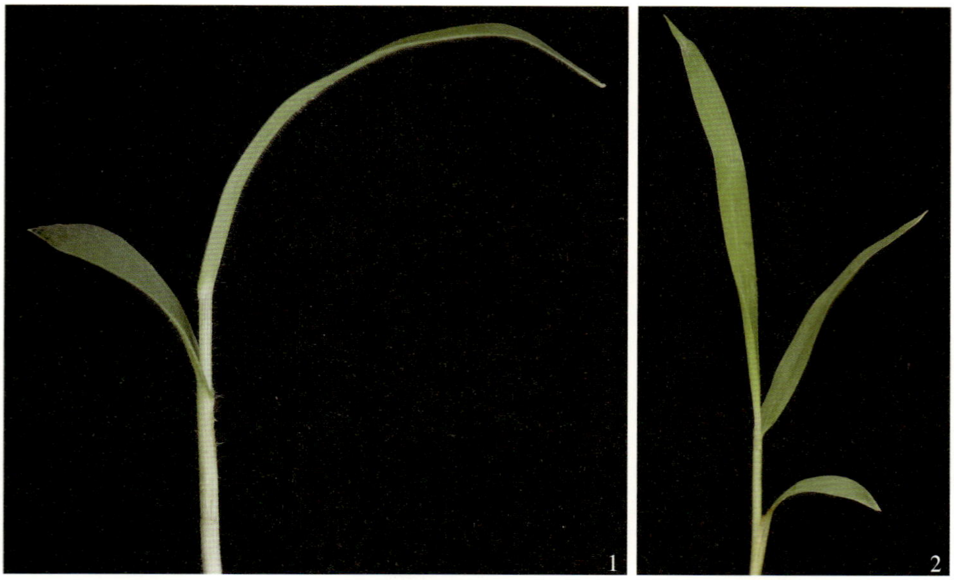

1.第二叶侧面；2.第二、三叶的正面。

图 6–16　苗期叶

1.少毛（近无毛）；2.中等毛被；3、4.多毛（毛短）；5、6.长疣基毛；7.叶片正面被疏柔毛。

图 6–17　毛被

6.1.3.3 叶数

农作上，黍稷的叶数是指抽穗后主茎上叶的数量。同一植株上的叶数与茎的节数相同，常见 5~12 枚，多则 7~16 枚（图 6–13：7、8）。

6.1.3.4 叶的组成

黍稷的茎生叶由叶片、叶鞘、叶舌、叶颈 4 部分组成。

（1）叶片

1）表面

叶片位于叶的上部，具有明显的中脉（亦称中肋）和平行的侧脉（属于平行脉序类型），两面具长柔毛，有时无毛，表面和边缘常粗糙(图 6–18)，其中前者源于硅细胞小凸起，后者源于小刺毛。

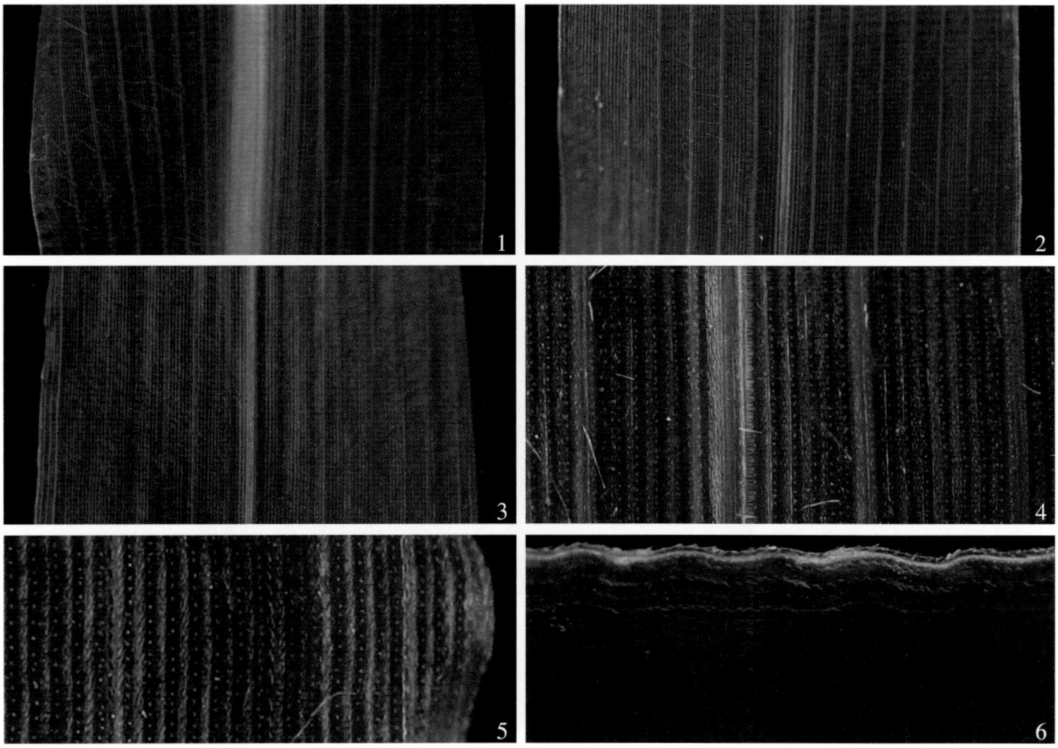

1.叶片正面，疏被柔毛，中脉宽，侧脉细，诸脉平行；2.叶片正面，中脉窄，侧脉平行；3.叶片反面，中脉外凸，叶边数脉密集；4.叶片正面，中脉宽平，示脉间规则排列的硅细胞及小凸起；5.叶片反面，示规则排列的小凸起；6.叶缘，示边缘数脉上密集排列的单行小刺毛。

图 6–18　叶片表面

2）形状

黍稷茎生叶的叶片形状为长披针形、条状披针形或线状披针形，顶端渐尖或长渐尖，基部近圆形，边缘波状或平直（图 6–19）。

1~4.边缘平直：1.线状披针形；2.顶端长渐尖；3.条状披针形；4.长披针形。5.边缘波状，条状披针形。

图 6–19 叶片形状

3）大小

黍稷抽穗后茎生叶的叶片较大，长度为 10~50 cm，宽度为 1.5~2 cm，有的品种宽度可达 4 cm。叶片宽度可分为狭窄、中等、较宽、宽、极宽。农作上，黍稷叶片大小用主茎顶部倒三叶的长度和宽度表示，长度为其基部至顶端的长度，宽度为其最宽处的宽度。叶片的大小在品种间差异较大。

4）姿态

叶片在植株上生长的姿态被称为叶相（即长相）。农作上黍稷的叶相是指抽穗旗叶的叶相，分为下垂、中间和上举 3 种类型（图 6–20）。其中：上举者为整个叶片直挺，有趋茎之势，叶片与茎或茎的延长线之间的夹角明显小于 45°；下垂者为整个叶片中部以下向下弯曲，有离茎之态，叶片与茎或茎的延长线之间的夹角明显大于 45°；中间者介于以上二者之间，叶片中上部弯曲，叶片与茎或茎的延长线之间的夹角大约为 45°。

1、2.下垂；3.中间；4、5.上举。

图 6–20　叶相

(2) 叶鞘

黍稷的叶鞘（图 6–21）位于节下方，与节体紧贴或稍离，生于鞘环上，呈圆筒状，包围节以及节上方的节间，有时全包节间，有保护节的功能。

叶鞘的基部常为鞘枕，平直，表面光滑，不见脉，无毛或仅有柔毛。此段明显厚于其上方的叶鞘，向外微膨大，所以称为鞘枕。

叶鞘的鞘缘部分为膜状，两个鞘缘交叠，有左覆盖和右覆盖之分，交叠始于鞘枕，下部常比上部交叠程度大。当节间增粗或有腋芽生长成分枝时，鞘口不同程度地自下而上逐渐裂开。叶鞘顶端衍生有叶舌。

黍稷的叶鞘有明显的鞘脉，其上被疣基长柔毛，毛长 3~4 mm，是植株上毛被最多、最长的部位。叶鞘的颜色与叶片相同，有绿色和紫色之分。

(3) 叶舌

黍稷的叶舌（图 6–22）是叶鞘与叶片交界处内侧向外衍生出的附属物，膜质，长约 1 mm，顶端有长约 2 mm 的纤毛，能防止雨水、昆虫和病原孢子落入叶鞘内，起保护茎秆的作用。

(4) 叶颈

叶颈（图 6–23）是叶鞘与叶片交界过渡处、薄而异色的部分，适于叶片上、下折弯，一般较光滑，白色，有别于叶鞘和叶片。

1.叶鞘完全包被节间，鞘缘右覆盖；2.叶鞘未完全包被节间；3.腋芽发育成分枝，叶鞘裂开，鞘缘左覆盖；4.鞘缘膜质，全鞘被毛；5.鞘枕圆柱状，上下平齐；6.去除部分叶鞘的节，节体与鞘环相离，鞘枕厚于上方的叶鞘；7.叶鞘上的疣基长柔毛。

图 6–21 叶鞘

图 6-22　叶舌

1.叶颈两端对齐；2.叶颈两端错位，交叠；3.叶颈从中部脊向外缘逐渐变宽。

图 6-23　叶颈

6.1.4 花序

黍稷的花序是以小穗为基本单位组合而成的圆锥花序，在果期则转变成果序。在农作上，一般将花期的花序和果期的果序统称为穗子或穗，有时会区分为花穗和果穗。由于黍稷的花序与果序的外形和结构基本一致，所以本节包含果序。

6.1.4.1 组成与结构

黍稷的圆锥花序生于茎顶或枝顶，为顶生花序。花序基部有花序梗，又称为总花梗。花序梗是由茎顶端的节间演变而来的。

花序由花序轴（简称为序轴）和若干分枝（称为序枝）组成（图 6–24）。一级序枝在序轴上呈互生、对生，螺旋状排列或在序轴基部轮生，末级序枝上着生有小穗。

黍稷花序的序枝长短不一，具棱，棱缘被刺毛，有的光滑或稍有毛；最多有 5 级序枝，其中一级序枝数为 10~40 个，末级序枝上小穗密生。序枝的数量取决于生长发育条件。

1.完整花序；2.一级序枝着生方式，序轴基节 1 枝单生，序轴倒二节多枝轮生或簇生，二、三级序枝互生；3.一级序枝；4.二级序枝，其上三级序枝互生、近对生、近轮生；5.三级序枝；6、7.弯曲或直的四级序枝（末级序枝，含退化的五级序枝）；8.小穗，小穗梗顶端从下向上逐渐膨大；9.序枝具棱及小刺毛。

图 6–24　花序结构

6.1.4.2　序形

花序的整体结构和形态简称为序形（农作上称为穗型）。黍稷圆锥花序的序枝（农作上称为穗分枝）级数多，数量多，结构复杂，呈多样的序形。农作上常用序轴弯度、序枝分布、序枝密度、序枝偏角、序枝长度等形态特征或指标反映序形变化，进行类型划分。

① 序轴弯度

黍稷的序轴弯度是指圆锥花序的花序梗以上的序轴直立或弯曲的不同形态，可以反映出花序的弯曲程度，分为直立、稍弯曲和弯曲 3 类（图 6–25）。

② 序枝分布

圆锥花序的序枝分布是指序枝在序轴上的着生位置。黍稷的序枝分布是指一级序枝在整个序轴上的着生位置或分布式样，分为单侧、四周、顶部+周围(图 6–26)。

1、2.直立；3、4.稍弯曲；5、6.弯曲。

图 6-25　序轴弯度

1.单侧；2.四周；3.顶部+周围。

图 6–26 序枝分布

③ 序枝密度

序枝密度是指圆锥花序的一级序枝（即穗分枝）在序轴上，下级序枝在上一级序枝上，以及小穗在末级序枝上分布的疏密程度，有稀疏、中等、稍密、密集之分（图 6–27）。

④ 序枝偏角

序枝偏角是指圆锥花序的序枝偏离序轴的角度，偏离角度决定花序的开展度和外形。农作上，黍稷的序枝偏角是指花序基部的一级序枝（即穗基分枝）与序轴之间的角度，有小、中等、大之分（图 6–28）。

⑤ 序枝长度

序枝长度是指黍稷圆锥花序的一级序枝（即穗分枝）从基部至顶端的长度，有短、中等、长之分（图 6–29）。

⑥ 花序长度

黍稷的花序长度是指主花序（主穗）的最下方的一级序枝基部到整个花序顶端的长度，农作上称为主穗长，一般为 15~60 cm，有短、较短、中等、较长和长之分（图 6–30）。

1.稀疏；2.中等；3、4.稍密；5.密集。

图 6-27　序枝密度

1、2.偏角小；3.偏角中等；4、5.偏角大。

图 6–28　序枝偏角

1、2.短；3.中等；4、5.长。

图 6-29　序枝长度

1.短；2.较短；3.中等；4.较长；5、6.长。

图 6-30　花序长度

根据序轴弯度、序枝分布、序枝密度、序枝偏角、序枝长度和花序长度，黍稷的花序类型（农作上称穗型）可分为散穗型、侧穗型和密穗型 3 种。

(1) 散穗型

序枝偏角大部分在 45°左右，序枝较长，向四周散开，花序整体上较疏散（图 6–31）。

1. 中等密度；2. 稀疏。

图 6–31　散穗型

(2) 侧穗型

序枝偏角大部分小于 35°，多数分枝集中于序轴一侧，以长分枝为主，花序整体上密度不大（图 6–32）。

(3) 密穗型

序枝偏角小于 35°，多数分枝集中于序轴周围，序轴直立或稍弯曲，序枝短，花序整体上较紧密（图 6–33）。

1.序枝均匀散开；2.序轴上部序枝密；3.序轴下部序枝密。

图 6–32　侧穗型

图 6–33　密穗型

6.1.4.3　小穗

每个末级序枝上可有 2~5 枚小穗（图 6–34），其中位于末级序枝下部的小穗常退化，上部 1~3 枚可发育成果。无论小穗是否退化，每个小穗基部都有小穗梗。小穗梗或直或弯，从基部向上逐渐增粗，通常上部一侧扁平，顶端膨大，有时被小刺毛。

1~4.小穗分布：1.小穗在末级序枝上的分布；2.末级序枝具 3 枚发育小穗、1 枚败育小穗（位于下部）；3.末级序枝具 1 枚发育成熟的小穗、1 枚不能正常发育的小穗；4.弯曲的末级序枝具 1 枚发育小穗、3 枚退化小穗。5、6.小穗梗外形，被小刺毛：5.短而直的小穗梗；6.扭转、细长的小穗梗。

图 6–34　小穗分布与小穗梗外形

（1）外形

黍稷的小穗呈卵圆球状（图 6–35），长 4~5 mm。

1.果期小穗，宽卵圆球状；2.果期小穗，卵圆球状；3.花期小穗，长卵圆球状。

图 6–35　小穗外形

（2）组成与结构

小穗由颖被和小花组成(图 6–36)。小穗内部有小穗轴，小穗轴上自下而上依次有外颖、内颖、第一小花外稃、第一小花内稃（偶有）、第二小花外稃、第二小花内稃、花。

颖被，农作上称颖壳或护颖，由内、外 2 个颖片组成，无毛，具多条绿色颖脉。

外颖（又称为第一颖）薄纸质或膜质，生于第一小穗节上，较小，呈正三角形，长为小穗的 1/2~2/3，顶端尖或锥尖，边缘宽膜质，基部围合，背部具（3）5~7 脉。

内颖（又称为第二颖）纸质，生于第二小穗节上，位于外颖上方或内侧，与外颖有明显的间隔；远大于外颖，与小穗等长；卵圆形，顶端呈喙状，腹部内凹，光滑，背部通常具均匀分布的 11 脉，从基部汇向顶尖，边缘具狭膜质。

颖被里面包着 2 朵小花。其中，第一小花位于下部，常发育不完全或退化，很少能结实；第二小花位于上部，能正常结实。

当果实成熟时，外颖可先脱落，内颖连同上部的结构仍保留在小穗梗上，或整个小穗脱节于颖下，即颖被连同其上的稃被和果从小穗顶端膨大的节盘处脱落。内颖宿存，并与第一外稃合包颖果。

1.小穗内小花的花药已露出（左）和伸出（右）；2.小穗外颖与内颖的位置和关系，可见左侧的第一外稃；3.外颖与内颖之间的小穗轴，可见左侧的第一外稃；4.内颖腹面；5.外颖的正面观，可见外颖两侧在下部交叠成浅筒状；6.外颖的背面观，可见外颖顶端渐尖，背部具 5 脉；7.外颖的侧面观，可见边缘宽膜质。

图 6–36　小穗组成与结构

6.1.5 小花

黍稷的花始终包在稃被内，而且花已简化，所以常将二者合称为小花。

黍稷的小穗轴顶部有 2 朵小花：位于下方的第一小花和位于上方的第二小花（图 6–37）。前者常退化，偶能正常发育，只有稃被，或内稃很小，所以常称此小花为退化小花；后者可正常发育，所以又称为可育小花，同时具有稃被和花。一个小穗通常只有 1 朵小花发育成果实，稀有 2 朵小花都能发育成果实。

6.1.5.1 组成与结构

以可育小花为例，小花中位于小穗轴下方的是稃被（外稃和内稃），位于小穗轴上方的为简化的花（图 6–37）。

黍稷的花包被在稃被内，不易与稃被脱离，外观为稃状，特称为颖花，并非严格意义上的花，属于伪花。

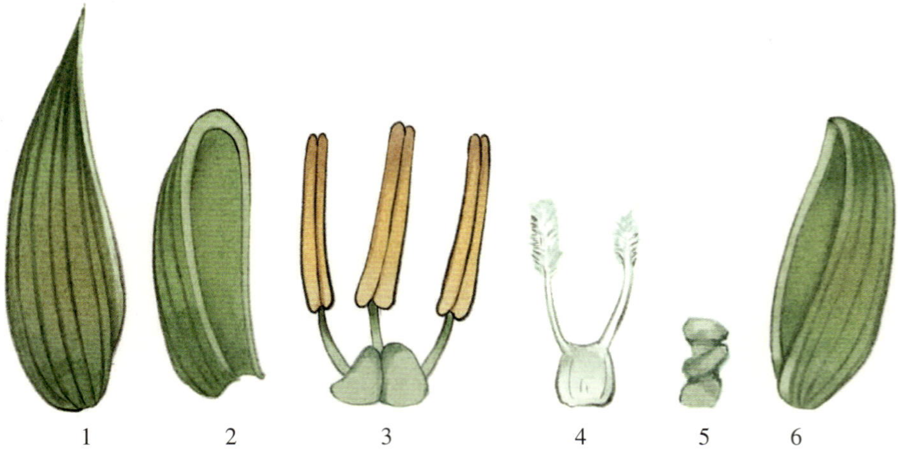

1.第一小花（退化小花）的外稃；2.第二小花（可育小花）的内稃；3.第二小花的雄蕊和鳞被；4.第二小花的雌蕊；5.小穗轴；6.第二小花的外稃。

图 6–37　小花组成与结构

6.1.5.2　稃被

黍稷的稃被（图 6–38）由外稃和内稃组成，属于苞片。2 个稃片或位于常退化的第一小花外，或位于能正常发育的第二小花外。

1.第一外稃；2.第二内稃；3.第二小花，示外稃、内稃和花（雄蕊）；4.果期的小穗，示外颖、内颖、第一外稃、第二外稃和第二内稃；5.果期的第一内稃、第二外稃和第二内稃；6.去除第二小花的小穗，示第一外稃、第一内稃与外颖之间的关系；7~10.第一外稃分别呈狭卵圆形、宽卵圆形、长圆形、宽圆形，顶端逐渐变长、变尖。

图 6–38　稃被

第一小花的外稃（第一外稃）较大，常为卵圆形或长圆状卵形，有时呈狭卵形或宽卵形，与内颖近等长或与小穗等长，具 11~13 脉，顶端尖；第一小花的内稃（第一内稃）较小，透明质，顶端钝圆，但常退化或很小。果期外稃宿存，连同内颖共同包被具稃的颖果。

第二小花的外稃（第二外稃）长约 3 mm，背部圆拱，平滑，具 7 脉；第二小花的内稃（第二内稃）与之同形，较第二外稃小，具 2 脉。果期稃被革质，有光泽，呈黄色、乳白色、褐色、红色和黑色等（因品种而异），其中外稃边缘扣包同质的内稃，共同包被颖果。

6.1.5.3 花

黍稷的花从外向内由 2 个鳞片、3 枚雄蕊和 1 枚雌蕊组成（图 6-39）。鳞被的 2 个鳞片又称为浆片，长 0.4~0.5 mm，宽约 0.7 mm，具多脉，并由一级脉分出次级脉。雄蕊 3 枚，花药圆柱状，黄色或橙黄色，有时具斑纹，花药的 2 个药室在中部结合，两端分开，呈“X”形。雌蕊 1 枚，由子房、花柱和柱头组成，位于小花的中央；花柱 2 枚，着生于子房顶端；柱头白色，呈羽毛状或帚状。

1.雄蕊和雌蕊，外有外稃（后）和内稃（前）；2.雌蕊；3.雄蕊与鳞被；4.花药和花丝的着生方式。

图 6-39 花的组成与结构

6.1.6 果实

黍稷果实的种皮与果皮愈合，成熟后不易分开，特称为颖果，在农作上称为籽实。黍稷的颖果成熟时常由第二外稃和第二内稃包裹，不是真正的颖果，是具稃的果，应称为谷粒。黍稷的果实（谷粒）小而多，一般每个果序（穗）可结 1000~3000 粒。单个小穗中通常只有 1 个果实（谷粒），有的品种有 2 个（图 6–40）。

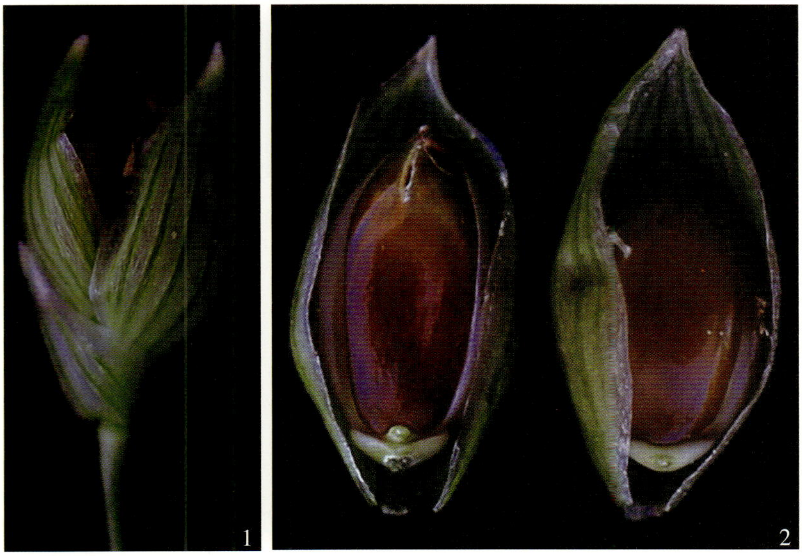

1.具双果的小穗；2.内颖和第二小花形成的果实（左），第一外稃和第一小花形成的果实（右）。

图 6–40　同一小穗内 2 朵小花形成双果

6.1.6.1 颖壳

黍稷的果实成熟时，有稃被包裹，其实质为谷粒。内颖和第一外稃常包托谷粒，并宿存于谷粒外，实为谷粒壳。由于黍稷的谷粒外壳革质，表面光滑，外形如同籽实，故农作上常将其视为籽实，而将位于其外的内颖和第一外稃视为颖壳（图 6–41）。

1.果期内颖和第一外稃包被谷粒；2.果实成熟后谷粒外的颖被和第一外稃宿存；3.成熟后果实脱落，颖壳连同颖果（谷粒）从小穗梗顶端膨大的节盘处断开、脱落；4.谷粒及其外部颖壳的分解。

图 6-41 颖壳

6.1.6.2 谷粒

黍稷的谷粒是由小花发育而来的。可育小花的内稃、外稃与子房同步发育，始终包被子房或幼果，直至果实成熟，子房发育成颖果，稃被发育成谷壁。

(1) 组成与结构

谷粒外层为稃被形成的硬壳，称为稃壳。稃壳表面光滑。由外稃形成的壳为背部，其中部凸起，边缘扣于内稃外；由内稃形成的壳为腹部，位于外稃内侧，表面有 2 条脉，形成 2 条脊，脉与脉之间外凸、平坦或内凹。稃壳内为颖果，含有大量胚乳。纵切面可见内稃和外稃形成的稃壳（在谷粒的中部可见重叠的两层壳）以及内部的胚乳（图 6-42）。在谷粒的基部有一凸起的种脐，是种子萌发时胚根和胚芽伸出之处。

1.腹部外凸；2.腹部平坦；3、4.腹部内凹；5.基部具种脐；6.稃壳革质，裂开处可见内部颖果；7.谷粒纵切面，可见内稃和外稃形成的稃壳以及颖果内的胚乳。

图 6-42　谷粒组成与结构

(2) 谷粒形状

黍稷籽粒的形状在农作上称为粒形，有圆球状、近圆球状、卵球状、倒卵球状和长圆球状等（图 6-43）。我国黍稷多为卵球状，籽粒较小。

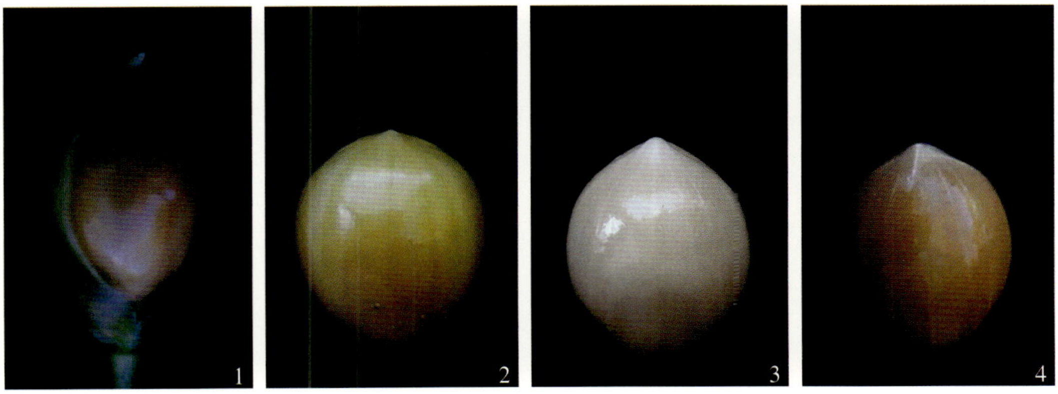

1.圆球状；2、3.近圆球状；4.倒卵球状；5.长倒卵球状；6.卵球状；7、8.长圆球状。

图 6-43 粒形

(3) 谷粒颜色

黍稷谷粒的颜色在农作上称为粒色，常见的有白色、灰色、黄色、红色、褐色等色及复色（图 6-44）。

图 6–44　粒色

6.1.6.3　颖果

谷粒去掉稃壳后的部分为颖果。由于颖果的果壁内与种皮愈合，外与稃壳愈合，果实脱壁时，稃壳和果壁（含种壁）常被破坏和去除，农作上称为米或米粒。米的颜色即为米色，常见的有白色、淡黄色、黄色（图 6–45）。

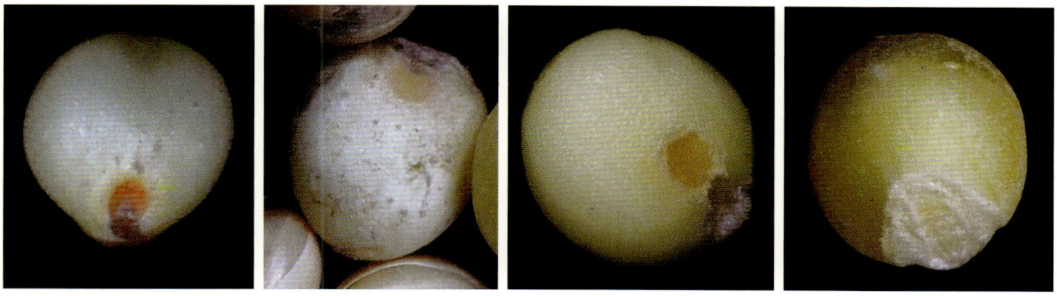

图 6–45　米色

6.2 黍稷的野生近缘植物

通常认为，黍稷的近缘植物仅为黍属种类。根据《中国植物志》和 *Flora of China* 记载，全球黍属植物约 500 种，分布于暖温带、亚热带和热带地区。我国黍属植物有 21 种，其中野生种有 17 种，引种栽培 4 种，除黍稷作为谷类作物外，另外 3 种，即光头黍（*P. coloratum* L.）、大黍（*P. maximum* Jacq.）和柳枝稷（*P. virgatum* L.），均作为牧草栽培（作饲料）。

可爱黍

Panicum amoenum Balansa

茎： 秆匍匐，常攀缘生长，木质，长 1~3 m。节上生根，自叶鞘基部穿出；节间无毛，具纵棱槽。

叶： 叶鞘具条纹，短于节间，基部紧抱秆，无毛，具缘毛。叶舌膜质，高约 0.2 mm。叶片扁平，线形，质硬，长 10~28 cm，宽 5~15 mm，基部平截或圆形，先端渐尖，主脉显著，侧脉不显，两面无毛。

花序/花： 圆锥花序宽卵状至长圆状，长 15~40 cm，多分枝；序枝纤细，成熟时展开，粗糙，具棱。小穗椭圆状，长 1.2~1.5 mm，无毛，具小穗梗。颖片草质；外颖卵形，长约为小穗的 1/2，具 3 脉；内颖长于小穗，具 5 脉。第一小花中性；第一外稃形状、质地、大小和脉与内颖相似；第一内稃缺。第二外稃淡黄色，宽卵圆形，边缘紧紧包卷第二内稃，硬革质，平滑，有光泽；内稃除小于外稃外，其余特征均与外稃相同。

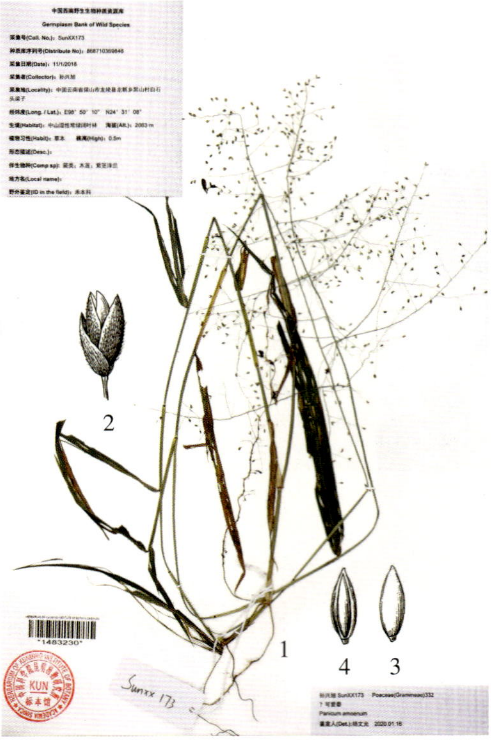

1.具花序植株（标本）；2.小穗；3.小花背面；4.小花腹面。

图 6-46 可爱黍

紧序黍（别名：长耳膜稃草）

Panicum auritum J. Presl ex Nees

茎： 秆膝曲上升，长可达 4 m，直径 2~4 mm，分枝。节无毛，下部节上生根。

叶： 叶茎生。叶鞘具条纹，短于节间，常无毛，有时边缘密生纤毛。叶舌膜质，高约 0.5 mm。叶片线形，质地较硬，长 10~60 cm，宽 5~25（~35）mm，无毛，基部心形，先端渐尖。

花序/花： 圆锥花序收缩成穗状，长 10~45 cm；序枝贴伏，长 1~4 cm，无毛，微粗糙。小穗草黄色，披针状或椭圆状，长 2~3 mm，无毛，锐尖，簇生于序轴一侧；小穗梗长约 1 mm。外颖卵形，膜质，长约为小穗的 1/3，具 3 脉；内颖草质，与小穗等长，具 5~7 脉。第一外稃与内颖同形等长；内稃发育不良。第二外稃淡黄色，薄纸质，与小穗等长，光滑，有光泽，顶端尖。

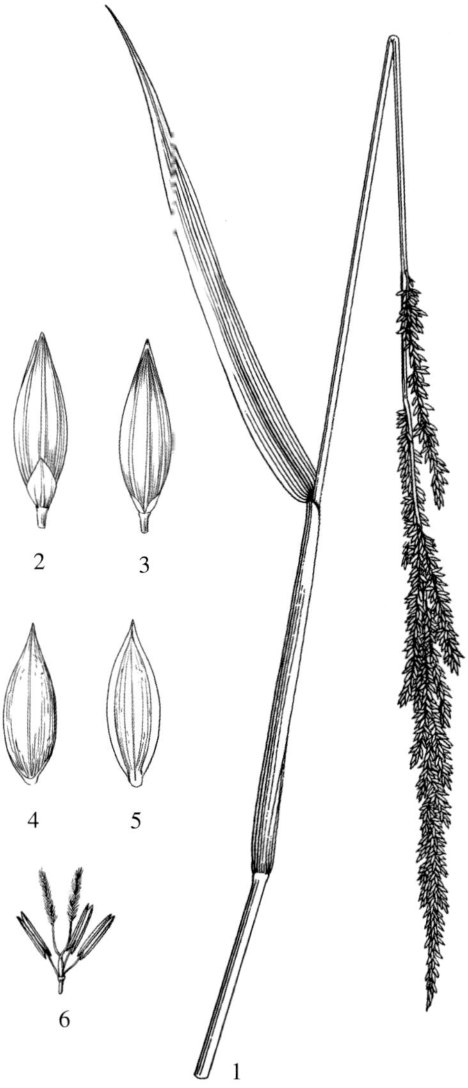

1.花序及旗叶；2.小穗背面，示外颖和第一外稃；3.小穗腹面，示内颖；4.第二小花背面；5.第二小花腹面；6.花，示雄蕊和雌蕊。

图 6-47　紧序黍

糠稷
Panicum bisulcatum Thunb.

茎：秆直立或上升，质硬，纤细，高 0.3~1.8 m。有时在节上生根；节间无毛。

叶：叶茎生。叶鞘疏松，具条纹，边缘被纤毛。叶舌膜质，高约 0.5 mm，顶端具短缘毛。叶片线形，质薄，长 5~20 cm，宽 5~15 mm，几无毛，基部圆形，顶端渐尖。

花序/花：圆锥花序卵圆状或圆球状，长 10~40 cm，疏松，多分枝；序枝纤细，弯曲，粗糙。小穗，绿色或带紫色，椭圆状，长 2~2.5 mm，疏生微柔毛，具细小穗梗，成对簇生于序枝末端。外颖近三角形，长约为小穗的 1/2，具 1~3 脉，先端锐尖或渐尖；内颖与小穗等长，具 5 脉，外被细毛或后脱落。第一外稃与内颖同形等长；第一内稃缺。第二外稃淡黄色，椭圆形，与小穗等长，光滑，有光泽，成熟时黑褐色。鳞被透明或不透明，具 3 脉，折叠。

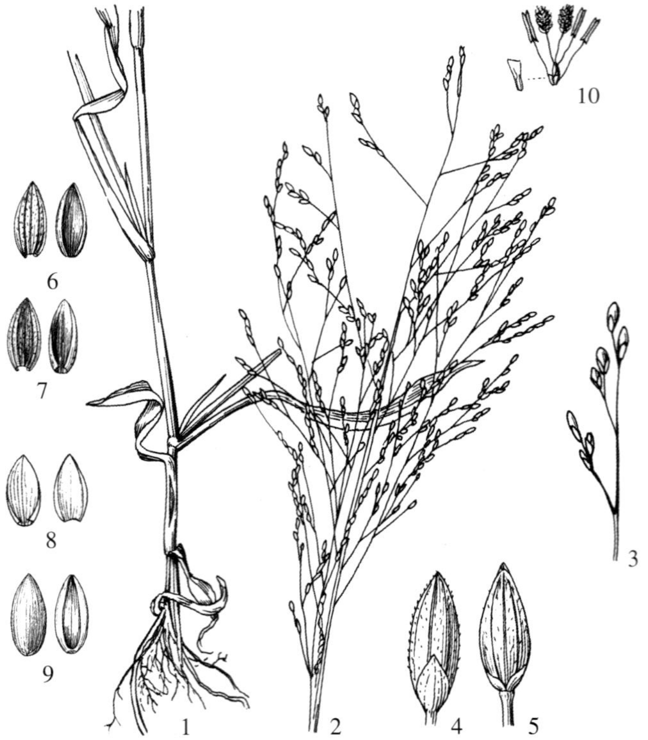

1.植株中下部，示根和叶；2.花序；3.末级序枝，示小穗分布；4.小穗背面，示外颖和第一外稃；5.小穗腹面，示内颖；6.内颖背、腹面；7.第一外稃背、腹面；8.第二外稃腹面和第二内稃背面；9.果背、腹面；10.花，示鳞被、雄蕊和雌蕊。

图 6-48　糠稷

短叶黍

Panicum brevifolium L.

茎：秆蔓生，基部常伏卧地面，高 15~100 cm。下部节上生根；节间无毛或具短柔毛。

叶：叶茎生。叶鞘短于节间，被微柔毛或无毛，边缘具缘毛。叶舌膜质，高约 0.2 mm，顶端被纤毛。叶片狭卵形至卵圆形，膜质，长 5~10 cm，宽 1~3 cm，具交叉脉，基部抱茎，顶端细锐至渐尖，无毛或被柔毛。

花序/花：圆锥花序长圆状或卵圆状，长 5~15 cm，分枝多；序枝纤细，常缠结，无毛或具柔毛，通常在序枝和小穗梗的着生处具腺斑。小穗卵球状或椭圆状，不对称，长 1.5~2 mm，疏生短柔毛至柔毛。外颖卵形，透明，与小穗等长，具 1~3 脉，被一节间分开；内颖薄纸质，较宽，与小穗等长，背部凸起，顶端喙尖，具 5 脉。第一外稃与内颖近等长；第一内稃薄膜质，发育良好。第二小花白色，粗糙，有光泽，具不显著的乳突。鳞被薄而透明，长约 0.28 mm，宽约 0.22 mm，局部折叠，具 3 脉。

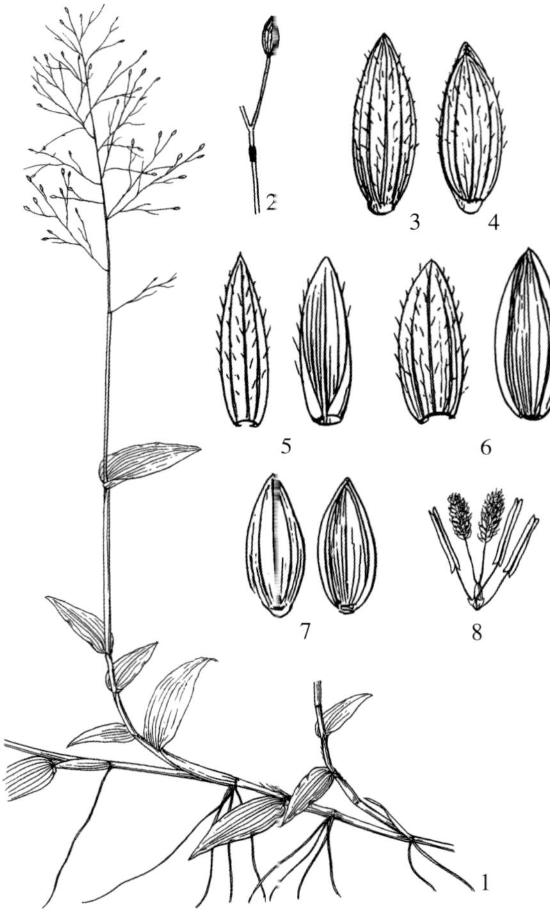

1.具花序植株，示叶、根状茎和根；2.小穗及细长小穗梗；3.小穗背面；4.小穗腹面；5.外颖背、腹面；6.内颖背、腹面；7.第二小花背、腹面；8.第二小花雄蕊和雌蕊。

图 6–49　短叶黍

弯花黍

Panicum curviflorum Hornem.

茎： 秆直立或膝状上升，高（15～）30～90 cm。节无毛。

叶： 叶多数基生。叶鞘具结节状硬毛。叶舌高 0.3~1 mm，边缘具睫毛。叶片线形或披针形，平展，长 7~30 cm，宽 2~9 mm，具糙硬毛，基部直，先端锐尖或渐尖。

花序/花： 圆锥花序开展，长圆状，长 10~35 cm，序轴平滑；中度分枝，序枝上升或展开，粗糙。小穗披针状，长 3~3.5 mm，无毛，渐尖。颖片宽卵形，脉粗糙，渐尖至骤尖；外颖长为小穗的 1/2~2/3，具 5 脉，在基部抱茎，被一节间分开；内颖与小穗等长，具 7~9 脉。第一小花不育，与内颖近等长，顶端细锐尖；第一内稃发育不良。第二小花浅黄色或橄榄绿色，长圆形，长为小穗的 3/4，有光泽，顶端钝。

1.植株（标本）；2.叶，示叶鞘和叶片的毛被；3.小穗，示外颖、内颖、第一外稃和第二小花。

图 6-50 弯花黍

多子黍
Panicum decompositum R. Br.

茎：秆直立，高 60~100 cm。节无毛。

叶：叶基生。叶鞘具条纹，无毛。叶舌高约 1 mm，顶端具纤毛。叶片线形，平展，坚韧，长 15~30 cm，宽 5~8 mm，无毛，基部直，先端渐尖。

花序/花：圆锥花序顶生，宽卵状，长 20~40 cm，多分枝；序枝坚硬，上升且开展。小穗椭圆状，长 2~3 mm，无毛，渐尖。外颖宽卵形，长为小穗的 1/5~1/3，基部抱小穗，不具脉或具 1 脉，先端钝或锐尖，被一节间分开；内颖与小穗等长，具 7 脉。第一外稃与内颖同形，近等长；第一内稃发育不良。第二小花浅黄色，稍短于小穗，平滑，有光泽。

1.植株中下部，示根和叶；2.花序；3.花期小穗，示内颖、第一外稃、雄蕊和雌蕊；4.小穗，示外颖、内颖和第一外稃。

图 6–51　多子黍

洋野黍（别名：水生黍、禾草）

Panicum dichotomiflorum Michx.

茎： 秆弯曲上升，肉质，高 30~110 cm，多分枝。在下部节处生根，上部节无毛。

叶： 叶茎生。叶鞘圆筒状，具条纹，无毛，有光泽，下部鞘通常膨胀。叶舌高 1~2 mm，具长纤毛。叶片绿白色，长披针形或线形，平展，长 7~35 cm，宽 5~10 mm，无毛，粗糙，基部平截或近心形，先端锐尖，主脉粗。

花序/花： 圆锥花序顶生或腋生，完全外露时呈锥状，长 10~20 cm；序枝较多，每节 1~5 根，无毛、粗糙，二级序枝和三级序枝通常贴伏。小穗疏生，披针状至狭卵状，长 3~4 mm，无毛，渐尖。外颖宽卵形，膜质，长为小穗的 1/6~1/3，无脉或具 1 脉，在小穗的基部抱茎，顶端钝至锐尖；内颖与小穗等长，具 7~9 脉。第一外稃与内颖同形等长；第一内稃缺如或宿存且发育良好；第一小花具雄蕊 3 枚。第二外稃绿色或浅黄色，长椭圆形，长约为小穗的 2/3，光滑，有光泽，具 5 脉，成熟时较为显著。

1.植株下部，示支持根、分枝及叶；2.花序和旗叶；3.小穗背面，示外颖和第一外稃；4.小穗腹面，示内颖。

图 6–52　洋野黍

旱黍草（别名：毛叶黍）

Panicum elegantissimum Hook. f.

茎：秆直立，高 20~60 cm。节无毛。

叶：叶多数基生。叶鞘具柔毛或刚毛，多聚于秆基。叶舌极矮，顶端具纤毛。叶片线形，硬质，长 12~50 cm，宽 3~8 mm，被柔毛，基部狭窄，顶端渐尖。

花序/花：圆锥花序稀疏，长椭圆状，长 10~30 cm，分枝中等。小穗梗具柔毛。小穗绿色或紫褐色，卵圆状，长 3~4 mm，无毛，成熟时内颖和第一外稃分叉。外颖宽卵形，长为小穗的 1/2~2/3，具 3~5 脉，渐尖，被一节间分开；内颖卵形，与小穗等长，具 7 脉，渐尖。第一小花不育；第一外稃与内颖近等长；第一内稃发育不良，薄膜质，较短小，具 2 脉。第二小花淡黄色，极少黑色，卵状椭圆形或长圆状披针形，长约 2.5 mm，平滑，有光泽。鳞被较厚，长约 0.3 mm，宽约 0.45 mm，局部折叠，具多脉。

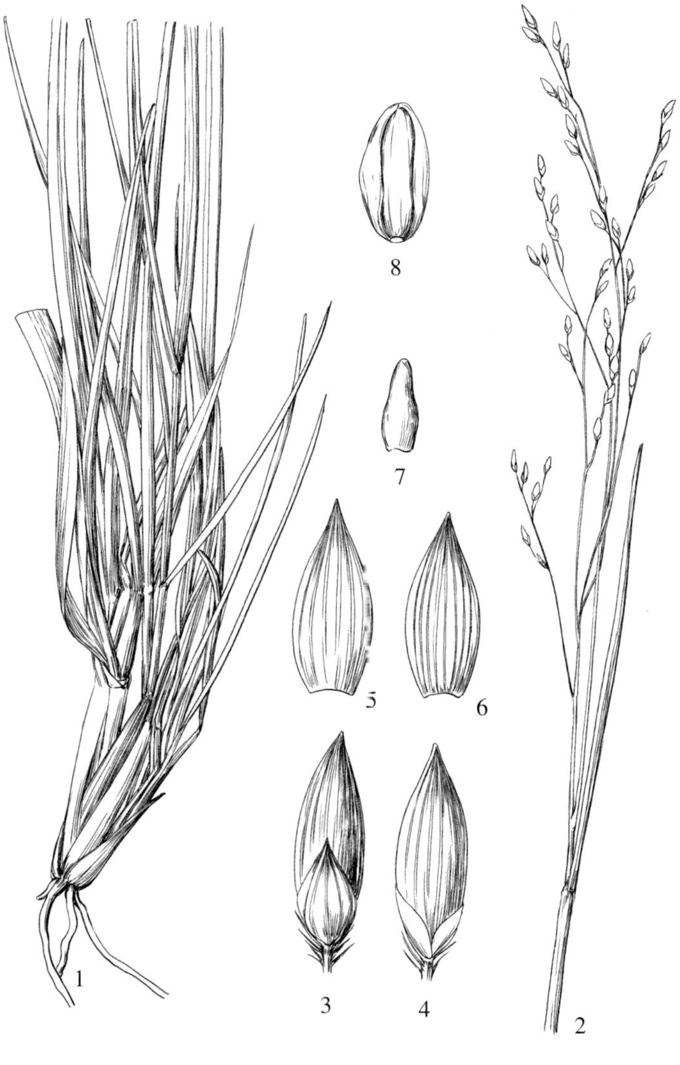

1.植株下部；2.花序及旗叶；3.小穗背面，示外颖和小穗梗上毛被；4.小穗腹面，示外颖基部和内颖；5.内颖；6.第一外稃；7.第一内稃；8.果实腹面。

图 6–53　旱黍草

南亚黍（别名：南亚稷、矮黍）

Panicum humile Nees ex Steud.

茎：秆直立，高 20~70 cm，分枝纤细。

叶：叶通常茎生。叶鞘无毛，边缘偶有纤毛。叶舌膜质，高约 1 mm，顶端具纤毛。叶片线形，平展，长 7~20 cm，宽 2~6 mm，无毛，顶端锐尖或渐尖。

花序/花：圆锥花序腋生或顶生，卵球状或长圆状，一般很少从最上面的鞘中伸出，长5~15 cm，中等分枝，疏生小穗。小穗卵球状，具小穗梗，长 1.5~2 mm，无毛，成熟时内颖和第一外稃开叉。外颖卵形，长为小穗的 1/2~3/4，具 3 脉，顶端渐尖或锐尖，基部包卷小穗；内颖卵形，与小穗等长，渐尖，具 3~5 脉。第一小花不育；第一外稃稍短于内颖，具 5 脉；第一内稃宿存，薄膜质，短于第一外稃。第二外稃淡黄色，长圆形，革质，长约 1.2 mm，光滑，有光泽。鳞被细小，长约 0.2 mm，宽约 0.3 mm，具多脉。

1.具花序植株；2.末级序枝，示小穗着生方式及细长小穗梗；3.小穗；4.外颖；5.内颖；6.第一外稃；7.第一内稃。

图 6–54　南亚黍

藤竹草（别名：藤竹稷）

Panicum incomtum Trin.

茎：秆攀缘或蔓生，木质，圆柱状，长 1~2 m，多分枝，近无毛或常在花序下部被微柔毛。节无毛或被微柔毛。

叶：叶茎生。叶鞘疏松，具条纹，被微柔毛。叶舌高约 1 mm，顶端被纤毛。叶片狭披针形，长 10~25 cm，宽 1~2 cm，被柔毛，基部突然变窄，顶端渐尖。

花序/花：圆锥花序开展，长圆状至卵球状，长 10~23 cm。序轴直立，被微柔毛；序枝多，常缠绕，表面附有黏稠物。小穗卵球状，长 1.5~2 mm，顶端钝或稍尖，疏生短柔毛至无毛。外颖卵形，长为小穗的 2/3~3/4，顶端尖，或具纤毛，基部包卷小穗，具 3~5 脉；内颖和第一外稃同形等长，长于小穗，均具 5 脉。第一内稃薄膜质，发育良好，长约为第一外稃的 2/3。第二小花与小穗等长，第二外稃淡褐色，长约 2 mm，光滑，有光泽，背部具脊，顶端朝上弯曲。鳞被薄而透明，长约 0.32 mm，宽约 0.35 mm，局部折叠，具 5~7 脉。

1.具花序植株（标本）；2.小穗背面，示外颖和第一外稃；3.小穗腹面，示内颖；4.第二外稃背面；5.第二外稃腹面。

图 6–55　藤竹草

滇西黍

Panicum khasianum Munro ex Hook f.

茎： 秆攀缘，圆柱状，高 1~2 m，分枝。常在下部节上生根；节间无毛。

叶： 叶茎生。叶鞘草质，短于节间，具条纹，边缘具糙硬毛或疏生纤毛。叶舌膜质，高 0.5~1 mm，具纤毛。叶片狭披针形，长 10~30 cm，宽 1~3 cm，近无毛至具刚毛，基部突然变窄，顶端渐尖。

花序/花： 圆锥花序宽大，扁圆球状至圆球状，长 15~35 cm，多分枝；序枝平展、粗糙。小穗多生于序枝上半部，椭圆状至长圆状，长 2~3 mm，钝尖，无毛；小穗梗长 1~10 mm。外颖卵形，长为小穗的 1/4~1/3，具 0~5 脉，锐尖或钝，不被节间分开；内颖卵状披针形，与小穗等长，具 5 脉。第一外稃与内颖的形状、大小和质地等相近；无第一内稃。第二小花两性；第二外稃淡黄色，椭圆状长圆形，革质，与小穗等长，光滑，有光泽，顶部被细毛，聚成一小毛尖头；第二内稃较外稃窄，并被外稃边缘所包卷。雄蕊 3 枚，花药线形；花柱于基部分裂为 2 柱头，柱头羽状；鳞被膜质，脉不明显。

1.花序和旗叶（标本）；2.末级序枝及小穗梗；3.小穗，示外颖、内颖和稃被；4.第二外稃背面；5.第二小花腹面，示外稃包卷内稃。

图 6–56 滇西黍

大罗湾草（别名：大罗网草、网脉稷）
Panicum luzonense J. Presl

茎：秆直立或膝曲上升，稍粗壮，高 30~150 cm。节上密生硬刺毛。

叶：叶茎生。叶鞘疏松。叶舌极矮，顶端被纤毛。叶片线形至线状披针形，扁平，长 5~20（~40）cm，宽 5~15 mm，基部心形，先端渐尖，边缘粗糙。

花序/花：圆锥花序顶生和腋生，卵球状至长圆状，长 10~30（~50）cm；序轴被疣基毛，中等分枝，序枝稍粗糙。小穗均匀地分布在整个花序中，绿色或带紫色，椭圆状至倒卵状，稍饱满，长 2~2.5 mm，无毛，具小穗梗。外颖宽卵形，长为小穗的 1/3~1/2，具 5~7 脉，被一节间分开；内颖卵形，与小穗等长，具 9~11 脉，脉间具横纹，锐尖。第一小花不育；第一外稃与内颖同形等长，具 7~9 脉，脉间具横纹；内稃透明膜质，与第一外稃等长。第二外稃黄色，椭圆形，革质，长 1.5~1.8 mm，平滑，有光泽，顶端钝。鳞被长约 0.26 mm，宽约 0.32 mm，具多脉。

1.具花序植株；2.小穗腹面　示外颖基部和内颖；3.小穗背面，示外颖和第二小花腹面；4.外颖；5.内颖；6.第一外稃；7.第一内稃；8.鳞被。

图 6–57　大罗湾草

心叶稷（别名：山黍、硬骨草）
Panicum notatum Retz.

茎：秆攀缘，圆柱状，高 1~2 m，具分枝，无毛。通常在下部节上生根，节无毛至被微柔毛。

叶：叶茎生。叶鞘质硬，具条纹，被微柔毛至近无毛，边缘具短缘毛。叶舌几乎不发育，为一圈长约 0.5 mm 的毛。叶片披针形，长 5~20 cm，宽 1~3 cm，近无毛或具短柔毛，具交叉脉，边缘粗糙，基部心形，先端锐尖或渐尖。

花序/花：圆锥花序卵圆状，长 10~40 cm。序枝多，纤细，平展，无毛。小穗着生于序枝上部，绿色，后变淡紫色，椭圆状，长 2~2.5 mm，被微柔毛。外颖卵形或长圆形，长约为小穗的 3/4，具 3~5 脉，被一节间分开；内颖与小穗等长，具 3~5 脉。第一外稃与内颖相似；无第一内稃。第二小花与小穗等长；第二外稃淡黄色或绿色，革质，平滑，有光泽。鳞被透明，长约 0.35 mm，宽约 0.26 mm，局部折叠，具 5 脉。

1.具花序植株（标本）；2.小穗腹面，示外颖基部和内颖；3.外颖背面；4.内颖背面；5.第一外稃背面；6.果实。

图 6–58　心叶稷

铺地黍（别名：枯骨草）
Panicum repens L.

茎： 根状茎发达。秆直立或匍匐，坚韧，高 30~120 cm。

叶： 叶茎生。叶鞘无毛，具条纹，边缘（尤其是靠近叶舌部）具微柔毛至被纤毛。叶舌膜质，高 0.5~1.5 mm，顶端被长纤毛。叶片线形，扁平，干燥时常卷曲，质硬，长 7~25 cm，宽 2~8 mm，先端锐尖或渐尖，正面粗糙或被毛，反面光滑。

花序/花： 圆锥花序顶生，狭长圆球状，长 5~20 cm；序枝斜上，无毛，粗糙，具棱槽。小穗长卵圆状，长 2.5~3 mm，顶端锐尖。外颖宽卵形，透明膜质，长约为小穗的 1/3，具 1（~3）脉，在小穗的基部抱茎，顶端钝或锐尖；内颖卵圆形，膜质，与小穗近等长，具 7~9 脉，顶端锐尖。第一外稃与内颖相似；第一内稃发育良好。雄蕊 3 枚，花丝极短，花药暗褐色，长约 1.6 mm。第二外稃淡黄色，与小穗近等长，有光泽。鳞被长约 0.3 mm，宽约 0.24 mm，脉不显著。

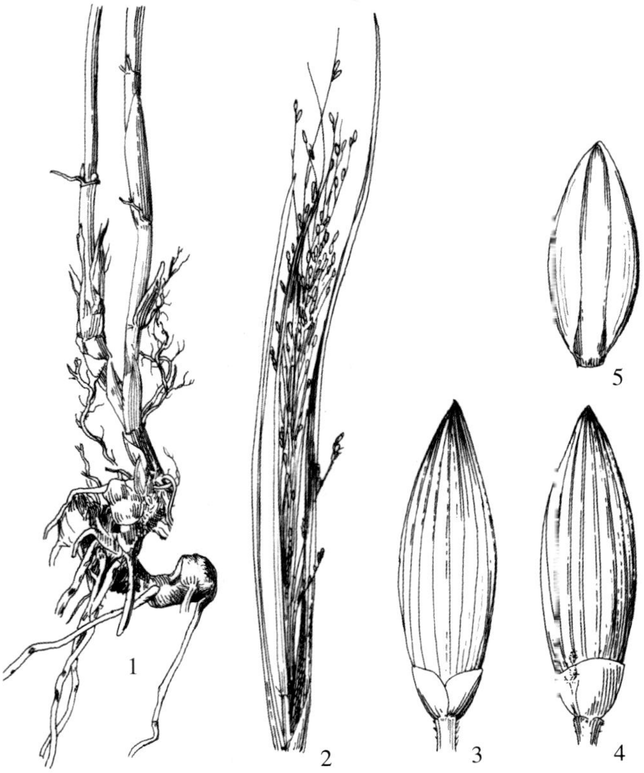

1.植株下部，示根；2.花序；3.小穗的腹面，示外颖基部和内颖；4.小穗的背面，示外颖和第一外稃；5.果实腹面。

图 6–59　铺地黍

卵花黍

Panicum sarmentosum Roxb.

茎：茎蔓生或攀缘，实心圆柱状，长可达 15 m，分枝，无毛至被微柔毛或具糙毛。

叶：叶茎生。叶鞘具条纹，被微柔毛。叶舌膜质，高约 0.5 mm，具纤毛。叶片狭披针形，长 10~35 cm，宽 1~3 cm，被微柔毛，边缘粗糙，基部突然变窄，先端渐尖。

花序/花：圆锥花序长圆球状至卵球状，长 15~30 cm。序轴无毛或具柔毛，多序枝，表面黏或光滑。小穗卵球状，长 1.5~2 mm，被稀疏微柔毛至无毛。外颖卵形，长为小穗的 2/3~3/4，具 3~5 脉；内颖与小穗等长，具 5 脉。第一外稃与内颖相似；第一内稃发育良好。第二小花浅棕色，与小穗等长，光滑，有光泽，顶端具细尖。

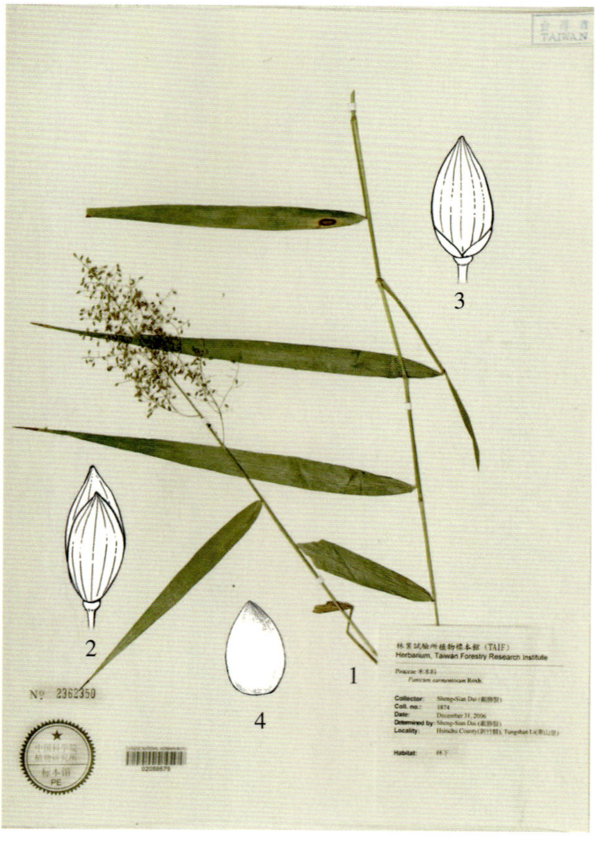

1.具花序植株（标本）；2.小穗背面，示外颖；3.小穗腹面，示内颖；4.第二外稃。

图 6–60 卵花黍

细柄黍（别名：无稃细柄黍）

Panicum sumatrense Roth ex Roem. & Schult.

茎：秆直立或匍匐，高 20~60 cm，最高可达 1.5 m。节间色深，无毛。

叶：叶茎生。叶鞘疏松，无毛。叶舌膜质，高约 1 mm，具纤毛。叶片线形，平展，长 8~40 cm，宽 4~8 mm，基部心形至平截，顶端锐尖或渐尖，两面无毛。

花序/花：圆锥花序顶生，长圆球状或卵球状，长 10~40 cm；序枝密集而下垂，或序枝稀疏且直立，枝条纤细，微粗糙。小穗长圆球状，长 2.5~3.5 mm，无毛，具小穗梗，小穗梗长于小穗。外颖宽卵形，长为小穗的 1/4~1/3，具 3 脉，先端锐尖；内颖长卵形，与小穗等长，具 9~13 脉。第一外稃与内颖同形，近等长；第一内稃宿存或无，薄膜质，几与第一外稃等长，但狭窄。第二小花褐色或黄色；第二外稃狭长圆形，革质，光滑，有光泽。鳞被肉质，细小，长约 0.3 mm，宽约 0.38 mm，局部折叠，具多脉。

1.植株；2.花序；3 末级序枝，示小穗分布。

图 6–61　细柄黍

发枝稷

Panicum trichoides Sw.

茎：秆呈膝状上升，纤细，高 10~80 cm，多分枝。从下部节生根；节间被微柔毛。

叶：叶茎生。叶鞘短于节间，具条纹，被柔毛或糙硬毛。叶舌膜质，高约 0.2 mm，顶端被纤毛。叶片披针形，膜质，长 3~8 cm，宽 5~20 mm，基部不对称心形或变窄，顶端渐尖，两面均被毛。

花序/花：圆锥花序卵球状或长圆球状，长 4~20 cm，多分枝；序枝细，并在细长末级序枝上结小穗。小穗不对称卵圆状，长 1~1.5 mm，具短柔毛。外颖卵形，长约为小穗的 1/2，具 1~3 脉，被一节间分开；内颖宽椭圆形，与小穗等长，顶端钝，具 3~5 脉。第一外稃椭圆形，与内颖近等长；第一内稃膜质，长约为第一外稃的 1/2。第二外稃白色，卵状椭圆形，薄革质，与小穗等长，无毛。

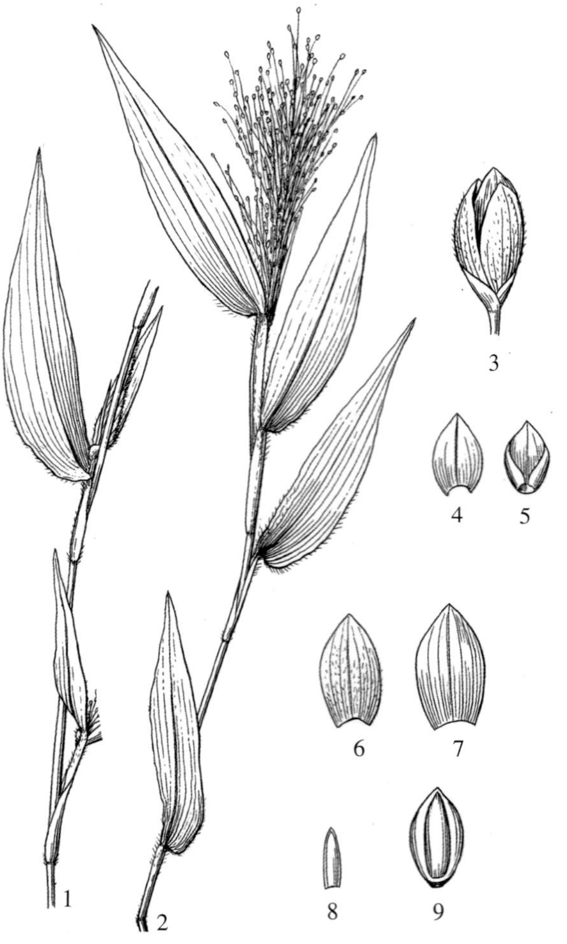

1.植株中下部；2.植株中上部，示叶和花序（尚未开展）；3.小穗侧面；4.外颖背面；5.外颖腹面；6.内颖背面；7.第一外稃；8.第一内稃；9.果实。

图 6–62　发枝稷

国家出版基金项目
NATIONAL PUBLICATION FOUNDATION

"十四五"国家重点出版物
出版规划项目

中国作物及其野生近缘植物图志(第一辑)

中国粮食作物及其野生近缘植物图志

下册

刘启新
江苏省中国科学院植物研究所（南京中山植物园）
汪建来
安徽省农业科学院作物研究所

主编

北京师范大学出版集团
BEIJING NORMAL UNIVERSITY PUBLISHING GROUP
安徽大学出版社

目 录

第7章 玉米及其野生近缘植物

113

7.1　玉米

◎ **植物名**

拉丁名：*Zea mays* L.

中文名：玉蜀黍

别　名：玉米、苞谷、麻蜀棒子、珍珠米、苞芦、苞米

◎ **商品名**　玉米（颖果）

玉米（图 7-1）为禾本科（Poaceae）玉蜀黍属（*Zea* L.）一年生草本植物，是重要的粮食作物，与水稻、小麦并称为三大粮食作物。

玉米是集粮、经、饲为一体的三元作物。作为世界上公认的黄金食品，玉米含有丰富的纤维素、蛋白质、脂肪、维生素、微量元素等，可作为主食，也可用于制作糕点；其胚芽含油量高，所提取的玉米油为优质的食用油。玉米也是优质的饲料来源。除此之外，玉米穗轴中的髓可提制淀粉、葡萄糖、油脂及酒精等，花柱、根与叶均可入药。另外，玉米在化工、纺织、造纸、医药、酿酒等领域亦有十分广泛的用途。

玉米原产于拉丁美洲的墨西哥和秘鲁一带，已有 8000 年以上的驯化历史。如今，玉米在热带和温带地区多有栽培，已成为全球总产量第一的粮食作物。在玉米播种总面积和总产量方面，中国、美国和巴西均排在世界前三位。

在我国，玉米的播种面积和产量均超过水稻和小麦。玉米的种植范围主要集中在东北、华北至西南山区。其中，东北平原是世界上著名的玉米带，华东、华南、西北以及青藏高原虽有种植，但种植面积较小。根据种植地区以及各产区的农业自然资源情况，我国玉米产区可划分为北方春播区、黄淮海平原夏播区、西南山地区、南方丘陵区、西北灌溉区和青藏高原区。

1.具花序的植株；2.雄花序局部，示一级序枝；3.雌花序。

图 7–1　玉米

7.1.1 根

玉米的根大部分集中生长在耕作土壤层内，数量较多，形成须根系，包括初生根系和次生根系两大类。根据生长次序及功能，玉米的根可分为初生根（含根中茎）和次生根（含支持根），其中后者分支多、根毛密、续存期长，是构成玉米的主要根系。

7.1.1.1 初生根系

玉米的初生根系是种子（实为颖果或籽粒）萌发期间由胚发育形成的根系，包括初生胚根（图 7–2）和次生胚根（图 7–3），所以又称为胚根系或种子根系。

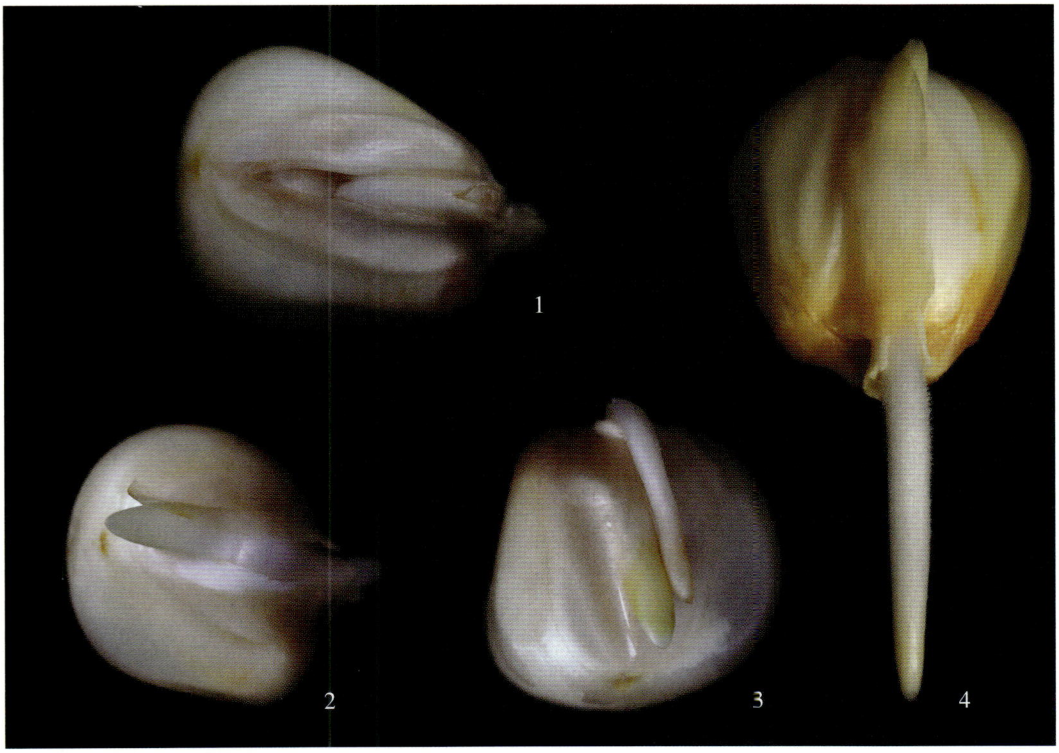

1.颖果壁裂开，初生胚根外的胚根鞘即将伸出；2.初生胚根从胚根鞘伸出，胚轴和胚芽鞘显露；3.初生胚根转向后直伸；4.初生胚根伸长，示胚根的根毛。

图 7–2　初生胚根

1.胚芽鞘下方的盾片节发出的次生胚根；2.生于盾片节上的 4 条次生胚根，果壁外具半透明的薄膜状角质层；3.初生胚根和次生胚根均向下伸长，示盾片节新发出的次生胚根；4.第一叶展开，次生胚根伸长；5.次生胚根上的根毛；6.一叶一心期的初生胚根和次生胚根，均产生侧根。

图 7–3　次生胚根

（1）初生胚根

种子萌发时，胚根鞘首先从种子的尖端突破种皮（实为种壁和果壁的愈合体），此过程即为种子萌动，农作上称为“露白”。随后，胚根从胚根鞘中伸出，生长发育成一条幼根（图 7–2）。因其来源于种子，常称为种子根。相对于后续发出的次生根，它是最先发出的根，所以又称为初生根。胚根形成不久便会产生次生胚根，而且在向下生长过程中还会萌生侧根，此时胚根又称为初生胚根或主胚根。

无论种子尖端朝向何方，初生胚根突破种皮后最初均直伸，随着长度的增加，转而垂直向下或向地生长，一般入土深度为 20~40 cm。

（2）次生胚根

初生胚根长出 2~3 天（长度约 2 cm）后，从种子的盾片（子叶或内子叶）节上长出 3~7 条幼根（图 7–3），此根称为次生胚根、盾片节胚根或侧胚根。当发育至“芽长一寸”时（露白后 3~5 天），盾片节上的次生胚根可增加数根。

在种子萌发过程中，胚轴逐渐向两端伸展，可分成不同轴段，其中盾片节与初生胚根之间的部分称为下胚轴，盾片节与胚芽鞘节之间的部分称为中胚轴。从外形上看，次生胚根及其着生的位置是区分这两个胚轴段的标志。

次生胚根形成时，首先从胚芽鞘与种子之间（即胚根鞘的后面）发出，并向种子的凹端（或上端）直伸，随后改变生长方向，向下伸长。

与初生胚根相比，次生胚根具有次生性，实际上是玉米的第一层节根。但是，由于其来源于种子，发生于胚的盾片节处，形成于萌发阶段，且其作用与初生胚根相同，故仍属于初生根类型。

7.1.1.2 次生根系

次生根是指在胚根形成之后、发生于茎节上的根，因此又称为节根，属于不定根。节根形成于茎基部节上的根带，即居间分生组织基部，生于节的四周。因此根存续于整个生长期，故又称为永久根。由次生根形成的根系称为次生根系，亦称为节根系统。次生根始于盾片节上的次生胚根，但主要是指胚芽鞘节根及其之后发生的根。一株玉米的次生根一般有 6~9 层，多者有 10 层以上，包括地下节根和地上节根。

（1）地下节根

地下节根（图 7–4）构成玉米的主要根系，有狭义和广义之分。狭义上是指由地表以下的节生长出来的第 4~6 层节根，每层通常有 4~6 条根；广义上还包括种子萌发期间长出的第 1~3 层节根（因节短而相对密集）。

1.一叶一心期的节根；2.二叶一心期的节根；3.五叶一心期的节根；4.八叶期的节根，地上第一层支持根刚露出。

图 7–4 地下节根

玉米的第 1~4 层节根生于苗期。虽然次生胚根可被视为次生根的开始，胚芽鞘节形成的节根可以算作第 1 层节根，但真正由完整叶发出的第 1 层节根是在此之后即一叶一心期形成的节根，第 3 或 4 层节根发生于苗后期和拔节期前，第 5 至 6 层节根发生于拔节期至孕穗期。

(2) 支持根

玉米根系中最为突出的是地上节根，习称支持根（图 7–5），又叫支柱根，具有支撑和吸收作用，因其暴露于空气中，所以也称为气生根。

玉米的支持根一般是指在孕穗至抽雄期，由靠近地面的 2 或 3 个茎上节生长出来的节根，即大约在 12 片叶时、第 7 层及其以上的节根。支持根发生于节上，形成时穿过包在节外的叶鞘基部，叶鞘常被顶破或撕裂。支持根较为粗壮、坚硬，其中地上部分常为绿色，粗细近相等，表面光滑，主要起支撑作用；入土部分为白色，形成大量侧根，主要起吸收作用。支持根除了常见的绿色，也有绿中带红的，甚至有红色或褐色的。

支持根发生时，根鞘首先凸起，随后突破根鞘而发出。支持根完全发出后，根鞘呈环状留存于节根基部。同一节上支持根的发生时间不同步，陆续形成，有时前后跨度较大，有的已经伸展很长，而有的则刚刚凸起。

支持根具有较强的抗倒伏能力。抗倒伏能力强的玉米不仅地下根粗，而且支持根的数量多，张开角度大，扎地深。

1.支持根（紫红色）从叶鞘基部发出；2.茎节上（已去除叶鞘）发育不同步的支持根，示根鞘；3.支持根（绿色）的地上部分；4.两层支持根，上层根长，向斜下方生长；5.支持根入土的部分呈白色，生有大量侧根；6~11.不同颜色的支持根。

图 7–5　支持根

7.1.1.3 根中茎

在玉米的地下部分，通常有由中胚轴发育形成的根中茎（图 7–6）。该结构介于胚芽鞘节与盾片节之间。虽然根中茎是根与茎的过渡结构，但它位于初生根系与次生根系之间，而且位于地下和根芽鞘节以下，因此，可以认为是初生根系的组成部分。根中茎有长有短，有时极不明显，其表面颜色有白色、红色或紫红色等。

图 7–6 根中茎

7.1.2 茎

玉米的茎一般单一，不分枝，全体着叶，下部有支持根，顶部有雄花序，中部生果穗。玉米为禾本科植物，其茎具有明显的节和节间，称为秆，农作上称为茎秆。

茎最早来源于胚芽，其发育过程可分为两个阶段：第一阶段为茎分化阶段，胚芽突破胚芽鞘形成幼苗，在苗期分化出节和节间，形成茎的雏形；第二阶段为茎成形阶段，苗后期开始拔节生长，节间伸长，茎陆续增高、成形。广义的茎包括根中茎（见本书 7.1.1.3 节）、地下茎、地上茎、茎顶端雄花序的花序梗及其花序轴，茎中部雌花序的花序梗及其花序轴则属于茎的变态分枝。本节仅介绍生有正常叶的地上茎。

玉米的地上茎整体上常直挺，少有稍折曲（图 7–7），通常上下粗细差别不显著，但下部粗于上部，有时基部与顶部的粗度会有明显差异，不同品种的茎或不同栽培条件下生长的茎粗细各异。全茎的节均明显，节间均有叶鞘包被，多数节间常完全被叶鞘覆盖。

1.直挺；2.下粗上细；3、4.稍折曲。

图 7–7　全茎形态

7.1.2.1　分蘖性

玉米茎的每个叶腋内常有 1 个腋芽。腋芽生于节上或节外的叶鞘基部腹面。

腋芽是茎的雏形，可发育成次生茎，也可发育成变态茎——雌花序。一般茎的中下部节的腋芽均可发育，其中位于中部的称为分枝，可发育为雌花序，后发育成果穗；靠近地表的茎基部或地下茎的腋芽则发生分蘖．由分蘖形成的茎称为分蘖茎。同一茎上可有 1 至多个分枝，同一株可有 1 至多个分蘖茎，分蘖茎上也可有分枝或雌花序(图 7–8)。

1.拔节期后茎基部腋芽形成的分蘖茎；2、3.孕穗期分蘖茎；4.茎上叶腋内的腋芽开始分枝发育；5.茎中部腋芽形成的雌花序；6.丛生状分蘖茎及其上雌花序。

图 7–8　分蘖茎

玉米的分蘖从苗期至花期都可能发生，但多发生于出苗至拔节阶段。在此期间形成的分蘖茎会分流部分营养，从而影响玉米主茎的生长，影响产量。花期以后形成的分蘖一般对产量影响较小。

分蘖性是禾谷类作物的特性之一，但不同品种的玉米分蘖能力差异明显，有强、中、弱、无之分。经人工长期驯化与选择形成的现代栽培种中，玉米的这种分蘖性受到抑制或被剔除，因此普通玉米品种多为单茎。但是，在特用玉米品种（如部分饲草玉米、甜玉米等品种）的多元化育种中，则可利用其分蘖性形成丛生的茎（图 7–8：6）。

7.1.2.2 株高

植株的高度在农作上称为株高。在农作上，株高是与玉米抗倒伏能力和耐旱性相关的重要农作性状。株高是茎和花序两部分长度之和，与茎的长度关系更密切。玉米的株高（图7–9）是指茎基部至雄花序顶部的长度，与品种和栽培条件有关。玉米的株高一般为 150~250 cm，但矮者仅有 20~30 cm，高者有 300~400 cm，高度可相差 10 倍。

1.株高约 260 cm（其中茎高约 230 cm）；2.株高约 200 cm（其中茎高约 170 cm）。

图 7–9　株高

7.1.2.3　株型

植株的外形可呈现出不同的形状或类型，农作上简称为株型。

玉米的株型主要由叶片的大小以及叶片（中脉）与茎之间的夹角大小（或称叶片着生角度）决定，一般分为 3 种：紧凑型、半紧凑型、披散型（图 7–10）。

紧凑型：又称为直立型。果穗（或雌花序，下同）以上的叶片较小且叶片着生角度小于 30°，而果穗以下的叶片着生角度小于 45°，植株外形狭窄，内部紧凑，适宜密植。

半紧凑型：又称为中间型或正常型。果穗以上的叶片着生角度为 30°~45°，而果穗下部的叶片着生角度为 45°~60°，植株呈不紧不松的适中常态。

披散型：又称为平展型。果穗以上的叶片较大而开展，叶片着生角度大于 45°，果穗下部的叶片平展，叶片着生角度大于 60°，植株呈松散状态。

农作上，常根据最上部有效雌穗上方的第一片叶（称为上位穗上叶）与茎之间的夹角大小来快速判断玉米的株型。

1.紧凑型（直立型）；2.半紧凑型（中间型）；3.披散型（平展型）。

图 7–10　株型

7.1.2.4　节

玉米地上茎的节一般有 15~25 个，多者达 40 余个。玉米地下茎的节一般为 3~7 个。

节明显膨大，粗于节间。节是茎的重要部位，不仅能加强茎的强度，支撑茎秆增高，而且可着生叶鞘、支持根和雌花序。

节的外形：向外凸出，可分为上下两部分，其中下部较窄而光滑，与其下节间基部一致；上部较宽且有叶鞘包被。叶鞘基部环绕节体着生，包围节上部。在节体上缘环周分布有支持根。雌花序位于节上的叶鞘环与不定根环之间，发自叶鞘之下的节下部（图 7–11）。

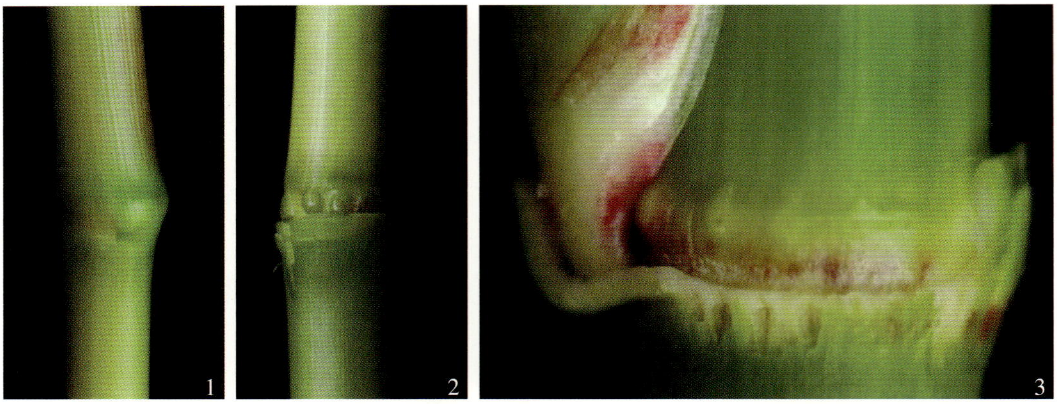

1.叶鞘包被的节；2.去除叶鞘的节，示刚外露的支持根的根鞘；3.去除部分叶鞘的节，示叶鞘和雌花序的基部以及即将发出的支持根。

图 7–11　节的外形

节的内部结构：从纵切面可见节下部真正的节位，此处既是节的最坚实部分，也是节间基部分生组织分布之处，上下节间内的维管束也在此交汇连通，此处也是叶鞘的发生部位；在其之上即节的上部，明显厚于下部，是叶鞘枕段(叶鞘基部与节体的复合)，其中叶鞘基部至其上缘可见支持根发生位置（图 7–12）。

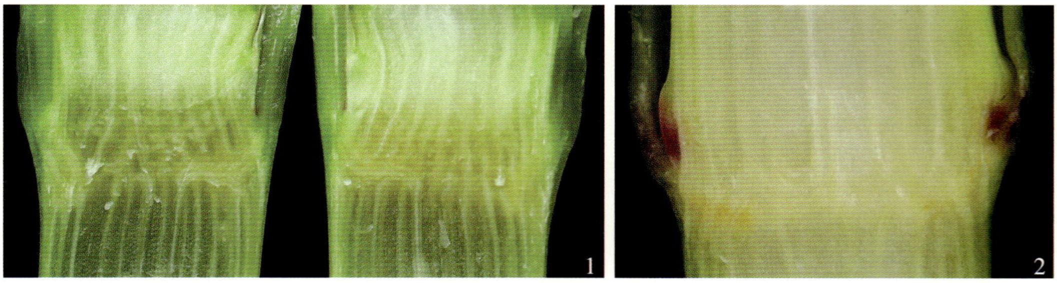

1.茎上部节的纵切面，示节位和叶鞘枕；2.茎下部节的纵切面，示节位、叶鞘和支持根发生位置。

图 7–12　节的纵切面

7.1.2.5　节间

节间是指两个相邻节之间的茎段。节间成形始于拔节期。玉米茎上的节间略细于两端的节，同一节间的粗度上下近相等。

(1) 节间外形

玉米茎自基部至顶部（包括花序梗）的节间长度变化大体呈现短—长—短—长的规律（图 7–13：1~4）。地上茎基部的节间短粗，向上逐节加长、渐细，至穗位节以上则变得稍短、稍细，最上面一个节间（雄花序的花序梗）则最长、最细。简言之，拔节前形成的节间较短粗，拔节后形成的节间逐步伸长、变细，抽穗开花授粉期形成的节间达到最长。广义的节间还包括地下茎的节间（3~7 个）。茎基部节间的粗度与长度是评价玉米根系发育水平和植株是否健壮的重要指标：粗短者，根系发育好，抗倒伏能力强；反之，则根系弱，易倒伏。

节间为圆柱状，但在生有腋芽或雌花序的一侧发生程度不同的凹陷，形成深浅不一、宽窄不等的凹槽（图 7–13：5），从下向上逐渐浅窄。

1.全株的节间；2.茎下部节间；3.茎中部节间；4.茎上部节间及花序梗；5.节间凹槽。

图 7–13　节间外形

(2) 节间内部结构

节间的横切面（图 7-14）可分为 4 层：最外层为表皮层；表皮层之内为厚壁细胞层，具有机械支持作用；节间中央部分为薄壁细胞基本组织，其中散布着许多维管束，维管束从外围向中央由密渐疏、由小渐大。

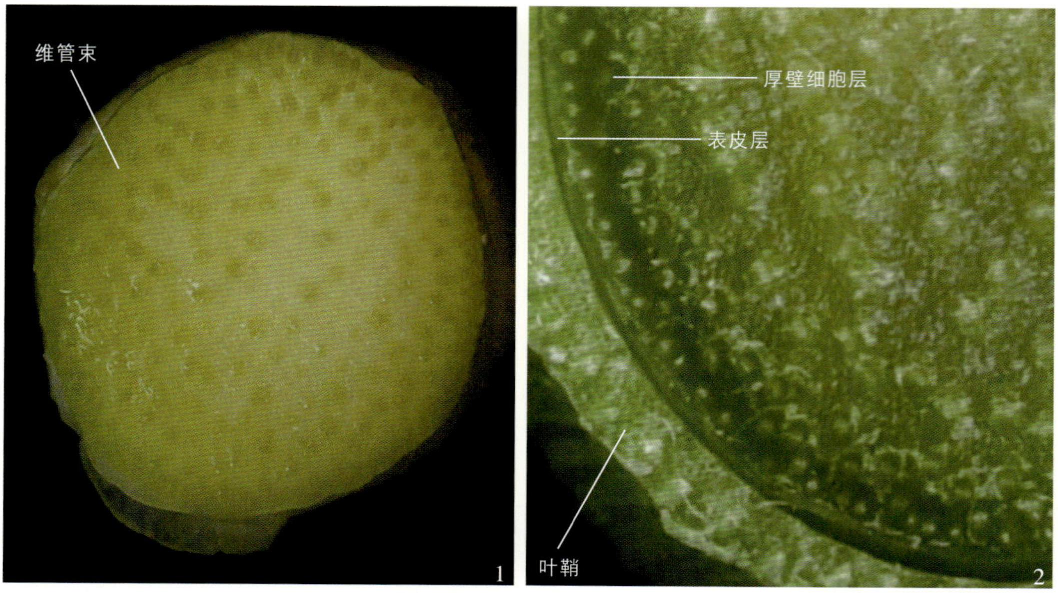

1.维管束散布；2.部分叶鞘和节间内部结构。

图 7-14 节间横切面

(3) 节间类型

以地上茎的节间为例，玉米茎的节间有 3 种类型：

第一种是最常见的节间，即节上仅着生叶或同时着生叶及支持根的节间，横切面多为圆形。

第二种是位于茎顶端的节间，即着生雄花序的节间（花序梗），横切面为圆形，明显细于其下方的其他节间。

第三种是位于茎中部的节间，即节上着生雌花序（果穗）的节间，与花序相对一侧的中下部向内微凹或变平，横切面呈半月形或新月形。

上述 3 种类型节间的内部结构基本一致，但第三种的横切面形状与前 2 种不同（图 7-15），节间自下而上由扁变圆。

1、2. 具宽凹槽的节间：1.着生雌花序的节间；2.节间横切面呈半月形。

3~8.节间自上而下的形态变化：3.节间近圆形，受下部花序影响，有微凹，叶鞘紧包；4.节间凹槽更大；5.受花序上部挤压，节间出现明显凹陷，叶鞘紧包；6.节间近半圆形凹陷，受花序上部及花序外苞叶挤压，叶鞘开始裂开；7、8.节间近半圆形，中部薄壁细胞组织开始部分破损，花序逐渐增粗，苞叶增大、增多且出现褶皱，叶鞘裂开，鞘缘开始离开节间。

图 7-15　节间类型

（4）节间颜色

玉米地上茎的节间常为不同程度的绿色或黄绿色，少数为紫红色、褐色或红褐色(图 7–16)。

图 7–16　节间颜色

7.1.3　叶

叶发生于茎上的节，每节着生一叶。玉米的叶有广义和狭义之分。狭义的叶包括最早出土的第一真叶，以及随后出现的苗期叶和茎生叶。广义的叶还包括仅有叶状结构而不出土的盾片（即子叶）、虽出土但无叶片的胚芽鞘，以及雌花序基部的苞叶（序苞叶）。其中盾片发生于胚，胚芽鞘形成于种子萌发阶段，苞叶是发育后期形成的变态叶；后两种的叶鞘发达，叶片常无或极小；三者都不是完全叶。

本节的叶是指生于茎上、具有叶鞘和叶片的叶，包括生于地上茎和地下茎的叶，简称茎生叶。

7.1.3.1　茎生叶的分布

玉米的茎生叶有第一真叶、苗期叶、茎顶幼叶（简称幼叶）和茎上成年叶（即常见的叶）4 种形态：前两种生于地下茎的节上，位于茎基部；后两种生于地上茎的节上，位于茎下部至顶部，并且以叶颈是否露出下位叶鞘口为鉴别依据，即幼叶未露，成年叶全露。

以拔节期为界，在此之前为苗期，因节和节间紧密挤压在一起，茎不显现，此时叶鞘套合，叶上下彼此紧缩；在此之后为成年期，节间开始伸长，茎逐渐加长，形成真正的茎，生于其上的叶明显上下分开，包被节间的叶鞘也随之显露，并且下部叶鞘包被上部节间的叶鞘中下部。这些叶以叶片为标志，在茎上彼此互生，有时呈近 2 列叶序，偶有叶相互靠近，呈对生或轮生状。除茎顶端的幼叶、卷曲叶片尚未完全展开外，其他的叶已可见叶颈，叶片完全展开，并且这些叶片在茎上自下而上逐渐变大。

玉米茎生叶的数量为 14~25 片，农作上通常分为如下 4 组（图 7–17）：

茎基部叶组（根叶组）：出苗至拔节期前形成的叶（第 1~6 片叶），叶面积小，增长速度慢，干物重较小，光合势较弱，功能期短，多无茸毛。该组叶中早期发生的叶多为生于地下茎的叶，枯萎较早。

茎下部叶组（茎叶组）：拔节期至大喇叭口期形成的叶（第 7~11 片叶），叶面积、增长速度、干物重、光合势均增长较快，功能期长，叶片上有茸毛。该组叶片制造的光合产物主要供给茎秆，其次满足雄花序的生长发育。

1.全株的叶，示下部、中部和上部的叶序；2.苗前期（三叶期）叶序；3.苗后期（拔节前）叶序，呈近2列；4.茎基部叶组的叶；5.茎下部叶组的叶；6、7.茎中部叶组的叶；8.茎上部叶组的叶，呈近2列；9.茎上部叶组的叶，呈近对生和轮生。

图 7–17 茎生叶的分布

茎中部叶组（穗叶组）：大喇叭口期至孕穗期形成的叶（第 12~16 片叶），叶面积、增长速度、干物重和光合势均稳定增长，功能期长。该组叶片制造的光合产物主要供雌花序生长发育。

茎上部叶组（花叶组）：孕穗期至开花期形成的叶（第 16 片叶以上），叶面积、增长速度、干物重和光合势均逐渐下降，功能期缩短。该组叶片制造的光合产物主要供籽粒生长发育。

7.1.3.2 地上茎的叶

玉米的叶（即营养叶）可以分为叶片、叶鞘、叶舌和叶颈 4 个部分(图 7–18)。

1.茎上完整的叶；2.叶片（基部）、叶鞘和叶颈的位置关系；3.叶舌、叶颈和叶片的位置关系。

图 7–18 叶的结构

(1) 叶片

玉米的叶片普遍较大，长而宽、平或波曲，但在姿态、形状、表面、颜色以及大小等方面有诸多变化。

1）叶片姿态

叶片在群体空间分布或生长的姿态称为叶片姿态，农作上简称为叶姿。玉米的叶姿常以茎叶夹角和叶向值等为分类依据，即根据叶片开始弯曲的部位和弯曲的程度分类，可分为直立（无弯曲）、轻度下披（前端弯曲）、中度下披（中上部弯曲）、强烈下披（中部弯曲）、极度下披（下部弯垂）等不同类型，其中轻度下披、中度下披、强烈下披 3 种类型较为常见（图 7–19）。农作上的叶姿是指雌、雄花序的盛花期至开花结束（即轻度乳熟期）阶段茎中部穗上叶的叶片姿态。

1.轻度下披；2.中度下披；3.强烈下披。

图 7-19　叶姿

2）叶片形状

叶片形状简称为叶形。玉米的叶形有幼年叶（简称为幼叶）和成年叶两种类型。

幼叶（图 7–20）是指位于地上茎上部或顶端、叶颈未显露的叶，也包括幼苗期的上部叶。叶片未完全展开，其下部或中下部呈筒状，顶端尖，叶片从顶部向基部逐渐展开，尤其是茎顶端的幼叶。

成年叶（图 7–21）是指位于茎上、叶鞘和叶颈显露的叶。叶片的基本形状为披针形，并且在茎上从下至上呈线状披针形至宽披针形，长度和宽度逐渐增大。叶片的顶端渐尖，基部稍圆，并通过叶颈向叶鞘过渡，因而叶片下部向茎有不同程度凹陷或环弯。

3）叶片表面

玉米叶片具有明显的中脉和侧脉。中脉是叶鞘脊背的延伸，呈白色或黄绿色，粗壮，在叶正面平于叶面，在叶反面向外凸出。叶片两侧的侧脉为平行脉，细长，清晰，略呈弧形。叶脉与叶片的颜色常不同。叶片基部的叶脉通过叶颈与叶鞘的鞘脉相连。叶颈的颜色与叶片和叶鞘的颜色常不相同（图 7–22）。

玉米的叶片较宽平，但常呈不同程度的波状起伏。叶缘常膜质，有时呈紫红色，微粗糙或具纤毛。一般茎上第 1~5 片叶（即茎基部叶组的叶）的叶片两面光滑；第 6 叶以后的叶正面具茸毛，幼时常明显，后渐脱落。

4）叶片颜色

叶片的颜色一般为绿色，但因品种、生长阶段和生长环境的不同而有所变化，常见的颜色还有深绿色、浅绿色、黄绿色、紫色。叶片与叶脉的颜色常相近，但有时差异明显，致使叶面呈条纹花色。有时叶缘呈紫红色（图 7–22：10、11）。

5）叶片大小

叶片大小一般是指叶片的长度和宽度。玉米叶片的长度一般为 15~50 cm，宽度为 3~12 cm。不同品种、同一株不同部位的叶片大小常有不同（图 7–23）。农作上常根据宽度将叶片分为极窄、窄、中、宽、极宽 5 个等级。

1.幼苗期第一真叶（最下方的第一片叶）。2~4.茎顶端幼叶，下部呈筒状，上部展开：2.侧面；3.俯视；4.侧面，叶缘波状。

图 7-20　叶片形状（幼叶）

1.茎基部的叶片，线状披针形。2.茎中部的叶片，长披针形。
3~5.茎上部的叶片：3.长披针形；4.宽披针形；5.长圆状披针形。

图 7-21　叶片形状（成年叶）

1.叶片近平；2.叶片稍起伏；3.叶片波状起伏；4.叶片（正面）中脉白色；5.叶片（反面）中脉黄绿色；6.中脉在背部向外隆出，基部通过叶颈与叶鞘相接，叶颈深绿色，颈脉不见；7.叶片、叶颈和叶鞘的叶脉关系，叶颈及其颈脉呈红色；8.叶片正面被毛；9.叶面和叶缘被长柔毛；10.叶缘紫红色，具纤毛；11.苗期叶的叶片黄绿色，叶缘紫红色。

图 7-22　叶片表面

1、2.植株下部和上部的叶片大小差异显著：1.苗期；2.成株期。

3.同一株的叶片大小从基部（左）至顶部（右）连续变化。4.全株叶片狭窄。5.全株叶片宽大（宽达 16 cm）。

图 7–23　叶片大小

(2) 叶鞘

叶鞘（图 7–24）是变态的叶柄，宽而薄，纵向卷曲呈筒状。玉米的叶鞘有两类：一类是胚芽鞘和序苞叶的叶鞘；另一类是真叶的叶鞘。前者无叶片，鞘口钝圆；后者有叶片，鞘口平，且有叶颈和叶舌。

真叶的叶鞘较薄，呈筒状包卷节上部和节间，两侧边交叠，形成单侧缝，缝口从鞘顶部直达鞘基部，有时在鞘顶部或中上部闪开，露出节间。当节间短于叶鞘时，下节间的叶鞘会不同程度地包被上节间的叶鞘，形成套合，加之鞘边交叠，横切面可见多层鞘，尤其是苗后期，叶鞘层更多。但是，有的品种叶鞘的两侧边交叠程度较小，或大部分不包被节间，特别是茎基部或下部的叶鞘。

茎生叶的叶鞘基部厚度一致，但向顶部逐渐变得厚薄不均，鞘筒也稍变扁，其中背部明显增厚，呈脊状，与叶片的中脉相接，两侧向外则渐薄，直至边缘呈膜质。叶鞘的鞘脉细而清晰。鞘上有时具毛，尤其是茎顶端的叶鞘和鞘缘的上端或鞘口，或茎基部的叶鞘基部，毛被尤密。

三叶期前的叶鞘有绿色和紫色两种，有时也呈绿白色。随着茎的生长发育，叶鞘的紫色逐渐减退。成株期茎上的叶鞘常为各种绿色，有时带紫红色或褐色，甚至整体呈紫红色。

胚芽鞘细长，呈白色、绿色或紫红色，上下厚度均匀，包裹真叶。

序苞叶长卵形，绿色，苞脉明显外凸，包于雌花序外（见本书 7.1.4.2 节）。

(3) 叶舌

玉米的叶舌（图 7–25）是叶鞘顶端与叶片基部相交处向外衍生出的表皮细胞组织，位于叶鞘与叶片交界处的向茎面，具有防止虫、杂物等进入叶鞘内的作用。叶舌呈细片状，膜质，无色（半透明状）、白色或浅绿色，内有密集的纤毛，向外凸出，致使顶端参差不齐或呈具毛状。有的玉米品种无叶舌。

(4) 叶颈

叶颈（图 7–26）位于叶片基部，是一种适应叶片上举下折的结构。叶颈上缘与叶片基部相接，下缘与叶舌基部紧连，正面观呈中部窄两侧宽，侧面观（两侧）呈三角形；表面光滑，叶脉明显或不明显。叶颈的颜色通常与叶片和叶鞘不同，为深绿色、淡绿色、黄色、白色或紫红色。叶颈有大有小，其大小与叶片的大小有关。为适应叶片的开合，叶颈会呈现不同程度的弯曲，有时两侧甚至会出现褶皱。

1
2
3
4
5
6
7
8
9
10

1~6.叶鞘颜色。

7~10.地上茎上不同部位的叶鞘包被节间：7.茎基部和下部的叶鞘不完全包被节间；8、9.茎中部的叶鞘全部或部分包被节间；10.茎上部的叶鞘全部包被节间。

2、9、10.鞘缘：2.鞘缘膜质；9.鞘缘具长纤毛；10.鞘缘和叶颈边缘具纤毛。

7、11.叶鞘开口：7.两鞘边从鞘下部闪开；11.叶鞘基部（在节下部）可见鞘缝。

11、12.鞘脉：11.鞘基部的鞘脉；12.鞘脉成组分布。

13~15.叶鞘不同部位的横切面：13.叶鞘的中部；14.叶鞘的顶部；15.近叶舌部位。

16~18.叶鞘套合：16.苗后期茎横切面，叶鞘套合较多；17.茎基部横切面，叶鞘套合较少；18.套合在节间外的多层叶鞘，从内至外厚度渐薄，颜色渐变（由白色至紫红色），鞘脉渐显、外凸。

图 7–24　叶鞘

1.正面观呈领状，示叶舌与叶颈的关系；2.侧面观呈条形；3.背面观呈薄膜片；4.侧面观，顶端不齐，示叶舌与叶鞘的关系；5.完整的膜质叶舌，示纤毛及不规则毛状边缘。

图 7–25 叶舌

1~3.叶颈三面观：1.正面；2.侧面；3.背面。

4~7.叶颈狭窄，不弯曲：4.完整叶颈呈蝴蝶状；5.苗期下部叶的叶颈为紫红色，上部叶的叶颈为白色；6.茎下部叶的叶颈为深紫红色；7.茎上部叶的叶颈为红色。

8~10.叶颈宽阔，弯曲：8.叶颈侧边微弯曲；9.叶颈背面，示向后折弯；10.叶颈侧边兜状折曲。

图 7-26　叶颈

7.1.3.3　地下茎的叶

玉米地下茎的叶（图 7-27）是指着生于地下茎节上、叶片伸展于地上的叶，即苗期发出的叶，属于根叶组。玉米一般在第 6 片叶展开以后开始进入拔节期。在此之前，茎上的节多位于地下。但地下茎的叶又分为前期的叶和后期的叶，其中前者是指生于次生胚根节上的叶至二叶一心期的叶（即三叶期的叶，此时第三真叶从地下生长至地面）。在生于地下茎的叶中，第一真叶与其他叶（与地上茎的叶相近）明显不同。

1~6.苗前期叶：1~4.水培；5、6.大田栽培。7~9.苗后期叶：7.水培；8、9.大田栽培。

图 7-27　地下茎的叶

第一真叶是玉米最早露出地面的完全叶，也是幼苗期的第一片叶。其叶鞘有绿色、浅紫色、紫色和深紫色等颜色。第一真叶的叶片小、短、宽，下部狭长，顶端常钝圆，但经仔细区分，其顶端形状还可分为尖、尖至圆形、圆形、圆形至匙状圆形和匙状圆形等。

7.1.3.4 果穗叶

农作上将玉米茎上着生雌花序的叶称为果穗叶，又称为穗位叶或果穗位节叶，并将距离雌花序最近的上、下两叶合称为穗三叶或棒三叶（图 7-28），其中位于花序上方的叶称为果穗上叶或穗上叶，位于花序下方的叶称为果穗下叶或穗下叶。

1.茎上仅 1 节具雌花序（2 个，其中 1 个退化）；2.茎上连续多节具雌花序（3 个）。

图 7-28 穗三叶

7.1.4　花序

玉米的花为单性花，雌雄同株，但雌雄异位、异序和异形。玉米的花序分为雄花序和雌花序，二者差别显著。

7.1.4.1　雄花序

玉米的雄花序简称为雄序，大型，着生于茎的顶端，农作上称为雄穗。

（1）外形与结构

雄花序为总状花序形成的圆锥花序或复总状花序。

圆锥花序生于茎顶。花序梗粗壮，圆柱状，长短不一。花序轴又称为主轴或序轴，延续于花序梗，直挺，渐细，其上有多级分枝，称为序枝。末级序枝的每节上有 2 个孪生雄小穗。序轴和序枝均具棱，被细柔毛。

雄花序的序轴长，其下部有多数细长的一级序枝。一级序枝向上斜展，使花序外廓呈圆锥状、伞形状或伞房状。花序的形状主要由一级序枝的长短和展开角度决定。序轴顶部没有着生序枝，形同一级序枝，但明显长于和粗于其下方的一级序枝及其末级序枝，常呈塔状挺出，而且其上的小穗呈螺旋状或数行着生，有时序轴最顶端有一段无小穗，仅存退化小穗的小苞片（图 7–29）。

（2）花序分枝

玉米的雄花序可有一至三级序枝（侧枝），常具一或二级序枝。序枝的级数以及序枝的数量影响花序的形态，其中一级序枝的数量对花序的外形和结构影响最大。

根据一级序枝的数量及其在序轴上的分布以及序枝的级数，可将雄花序分为无序枝、少序枝、中等序枝、多序枝 4 种类型。其中，少序枝是指仅有较少的一级序枝；多序枝是指不仅一级序枝多，而且序枝级数达到三级。除无序枝的花序外，无论是一级序枝还是三级序枝，着生小穗的序枝均称为末级序枝。通常情况下，玉米的雄花序具有较多的一级序枝，较少的二级序枝，偶有三级序枝；一级序枝在序轴上随机着生，二级序枝常位于一级序枝的基部或下部（图 7–30）。

1

2

3

4

1~6.花序外形：1、2.圆锥状；3、4.伞形状；5、6.伞房状。7.无序枝、无小穗的序轴顶部。
8.盛花期的花序（花药密集），序轴顶部仅存小穗遗迹（即小苞片）。

图 7-29　雄花序形态

1~3.仅具一级序枝的花序：1.少序枝；2.中等序枝；3.多序枝。
4~7.各级序枝着生部位：4.主轴上随机着生一级序枝；5.一级序枝下部着生二级序枝。
6、7.二级序枝长短不一。

图 7-30　雄花序分枝

(3) 开花顺序

玉米雄花序的开花顺序通常为先序轴后序枝；序轴的花一般为顶部（相当于一级序枝）的小花先开放，随后位于其下部的一级序枝从上向下依次开放；每个序枝上的花，一般靠近上部 2/3 处的小花先开放，然后同时向上、向下依次开放。通常花序下部或序轴基部序枝上的花最后开放（图 7–31）。

1.序轴顶部的花先开放；2.序轴上部的一级序枝中上部花先开放；3.除一级序枝基部外其他部位的花均开放。

图 7–31　雄花序开花顺序

(4) 雄小穗

1）雄小穗分布

在玉米雄花序的末级序枝上，其序枝节间普遍较短，但一般位于基部的节间要长于顶部的节间。末级序枝上每节有 2 个雄小穗，孪生，其中一个小穗梗长，称为有梗小穗（又称有柄小穗），位于上方；另一个小穗梗短或近无，称为无梗小穗（又称无柄小穗），位于下方；小穗梗上均被短柔毛。孪生小穗以独立单位在末级序枝上呈总状交互排列（排成 2 列），但在序轴中上部呈螺旋状或多列排列。有时雄花序发育不良，末级序枝上的孪生小穗中只有 1 个小穗发育（图 7–32）。

2）雄小穗结构

雄小穗由小穗梗、小穗轴、颖被、稃被及其内的花（简化的花）组成（图 7–33）。颖被有外颖和内颖 2 个颖片，二者近等长，膜质，约有 10 脉，被短柔毛或短纤毛。

1.末级序枝上的孪生小穗，有梗小穗在上，无梗小穗在下，序枝和小穗梗具棱，被短柔毛；2.单个小穗（左）和孪生小穗（右），示有梗小穗和无梗小穗；3.正在开花的孪生小穗；4~6.末级序枝上孪生小穗的分布，从下向上小穗排列渐密，其中图 5 和图 6 分别为序枝的背、腹面；7.同一序枝上部分孪生小穗中仅有 1 个小穗发育；8.序轴中上部孪生小穗呈对生或螺旋状排列。

图 7–32　雄小穗及其分布

1.小穗侧面观，可见外颖（右）和内颖（左），颖被白色，具绿脉；2、3 小穗背面观，颖被膜质，具较粗的绿脉，可见支脉和毛被；4、5.具 2 朵小花的小穗，外颖（右）和内颖（左）打开，颖片边缘宽膜质，内颖透明膜质、脉少。

图 7–33　雄小穗结构

3）雄小穗颜色

雄小穗的颜色（图 7–34）取决于颖被的颜色，有绿色、绿色带紫纹、紫色 3 种类型。颖片基部的颜色有时与上部的不一致，常为淡紫色、紫色或深紫色。有时，颖脉的颜色与颖片不一致，呈紫红色。

图 7–34　雄小穗颜色

(5) 雄小花

玉米的雄小花由稃被、鳞被（浆片）和雄蕊组成（图 7–35）。稃被包括外稃和内稃 2 个稃片。每个雄小穗含 2 朵雄小花，一朵位于上方，另一朵位于下方，仅顶生（即上方）小花发育，故上方小花又称为可育小花，下方小花又称为不育小花。小花外稃膜质，稍短于颖片，无芒；内稃常与外稃同质，但较小。鳞被 2 枚或缺如。雄蕊 3 枚；花丝长，细丝状；花药细长，两端有时稍收缩，有药隔将其分为 2 个并列的花粉囊，每个囊呈细管状。当小花发育成熟时，鳞被膨大，将稃被撑开，细长的花丝伸出，顶端着生于花粉囊腹面的基部，花粉粒在风力的作用下从花粉囊顶端的孔中散出。

1.小穗，左侧为可育小花（花丝细长），右侧为不育小花（花丝极短）；2.散粉期的小花，其中可育小花（左）的花丝伸长，不育小花（右）退化；3.完整的不育小花，示白色、膜质的外稃、内稃和雄蕊（花丝未伸长）；4.未散粉的雄蕊（花丝几无）；5.散粉期的雄蕊，花丝细长，药孔开放。

图 7–35　雄小花

花药的颜色很丰富，有近白色、浅绿色、绿色、黄色、橙色、褐色、粉红色、红色、浅紫色、紫色、深紫色、紫红色、紫蓝色等（图 7-36）。

图 7-36 花药颜色

7.1.4.2　雌花序

玉米的雌花序简称为雌序，为肉穗花序，农作上常称为雌穗，果期称为果穗。

雌花序生于茎中部的叶腋内。除近地的 4~6 节外，地上茎节上的叶腋中都可能形成腋芽，但通常只有中部（第 6 或 7 个节上）的 1 或 2 个腋芽能正常发育成雌花序（图 7–37），并形成果穗。只有主茎上的雌花序可以发育成果穗，分蘖茎上的雌花序一般不能发育成果穗。

（1）着生数量与外形

一株玉米的茎上往往仅生 1 或 2 个雌花序（图 7–37：2、3），而多穗型的品种则有 3 或 4 个，甚至更多。与雄花序不同，雌花序粗短，不分枝，外有多层苞叶（序苞叶）完全包被，呈长圆状、长卵状、长圆锥状或圆柱状（图 7–37：6~9）。

（2）组成与结构

雌花序由节上叶鞘内的腋芽分化发育形成，是无分枝的轴状变态侧枝，其下部为花序梗（农作上称为穗柄），顶端为花序（农作上称为穗）。花序梗短粗，可分为上下两段：下段似茎，可称为具苞花序梗，有多数节，节间短缩，每节着生 1 片鞘状的苞叶，包着花序；上段极短，位于顶生苞叶与花序之间，是真正的花序梗。花序圆柱状，序轴膨大，远粗于花序梗，内部为海绵质的髓，雌小穗着生于其上，整个花序呈肉穗状（图 7–38）。

（3）苞叶

苞叶是叶鞘状或叶片退化呈苞片状的变态叶，又称为序苞叶。

一个雌花序有苞叶 6~12 片，彼此交互对生、层层套合。苞叶包被位于其上（或其内）的花序梗节间、内部苞叶和雌花序，对花序有保护作用。整个花序外形呈苞鞘状。通常具苞花序梗上的每一个节位上仅着生 1 片苞叶，偶有同一节位上着生 2 片苞叶，此时该节位较着生单苞叶的节位明显宽厚。

玉米的雌花序有粗型和细型两种，前者的苞叶宽而短，后者的苞叶窄而长。此外，苞叶包被花序的程度可分为包被完全和包被不完全（图 7–39）。

苞叶长度不等，宽度不一，大小和形状各异。苞叶通常中下部宽大，向上渐窄，顶端渐尖或分裂，基部或下部边缘交叠，包围花序梗，边缘膜质；苞脉多而密，向外凸出，纵脉粗而平行，横脉细而清晰。

苞叶有 3 种类型（图 7–40）：第一种是平滑、周边全缘的类型，称为全缘型苞叶；第二种是平滑、顶端具小叶（称为剑叶）的类型，称为具叶型苞叶；第三种是靠贴于茎、具隆起的 2 脊、周边全缘的类型，称为具脊型苞叶。

1.雌花序生于茎的中部。2~5.茎上的雌花序数量：2.具 1 个；3.具 2 个；4、5.具 3 个。
6~9.雌花序形状：6.长圆状；7.长卵状；8.长圆锥状；9.圆柱状。

图 7–37　雌花序及其着生数量与外形

1.雌花序，示苞叶和具苞花序梗；2.去除苞叶的雌花序，示小穗（具细长的花柱）分布；3.雌花序纵切面，示花序梗及其节位、多层苞叶及其着生位置、序轴结构和小穗着生位置；4.去除苞叶的雌花序，呈肉穗状。

图 7–38　雌花序的组成与结构

1、2.苞叶包被花序的程度：1.包被完全；2.包被不完全。
3~5.花序和苞叶的宽窄：3.具宽苞叶的粗型花序；4、5.具窄苞叶的细型花序。

图 7–39　雌花序的类型

1~4.苞叶形态特征：1.宽型苞叶（背面），示基部内弯；2.窄型苞叶（腹面），示具分裂的顶端；3.具苞花序梗（纵剖），同一节位上着生2片苞叶；4.苞脉密集、隆起、清晰。
5~8.苞叶类型：5.具叶型苞叶；6.全缘型苞叶；7、8.具脊型苞叶；9.具脊型苞叶背面，示中部2条隆脊。

图 7–40　苞叶及其类型

(4) 序轴

玉米雌花序的序轴粗壮，农作上称为穗轴，其内髓部宽大，表面有成行分布的小节点，节点上生有小穗。

1) 结构

玉米雌花序的序轴中部与两端的结构有一定差异（图 7-41）。

1~4.序轴中部的 4 层结构（髓部、木环、粗壳和细壳）以及最外层的颖果：1.纵切面；2.横切面；3.横切面，示梢帽形成的粗壳；4.横切面，示颖被和稃被形成的细壳。

5~8.序轴顶部外形：5.圆；6.钝圆；7.长圆锥状，顶端尖；8.短圆锥状，顶端凸尖。9.序轴基部具苞花序梗。

图 7-41　序轴结构

序轴中部：粗圆柱状，横切面呈圆形，从中心向外围有 4 层结构。中央部分为质地松软的宽大髓部，农作上称为木髓；沿髓边有一轮木环；木环外围有一圈粗壳，由小穗梗（农作上称为梢帽的籽粒基部结构）形成；粗壳外有细壳，由颖被和稃被形成。

序轴顶部：自下而上逐渐变细，顶部呈圆锥状，有时钝圆、稍圆或尖。

序轴基部：下接细圆柱状具苞花序梗，二者外形近似，具节，横切面结构同茎，中央为髓部。

2）轴色

玉米序轴的颜色在农作上称为轴色，通常是指果序上颖果基部残存的颖被和稃被的颜色，有时也包括序轴内部的颜色，即髓部及其外围粗壳的颜色，常见的有白色、粉红色、红色、紫色等（图 7–42）。

图 7–42　轴色

3）轴表面

玉米粗大序轴的表面具有很密的节，每节着生 2 个无梗雌小穗，成对排列。去除序轴表面的颖果后（图 7–43），颖果基部的梢帽残留，可见断裂平面；基部的颖被和稃被（环状薄片）残存其上，顶端参差不平，呈皮屑状，使得序轴表面粗糙不平，呈现不同颜色。

1.去除颖果后的序轴表面，遗留下排列整齐的凹穴；2.去除颖果后残留有梢帽断面，四周有白色的颖被（外侧，边缘具毛）和稃被（内侧，全缘）；3.去除颖果后残留有红色稃被。

图 7–43 轴表面

(5) 雌小穗

每个序轴节点上生有 2 个无梗的雌小穗，称为孪生雌小穗（图 7–44）。粗壮的序轴上分布有多列成对着生的孪生雌小穗，小穗均能发育成颖果，所以绝大多数正常发育的序轴上小穗的行数为偶数。

每个雌小穗的颖被有内、外 2 个大小相等的颖片，宽阔，顶端钝圆或微凹，无脉，具纤毛。颖被内包有 2 朵雌小花。随着小穗的后期发育，雌小花外的颖被和雌小花的稃被呈膜质；至果期，颖果膨大，突破稃被，稃被被挤压至果体下部（宿存），小穗梗深入序轴（宿存），变成梢帽。

(6) 雌小花

每个小穗内有 2 朵雌小花：一朵处于上位，可育，结实；另一朵处于下位，发育被抑制，退化，仅留有膜质的内、外稃和退化的雌、雄蕊痕迹（图 7–45：3）。

1.孪生雌小穗排成整齐的纵行，可见细丝状花柱；2.序轴横切面，示孪生雌小穗；3.雌小穗发育后期的稃被和小穗梗（梢帽）；4.错位排列的雌小穗。

图 7–44 雌小穗

玉米的雌小花（图 7–45）由稃被和花组成，其中的花是简化的雌花，包括 1 枚雌蕊及退化的雄蕊。

可育雌小花的内稃、外稃均为膜质，透明。雌蕊由子房、花柱和柱头组成，花柱极长、细弱，呈线状或丝状，略扁平，其上有 2 条相对分布的细沟，表面密布茸毛，顶端的柱头 2 裂，农作上通常将花柱和柱头总称为花丝。花丝伸出苞叶之外，称为吐丝。花序有鞘状苞叶包被，花柱沿序轴向上延伸，集中从花序顶部伸出，呈须状。

玉米的花柱常呈绿色、粉红色、浅紫色、紫色、深紫色、紫黑色等颜色，并且存在颜色渐变的现象（图 7–46）。

1~3.雌小花：1.雌小花的子房及其外单侧稃被和颖被；2.单排雌小穗中的雌小花；3.雌小穗（3 个）中的退化小花（前）和可育小花（后），示可育小花的稃被包围具有花柱的子房。

4~7.花柱和柱头：4.花序表面着生的花柱；5.花柱和柱头的颜色渐变；6.花柱扁平，两侧中部具浅凹，两边具毛；7.柱头 2 裂，呈线状，具毛。

图 7–45 雌小花

图 7-46　花柱颜色

7.1.5　果实

玉米的果实俗称玉米粒，密集着生于棒状果序上。玉米果实只含 1 粒种子，成熟时为果壁与种壁愈合的闭果，植物学上称为颖果，农作上常称作种子。

7.1.5.1　果序

玉米的雌花序发育至果期时形成果序，具苞花序梗形成果序梗，花序轴形成果序轴。在农作上，果序称为果穗，果序梗称为穗梗，果序轴称为穗轴。

玉米的果序由序梗、序轴、颖果（籽粒）和苞叶组成。成熟期，果序仍被苞叶包裹。此时，苞叶已干枯，但仍保护着果序，序轴上的果实已无花柱。真正的果序仅包括序轴和颖果（图 7–47）。

一般果序长 180~270 mm，序粗 50~70 mm，其中不结实的尖段长 3~45 mm。果序长 200 mm 以上、序粗 60 mm 以上的农作上视为大穗型。

果序有不同的形状，农作上称为穗型（图 7–48）。常见的穗型有圆柱型、长筒型、短筒型、圆锥型、长锥型、短锥型、长圆型、卵圆型和扁状型等。

图 7–47　剥开苞叶的果序

1、2.圆柱型；3、4.圆锥型；5.长圆型；6.卵圆型。

图 7–48　穗型

7.1.5.2　颖果

玉米的颖果在农作上称为籽粒，有时亦习称为种子。

玉米成熟时，由于内、外稃较小，颖果裸露在外，在穗轴上成双列排列，一般排成 12~18 列（图 7–49），每列 30~60 粒。颖果的形状、大小、透明度等因品种而异。

图 7–49　穗轴上的颖果排列

（1）外形与结构

颖果由果壁、胚乳和胚组成，有时还包括附生于其基部、向外凸出的果梗，农作上称为梢帽。

果壁与种壁愈合在一起，具有种皮的特点和性质，习惯上称为种皮，表面光滑，最外层为角质层，透明，一般无色。颖果基部有脐。脐呈卵形、线形或点状；顶端常平滑，有时具一个很小的尖痕，有时凹陷，称齿部（图 7–50）。胚乳有粉质和角质之分，二者的占比和分布在不同品种中有差异。胚位于果体一侧的下部，胚着生的一侧为腹部，有不同程度的凹陷，凹陷形状呈狭卵形至宽卵形或长圆形；不着生胚的一侧不凹陷，为背部。胚由胚根、胚芽、胚轴、盾片（子叶）构成。

（2）粒型

玉米颖果的内部胚乳和外部稃被有多种变化，形成不同类型，农作上称为粒型。根据籽粒形态和结构，可将栽培玉米的颖果分为硬粒型、马齿型、半马齿型、爆裂型、甜质型、糯质型和有稃型 7 种粒型，其中前 4 种（图 7–51）常见。

1）硬粒型

籽粒四周和顶部为角质胚乳，中间一小部分为粉质胚乳。籽粒光滑、坚硬，一般呈圆锥状楔形。

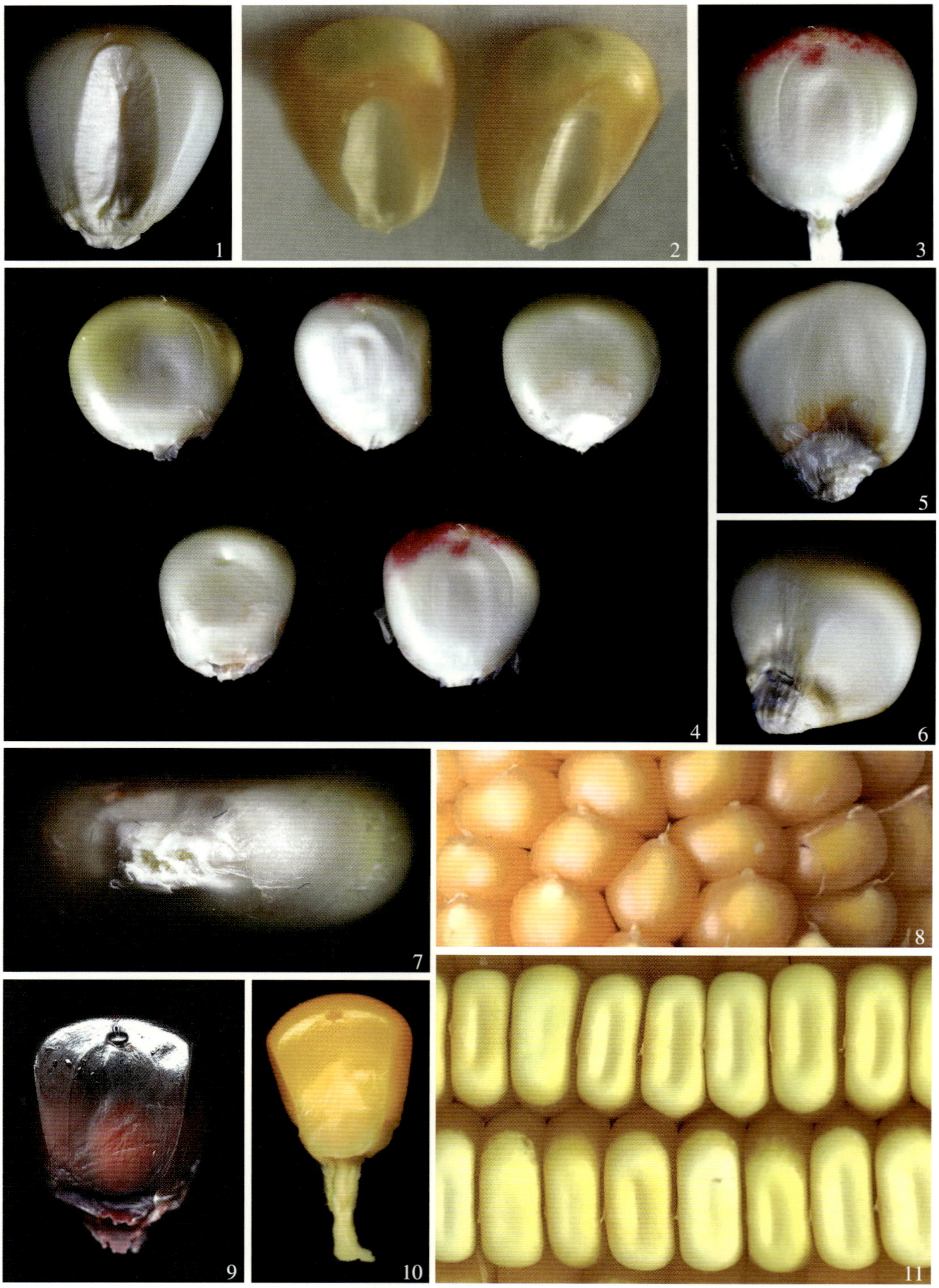

1~4.颖果腹面，示各种形状的凹陷：1.椭圆形；2.长圆形；3.卵圆形；4.边界不甚明显。

5~7.颖果基部（梢帽）：5.腹面观；6.背面观；7.底面观。

8~11.颖果顶端：8.有凸尖；9.有凹环；10.有凹点；11.有条形凹陷（齿部）。

图 7-50 颖果外形

1、2.硬粒型；3、4.马齿型；5、6.半马齿型；7、8.爆裂型。

图 7–51　粒型

2）马齿型

籽粒四周为角质胚乳，中间和顶部为粉质胚乳。籽粒成熟脱水后，顶部因粉质淀粉收缩而凹陷，呈马齿状，籽粒近长方形或圆柱状楔形。

3）半马齿型

由硬粒型和马齿型的杂交种衍生而成，果序长锥状或圆柱状，粒型和胚乳淀粉类型介于硬粒型和马齿型之间，品质较好，产量较高。

4）爆裂型

果序较小，籽粒小，坚硬，光滑，呈近球状、椭圆球状或椭圆状楔形，顶部尖或呈圆形、多棱状圆形，胚乳全部由角质淀粉组成，加热后易爆裂，不同品种的膨爆倍数各异。

5）甜质型

籽粒可溶性糖含量高，淀粉较少，脱水后皱缩。甜质型玉米又可分为普通甜玉米和超甜玉米，前者适宜制作各类罐头，后者适宜鲜售和制作冷冻产品。

6）糯质型

糯质型玉米即蜡质型玉米或黏玉米，籽粒不透明，表面无光泽，呈蜡状。角质淀粉和粉质淀粉层次不分，胚乳几乎全部由支链淀粉构成，鲜食具有黏性，较适口。

7）有稃型

果序上的每个籽粒都分别包在几片长稃壳中，整个果序被包在大苞叶中。

（3）粒形及大小

成熟后的颖果（籽粒）形状在农作上称为粒形（图 7–52），可分为楔形、中间形和圆形 3 种类型，根据大小可分为小粒型、中粒型和大粒型。

同一果序上的粒形和大小也各不相同：果序中部的相互挤压，形状偏扁；两端的受挤压程度较轻，形状偏圆或带圆棱。

（4）粒色

玉米颖果（籽粒）的颜色在农作上称为粒色（图 7–53），有纯色和杂色之分。

同一果序上颖果的颜色相同的为纯色玉米，常见的有白色、黄色、橙色、红色、紫色、蓝色、黑色等颜色；颜色不同的为杂色玉米。

按粒色分类，可将玉米分为黄玉米、白玉米、紫玉米、黑玉米和混合玉米等。其中白玉米的粒色为白色，也包括白色中略带淡黄色或粉红色的；黄玉米的粒色为黄色或黄色中略带红色；混合玉米是指籽粒中混入 5%以上其他颜色的玉米。

1~7.粒形：1、2.楔形；3~5.中间形；6、7.圆形。8~10.大小：8.小粒型；9.中粒型；10.大粒型。

图 7–52　粒形及大小

图 7-53　粒色

7.2　玉米的野生近缘植物

除玉米所在的玉蜀黍属种类外，玉米的野生近缘植物还包括玉蜀黍族中的一些野生种。玉蜀黍族有 5~7 个属，大多分布于热带与亚热带地区，我国有 4 个属，分别为玉蜀黍属、薏苡属（*Coix* L.）、多裔草属（*Polytoca* R. Br.）和葫芦草属（*Chionachne* R. Br.）。其中：玉蜀黍属有 7 种，分布于墨西哥至中美洲地区，中国仅有引种的玉蜀黍（玉米）；薏苡属有 3 种，除了 1 种特产于大洋洲的，其余 2 种在中国均有分布；多裔草属与葫芦草属的关系很密切，在分类处理上时分时合，且常将后者并入前者，二者共有 10 种，中国有 2 种（本书采用 *Flora of China* 中的分属处理，每属有 1 种）。各属的主要形态特征区别检索如下：

1. 雌小穗包藏于念珠状的总苞内；雄小穗排列在由总苞中抽出的细弱而延续的总状序轴上 ………………………………………………………… **薏苡属 *Coix***
1. 雌小穗裸露，无总苞，序轴脆弱，逐节断落；雄小穗的序轴延续，整个脱落。
   2. 总状花序长 5~10 cm，2~4 枚呈指状排列于主秆或分枝的顶端，具多数雌小穗和雄小穗；雌小穗外颖长圆形 ………………………………… **多裔草属 *Polytoca***
   2. 总状花序长约 2 cm，单生于短缩的分枝顶端，短分枝 2~4 枚腋生成束，具 1~3 枚雄小穗；雌小穗外颖中部缢缩而形似葫芦 ………… **葫芦草属 *Chionachne***

7.2.1 薏苡属

Coix L.

薏苡属在全世界约有 3 种，主要分布于亚洲热带地区，中亚和高加索地区也有分布。中国有 2 种及 3 变种，其中玉米的野生近缘植物有 2 种变种。

水生薏苡

Coix aquatica Roxb.

茎：秆高可达 3 m，直径约 1 cm，具 10 余节，上部有分枝，下部横卧，节上生根，有时漂浮。

叶：叶鞘短于其节间，无毛或上部被疣基糙毛。叶舌膜质，高约 1 mm，先端具纤毛。叶片线状披针形或宽线形，长可达 100 cm，宽（3~）10~25 mm，先端细长渐尖，基部圆形，边缘粗糙，中脉粗厚，在叶片正面稍凹而反面隆起，两面密被疣基柔毛。

花序/花：总状花序腋生，具较粗的花序梗。雌小穗外包以骨质总苞，二者近等长；总苞长 10~14 mm，宽 5~7 mm，有光泽，顶端收窄成喙状；外颖较厚，渐尖；雌蕊的花柱较长，伸出总苞外。无梗雄小穗长约 1 cm，宽 5~6 mm；颖片草质，多脉，外颖两侧具宽翼，翼边缘具短纤毛，顶端 2 裂；第一外稃与内稃均为膜质；雄蕊 3 枚，花药紫褐色，长约 4 mm，狭窄，顶端尖；有梗雄小穗与无梗者相似，但较窄且退化。

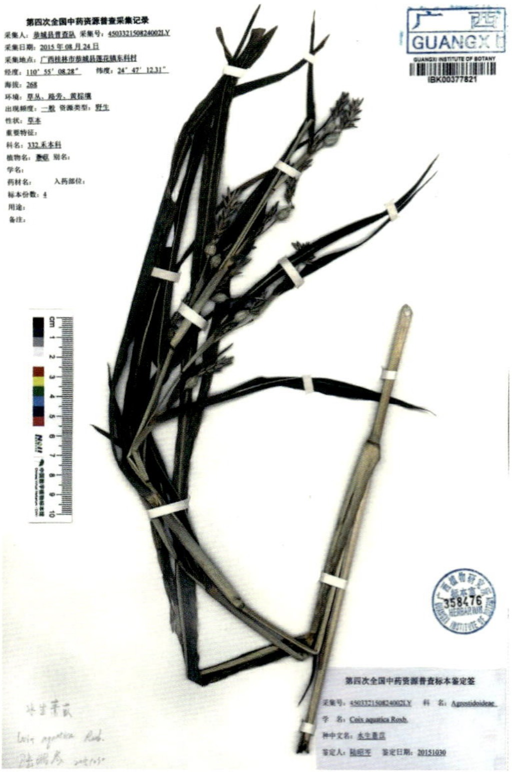

图 7–54　水生薏苡

薏苡（别名：菩提子、五谷子、大薏苡、念珠薏苡）
Coix lacryma-jobi L.

茎： 秆粗壮，直立，高 1~3 m，具 10 余节，多分枝。

叶： 叶鞘短于节间，光滑，无毛。叶舌干膜质，高 0.6~1.2 mm。叶片线状披针形，长 10~40 cm，宽 1.5~7 cm，顶端渐尖，基部圆形或近心形，边缘粗糙，中脉粗厚，在叶片反面隆起，通常无毛。

花序/花： 总状花序腋生成束，长 4~10 cm，直立或下垂，具长梗。雌小穗 2 或 3 枚，仅 1 枚发育，位于花序下部，外面包以骨质念珠状的总苞；总苞卵球状，长 7~11 mm，直径 6~10 mm，坚硬，有光泽；外颖卵圆形，顶端渐尖呈喙状，上部厚纸质，下部膜质，具 10 余脉，包围舟状内颖；第一外稃较窄；第二外稃比颖片短，具 3 脉；第二内稃较小；雄蕊常退化；雌蕊具 2 枚细长的柱头，伸出总苞外。雄小穗 2 或 3 对，着生于总状花序上部的序节上，长 1~2 cm，伸出总苞外；无梗雄小穗长 6~7 mm；外颖草质，顶端钝，边缘内折成脊，具多数脉；内颖舟形；内稃与外稃膜质；第一小花和第二小花常具雄蕊 3 枚，花药橘黄色，长 4~5 mm；有梗雄小穗与无梗雄小穗相似，或较小而呈不同程度退化。

果实： 颖果卵球状，长 7~10 mm。

薏米
var. *ma–yuen* (Rom. Caill.) Stapf

主要特征： 胞果浅褐色或深褐色，椭圆球状至近球状，长 8~12 mm，宽 4~9 mm，果壁薄，具纵向条纹，顶端收缩成喙，脆而易断。颖果白色或黄色，长圆球状，长 5~8 mm，宽 4~6 mm，富含淀粉。

小珠薏苡
var. *puellarum* (Balansa) A. Camus

主要特征： 总苞白色或浅蓝色，球状，骨质，坚硬，直径 4~5 mm，不具喙。

1.植株上部的叶及花序；2.完整的花序，下部为雌小穗群（外有总苞），上部为雄小穗群（排成总状）；3.总状花序上有多个无梗雄小穗；4.雄小穗颖片背面；5.花序梗顶部膨大，总苞椭圆形圆柱状；6.雌小穗外颖，顶端渐尖呈喙状，内颖舟状（背面）；7.总苞卵球状，柱头 2 裂，紫色；8.总苞紫黑色。

图 7–55　薏苡

7.2.2 多裔草属
Polytoca R. Br.

多裔草属有广义和狭义之分，前者包括葫芦草属，分布于亚洲热带地区和大洋洲，约有 10 种；后者分布于印度东北部至印度尼西亚，仅有 1 种，在中国有分布，为玉米的野生近缘植物。

多裔草
Polytoca digitata (L. f.) Druce

茎：秆直立，高达 3 m，直径 4~8 mm，具 6~10 节，节上密生硬毛，茎上部的节具分枝。

叶：叶鞘短于节间，植株上部者或长于节间，通常无毛或疏生硬毛，常具横脉纹。叶舌质硬，高 2~5 mm，无毛，先端撕裂，两侧下延与叶鞘结合。叶片线状披针形至线形，下部叶长达 80 cm，宽 1~4 cm，先端渐尖，基部渐狭而呈柄状，上部叶较短小而无柄，反面被白粉，无毛或贴生柔毛，边缘锯齿状。

花序/花：总状花序 2~4 枚，呈指状排列于主秆或分枝顶端，长 4~12 cm，基部常包于叶鞘内；总状花序序轴节间与小穗梗大部愈合，仅顶端分离。雌小穗披针形长圆状，长 8~11 mm；外颖革质，背部扁平，被短毛，下部内卷与序轴相镊合，上部两侧具宽翼，翼缘具细纤毛，顶端钝，边缘狭窄内折；内颖厚纸质，嵌生于外颖内，长 6~8 mm，顶端狭长渐尖，边缘内卷，中脉明显，无毛；第一小花仅具外稃，外稃形似内颖，顶端长渐尖，厚纸质，具 7~9 脉，脉汇合于顶端；第二小花外稃长圆状披针形，顶端渐尖，质地较厚，边缘膜质，常具 3 脉；内稃稍短于外稃；无鳞被；雌蕊具长达 2 cm 的黄褐色羽状柱头，伸出小穗外；雌小穗中有梗小穗退化，常仅具草质苞片状的外颖，长 15~20 mm。无梗雄小穗长圆形披针状，长 8~10 mm；外颖草质，具 10 脉，上部两侧具 0.5~1 mm 宽的翼，边缘内折；内稃和外稃薄膜质；雄蕊 3 枚，花药橙黄色，长约 3 mm；有梗雄小穗与无梗者相似，其梗上部与序轴节间分离。

果实：橙黄色，扁长圆球状；种脐紫褐色，点状，位于底部。

1.植株下部（标本），示叶；2.植株上部（标本），示花序；3.雌花序；4.雄花序；5.雌小穗外颖；6.雌小穗腹面；7.雄小穗腹面；8.雄小穗的小花外稃和内稃。

图 7–56　多裔草

7.2.3 葫芦草属

Chionachne R. Br.

葫芦草属是一个小属，全世界约有 9 种，分布于亚洲热带地区和大洋洲。但是，有的学者将该属并入多裔草属。中国仅有葫芦草，为玉米的野生近缘种。

葫芦草

Chionachne massiei Balansa

茎：秆丛生，高可达 50 cm，多分枝，具多数节，节上密生硬毛。

叶：叶鞘松弛，纸质，具横脉，疏生疣基毛。叶舌膜质，高 0.5~1.5 mm，顶端细裂。叶片披针形，长 9~30 cm，宽 8~14 mm，先端渐尖，两面无毛或疏生疣基毛，边缘软骨质，粗糙。

花序/花：总状花序 2~4 枚，簇生于主秆或分枝顶端，长 2~8 cm，通常具雌小穗 1~3 枚和雄小穗 2 或 3 枚。雌小穗长 7~10 mm，小穗梗顶端膨大凹陷成喇叭形，呈无柄状；外颖革质，中部收缩形似葫芦，上部具宽翼，顶端钝，中部具半月形内卷的边缘，环抱序轴节间，无毛；内颖薄草质，嵌生于外颖内，顶端长渐尖，基部具一空腔；外稃厚膜质，卵状披针形，长约 5 mm，顶端长渐尖，有 5 脉；内稃较窄小；雌蕊柱头 2 枚，褐色，细长，伸出小穗外；雌序部分的有梗小穗退化，仅存 1 枚长 1.5~4 mm 的颖片。无梗雄小穗长 2.5~5 mm，内生 2 朵小花；外颖草质，有 10 脉及少数横脉，顶端渐窄而钝或具 2 齿裂；内颖有 7 脉；第一小花及第二小花的内稃与外稃均为膜质，先端尖，各含 3 枚雄蕊，花药长约 1.5 mm；有梗雄小穗大都发育，与无梗雄小穗相似。

果实：宽卵球状，背部隆起，腹面下凹；种脐大，位于果底部的凹穴内。

1.具花序植株（标本）；2.植株上部，示叶和花序；3.花序局部（腹面）；4.雌小穗腹面，示外颖基部。

图 7–57　葫芦草

第8章

高粱及其野生近缘植物

8.1　高粱

◎ **植物名**

拉丁名：*Sorghum bicolor* (L.) Moench

中文名：高粱

别　名：蜀黍、荻粱、稻秫、木稷、藿粱、蜀秫、芦粟、番黍

◎ **商品名**　高粱（颖果）

高粱（图 8-1）为禾本科（Poaceae）高粱属（*Sorghum* Moench）一年生草本植物，是我国最早栽培的禾谷类作物之一。

高粱用途广泛，经济价值高，以粒用为主，兼有糖用、饲用和工业用：籽粒可作为酿造原料，生产白酒、醋等；茎秆可用于制糖，还可用于制板材、造纸、作建筑材料、制家庭用具及生产食用纤维；高粱壳可提取天然色素；等等。随着现代饮食结构的改变，高粱作为粗粮逐渐受到人们的重视。

高粱起源于非洲，在中国也有悠久的栽培历史，目前主要分布于热带干旱和半干旱地区。高粱在我国普遍种植，主要分布于东北、华北、西北和黄淮流域的温带地区，现分为 4 个栽培区：春播早熟区、春播晚熟区、春夏兼播区和南方区。

高粱具有抵御旱、涝和耐受盐碱、瘠薄、高温、冷凉等多重抗性，独特的抗逆性和适应性使其成为耐逆境能力较强的粮食作物。此外，高粱是一种 C4 作物，光合作用效率高，不仅生物产量高，而且经济产量也高。中国有许多地区水资源短缺，尤其北方干旱、半干旱、盐碱地面积较大，在这些地区种植高粱有重要意义。

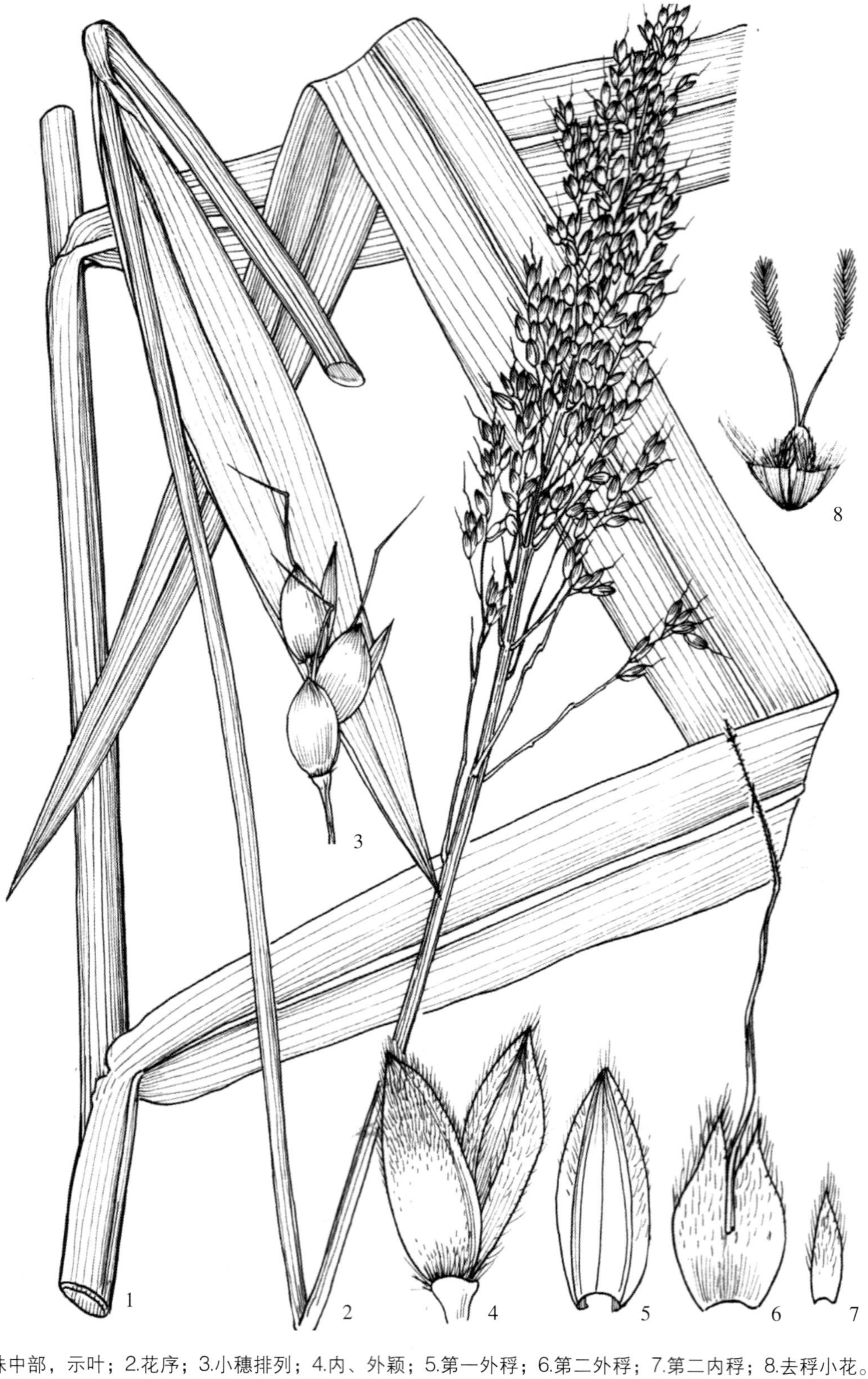

1.植株中部，示叶；2.花序；3.小穗排列；4.内、外颖；5.第一外稃；6.第二外稃；7.第二内稃；8.去稃小花。

图 8–1 高粱

8.1.1　根

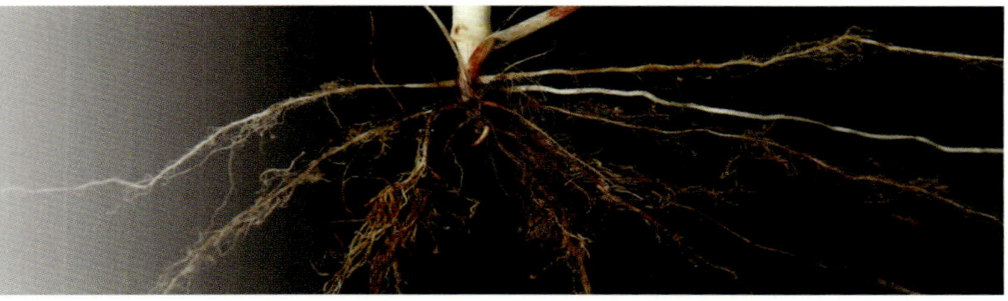

与玉米的根类似，高粱的根由初生根和次生根（含支持根）组成。高粱的根为须根系，根系发达，次生根的层次多，侧根和细根多。

8.1.1.1　初生根

高粱的初生根仅有 1 条，来源于胚根，后发育形成主根。由于该根由种子发生，所以又称为种子根。有时，盾片着生部位（中胚轴基部）长出少数短而细的根，称为初生不定根，因其发生于种子（胚轴上）而同属于初生根。

在胚根顶端向下生长过程中，其前部不断延伸，后部陆续发生侧根和根毛(图 8–2)。次生根开始生长后，初生根的作用逐渐减弱，直至消退，所以在高粱植株的生长发育过程中，初生根属于临时根。

随着胚根的生长，胚中的中胚轴也随之向上伸长。此段虽位于根与茎之间，但处于地下，且具有根的特征而不具有茎的特征，所以属于根。因其与胚根同时发生于种子萌发时期，所以属于初生根；又因该段位于初生根与地下的次生根之间，又常称为根中茎。不同品种甚至同一品种不同种子的中胚轴伸长程度不同，根中茎有时明显，有时不明显。

8.1.1.2　次生根

次生根是指在初生根之后形成的根，其主要的功能是在植株生长发育的过程中吸收水分和营养物质。次生根产生的层次和数量与品种有关。

与初生根相比，次生根属于不定根，具有产生数量和位置不固定、不确定的特点，有时又称为次生不定根。因其一直存续于植株生长期间，所以次生根属于永久根。

当种子萌发生长至发出第三真叶时，从胚芽鞘基部开始长出少数不定根（即次生根）。在此之后，不定根陆续发生（图 8–3）。幼苗期，次生根多生于地下和地上基部的茎节处，构成根系的主体。苗后期，地表、茎基部的节上长出类支持根。此根外形与支持根相似，但较支持根细长，且生有侧根，兼有支持根和不定根的特征，可视为由地下不定根向支持根过渡的根。

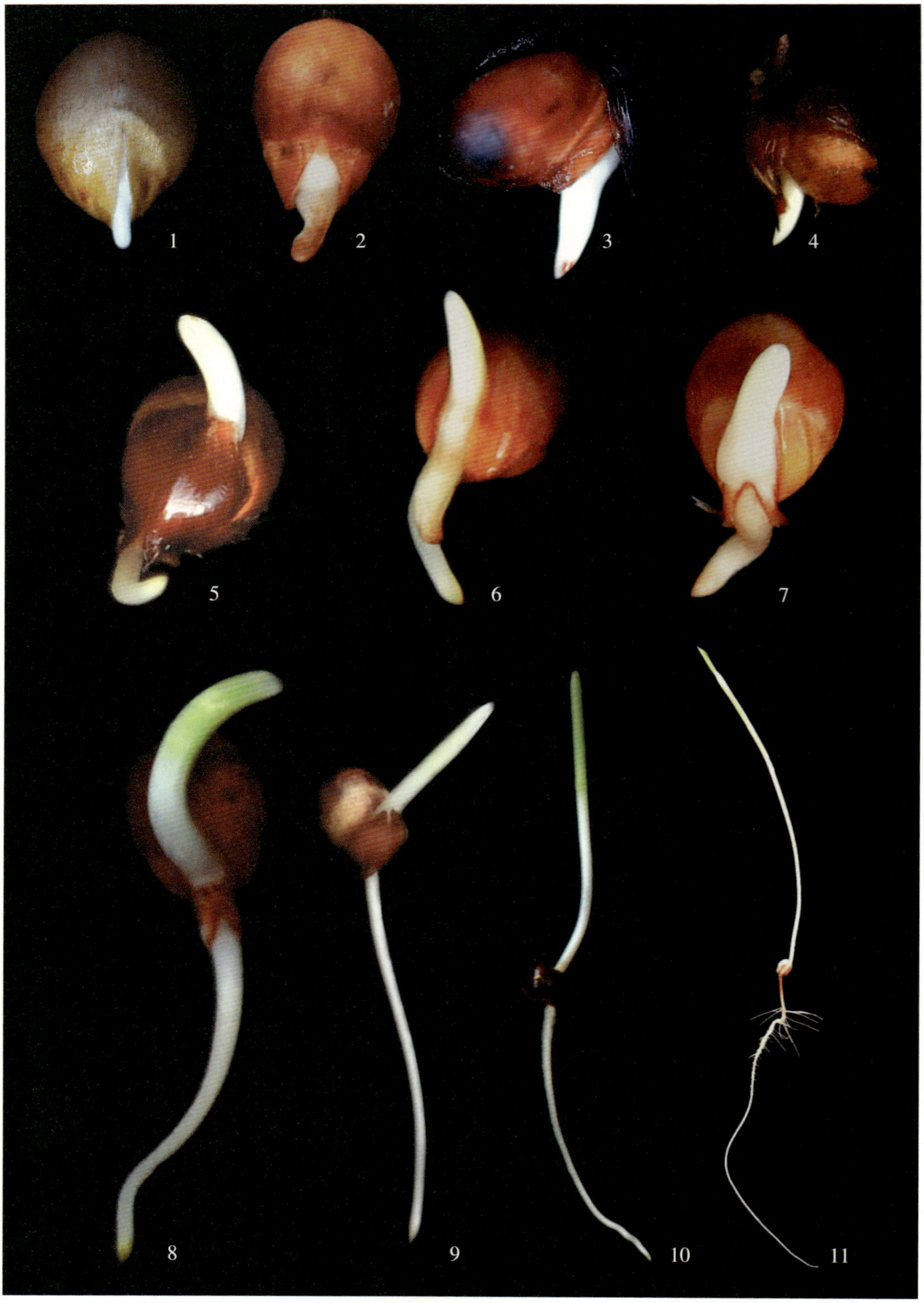

1~4.胚根鞘突破种皮（果壁）；5~7.胚根突破胚根鞘；8、9.初生根向下伸长；10.第一真叶伸出时的初生根；11.初生根的侧根和根毛。

图 8–2　初生根

1~4.苗前期：1、2.三叶期胚芽鞘基部的次生根；3、4.苗前期初生根和地下茎节上的次生根及其侧根。
5~8.苗后期：5、6.地下茎 4 个节上的次生根；7、8.地表以上的类支持根和支持根。

图 8–3　次生根

在次生根发育的同时，根中茎有时会随之发育，长度常因环境不同而有差异，有时很短，几不可见。

8.1.1.3 支持根

高粱根系中比较特殊的根是抽穗之后形成的支持根。这是高粱根系中继初生根、次生根之后形成的根，是根系发展至第三阶段形成的根（最后形成的不定根），也是在地面以上形成的根。支持根最早出现于苗后期（九、十叶期）。

支持根位于地面以上、茎基部第 1~3 节的根带区，生于叶鞘内，穿破叶鞘向外伸出。此根粗硬，绿色，前端可入土；入土部分变色，分生侧根；侧根上有许多须根，形成根群。因其主要功能是固定植株、支撑茎、抗倒伏，所以称为支持根；又因其暴露于空气中，所以称为气生根。

支持根与地下不定根有许多相同之处，但也有明显的区别：一是多发育在地上茎的节上；二是根的全部或大部分暴露于空气中，仅根前端入土；三是以靠近地面的茎上节为中心，呈辐状向四周斜下方伸展；四是在节上明显呈轮生分层状态；五是表皮角质化，上部呈浅绿色，下部入土部分与根同色，且再生不定根；六是根基部有明显的根鞘（图 8-4）。

支持根厚壁组织发达，支撑能力强，其中入土的支持根不仅可增强植株的抗倒伏能力，还有吸收水分和营养物质的作用。

1、2.茎基部支持根；3.分蘖茎基部支持根；4.干旱条件下茎基部支持根多而长；5.支持根穿过叶鞘；6.支持根基部具有膨大的根鞘；7.支持根的入土部分发生明显的形态改变，退绿，再生侧根。

图 8–4　支持根

8.1.2 茎

高粱的茎在农作上又称秆或茎秆，由节和节间组成，多直立，呈圆柱状。茎多为单茎，少有分枝。

广义上，高粱的茎还包括地下茎和花序的序轴。完整的茎自根中茎以上即胚芽鞘或盾片基部（生有初生不定根）的节至花序轴顶部，分为 3 种类型：生根（含分蘖）的地下茎、生叶和分枝的地上茎以及生花的花序轴。本节仅讨论地上茎（图 8–5）。

1.植株，示地上茎；2.茎被叶鞘全包裹；3.部分茎露出叶鞘。

图 8–5　地上茎

8.1.2.1　茎的组成

(1) 节

1）外形

高粱的节与玉米的节相似：外形比较明显，在茎上膨大，向外凸出。节完全或部分包于叶鞘内，具上下 2 个环带，上部为生长环，下部为生根环，广义的节还包括生鞘环。其中：生长环内有节间分生组织，可使节间伸长；生根环位于生长环与生鞘环之间，可生腋芽和支持根原基（图 8–6）。

支持根原基排列在节周围 1~3 个同心环里。在茎基部节上，支持根原基可发育成不定根。

1.具鞘节外观，示生鞘环下的毛环；2.节的生长环和生根环；3.生根环中的支持根及其原基的位置和分布；4.茎下部节上支持根突破根鞘，基部宿存膨大的根鞘环；5、6 茎中部节生根环上发生腋芽。

图 8–6　节的外形

2）节数

高粱茎上的节数与叶数相等，农作上常用叶数指示节数。

茎的节数和类型与品种有关，一般早熟品种 10~15 个节，中熟品种 16~20 个节，晚熟品种 21 个节以上，极晚熟品种 30 个节以上，矮秆品种只有 8 或 9 个节。

(2) 节间

高粱茎的节间（图 8-7）坚硬，表面光滑，被白色蜡粉（蜡粉具有防止茎内水分蒸发的功能，有利于抗旱、耐涝）；节间有时具一条纵向浅沟。被叶鞘包被的节通常有 1 枚呈休眠状态的腋芽，位于沟的基部，在一定条件下可以形成分蘖茎（茎基部）或分枝（茎中上部）。

同一茎上各节间的长度不等，一般是基部或下部的短，上部的长，而且越往上节间越长，最顶端的节间——花序梗最长，远长于茎上其他的节间。植株发育后期，下部节间上多有破损或短而少见的叶鞘；中上部节间上多有完整而紧裹的叶鞘。高粱节间的数量和长度因品种而异，一般矮秆早熟品种的节间少而短，高秆晚熟品种的节间多而长。

1.茎下部（含主茎和分蘖茎）的节间，被蜡粉，叶鞘破损；2.茎中部的节间，有长而紧裹的叶鞘；3.节间上的浅沟及沟中腋芽；4~6.花序梗远长于茎上其他节间，完全或部分包于叶鞘内，无浅沟。

图 8-7 节间

8.1.2.2　茎粗

高粱的茎粗是指成熟期植株的茎中部节间（不包括叶鞘）的直径。茎的粗细因品种而异，可以分为 3 类：上下粗细较均匀、下粗上细、下细上粗。茎粗的变异较大，以茎基部为例，直径为 5~30 mm。我国高粱品种的平均茎粗约为 15 mm。

8.1.2.3　茎髓

高粱的茎实心，具有充实的髓。以成熟期茎中部的节间充实度为标准，可分为 3 种：蒲心型、半实心型和实心型。

不同品种的高粱髓部汁液含量存在一定差异，可分为 3 种：无汁、少汁和多汁。

8.1.2.4　株高

株高是成熟期植株高度的简称，是指自地面至主茎花序顶部或全株最高处的长度。对于花序弯曲的植株，株高应为地表至弯曲最高处的长度。

株高由两部分组成，一是主茎的长度，即各节和节间长度的总和，二是主茎的花序梗（农作上称为穗柄）及花序（农作上称为主穗）的长度，其中花序的长度在农作上称为穗长。

高粱的株高为 45~500 cm，因品种、土壤、气候条件而异，一般为 120~250 cm。通常根据茎的长短将株高分为 5 级（图 8–8）：特矮秆（<100 cm）、矮秆（100~150 cm）、中秆（>150~200 cm）、高秆（>200~250 cm）和特高秆（>250 cm）。

8.1.2.5　分蘖和分枝

腋芽位于节部的叶腋内（叶鞘基部内），通常处于休眠状态，在肥水充足或主茎受损时可萌发生长，进一步发育成茎，此为次级茎，其中位于茎基部的为分蘖茎（图 8–9），位于茎基部以上的为分枝茎（图 8–10）。具有分枝茎的高粱称为多穗高粱。

高粱的分蘖性，可用茎顶部花序（即主穗）开花时植株地下茎缩生节位上腋芽萌生的分蘖茎（即一级分蘖）的数量表示，可分为无、弱、中、强、很强等级别。我国高粱品种的分蘖性弱，或基本不分蘖。分蘖茎与主茎的花期同步或不同步。

高粱的分枝性，可用茎顶部花序达到乳熟期时植株地上茎节位上腋芽萌生的具穗分枝（即一级分枝）的数量表示，可分为无、弱、中、强、很强等级别。

1.矮秆；2.中秆；3.高秆；4.特高秆。

图 8-8　株高

由于高粱的腋芽具有较强的萌蘖性，在气温较高的地区，高粱收获后留茬，基部的腋芽会萌发成茎，且能抽穗结实。农业生产上利用该特性开发出再生高粱。

图 8-9　分蘖茎

图 8-10　分枝茎

8.1.3 叶

高粱的叶与玉米的叶相似，较大，狭长，在茎上互生。除常见的地上茎的叶外，广义上的叶还包括胚芽鞘和第一真叶。有时，花序基部的顶生叶苞片化。

8.1.3.1 胚芽鞘

胚芽鞘来源于胚。种子萌发时，胚根伸出颖壳之后，胚芽鞘随之发出。胚芽鞘的顶端具斜向开口，下部为封闭的管状，是仅有鞘而无叶片的鞘状结构（图 8-11）。

胚芽鞘的主要作用是保护胚芽。在胚内，胚芽鞘位于胚芽的顶端，包被胚芽；种子萌发时，保护胚芽及真叶向外突破果壁；幼苗出土时，随着中胚轴伸长，胚芽鞘从地下向上顶土，保护胚芽及真叶出土。胚芽鞘的生存时间很短，苗期即开始枯萎。

胚芽鞘伸出后，第一真叶从鞘口伸出。第一真叶展开时，胚芽鞘的颜色有白色、绿色、红色、紫色等。

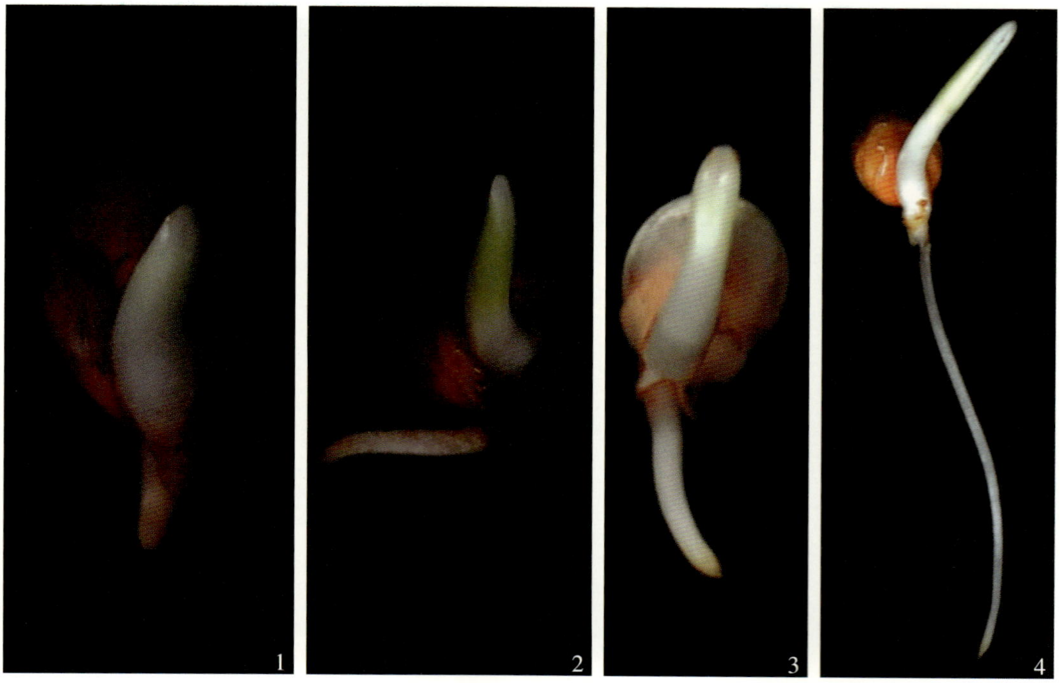

1~3.胚芽鞘与胚根几乎同时发出；4.胚芽鞘向上伸长，可见缝状鞘口；5、6.中胚轴延伸，推进胚芽鞘向上伸长；7~9.第一真叶从胚芽鞘顶端伸出。

图 8–11　胚芽鞘

8.1.3.2　第一真叶

从胚芽鞘中伸出的第一片叶为真叶，称为第一真叶。与盾片和胚芽鞘相比，它是真正的叶。但是，第一真叶生存时间较短，五叶期即开始枯萎。

第一真叶在胚芽鞘中呈卷状，包卷第二真叶；第一真叶的叶片露出胚芽鞘后不久，第二真叶便从中伸出。第一真叶的形状不同于第二真叶及之后形成的真叶——茎生叶，主要表现为四点，一是叶片与叶鞘之间没有明显的界线，二是长度显著短于其他真叶，三是形状为长圆形、椭圆形或长圆状披针形，四是顶端急尖或钝圆（图 8–12）。

1~3.叶片顶端急尖，示叶片的正面、侧面和反面；4.叶片顶端钝圆；5.第一、第二真叶的侧面。

图 8–12　第一真叶

8.1.3.3　茎生叶

茎生叶是指着生于地上茎节上的叶，是生存期最长的叶，也是高粱营养生长阶段和生殖生长阶段的重要器官。

（1）分布

高粱的茎生叶互生于茎上，分布于全茎，且呈现出一定的规律性（图 8–13）。一是茎上的节间有下短上长的分布规律，叶也随之呈现出下密上疏的变化规律，但苗期和未发育到成熟阶段（具穗）的植株上密下疏。二是茎下部的叶短于茎中上部的叶，而茎中部的叶又长于茎上部的叶，所以全茎上的叶长度从下向上呈现出由短至长、再由长至短的分布现象。三是除顶生叶是叶鞘显著长于叶片外，其余叶都是叶鞘明显短于叶片。四是全茎上的叶可以分成 3 类：①茎基部的数叶，叶鞘和叶片均明显短于和狭于茎中部的叶，这些叶的叶鞘长度差异较小，而叶片长度差异明显；②顶生叶，明显短于和狭于茎中部的叶，但叶鞘特别长；③茎中上部的叶，数量较多，普遍较大，并且叶鞘明显短于叶片。

1.挑旗期（或扯旗期）植株上的叶分布（上疏下密）；2.叶互生于茎上；3.植株上基部（右）至顶部（左）的叶各部分的长度对比；4.末叶期植株上的叶分布（上密下疏）。

图 8–13　茎生叶分布规律

(2) 叶的组成

高粱的茎生叶不仅具有叶片和叶鞘，还有二者交界处的叶颈和着生于叶颈内侧的叶舌（图 8–14）。高粱的叶似无叶耳，但有时也可将叶舌两侧质地粗糙的三角形开裂视为叶耳。

图 8–14　叶的组成

1）叶片

① 形状

高粱的叶片宽而长，通常呈披针形或线状披针形，两面光滑、无毛，先端渐尖，基部圆形或近圆形，有时基部两侧偏斜错位或极错位。在多数品种里，幼叶直，成年叶或老叶有不同程度的弯曲（图 8–15）。

② 颜色

苗期叶的叶片颜色与品种有关，一般有绿色、红色和紫色。成株期叶的叶片正面为绿色或暗绿色，反面为浅绿色，有时被白粉。

③ 大小

高粱叶的叶片大小是指成年叶的叶片大小，一般长 30~135 cm，宽（最宽段）1.5~13 cm，常见的叶片长 40~70 cm，宽 3~8 cm。

1.叶片长披针形，先端渐尖，基部近圆；2.叶片基部两侧偏斜、错位；3.嫩叶的叶片直立；4.成年叶的叶片弯曲。

图 8–15　叶片形状及姿态

④ 叶缘

高粱叶片全缘，呈平直或波浪状(图 8-16)，具软骨质，边缘具微细小刺毛。

1~3.叶缘平直；4.叶缘波浪状。

图 8-16 叶缘

⑤ 叶脉

高粱叶片的叶脉是平行脉，中脉（即主脉）明显，宽于侧脉。农作上，脉色是指叶片中脉的颜色。中脉宽窄不一，质地有不透明和半透明两种（图 8-17)，其中半透明的中脉在农作上称为蜡脉。

开花期，植株中部叶片的中脉颜色变化较大，因高粱类型和品种而异，常见的有白色、浅黄色、黄色和绿色等。我国高粱的叶片中脉多为白色，黄色较少，半透明的亦少。

1.平行脉；2.不透明的宽中脉；3.半透明的宽中脉；4.窄中脉。

图 8–17　叶脉

2）叶鞘

高粱的叶鞘着生于茎的节上，完全包着节，完全或近完全包着节间。

鞘体表面光滑或稍有白色蜡粉；具平行细脉，其中有一精细的脊脉，顶部更加明显，与叶片中脉相接。叶鞘边缘具透明膜质的狭边；两边交合重叠，至少基部在节部交合，交叠线偏斜或旋转；中上部有时全部交叠而全包节间，有时分离，使得节间上部露出，交叠的程度取决于节间和叶鞘的长度；交叠口在上下节之间的位置正好相反，而且左右两侧交叠的覆盖方向也相反。叶鞘顶端多平齐，有时偏斜或极度偏斜，形成错位（图 8–18）。

不同品种高粱的叶鞘长度差异较大，短者仅至节间的一半，长者可达上一节。

3）叶颈

叶颈在农作上又称为叶结，也称为叶关节，是叶片与叶鞘交界处的带状组织。以叶片中脉基部为顶点，向叶片两侧扩展，呈两个三角形，颜色不同于叶片和叶鞘，一般为浅绿色或浅黄色，正面（近轴面）密被毛或近无毛（图 8–19），反面（远轴面）平滑或带皱褶。

4）叶舌

叶舌在叶鞘的顶部与围茎的叶片内侧之间，紧贴着茎（图 8–20）。高粱的叶舌较小，幼时透明，顶端平而圆，边缘具纤毛，后变为直立的硬膜质薄片，常开裂。

叶舌能使叶片和茎呈一定的生长角度，一般为 40°~60°。有的品种叶片与茎之间的夹角只有 15°~30°，叶片上冲；也有的品种叶片与茎之间的夹角大于 60°，叶片呈平展状；有的品种无叶舌，叶片与茎之间的夹角在 10°以内，叶片全部上冲（紧凑型高粱，叶颈光滑，无毛）。

1~3.叶鞘顶端明显偏斜：1.顶生叶；2.上部叶；3.中部叶。

4、5.顶生叶的叶鞘两侧交叠、旋转，鞘上具白色蜡粉。

6.叶鞘侧面具白色蜡粉，下节间叶鞘包着上节叶鞘，形成套合，覆盖节位。

7、8.叶鞘边缘具透明膜质狭边，叶鞘基部的边缘在节上交叠。

9.叶鞘两边缘为右覆盖。10.叶鞘在节上着生的位置。

图 8–18　叶鞘

1、2.叶颈密被毛：1.正面；2.侧面。3~5.叶颈近无毛：3.正面；4.反面；5.侧面。

图 8-19　叶颈

1、2.苗期叶的叶舌：1.正面；2.侧面。3、4.成株期叶的叶舌：3.叶颈具毛；4.叶颈不具毛。

图 8-20　叶舌

8.1.4 花序

高粱的花序为顶生圆锥花序，农作上称为穗，生于花序梗的顶端（图 8–21）。果序的结构与花序基本一致，故本节中图片也包含果序图片。

图 8–21 花序

8.1.4.1 花序梗

花序梗由茎（或枝）最顶端的一个节间演变而来。高粱的花序梗有直立、微弯曲和明显弯曲 3 类，长度差异大，长者可达 120 cm，短者仅 20 cm 左右。

高粱茎顶部花序的花序梗（农作上称为主穗柄）伸出叶鞘的程度可用于表示伸出状态，可有短花序梗、中花序梗、长花序梗、花序梗下弯（农作上称侧裂）和花序梗不出鞘（农作上称缩穗）等不同形态（图 8–22）。

1.短花序梗；2.中花序梗；3.长花序梗；4.花序梗下弯；5.花序梗不出鞘。

图 8–22　花序梗伸出状态

8.1.4.2 结构与外形

高粱的圆锥花序是以小穗为基本单位形成的花序。其花序由序轴（即花序轴）及其发出的多级序枝（即花序分枝，农作上称为枝梗）构成，其中小穗仅着生于末级序枝上。

（1）花序结构

序轴为花序的中轴，又称为主轴，农作上称为穗轴，直立或稍弯，具纵棱，疏生细柔毛，其上有 4~10 个节，此节称为序轴节，两节之间为序轴节间；从序轴的每个节上可轮生出（2）3~10 个第一级分枝，亦称一级序枝；从一级序枝的节上可再长出（轮生、对生或互生）约 10 个第二级分枝，亦称二级序枝；二级序枝上可发出三级序枝，有时还有四级序枝。花序的最后一级分枝称为末级序枝。着生序枝的序轴节和序枝腋有时具柔毛（图 8–23）。

同一植株中同级序枝的长度各有不同，且分为有下级序枝和无下级序枝两种情形。如有下级序枝，下级序枝数也各有不同。在上一级序枝上，从基部向顶部，同级序枝长度渐短，且其上着生的下级序枝渐少。顶端的序枝长度极短（或无），且无下级序枝。

一级序枝可反映花序中后续各级序枝的生长位置；仅有 1 个小穗对的序枝（往往位于序轴的顶部）称为不完全序枝，有下级序枝的称为完全序枝。

完全序枝有 2 种类型：一种仅有二级序枝，生于序轴上部各轮节；另一种有 2 级、3 级或更多级序枝，生于序轴中下部各轮节。此外，一级序枝上的各级序枝同样也存在类似的分布规律。

末级序枝是指着生小穗的序枝。从来源或形成上看，末级序枝可以是各级序枝。末级序枝上有 1 对或数对小穗，呈总状花序排列。有时，末级序枝及其小穗对发育不良或退化。末级序枝及其着生的序轴节间均细长，横切面为半圆形或稍扁平。末级序枝两侧的边缘具柔毛，有时背部亦有，柔毛或长或短，部分品种无毛(图 8–24)。

（2）花序外形

花序外形是指花序的外部形状，又称序形，农作上称为穗型。

由于序轴长短不一，各级序枝的长度、数量和分布状况不同，所以高粱花序呈不同外形(图 8–25)，可分为两大类：序枝聚拢类和序枝松散类。前者有纺锤状、牛心状、圆筒状、棒状、球状等形状，后者有杯状、圆锥状、伞状和帚状（包括短主轴的和无主轴的）等形状。

1.圆锥花序；2.一级序枝；3.二级序枝；4.末级序枝（生有小穗）；5 各级序枝基部具柔毛；6.着生序枝的序轴节上具柔毛。

图 8-23　花序结构

1~4.末级序枝分别具有 1~4 对小穗；5、6.退化的末级序枝；7~10.末级序枝侧面观和背面观，两侧具不同长度的柔毛；11.末级序枝无柔毛。

图 8-24 末级序枝

1.椭球状；2.长椭球状；3.长纺锤状；4.筒状；5.长筒状；6.棒状；7.弯筒状；8.圆锥状；9.杯状。

图 8–25 花序外形

(3) 花序松紧度

依据花序中序枝的长短和分布情况以及小穗或籽粒的着生密度，花序的松紧度或致密度可分为不同类型，农作上称为穗型(图 8–26)。

1.紧密穗型；2.中度紧穗型；3.中度松穗型；4.周散穗型；5.侧散穗型。

图 8–26 穗型

紧密穗型：序枝紧密，手握之有硬粒感觉。

中度紧穗型：序枝紧密，手握之无硬粒感觉。

中度松穗型：序枝不紧密，较短，侧观之可透光。

周散穗型：四周松散型，序枝不紧密，较长，向四周稀疏垂散。

侧散穗型：侧偏松散型，序枝不紧密，较长，向同一方向稀疏下垂。

8.1.4.3　小穗

高粱的小穗由颖被及其内小花组成。

小穗可分为无梗小穗（又称无柄小穗）和有梗小穗（又称有柄小穗），二者常相伴着生，形成小穗对。通常生于末级序枝顶端的小穗对称为顶生小穗对，此小穗对具 3 个小穗，中间为无梗小穗，两侧各有一个有梗小穗。当有多个小穗对时，除顶生小穗对外，其余小穗对的末级序枝呈总状排列于上一级序枝上。有时小穗或小穗对发育不良或退化（图 8–27）。

1.具 1 个无梗小穗和 1 个有梗小穗的小穗对；2.具 1 个无梗小穗和 2 个有梗小穗的顶生小穗对；3.顶生小穗对下具 3 个小穗对，序枝下部末级序枝上仅具顶生小穗对；4.顶生小穗对下 3 个小穗对已退化。

图 8–27　小穗类型及其分布

(1) 无梗小穗

无梗小穗是高粱小穗对中的主要小穗，外形呈卵状、椭球状、倒卵状、倒卵形椭球状或梭状（图 8–28）。

小穗最外面是颖被，由 2 个颖片构成，果实成熟后仍宿存于果外，农作上称为颖壳，习称高粱壳。

2 个颖片中，位于小穗外侧或小穗轴下方的颖片称外颖，小穗内侧或小穗轴上方的颖片称内颖，外颖与内颖的长度几乎相等，外颖通常包扣内颖（图 8–29）。

外颖的背部凸起或扁平，成熟时变硬，光滑，有光泽；顶端尖或具 3 小齿；有 6~18 条脉纹（数量因品种而异），近顶端处的脉纹相对清晰；边缘狭窄、内卷，向顶端渐内折；上部和基部被毛，少数品种无毛。内颖呈舟状，质地硬，有光泽；先端尖锐，近顶端常有一明显的脊；有 7~9 脉，两侧脉纹仅上方可见；基部多生有绒毛。

颖片质地为革质或膜质，有光泽或无光泽，有白色、黄色、灰色、红色、褐色、紫色、黑色等多种颜色（图 8–30）。

1.梭状；2、3.长圆形梭状；4.倒卵状。

图 8–28　无梗小穗的形状

1.外颖腹面，上部和基部被毛；2.内颖腹面，基部被毛；3.外颖背部稍扁平，顶部具多脉，上部和基部被毛；4.内颖两侧被外颖包扣；5.颖片顶端尖。

图 8-29　无梗小穗的颖被

图 8-30　颖被的颜色

(2) 有梗小穗

有梗小穗位于无梗小穗的一侧，小穗梗长或短。有梗小穗较狭小，呈线状、条状、披针状、狭长圆状或狭卵形披针状（图 8–31）；2 个具脉颖片狭窄；颖被绿色、淡红色、褐色至暗红棕色。

不同品种的有梗小穗差别较大：有的宿存，有的退化，有的脱落；大小不等；有的具稃，有的无稃。

1.小穗柱状；2.小穗披针状；3.小穗狭椭球状；4.小穗退化，卵形披针状；5.顶生小穗对中 2 个有梗小穗不均等，一个为披针形卵状，另一个退化；6.顶生小穗对中 2 个有梗小穗均退化。

图 8–31　有梗小穗

8.1.5　小花

高粱的小花由稃被和简化的花组成。

稃被包括外稃和内稃。外稃透明膜质，边缘有长纤毛。第一外稃披针形；第二外稃披针形至长椭圆形，具 2~4 脉，顶端稍 2 裂，自裂齿间伸出 1 根膝曲的芒（图 8–32），有时全缘而无芒。按外稃顶端芒的有无，高粱分为无芒和有芒两种类型。

根据稃被内花的不同，将高粱的小花分为 4 类，即两性完全小花（或称可育小花、可孕小花）、单性完全小花（雄性小花）、中性小花和退化小花（或称不育小花、不孕小花，仅剩外稃）。这些小花分生于无梗小穗和有梗小穗中。无梗小穗中为两性完全小花和退化小花，有梗小穗中为单性完全小花和中性小花。

图 8–32　有梗小穗（无芒）和无梗小穗（有芒）

8.1.5.1　无梗小穗中的小花

无梗小穗的颖被内生有 2 朵小花和 1 朵花。

小花： 小穗下部的小花称为下位小花，即第一小花，常退化，是退化小花，一般不育（偶例外可育），仅有 1 枚稃片，宽膜质，苞片状。小穗上部的小花称为上位小花，即第二小花，是完全小花，可育，具内外 2 枚膜质稃片（其中外稃具芒），内含 1 朵发育完全的两性花。

花：发育完全的两性花由 2 枚盾状鳞片（浆片）、3 枚雄蕊和 1 枚雌蕊组成（图 8–33）。鳞片膜质、透明，呈三角状或盾状，顶端生有长柔毛。雄蕊的花丝极细长；花药呈箭形圆筒状，具 4 个花粉囊，花期为浅黄色或黄色，不育小花的花药为乳白色或褐色。雌蕊的子房呈卵球状；子房上方有 2 个下粗上细的长花柱，末端为羽毛状柱头；柱头粗大，常见的有白色、黄色和紫红色等。

1.退化小花的外稃。2.两性完全小花，示透明膜质的内稃。
3.两性花，包含 2 枚盾状鳞片、3 枚雄蕊（花药呈圆筒状箭形）和 1 枚雌蕊。
4~6.透明膜质的第二外稃顶端具芒，边缘具长柔毛：4.腹面；5.侧面；6.背面。
7.雌蕊，示子房和花柱，柱头粗大，羽毛状。

图 8–33　无梗小穗中的小花

8.1.5.2　有梗小穗中的小花

有梗小穗的颖被内生有 2 朵不完全小花，常为单性小花，具 3 枚雄蕊或仅具 1 枚雄蕊，有时其中 1 朵为中性小花（极少数品种有中性小花），子房可形成果实，但其所结果实比无梗小穗所结果实小。

8.1.6　果实

高粱为禾本科植物，其果实具有果壁与种壁不易分离的特性，属于颖果，农作上称为籽粒或籽实，有时习称为种子。

高粱果序的结构与花序的基本一致，果实着生于末级序枝上，由于果实由无梗小穗中的花发育形成，所以果梗由小穗基部的末级序枝形成，通常较短或很短。序枝的长度、着生密度和果实分布存在差异，形成不同紧密度的果序（图 8-34）。

1.一级序枝轮状着生。2、3.不同形态的一级序枝及其下级序枝。
4~6.末级序枝与上级序枝的关系：4.果实正面；5.果实侧面；6.果实背面。
7、8.末级序枝，示果实着生的方式。

图 8-34　果序

8.1.6.1 颖壳

高粱的果实实为颖果，成熟时，膜质的稃被破损，但颖被宿存于果外，包被或包托着颖果，农作上称其为颖壳。颖壳通常宿存，但易与颖果脱离。

不同品种高粱的颖壳包被颖果的程度不同，可分为 5 种情形：几未包被（包被不足 1/4）、稍包被（包被 1/4~1/2）、半包被（包被>1/2~3/4）、几包被（包被 3/4 以上）和全包被（图 8–35）。

常见的颖壳颜色有白色、黄色、灰色、红色、褐色、紫色和黑色等。

1.几未包被；2.稍包被；3、4.半包被；5、6.几包被；7、8.全包被。

图 8–35 颖壳包被度

8.1.6.2 颖果

(1) 外表

1）颜色

高粱成熟颖果的颜色在农作上称为粒色，有白色、灰白色、浅黄色、黄色、橙色、红色、褐色和黑色等（图 8–36）。

2）形状

高粱成熟颖果的形状在农作上称为粒形，有圆球状、椭圆球状、卵球状和长圆球状等（图 8–37）。

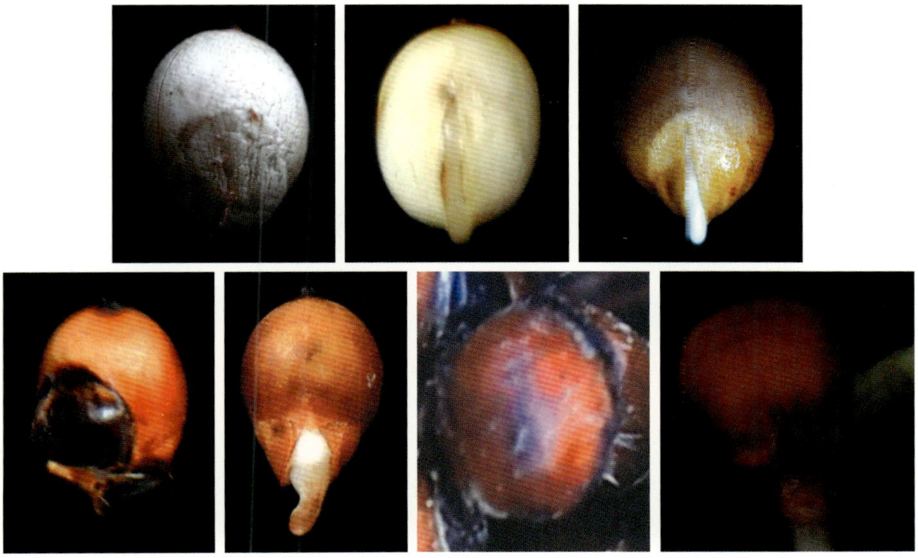

图 8-36 颖果颜色

3）光泽度

高粱颖果可分为有光泽（表面反射光线能力较强）和无光泽（表面反射光线能力较弱）两种（图 8-37）。

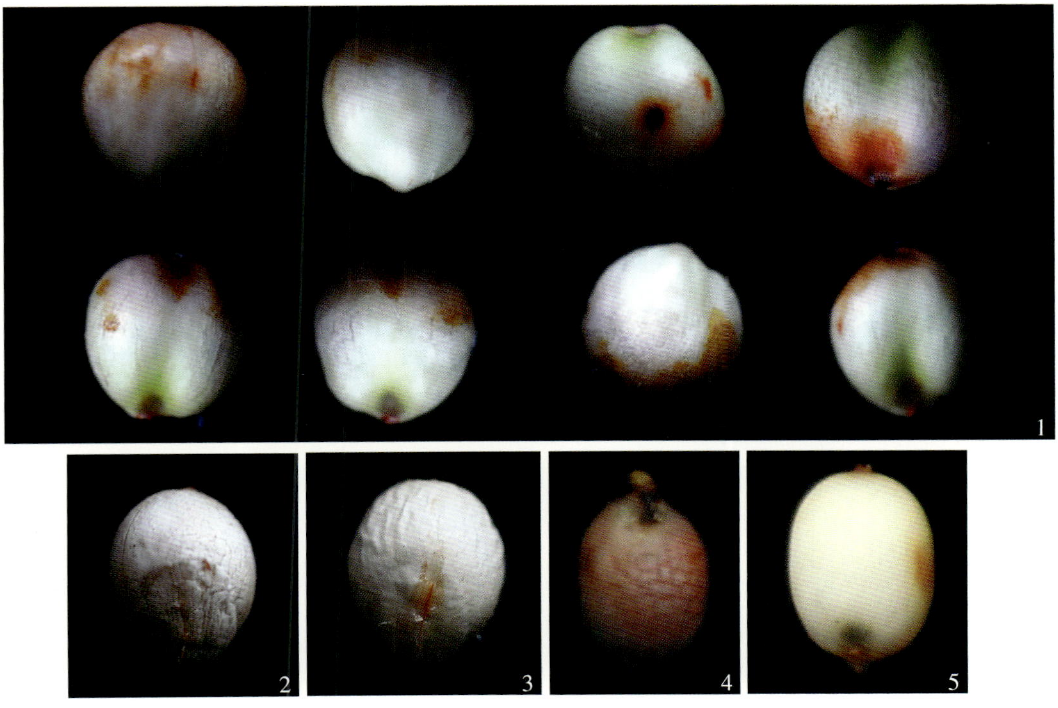

1.圆球状，有光泽；2.卵球状，无光泽；3、4.椭圆球状，无光泽和有光泽；5.长圆球状，有光泽。

图 8-37 颖果形状及光泽度

(2）结构

高粱成熟颖果的结构如图 8–38 所示。

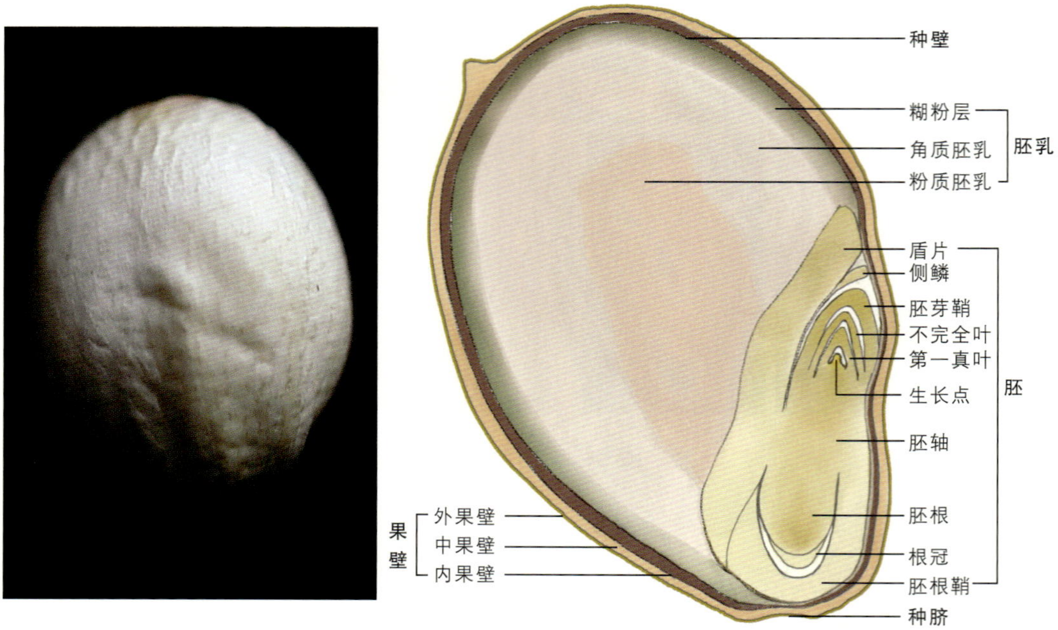

图 8–38　成熟颖果外形（左）及其内部结构示意图（右）

1）果壁

高粱颖果的果壁由子房壁发育而来。颖果成熟时，果壁可以分为外果壁、中果壁和内果壁。颖果加工时，一般中果壁薄的出米率高，出粉率也较高。

2）种壁

种壁由内珠被发育而来，呈不同颜色。有种壁的品种，种壁通常较厚，有辐射状外壁以及膨胀的内壁，其中外壁紧贴内果壁，很难分开。

3）胚乳

胚乳为白色或黄色，可分为多个层次，外部为糊粉层，内部为淀粉层。淀粉层又可分为胚乳外层、角质胚乳和粉质胚乳，其中胚乳外层较薄，胚乳主要是后两者。农作上，常根据角质胚乳所占比例将胚乳分为 5 种类型：角质型（>90%）、偏角质型（<70%~90%）、半角质型（<40%~70%）、偏粉质型（20%~40%）、粉质型（<20%）。

4）胚

胚位于颖果腹部的下端，稍隆起。

(3) 高粱米

高粱的颖果去壁后即为种子。但是，由于种壁与果壁不易分离，去壁的过程中不仅去除果壁，而且不同程度地破坏种壁，胚也常在此过程中脱落，保留下来的多为胚乳（下部有胚脱落后留下的缺口），农作上称为高粱米（实际为胚乳体）。

高粱米大小不一；形状有圆球状、卵球状、椭圆球状、扁球状、扁卵球状和扁椭圆球状等，稀呈新月状（图 8-39）；颜色有白色、黄色、红色、褐色和黑色等。

高粱米的胚乳按结构可分为粉质、角质、蜡质和爆粒 4 类；按颜色可分为白色和黄色 2 类；按粳糯性可分为粳性型、糯性型和中间型 3 类。

1.圆球状；2.椭圆球状；3.卵球状；4.扁球状；5.扁卵球状；6.新月状；7.各种形状（多已无胚）。

图 8-39　高粱米形状

8.2 高粱的野生近缘植物

高粱属有 20 余种，主要分布于热带、亚热带和温带地区。我国有 11 种，大多作为谷物和饲料栽培，其中野生种类（包括引种后逸生）有 4 种。

石茅（别名：假高粱、阿拉伯高粱、宿根高粱、琼生草）
Sorghum halepense (L.) Pers.

茎： 根状茎发达。秆高 50~150 cm，直径 4~6 mm。

叶： 叶鞘无毛，或基部节上被微柔毛。叶舌硬膜质，高 0.5~1 mm，顶端近截平，无毛。叶片线形至线状披针形，长 25~80 cm，宽 5~25 mm，先端渐尖，中部以下渐狭，中脉灰绿色，两面无毛，边缘常具微细小刺齿。

花序/花： 圆锥花序长 20~40 cm，序枝细弱，斜升，1 枚或数枚在主轴上轮生或着生于一侧，序枝基部腋间常有灰白色柔毛。总状花序具 2~5 节，下部裸露部分长 1~4 cm，序轴节间易折断，与小穗梗均被柔毛或近无毛。无梗小穗椭球状或椭圆形卵状，长 4~5 mm，宽 1.5~2 mm，成熟时呈灰黄色或淡棕黄色；基盘钝，具短柔毛；颖片薄革质；外颖 5~7 脉，上部脉明显，横脉于腹面较清晰，顶端两侧具脊，延伸成微小的 3 齿；内颖上部具脊，略呈舟形；第一外稃披针形，透明膜质，具 2 脉；第二外稃顶端微 2 裂或几不裂，有长为 10~16 mm 的芒自裂齿间伸出或无芒而具小尖头；鳞被 2 枚，宽倒卵形，顶端微凹；雄蕊 3 枚；花柱 2 枚，仅基部联合，柱头帚状。有梗小穗雄性，颜色较深，质地较薄，较无柄小穗窄，长 4.5~7 mm。

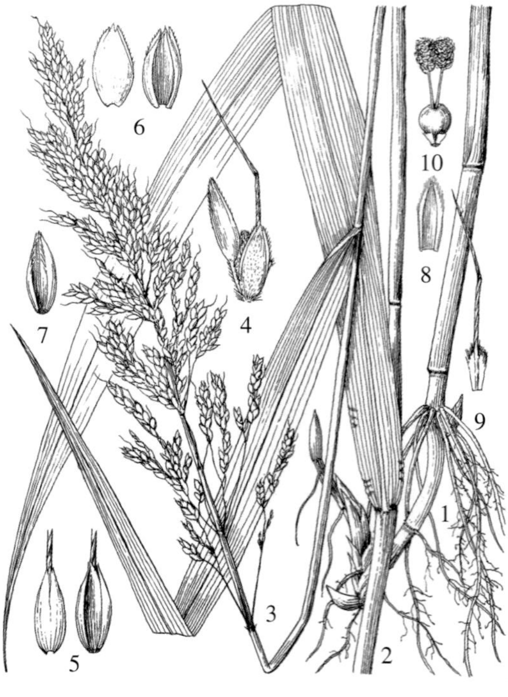

1.植株下部，示根；2.植株中部，示叶；3.植株上部，示花序；4.无梗小穗和有梗小穗；5.无梗小穗背面和腹面；6.无梗小穗外颖背面和腹面；7.无梗小穗内颖腹面；8.无梗小穗第一外稃；9.无柄小穗第二外稃；10.雌蕊和鳞被。

图 8-40 石茅

光高粱

Sorghum nitidum (Vahl) Pers.

茎：直立，高 60~200 cm，基部具芽鳞，节上密生灰白色毛环。

叶：叶鞘紧密抱茎，无毛或具稀长毛。叶舌较硬，高 1~1.5 mm，具毛。叶片线形，长 10~40（~50）cm，宽 4~10 mm，两面无毛或具硬毛，边缘有向上的小刺毛。

花序/花：圆锥花序松散，长圆球状，长 15~30 cm，宽 6~10 cm，仅序轴节上具棕褐色柔毛。序枝细，微曲折，近轮生，长 2~5 cm，基部裸露。总状花序着生于序枝的顶端，长 1~2 cm，具 1~5 节。无梗小穗披针形卵状，长 3.5~5 mm；基盘钝圆，具棕褐色硬毛；颖片革质，成熟时为黑褐色，中部以下光亮无毛，上部及边缘有棕色柔毛，外颖背部略扁平，内颖略呈舟形；第一外稃膜质，略短于颖片，上部被细短毛，边缘内折；第二外稃透明膜质，无芒或具芒，如具芒，则芒自第二外稃裂齿间伸出，芒长 10~15 mm，膝曲；第二内稃透明膜质，甚短小；鳞被 2 枚，有毛；雌蕊花柱分离，柱头棕褐色，帚状。有梗小穗雄性，椭球状，长 3~3.7 mm；颖片黑棕色，革质，但下部不变硬。

果：颖果棕褐色，长卵球状，成熟时不裸露于颖片之外。

1

1.花序，序枝轮生；2.叶；3.节上密生灰白色毛环；4.叶舌被长毛；5.小穗密集生于序枝顶端；6.无梗小穗具稍弯曲的长芒和棕褐色硬毛，下部、中部和上部颜色有变化。

图 8–41 光高粱

拟高粱

Sorghum propinquum (Kunth) Hitchc.

茎：根状茎粗壮。秆直立，高 150~300 cm，直径可达 1 cm，具多节，节上被灰白色短柔毛。

叶：叶鞘无毛，或鞘口内面及边缘具柔毛。叶舌较硬，高 0.5~1 mm，具微柔毛。叶片绿黄色，线形或线状披针形，长 40~90 cm，宽 3~5 cm，两面无毛，中脉较粗，两面隆起，边缘疏生向上的微细小刺毛。

花序/花：圆锥花序开展，卵状或宽卵状，长 30~55 cm，宽 6~15 cm。序枝 3~6 枚轮生，基部腋间具柔毛。总状花序着生于序枝顶端，具 3~7 节，下部裸露。小穗成熟后，小穗与梗均易脱落。无梗小穗卵球状，长 3.8~4.5 mm，被疏柔毛；基盘钝圆，具浅色短细毛；颖片薄革质，具不明显的横脉；外颖具 9~13 脉，上部明显，先端尖或具不明显的 3 小齿；内颖具 7 脉，略呈舟形，上部具脊，疏生柔毛；第一外稃宽披针形，透明膜质，较颖片略短，具纤毛；第二外稃较第一外稃短，顶端尖或微凹，无芒或具一细弱扭曲的芒；花药棕黄色，长 2~2.5 mm；花柱 2 枚，分离或仅基部联合，柱头帚状。有梗小穗雄性，淡黄色或淡紫色，披针形线状，长 4~5.5 mm。

果：颖果棕褐色，倒卵状。

1.植株下部，示根；2.植株中部，示叶；3.花序；4.无梗小穗和有梗小穗；5.无梗小穗外颖腹面；6.无梗小穗内颖腹面和背面；7.无梗小穗第一外稃腹面；8.无梗小穗第二内稃腹面。

图 8–42　拟高粱

苏丹草
Sorghum sudanense (Piper) Stapf

茎：高 100~250 cm，直径 3~6 mm，单生或自基部分枝。

叶：叶鞘无毛，或基部及鞘口被柔毛。叶舌棕褐色，硬膜质，顶端有毛。叶片线形或线状披针形，长 15~30 cm，宽 1~3 cm，先端渐尖，中部以下渐狭；正面暗绿色或嵌有紫褐色的斑块，反面淡绿色，中脉粗、隆起，两面无毛。

花序/花：圆锥花序较疏松，狭长卵状至塔状，长 15~30 cm，宽 6~12 cm，多分枝。序枝细弱而弯曲，有小刺毛，微粗糙，具 2~5 节，具微毛。无梗小穗长椭球状或披针形长椭球状，长 6~7.5 mm，宽 2~3 mm；外颖革质，上部薄，常具糙伏毛，具 11~13 脉，脉可达基部，脉间通常具横脉；内颖背部圆凸，具 5~7 脉，脉可达中部或中部以下，脉间有横脉；第一外稃椭圆状披针形，透明膜质，长 5~6.5 mm，无毛或边缘具纤毛；第二外稃卵形或椭圆状卵形，长 3.5~4.5 mm，顶端有 0.5~1 mm 的裂缝，长 10~16 mm 的芒自裂缝间伸出；雄蕊 3 枚，花药长圆球状，长约 4 mm；花柱 2 枚，柱头帚状。有梗小穗宿存，雄性，有时为中性，绿黄色或紫褐色，线状披针形，长 5.5~8 mm；稃片透明膜质，无芒。

果：颖果椭球状至椭圆形倒卵状，长 3.5~4.5 mm，包在颖被内。

1.植株下部，示根和叶；2.花序；3.小穗背面；4.小穗腹面。

图 8–43　苏丹草

第9章

甘薯及其野生近缘植物

9.1 甘薯

◎ **植物名**

拉丁名：*Ipomoea batatas* (L.) Lam.

中文名：番薯

俗 名：甘薯、山芋、地瓜、山药、甜薯、红薯、红苕、白薯

◎ **商品名** 甘薯（块根）

甘薯（图 9-1）是旋花科（Convolvulaceae）番薯属（*Ipomoea* L.）一年生（温带地区）或多年生（热带地区）草本植物，是世界主粮作物之一。甘薯既可作为粮食，也可作为饲料和工业原料。甘薯富含多种营养物质 包括淀粉、可溶性糖、维生素、膳食纤维、花青素和类胡萝卜素，以及钙、磷、铁、硒等矿物质元素，其中钙、磷、维生素 B_1、维生素 B_2、维生素 C 等的含量高于稻类和麦类。甘薯的块根主要供食用，还可用于制作淀粉、酒精、天然色素，也可作药用；茎、叶可作饲料。

甘薯起源于南美洲及大安的列斯群岛和小安的列斯群岛，具有耐高温、抗旱等优良性状，现广泛栽培于热带和亚热带地区。

我国是世界上最大的甘薯生产国，种植甘薯的历史可追溯到明朝万历年间，至今有 400 多年。我国甘薯种植面积占全世界的 30%左右，产量占全世界总产量的 54%左右。现全国大多数地区均有种植，南起海南，北达黑龙江，西至四川西部和云贵高原，东抵沿海各省，从南向北可分为 5 个种植区：南方秋冬薯区、南方夏秋薯区、长江流域夏薯区、黄淮流域春夏薯区和北方春薯区。

1.具分裂叶片的花枝；2.具全缘叶片的花枝；3.花的纵切面；4.雄蕊；5.雌蕊。

图 9-1　甘薯

9.1.1 根

甘薯用种子萌发进行有性繁殖时会产生根，形成种子根；用块根进行无性繁殖也会生根，但形成的是不定根。因此，甘薯的根主要有种子根和不定根两大类。甘薯的根还可以根据位置分为主根、侧根和不定根；根据发生时间分为初生根和次生根；根据发生的可能性分为定根和不定根；根据根系形态分为直根系和须根系。在农业生产上，甘薯的根还可以根据形态分为纤维根、柴根和块根。

9.1.1.1 种子根

种子根（图 9–2）是种子萌发的根，由胚根发育而成。此根属于初生根或定根，可发育成直根系，包括主根和侧根。

在适宜的环境条件下，种子根的主根可以膨大，发育成为块根（即贮藏根）。种子根及其发育的块根仅见于杂交选育新品种的过程，不用于大田生产。

1.种子萌发时胚根刚露；2.种子根发育成块根；3.种苗及其种子根。

图 9–2　种子根

9.1.1.2 不定根

(1) 发生部位

甘薯不定根的来源不确定，主要生于茎（包括地上茎和地下茎）的节上，有时节间也可发生（图9-3）。除此之外，块根、侧根、叶柄和叶片等部位也具有发根能力。这些不定根属于次生根，呈须状，形成须根系，有时会形成块根。

1.块根；2.块根上的侧根；3.芽或幼苗茎上的节间；4.大田栽培植株的茎下部和基部的节；5.水培植株茎段上的节和节间；6.地下茎上的节。

图 9-3 不定根的发生部位

(2) 类型

甘薯是蔓生或匍匐性作物，其根主要为不定根。不定根具如下特点：一是可发生于植株不同部位；二是常成簇生长；三是可以再分支，形成新的不定根，即次级分根或侧根，均呈须根状；四是可以进一步发育，形成柴根或块根（余下的须根有时会改称为纤维根）。

须根、柴根和块根的形成，与不定根中初生形成层活力强弱和中柱薄壁细胞木质化程度高低密切相关。不定根的幼根形成后，当前者弱、后者高时，只能形成须根；当前者强、后者低时，可发育成块根；当前者强、后者高，且不能产生大量的薄壁细胞时，则形成柴根。

由于不定根多簇生于节位，所以甘薯的根系具有间断性簇生的特点。不同簇生点上着生的根可以是须根、柴根和块根中的 1 种、2 种或 3 种，其中须根为细根，柴根为较粗的根，块根为异常膨大的根。它们共同构成一个复杂、多形态的完整根系，通常甘薯的同一茎（株）上 3 种类型的根会同时存在，只是彼此的组合和分布有一定差异（图 9–4）。

1.节间短的茎，示 3 种根之间的渐变或转变；2.节间长的茎。

图 9–4　同一茎上 3 种根及其分布

1）须根

须根是甘薯中发生最普遍的根，主要出现于地下茎。在特殊条件下，地上茎、块根、侧根、叶柄上也生有少量须根（图 9-5）。此类根呈纤维状，外形细长，又称为纤维根或细根，常为白色，长短不一，可再生许多分支，主要特点是其上着生有更为纤细而短的根毛。

须根的根毛十分发达，具有很强的水分和养分吸收能力（这是甘薯较为耐旱和耐瘠的原因之一），故须根又称为吸收根。甘薯的须根多生于植株生长前期，常形成根群，且绝大部分分布于表土层（<30 cm）。

1、2.大田栽培：1.地下茎上的须根；2.地上茎基部、下部的须根。
3~6.水培：3.茎段上的须根；4.薯块上的一级须根；5.侧根（不定根）发出的多级须根；6.须根上的末级小根（支根）。

图 9-5　须根及其发生部位

2）柴根

柴根又称为梗根、牛蒡根或粗根。此根虽然会增粗，但不会明显膨大，长度为 30~50（~100）cm。柴根源于不定根的增粗，二者均明显粗于须根；同一柴根的始末粗细差异较小（图 9–6）；不同柴根的粗细变化明显（直径为 3~20 mm）。柴根是甘薯生长发育过程中遇到干旱、高温、沥涝、土壤坚实等不良条件时，由须根形成的畸形肉质根。在生产上，柴根无利用价值，而且徒耗养分。

1.同一节上的多个柴根；2.粗线状柴根。

图 9–6　柴根

3）块根

甘薯的块根是不定根在肥、水、温、气等条件良好时膨大而成的另一种块状变态根，在农作上亦称为薯块。块根既是一种贮藏根，也是一种处于休眠态的离体膨大根，具有同时发芽和生不定根的特性。块根有三大功能：一是贮藏养分，常供食用或用于食品加工，此时称为薯块；二是营养繁殖，其上可发出许多不定芽，芽伸长形成幼茎，可用于扦插繁殖，此时称为种薯；三是发出不定根，其中一级不定根可再发侧根及新的不定根。除此之外，甘薯的块根颜色丰富，顶端可发芽成苗，用于观赏或绿化，此时甘薯又称为观赏薯（图 9–7）。

块根的形态特征和内部结构详见本书 9.1.1.3 节。

1.食用的薯块；2.发出的不定根形成侧根，侧根上发出须根；3.种薯顶部芽发育成幼茎，可用于扦插繁殖；4.从块根上剪下用于扦插生长的幼苗；5.块根顶端萌生蔓茎，可供观赏；6.块根顶端直立性幼茎及其特形叶，可供观赏。

图 9-7　块根的功用

9.1.1.3　薯块

薯块是农业生产上对甘薯块根的通称，具有丰富的形态变化。

甘薯块根的形成源于不定根的中柱内次生形成层的异常活动，在初生形成层继续分裂细胞的基础上，原生木质部导管内侧又产生次生形成层，继而在次生木质部导管内侧和后生木质部导管周围出现新的次生形成层，使得中柱内同时具有许多维管束群以及初生形成层、次生形成层和三生形成层。这些形成层细胞的分裂能力很强，可分裂出大量薄壁细胞，使块根体积不断增大，最终形成不同形状的块根（薯块）。

完整的薯块还包括其顶端的薯蒂和下部的末根（图 9-3）。

图 9-8　薯块（示薯蒂和末根）

(1) 薯蒂

薯蒂是薯块与茎连接的部位，其长度和粗度差异较大，有的很短，有的细长，常见的有黄色、红色和紫色等颜色（图 9-9）。

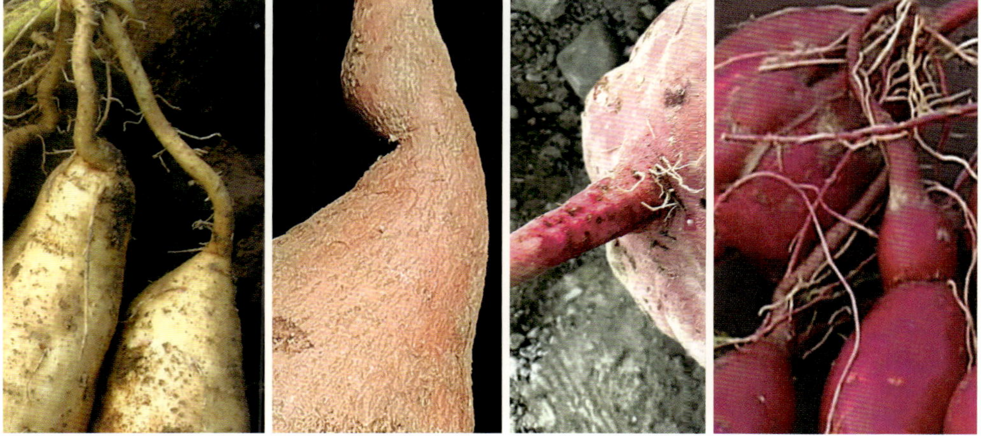

图 9-9　薯蒂

(2) 薯形

薯块有不同的形状，农作上称为薯形。常见的薯形有近规则的 8 种类型（图 9–10），即圆球状（L/B 约为 1:1，其中 L 和 B 分别为长和宽，下同）、短纺锤状(或长球状、椭球状，1<L/B≤2)、纺锤状（2<L/B≤3)、长纺锤状或筒形纺锤状(3<L/B≤4)、卵状或倒卵状（L/B 约为 2:1)、筒状(L/B 约为 2:1)、长筒状或细长筒状(3<L/B≤6)、长棒槌状或索状（L/B>6)；还有非规则状的多种类型（图 9–11)，如块状、下膨条沟状等。薯形主要与品种有关，但也受环境影响。

次生形成层的分布不规则和活动程度不同，可使块根表面高低不平，有时呈现缢沟或垄起，甚至畸形，如缢缩、条沟、缢缩加条沟、裂纹、条纹状隆起、扭曲等（图 9–11)。这种形状不规则的薯块在生产上被视为不合格的产品。

1.圆球状；2.短纺锤状；3.纺锤状；4.长纺锤状；5.筒形纺锤状；6.卵状；7.倒卵状；8.筒状；9.长筒状；10.细长筒状；11.长棒槌状。

图 9–10　近规则薯形

1.缢缩；2.褶皱；3.条沟；4、5.缢缩和条沟；6.下膨和条沟；7.梨形和条沟；8、9.扭曲；10.条纹状隆起；11.裂纹。

图 9–11　不规则薯形（畸形）

(3) 表皮

薯块的表皮在农作上称为薯皮，是薯块的周皮，实为栓皮层（木栓层、木栓形成层和栓内层的复合层）。

1）皮色

薯皮的颜色在农作上简称为皮色（图 9-12）。薯块外周的薯皮是含有花青素的周皮，呈不同颜色。以收获期薯块的皮色为例，有白色、黄色、浅黄色、粉红色、橘红色、红色、棕红色、紫红色和紫色等多种颜色，还有双色复合的。皮色是品种的特征，但也受环境影响：湿度小、通气好，皮色比较鲜艳；反之，皮色则较暗淡且无光泽。我国甘薯皮色以红色类最多，其次是白色、黄色和其他颜色。

图 9-12　皮色

2）表面纹理

薯块的表面通常平滑，但有时会呈现出明显的大小不同、深浅不等、长短不一的坑、裂、沟、脊、斑等纹理。

从光滑程度看，薯块表面可分为光滑、较光滑、粗糙等，其中粗糙薯皮常呈条筋、坑状凹陷、网状龟裂、索状隆起等纹理形态（图 9-11，图 9-13），生产上视为有缺陷的薯块或畸形薯块。

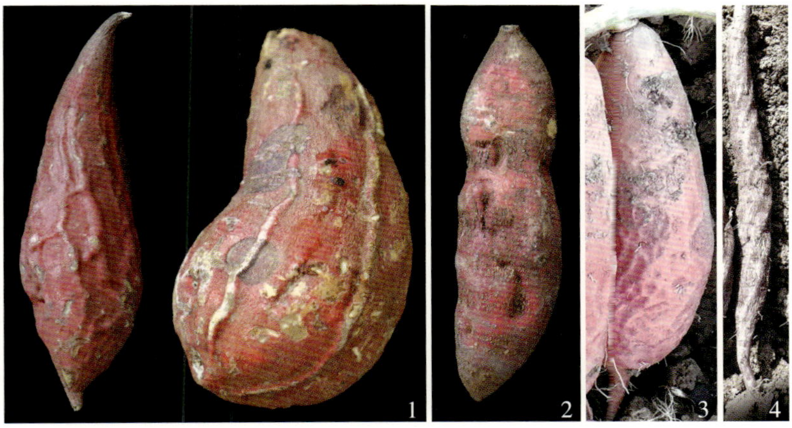

1.条筋；2.坑状凹陷；3.网状龟裂；4.索状隆起。

图 9-13　粗糙薯皮纹理

(4) 内部结构

甘薯的块根是由不定根（含侧根）异常次生生长而膨大形成的块状变态根。块根发育早期，从外向内依次为周皮、皮层、中柱鞘和中柱（柴根的结构也如此）。块根发育中后期，中柱在初生形成层环（初生生长）、导管束群周围的次生形成层（次生生长）、没有包围维管组织的薄壁组织形成的分生组织带（三生生长）的共同作用下不断膨大。此时，薯块从外向内依次为周皮和中柱（含形成层和薄壁细胞组织），如图 9-14 所示。

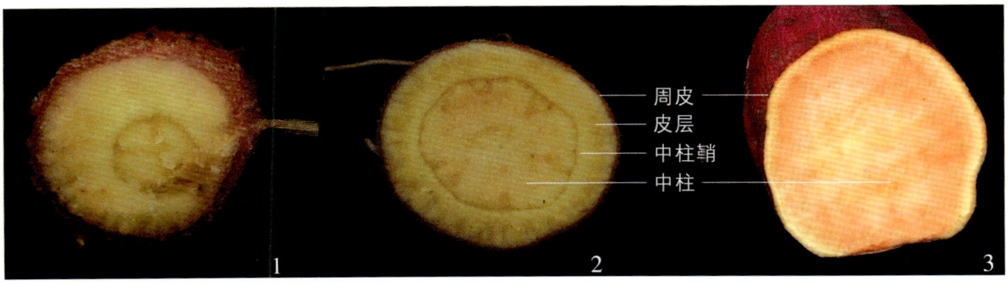

1.不定根开始增粗；2.块根发育早期；3.块根发育中后期。

图 9-14　块根横切面

(5) 内部颜色

薯块内部颜色在农作上称为肉色，属于品种特征，主要有红色、紫色、黄色、白色，以及橘黄色、橘红色、粉红色和蓝紫色等颜色（图 9-15），其中前4 种为主色，各个主色中还可能混杂其他颜色，如非紫色肉中混有紫晕或紫斑。

图 9-15　薯块内部颜色

薯块内部多为单一的全白色，但也有全为单一的其他颜色或兼有不同颜色，此时颜色在薯块中的分布会形成不同式样。薯块内部颜色有以下几种分布式样（图 9-16）：

Ⅰ.无色类（特指白色）。

Ⅱ.成环分布类，包括窄外环、宽外环、窄内环、宽内环和双内环。

Ⅲ.成片分布类，包括中央分布和中央以外分布。

Ⅳ.均匀分布类。

Ⅴ.斑点分布类。

Ⅵ.复合分布类。

1、2.无色；3.窄外环；4.宽外环；5.窄内环；6.宽内环；7.双内环；8.中央以外分布；9.中央分布；10.均匀分布；11.斑点分布；12.复合分布，散点状外环+宽内环+斑点，浅黄色+浅橙色+浅紫色。

图 9-16　薯块内部颜色分布式样

9.1.1.4 单株结薯

(1) 数量

甘薯每株通常能结 2~5（~10）个块根，偶有 10 个以上（图 9-17），所结块根的具体数量取决于品种和栽培条件。

1~5.分别具 3、4、5、6 和 7 个薯块；6.具 10 个薯块；7.具 15 个薯块。

图 9-17 单株结薯数

(2) 结薯构型

由切苗繁殖的甘薯，单株常可形成多个块根，块根着生于同一点或多点，彼此可疏可密，形成不同的着生式样，这种着生或排列的方式称为结薯构型，大致可以分为聚拢型、簇生型、分散型和极分散型 4 种类型，有时会出现复合型（图 9–18）。

不同结薯构型在薯蒂、着生点、着生方式和薯块间关系上各有特点：聚拢型的薯蒂长，着生于一点（节），薯块紧靠，辐射状排列；簇生型的薯蒂很短，(近）着生于一点，薯块彼此紧靠或稍分离，辐射状散开；分散型的薯蒂稍短或稍长，着生点明显分开，薯块彼此散离，散开的方向不定；极分散型的薯蒂长短不一，着生点远离，薯块之间远离，散开的方向不定；复合型是指在同一株上数种类型同时存在，如分散型和极分散型复合，其中一个显著的特点是薯蒂的长短差异较大。

1、2.聚拢型。3、4.簇生型。5、6.分散型。7、8.极分散型。

9~12.复合型：9.长薯蒂+聚拢+分散；10.短薯蒂+聚拢+簇生；11.短薯蒂+簇生+分散；12.长薯蒂+分散+极分散+簇生。

图 9–18　结薯构型

9.1.2 茎

在农作上，甘薯的茎通常是指栽植于大田而生长的茎，而不是块根育成的薯苗或种子萌发形成的薯秧的茎。虽然二者都有茎的形态，但在农作上不是同一概念，在某些地方有时也称后者为“秧子”。本节介绍的茎含上述各种茎。

甘薯的茎细长而柔软，农作上称为蔓或藤。茎上多分枝，长出的分枝称为侧枝或侧蔓，此时茎相应地改称为主茎或主蔓。主茎是品种辨别和各种性状指标设定、观察、度量等的主要依据和基础。

9.1.2.1 茎的类型

甘薯的茎除由种子发芽形成外，还可由块根发芽形成。甘薯的茎可分为地上茎和地下茎两类（图 9–19），二者有质的不同。

地上茎具有生长锥，可以不断生长延伸，常为绿色（有些品种可为其他颜色），具毛被。地上茎可着生叶，具有输导作用；节上还可发枝（源于腋芽）和生根（少量须状不定根）；截段可以繁殖（扦插）；全茎构成株型。

将茎埋于地下（即地下茎）后，其形态发生明显的转变：顶端无生长锥，不会向前生长延伸（相对很短）；颜色单一且非绿色（多为粉红色、紫红色或黄色）；无叶；无毛被；根系发达（可生于节、节间或截断面上），可以形成大量不定根（须根）甚至柴根和块根。与此同时，其功能也有转变：一是固着植株，二是吸收水分和矿物质，三是发出大量根系，四是形成块根（兼为贮藏器官和繁殖器官），五是输导作用。与原茎或地上茎相比，埋于地下的茎的生长位置、形态特征和功能都有极大转变，与根类似，更像是根状茎。

茎上叶腋中普遍都有叶芽原基，在适当的条件下，有些部位的腋芽可以发育成分枝，甚至形成新茎，此时原茎称为主茎。

除常见的茎外，广义上的茎还包括花序和块根。花序的花序梗、花序轴及其序枝是一种变态的茎；块根顶部及其薯蒂可以发芽成茎，可视为休眠茎。

1.地上茎，示节上着生的叶（叶柄）、腋芽和不定根；2.地上茎，示腋芽及其发育的分枝（新茎）；3.地下茎，颜色由绿变黄，生根结薯；4.块根顶部或薯蒂发芽形成的茎；5.茎段的上端发芽，地下部分颜色变化且发出不定根（含侧根）；6.叶腋中的花序。

图 9–19　茎的类型

9.1.2.2 株型

茎的生长姿态简称为茎姿，是指茎在地上空间的分布状况。由于甘薯植株的生长姿态取决于茎，所以农作上常将茎姿称为株型。

农作上甘薯的株型是以栽插后 30~40 天、封垄前的主茎及其分枝的形态以及空间分布状况为依据进行综合划分的，可分为 4 种（图 9-20）：

匍匐型： 主茎和部分分枝长，1/3 以上主茎伏地生长。

缠绕型： 主茎和部分分枝纤细，茎上部或端部有缠绕。

直立型： 主茎和分枝短，茎不伏地。

半直立型： 主茎和部分分枝较短，1/3 以下主茎伏地生长。

大多数品种（特别是分枝少的长蔓品种）为匍匐型；少数品种（特别是分枝多的短蔓品种）为半直立型；直立型的少见，多出现于苗期或薯块茎芽萌发期；缠绕型也很少，甘薯往往在有架空的条件下才充分显示其缠绕特点。

1.匍匐型；2.缠绕型；3、4.半直立型。

图 9-20 株型

9.1.2.3 分枝

茎的分枝是指由茎上叶腋内的腋芽发育形成的侧枝，又称为侧生茎或分枝茎。

茎上叶腋中普遍都有叶腋原基，在适当的条件下，有些腋芽可以发育成茎，并且可以发生于不同部位（图 9–21）。农作上，以茎基部 30 cm 长度内，长度达到 10 cm 以上的分枝个数为指标，将茎的分枝分为少（≤5）、中（6~10）、多（11~20）、特多（≥21）4 种类型。

1.茎上不同部位生分枝（含腋芽）；2.茎基部腋芽较多；3.茎基部的分枝多于茎上部的分枝；4.茎上接地生根的节易发枝。

图 9–21　茎上分枝

9.1.2.4 茎毛

幼茎表面具茸毛，后茸毛逐渐脱落。农作上，按照栽插后 40~50 天主茎顶端茸毛的数量，分为无毛、少毛、中等毛和多毛 4 种类型（图 9–22）。

1.无毛；2.少毛；3.中等毛；4、5.多毛。

图 9-22　茎毛

9.1.2.5　茎色

茎的颜色简称为茎色，农作上称为蔓色。甘薯茎有全绿色、全紫色、全褐色、全红色，以及绿色带褐斑、绿色带紫斑、大部分褐色、大部分紫色等颜色（图 9-23）。我国甘薯品种的茎多为绿色，其次为绿色带紫色，再次为紫色，余者（如红色、绿色带褐色、褐色、紫红色等）较少。

图 9-23　茎色

9.1.2.6　节

甘薯茎上的节在农作上称为蔓节。在茎的外表上看不到明显的节形态，一般以叶柄着生处为标志。

节上除着生叶的叶柄外，还可发出腋芽和不定根（图 9-24）。腋芽位于叶柄基部与茎之间，可发育成分枝茎；不定根生于叶柄基部两侧的茎上。农作上利用节上产生不定根的特性，采用剪蔓截段、扦插繁殖进行大田栽培和生产。

1.待发的不定根；2.不定根；3.叶柄、腋芽和不定根；4.叶柄、腋芽、分枝茎和不定根。

图 9-24　节上的附属器官

9.1.2.7 节间

由于甘薯茎的节以叶柄为标志，故节间为两叶柄之间的茎段（图 9–25）。

同一茎上，下部的节间短于上部的节间。节间长度通常与茎长呈正相关。不同品种的节间长度存在差异，如图 9–25 所示。

农作上，节间长度是指栽插后 90 天或收获前 10 天主茎中部的节间长度。以此为依据进行等级划分，以早熟品种为例，可分为极短（<3 cm）、短（3~6 cm）、中等（>6~9 cm）、长（>9~12 cm）和极长（>12 cm）5 个等级。

1.短节间；2.长节间。

图 9–25 不同品种的节间长度对比

9.1.3 叶

甘薯的叶为单叶，除常见的生于茎上的叶（茎生叶）外，还有种子萌发时发出的子叶（图 9–26：1），以及花序上变态的叶——苞片（图 9–40：6）。甘薯茎上的叶数量多，叶彼此互生，呈顺时针螺旋状排列；叶片形状多变；子叶 2 枚，生于芽顶，叶片顶端深凹；苞片多枚，生于花序基部，每级序枝仅 1 枚，全叶呈钻形。本节仅介绍明显有叶柄和叶片之分的叶，特别是茎生叶。

农作上，甘薯的叶以主茎中部的叶作为品种判别和指标设定的依据和基础。

甘薯的叶仅由叶柄和叶片两部分组成，无托叶（图 9–26：2）。

1.子叶；2.茎生叶。

图 9–26　叶的组成

9.1.3.1 叶片

甘薯的叶片有两大类：一类是子叶的叶片，叶片小，且顶端凹陷，没有叶尖（图 9–26：1）；另一类是茎生叶的叶片，叶片大，且有叶尖。本节仅介绍茎生叶的叶片。

叶片通常平展，但有些品种叶脉间的叶肉隆起，使得叶面呈现皱缩。甘薯的叶片形态丰富，主要表现在形状、颜色、叶脉和毛被等方面。

(1) 叶形

叶片的形状简称为叶形。甘薯的叶形变异较大，不同品种、同一品种的不同植株、同一植株的不同生育阶段或不同着生部位，彼此之间的叶形都可能不同。叶形变化源于叶片的叶缘、叶尖以及叶基的差异。

1) 叶缘

叶片形状可根据叶缘分为不分裂和分裂两大类。

① 叶缘不分裂的叶形

叶缘不分裂的叶片可分为叶缘平滑（全缘）和具齿 2 种类型，有圆形、肾形、心形、卵形（含尖顶、基突、齿缘）和三角形等形状。此外，以中脉为轴，叶缘不分裂的叶形还可分为两侧对称和两侧不对称 2 类（图 9–27）。

1~10. 两侧对称的叶片：1. 心形；2. 卵状心形；3. 宽心形；4. 具齿裂宽心形；5. 基部具宽内弯卵形；6. 基部具基突卵形；7. 具上齿缘卵形；8. 具下齿缘卵形；9. 菱状卵形；10. 三角形。
11. 两侧不对称的叶片，全缘型。

图 9–27　叶缘不分裂的叶形

② 叶缘分裂的叶形

叶缘分裂的叶片可形成不同程度的裂或裂片。实际上，对于具分裂的叶形，往往仅关注分裂的深度和裂片的数量。按分裂的深度可以分为浅裂、中裂、深裂和全裂 4 级，按裂片数量又可分为 3 裂、5 裂、7 裂和不规则多裂 4 类（图9–28）。

1~7.叶片 3 裂：1~4.叶片 3 浅裂；5、6.叶片 3 中裂；7.叶片 3 全裂。
8~12.叶片 5 裂：8、9.叶片 5 浅裂；10.叶片 5 中裂；11.叶片 5 深裂；12.叶片 5 全裂。
13.叶片 7 中裂。14.叶片不规则多裂：叶片不对称，分裂的深度不定，裂片数量多而不定（5~8）。

图 9–28　叶缘分裂的叶形

2）叶尖

叶片的顶端简称为叶尖，是指无分裂叶片的顶端或具分裂叶片中裂片的顶端，常见的有钝圆、急尖、锐尖、渐尖和尾尖等形状（图 9-29）。

1.钝圆；2.急尖；3.锐尖；4.渐尖；5.长渐尖；6.尾尖。

图 9-29　叶尖形状

3）叶基

叶基是指叶片基部两侧的边缘或叶片下部形状。甘薯的叶基形状（图 9-30）可根据叶片两侧（下垂程度）以及二者之间的中空（空间形状）关系划分为如下几类：一是两侧显著下垂，中空深而狭窄（两侧非常靠近）；二是两侧下垂，中空深而宽阔；三是两侧下垂，中空明显，呈三角形向外开阔；四是两侧下垂，中空浅而顶部宽阔或平；五是两侧不下垂，中空无或近无；六是两侧下斜，中空变成外凸；七是两侧下垂或不下垂，中空顶端内凹（实为叶片外凸）。

1、2.两侧显著下垂，中空深而狭窄（两侧非常靠近）；3.两侧下垂，中空深而宽阔；4~6.两侧下垂，中空呈三角形向外开阔；7~9.两侧下垂，中空浅而顶部宽阔或平；10.两侧不下垂，中空无或近无；11.两侧下斜，无中空；12.中空变成外凸。

图 9–30　叶基形状

4）中裂片

当叶片分裂时，居于叶片中间或顶端的裂片称为中裂片，两侧的裂片称为侧裂片，其中侧裂片常为全缘，有时也具齿或齿状浅裂。

在叶缘为 3 裂以上的分裂型叶片中，与侧裂片相比，中裂片形状变化较大（图 9–31），可分为三角形、半圆形、半椭圆形、椭圆形、披针形、倒披针形和条形（线形）等。

(2) 叶色

叶片的颜色简称为叶色。甘薯的叶色通常为绿色，但深浅程度不同，通常叶片反面的颜色比正面的浅（图 9–32：1、2）。

除绿色外，叶片还有其他颜色，如褐色、红色和紫色，甚至同一叶片上会有不同颜色（复色），如黄绿色、褐绿色、紫绿色、紫红色和紫黑色等。此外，除绿色外，叶缘还有黄绿色、红色、紫色和褐色等颜色（图 9–32：3~24）。

1.半圆形；2.半椭圆形；3.三角形；4.椭圆形；5.狭披针形；6.倒卵形。

图 9-31　中裂片形状

1
2
3
4
5
6
7
8
9
10
11
12

1、2.叶片两面：1.全缘叶片；2.分裂叶片。3~24.叶片正面。

图 9–32　叶色

(3) 叶脉

叶脉是在叶片上分布的维管束，粗细不等，分布面较大，具有输导水分和养料以及支持叶片的作用。甘薯的叶片较薄，其叶脉较清晰，向外凸起，具有不同颜色。

1）叶脉类型

无论甘薯叶片的叶缘是否分裂，主脉（或中脉）下部 1~5 对侧脉集中从基部向两侧发出，呈放射状，类似掌状脉；主脉基部以上两侧的侧脉为互生（偶对生）的羽状脉。因此，甘薯的叶脉均兼具羽状脉和类掌状脉的特点（图 9-33）。

图 9-33　叶脉类型

2）叶脉凸起

甘薯的叶脉（包括主脉和一级侧脉）明显比叶片厚，凸起于叶片两面，但在叶片两面的凸出度不一致，其中叶片正面的叶脉近平于或微微高于叶面时，可能会因为叶片向上拱起而显凹陷；叶片反面的叶脉完全高出叶面（图 9-34）。

1.叶片正面；2.叶片反面。

图 9-34　叶脉凸起

3）叶脉脉色

叶脉的颜色简称为脉色，属于品种特征。甘薯的脉色主要出现在叶片反面的叶脉上，通常同一株上的脉色基本一致。

① 脉色种类

甘薯叶脉的颜色及其分布的式样丰富。脉色可分为全黄色、全绿色和全紫色，以及主脉基部（简称为脉基）具紫斑、数条叶脉具紫斑、主脉部分紫色、主脉全紫色、全部叶脉部分紫色等（图 9–35）。

我国甘薯叶片脉色中最多的是紫色，绿色次之，绿色带紫色再次之，而淡绿色、黄绿色、紫红色、红色、褐色等颜色很少，有时仅主脉呈紫色。

1、2.全绿色；3~5.全紫色；6.主脉基部紫色，主脉中部和侧脉部分紫色；7.全部叶脉部分紫色；8.主脉淡紫色，侧脉紫色。

图 9–35　叶片脉色

② 脉色变化

同一株上叶片的脉色会有 3 类变化。一是同一叶片两面脉色有变化：正面与反面的颜色不一致或颜色深浅不同，有时正面为绿色，反面为其他颜色。二是同一叶片不同位置的脉色有变化：以反面为例，颜色从叶脉基部向叶片的其他方向逐步蔓延、减淡或断续着色。三是不同发育期的叶片脉色有变化：同一茎段上幼叶的脉色淡、少或无，在随后发育至成年叶的过程中，自上而下不同叶片的脉色逐渐加深或分布扩大（图 9-36）。

图 9-36　同一茎上不同叶位的脉色

（4）毛被

甘薯叶片的两面均有茸毛（图 9-37），其中幼叶茸毛浓密，成年叶正面无毛。

1.叶片正面；2.叶片反面。

图 9-37　叶片毛被

9.1.3.2　叶柄

甘薯的叶柄比较明显，长度为 6~23 cm。幼叶叶柄具稀疏茸毛（图 9–38：1~3），后逐渐脱落。叶柄的颜色有绿色（图 9–38：4）、紫色（图 9–38：5）、黄绿色，有时绿色叶柄基部和上部带紫色（有时带紫斑、紫条），有时紫色叶柄上部带绿色，有时紫色叶柄与绿色叶柄混生。

1~3.幼叶叶柄，具稀疏毛被；4.绿色叶柄；5.紫色叶柄。

图 9–38　叶柄

9.1.3.3 顶叶

顶生叶简称顶叶，即主茎上第一片展开叶。顶叶的颜色是品种特征。顶叶颜色有黄绿色、绿色、褐绿色、紫绿色、褐色、红色、浅紫色和紫色等。有些品种的顶端幼叶（未展开的顶叶）为褐色或紫色，但是成长之后变为绿色（图 9–39）。

图 9–39 顶叶（含幼叶）颜色

9.1.4　花序

花序是一种变态茎枝结构，序轴及序枝具有茎、枝的特征，但其叶退化或变成苞片。甘薯的花序多生于叶腋处，是由（1~）3~7 朵花（花蕾多达 15~30 朵）组成的聚伞花序（图 9–40）。

1.茎顶着生多数花序；2.花序在茎上的着生方式，示长而壮的花序梗；3.花序生于叶腋处，示长花序梗；4.呈伞房状的花序，示粗短的序枝和花柄；5.聚伞花序的各花发育次序；6.花序中每级序枝基部和花柄基部具 1 枚苞片；7.三级聚伞花序结构及各花开放次序示意图。

图 9–40　花序

不同品种的聚伞花序有区别，大体有两种类型：一是典型的二歧式聚伞花序；二是变态的二歧式聚伞花序，即左右两个一级序枝上的各级序枝呈螺壳状排列。

甘薯花序的花序梗长 2~10 cm，稍粗壮，无毛或有时疏被柔毛。每一级花序梗下及花柄基部具有 1 枚小苞片，长 2~4 mm，狭披针形或锥形，顶端芒尖或骤尖，早落。花序的各级序枝短而粗，致使整个花序外形呈伞形状或伞房状，有时多花呈簇生状。

在同一时间内，一级序枝上的花数很少，常有 1~3 朵。由于是聚伞花序，每一级的小聚伞花序中总是中间一朵花先开，其下部两侧的花后开；在多级序枝的花序上，常从基部向顶部开放。

9.1.5 花

甘薯的花是完全花，农作上称为花器。花柄明显，粗短；花被辐射对称，具双被，其中花萼离生，花瓣合生成花冠（图 9–41），雌蕊与雄蕊同花，故其属于合瓣两性花。

1.外形；2.内部结构。

图 9–41 花的组成与结构

9.1.5.1 花萼

花萼 5 枚（图 9–42），基部稍合生，无毛或疏生缘毛；萼片覆瓦状排列，其中 2 枚稍狭小，位于外侧，3 枚稍宽大，位于内侧。

蕾期萼片顶端常斜展。萼片的形状多为椭圆形或披针形，也有卵圆形、倒卵圆形、阔椭圆形等形状；顶端为锐尖、钝尖、渐尖、尾尖或长尾尖等；两侧膜质，边缘尤甚；通常为绿色，有时边缘带紫色或具紫斑，有的为淡紫色或褐色，还有的为半紫半绿色。

1.花蕾早期萼片；2.花蕾期萼片；3.花序上各花的花萼，下部覆瓦状排列呈筒状，上部斜展；4.去除花冠和雄蕊的花萼侧面观；5.花萼整体腹面观，萼片呈覆瓦状排列；6.各萼片背面观，示萼片的中肋及顶端尾尖；7.各萼片腹面观，萼片膜质。

图 9-42　花萼

9.1.5.2　花冠

花冠（图 9–43）由 5 个花瓣合生而成，呈漏斗状或钟状，下部成筒，上部为檐。

花冠的颜色有淡红色、白色或紫色，有时檐白色、筒紫色，有时檐白色带淡紫环色、筒紫色，或檐淡紫色、筒紫色。

花冠檐部 5 浅裂，外围轮廓形状（俯视）主要为圆形，但也有近圆形和五边形。花冠檐部的各裂片中部有明显的瓣中折带，折带下宽上窄，顶端直指裂瓣中点（顶点）；裂片顶端的弧度不一，多为平弧，也有折弧或具凸尖的曲弧等。

1~4.花冠颜色：1、2.花冠全粉红色，瓣中折带与裂片顶端的颜色有差异；3、4.花冠檐部白色，筒外粉红色，筒内紫红色，基部被疏毛。

5~7.花冠檐部形状：5.五角星形，裂片顶端曲弧且具凸尖；6.五边形，裂片顶端折弧；7.圆形，裂片顶端平弧。

图 9–43　花冠

9.1.5.3 雄蕊

雄蕊（图 9-44）5 枚，短于花冠，着生于花冠基部、子房周围。花丝长短不一，中下部带紫色，被毛，有时中上部也被毛；花药淡黄色或乳白色，2 室，纵裂。花粉黄白色或白色，球状，直径 0.09~0.10 mm。

1.雄蕊着生位置，花冠基部和雄蕊基部均被毛；2.花中 5 枚雄蕊长度不一，花丝下部被毛；3.花药的背面观和侧面观，示花丝着生位置；4.花药的花粉囊裂开，花粉粒外露。

图 9-44 雄蕊

9.1.5.4　雌蕊

雌蕊（图 9–45）1 枚，位于花的正中央，短于花冠，但长于或短于雄蕊。

子房上位，卵球状，2~4 室，有时无毛，有时基部周匝被长柔毛。在子房外围有蜜腺体（花盘），呈高钵状，钵沿有波状凸起，呈淡黄色、黄色或橙色。

花柱细长，从下向上逐渐变细；常与雄蕊等高，有时高于雄蕊（属长花柱）或低于雄蕊（属短花柱）；花柱的颜色为白色，有时基部带紫色、顶部带紫色、遍布紫斑或全为紫色。

柱头头状，2 裂，上面有许多乳状凸起；柱头的颜色有白色、淡紫色和紫色。

1.雌蕊。2~4.柱头。5~7.花柱基部毛被和子房周围蜜腺体（花盘）。

图 9–45　雌蕊

9.1.6 果实

甘薯的果实为蒴果，生于伞房状的聚伞果序上（图 9–46）。果实呈球状或扁球状，直径为 5~7 mm。幼时绿褐色或紫红色，成熟时枯黄，或呈褐黄色，具有宿存的萼片、花柱和毛被。果实成熟后沿腹缝线开裂。果内有 1~4 粒种子，但常为 1 或2 粒。

1.聚伞果序。2.序枝与果柄，示果柄脱离后的痕迹。3~5.果实变化：3.幼果期；4.果中期；5.果熟期。

图 9–46　果序与果实

9.1.7　种子

甘薯种子（图 9–47）的形状与果内种子数量有关。果内仅有 1 粒种子时，种子呈近球状；果内有 2 粒种子时，种子呈半球状；果内有 3 或 4 粒种子时，种子呈两面平、一面曲的多角状，有时还呈不规则形状。

种子直径约 3 mm。种皮淡褐色、深褐色或黑色，种壁坚硬，表面有角质层，透水性差；种脐圆形。种内的胚有 2 枚子叶，呈皱折状，顶端 2 裂，形同“凹”字。

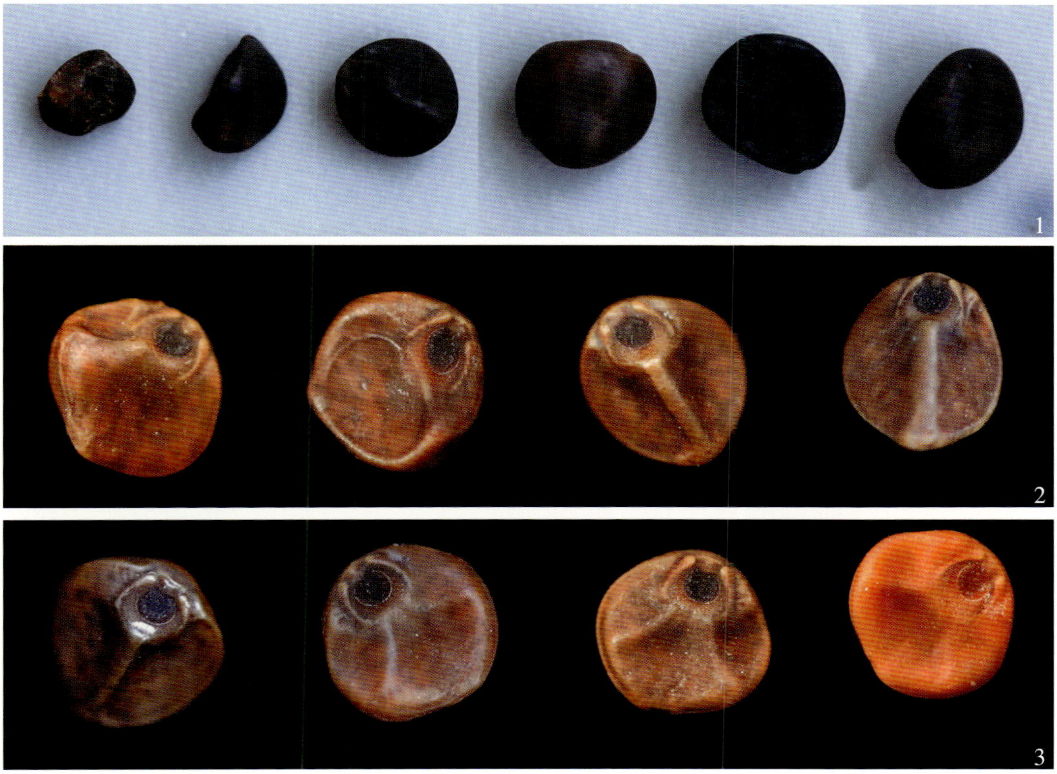

1.大小和形状对比；2.形状对比，从左往右分别为果内具 1~4 粒种子的情况；3.颜色对比。

图 9–47　种子

9.2 甘薯的野生近缘植物

通常认为，甘薯的近缘植物来自番薯属。番薯属植物中有二倍体、四倍体和六倍体等不同倍性的物种资源，且许多野生种具有优良的抗性基因。

全世界番薯属植物约有 500 种。我国有 34 种番薯属植物，其中 30 种为野生植物。

夜花薯藤（别名：夜牵牛）

Ipomoea aculeata var. *mollissima* (Zoll.) Hallier f. ex Ooststr.

茎： 藤本，缠绕或有时平卧，灰白色或淡黄色，圆柱状或有棱，幼时被短柔毛，老茎木质化，常具稍弯的小皮刺，茎节通常增粗。

叶： 叶片卵形至圆心脏形，纸质，干后为薄纸质，长 5~14 cm，宽 3~10 cm，顶端长渐尖，具小短尖头，基部心形，全缘或浅波状，有时有 1 或 2 个锐尖角，两面被短柔毛，有时近无毛；侧脉 5 或 6 对。叶柄长 3~8（~10）cm，有时有几枚小尖刺。

花序/花： 聚伞花序腋生，具 1 至数朵花，入夜开放，有香气；花序梗短而粗壮，长 4~15 mm，被短柔毛。花柄长 1.5~2 cm，向上稍增粗，近无毛；花蕾时弯曲，花开时伸直，而后又弯曲，结果时棒状。萼片薄革质，宽椭圆形至圆形，顶端圆，具小短尖头；外萼片长 1.5~2 cm，有时疏被短柔毛；内萼片稍短，长 1.2~1.8 cm，边缘较薄。花冠白色，高脚碟状，长 12~17 cm，瓣中折带的脉纹稍带紫色。雄蕊和花柱稍伸出花冠；花丝长约 2 cm，着生于花冠筒的喉部，基部被毛。子房无毛。

果实： 蒴果，卵球状，包藏于宿萼内；具花柱小短尖头，高约 1.5 cm；2 室，4 瓣裂，裂瓣不同程度撕裂状。果内有种子 4 枚。

种子： 长 6~8 mm，密被灰褐色长绵毛。

图 9–48　夜花薯藤

月光花（别名：嫦娥奔月、裂叶月光花）
Ipomoea alba L.

茎： 藤本，圆柱状，长可达 10 m，表面平滑或具柔软皮刺，内有乳白色汁液。

叶： 叶片卵形，长 10~20 cm，宽 5~16 cm，先端渐尖或具短尖，基部心形，边缘全缘或稍有角或具 3 浅裂。叶柄长 5~20 cm。

花序/花： 螺旋状聚伞花序，稀二歧分枝，具 1 至数朵花；花序梗粗壮，圆柱状，长 1~24 cm。苞片较小，早落。花柄长 7~15 cm，上部呈棍状，果期增大。萼片绿色，椭圆形至卵形，革质，表面无毛；3 枚外萼片长 5~12 mm（不含芒），具长 4~9 mm 粗壮、开展的长芒；2 枚内萼片长 7~15 mm（不含芒），芒较短或无。花冠雪白色，瓣中折带淡绿色，管部长 7~12 cm，直径约 5 mm，管上部不扩张或微扩张，冠檐具 5 浅圆裂，扩展，托盘状，直径 7~12 cm。雄蕊 5 枚，伸出花冠外；花丝圆柱状，着生于管部顶端 1/2 处，表面无毛；花药淡黄色，基部箭形。雌蕊外露；子房狭圆锥状，无毛；花柱白色，圆柱状；柱头球状，2 裂。

果实： 蒴果，卵球状，长 2.5~3 cm，具细尖，基部为增大的萼片所包围；果柄粗厚。

种子： 白色、棕色或黑色，表面无毛，长约 10 mm，宽 7~8 mm。

1.花序和叶；2.花；3.果序。

图 9–49　月光花

蕹菜（别名：藤藤菜、通菜、蓊菜、通菜蓊、空心菜、藤菜、通心菜、蕹）
Ipomoea aquatica Forssk.

茎：茎圆柱状，无毛；节间中空。节上生不定根。

叶：叶片卵形、长卵状披针形、披针形、箭形或戟形等，长 3.5~17 cm，宽 0.9~8.5 cm，顶端锐尖或渐尖，具小短尖头，基部心形，偶截形，全缘或波状，或有时基部有少数粗齿，两面近无毛或偶有稀疏柔毛。叶柄长 3~14 cm，无毛。

花序/花：聚伞花序腋生，具 1~3（~5）朵花；花序梗长 1.5~9 cm，基部被柔毛，向上无毛。苞片小鳞片状，长 1.5~2 mm。花柄长 1.5~5 cm，无毛。萼片卵形，近等长，长 7~8 mm，顶端钝，具小短尖头，背面无毛。花冠白色、淡红色或紫红色，漏斗状，长 3.5~5 cm。雄蕊不等长；花丝基部被毛。子房圆锥状，无毛；柱头头状，2 裂。

果实：蒴果，卵球状或球状，直径约 1 cm，无毛。

种子：密被短柔毛，有时无毛。

1.戟形叶片；2 卵形叶片；3.花萼背面；4.花冠（俯视）；5.花冠纵剖腹面；6.去除花被的花，示雄蕊与雌蕊的位置关系；7.雌蕊。

图 9–50　蕹菜

心萼薯（别名：毛牵牛、老虎豆、簕番薯、华佗花、亚灯堂、黑面藤、满山香）
Ipomoea biflora (L.) Pers.

茎：藤本，细长，长 1~2 m，直径 1.5~4 mm，有细棱，被灰白色倒向硬毛。

叶：叶片心形或心状三角形，长 4~9.5 cm，宽 3~7 cm，基部心形，顶端渐尖，边缘全缘或很少为不明显的 3 裂，两面均被长柔毛；侧脉 6 或 7 对，稍凸起。叶柄长 1.5~8 cm，毛被同茎。

花序/花：花序腋生，具 1~3 朵花；花序梗短于叶柄，长 3~15 mm，有时更短或近无，毛被同茎。苞片 3 枚，小，线状披针形，疏被长硬毛。花柄纤细，长 8~15 mm，毛被同茎。萼片在结果期稍增大；3 枚外萼片三角状披针形，长 8~10 mm，宽 4~5 mm，基部耳形，正面近无毛，背面疏被灰白色长硬毛，具缘毛；2 枚内萼片线状披针形，与外萼片近等长或稍长。花冠白色，狭钟状，长 1.2~1.9 cm，冠檐浅裂，裂片圆，瓣中部被短柔毛。雄蕊 5 枚，内藏，长约 3 mm；花丝向基部渐扩大；花药卵状正三角形，基部箭形。子房圆锥状，无毛；花柱棒状，长约3 mm；柱头头状，2 浅裂。

果实：蒴果，近球状，直径约 9 mm，表面无毛；果瓣内面光亮。果内有种子4枚。

种子：三棱形卵状，高约 4 mm，被微毛、短绒毛，有时沿边缘被白色长绵毛。

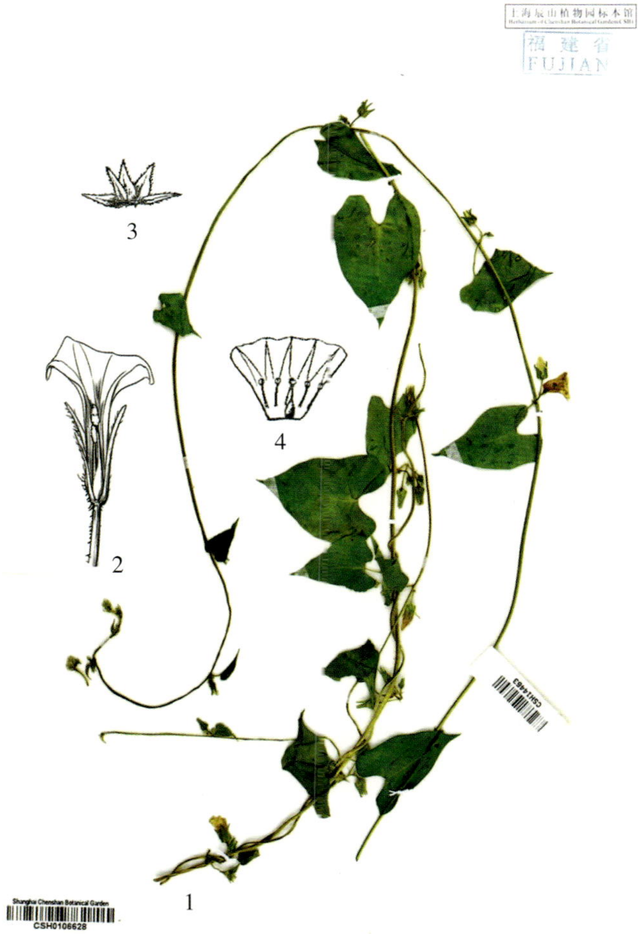

1.缠绕的茎及叶和花序（标本）；2.花纵剖，示雄蕊和雌蕊的关系；3.花萼纵剖；4.花冠纵剖。

图 9–51　心萼薯

五爪金龙（别名：假土瓜藤、黑牵牛、牵牛藤、上竹龙、五爪龙）

Ipomoea cairica (L.) Sweet

茎：缠绕，细长，有细棱，有时具小疣状凸起。

叶：叶片掌状 5 深裂或全裂，裂片卵状披针形、卵形或椭圆形；中裂片较大，长 4~5 cm，宽 2~2.5 cm；侧裂片稍小，顶端渐尖或稍钝，具小短尖头，基部楔形渐狭，全缘或不规则微波状；基部 1 对裂片通常再 2 裂。叶柄长 2~8 cm。基部具小的掌状 5 裂的假托叶（腋生短枝的叶片）。

花序/花：聚伞花序腋生，具 1~3 朵花，或偶有 3 朵以上；花序梗长 2~8 cm。苞片及小苞片均小，鳞片状，早落。花柄长 0.5~2 cm，有时具小疣状凸起。萼片稍不等长；2 枚外萼片卵形，较短，长 5~6 mm，外面有时具小疣状凸起；内萼片稍宽，长 7~9 mm，萼片边缘干膜质，顶端钝圆或具不明显的小短尖头。花冠紫红色、紫色或淡红色，偶有白色，漏斗状，长 5~7 cm。雄蕊不等长；花丝基部稍扩大下延，贴生于花冠筒基部以上，被毛。子房无毛；花柱纤细，长于雄蕊；柱头球状，2 裂。

果实：蒴果，近球状，高约 1 cm，2 室，4 瓣裂。果内有种子 4 枚。

种子：黑色，长约 5 mm，边缘被褐色柔毛。

纤细五爪金龙

var. *gracillima* (Collett & Hemsl.) C. Y. Wu

主要特征：茎较纤细。叶较小而裂片较狭，中裂片长 2.5~3.3 cm，宽 0.5~1 cm。花较小，长 2.5~3.5 cm。

1

2

1.叶；2.花序；3.花蕾；4.萼片；5.花冠（俯视）；6.花冠纵剖腹面；7.雄蕊，基部膨大、被毛；8.雌蕊，示柱头和花盘。

图 9-52　五爪金龙

树牵牛（别名：印度旋花）

Ipomoea carnea subsp. *fistulosa* (Mart. ex Choisy) D. F. Austin

茎：小枝粗壮，圆柱状或有棱，散生皮孔，密被微柔毛，内有白色乳汁。

叶：叶片宽卵形或卵状长圆形，长 6~25 cm，宽 4~17 cm，顶端渐尖，具小短尖头，基部心形或截形，全缘，两面密被微柔毛，老时王面近无毛，反面被微柔毛，反面近基部中脉两侧各有 1 枚腺体；侧脉 7~9 对，又面凸出，第三级脉稍平行连结。叶柄长 2.5~15 cm。

花序/花：聚伞花序腋生或顶生，具数朵花；花序梗粗壮，长 5~10 cm，被微柔毛或无毛。苞片小，卵形，早落。花柄长 1~1.5 cm，被微柔毛。萼片卵形或近圆形，近等长或内萼片稍长，长 5~6 mm，均被微柔毛。花冠淡红色，内面至基部深紫色，漏斗状，长 7~9 cm，花冠管基部缢缩，花冠管和瓣中折带外部被微柔毛，顶端边缘具齿状缺刻。雄蕊和花柱内藏；花丝不等长，基部扩大，被毛；子房至花柱基部被微柔毛。

果实：蒴果，卵状或球状，具小短尖头，高 1.5~2 cm，基部被微柔毛，不完全 4 室或 2 室，4 瓣裂。果内有种子 4 枚或更少。

种子：表面被绢状长柔毛。

图 9–53 树牵牛

峨眉薯（别名：白花藤、茹藤、茹尖）
Ipomoea emeiensis Z. Y. Zhu

茎：草质藤本，左旋，纤细，长 1~13 m，直径 1~2 mm，具棱，常扭旋，疏被白色长柔毛，稀近无毛，内有乳白色汁液或不明显。

叶：互生或扭旋而互生不明显。叶片心状卵形或近心状卵形至截状三角形，纸质，长 3~8 cm，宽 2.5~7.5 cm，先端渐尖，稀急尖或尾尖，基部宽心形或近截形，边缘每边具 1 或 2 个三角状粗齿，其余近全缘；基出脉 6 或 7 条，侧脉 3 或 4 对，同主脉均反面凸起，脉上被疏柔毛。叶柄长 3~12 cm。

花序/花：聚伞花序腋生，具 1~5 朵花；花序梗长 5~25（~40）mm；序轴有棱，具瘤状凸起。苞片披针形，稀为叶状，长 2~4 mm，被长柔毛或近无毛。花柄长 7~12 mm，具瘤状凸起。萼片覆瓦状排列；2 枚外萼片较狭；3 枚内萼片长圆形或椭圆形，较宽，长 7~8 mm，宽 2~3 mm，外面与边缘被长柔毛，内面无毛，先端渐尖或尾尖。花冠白色，漏斗状，长 15~18 mm，花冠筒下部稍收缩；檐部 5 裂，裂片宽卵形，具 1 纵脉纹，先端短尖。雄蕊 5 枚，不等长，内藏；花丝白色，下部扩大部分被柔毛；花药淡粉红色，箭形卵状，花粉粒球状，具刺。花盘黄色，环状。子房卵状，每室具胚珠 2 枚，密被长柔毛；花柱纤细，与雄蕊近等长或稍短；柱头头状，2 裂。

果实： 蒴果，球状或近球状，直径 6~7 mm，外面被白色长柔毛，内面由假隔膜分成 2 室。果内有种子 1~4 枚。

种子： 黑色，钝三棱形倒卵状，长 3~4 mm，宽 3~4 mm，无毛，有时棱被柔毛；种脐近圆形。

1.花枝；2.果枝；3.花；4.花萼纵剖；5.花冠纵剖，示雄蕊；6.雌蕊。

图 9–54　峨眉薯

毛果薯

Ipomoea eriocarpa R. Br.

茎：藤本，圆柱状，纤细，有细棱，被倒向或开展的硬毛。

叶：叶片长卵形或长圆状披针形，长 3~9 cm，宽 1.5~3.5 cm，向顶渐狭或长渐尖，有时锐尖，基部心形，两面被平伏的微硬毛，有时正面和反面脉上毛被稀疏；侧脉 6 或 7 对。叶柄长 1.5~6.5 cm，被倒向的微硬毛。

花序/花：聚伞花序成簇腋生，具 1~3 朵或更多花；花序梗无或很短。苞片 2~4 枚，线形至线状披针形，长约 5 mm，紧贴花萼，远轴面被长的微硬毛，近轴面无毛。萼片稍反折，近等长，长 7~9 mm，基部卵形，中部以上渐尖；内萼片比外萼片稍狭，密被长硬毛；结果时稍增大。花冠小，淡红色或淡紫色，偶有白色，钟状，稍长于花萼，瓣中折带密被长硬毛，冠檐裂片顶端平弧状，有小凸尖，具缘毛。雄蕊内藏；花丝丝状，基部稍扩大，被毛。子房被长硬毛，2 室，4 胚珠；花柱内藏；柱头头状，2 裂。

果实：蒴果，近球状，直径 5~6 mm，被硬毛，4 瓣裂。果内有种子 4 枚。

种子：灰褐色，长约 4 mm，表面密具网状小窝孔。

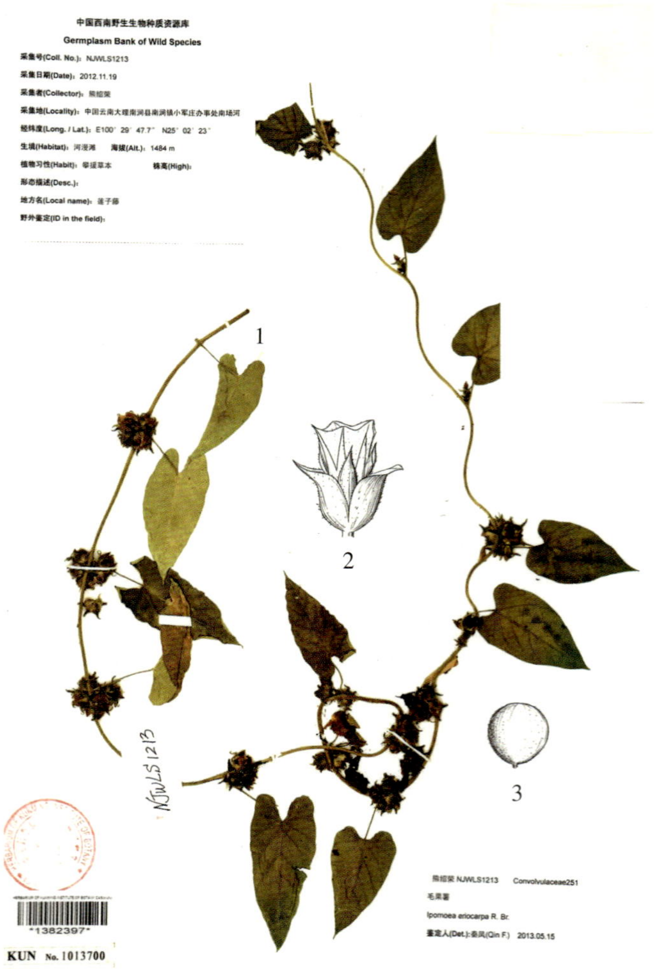

1.植株局部（标本），示茎藤、叶和花序；2.花；3.果实。

图 9–55 毛果薯

齿萼薯（别名：狭花心萼薯）

Ipomoea fimbriosepala Choisy

茎：藤本，缠绕，细长，粗 1~1.5 mm，有不明显的细棱，近节处疏被微硬毛，节间毛较少或因脱落而无毛。

叶：叶片三角状卵形，长 5~8 cm，宽 3~5 cm，顶端渐尖，先端微凹，有小短尖头，基部箭形，两面无毛；侧脉 5 或 6 对，在两面均不明显。叶柄长 2~5 cm，无毛。

花序/花：花 1 或 2 朵，生于叶腋。花柄长 1.5~3.5 cm，疏被开展的微硬毛，花柄中部或中部以上着生 1 对卵形的苞片。苞片长 8~11 mm，顶端芒尖，无毛。萼片卵状披针形，长 2~2.2 cm；内萼片较短，顶端渐尖呈芒状，具 3 脉，在外面隆起成狭翅，至萼片基部翅略变宽，边缘有流苏状的齿，无毛。花冠红色，漏斗状，长约 2.5 cm；冠檐裂片三角形，略开展。雄蕊内藏，着生于花冠管基部。子房圆锥状，2 室，4 胚珠；花柱内藏，长约 5 mm；柱头头状，2 浅裂。

果实：蒴果，圆锥状，直径 1~1.3 cm。

种子：黑褐色，卵球状，直径约5 mm，表面密被短茸毛。

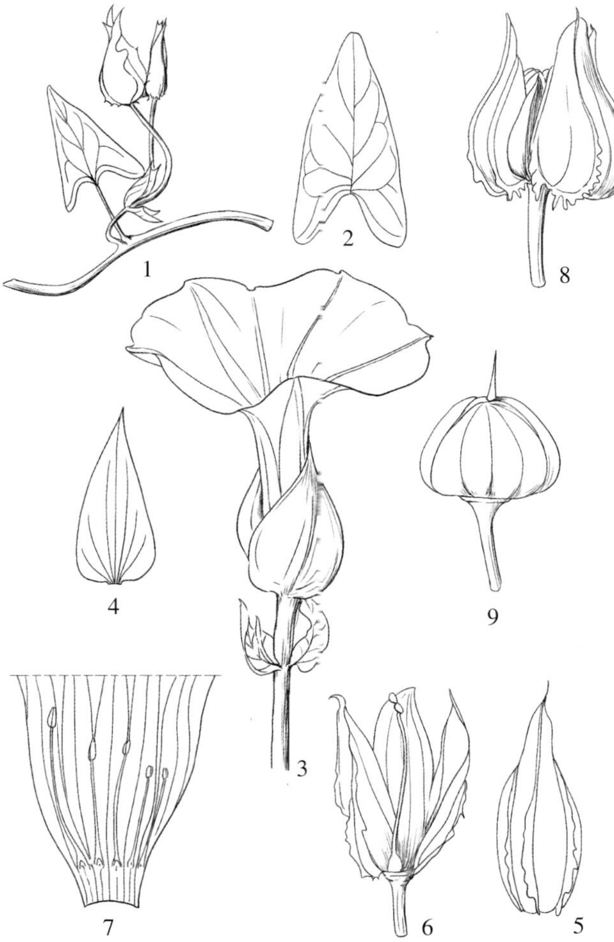

1.花期植株局部，示叶及花序；2.叶片；3.花；4.苞片；5.萼片；6.花纵剖，示萼片和雌蕊；7.花冠纵剖，示花冠褶痕和雄蕊；8.果外宿萼；9.果实。

图 9–56　齿萼薯

粗毛薯藤

Ipomoea hirtifolia R. C. Fang & S. H. Huang

茎：藤本，疏被淡黄色倒向硬毛。

叶：叶片心形，长 4.5~5.5 cm，宽 3.5~4 cm，顶端渐尖，基部心形，两面密被平伏的淡黄色长硬毛。叶柄长 3~4 cm，密被开展的长硬毛。

花序/花：聚伞花序腋生，被硬毛，具 1~5 朵花；花序梗与叶柄近等长。苞片长圆状披针形，长 0.7~1 cm。花柄长 1.5 cm。萼片卵状披针形，近等长；外萼片长约 1.5 cm，外面疏被长硬毛，顶端锐尖。花冠紫红色，钟状，长约 5 cm，外面无毛。雄蕊内藏，着生于花冠管基部；花丝基部不明显扩大，无毛；花药长圆形，长约 4 mm。花盘环形。子房圆锥状，渐尖，2 室，4 胚珠；花柱线形，内藏；柱头头状。

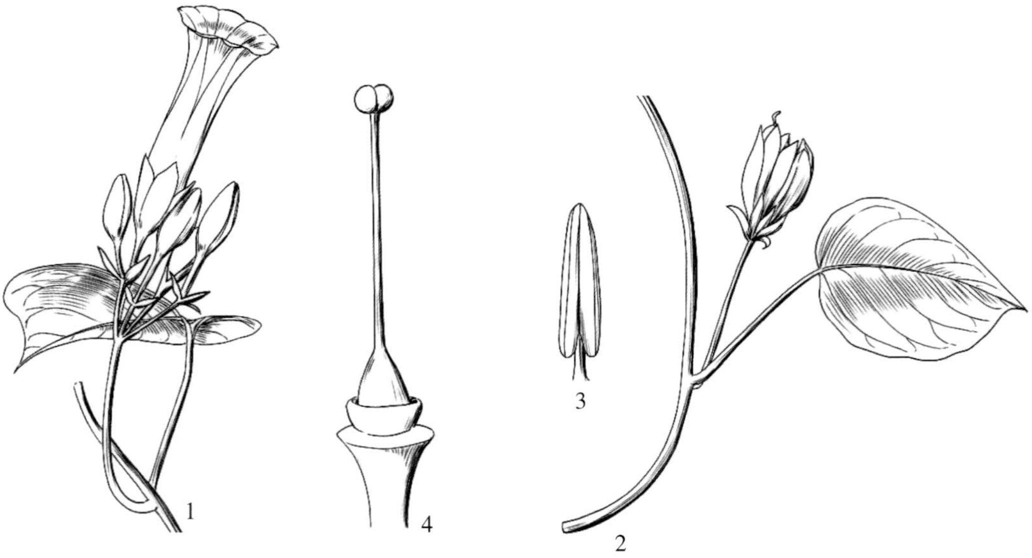

1.花枝；2.花和叶；3.雄蕊；4.雌蕊，示头状柱头和环状花盘。

图 9–57　粗毛薯藤

假厚藤（别名：海滩牵牛）

Ipomoea imperati (Vahl) Griseb.

茎：藤本，蔓生；节上生根。

叶：叶片通常长圆形，少线形、披针形或卵形，肉质，干后厚纸质，长 1.5~3 cm，宽 0.8~2 cm，顶端钝，通常微凹以至 2 裂，基部截形至浅心形，全缘或波状，中部常收缩，或 3~5 裂，具卵形至长圆形的较大中裂片和较小侧裂片；侧脉 4 或 5 对，纤细，在两面均稍下陷，网脉不明显。叶柄长 0.5~4.5 cm。

花序/花：聚伞花序腋生，具 1 朵花，有时 2 或 3 朵；花序梗长约 2 cm。花柄长 0.7~1.5 cm，粗壮。苞片三角形，长约 2 mm。萼片长圆形或长卵形，厚纸质，顶端钝或锐尖，具小短尖头；外萼片长 7~9 mm；内萼片长约 11 mm。花冠白色，漏斗状，长 3.5~4 cm，无毛。雄蕊和花柱内藏；花丝基部被毛；子房无毛。

果实：蒴果，近球状，直径约 1 cm，2 室，4 瓣裂。具内有种子 4 枚或更少。

种子：长约 8 mm，被短茸毛，棱上具长毛。

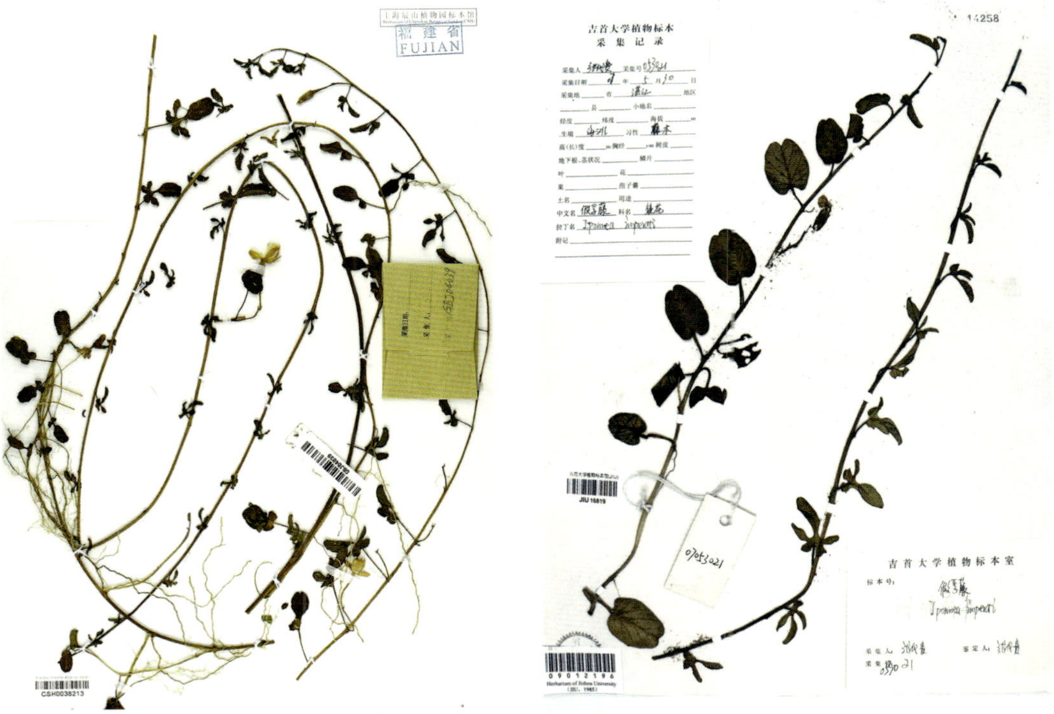

图 9–58　假厚藤

变色牵牛（别名：寄生牵牛）
Ipomoea indica (Burm.) Merr.

茎：藤本，茎长 3~6 m，被倒向短柔毛或杂有倒向、开展的长硬毛；有时节上生根。

叶：叶片卵形或圆形，长 5~15 cm，宽 3.5~14 cm，正面毛被较少，反面密被灰白色短而柔软贴伏的毛，基部心形，先端渐尖或骤尖，边缘全缘或具 3 浅裂。叶柄长 2~18 cm。

花序/花：花数朵，组成紧密的伞形聚伞花序；花序梗长 4~20 cm。苞片线形。花柄长 2~5（~8）mm。萼片近等长，长 1.4~2.2 cm，先端渐尖，表面无毛至被贴伏柔毛；3 枚外萼片披针形至宽披针形；2 枚内萼片狭披针形。花冠亮蓝色或蓝紫色，老化后呈紫红色或红色，漏斗状，无毛，直径 5~8 cm，花冠管色淡。雄蕊内藏。雌蕊内藏；子房无毛；柱头 3 浅裂。

果实：蒴果，球状，直径 10~13 mm。

种子：直径约 5 mm。

1.植株；2、3.茎上毛被；4.叶片正面；5.花冠正面；6.雄蕊；7.花序及花萼和毛被；8.果实及宿萼。

图 9–59　变色牵牛

瘤梗番薯

Ipomoea lacunosa L.

茎： 藤本，多分枝，被稀疏疣状基毛。

叶： 互生。叶片卵形至宽卵形，全缘。

花序/花： 花序腋生；花序梗无毛但具明显棱，具特征性的瘤状凸起。花冠漏斗状，白色、淡红色或淡紫红色。子房近卵球形。

果实： 蒴果，近球状，4 瓣裂。

种子： 表面光滑，成熟后呈黑色。

图 9–60　瘤梗番薯

南沙薯藤
Ipomoea littoralis (L.) Boiss.

茎：藤本，平卧且节上生根，或缠绕，细长，草质，老时木质。

叶：叶片卵状心形、卵形或长圆形，有时呈圆形或肾形，边缘全缘或稍波状至有锐角，或不同程度3深裂，顶端锐尖、钝或微凹，具小短尖头，基部心形，两面无毛或近无毛，膜质或常较厚，长1~10 cm，宽1~7.5 cm。叶柄长于或短于叶片，细，长0.5~7 cm。

花序/花：花序腋生，具1至数朵花；花序梗短，长1~30 mm。苞片小而狭，长1~2 mm，早落。花柄细长，常长于萼片，长1~2.5(~4) cm，无毛。萼片无毛，内凹；外萼片较短，长圆状椭圆形，薄革质，长6~10 mm，顶端锐尖或钝；内萼片稍长，椭圆形至圆形，顶端稍下处有小短尖头。花冠淡红色或淡红紫色，漏斗状，长3~4.5 cm，花冠管至基部稍狭，无毛。雄蕊及花柱内藏；花丝丝状，不等长，下部扩大部分被毛；子房无毛。

果实：蒴果，扁球状，直径约9 mm，2室。果内有种子4枚。

种子：无毛，有时散生柔毛。

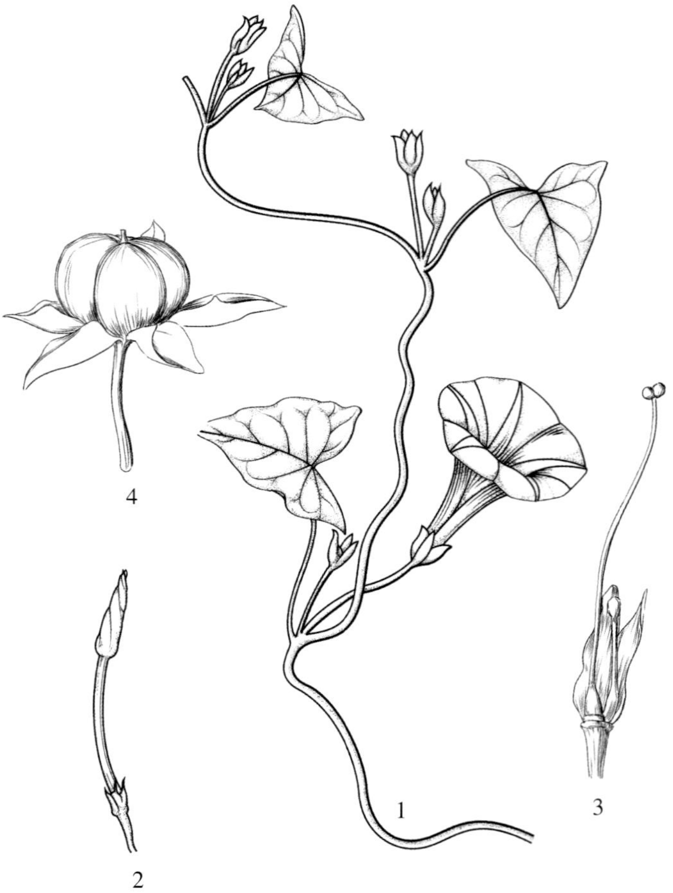

1.植株局部，示茎藤、叶和花序；2.花蕾；3.花解剖，示花萼、雄蕊和雌蕊；4.果实及宿萼。

图 9–61　南沙薯藤

毛茎薯（别名：崖县牵牛）
Ipomoea marginata (Desr.) Verdc.

茎：藤本，缠绕或平卧，被开展的淡黄色长硬毛。

叶：叶片长卵形至圆形，长 2~6 cm，宽 2~5 cm，顶端骤尖或渐尖，基部深心形或戟形，基部裂片圆形，有时三角状，全缘或浅波状，有时茎上部的叶片箭形或戟形，两面无毛或边缘具疏缘毛，通常具紫色的边缘或紫斑。

花序/花：伞形聚伞花序腋生；花序梗长 2~8 cm，粗壮，有时扁平，近顶端疏生小瘤突。苞片阔卵形或长圆形，背部具小瘤突，长约 2 mm，宿存。花柄长5~6 mm，上部稍粗，疏生小瘤突。萼片等长或内萼片稍长，长 4~7 mm；外萼片卵形，中部稍厚，具网状皱纹；内萼片椭圆状长圆形。花冠白色或紫色，中央紫色，漏斗状，长 2.5~4 cm，具有短尖的裂片。雄蕊及花柱内藏。

果实：蒴果，扁球状，直径 6~7 mm，2 室，4 瓣裂。是内有种子 4 枚。

种子：被极短的灰白色茸毛，通常沿棱具较长的蛛丝状毛。

1.植株局部，示茎上毛被、叶和花序；2.外萼片；3.内萼片。

图 9–62　毛茎薯

七爪龙（别名：牛乳薯、千斤藤、五爪薯、野牵牛）

Ipomoea mauritiana Jacq.

茎：藤本，圆柱状，有细棱，无毛。

叶：叶片长 7~18 cm，宽 7~22 cm，掌状 5~7 裂，深裂，裂片披针形或椭圆形，全缘或不规则波状，顶端渐尖或锐尖，具小短尖头，两面无毛或叶面沿中脉疏被短柔毛。叶柄长 3~11 cm，无毛。

花序/花：聚伞花序腋生，各部分无毛；花序梗通常比叶长。苞片早落。花柄长 0.9~2.2 cm。萼片不等长；外萼片长圆形，长 7~9 mm；内萼片宽卵形，长 9~10 mm，顶端钝。花冠淡红色或紫红色，漏斗状，长 5~6 cm；花冠管圆筒状，基部变狭；冠檐开展。雄蕊花丝基部被毛。子房无毛。

果实：蒴果，卵球状，直径约 1.2 cm，4 室，4 瓣裂。果内有种子 4 枚。

种子：黑褐色，长约 6 mm，基部被长绢毛，毛比种子长约 1 倍，易脱落。

图 9-63　七爪龙

牵牛（别名：裂叶牵牛、大牵牛花、喇叭花、牵牛花、二牛子、二丑）
Ipomoea nil (L.) Roth

茎：藤本，长 2~5 m，被倒向的短柔毛，杂有倒向或开展的长硬毛。

叶：叶片宽卵形或近圆形，长 4~15 cm，宽 4.5~14 cm，叶面被微硬毛，基部心形，先端渐尖，边缘全缘或具 3 裂，偶 5 裂；中裂片长圆形或卵圆形，渐尖或骤尖；侧裂片较短，三角形，裂口锐或圆。叶柄长 2~15 cm，毛被同茎。

花序/花：花腋生，通常 2 朵，着生于花序梗顶，亦有单生者；花序梗长短变化范围较大，为 1.5~18.5 cm，通常短于叶柄，毛被同茎。苞片线形或叶状，长 5~8 mm，被开展的微硬毛。小苞片线形。花柄长 2~7 mm。萼片披针形，近等长，长 1~2.5 cm，2 枚内萼片稍狭，背面被平展的刚毛，顶部近无毛，锐尖，基部密被毛，有时也杂有短柔毛。花冠蓝紫色或紫红色，漏斗状，长 5~6（~8）cm，花冠管色淡。雄蕊内藏，不等长；花丝基部被柔毛。雌蕊内藏；子房无毛；花柱内藏；柱头 3 浅裂。

果实：蒴果，浅褐色，近球状，直径 8~10 mm，无毛。

种子：黑色，三棱形卵状，长 5~6 mm，被灰色微柔毛。

1　2　3　4　5　6

1.叶；2.花序；3.萼片纵剖，示萼背毛被和苞片；4.花冠（俯视）；5.花冠纵剖背面，示瓣中折带；6.雄蕊，示基部毛被；7.果外宿萼；8.果实，示花柱；9.种子（未成熟）。

图 9–64　牵牛

小心叶薯（别名：小红薯、紫心牵牛）

Ipomoea obscura (L.) Ker Gawl.

茎：藤本，圆柱状，纤细，有细棱，被柔毛或绵毛，有时近无毛。

叶：叶片心状圆形或心状卵形，有时肾形，长 2~8 cm，宽 1.6~8 cm，顶端骤尖或锐尖，具小尖头，基部心形，全缘或微波状，两面被短毛并具缘毛，或两面近无毛而仅有短缘毛；侧脉 3 对，纤细，基出掌状。叶柄细长，长 1.5~3.5 cm，被开展的、或疏或密的短柔毛。

花序/花：聚伞花序腋生，具 1~3 朵花；花序梗纤细，长 1.4~4 cm，无毛或散生柔毛。苞片小，钻状，长 1.5 mm。花柄长 0.8~2 cm，近无毛，结果时顶端膨大。萼片椭圆状卵形，近等长，长 4~5 mm，顶端具小短尖头，无毛或外侧 2 片背面被微柔毛，果熟时常反折。花冠白色或淡黄色，漏斗状，长约 2 cm，具 5 条深色（黄色）的瓣中折带，花冠管基部深紫色。雄蕊及花柱内藏；花丝极不等长，基部被毛；子房无毛。

果实：蒴果，圆锥形卵状或近球状，顶端有锥尖状的花柱基，直径 6~8 mm，2 室，4 瓣裂。果内有种子 4 枚。

种子：黑褐色，长 4~5 mm，密被灰褐色短茸毛。

厚藤（别名：马鞍藤、沙灯心、马蹄草、海薯、走马风、白花藤、沙藤）
Ipomoea pes-caprae (L.) R. Br.

茎：藤本，全株无毛。茎平卧，有时缠绕。

叶：叶片卵形、椭圆形、圆形、肾形或长圆形，肉质，干后厚纸质，顶端微缺或 2 裂，裂片圆，裂缺浅或深，有时具小凸尖，基部阔楔形、截平至浅心形，在反面近基部中脉两侧各有 1 枚腺体；侧脉 8~10 对。

花序/花：多歧聚伞花序腋生，有时仅 1 朵发育；花序梗粗壮。苞片小，阔三角形，早落。萼片卵形，厚纸质，顶端圆形，具小凸尖。花冠紫色或深红色，漏斗状。雄蕊和花柱内藏。

果实：蒴果，圆球状，2 室，果皮革质，4 瓣裂。

种子：圆形三棱状，密被褐色茸毛。

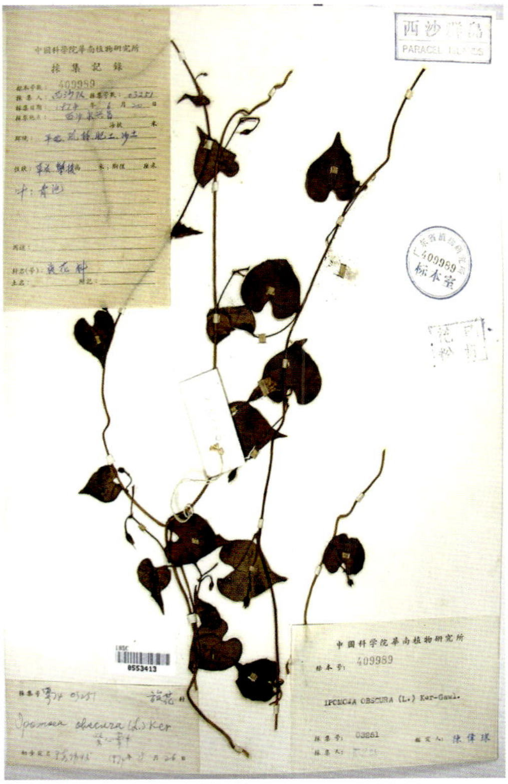

图 9-65　小心叶薯

图 9-66　厚藤

虎掌藤（别名：铜钱花草、生毛藤、虎脚牵牛）

Ipomoea pes-tigridis L.

茎：藤本，缠绕，有时平卧，具细棱，被开展的灰白色硬毛。

叶：叶片轮廓近圆形或横向椭圆形，长 2~10 cm，宽 3~13 cm，掌状（3~）5~7（~9）深裂，裂口基部湾状，裂片椭圆形或长椭圆形，顶端钝圆、锐尖至渐尖，有小短尖头，基部收缢，两面被疏长微硬毛。叶柄长 2~8 cm，毛被同茎。

花序/花：聚伞花序腋生，具数朵花，密集呈头状；花序梗长 4~11 cm，毛被同茎。具明显的总苞；外层苞片长圆形，长 2~2.5 cm；内层苞片较小，卵状披针形，两面均疏被长硬毛。花近无柄。萼片披针形；外萼片长 1~1.4 cm；内萼片较短小，两面均被长硬毛，外面的更长。花冠白色，漏斗状，长 3~4 cm，瓣中折带散生毛。雄蕊、花柱内藏；花丝无毛；子房无毛。

果实：蒴果，卵球状，直径约 7 mm，2 室。果内有种子 4 枚。

种子：椭圆球状，长 4 mm，表面被灰白色短绒毛。

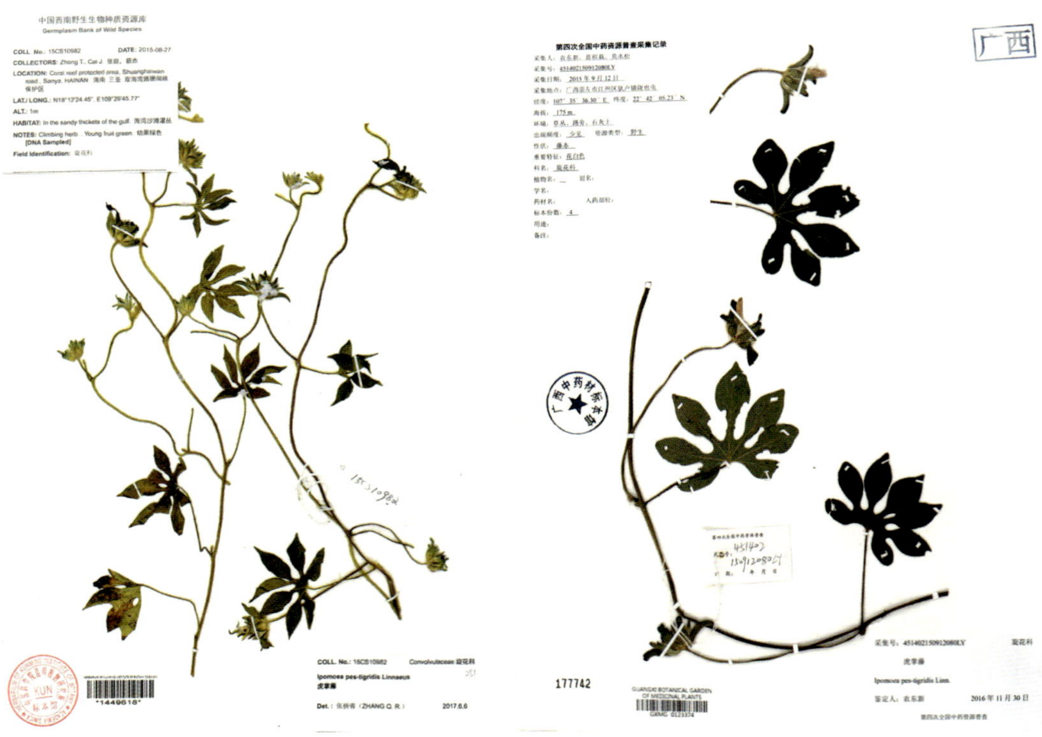

图 9–67　虎掌藤

帽苞薯藤（别名：盘苞牵牛）

Ipomoea pileata Roxb.

茎：藤本，缠绕，纤细，圆柱状，有细棱，被倒向或开展的微硬毛。

叶：叶片心状卵形，长 2.5~9 cm，宽 2.5~7.5 cm，顶端渐尖或骤然渐尖，基部心形，两面被柔毛，反面色较淡。叶柄长 1.5~6 cm，毛被司茎。

花序/花：花少至多数；密集于总苞内，呈头状，腋生；花序梗长 1.5~7 cm，密被倒向柔毛。总苞绿色，菱形、舟状，长 2.7~5.5 cm，外面密被短柔毛，内面被长的微硬毛；小苞片卵状匙形，长 1~1.2 cm，顶端钝圆，两面疏被长柔毛，边缘具长缘毛。萼片近等长，但不等大；3 枚外萼片椭圆状匙形，长 8~10 mm；2 枚内萼片较狭，披针形，毛被同小苞片。花冠淡红色，高脚碟状，长 2.5~3 cm；花冠管狭，圆柱状，长约 2 cm；冠檐具疏被柔毛的瓣中折带，裂片三角形。雄蕊着生于花冠管中部，除基部外其余部位无毛。子房无毛。

果实：蒴果，球状，直径 5~6 mm。

种子：黑褐色，直径 3~4 mm，无毛。

图 9–68　帽苞薯藤

羽叶薯（别名：变叶立牵牛）

Ipomoea polymorpha Roem. & Schult.

茎：直立或披散于地面，高 8~60 cm，单一或自基部分枝，幼枝密被白色疏柔毛，老枝毛较少，以至无毛。

叶：叶片全缘，具粗牙齿状或不规则羽状半裂，通常 3 裂；中裂片线状披针形，长 2~2.5 cm，宽 2~3 mm；侧裂片宽线形，长 4~8 mm，宽 1~2 mm，沿脉疏被柔毛，有缘毛。叶柄较叶片短，长 0.5~7 mm，疏生柔毛。

花序/花：单花，生于叶腋。苞片线形，长 1（~2）cm，被长柔毛。花柄很短或近无。萼片有 1 条明显的中脉，被毛，长 8~10 mm，长渐尖；外萼片卵状披针形，全缘，或边缘具 1 或 2 齿；内萼片披针形。花冠紫红色，内面色较深，偶有白色，管状漏斗形，长约 1.25 cm，无毛。雄蕊和花柱内藏；花丝基部被毛；子房和花柱无毛。

果实：蒴果，稻秆色，球状，直径约 5 mm，短于宿萼，无毛，2 室，4 瓣裂。果内有种子 4 枚。

种子：直径约 3 mm，被灰褐色短茸毛。

图 9–69　羽叶薯

圆叶牵牛（别名：紫花牵牛、打碗花、牵牛花、心叶牵牛、重瓣圆叶牵牛）

Ipomoea purpurea (L.) Roth

茎：藤本，长 2~3 m，被倒向的短柔毛，杂有倒向或开展的长硬毛。

叶：叶片圆心形或宽卵状心形，长 4~18 cm，宽 3.5~16.5 cm，两面均具糙伏毛，顶端锐尖、骤尖或渐尖，基部心形，通常全缘，偶见 3 浅裂。叶柄长 2~12 cm。

花序/花：伞形聚伞花序腋生，具 1~5 朵花；花序梗长4~12 cm。苞片线形，长

6~7 mm，被开展的长硬毛。花柄长 1.2~1.5 cm，开花前后下弯。萼片近等长，长 1.1~1.6 cm，背面基部 1/2 处被平展长毛；3 枚外萼片长圆形，先端渐尖；2 枚内萼片线状披针形，均被开展的硬毛，基部更密。花冠红色、紫红色或蓝紫色，漏斗状，长 4~6 cm，花冠管通常白色，瓣中折带内面色深，外面色淡。雄蕊内藏，不等长；花丝基部被短柔毛。花盘环状。雌蕊内藏；子房无毛，3 室，每室具胚珠 2 枚；花柱内藏；柱头头状。

果实：蒴果，近球状，直径 9~10 mm，3 瓣裂。

种子：黑色或米黄色，三棱形卵状，长约 5 mm，表面无毛，或种脐疏生极短柔毛。

1.叶；2.花蕾；3.花（后期），示苞片；4.雄蕊（不等长，基部被毛）；5.雌蕊；6.萼片背面；7.花冠背面。

图 9–70　圆叶牵牛

刺毛月光花

Ipomoea setosa Ker Gawl.

茎：长约 5 m，直径约 5 mm，具长而平展的刺毛。

叶：叶片膜质，长 10~20 cm，具 3~7 浅裂，裂片边缘具波状锯齿，先端渐尖。叶柄长 8~15 cm。

花序/花：二歧聚伞或密集近伞形花序腋生，具 3~12 朵花；花序梗长约20 cm，具长刺毛。花柄棒状，具长刺毛。萼片卵形至长圆形，不等长，长 10~14 mm，宽约 7 mm，先端钝；2 枚外萼片先端具极疏的平展刺毛；3 枚内萼片较短。花冠亮紫色至粉红色，近钟状，长 5~7 cm，管长 3~4 cm，基部直径 4~5 mm，至花萼以上扩大，直径 10~12 mm；冠檐直径 5.5~7 cm，具 5 浅裂。雄蕊内藏；花药基部心形。花盘环状。雌蕊内藏；子房无毛，2室，每室具胚珠 4 枚；柱头球状，2 裂。

果实：蒴果，球状或凹陷球状，直径 1.5~2 cm。

种子：长圆球状，被棕色茸毛。

1.具花序茎枝（标本），示叶和花；2.植株局部，示叶和毛被；3.果实及宿萼。

图 9–71 刺毛月光花

白大花千斤藤

Ipomoea soluta var. *alba* C. Y. Wu

茎：灰白色，圆柱状，具小瘤状皮孔。

叶：叶片心状卵形，长 16~17 cm，宽 13~15 cm，全绿，基部心形，正面近无毛，反面被短柔毛；侧脉约 14 对，近平行射出，至近边缘弧曲上升，与中脉在正面微凹，在反面凸出。叶柄长 6.5~9 cm，密被微柔毛。

花序/花：聚伞花序腋生；花序梗粗壮，比叶短，密被微柔毛，二歧分枝，着生数花。苞片早落。花柄粗壮，长 7~13 mm，密被污黄色短柔毛。萼片稍不等长；外萼片椭圆形，长 1.3~1.4 cm，顶端钝，近革质，毛被同花柄；内萼片椭圆形至近圆形，近革质，长 1.4~1.5 cm，顶端微凹，边缘较薄。花冠白色，宽漏斗状，长 5.5~6.5 cm，花冠筒基部狭，中部略膨大；冠檐 5 浅裂，裂片半圆形。雄蕊稍不等长；花丝基部稍扩大，被微毛。花盘环状。子房狭圆锥状，渐尖；花柱线形；柱头稍不明显。

1.花枝；2.花纵剖，示花萼、雄蕊、雌蕊和花冠筒（下部）。

图 9-72　白大花千斤藤

海南薯（别名：野番薯、锥花薯）

Ipomoea sumatrana (Miq.) Ooststr.

茎：圆柱状，表面具粗糙的小疣或皱纹，幼枝有细棱，被短柔毛或变无毛。

叶：叶片宽卵形或长圆状卵形，长（4~）8~16 cm，宽（4~）7~13 cm，顶端锐尖或骤然短渐尖，基部浅心形以至截平，全缘，正面近无毛，反面通常被短柔毛；侧脉 7~9（~13）对，平行射出，至边缘弧曲，细脉网状，在反面明显。叶柄长 5~10 cm，粗糙，被少数短柔毛。

花序/花：聚伞花序腋生或排列成总状，连同花序梗长 3~13 cm；花序梗比叶柄短，与花序轴同被褐色短柔毛。小苞片卵形，长 1~1.5 mm，早落。花柄长 7~10 mm，无毛。萼片稍不等长；外萼片长圆形或椭圆形，长约 5 mm，顶端圆；内萼片近圆形，长 5.5~6 mm，顶端圆或微凹。花冠淡紫色或白色，内面紫红色，长 2~2.5 cm，管状，向上部 1/3 处扩大，宽约 10 mm。雄蕊不等长，着生于花冠管基部；花丝基部稍扩大，被毛。子房圆锥状，无毛，2 室；柱头头状，2 裂。

果实：蒴果，褐色，卵球状，具花柱基形成的小凸尖，直径 8~9 mm，4 瓣裂。果内有种子 4 枚。

种子：黑褐色，长 4 mm，顶端有一簇长绵毛，毛长于种子 2~3 倍。

图 9–73　海南薯

三裂叶薯（别名：小花假番薯、红花野牵牛）

Ipomoea triloba L.

茎：藤本，缠绕或平卧，无毛或茎节疏被柔毛。

叶：叶片宽卵形或卵圆形，长 2.5~7 cm，宽 2~6 cm，基部心形，全缘，具粗齿或 3 裂，无毛或疏被柔毛。叶柄长 2.5~6 cm，无毛或有时有小疣。

花序/花：伞状聚伞花序腋生；花序梗长 2.5~5.5 cm，短于或长于叶柄，较叶柄粗壮，无毛，明显有棱角，顶端具小疣。苞片小，披针状长圆形。花柄具棱，有小瘤突，无毛，长 5~7 mm。萼片近相等或稍不等，长 5~8 mm；外萼片稍短或近等长，长圆形，顶端钝或锐尖，具小短尖头，背部散生疏柔毛，边缘有明显缘毛；内萼片有时稍宽，椭圆状长圆形，顶端锐尖，具小短尖头，无毛或散生毛。花冠淡红色或淡紫红色，漏斗状，长约 1.5 cm，无毛；冠檐裂片短而钝，有小短尖头。雄蕊内藏；花丝基部有毛。子房有毛；柱头 2 裂。

果实：蒴果，褐色或红褐色，近球状，直径 5~6 mm，具花柱基形成的细尖，被细刚毛，2 室，4 瓣裂。果内有种子 4 枚。

种子：暗褐色，直径 3.5 mm，无毛。

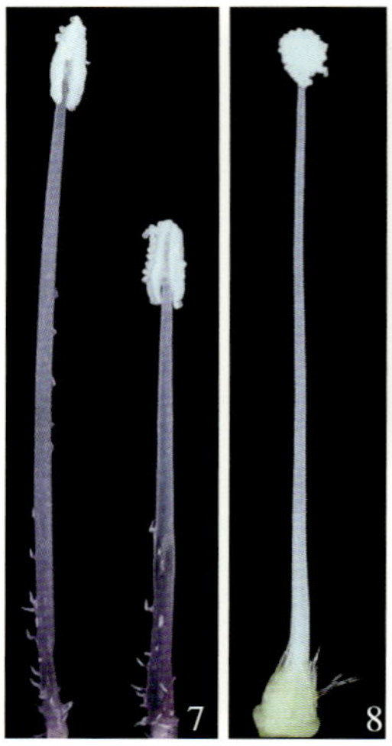

1.全缘叶；2.具钝齿叶；3.花序，示苞片；4.花冠（俯视）；5.花萼，示背面和腹面；6.花冠剖面腹面；7.雄蕊；8.雌蕊；9.果序和果实，示果柄、宿萼和果壁的毛被；10.种子。

图 9-74　三裂叶薯

丁香茄（别名：天茄、天茄子、华佗豆）

Ipomoea turbinata Lag.

茎：圆柱状，具侧扁的小瘤突，幼枝绿色，老枝暗红色。

叶：叶片心形，具长的锐尖头或长的尾状尖；正面草绿色，具稀疏平展的微柔毛或无毛，脉稍凸出；反面稍苍白色，具密集的露状小点，脉极凸出。叶柄长。

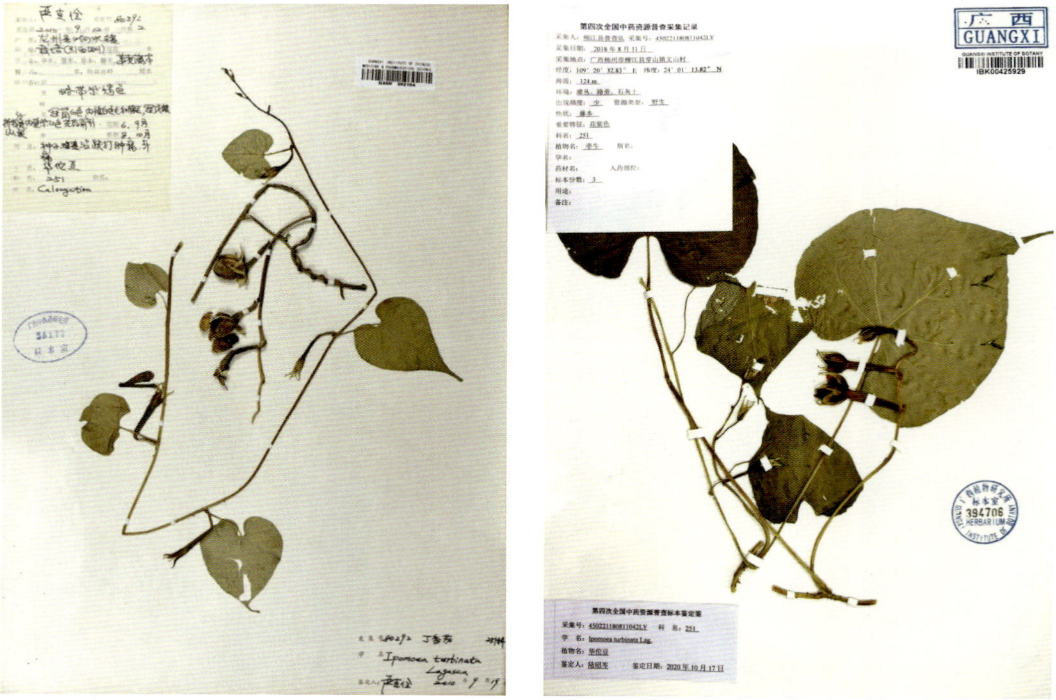

图 9-75　丁香茄

花序/花： 花序腋生，卷曲，花单一或少花；具短而粗的总花梗。花柄棒状，粗厚，肉质，结果时具丰富的乳汁，果熟时极增粗。萼片卵形，肉质，无毛，背面龙骨状凸起，边缘苍白色，膜质透明；3 枚外萼片具肉质的直立伸长的芒，长 5~8 mm（不含芒）；2 枚内萼片较小，芒较短；果熟时萼片显著增大。花冠较小，紫色或淡紫色，瓣中折带薄，多脉，冠管长圆柱状，长 2~3 cm，上部宽展；冠檐漏斗状；花冠裂片三角形，顶端渐尖，长 7~10 mm。雄蕊及花柱不伸出或微伸出；雄蕊花丝长；花药大，基部心形；花盘浅杯状；子房无毛，2 室，4 胚珠；柱头大，2 球状。

果实： 蒴果，卵球状，具锐尖头。果内有种子 4 枚。

种子： 大而平滑，黑色，三棱状，背拱，侧面平，无光泽。

管花薯（别名：长管牵牛）

Ipomoea violacea L.

茎： 藤本，缠绕，圆柱状或具棱，木质化，干后淡黄色，有纵皱纹或有小瘤体。

叶： 叶片圆形或卵形，干后薄纸质，长 5~14 cm，宽 5~12 cm，顶端短渐尖，具小短尖头，基部深心形；侧脉 7 或 8 对，第三回脉平行连接。叶柄长 3.5~11 cm。

花序/花： 聚伞花序腋生，具 1 至数朵花；花序梗长 2.5~4.5 cm，有时更长或不及 1 cm。花柄长 1.5~3 cm，结果时增粗或呈棒状。萼片近圆形，薄革质，顶端圆或微凹，具小短尖头，几等长或内萼片稍短，长 1.5~2.5 cm，结果时增大；初时如杯状包围蒴果，而后反折。花冠白色，具绿色的瓣中折带，高脚碟状，管细，长 9~12 cm，入夜开放。雄蕊和花柱内藏；花丝基部被毛，着生于花冠管近基部。

果实： 蒴果，卵球状，直径 2~2.5 cm，2 室，4 瓣裂。果内有种子 4 枚。

种子： 黑色，直径 1~1.2 cm，密被短茸毛，沿棱具长达 3 mm 的绢毛。

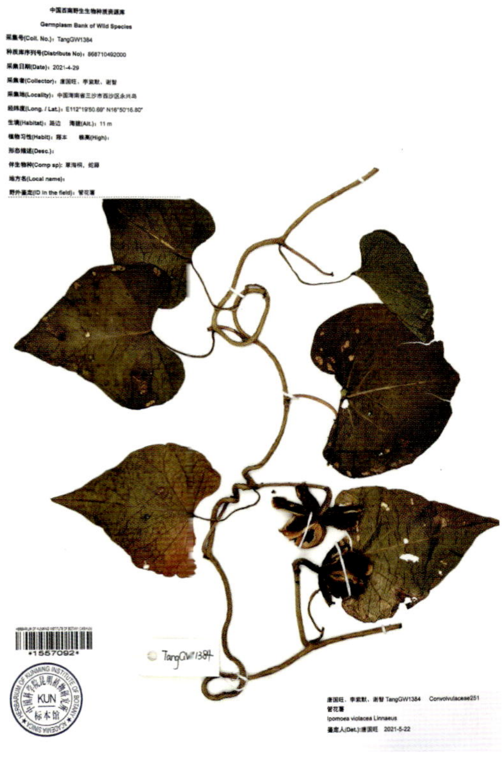

图 9–76 管花薯

大萼山土瓜

Ipomoea wangii C. Y. Wu

茎：藤本，圆柱状，干时具细条纹。

叶：叶片圆心脏形，长 6~14 cm，宽 4~10 cm，顶端骤然渐尖，基部狭心形，全缘；侧脉 6 或 7 对，弧曲上升，与中脉两面凸起。叶柄长 4.5~9 cm。

花序/花：聚伞花序腋生，少花；花序梗长 1~2 cm。花柄长 2~3 cm，顶端稍增大。萼片卵形，稍不等长；外萼片 1.5~1.7 cm，宽 1~1.2 cm，顶端钝；内萼片长 1.7~1.9 cm，顶端锐尖；中间稍厚，边缘干膜质。花冠漏斗状，长 7.7 cm。雄蕊及花柱内藏；花盘环状；柱头 2 裂。

图 9–77　大萼山土瓜

第10章 马铃薯及其野生近缘植物

10.1 马铃薯

◎ **植物名**

拉丁名：*Solanum tuberosum* L.

中文名：马铃薯

别　名：洋芋、土豆、山药豆、冬薯、荷兰薯、爪哇薯、山药蛋、地蛋、洋山芋、洋芋头、香山芋、洋番芋、山洋芋

◎ **商品名**　马铃薯（块茎）

马铃薯（图 10-1）是茄科（Solanaceae）茄属（*Solanum* L.）一年生草本植物，是世界主要粮食作物之一，具有耐旱、耐瘠、高产、稳产和适应性强等特点。

马铃薯是粮食、蔬菜、饲料和工业原料兼用的农作物。其块茎含有大量淀粉，富含蛋白质、氨基酸以及多种维生素、矿物质，其所含维生素种类是所有粮食作物中最全面的。目前，许多国家和地区将其作为主要食物。在欧美地区，特别是北美地区，马铃薯早已成为第二主食。

马铃薯原产于南美洲安第斯山脉，人工栽培历史最早可追溯到公元前 8000 年到公元前 5000 年。16 世纪，探险家从拉丁美洲将马铃薯引入西班牙和英国。此后，马铃薯被传入欧洲各地，并由此扩散到世界其他地区。马铃薯的适应范围广，营养价值高，经济效益好，全球近 150 个国家都有种植。目前，马铃薯的主要生产国有中国、印度、乌克兰、俄罗斯和美国等。马铃薯最早传入中国的时间是在明朝万历年间，有近 500 年的种植历史。

我国是世界范围内马铃薯总产量最高的国家，全国各地几乎都有种植。根据耕作制度、品种类型、地理状况和气候条件等，可将我国马铃薯种植区划分为 4 个栽培生态区：北方一季作区、中原二季作区、南方冬作区和西南混作区。

1.花枝，示茎、叶和花序；2.花的纵剖，示花萼、花冠、雄蕊群和雌蕊；3.雄蕊；4.雌蕊；5.块茎；6.部分果序及果实。

图 10–1　马铃薯

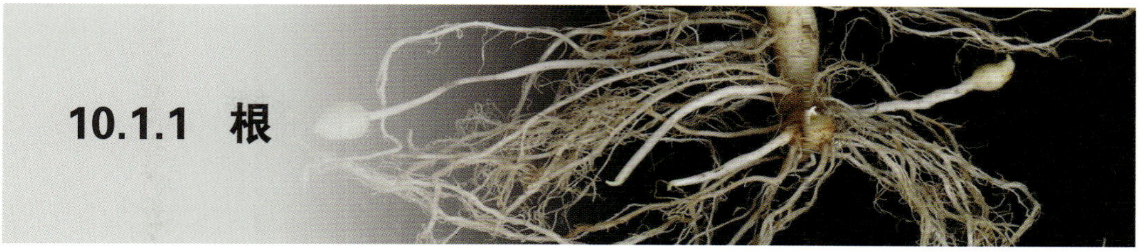

10.1.1　根

马铃薯的根系有直根系和须根系两类。这两类根系在马铃薯生长发育过程中都有非常重要的作用，但是二者的来源、位置、形态和作月明显不同。

10.1.1.1　直根系

马铃薯的直根系是在有性繁殖过程中由种子萌发生长形成的根系，称为种子根，包括主根和侧根（图 10–2）。在农作上，直根系即为实生苗的根系。

主根属于初生根，是在植株生长形成根系的过程中由种子的胚根发育而成的根。主根向下伸入土中，渐延渐细。

侧根是发生于主根上的根，即支根，属于次生根，包括生于主根上的一级侧根及其再发出的各级次级侧根。侧根有时呈须根状，其上再发出毛根。侧根随着植株的生长而增加。

1.粗壮的主根及少量须根状的侧根；2.种子萌发形成的实生苗的主根系。

图 10–2　直根系

10.1.1.2 须根系

马铃薯的须根系（图 10–3）是在无性繁殖过程中形成的根系，由不定根形成，属于次生根。

马铃薯的不定根有 3 种，即芽眼根、匍匐根以及地上茎不定根。芽眼根是由块茎上不定芽（由芽眼处的芽形成）基部紧缩在一起的 3 或 4 节形成的根。匍匐根是在地下的茎节上长出的不定根，各根发生部位相对集中，形态基本相同。地上茎不定根是在地上茎的节上形成的不定根。

由块茎发育生长的植株，其须根系一般分布于 30~70 cm 的土层里。在地上茎的节上形成的须根常为白色，老化时变为浅褐色。

马铃薯的须根系只有吸收和固着的作用，而没有结薯（即形成块茎）的作用。

1.芽眼根，生于块茎的芽体基部。

2~4.匍匐根；2.生于地下茎的节上和匍匐茎的周围；3.生于（栽培池内）匍匐茎上，呈纤维状；4.生于茎段基部的节上。5.地上茎不定根，生于地上茎下部的节上。

图 10–3 须根系

10.1.2　茎

马铃薯的茎比较复杂，完整的茎系统除常见的位于地上、着生有叶的直立茎和匍匐茎外，还有其他一些位置不同、形态各异、功能不一的茎。

关于马铃薯的茎，从来源上看，有种子萌发形成的茎和块茎发芽形成的茎；从所处的位置上看，有生于地上的茎和生于地下的茎；从形态类型上看，有种子萌发时上胚轴形成的地上幼茎和中胚轴形成的地下根中茎（又称为根颈），有生于块茎上且由芽眼形成的幼芽（茎的雏形），有具顶芽、不断伸长的地上茎和叶腋的枝，有变态为花序的花序梗和具序枝的序轴，有位于地下但无顶芽且不继续伸长的地下茎，有形似须根但粗于根的匍匐茎（又可分为地上匍匐茎和地下匍匐茎、结薯匍匐茎和不结薯匍匐茎），还有膨大如块根的块茎。

上述不同类型的茎具有不同的功能，包括输导、繁殖、贮藏等，发挥不同的作用，如固定植株、着生枝叶、构成株型、光合作用、无性繁殖、供食用等。值得注意的是，马铃薯的地上茎、地下茎、匍匐茎和块茎在一定条件下可以互相转变。

10.1.2.1　芽

芽是茎的来源和茎的雏形。

马铃薯的芽有 6 种类型：种子萌发时形成的胚芽；块茎上芽眼萌发的块茎芽；位于地上茎顶端、可使茎延长的顶芽；生于地上茎叶腋中、可发育成分枝的腋芽；生于地下茎鳞状叶的叶腋、可发育成地下匍匐茎的鳞芽；生于地上茎的腋芽转变成花序的花芽。本节仅介绍块茎芽，即休眠后从芽眼中萌发的幼芽。

（1）芽位

马铃薯块茎上的芽位是指含有芽的芽眼在块茎上的位置（图 10–4）。块茎上的芽眼呈螺旋状排列，其中顶部的芽眼分布较密集，而且最顶端的芽眼较大，内含许多芽，从此处发出的芽称为顶芽。

1.位于全体；2.位于上部；3.位于顶端。

图 10–4 芽位

（2）芽体形状

当芽长至 2~3 cm 时，芽体有不同程度的膨大，呈圆球状、椭圆球状、圆锥状、粗圆柱状、细圆柱状等形状（图 10–5）。

1、2.圆球状；3、4.椭圆球状；5、6.圆锥状；7.粗圆柱状；8.细圆柱状。

图 10–5 芽体形状

（3）芽体附属物

马铃薯膨大的芽体上有一些附属物（图 10–6）：顶端或上部有极小的叶芽（雏叶）；中下部有毛被和疣状凸起，有时具再生芽或根的幼小凸起；下部有时有小的芽眼根（即须根中最初生长的不定根）。

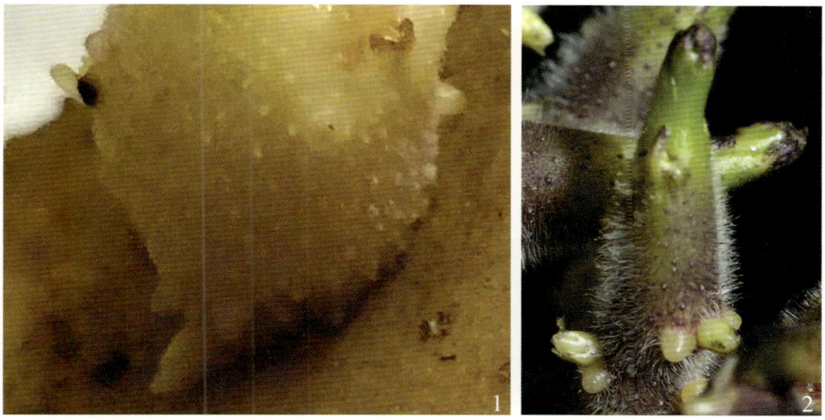

1.疣状凸起和芽眼根；2.叶芽、毛被以及再生芽或再生根的小凸起。

图 10–6　芽体附属物

（4）芽体颜色

当幼芽长至 2~3 cm 时，芽体会呈现绿色、浅红色、红色、深红色、浅紫色、紫色、深紫色、褐色和蓝色等颜色，主要为绿色系和紫色系（图 10–7）。

图 10–7　芽体颜色

10.1.2.2　地下的茎

马铃薯位于地下的茎有 3 种，即地下茎、地下匍匐茎和块茎，其中块茎是地下匍匐茎顶端的局部膨大。

(1) 地下茎

除了根，马铃薯的地下部分还有外形似根的茎，称为地下茎。该茎是由块茎发芽形成、位于地下的一段茎，通常较短，具6~8个很短的节间，无顶芽，不会伸长，但在其节位上可生出不定根（芽眼根和匍匐根）。地下茎的形状主要有圆锥状和圆柱状两类（图10-8）。有时地下茎也包括由种子萌发、中胚轴形成的根中茎，即介于子叶与根之间的过渡性茎段。

地下茎上还有由茎上发出的另外两类茎，即地下匍匐茎和块茎。前者发生于地下茎的节上，后者是前者部分顶端的异常生长。所以，二者既属于地下茎，又属于地下茎的附属物。

1.圆锥状；2.圆柱状。

图 10-8　地下茎形状

(2) 地下匍匐茎

地下茎的节上每个腋芽都可能伸长形成地下匍匐茎。该茎虽与匍匐根（不定根）同生于一节，但明显粗于匍匐根。

实生苗形成的结薯植株没有地下茎，地下只有根，但是地上茎节部的腋芽可形成匍匐茎，入土后可形成地下匍匐茎，并可结薯。

1）着生部位

地下匍匐茎可生于不同部位，如块茎、地下茎节、茎基部节、新形成的次生地下匍匐茎（由鳞叶内的腋芽形成）等（图10-9）。

2）形态

马铃薯的地下匍匐茎具有根、茎的全能性和互变性。地下匍匐茎细长而匍匐，位于地下，形态似根，但具有茎的特性，其上有节，节上有时可产生鳞叶、次生根和腋芽。此茎上的根为不定根（须根或细根），芽可发育成次级匍匐茎。地下匍匐茎伸出地面后，如遇高温或覆土不及时也会转绿成茎，可生新叶，发出侧枝。

1、2.地下茎节；3.茎基部节；4.块茎。

图 10-9 地下匍匐茎着生部位

地下匍匐茎可以有不同的形态，如形似不定根，顶端可发育成块茎，节上可生不定根，可产生分枝，前端可发育叶丛，可直接发育成新茎，暴露于空气中可变绿并转变为芽等（图 10-10）。

(3) 块茎

马铃薯的块茎常生于地下，是根的组成部分和重要类型，但其形成于匍匐茎顶端，为缩短而肥大的变态茎，既是贮藏器官，又是繁殖器官。块茎也可称为薯块。

马铃薯的块茎和匍匐茎一样，具有茎的各种特征，所以也可以认为块茎是短缩、膨大的匍匐茎或处于休眠状态的茎。将块茎作为繁殖器官置入土中后，如湿度适宜，则可发芽，并进一步发育形成根、茎、叶、花和果，同时再产生新的块茎，完成无性繁殖过程。农业上正是利用此特性进行生产的。

1.形似不定根；2.顶端发育成块茎；3.节上生有不定根；4.节上生有分枝；5.前端具叶丛；6.直接发育成新茎；7.暴露于空气中变绿并转变为芽；8.茎顶端，示鳞叶；9.茎中部节位，示鳞叶和鳞芽。

图 10–10 地下匍匐茎形态

1）块茎的着生及其与茎的关系

马铃薯的块茎可着生于不同部位，除地下匍匐茎的顶端外，有时数个块茎可以着生于地下匍匐茎的同一节上或不同节上，有时也可着生于地上茎上。块茎尾部匍匐茎段的长短差异较大，当其很短或近无时，块茎几乎贴生于茎上。块茎基部生有不定根，顶端亦有一至数条新的匍匐茎，其中有的可以进一步发育成幼茎或植株，甚至块茎。同一株上的块茎陆续发育，所以不同发育阶段的块茎常同时存在（图 10–11）。

1.数个分离的块茎同生于一个地下匍匐茎上；2.数个块茎生于地下匍匐茎的基部；3.块茎顶端形成粗细有变化、节上有不定根的地下匍匐茎；4.块茎尾部有细长且具多数不定根的地下匍匐茎，顶端新形成的匍匐茎短粗，且生有不定根和块茎；5.新的块茎同时直接生于地下匍匐茎节上和顶端；6.茎的同一节上可以发生数个发育期不同的块茎；7.同一株上不同块茎尾部的匍匐茎长度差异较大；8.块茎上直接生出新块茎；9.地上茎直接生出块茎。

图 10-11　块茎的着生及其与茎的关系

2）极性

马铃薯的块茎可分为首尾两端：与匍匐茎连接的一端为尾部，农作上也称为脐部；与之相对的另一端为顶部，其上所生芽眼为生长点。

块茎在不同状态下具有不同的极性形态标志。植株上的块茎以连接匍匐茎的一端为尾部；离体的块茎以芽眼下的芽眉方向为尾部方向；发芽的块茎以着生芽多的一端为顶部（图 10–12）。

1、2.植株上的块茎；3.离体的块茎；4.发芽的块茎。

图 10–12　块茎极性

3）大小

马铃薯块茎的大小（图 10–13）可以用成熟期单个块茎（农作上称为单薯）的质量进行划分，可分为大（>150 g）、中（50~150 g）和小（<50 g）。

1.同一块地收获的块茎；2.同一株上的块茎（长薯类）；3.同一株上的块茎（圆薯类）。

图 10–13　块茎大小对比

4）形状

马铃薯块茎的形状在农作上称为薯形，是指成熟健康的马铃薯块茎的形状，主要有圆球状、近圆球状、卵球状、倒卵球状、长圆球状、扁椭圆球状、椭圆球状、长椭圆球状、长矩状、长柱状、肾状、圆锥状和纺锤状，此外还有镰刀状、卷曲状、掌状、手风琴状、结节状和绒球状，以及中部或端部缢缩等形状（图 10–14）。

马铃薯的形状主要因品种而异，另外，环境也是影响其形状的重要因素。

5）表皮

马铃薯块茎的表皮实为周皮，农作上称为薯皮，在颜色和光滑度上多有变化。

① 颜色

马铃薯块茎的颜色在农作上称为皮色或薯色，是指未经日晒、健康的成熟块茎的表皮颜色（图 10–15），常见的有乳白色、浅黄色、黄色、褐色、黄褐色、浅红色、红色、紫色、紫红色、深紫色和黑色等，以及红杂色和紫杂色，有时暴露在空气中时间过长会转绿。

表皮颜色是马铃薯主要的品种特征，其受温度、湿度、光照等环境因素的影响。马铃薯的表皮颜色很少为绿色，只有在长时间受到光照或暴露在有光线的空气中时才会变绿（此时龙葵素含量会大量增加，影响食用质量，严重时会对人、畜有害）。

② 光滑度

马铃薯的块茎表面通常光滑，但有时会有皮孔、裂纹（或网纹）、小凸起或斑点等。农作上，马铃薯的光滑度是指成熟健康块茎表皮的光滑程度，可分为光滑（有光泽，无网纹和小凸起）、较光滑（稍有光泽，有浅网纹和小凸起）和粗糙（无光泽，有明显的网纹、条痕或小凸起）3 类（图 10–16）。

1、2.近圆球状；3.卵球状；4.倒卵球状；5.长圆球状；6.扁椭圆球状；7.椭圆球状；8.长椭圆球状；9.长矩状；10.长柱状；11.圆锥状；12.纺锤状；13.手风琴状；14.肾状；15.镰刀状；16.中部缢缩；17.不规则状；18.端部缢缩；19.多褶异常类（卷曲状、掌状、结节状和绒球状）。

图 10–14　块茎形状

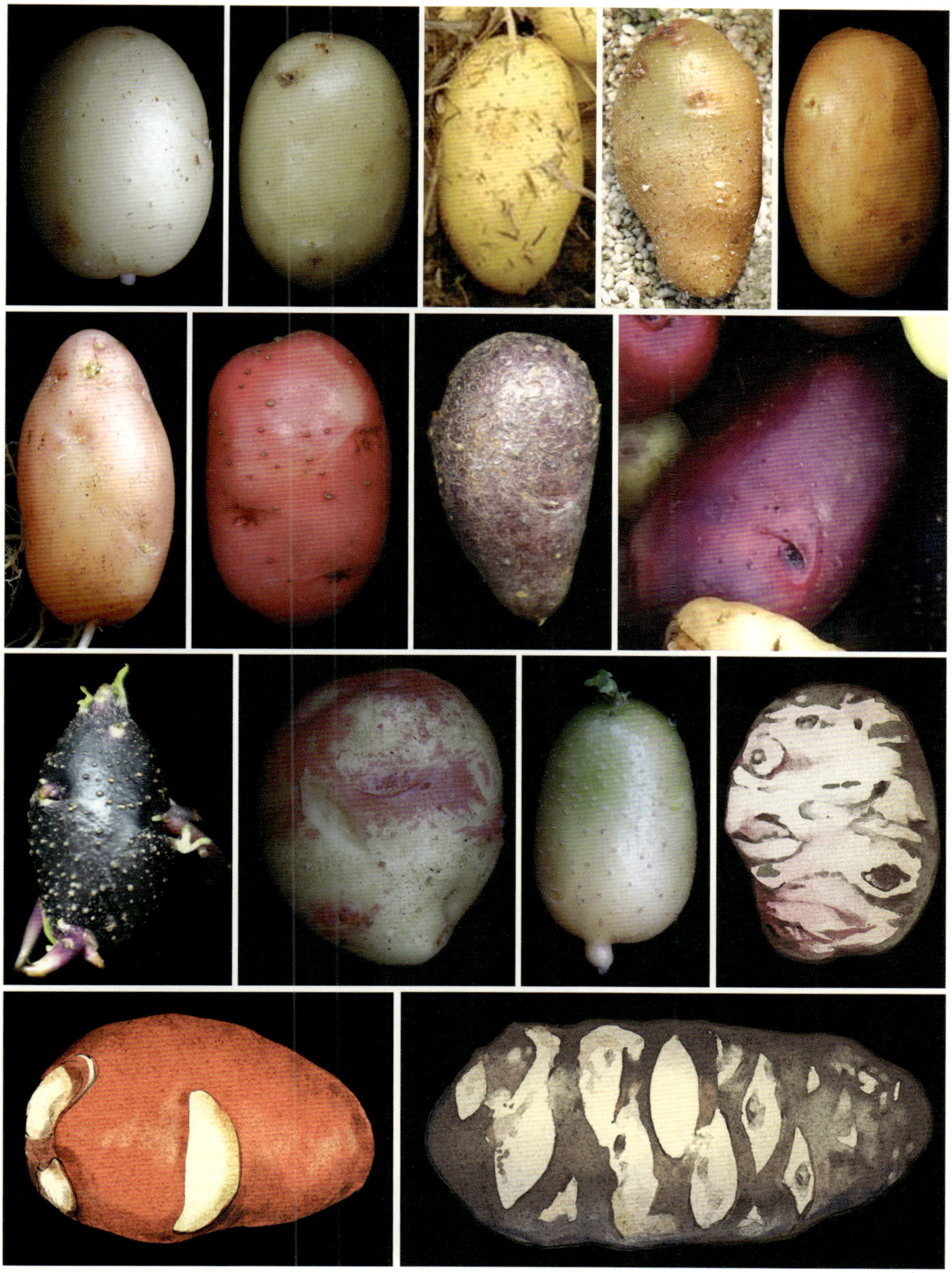

图 10-15　块茎表皮颜色

1~3.光滑；4~6.较光滑；7~9.粗糙。

图 10–16　块茎表皮光滑度

6）芽眼

马铃薯的芽眼是指块茎上着生有芽的凹陷部位，其实是外形呈点状的节位及节点，或叶痕和腋芽点。芽眼的中央凹陷，内有芽，下侧有芽眉（图 10–17），是地下匍匐茎上鳞叶脱落后残留的叶痕。

块茎上绝大部分芽眼内有 3 个或 3 个以上的芽。如为 3 个芽，则一般位于中央、较凸出的芽为主芽，其余的为副芽或侧芽。发芽时，主芽首先萌发，副芽一般呈休眠状态；当主芽所形成的幼苗折断或死亡时，副芽则会萌发生长。

芽眼的分布、深度、颜色以及数量等是马铃薯品种的鉴别依据。

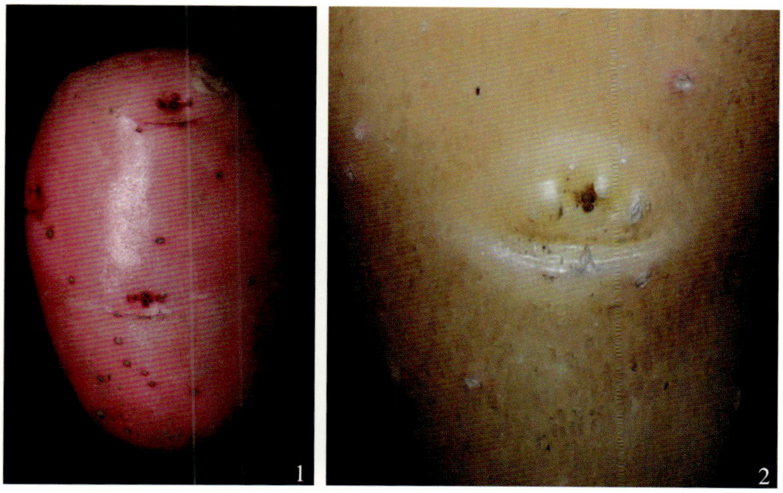

1.清晰可见的芽眼及芽眉；2.芽眼中具 3 个芽，芽眉隆起。

图 10–17　芽眼及芽眉

① 芽眼分布

芽眼在块茎上的分布（图 10–18）具有一定的规律性：芽眼在块茎上大体呈螺旋状分布；一般顶部分布的相对较多，而且最顶部的一个较大，芽也较多，此处的芽称为顶芽或主芽；四周分布的芽称为侧芽或副芽，多少不一；尾部分布的稀少，此处的芽称为尾芽。上述 3 类芽中，顶芽具有优势（即顶端优势），最先萌发，幼芽壮。

1.块茎顶部芽眼多于其他部位；2.顶部芽眼中具主芽和多个副芽，侧面芽眼中具多个侧芽（芽突）；3.已萌发出匍匐茎的多个顶部芽眼。

图 10–18　芽眼分布

② 芽眼深度

马铃薯的芽眼深度是指成熟健康块茎上芽眼下陷或凹入的深浅程度，具体分为凸起（芽眼凸出块茎表面）、浅凹（无明显凹陷）、中凹（有较明显凹陷）和深凹(有明显凹陷)，还有芽眼周边塌陷（图 10–19）。

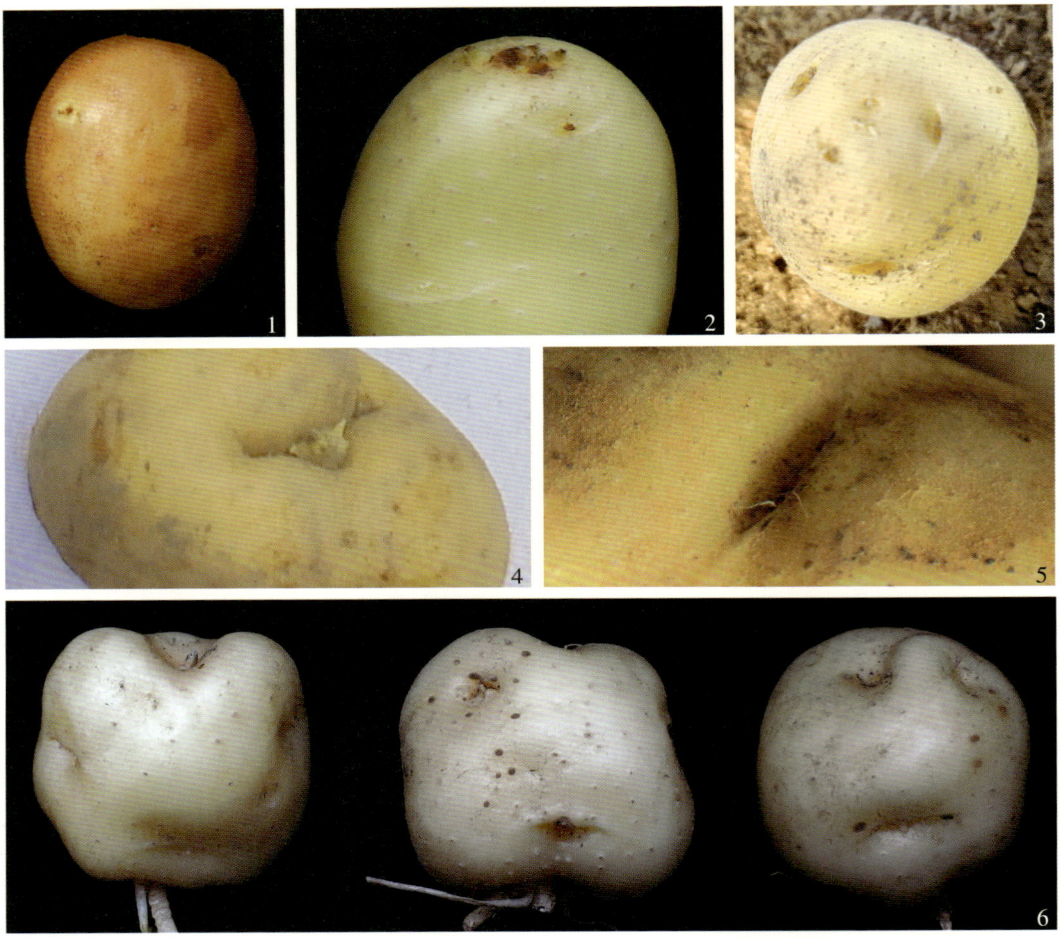

1.凸起；2.浅凹；3.中凹；4、5.深凹（线形）；6.塌陷。

图 10–19 芽眼深度

③ 芽眼颜色

芽眼颜色是指马铃薯成熟健康块茎上芽眼的颜色，常见的有白色、黄色、粉红色、红色和紫色等颜色（图 10–20）。

④ 芽眼数量

马铃薯块茎上的芽眼数量是指成熟健康块茎上全部芽眼的数量，分为少(<7)、中（7~12）和多（>12）3 个等级（图 10–21）。

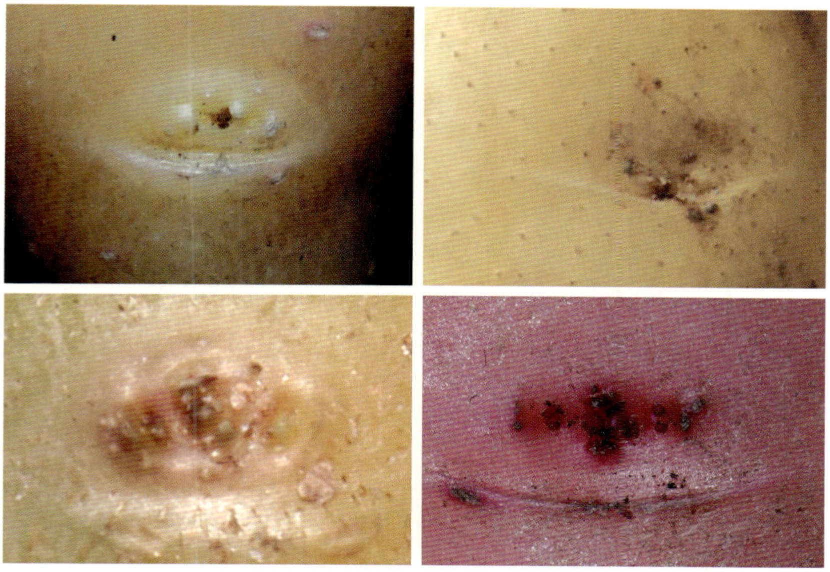

图 10-20　芽眼颜色

1.少；2.中；3.多。

图 10-21　芽眼数量

7）肉色

农作上，马铃薯块茎表皮以内的部分称为薯肉，其颜色称为肉色。马铃薯的肉色是指成熟健康块茎内部的颜色，常见的有白色、乳白色、淡黄色、黄色、粉色、红色、紫红色、橙色和紫色等（图 10-22）。其中肉色为红色、橙色和紫色的马铃薯为特异种质资源。

图 10-22　块茎肉色

8）内部结构

块茎从外向内可分成周皮、皮层、维管束环和髓部，其横切面如图 10-23 所示。农作上，周皮称为薯皮，周皮以内的部分称为薯肉，中央部分称为髓部。

周皮的厚度因块茎大小、成熟度以及品种而异。维管束环之外的皮层较薄。维管束环之内的中央部分全为髓部，髓部分为内、外两个髓层，前者含水较多，呈半透明、星芒状；后者接近维管束环，占块茎的大部分，是营养物质的主要贮藏处。

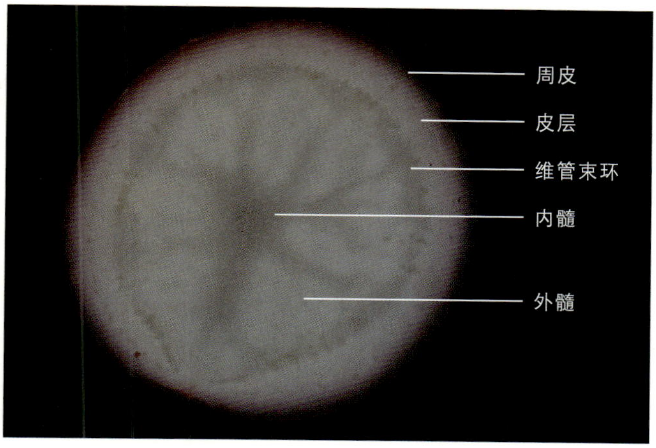

图 10-23　块茎横切面

(4) 结薯

马铃薯的地下匍匐茎顶端能形成块茎，农作上将形成块茎的过程和结果称为结薯。

1) 马铃薯类型

农作上，根据能否产生块茎，马铃薯可分为结薯型和不结薯型（图 10-24），或结薯种和不结薯种。

1.不结薯型；2.结薯型。

图 10-24　马铃薯类型

2）结薯集中性

农作上以块茎尾部的地下匍匐茎的长度表示结薯间隔程度，用以反映结薯集中性。结薯集中性可分为集中型（<10 cm）、中等型（10~15 cm）和分散型（>15 cm），特殊情况下还有薯上结薯型（图 10-25）。结薯集中性为中等型的马铃薯品种为优良种质资源。

1.集中型；2.中等型；3.中等型+分散型；4.分散型；5.薯上结薯型。

图 10-25 结薯集中性

10.1.2.3 地上的茎

马铃薯地上的茎简称为地上茎，其来源有两个，一个是种子萌发形成的实生苗，另一个是块茎(此时农作上称为种薯）芽眼萌发形成的幼苗。其中：前者往往只形成单茎（有时基部分枝）；后者会因为芽眼多而形成多茎，但通常顶芽最先萌发，且萌发出的幼芽强壮，长势旺盛。

广义上，茎上着生的匍匐茎和作为种薯的块茎也属于地上的茎。前者是叶片退化形成的茎，后者（尤其是收获后的块茎）是处于休眠状态的茎，虽然二者因无叶而形似根，但入土后均具有茎的功能。

相对于生于地下的茎，地上的茎（图 10–26）通常为绿色，无毛或疏生柔毛，有明显的节和节间。其中：节间常为圆柱状或多棱状，有时棱呈翅状；节上着生叶、腋芽、枝甚至花序，有时会稍膨大，偶具不定根。

1.具叶、腋芽和枝的圆柱状茎；2.茎上具棱；3.节稍膨大；4.节上生不定根。

图 10–26　地上的茎

马铃薯的地上茎具有很强的再生能力和转变能力，充分表现出“器官全能性”。其上不仅有叶和腋芽，而且可以生枝、开花、结果；若条件适宜，还可以形成不定根、匍匐茎和块茎（图 10–27）。茎上的每个节都可以生不定根；节上叶腋中的腋芽可形成新的茎，甚至形成植株；节上也可形成匍匐茎，匍匐茎入土可以形成块茎，有时在茎上可直接形成块茎。

(1) 株型

块茎和种子直接长出的茎，农作上称为主茎，一般高 30~150 cm。主茎及其枝叶使植株整体上呈不同的形态式样，农作上称为株型。

株型主要取决于地上茎（主茎）的生长姿态，即主茎的弯曲程度。在农作上，根据现蕾期主茎与地面的夹角，马铃薯株型可分为直立型（约 90°）、半直立型（>45°，介于直立型和匍匐型之间）和匍匐型（<45°）3 种（图 10–28）。

1.茎上生有叶、枝和花序（含其后发育成的果实）；2.茎上生有不定根、匍匐茎（其上着生块茎）；3.茎的节上直接着生块茎。

图 10-27　地上茎的器官全能性

1.直立型；2.半直立型；3.匍匐型。

图 10-28　株型

(2) 茎色

马铃薯地上茎的颜色简称为茎色。农作上以现蕾期地上茎的颜色作为茎色，常见的有绿色、褐色、紫色、深紫色等颜色，有时会出现局部不同色（图 10–29）。马铃薯的茎色因品种而异，但多为绿色至紫褐色。

图 10–29　茎色

(3) 茎翼

马铃薯的地上茎（主茎）上常有不同程度隆起的棱，有时棱呈翅状，农作上称茎翼（通常是指现蕾期主茎上的茎翼）。马铃薯茎上的茎翼均沿着叶柄基部两端向下延伸。茎翼的形状主要有平直状（茎翼平直，侧面观呈一条直线或弧线）、微波状（茎翼有微小波状起伏或参差不齐，侧面观弯曲度微小）、波状（茎翼有明显的波状起伏，侧面观弯曲度大）等（图 10–30）。

1.平直状；2.微波状；3.波状。

图 10–30　茎翼

(4) 分枝

马铃薯地上茎的分枝是由腋芽伸长发育形成的。

马铃薯的茎常具分枝。当腋芽生长发育至茎、叶可分且节间清晰时，可认为分枝形成；当腋芽没有明显发生，或稍微发生伸长生长，但伸长很短或短缩成叶簇时，则不称为分枝。马铃薯茎上的腋芽较多，但发育成分枝的较少。

马铃薯茎上分枝的程度以分枝个数表示，农作上将现蕾期主茎上长 10 cm 以上的分枝确定为分枝。根据分枝的有无和多少，分枝程度可分为无分枝（0 个）、少分枝（1~3 个）和多分枝（≥4 个）3 类（图 10–31）。

1.腋芽；2.无分枝；3.少分枝；4.多分枝。

图 10–31　茎上腋芽与分枝

10.1.3 叶

马铃薯的叶有单叶和复叶两种类型（图 10–32）。常见的叶是羽状复叶，在植株上，复叶茂盛、数量多、叶片大；单叶常为种子萌发形成的实生苗最初发出的数叶、茎上腋芽发育的最初数叶，或块茎腋芽最初发出的数叶。除此之外，广义上的叶还包括子叶、匍匐茎上的鳞叶、花序中的苞片，以及芽眼萌发的芽叶。本节仅介绍茎上的复叶。马铃薯的单叶极少，其特征可参考复叶中的小叶，此处不赘述。

图 10–32　马铃薯单叶和复叶

10.1.3.1 叶的繁茂性

马铃薯的叶普遍比较繁茂，农作上用现蕾期的叶在植株上的覆盖度来反映植株上叶的繁茂性（图 10–33）。通常根据茎在叶丛中或叶片间露出（裸视可见）的程度分为强（茎几乎完全隐于叶间而看不到）、中（茎部分露出叶间）和弱（茎大部分或几乎全部露出叶间）3 个等级。

1.强；2.中；3.弱。

图 10–33　叶的繁茂性

10.1.3.2　叶的类型

马铃薯的叶为奇数羽状复叶，主要由顶生小叶、侧生小叶、间生小叶和托叶状小叶以不同的形式组合而成。这些小叶的大小以及在叶轴上的分布各异，形成丰富的组合式样。

根据顶生小叶与侧生小叶的大小、侧生小叶的数量、侧生小叶的疏密、小叶柄的长度、间生小叶的有无，马铃薯的复叶可分为如下 7 类（图 10–34）：

Ⅰ类（顶生小叶大而小叶柄短型）：顶生小叶大，小叶柄短或近无柄；侧生小叶中等，数量少，排列稀疏，从顶部向基部渐小。

Ⅱ类（顶生小叶超大型）：顶生小叶超大，有小叶柄；侧生小叶中等，数量少，排列正常，从顶部向基部渐小。

Ⅲ类（小叶均匀型）：顶生小叶和侧生小叶大小相近且较小，数量多，排列稀疏。

Ⅳ类（正常型）：顶生小叶中等，有小叶柄；侧生小叶中等，有时稍小于顶生小叶，数量多，排列正常，从顶部向基部渐小。

Ⅴ类（侧生小叶大而密集型）：顶生小叶与侧生小叶近等大，有小叶柄；侧生小叶大，数量多，排列紧密且有错位，基部侧生小叶小。

Ⅵ类（小叶羽裂型）：顶生小叶和侧生小叶长且羽状分裂或呈羽状，几无间生小叶。

Ⅶ类（无间生小叶型）：顶生小叶和侧生小叶大小相近且较小，全缘，无间生小叶。

1、2.顶生小叶大而小叶柄短型；3、4.顶生小叶超大型；5、6.小叶均匀型；7、8.正常型；9、10.侧生小叶大而密集型；11.小叶羽裂型；12.无间生小叶型。

图 10-34　叶的类型

10.1.3.3 复叶的组成

马铃薯常见的叶是奇数羽状复叶。复叶的叶柄称为总叶柄（简称为叶柄，下同），着生于茎或枝的节上；叶柄顶端着生小叶的轴称为叶轴（是叶柄的延伸）；叶轴的两侧着生有多枚小叶，每枚小叶基部的小叶柄生于叶轴上。

马铃薯的叶柄与叶轴均粗壮，二者之间渐变无痕，而且叶柄常叶轴化，有时叶柄很短或近无。叶柄基部两端在茎的节处有明显翅状下延，形成茎节间的翼棱，叶轴正面(或近轴面）有沟槽。叶轴每侧有正常的侧生小叶 5~9 枚。侧生小叶在叶轴节上两侧对生或近对生。叶轴顶端有 1 枚顶生小叶；两对侧生小叶之间的叶轴上有少数间生小叶；叶柄与茎之间(叶腋)、腋芽两侧常伴有托叶状小叶（图 10–35)。

1.叶全形（复叶）及其结构；2.腋芽两侧的托叶状小叶；3.叶柄基部两侧下延的棱；4.间生小叶，大小不等，单生、互生或对生。

图 10–35 复叶的组成

马铃薯复叶的叶片由 1 个叶轴和 4 类小叶（顶生小叶、侧生小叶、间生小叶和托叶状小叶）组成。小叶片的大小和形状、毛被的多少以及侧生小叶的排列疏密、间生小叶的多少等，因品种不同而有差异。

（1）侧生小叶

侧生小叶在叶轴两侧对生或近对生，有时因错位而呈互生状。同一复叶上的侧生小叶常不相等，在叶轴上自基部至顶部逐渐增大（图 10–36）。通常叶轴下部的小叶很小，有时甚至形似裂片，上部的小叶较大。

叶轴上两对侧生小叶之间的少数间生小叶的叶片常极小，形状各异，无柄或近无柄，有时呈裂片状，其叶面特征参考侧生小叶。

1.复叶的正面（左）和反面（右），示侧生小叶和间生小叶的大小和分布；2.侧生小叶正面（上）和反面（下），示叶面和叶脉；3.不规则形侧生小叶正面（左）和反面（右），叶缘和叶基偏斜。4.同一叶轴上的侧生小叶大小不等，从基部向顶部渐大。

图 10–36　侧生小叶

侧生小叶的小叶片一般为全缘，少有波状，稀羽裂；基部一般对称或稍对称，但也常有不同程度的偏斜；两面均被白色疏柔毛；叶脉清晰，在叶片正面下陷，反面凸出，致使小叶片两面粗糙不平。侧生小叶的小叶柄一般都较短，有时近无，其上被毛。除此之外，侧生小叶在颜色、光泽度、缘形以及在叶轴上的密集度等方面有一定变化。

1）颜色

马铃薯叶的侧生小叶的颜色正反面有一定差异，通常反面比正面颜色浅。以植株中部叶的小叶片正面的颜色为例，常为绿色，有时带紫色，其中小叶片带紫色时，小叶柄和叶轴也常常带紫色或全紫色（图 10–37）。

图 10–37　侧生小叶颜色

2）光泽度

马铃薯叶的侧生小叶光泽度是指植株中部复叶上小叶片正面的光泽度，可分为无光泽、中等光泽和明显有光泽（图 10–38）。

3）缘形

马铃薯叶的侧生小叶缘形是指植株中部复叶上小叶片的叶缘形状，可分为平展、微波状、波状、不规则波状和缺刻状齿裂等。此外，小叶片基部在中脉两侧或小叶柄的两侧边缘也有一定的变化，如对称、稍不对称、明显不对称、错位等，尤其后两种情形，会导致基部偏斜（图 10–39）。

1.无光泽；2.中等光泽；3.明显有光泽。

图 10–38　侧生小叶光泽度

1.两侧边平展，基部两侧对称；2.两侧边微波状，基部两侧显著偏斜；3.两侧边不规则波状，基部两侧极度偏斜；4.两侧边缺刻状齿裂，基部两侧对称；5.两侧边波状，基部两侧稍偏斜。

图 10–39　侧生小叶缘形

4）密集度

马铃薯叶的侧生小叶密集度是指植株主茎中部复叶上侧生小叶的疏密程度，分为稀疏、中等和密集 3 个等级（图 10-40）。

1.稀疏；2.中等；3.密集。

图 10-40　侧生小叶密集度

（2）顶生小叶

马铃薯叶的顶生小叶着生于叶轴的顶端，一般较侧生小叶大，有时二者的大小相差极显著。顶生小叶的形态特征可用于品种鉴别。

1）形状

马铃薯叶的顶生小叶形状是指开花初期叶片中顶生小叶的叶片形状，分为卵形、窄卵形、宽卵形（或近圆形）、菱状卵形、椭圆状卵形、心形、倒卵形、菱状披针形和戟形等（图 10-41）。

1.卵形；2.菱状卵形；3.菱状披针形；4.椭圆状卵形；5.倒卵形；6.宽卵形；7.宽卵状戟形。

图 10-41　顶生小叶形状

2）基部形状

现蕾期马铃薯叶的顶生小叶的叶片基部形状（图 10-42）可分为心形、圆形、楔形和平截形，还有两侧不对称、高低不等或明显偏斜的情况。

1.心形；2.圆形；3.楔形；4.平截；5~9.不同程度的两侧不对称（偏斜）。

图 10-42　顶生小叶基部形状

3）宽度

现蕾期马铃薯叶的顶生小叶的叶片宽度通常按叶片的宽/长比值划分为窄（<0.6）、中（0.6~0.7）和宽（>0.7）3 种类型（图 10-43）。

1.窄；2.中；3.宽。

图 10-43　顶生小叶宽度

(3) 托叶状小叶

马铃薯地上茎复叶的叶腋常有腋芽，腋芽两侧各有 1 个形似叶柄基部托叶的小叶或鳞片，可看作与叶伴生的托叶或托叶状小叶，腋芽发育成枝后此叶依然存在。该小叶普遍较小，呈裂片状，多为两侧不对称，有时无柄。托叶状小叶可分为单叶形和复叶形，其中单叶形按叶片的形状又可分为近圆形、半月形、镰刀形和偏斜形等（图 10-44）。

1.近圆形；2.半月形；3.镰刀形；4、5.偏斜形；6.复叶形。

图 10-44　托叶状小叶形状

10.1.4　花序

马铃薯的花序为螺壳式二歧聚伞花序，外形呈伞房花序状或二歧伞房花序状，有时几成伞形花序。同一花序中，不同发育期的花常同存。

10.1.4.1　着生位置

马铃薯的花序通常为顶生，位于茎顶或枝顶。因花序常与叶对生，有时稍呈偏生状（图 10–45）。

1.同时生于茎顶和枝顶；2.生于茎顶；3.生于枝顶；4.生于茎顶，稍呈偏主状。

图 10–45　花序着生位置

10.1.4.2 类型与结构

马铃薯的花序（图 10–46）属于聚伞花序类型，花序有 2 个一级序枝，形成对称式或偏斜式的二歧分枝，之后的各级序枝的分枝为单侧发育，呈螺壳式分枝，所以全花序为分枝型螺壳式二歧聚伞花序。整个花序外形呈伞房花序状或二歧伞房花序状，有时同一花序上各花柄着生位置很近，几乎在同一点上，形似伞形花序。

马铃薯的花序明显存在偏性发育的现象。第一，两分枝之间的聚伞花序顶生单花（又称顶花或中间花）不在正中，而是偏生于其中一个分枝上，稀无此花。第二，少数花序中 2 个一级序枝发育状况不一致：两侧的序枝回数不一致，一侧有明显退化分枝，有的甚至仅有一侧发育，呈半序状。第三，螺壳式单歧聚伞花序呈旗形总状化，原来的单花排成总状花序，整个花序呈旗状。

1~5.花序结构：1.完整、典型的花序；2.一级序枝之间缺失顶生单花和聚伞花序；3、4.顶生单花（已脱落）偏生于回数多的一侧分枝；5.仅有一侧分枝发育，有的花已退化（右）。
6~10.花序类型：6.螺壳式单歧呈旗形总状化花序；7、8.伞形花序状；9、10.伞房花序状。

图 10–46　花序结构与类型

10.1.4.3 花的发育次序

聚伞花序属于有限花序类，花的开放次序为：同一级花，从顶向下依次开放，即顶生单花先开，下面分枝的花后开；不同级花，从一级向后一级依次开放。由于同一花序中的花陆续发育形成，花冠渐次开放，所以不同发育时期的花同存一序。

马铃薯花序中的花，最早开放的是两分枝之间的聚伞花序顶花，然后是花序中央的花，最后是花序外围的花。顶花开放后，两侧螺壳状花序轴分枝的花从基部向末端依次开放，所以中央顶花完全开放甚至开后脱落时（此时仅见花序分枝），外围的花尚处于蕾期。蕾期花柄弯曲，花蕾下垂；随着发育的继续，花柄逐渐抬升，花冠渐渐展开。对于单歧分枝的半序型花序，常常是序轴基部的花已开放，而末端的花尚为花蕾（图 10–47）。

1.完整花序（盛花期）中不同发育期的花，花蕾在外围（下部）；2.具二级序枝的聚伞花序上 2 个顶花均为先发育；3.半序型花序中花发育次序为从序轴基部至末端，左为蕾期，右为盛花期。

图 10–47 花的发育次序

10.1.4.4　花数

农作上一般采用植株开花数量表示开花繁茂性。根据每株花序上的花朵数确定开花繁茂等级，马铃薯的开花繁茂性可分为少花型（<6）、中花型（6~10）和多花型（>10）3 个等级（图 10–48）。马铃薯的开花繁茂性常因染色体倍性和品种而异。

1~3.少花型；4~6.中花型；7、8.多花型。

图 10–48　开花繁茂性

10.1.5 花

马铃薯的花是有性繁殖器官，在杂交育种、品种资源鉴定保存、遗传学研究以及马铃薯脱毒等方面有重要意义。但是，马铃薯的实际生产多采用无性繁殖方式。

马铃薯的花属于合瓣类花：花被 2 层，即花萼和花冠，二者均显著，色彩鲜艳，各自合生，顶端均具 5（6）裂，呈辐射对称状；雄蕊 5 枚，分离；雌蕊 1 枚，位于中央（图 10–49）。

1.花的正面，示雄蕊和花冠；2.花的背面，示花萼和花冠；3、4.花的纵切面，示花托、花被、雄蕊和雌蕊的位置关系；5.雄蕊群和雌蕊。

图 10–49　花的组成与结构

10.1.5.1　花柄

马铃薯的花柄是一种生于序枝顶端并与之形同一体的复合型花柄，整体细长，分上下两部分。下部是形似花柄的序枝，较长，上下等粗　上部是真正的花柄，较短，下细上粗，向顶端逐渐过渡、扩大成花托；二者相接处有环状凸起。此环实为离层环，是花果脱落之处。花脱离时，连同花柄一并从此处脱落，故此环又称为落花节。

花柄具柔毛或近无毛，顶端花托明显，稍膨大。落花节有着色和不着色两种，节的上下两部分异色（颜色不同，有深浅差异）或同色（颜色相同），如图 10–50 所示。

1.花柄具柔毛，示花托和落花节；2.落花节上下两部分异色；3.落花节上下两部分同色；4.花柄近无毛，落花节紫色，节上下两部分同色；5.花脱落时连同花柄一并从落花节处脱落。

图 10–50　花柄及落花节

10.1.5.2 花萼

马铃薯的花萼绿色或带紫红色，下部合生呈钟状或碗碟状，外部被柔毛，内部光滑，中部以上 5（6）裂，裂片与花冠裂片互生。花萼的裂片形状变化较大，呈披针形、卵状披针形、下部卵形而上部骤缩为条形或狭披针形，有时为条形（图 10–51）。

1~3.花萼下部合生呈钟状：1.裂片狭披针形，萼筒外部被毛；2.裂片披针形，萼筒内部光滑；3.裂片下部卵形，上部骤缩为狭披针形。
4、5.花萼下部合生呈碗碟状：4.裂片下部卵形，上部骤缩为条形；5.裂片条形。

图 10–51 花萼

10.1.5.3　花冠

马铃薯的花冠属于合生型，冠辐呈轮状或辐状，顶端 5（6）裂（图 10–52）。

花蕾期花冠折叠，外观仅见瓣中折带。盛花期花冠展开，可见三角形或长圆状披针形的瓣中折带和倒三角状的瓣间折带。瓣中折带细长、平直，常与冠檐异色，其顶端为花冠裂片的顶端；瓣间折带宽阔、不平或具皱曲，与冠檐同色，构成花冠裂片的形状和裂片间裂口形态。

花冠背面被短柔毛，基部与内侧的雄蕊花丝基部、外侧的花萼筒基部愈合。

1.花蕾期可见瓣中折带，其色不同于冠檐，外侧被毛。
2~7.花冠 5 裂；2、4.盛花期可见瓣中折带和瓣间折带；3、4.花冠中与裂片顶端相对的基部呈淡绿色；5.花冠基部与花丝和花萼筒基部合生；6.白色花冠，蕾期背面（左）和盛花期腹面（右）颜色相同；7.淡紫色花冠，蕾期背面（左）和盛花期腹面（右）颜色不相同。8.花冠 6 裂。

图 10–52　花冠

（1）形状

根据花冠裂片间裂口的深度和裂片顶端之间檐线的形状，可将马铃薯花冠形状分为近五边形（浅裂，裂底不到 1/2，檐线微向内折）、星形（中裂至深裂，裂底达 1/2 或 1/2 以上，檐线明显向内折）和近圆形（无裂口，檐线微向外凸）3 种类型（图 10–53）。

1.近圆形；2、3.近五边形；4~6.星形。

图 10–53　花冠形状

（2）大小

开放花朵的花冠最大直径为花冠大小，可分为小（<2.5 cm）、中（2.5~3 cm）和大（>3 cm）3 种类型。

（3）颜色

马铃薯的花冠颜色可分为白色、黄色、浅红色、红色、浅紫色、紫色、蓝紫色和蓝色等（图 10–54）。

（4）瓣型

马铃薯的花一般为 1 层花冠，但也有 2 层或部分 2 层的花冠（图 10–55）。农作上，前者称为单瓣型，后者称为复瓣型（雄蕊和雌蕊发育正常）或重瓣型(雄蕊或雌蕊发育不正常，常瓣化)。

图 10-54　花冠颜色

1.单瓣型；2.复瓣型；3.重瓣型。

图 10–55　花冠瓣型

10.1.5.4　雌蕊

马铃薯的雌蕊仅有 1 枚，由基部的卵状子房、中部的细长花柱和顶部的膨大柱头构成（图 10–56）。

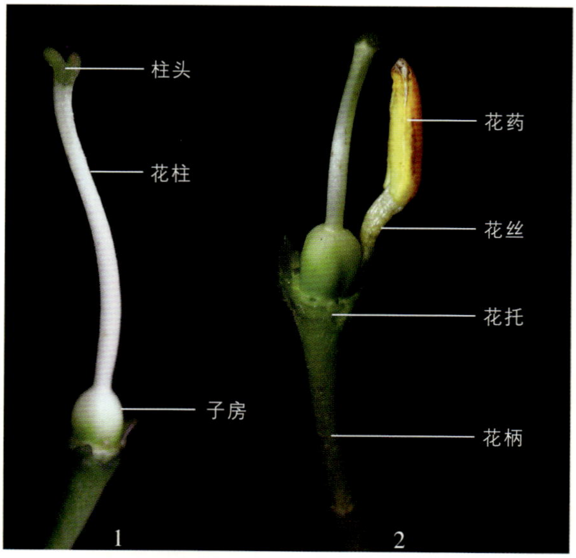

1.雌蕊；2.雌蕊与雄蕊（去除花被）。

图 10–56　雌蕊

(1) 柱头

马铃薯雌蕊的柱头膨大，呈头状或棒状，可分为无裂、2 裂和 3 裂 3 类（图 10–57）。柱头常呈不同程度的绿色（图 10–58）。

1、2.柱头无裂：1.圆盘状；2.头状。

3~6.柱头 2 裂：3.裂脊圆柱状，向外侧翻卷，裂口端面呈 U 形；4.裂脊平，不向外侧翻卷，裂口端面呈心形；5.二叉状分裂，裂片向上斜展；6.柱头 2 裂形成的顶端深凹。

7、8.柱头 3 裂：7.裂口开阔，裂片向外叉开；8.裂口狭细，裂片不叉开。

图 10–57　柱头形状

图 10–58　柱头颜色

(2) 花柱

马铃薯的花柱从花药聚合筒中伸出，为细长型。通常用花柱与花药的长度关系来衡量花柱的长度，可分为短花柱（柱头与花药顶端平齐或不及花药顶部）、中等花柱（柱头露出花药顶部，但伸出不多或超出花药顶部）和长花柱（花柱明显超出花药顶部，能看到一段花柱）3类（图10–59）。

1、2.长花柱；3.中等花柱；4.短花柱。

图10–59　花柱长度

10.1.5.5　雄蕊

马铃薯的雄蕊群有5（6）个雄蕊。雄蕊花药长，花丝短。

花药彼此靠合，似聚药雄蕊，整体呈圆台状（图10–60）。花药有2个花粉囊，生于药隔两侧，排成扁圆锥状；花粉囊顶端孔裂，基部钝圆。花丝短粗，基部与花冠合生，外侧有1轮绿色膜质蜜腺，贴生于每个花丝下部的外侧。自花丝背面观之，其下部似具“靴”；自腹面观之，其直插花托。

1.花药彼此聚拢成一体，呈圆台状；2.雄蕊群背面；3.雄蕊群腹面，示花粉囊结合缝；4.离体的雄蕊，示花丝下部附属物；5.花丝基部的绿色膜状附属物；6、7.花药顶端的孔裂，孔口具红褐色边。

图 10–60 雄蕊

（1）花药群形状

雄蕊的花药聚生，彼此靠合，上窄下宽。花药群围成的形状可为分 3 类：发育正常的呈圆锥状或圆柱状，发育不正常的则畸形（图 10–61）。

1.花药聚拢呈圆锥状；2.花药聚拢呈圆柱状；3.花药畸形错位。

图 10–61 花药群形状

（2）花药颜色

花药颜色常见的有黄色、橙黄色和黄绿色等（图 10–62），还有淡绿色、褐色和灰黄色等，后面这些颜色的花药中花粉极少或不育。

图 10–62 花药颜色

10.1.6　果实

马铃薯的果实多，生于果序上。果实为浆果，表面光滑，直径约 1.5 cm。果上具有宿存的花萼（图 10-63）。浆果的形状、数量、大小以及种子数量因倍性和品种而异。

1.果序；2、3.果实，示宿存的花萼（具毛被和褐色斑点）。

图 10-63　果序与果实

10.1.6.1　自然结实性

马铃薯的自然结实性一般根据每个果序的浆果数来判定，分为弱（1~5 个）、中等（6~8 个）、强（9~11 个）和极强（≥12 个）4 个等级（图 10-64）。若同一品种所处地区纬度或光照时长不一样，所表现出的结实性亦不同。处于高纬度、长日照地区的常有较强的结实性。

1.弱；2.中等；3.强；4.极强。

图 10-64　自然结实性

10.1.6.2　形状与颜色

马铃薯果实的形状（以横切面观）可分为长圆形、椭圆形、卵圆形和圆形。马铃薯果实的颜色有绿色、褐色和紫绿色等。

10.1.6.3　内部结构

马铃薯果实的果壁厚，内有 2 室（图 10-65），中轴胎座，每室内含有许多小型种子，生于浆果的肉质化中果壁和室壁上。除外果皮外，后期内部果壁均肉质化。

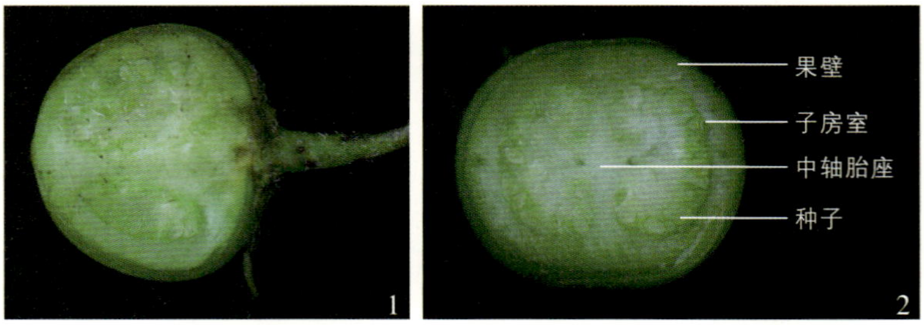

1.果柄与果实纵切面；2.果实内部结构。

图 10-65　果实及其内部结构

10.1.7 种子

马铃薯的果实有大量种子，一般每果内含有 100~300 粒种子。

马铃薯常用块茎进行无性繁殖，因此块茎被称为种薯，有时也习称为“种子”。农作上，为与之相区别，将马铃薯的种子称为实生种子，用于有性繁殖。

马铃薯的种子很小，外形呈近圆形或卵圆形，扁平，表面粗糙。成熟种子的种皮颜色一般为浅褐色或淡黄色，颜色因品种而异。

种子的结构分为 3 个部分（图 10-66）：种皮、胚乳和胚（含胚根、弯曲的胚轴和胚芽及 2 枚子叶）。

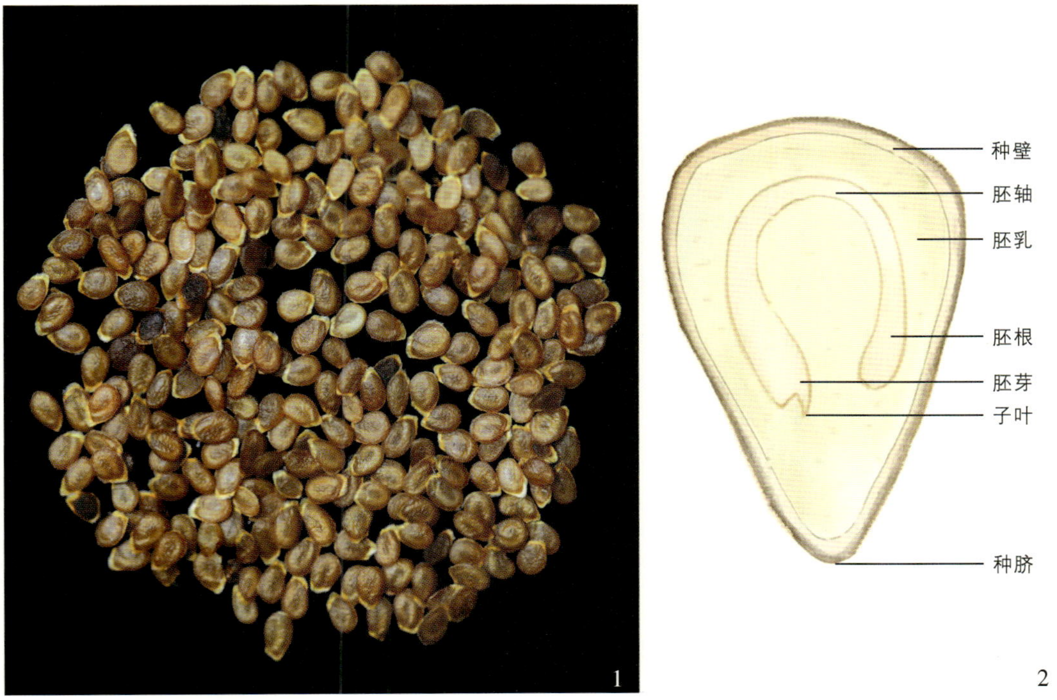

1.种子外形；2.种子内部结构。

图 10-66 种子及其内部结构

10.2 马铃薯的野生近缘植物

马铃薯隶属于茄属（*Solanum* L.）。马铃薯近缘物种在形态、生长习性和用途上都有较大的差异，其中一些物种可能具有特定的适应性状，如对环境胁迫的耐受性，或者具有特殊的营养价值和风味特征。这些特性对马铃薯遗传改良有重要意义。

我国无马铃薯的野生近缘植物，如需利用马铃薯野生近缘植物进行育种，可考虑从国外引进。

第11章

木薯及其野生近缘植物

11.1 木薯

◎ **植物名**

拉丁名：*Manihot esculenta* Crantz

中文名：木薯

别　名：树薯、树葛、木番薯

◎ **商品名**　木薯（块根）

木薯（图 11-1）隶属于大戟科（Euphorbiaceae）木薯属（*Manihot* Mill.），是与甘薯、马铃薯齐名的世界三大薯类作物之一，也是少见的灌木状多年生粮食作物。

木薯有“淀粉之王”“地下粮食”的美称，是热带、亚热带地区发展中国家的重要粮食作物，世界上约有 10 亿人以木薯为食。在许多热带地区，木薯是人们的主要粮食来源。此外，木薯淀粉是重要的工业原料，具有黏着力强、糊化温度低、糊液稳定透明、成膜性好和渗透性强等优良特性，在化工、医药、纺织、造纸及食品等领域均有广泛应用，可用来制作酒精、果糖、葡萄糖、麦芽糖、味精、啤酒、面包、饼干以及塑料纤维、塑料薄膜、树脂、涂料、胶黏剂等产品。木薯粗粉可代替谷类成分，与大豆粗粉配成禽畜饲料。近年来，木薯淀粉、木薯膨化食品、木薯干等各种制品的市场不断扩大，很有发展潜力。

木薯起源于南美洲亚马孙河流域南部地区，已有 4000 年栽培历史，现在全世界种植木薯的国家有 100 多个。19 世纪初，木薯传入中国广东，之后在其他地区开始发展。

木薯耐旱，耐涝，病虫害少，适应性强，栽培比较粗放，而且产量高，是我国南部山区常见的杂粮作物，也是我国重要的饲料和工业原料作物，在我国南方地区（福建、江西至云南以南）广泛栽培，目前已形成琼西-粤西、桂南-桂东-粤中、桂西-滇南和粤东-闽西四大主产区。

1.茎基部和根（含须根和块根）；2.植株上部，示花序和叶；3.雄花；4.雄花纵剖；5.雌花；6.去除花被的雌花，示雌蕊、退化雄蕊和花盘；7.果实。

图 11–1　木薯

11.1.1　根

不同于前述其他粮食作物，木薯是灌木，但它的根与甘薯的根有许多相似之处。从主要功能上看，除吸收养分和固着植株外，木薯的根还有贮存淀粉的功能。从来源上看，木薯的根有两类：一类来自种子（胚根），另一类来自用于繁殖的茎段（种茎）。前者是有性繁殖过程中发生的根，可以形成主根系，其中胚根发育成主根；后者是无性繁殖过程中发生的根，可以形成不定根系，且可以根据发育程度分成具有初生结构的不定根和具有次生结构的不定根。

木薯既可用种子繁殖，也可扦插栽培，但由于种子萌发力弱，生产上主要采用种茎的节段进行扦插繁殖，所以本节仅介绍不定根系。该根系最先发出不定根，再由不定根发育成不同形态的根，即农作上的细根、粗根和块根，其中细根又分为不定根和吸收根。

11.1.1.1　不定根

木薯繁殖常用的茎段称为种茎。种茎埋入土中后，即从芽痕处、托叶痕处和切口处长出不定根，形成不定根系（图 11–2）。该根系通常有 20~60 条根，无主次之分。从木薯根系发育过程和性质来看，此时的不定根属于次生根；但从茎段形成根系来看，则具有初生根性质。不定根外形细长，呈纤维状，有时称为纤维根，只有吸收功能，不能积累淀粉。在后期的发育过程中，有部分不定根会形成次生根，如吸收根、粗根和块根。

图 11–2　不定根系

木薯在不同发育阶段可发育形成 2 类不定根，即初生不定根和次生不定根。前者发生于种茎上，由表皮、皮层和中柱组成；后者发生于其他根上，如吸收根，具有类似周皮的次生保护组织。

11.1.1.2　吸收根

在粗根和块根上可以再长出不定根，常为白色。因其具有吸收水分和养分的功能，农作上又称为吸收根。粗根和块根上发出的不定根均可称为吸收根，以区别于种茎上发出的不定根。这类根属于次生的分支根，数量多，连同初生不定根构成须根系，农作上称根群。

11.1.1.3　粗根

不定根可分化、膨大形成块根。在此过程中，环境条件（如土壤中的水分、养分以及气候条件等）不适宜或发生不良变化，可能导致根虽增粗但不再继续膨大形成块根，此时形成的根称为粗根（图 11–3）。粗根属于已经分化的吸收根。粗根表面有周皮，颜色较深；内部有次生结构，次生维管组织中木射线薄壁细胞和皮层薄壁细胞中有少量淀粉积累，虽然次生木质部高度木质化，但导管增多，输导作用较强。

图 11–3　根系

11.1.1.4　块根

不定根进一步发育，出现形成层，次生木质部产生大量薄壁细胞，使根部不断增粗、膨大，并积累大量淀粉，最终形成块根，农作上称为薯或薯块。块根肥大、肉质，是积累淀粉和其他营养成分的根，也是木薯的主要贮藏器官。

(1) 分布

块根的分布如图 11–4 所示，有时由种茎形成的根状茎上可同时出现数个块根。

1~3.生长方向：1.水平；2.不规则（倒立的根）；3.垂直（倒立的根，上层 2 根为水平）。
2~6.集散程度：2、3.集中式；4、5.分散式集中（在集中基础上散开）；6.一段根状茎上有 2 个块根集中着生点。

图 11–4　块根的分布

块根生长方向的分布：垂直向下；近平于地面；斜向或没有固定方向（不规则)。一般水平生长的块根长而粗，垂直生长的块根短而小。

块根着生位置或发生部位的分布：木薯的不定根可以在芽痕处、托叶痕处和切口处发生，块根可在不定根的不同部位发生，所以块根在地下的分布与种茎的长度、种茎上的节数、发生部位以及不定根的长度等有关，有时集中，有时分散，有时为分散式集中，但无论哪种情况，一般分布范围不会过大。农作上，常采用茎段繁殖，不定根常常在断面处发出，所以块根在植株上的生长分布多数为集中式。

块根类型的分布：木薯块根源于细圆柱状不定根局部的异常膨大，可以单个独生，也可 2 个（或多个）连生（图 11–4：1)。其中后者常较单个块根分布的距离远。

(2) 数量

每株木薯的块根数量有一定差异，一般为 5 或 6 个，多者 10 个以上。块根大小差异极大，有时出现块根上再生块根的现象（图 11–5)，有的块根很小，有的块根与粗根差异较小，须认真甄别。

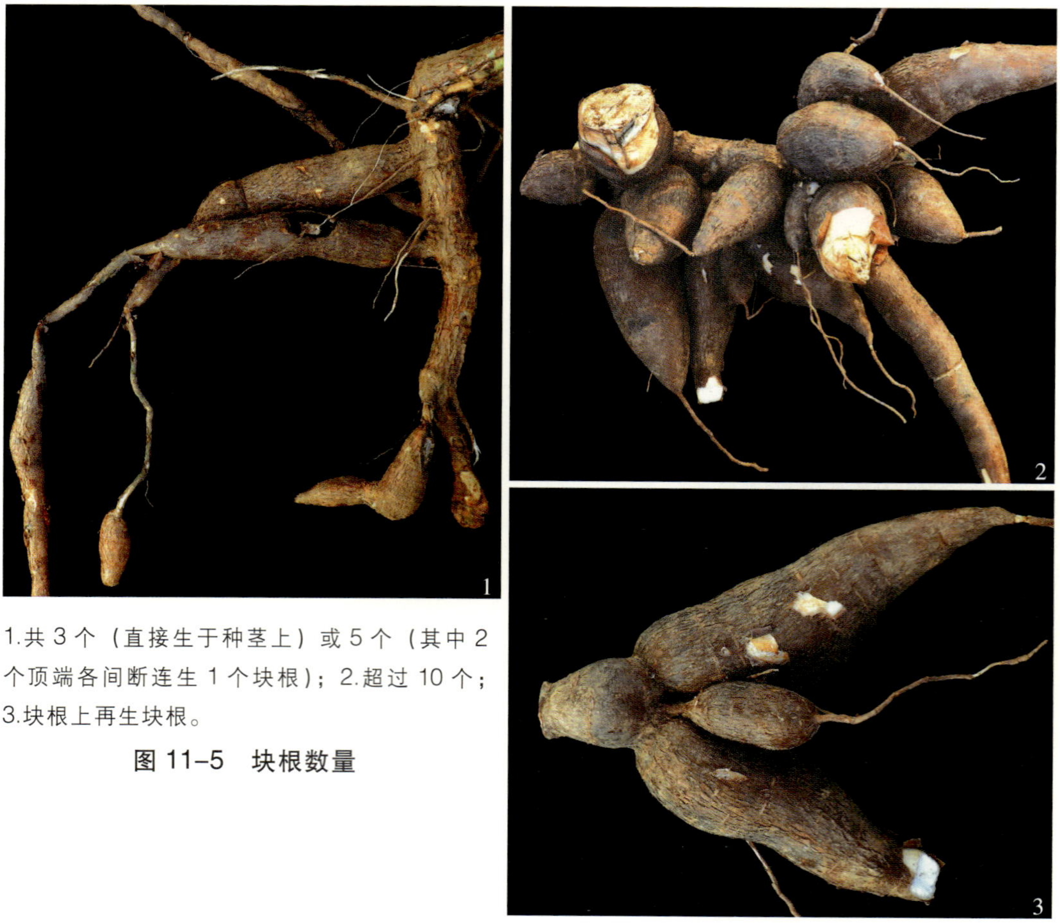

1.共 3 个（直接生于种茎上）或 5 个（其中 2 个顶端各间断连生 1 个块根）；2.超过 10 个；3.块根上再生块根。

图 11–5 块根数量

(3) 形状

成熟块根的形状在农作上称为薯形。在发育成块根的过程中，基部或中部的膨大程度一般大于上部，有时长形块根中部膨大。

木薯的块根形状（图 11-6）有圆锥状、圆柱状、纺锤状、长纺锤状、索形纺锤状。块根长短不一，大小不等，一般长为 30~40 cm，最长者 1 m 以上。

1.圆锥状（同一株上的 4 个块根）；2.纺锤状；3.长纺锤状；4.索形纺锤状；5.圆柱状。

图 11-6　块根形状

(4) 表面特征

块根可形成于不定根的基部、中部或顶部，所以多数块根的顶端有一段不定根，有的块根两端都有一段不定根，有的不定根顶端再形成块根（图 11–7：1）。

木薯块根幼时较光滑，随着发育增粗，表面呈现出不规则的纵裂（图 11–7：2）和裂条，表面粗糙，具栓皮层，呈深浅不同的褐色，同时外表具有多条平行分布的横向皮孔线（图 11–7：3）。

(5) 内部结构

块根（薯）的横切面（图 11–7：4）由外向内可分为薯外皮（木栓层）、薯内皮（初生韧皮部）、薯肉（木薄壁细胞组织）和薯心（初生木质部）4 个部分。

薯外皮为周皮，农作上也称为表皮，木栓化，薄而致密，有明显的纵向裂纹和皱条，呈褐色。薯内皮较厚而平滑，包含韧皮部和皮层，颜色有白色、乳黄色或紫红色。薯肉是薯的主要组成部分，由初生木质部分化而来的木薄壁细胞构成，肥大，贮藏有大量淀粉，含有少量导管和纤维，颜色多为白色或黄色。薯心由初生木质部的维管束组成，贯穿整个薯的中心，坚韧，木质化。

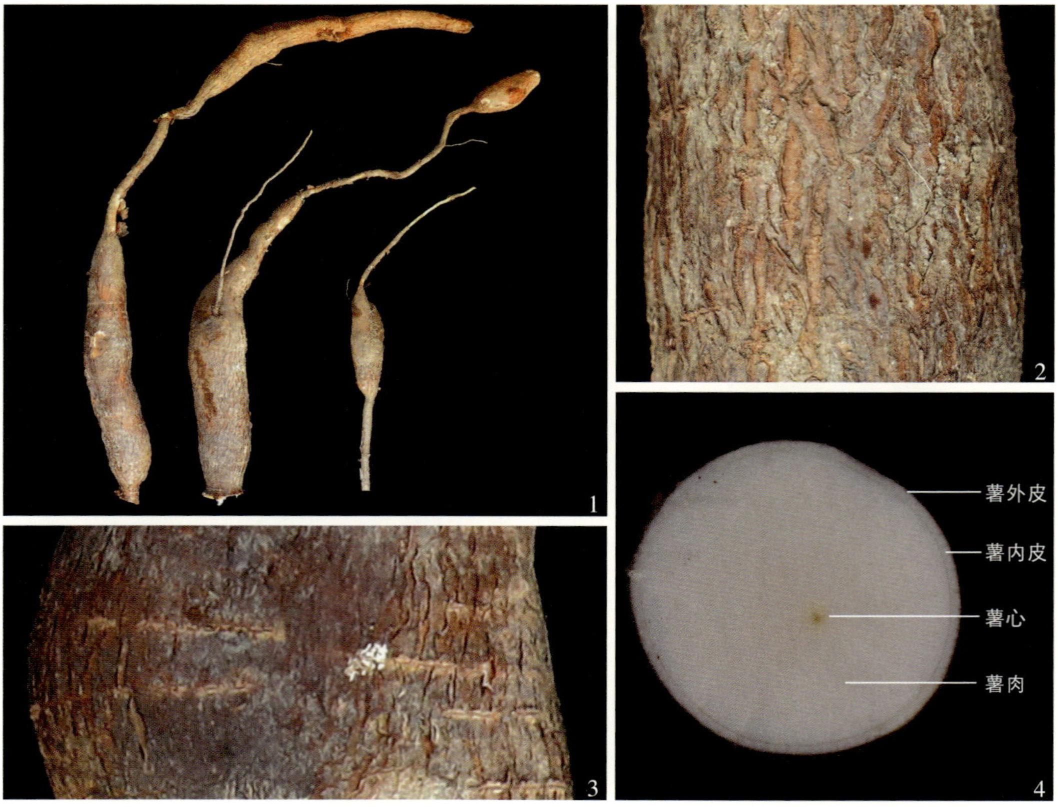

1.块根顶端具不定根；2.表面纵向开裂；3.表面具水平分布的横向皮孔线；4.块根横切面。

图 11–7　块根表面特征和内部结构

11.1.2　茎

木薯的茎是由种茎的腋芽或种子的上胚轴发育而成的，由节（腋芽处）和节间组成。发育充分、完全的茎（农作上也称为成熟茎）是木薯生产中的繁殖器官（即种茎）。木薯的茎直立，高 1~5 m（农作上为收获期主茎第一分枝处的高度），粗 2~4 cm（农作上为收获期主茎距地面 10 cm 处的直径），中部分枝较少。

11.1.2.1　株型

植株的外部形状即株型。木薯的株型有伞型、圆柱型和直立型。农作上的株型是指发育中期、生长正常的植株中出现最多的株型。

11.1.2.2　分枝

茎上各节都有腋芽，腋芽可发育成分枝，而且全茎都可作种茎，用于繁殖。

木薯茎（农作上又称为主茎）的分枝有顶分枝和侧分枝 2 种。顶分枝也称为生殖分枝，是木薯生长到一定阶段后，顶端生长点退化，由顶端侧芽萌生而成；侧分枝由主茎腋芽萌生而成，但多数品种没有侧分枝。

顶端常呈三叉分枝，也有二叉分枝和四叉分枝。分枝部位的高低因品种和生长环境而异，分枝的长度随着分枝数的增加而减小。

11.1.2.3　表面特征

刚形成的幼茎肉质，外形呈五棱状，表皮光滑，鲜绿色；随着木质化程度的提高，茎呈圆柱状，表面具皮孔和细小裂纹，呈绿色、黄绿色或灰绿色，具有叶柄基的桩状凸起和托叶基的条状隆起；老茎（成熟茎或成年茎）完全木质化，呈圆柱状，表面具粗大皮孔和明显裂纹；更老的茎表面的栓皮层纵向开裂，呈灰色、灰白色、绿褐色或褐色。

幼苗的嫩茎可分为直立形和“之”字形，但老茎则多为直立形。成年植株顶部幼嫩的茎段呈“之”字形，随着生长和茎增粗，逐渐变直。

木薯茎表面的颜色变化较小，通常是幼时绿色，随着茎段木质化程度提高，逐渐转变为黄褐色、灰褐色等颜色（因品种而异）。

木薯茎的表面有 4 个特点：一是幼茎具粗棱和沟槽，棱和槽各有 5 条；二是节位具有 3 类凸起，即叶柄脱落后叶枕形成的桩状凸起，托叶脱落后的痕基隆起，不发育的腋芽基部组织膨大，三者均宿存于茎上，形成节状凸起；三是老茎表面密布纵向浅裂和栓皮层纵条，使得茎表面粗糙；四是老茎具有“双表皮”，外表皮为褐色的栓皮层，薄而致密，膜片状，且有不规则条形加厚，栓皮层下的内表皮（实为皮层的外层）为绿色，其上仍散布白色皮孔（图 11–8）。

1.茎顶部，茎段“之”字形弯曲；2.茎顶部的幼嫩茎段，具棱和槽；3.茎中上部；4.茎中部；5.茎下部，表面具明显的裂纹，叶枕痕已不见；6.退化腋芽基部组织凸起；7.栓皮层膜片状，纵裂，有不规则条形加厚；8.栓皮层下的“内表皮”，具皮孔。

图 11–8 茎的表面特征

11.1.2.4 内部结构

木薯茎的横切面（图 11–9）显示：表皮薄且光滑，具有蜡质；皮层厚而质软，呈绿色，含有叶绿素并具有乳管，可分泌白色乳汁；髓部白色，无横隔，海绵状，富含水分；髓部外的皮层内均匀分布有多个维管束，膨大形成多条棱。

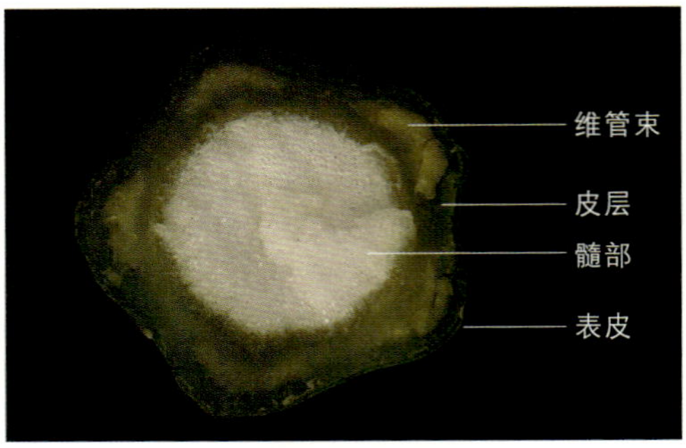

图 11–9 茎的横切面

11.1.3　叶

木薯的叶为单叶，互生，呈螺旋状排列，几乎垂直于茎，近水平分布（图 11-10）。在植株的茎上部，从顶部向下，叶片逐渐增大，叶柄逐渐变长。整个茎上部的叶侧视呈卵圆形，俯视呈伞形。完整的叶包括叶柄、叶片和托叶。农作上，木薯叶的各个特征以植株生长中期为标准。

1.植株上部（侧视）；2、3.不同品种的茎上部叶及其分布，从顶部向下叶片渐大、叶柄渐长。

图 11–10　茎上部叶的分布和大小对比

11.1.3.1　叶柄

叶柄细长，直挺，长 20~30 cm，长圆柱状，具不明显纵棱，基部近轴面多具凹沟。通常叶柄幼时绿色，伸长后受阳光照射呈紫红色，颜色的深浅与光照的时间或强度有关，可呈全紫、上紫下绿、前紫后绿等不同变化。除此之外，叶柄还可呈全绿色、乳黄色或绿色带紫色条纹。

叶柄顶部稍呈盾状，着生于叶片基部，前端不同程度上弯，以使叶片平行于地面，可最大程度接受太阳光照。

叶柄基部具稍膨大的叶枕。叶枕向两侧延伸，与两侧的托叶连为一体。叶老化后，叶柄从叶枕顶端脱落，而叶枕却宿存于茎上。叶枕的断面上留有明显的叶痕，断面呈平顶状，常见的有帽形、马蹄形、蝶形、圆形、扁圆形、长椭圆形等(图11-11)。叶枕有不同程度的凸起，按高低可分为较小凸起、中度凸起和较大凸起 3 种类型。

1、2.叶柄颜色。3、4.叶柄形状：3.叶柄顶部稍弯曲；4.叶柄基部正面凹陷。
5~9.叶枕断面形状：5.长椭圆形；6.帽形；7.马蹄形；8.扁圆形；9.近圆形。

图 11-11　叶柄

11.1.3.2 叶片

叶片纸质，宽大，外廓呈近圆形，掌状多裂，裂深几达基部，形成多个裂片（图 11–12）。裂片常为 7~9 片，少者为 5 片，多者达 13 片，数量因品种而异。同一叶上的裂片通常为从两侧向顶端渐大，其中两侧（底部）的 2 裂片均不对称。

幼叶的颜色有绿色和紫色两种，非常幼嫩时呈浅绿色或紫红色，后逐渐转变为绿色，被短柔毛。成年叶的叶片正面绿色，基部叶脉着生处颜色变浅，叶片反面淡绿色；裂片形状为椭圆形、披针形、线形、倒卵披针形、提琴形和拱形；裂片基部之间的裂底呈小弧弯；裂片全缘，顶端渐尖；裂片的中脉为一级脉，从叶柄着生处向外呈辐射状排列；侧脉（5~）7~15 条，反面凸出，尤以中脉为甚，脉间具羽状网脉，脉绿色或红色。

1、2.幼叶。3、4.成年叶，裂片呈倒卵状长楔形，两侧基部小，向中渐大：3.正面；4.反面。
5.同一片叶（裂片呈倒卵状披针形）中各裂片的大小对比。

图 11–12　叶片

11.1.3.3　托叶

托叶较小，2 枚，分生于叶柄基部两侧，呈三角状披针形，长 5~7 mm，全缘或具 3~5 裂。托叶脱落后，托叶痕呈鱼脊状凸起，宿存于茎上（图 11–13）。

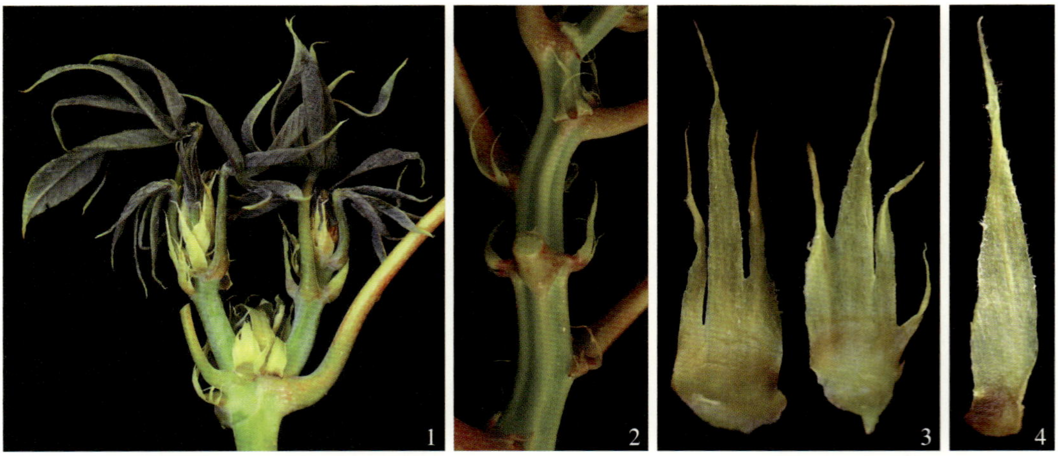

1~3.分裂的托叶：1.茎顶端幼茎叶柄两侧托叶；2.幼茎叶柄两侧托叶；3.具 3、4 裂的托叶。
4.不裂的托叶，披针形，先端长渐尖。

图 11–13　托叶

11.1.4　花序

木薯的花序为圆锥花序，顶生或腋生，生于顶端分叉处，长 5~8 cm，花序梗长，序枝（花序分枝）疏散，通常有 1~4 枝。

木薯为雌雄同序、异位、异花授粉作物。花在同一序枝上排成总状，雄花生于顶部，雌花生于基部。每个花序常有雄花数十朵乃至百朵以上，雌花 3~10 朵。雌花和雄花均为单被，或无花冠，或花被呈花萼状（图 11-14）。

图 11-14　花序

11.1.5 花

木薯的花为单性、单被、辐射对称的花。无论是雄花还是雌花，花被均较厚，色彩鲜艳、美丽，其中下部愈合呈钟状，上部 5 裂，裂片大小近相等，向外开展。

11.1.5.1 雄花

雄花（图 11–15）的花被长约 7 mm，开放后下垂，状如吊钟；具 5 裂，裂片卵形或长卵形，近等大，长 3~4 mm，外面浅黄色或黄绿色，边缘带紫红色，内面紫红色，外面光滑，内面被毛。雄蕊 10 枚，排成 2 轮，生于花盘上；花丝分离，外轮较粗，内轮较细；花药黄色，圆筒状，顶部被白色的短毛。花基部的花盘扁平，橙红色，周围具 10 浅裂。

11.1.5.2 雌花

雌花（图 11–16）的花被长约 10 mm；具 5 裂，裂片长圆状披针形，长约 8 mm，浅黄色，中脉和边缘紫红色。子房卵状，绿色，具 6 条纵棱，3 室；柱头 3 裂，外弯，折扇状，肉质，乳白色。花基部的花盘呈紫红色或黄色，能分泌蜜液。

图 11–15　雄花

图 11–16　雌花

11.1.6　果实

木薯的果实为蒴果，圆球状或椭球状，长 1.5~1.8 cm，直径 1~1.5 cm；表面有 6 条狭长的波状纵翅。内有 3 室，每室含 1 粒种子（图 11–17）。成熟时蒴果开裂，爆裂的裂片将种子弹出。

种子扁长，似肾状，长约 1 cm，具 3 棱，褐色或灰褐色。种皮硬壳质，光滑，带黑色斑纹。

1.果实外形；2.果实横切面。

图 11–17　果实

11.2 木薯的野生近缘植物

木薯起源于南美洲的巴西中部亚马孙河流域。木薯的品种都是高度杂合的无性系，其亲缘种尚不清楚。有人认为，岩生木薯［*Manihot tristis* subsp. *saxicola* (Lanj.) D. J. Rogers & Appan］和墨柄木薯（*M. melanobasis* Müll. Arg.）与木薯栽培种的形态极为相似，可能与木薯栽培种有亲缘关系。

木薯属种类繁多（约 159 种），均为野生种，形态差异大，有近无茎的亚灌木和小乔木，也有匍匐生长、茎叶特异、可供观赏的种类。绝大多数野生种难以用种茎进行无性繁殖，只能用种子繁殖，但种子的发芽率很低。野生种具有广泛的适应性，互相之间也可进行杂交，杂交后代能产生贮藏淀粉的块根，可为杂交育种提供抗病、低生氰糖苷含量、高淀粉和高蛋白质含量的多样性种质资源。

我国栽培的木薯属植物有木薯和木薯胶 2 种，均为国外引种植物。我国尚未发现木薯的野生近缘植物。生产上使用的木薯品种实际上是杂种第一代的无性系后代，它能同野生种杂交，得到可用于栽培的后代。我国生产上使用的木薯品种绝大多数是直接从国外引进的，少数是国内在此基础上选育的。

第12章

绿豆及其野生近缘植物

12.1　绿豆

◎ **植物名**

拉丁名：*Vigna radiata* (L.) R. Wilczek

中文名：绿豆

别　名：青小豆、菉豆、植豆、文豆

◎ **商品名**　绿豆（种子）

绿豆（图 12-1）隶属于豆科（Fabaceae）豇豆属（*Vigna* Savi），为一年生草本植物，是重要的粮豆作物。绿豆的种子可直接煮食，或发制豆芽作蔬菜，也可用于制作豆沙，还可提取淀粉制作粉丝、粉皮等；种子入药，有清凉解毒、利尿明目的功效；叶、花、豆芽和种皮等也可药用；荚壳、豆饼和秸秆是优良饲料；全草是夏季绿肥。

绿豆原产于中国、印度地区，先后传入非洲、欧洲、美洲，现在热带、亚热带的非洲和亚洲地区广泛栽培，其产区主要位于亚洲，以中国、印度及东南亚地区为主。

绿豆在中国已有 2000 余年的栽培史，现在南北各地均有种植，主要分布于黄淮流域及东北和华北地区，内蒙古、吉林、安徽、山西和河南等地的绿豆产量占全国绿豆产量的绝大部分。按地理分布，绿豆的种植区大致可分为四大主产区：东北春播绿豆区（包括内蒙古、黑龙江、吉林和辽宁）、华北春夏播绿豆区（包括河北、山西、北京和天津）、西北春播绿豆区（包括陕西、甘肃和新疆）、南方绿豆区（包括河南、山东、安徽、江苏、湖北、湖南、重庆和四川等长江中下游地区）。

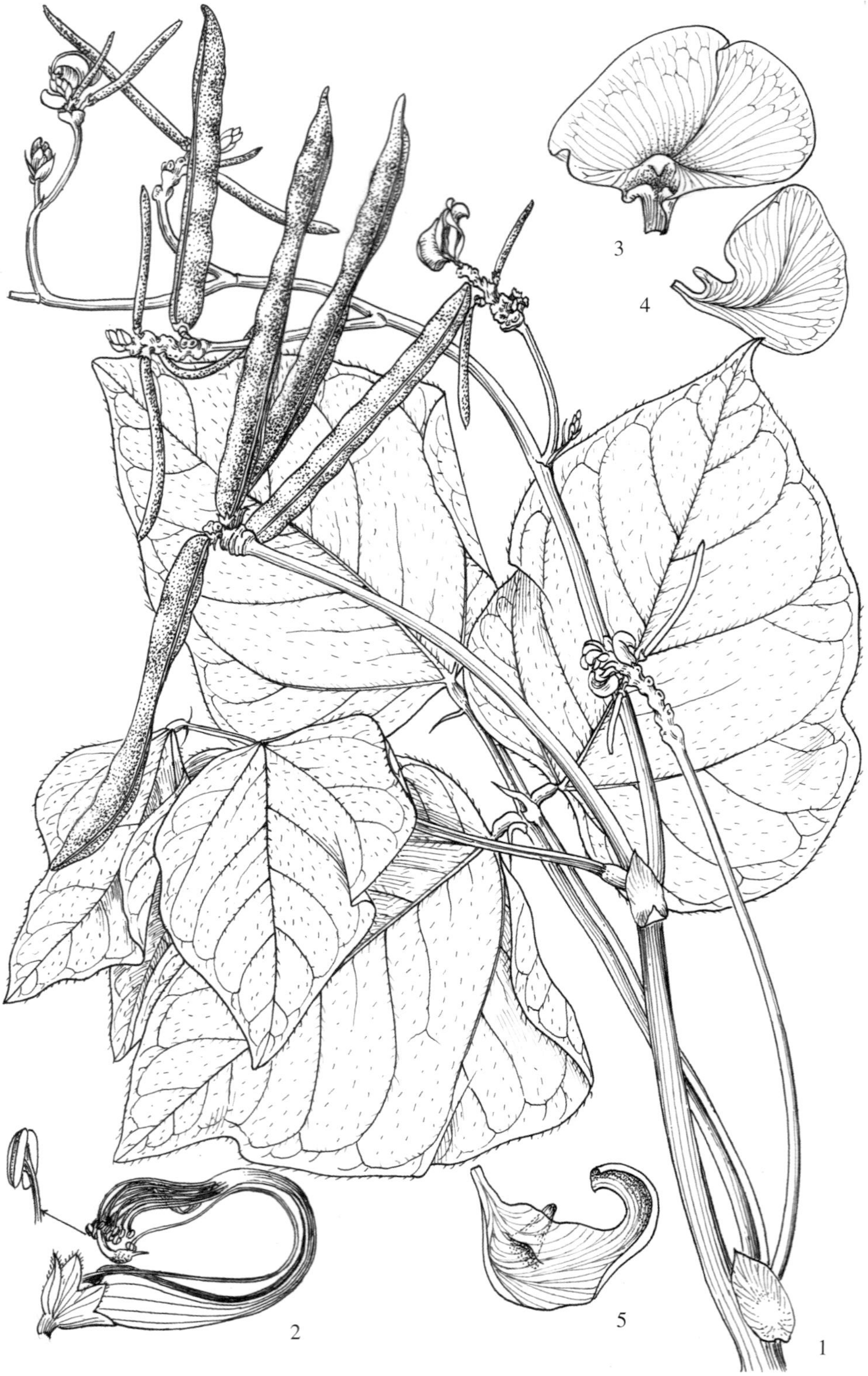

1.花果枝，示叶、花序和果序；2.去花瓣的花，示花萼、雄蕊和雌蕊；3.旗瓣；4.翼瓣；5.龙骨瓣。

图 12-1 绿豆

12.1.1　根

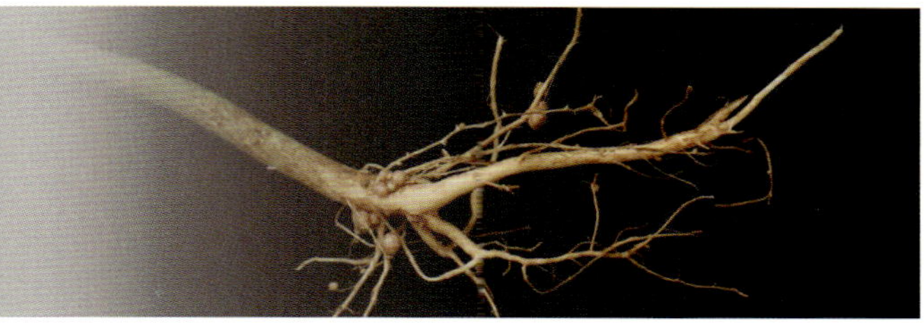

植物的根主要具有固定植株、吸收水分和营养物质的作用，还具有输导功能、合成与转化功能以及贮藏作用等。除此之外，绿豆的根还有固氮功能，此功能对其生长发育至关重要。绿豆的根为直根系，由主根和侧根以及根上的根毛和根瘤组成。

从发育过程的不同阶段来看，绿豆的根可分为胚根、幼根和成年根，根的形态逐渐变化，结构不断复杂，其功能也逐渐增强。

12.1.1.1　胚根

胚根是种子萌发期间形成的根，是发生的第一条根。该根发生于种子的胚，是最初形成的独立根，所以又被称为种子根或初生根。胚根萌发时，在种脐的一端突破种皮，从 2 枚子叶瓣与胚轴的着生点之间向外伸出。胚根破皮后，初时直伸，随后转向，向地生长。随着胚根的伸长，根毛出现，直至一对子叶从种皮中脱离，第一对真叶露出。在此期间，胚根始终为无分枝的“光”根（图 12–2：1~5）。

12.1.1.2 根系

（1）幼根系

第一对真叶完全发出后，胚根开始发出侧根。此时，胚根变成主根，进入幼根阶段（图 12–2：6、7）。从此，绿豆的根有了主次之分，即主根和侧根。其中：主根为初生根，垂直向下生长，但入土较浅；侧根为次生根，较细小，尚未再分支。此时的幼根有了根系的雏形，可称为早期根系或幼根系。

（2）成年根系

随着幼根的发育，侧根逐渐增多。发自主根的侧根称为一级侧根；至第二真叶发出，一级侧根伸长，发出二级侧根。此时，绿豆的根具有主根和二级侧根，形成完整的根系（图 12–3）。此后，主根逐渐加粗、伸长，一级侧根也相应增粗，同时侧根的级数和数量也不断增加，向四周延伸，形成结构更复杂的成年根系。

为适应不同的环境，绿豆演变出中生和旱生两种不同的类型。中生类型的主根不发达，有许多侧根，属浅根系，多为蔓生型品种；旱生类型的主根扎得较深，侧根向斜下方伸展，多为直立型或半蔓生型品种。

1.胚根突破种皮；2.胚根稍伸出；3.胚根下弯；4.胚根向下伸长，出现根毛，子叶脱离种皮；5.第一对真叶露出时的胚根；6.第一对真叶完全发出时的幼根，上胚轴显露，主根发出侧根；7.第一对真叶完全展开，幼根的侧根伸长、增粗。

图 12-2　胚根与幼根

1.第二真叶发出时一级侧根伸长，发出二级侧根；2.成年植株的根，主根和侧根都明显增粗。

图 12-3　成年根系

12.1.1.3　根瘤

绿豆根系共生有根瘤（图 12–4）。根瘤是根瘤菌刺激形成的块状结构，大小不一，形状不定，生于主根基部和侧根上。初生根瘤为绿色或淡褐色，以后逐渐变为粉红色直至深褐色。根瘤呈球状或不规则状，单生或簇生。粉红色根瘤的固氮能力较强。

1.根瘤生于主根基部和侧根上；2.根瘤形状。

图 12–4　根瘤

12.1.2 茎

绿豆的茎直立、披散或蔓生，比较坚硬，全株分枝包括呈茎、枝状的花序梗。从幼苗到成年植株，绿豆的茎有不同变化。

12.1.2.1 株高

植株高度在农作上常被称为株高，是指果实成熟时从子叶节到植株顶端的长度。绿豆株高因品种而异，一般为 40~100 cm，高者达 150 cm，矮者仅 20~30 cm。

12.1.2.2 株型

开花期，根据茎和分枝的生长情况，可将绿豆的株型分为直立型、半蔓生型和蔓生型 3 种类型（图 12–5）。

12.1.2.3 茎段

绿豆成年植株的茎比较坚硬，近圆柱状，其下部与上部的形态不同。上部着生枝和叶，为具枝叶茎段；下部无枝、无叶，可以子叶节为标志再分为上胚轴和下胚轴 2 个茎段。

（1）下胚轴茎段

绿豆的下胚轴茎段参与茎的形成，其上端为子叶节，下端与根自然过渡，其上无叶（图 12–6）。该段位于茎的基部，常分为地下和地上 2 段，其中地下段的下部为白色，靠近地表的部分因受光照而呈浅绿色或浅紫色，地下部分偶发不定根。下胚轴形成的茎段呈圆柱状，光滑、无棱、无毛，其长短因栽培条件而异。

（2）上胚轴茎段

绿豆的上胚轴茎段位于下胚轴茎段之上、子叶节与第一对真叶节之间（图 12–7），其上无叶。该茎段呈近圆柱状，具 4 条细纵棱。纵棱幼时比较明显，随着茎段的增粗，逐渐不清晰。

（3）具枝叶茎段

绿豆的具枝叶茎段为上胚轴茎段之上的茎，以第一对真叶节为起点，其上具枝和叶，有明显的棱和毛被，因具有分枝而略有弯折（中上部尤为明显）。花果期，茎的上部和顶端着生花序或果序（图 12–8）。

1.直立型；2.半蔓生型；3、4.蔓生型。

图 12-5　株型

1.幼苗；2.成年植株。

图 12-6 下胚轴茎段

1.幼苗；2、3.成年植株。

图 12-7 上胚轴茎段

1.茎中部，具枝和叶；2.茎顶端，具花序。

图 12-8 具枝叶茎段

12.1.2.4 节

绿豆茎上的节具有重要作用：茎（节间）的伸长、着叶、生芽、发枝、成花序、贴生托叶等。

全茎自下而上有 3 种节（图 12–9）：一对子叶着生的节，即子叶节；第一对真叶（单叶或基叶）着生的节，即单叶节；单一复叶着生的节，即复叶节，为常见的茎生节。其中：前两种节仅着生叶，其叶常早落，留下节痕，且苗期节痕相对明显，花果期节痕则不明显；第三种节较为复杂，其上着生叶和腋芽，因叶常不脱落，外表无特殊的形态结构，所以节不明显，常以叶柄着生处为标志。

茎生节上着生复叶的叶柄，叶柄与茎相接部位的两侧着生托叶，叶柄与茎之间着生腋芽。腋芽可以发育成分枝，甚至转变为花序。

绿豆的节主要是指茎和分枝上的节，茎上一般有 10~15 节。

1.一对子叶着生的节（子叶节）和第一对真叶着生的节（单叶节）；2.单一复叶着生的节（复叶节），节上着生叶、腋芽、枝或花序。

图 12–9 节

12.1.2.5 茎色

出苗时和苗期，绿豆幼茎的颜色为绿色或紫色。花果期，茎表面的颜色为绿色、绿色带紫色或紫色（图 12-10）。

1~3.萌发后期或刚出苗时；4.苗期；5~7.花果期。

图 12-10 茎色

12.1.2.6　毛被

绿豆的茎表面常被向下的长硬毛，毛色为灰色或褐色。毛被分布的疏密程度可分为无或近无、稀疏、密生 3 个等级（图 12–11）。

1.近无；2~4.稀疏；5、6.密生。

图 12–11　毛被

12.1.3 叶

绿豆的叶类型比较多，按发育阶段先后出现多种叶，包括子叶、基叶（第一对真叶或单叶）、复叶（含小叶、托叶和小托叶）和苞片（含小苞片，见本书12.1.4节）。

12.1.3.1 子叶

绿豆是双子叶植物，具有2片子叶。子叶是胚生的叶，2片子叶对生，呈椭圆球状或倒卵圆球状，二者相对面平，向背面圆凸。子叶从种皮中裸露时呈白色或浅绿色，后变为绿色或紫色（图12–12）。子叶出土后7天左右即干枯、脱落。

图 12–12 子叶颜色变化

12.1.3.2 基叶

在子叶上方、茎的第一节上长出的1对近无叶柄的单叶，是生于茎基部的真叶，称为基叶。该叶的叶片形状主要有披针形和卵圆形等（图12–13），顶端尖，基部圆，两边全缘，正面呈绿色，叶脉基部三出，在叶正面下陷，在叶反面凸出。

1.披针形；2.卵状披针形；3、4.长卵圆形。

图 12–13　基叶的叶片形状

12.1.3.3　复叶

随着幼茎生长，在第一节（基叶节）以上的茎上，每节着生 1 片三出羽状复叶，呈互生方式排列。

(1) 复叶类型

绿豆的叶为奇数羽状复叶，由顶生小叶（中间小叶）和侧生小叶组成，常见的叶具 3 片小叶。但在实验条件下，绿豆的叶偶有侧生小叶发生分裂，出现类五出复叶和类七出复叶等变异类型（图 12–14）。

1.三出复叶；2.类五出复叶；3.类七出复叶。

图 12-14 复叶类型

(2) 组成与结构

复叶由托叶、叶柄、叶轴、小叶四部分组成（图 12-15）。叶柄细长，呈绿色、紫绿色或紫色，具倒生的毛被，正面具宽平槽，槽棱较粗，侧面和背部具细棱；叶柄基部膨大，呈圆柱状，称为叶枕；叶柄以叶枕着生于茎上。叶柄顶端着生有三出羽状复叶，包括 1 段叶轴和 3 片小叶，叶轴似叶柄，但槽棱更凸出。

1.复叶的着生方式。2.复叶的组成。
3~6.复叶的不同部位：3.叶枕；4.叶柄；5.叶轴正面和小托叶；6.叶轴侧面和小叶柄。
7~9.不同部位的复叶：7.顶部叶（发育早期叶）；8.中部叶（发育中期叶）；9.下部叶（发育晚期叶）。

图 12-15　复叶组成及其形态

(3) 小叶

绿豆的小叶有顶生小叶和侧生小叶 2 类，二者在位置上和形状上有明显不同。顶生小叶生于叶轴的顶端，小叶片为两侧对称，具对称的三出脉。侧生小叶生于叶柄顶端、叶轴基部，小叶片常不对称，呈不同程度的偏斜，具偏侧的三出脉；以中脉为中轴，向上的半片狭窄，具羽状脉；向下的半片较宽，且基部向外扩展。同一植株上的小叶在茎上一般从下向上逐渐增大（图 12-16），差异显著。

1.植株不同部位复叶的小叶大小差异明显；2.同一复叶上顶生小叶与侧生小叶的形状和叶脉类型明显不同。

图 12–16 小叶

1）小叶柄

小叶的叶柄简称为小叶柄，短而无棱，呈绿色或紫色。小叶柄被毛，按毛被分布的疏密程度可分为无或近无、稀疏、密生 3 类（图 12–17）。

2）小托叶

小叶柄的托叶简称为小托叶，位于小叶柄基部。其中顶生小叶的小叶柄基部左右两侧均着生有小托叶，每侧有 1 或 2 枚；对生侧生小叶的小托叶仅着生于小叶柄基部下侧，而且每个小叶柄下侧同样有 1 或 2 枚。小托叶形状多样，常见的有长狭披针形、狭披针形、卵状披针形、披针形或锥形等，顶端渐尖、长渐尖、线状长渐尖或芒尖（图 12–17）。

Ⅰ.小叶柄毛被：1.近无；2、3.稀疏；4、5.密生。
Ⅱ.侧生小叶具单个小托叶：3.狭披针形；5.披针形（具芒尖）。
Ⅲ.顶生小叶具 2 个小托叶：2.长狭披针形（具线状长渐尖）；4.锥形；5.披针形。

图 12-17 小叶柄和小托叶

3）小叶片

除对称性不同外，绿豆的顶生小叶与侧生小叶的叶片的其他特征基本一致。现以顶生小叶为例，介绍绿豆小叶片的特征。

当三出复叶（盛花期茎中部叶）完全展开时，顶生小叶的叶片一般长 5~10 cm，宽 2.5~7.5（~12）cm。此外，小叶片在叶形、叶尖、叶缘、叶色、叶脉以及毛被等方面也有一定差异。

① 叶形

小叶片的形状有三角形、卵圆形、楔形、菱形和裂叶形等（图 12–18）。

1.三角形；2.楔形；3.三角状菱形；4.菱形；5.圆状菱形；6.卵圆状菱形；7.卵形；8.长卵形；9.宽卵形。

图 12–18　顶生小叶的叶形

② 叶尖

小叶片的顶端有渐尖、锐尖、短尖和钝尖等形状（图 12-19）。

1~3.渐尖或锐尖；4、5.钝尖或急尖。

图 12-19 顶生小叶的叶尖

③ 叶缘

小叶片的边缘有全缘、微波状和浅裂等形状（图 12-20）。

1.全缘；2.微波状；3.浅裂。

图 12-20 顶生小叶的叶缘

④ 叶色

小叶片的颜色多为绿色，但有深浅变化（图 12-21）。

1、2.叶片两面颜色：1.正面；2.反面。3~6.叶片呈不同程度的绿色。

图 12-21 顶生小叶的叶色

⑤ 叶脉

小叶片的叶脉明显为基出三脉式的羽状脉。叶脉在叶片的正面下陷，在反面凸出。叶脉的颜色有绿色和紫色 2 类（图 12-22）。

1.叶片正面叶脉下陷；2.叶片反面叶脉外凸；3.叶脉绿色；4.叶脉紫色。

图 12-22 顶生小叶的叶脉

⑥毛被

小叶片常被毛（图 12-23），两面不同程度被疏长毛，主要分布在叶脉上，叶缘有纤毛。根据正面毛被的密度可分为无毛或近无毛、稀疏、较密 3 类。

1.叶缘被长柔毛；2.叶片正面，近无毛，毛生于叶脉上；3.叶片反面，毛生于叶脉上；4.叶片正面，无毛。

图 12-23　顶生小叶的毛被

(4) 托叶

在复叶叶柄的基部两侧生有 2 片托叶。托叶盾状着生，常为卵形、长卵形或宽卵形，顶端尖，边缘具长柔毛，着生点位于其中下部，着生点以下部分的大小和形状不定（图 12-24）。

1、2.着生位置：1.茎中部；2.幼茎顶部。3、4.卵形托叶，示叶脉和缘毛，顶端尖。

图 12-24　复叶的托叶

12.1.4 花序

绿豆的花序梗长、序轴短，花在序轴上紧密排列，组成总状花序。

12.1.4.1 花序分布

绿豆的花序为腋生花序。花序梗粗壮，形同茎的分枝，其中生于茎顶叶腋的花序形似花序顶生。有时，花序集中于枝顶，呈圆锥花序状（图 12-25）。植株蔓生时，花序梗会发生弯曲。

1、2.分布：1.茎顶部；2.茎中部。3~5.形状：3.圆锥花序状；4.伞房花序状；5.点状花序。

图 12-25　花序分布及形状

12.1.4.2　组成与结构

绿豆的花序由粗短花序轴和两性花以及粗长的花序梗组成（图 12-26），形成较短的总状花序。花序梗长 3~10 cm，有时更长，其上被倒生柔毛。花序长度常不超过花序梗，有时相差数倍，有时近等长。

花序轴节间短，被毛；序轴节处常有腺体，腺体上下排成 1 列，并伴有膨胀，呈平台状。花有数朵至十余朵，最多可达 25 朵；花生于节上，同一节有花 2 朵，与腺体相对，生于序轴两侧，近对生或对生，上下节的花在序轴上左右互生，排成 2 列。每个花柄基部都有 2 枚小苞片，呈长圆形至线状披针形，长 4~7 mm，具纤毛，早落或近宿存。

1.花序全形，示花序顶端退化的花、短序轴与极长花序梗；2.花序梗具倒生毛被；3.序轴节间极短，花（果）互生，序轴节膨大，节处具腺体，在上下节呈左右互生；4.序轴节间具毛被，花（果）近对生或对生，序轴节处一排腺体膨大，呈平台状；5.小苞片呈线状披针形和长卵圆形；6.花柄下部具 2 枚小苞片；7.小苞片具纤毛。

图 12-26　花序组成与结构

12.1.5 花

绿豆的花为两侧对称的两性完全花，属于离瓣花类，由花柄、花萼、花冠、雄蕊和雌蕊等组成。其中，花柄极短，基部有2枚小苞片（图12–26）。

12.1.5.1 花萼

花萼合生，呈钟状，顶端5裂（图12–27）。裂片窄三角形，边缘狭膜质，具纤毛。5个裂片大小和分布不均匀，呈2唇状：下唇3裂片长，中裂片最长，裂片顶端渐尖；上唇为先端2裂的裂片，近合生，裂片宽短，顶端急尖。

1.花萼及小苞片；2.花萼纵剖，示上唇2裂片（左侧）、下唇3裂片中的2个裂片（右侧）；3.花萼解剖，示上唇2裂片（右上）和下唇3裂片（分别位于左侧和右下方）。

图12–27 花萼

12.1.5.2 花冠

绿豆的花冠位于花萼内，整个花冠为蝶形花冠，由旗瓣、翼瓣和龙骨瓣组成（图12–28），无毛，黄色，有时泛紫色。

旗瓣近方形或近矩形，呈偏斜矩圆形，顶端微缺，两侧向外翻转，中部内弯，有时内侧呈粉红色。

翼瓣 2 片，对生，位于旗瓣下方；除下部外，翼瓣全部均被旗瓣包围。翼瓣呈斜卵形，中部内弯，基部渐尖，形成 2 爪。

龙骨瓣 2 片，对生，下缘龙骨状合生，呈镰刀状，着生于花冠最内侧，外有翼瓣相包。龙骨瓣右侧有显著的角状囊，基部爪状，顶部为内弯、稍旋卷的喙。

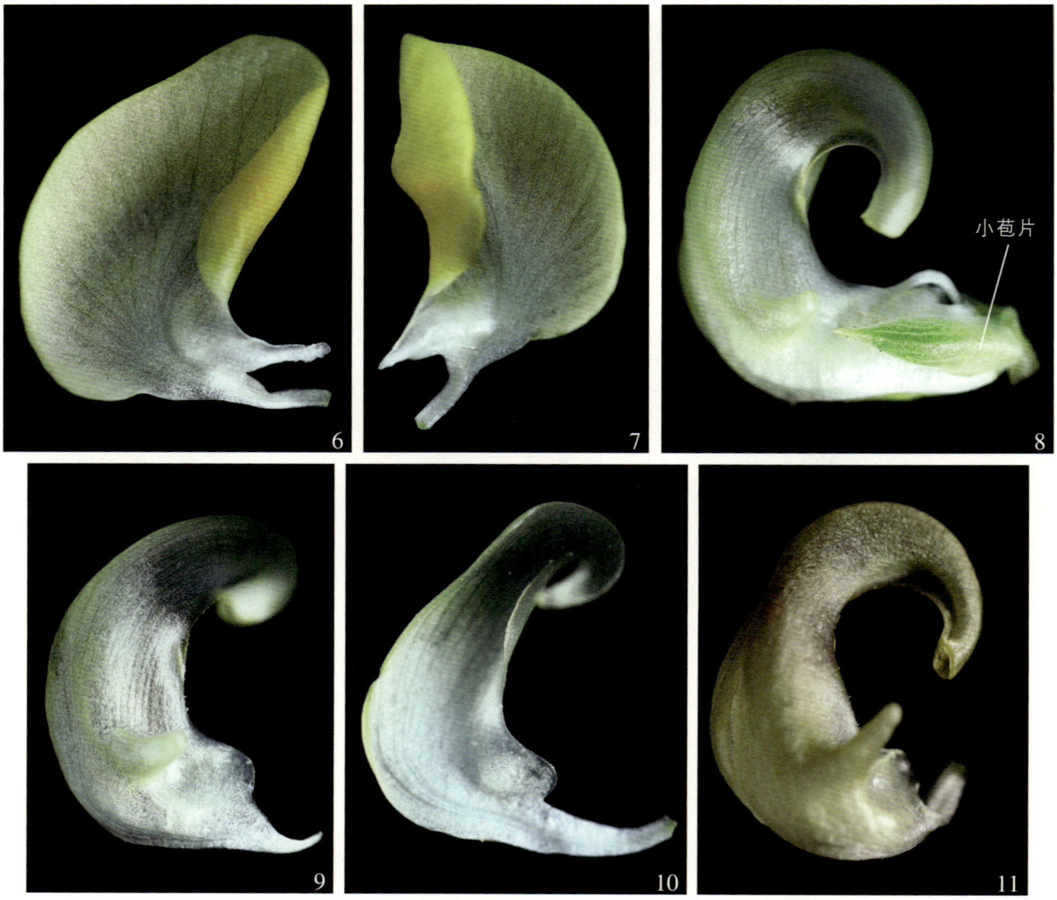

1~3.花冠外观：1.蕾期，旗瓣刚开裂；2.花正面，前后 2 片翼瓣之间可见弯曲的龙骨瓣；3.花侧面，旗瓣向后翻，可见 2 片翼瓣。

4~11.花冠解剖：4.旗瓣正面，左右两部分上下错位，上端交叠错位，中央具黄色腺体；5.旗瓣背面，下部着生于花萼内，可见 2 枚小苞片；6、7.翼瓣的腹面，向内折的部分黄色；8.上半部分回旋弯曲的龙骨瓣；9.龙骨瓣的背面观；10.龙骨瓣的腹面观；11.龙骨瓣的角状囊。

图 12-28 花冠

12.1.5.3 雄蕊和雌蕊

绿豆的雌蕊生于雄蕊形成的花丝管内，在外形上二者合一，形成两性套合体(图 12-29)。

雄蕊有 10 枚，花丝细长，随龙骨瓣弯曲，其中 9 枚中下部合生呈管状，1 枚单生，形成“9+1”的二体雄蕊；花药未成熟时呈淡黄色或黄绿色，成熟时呈黄色。

雌蕊 1 枚，位于花的中央、花丝管内；子房无柄，长圆柱状，周体密被绒毛；花柱细长，随花丝管弯曲，上部内侧具硬毛或粗毛；柱头侧生，有尖喙。

1.雌蕊与雄蕊的套合体；2.合生雄蕊 9 枚，花丝中下部合生成花丝管，上部离生；3.单生雄蕊；4.雌蕊全形；5.花柱上部一侧具硬毛；6.柱头背面观，具尖喙。

图 12-29　雄蕊和雌蕊

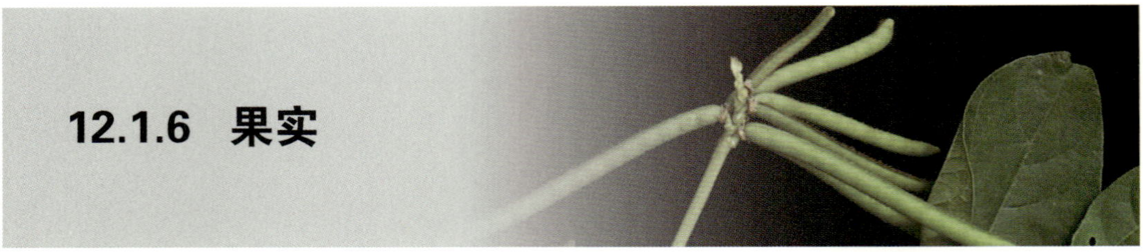

12.1.6 果实

绿豆的果实为荚果，成熟时由背、腹缝线同时裂开，农作上有时称之为豆荚。果实在果序上的排列式样基本同花序（图 12–25）。绿豆的单株结荚数因品种和生长条件而异，一般 30 个左右，少者 10 多个，多者可达 150 个。

12.1.6.1 着生姿态

绿豆的果实常聚生在果序梗顶端，因着生密度不同、果柄长度不等、果体弯直度不一致，果序呈现不同着生姿态，包括平列、指状、向下斜射、伞形下垂、倒垂状等不同类型（图 12–30）。

1.平列；2.指状；3.向下斜射；4.伞形下垂；5、6.倒垂状。

图 12–30 果序着生姿态

12.1.6.2 形态与结构

绿豆的荚果由果柄、果荚和种子组成。果柄常弯曲。荚果幼时为绿色，呈线状或圆柱状，被毛。果中后期，腹缝线一侧长于背缝线一侧，顶端偏斜，呈喙状，果体平展或微弯曲；种子单列，陷于果壁内，与内果壁紧贴，彼此之间有薄隔膜。果实成熟时，花萼和毛被宿存，果壁在种子之间有些收缩，并沿腹缝线开裂，带动背缝线同时裂成 2 个果爿（半个果瓣裂片），裂开的果爿会发生扭转。果爿内壁呈白色，海绵质（图 12-31）。

1.幼果；2.中后期荚果；3.外果壁被褐色毛，中果壁肉质，内果壁白色膜贡，与种皮紧贴；4.成熟荚果，外果壁褐色，花萼和毛被宿存；5.成熟荚果裂开的果爿扭转。

图 12-31 形态与结构

12.1.6.3 毛被

绿豆果荚具褐色或灰色毛被（图 12-32），多为茸毛、短硬毛或长硬毛，但也有无毛品种。毛被密度可分为无、稀、密 3 类。

1.毛被短而密；2、3.毛被长而密；4.毛被短而稀；5.毛被长而稀。

图 12-32 果荚毛被

12.1.6.4　颜色

果荚未成熟时为绿色，成熟后为黄白色、褐色或黑色（图 12-33）。

图 12-33　成熟果荚的颜色

12.1.6.5　形状

荚果的形状简称为果形，农作上有时称为荚形。绿豆果荚细长，常见的有圆柱状、扁圆柱状、长梭状、羊角状或弯弓状等形状（图 12-34）。

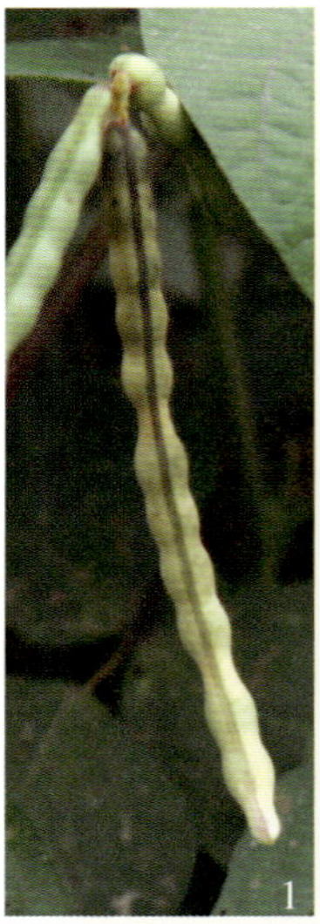

1、2.圆柱状；3.扁圆柱状；4.长梭状；5.羊角状；6.弯弓状。

图 12–34　荚形

12.1.7　种子

绿豆的种子呈单行着生于果荚内。每个果荚内一般有 8~15 粒种子。种子由种皮、子叶和胚三部分组成。

12.1.7.1　表面

(1) 种脐

绿豆种子的表面光滑，侧面有 1 个种脐。种脐（图12–35）白色，长卵状椭圆形，与种子的长轴平行，与种皮相平。种脐是种子脱离着生于腹缝线上的种柄时留下的痕迹。

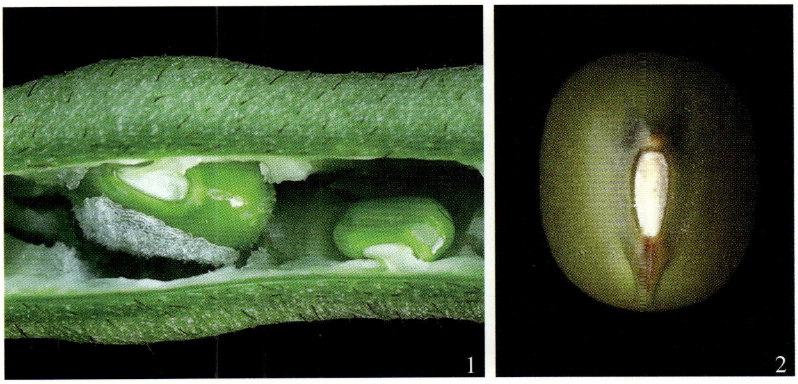

1.幼嫩种子，种脐上的种柄一端连着种子，另一端着生于腹缝线上；2.成熟种子，种脐白色，位于种子中部的一侧。

图 12–35　种脐

(2) 皮色

成熟种子表皮的颜色在农作上称为皮色（图 12–36）。绿豆种子常见的颜色有黄色、绿色、褐色、蓝青色和黑色。各色绿豆又分为有光泽的和无光泽的 2 类，在农作上分别称为明绿豆和毛绿豆。

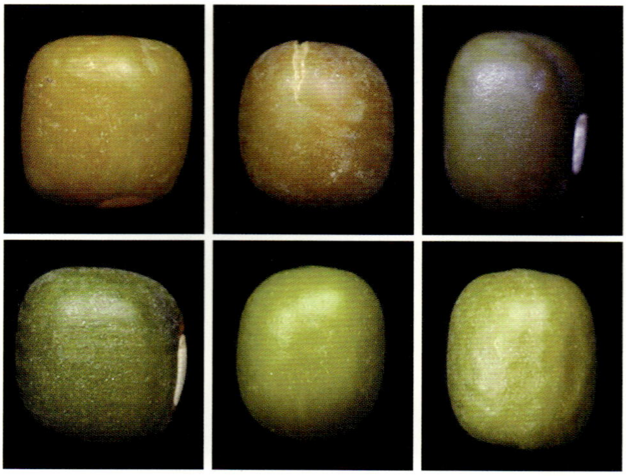

图 12-36　皮色

12.1.7.2　粒形

种子的形状在农作上称为粒形。绿豆的粒形常见的有短圆柱状、长圆柱状和近圆球状等形状（图 12-37）。

1、2.短圆柱状；3、4.长圆柱状；5.长圆球状；6~8.近圆球状。

图 12-37　粒形

12.2　绿豆的野生近缘植物

绿豆的野生近缘植物主要是豇豆属种类。豇豆属约有 100 种，主要分布于热带地区；我国有 14 种，其中绿豆的野生近缘植物有 11 种。

乌头叶豇豆（别名：乌头叶莱豆）

Vigna aconitifolia (Jacq.) Verdc.

茎：铺地蔓生，纤细，长 60~130 cm，有棱，疏生短柔毛。

叶：托叶盾状着生，披针形，长 12 mm，小托叶钻形。叶柄长 5~10 cm，上面有深槽。小叶片长 5~8 cm，3~5 裂，裂片线状披针形，不同程度被毛，全缘。

花序/花：总状花序腋生，呈头状；花序梗长 5~10 cm，较叶柄细，稍被毛。花小，2~5 朵。苞片披针形，具缘毛。花柄短。花萼长 2~3 mm，5 裂，裂齿近相等。花冠黄色，长 5~6（~9）mm；旗瓣宽心形，顶端内凹；翼瓣倒卵形，具耳；龙骨瓣顶端旋卷。

果实：褐色，圆柱状，在果序梗上平列，长 2.5~5 cm，宽 4~5 mm，被短硬毛，具短钝喙。果内有种子 4~9 粒。

种子：黄色、棕色或杂以黑斑，椭圆球状，长 4~5 mm；种脐白色，线形。

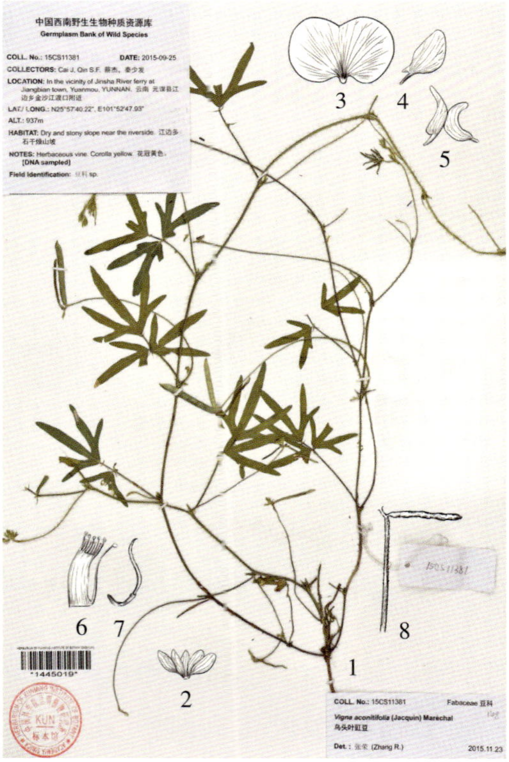

1.具果序植株（标本）；2.花萼纵剖面；3.旗瓣；4.翼瓣；5.龙骨瓣；6.雄蕊管纵剖；7.雌蕊；8.果实及其着生类型。

图 12-38　乌头叶豇豆

腺药豇豆

Vigna adenantha (G. Mey.) Maréchal, Mascherpa & Stainier

茎： 攀缘或匍匐生长，长 4~7 m。

叶： 托叶基部截形，不延伸至着生点以下，披针形，长 3~5 mm。叶柄长 3.5~5（~9）cm。顶生小叶菱状卵形，长 7~8 cm，宽 5~6.5 cm，近无毛，顶端锐尖，基部钝；侧生小叶稍偏斜。

花序/花： 总状花序腋生，长 9~17 cm（含花序梗）。花柄长 2~3 mm。小苞片卵形，长约 4 mm，早落。花萼裂片渐尖。花冠紫色，长 1.8~3 cm；旗瓣圆形；翼瓣长圆形，具不明显的耳；龙骨瓣螺旋状弯曲，约 3 圈。子房无毛。

果实： 线状条形，长 9~14 cm，宽 0.8~1.4 cm，无毛。果内有种子 11~15 粒。

种子： 深棕色，肾形，长约 7 mm，宽约 5 mm。

图 12-39　腺药豇豆

赤豆（别名：小豆、红豆、红小豆）

Vigna angularis (Willd.) Ohwi & H. Ohashi

茎： 株高 30~90 cm；茎具棱，疏生柔毛。

叶： 羽状复叶具 3 小叶。托叶盾状着生，箭头形，长约 0.8 cm。小叶片卵形至菱状卵形，长 5~10 cm，宽 5~8 cm；顶生小叶片宽三角形或近圆形；侧生小叶片偏斜，全缘或 3 浅裂，两面有白色柔毛。

花序/花： 总状花序腋生，5 或 6 朵花生于短的花序梗顶端。花柄极短。小苞片线状披针形，比花萼长。花萼钟状，长 3~4 mm，萼齿卵形，钝，有缘毛。花冠黄色，长约 15 mm；旗瓣扁圆形或近肾形，常稍歪斜，顶端凹；翼瓣长圆形，比龙骨瓣宽，具短瓣柄及耳；龙骨瓣上部卷曲近半圆，其中一片的中下部有一角状凸起，基部有瓣柄。子房线状，无毛；花柱线形卷曲，近先端有毛。

果实： 圆柱状，长 5~6 cm，宽 4~5 mm，平展或下弯，无毛。果内有种子 6~10 粒。

种子： 暗红色，长圆球状，两端截平或近浑圆，有光泽；种脐白色，不凹陷。

1.花腹面；2.花萼纵剖背面，示小苞片；3.旗瓣背面；4.翼瓣（2 片）；5.龙骨瓣；6.去花冠的花，示苞片、花萼、雌蕊和雄蕊复合体；7.幼果，示苞片。

图 12–40　赤豆

短果豇豆（别名：和氏豇豆）
Vigna hosei (Craib) Backer

茎：缠绕或匍匐生长，通常形成厚的地被。

叶：托叶在基部2裂。叶柄长2~5 cm。小叶卵状椭圆形或斜卵形，长3~7.5 cm，宽2~5 cm，先端钝至锐尖，基部圆形，两面薄被毛。

花序/花：总状花序腋生，花序梗长1.5~7 cm。花柄长1.7~2.2 mm，被贴伏短柔毛。萼管1.7~2.2 mm，上部裂片合生成三角形的唇，长约1.2 mm。花冠黄色；旗瓣直径6~12 mm；龙骨瓣短于或稍长于翼瓣，不具喙。子房密被贴生长柔毛。

果实：黑色，长圆球状，长1~2 cm，宽4~4.5 mm，有毛。果内有种子1~4粒。

种子：长4~5 mm，宽3~3.5 mm；种脐长2 mm，位于近中央处。

1.具花序茎段（标本）；2.花正面；3.花侧面。

图12-41　短果豇豆

长叶豇豆（别名：狭叶豇豆）
Vigna luteola (Jacq.) Benth.

茎：坚韧，匍匐生长，长1.2~2.4 m，下部生不定根，上部被毛或变无毛。

叶：羽状复叶具3小叶。托叶卵状披针形，长3~4 mm，宽约2 mm，着生点以下2浅裂。叶柄长2~8 cm；小叶柄长2~3 mm。小叶片卵形、卵状椭圆形或卵状披针形，极稀为线状披针形，长2.5~11 cm，宽0.4~5 cm，顶端急尖或渐尖，基部圆形或楔形，全缘，两面疏生短柔毛或无毛。

花序/花：总状花序腋生，少花；花序梗长 5~40 cm；序轴长 1.5~5 cm。花柄长 4~9 mm，多毛。小苞片卵状披针形，长 1.5~2 mm，宽 1.5 mm，具 1 脉。花萼被短柔毛，后脱落，萼管长 3~4 mm，裂片三角形，长 2~4 mm，上部的一对合生，具急尖的小尖头或稀分裂的唇。旗瓣黄色或淡绿色，背面有时染红，扁圆形，长 1.3~2.5 cm，宽 1.2~2.6 cm，顶端微凹，无毛；翼瓣倒卵形；龙骨瓣具短喙，顶端钝。

果实：线状，长 4~8 cm，宽 5~6.5 mm，被短柔毛，种子间微收缩。果内有种子 6~9（~12）粒。

种子：暗红棕色或灰棕色，偶有黑点，长圆球状或菱形卵状，长 3~6 mm，宽 2~3.5 mm；种脐圆形。

1.具叶茎段（标本）；2.花正面（腹面）；3.花正面（俯视）。

图 12-42　长叶豇豆

滨豇豆

Vigna marina (Burm.) Merr.

茎：长可达数米，幼时被毛，成熟时毛脱落。

叶：羽状复叶具 3 小叶。托叶基着，卵形，长 3~5 mm。叶柄长 1.5~11.5 cm；小叶柄长 2~6 mm。小叶片卵圆形或倒卵形，近革质，长 3.5~9.5 cm，宽 2.5~7.5 cm，先端浑圆、钝形或微凹，基部宽楔形或近圆形，两面被极稀疏的短刚毛至近无毛。

花序/花：总状花序腋生，长 2~4 cm；花序梗长 3~13 cm，有时增粗。花柄长 4.5~6 mm。小苞片披针形，长约 1.5 mm，早落。萼管长 2.5~3 mm，无毛，萼裂片三角形，长 1~1.5 mm，上方一对裂片连合成全缘的上唇，具缘毛。花冠黄色；旗瓣倒卵形，长 1.2~1.3 cm，宽约 1.4 cm；翼瓣和龙骨瓣均长约 1 cm。

果实：线形长圆柱状，微弯，肿胀，长 3.5~6 cm，宽 8~9 mm，幼时被稀疏微柔毛，老时无毛；种子间稍收缩。果内有种子 2~6（~8）粒。

种子：黄褐色或红褐色，长圆球状，长 5~7 mm，宽 4.5~5 mm；种脐长圆球状，一端稍狭，种脐周围的种皮稍隆起。

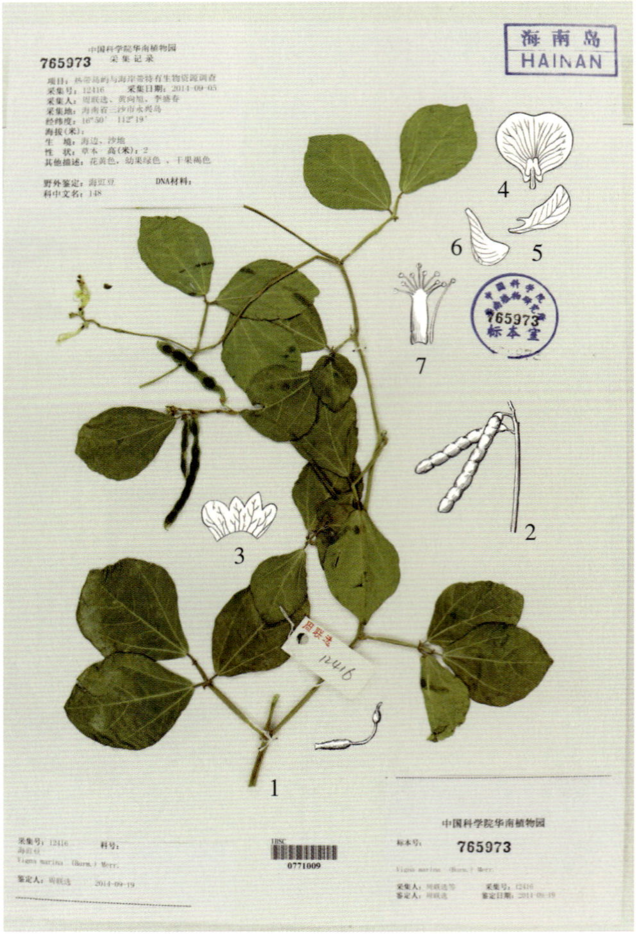

1.具叶、花序和果序的茎段（标本）；2.果序和果实；3.花萼纵剖；4.旗瓣；5.翼瓣；6.龙骨瓣；7.雄蕊管纵剖。

图 12-43　滨豇豆

贼小豆（别名：狭叶菜豆）

Vigna minima (Roxb.) Ohwi & H. Ohashi

茎：纤细，下部直立，中上部缠绕，无毛或被疏毛。

叶：羽状复叶具 3 小叶。托叶盾状着生，披针形，长约 4 mm，疏被硬毛。小叶片卵形、卵状披针形、近圆形、披针形或线形，长 2~7 cm，宽 0.5~3 cm，顶端急尖或钝，基部圆形或宽楔形，两面近无毛或疏生糙伏毛。

花序/花：总状花序腋生，柔弱；花序梗远长于叶柄；通常有花 3 或 4 朵。小苞片线形或线状披针形。花萼钟状，长约 3 mm，具 5 齿，裂齿不等大，被硬缘毛。花冠黄色；旗瓣近圆形，长约 1 cm，宽约 8 mm，极外弯；龙骨瓣具长而尖的耳。

果实：圆柱状，长 3.5~6.5 cm，宽约 4 mm，无毛，开裂后果爿旋卷。果内有种子 4~8 粒。

种子：深灰色，矩圆形短柱状，两端平截，长约 4 mm，宽约 3 mm；种脐线形，微凸起，长约 3 mm。

1.茎上部；2.叶；3.旗瓣；4.翼瓣；5.龙骨瓣；6.雌蕊和雄蕊复合体；7.果实；8.种子。

图 12–44　贼小豆

卷毛豇豆
Vigna reflexopilosa Hayata

茎：圆柱状，具条纹，被反折的硬糙毛和黄色疏柔毛。

叶：羽状复叶具 3 小叶。托叶盾状，长圆形，连耳长约 1 cm，宽约 3 mm，顶端锐尖，两面及边缘被纤毛状长柔毛。小托叶披针形，长 2~4 mm。叶柄长约 7 cm，被反折长柔毛。顶生小叶片菱状卵形，长约 8.5 cm，宽约 5 cm，顶端锐尖，基部圆形，全缘或具深波状，叶脉在两面稍凸起，两面被硬糙毛；侧生小叶与顶生小叶近同形，稍大，斜卵形；小叶柄长约 3 mm，叶轴长约 2 cm。

花序/花：总状花序腋生，长约 3 cm；花序梗长约 13 cm，被反折长柔毛。苞片与托叶同形。花柄长约 1 cm，顶端具 2 枚小苞片。花萼阔钟形，长约 3 mm，裂片边缘具齿状细缘毛，上方的裂片极宽，全缘，下唇 3 裂，裂片三角形，急尖。花冠黄色；旗瓣近圆形或倒卵形，顶端微凹；翼瓣卵形，基部具耳；龙骨瓣镰刀状。

果实：线形，长 5~7.5 cm，稍粗糙。

种子：深灰色，长约 3mm，宽约 2 mm。

1.具花序茎段；2.果序；3.旗瓣；4.翼瓣；5.龙骨瓣；6.雄蕊和雌蕊；7.种子。

图 12–45　卷毛豇豆

三裂叶豇豆（别名：三裂叶菜豆）

Vigna trilobata (L.) Verdc.

茎：长 30~60 cm，无毛或被脱落性毛。

叶：羽状复叶具 3 小叶。托叶近基部盾状着生，卵形，长 0.6~1.9 cm。小叶片菱形或卵形，长 2.5~5 cm，边缘有裂，其中一年生的栽培植株常浅裂，多年生的野生植株常深裂，中裂片阔匙形，顶端钝，无毛或被不明显的短毛。

花序/花：总状花序腋生，头状，花序梗长于叶。花柄极短。花萼钟状，裂齿三角形，长约 2 mm。花冠黄色，长约 6 mm；旗瓣宽心形，顶端具小舌片；翼瓣倒卵形，具耳；龙骨瓣顶端旋卷。

果实：圆柱状，长 3~4 cm，宽 3~4 mm，老时无毛。荚内有种子 6~12 粒。

种子：灰绿色，有时夹有不均匀的深棕色，极小，圆柱状，两头截平；种脐白色，长圆形，外凸。

1.植株（标本）；2.具花序和果序的茎段；3.旗瓣；4.翼瓣；5.龙骨瓣；6.雌蕊；7.果实（已开裂）。

图 12-46　三裂叶豇豆

赤小豆

Vigna umbellata (Thunb.) Ohwi & Ohashi

茎：纤细，长达 1 m 或更长，幼时被黄色长柔毛，成熟时无毛。

叶：羽状复叶具 3 小叶。托叶盾状着生，披针形或卵状披针形，长 10~15 mm，两端渐尖；小托叶钻形。小叶片卵形或披针形，纸质，长 10~13 cm，宽 5~7.5 cm，顶端急尖，基部宽楔形或钝，全缘或微 3 裂，两面脉上被疏毛。

花序/花：总状花序腋生，短，有花 2 或 3 朵。苞片披针形。花柄短，着生处有腺体。花萼钟状，长 3~4 mm，5 裂，裂齿三角形。花冠黄色；旗瓣长圆形，长约 1.5 cm，顶端微缺；翼瓣倒卵形；龙骨瓣右侧具长角状囊。

果实：线形圆柱状，下垂，长 6~10 cm，宽约 5 mm，无毛。果内有种子 6~10 粒。

种子：通常暗红色，有时为褐色、黑色或草黄色，长椭圆状，长 4~9 mm，宽 3~3.5 mm；种脐凹陷。

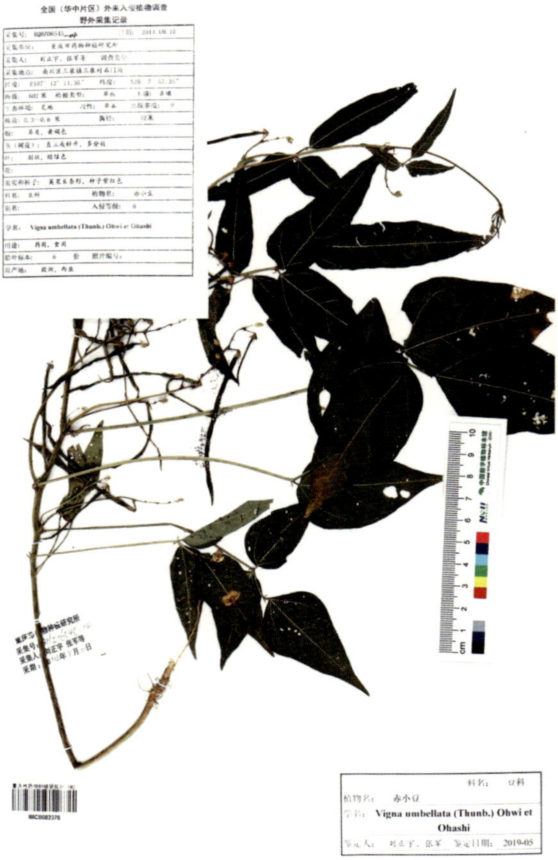

图 12-47　赤小豆

野豇豆（别名：山土瓜、云南山土瓜、云南野豇豆）

Vigna vexillata (L.) A. Rich.

茎：纤细，缠绕，被开展的棕色刚毛，后脱落。

叶：羽状复叶具 3 小叶。托叶基着，卵形至卵状披针形，长 3~5 mm，基部呈心形或耳状，被缘毛。叶柄长 1~11 cm。小叶片薄纸质，卵形至披针形，长 4~9（~15）cm，宽 2~5（~8）cm，先端急尖或渐尖，基部圆形或楔形，通常全缘，少数微具 3 裂片，两面被棕色或灰色柔毛。

花序/花：总状花序腋生，有花 2~6 朵，着生于花序轴顶端；花序梗长 5~20 cm。小苞片钻状，长约 3 mm，早落。花萼钟状，被棕色或白色刚毛，稀无毛，萼管长 5~7 mm，萼裂片线形或线状披针形，长 2~5 mm，上方 2 枚基部合生。旗瓣黄色、粉红色或紫色，有时在基部内面具黄色或紫红斑点，近圆形，长 2~3.5 cm，宽 2~4 cm，顶端凹缺，反折，无毛；翼瓣紫色，基部稍淡，龙骨瓣白色或淡紫色，镰状，喙部呈 180°弯曲，一侧有明显的宽短囊袋。

果实：直立，线形圆柱状，长 4~14 cm，宽 2.5~4 mm，被刚毛。果内有种子 10~18 粒。

种子：浅黄色至黑色而无斑点，或棕色至深红色而有黑色的溅点，长圆球状或长圆形肾状，长 2~4.5 mm；种脐白色，长卵形。

1

2

1、2.花序；3.花腹面；4.花萼纵剖；5.旗瓣；6.翼瓣；7.龙骨瓣；8.雄蕊；9.雌蕊；10.果实；11.种子。

图 12-48 野豇豆

第13章 蚕豆及其野生近缘植物

13.1　蚕豆

◎ **植物名**

拉丁名：*Vicia faba* L.

中文名：蚕豆

别　名：佛豆、南豆、胡豆、竖豆

◎ **商品名**　蚕豆（种子）

蚕豆（图 13-1）为豆科（Fabaceae）野豌豆属（*Vicia* L.）一年生或越年生草本作物，是人类最早栽培的豆类作物之一。

蚕豆是一种粮、饲、菜、肥、药兼用的作物。其种子供食用，可炒食、煮食或制作成零食，也可用于制作豆瓣酱和酱油等调味品，还可用于提制淀粉。蚕豆可作为优质饲料和冬季绿肥，还可作为早春蜜源植物。除此之外，蚕豆的茎、叶、花、果荚、种壳和种子均可药用，功效多样。

蚕豆原产于里海南部的欧洲地中海沿岸、亚洲西南部及非洲北部。蚕豆何时传入中国没有正式文字记载，据传由张骞引入中国，至今约有 2000 年的栽培历史。

中国是全球最大的蚕豆生产国。蚕豆在我国南方各地广泛栽培，主要集中在长江流域和黄河流域，尤以长江以南最多。我国蚕豆产区可分为春播区和秋播区，前者包括甘肃、河北、青海、内蒙古等地；后者包括云南、四川、湖北、江苏等地，种植面积占全国的 90%左右。

1.植株上部，示茎、叶和花序；2.去花瓣的花，示花萼、雄蕊和雌蕊；3.旗瓣；4.翼瓣；5.龙骨瓣；6.荚果；7.种子。

图 13-1 蚕豆

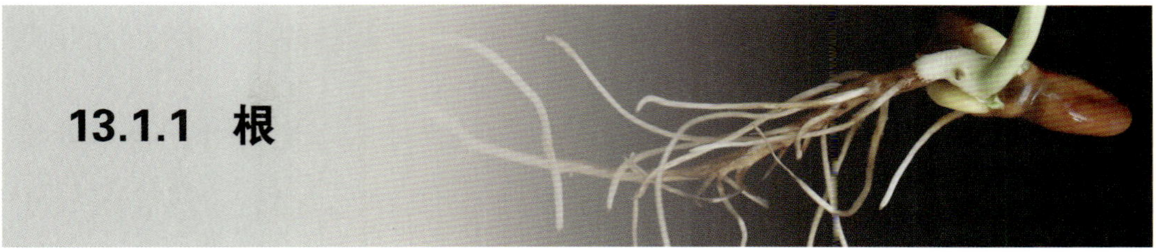

13.1.1 根

蚕豆的根为主根系。胚根伸长后成为种子根（初生根），随着种子根深入地下，逐渐萌生侧根（次生根），并发育成主、次根分明的主根系，其中主根由种子根形成。该根系是蚕豆生长发育过程中的主要根系，属于永久根系。

13.1.1.1 胚根

蚕豆的胚根（图 13–2）发生于种子的胚。当种子萌发时，胚根首先从种脐的珠孔端突破种皮发出。当胚轴的另一端发出胚芽时，胚根尖端向下生长，后部发出根毛。此时胚根又称为种子根。

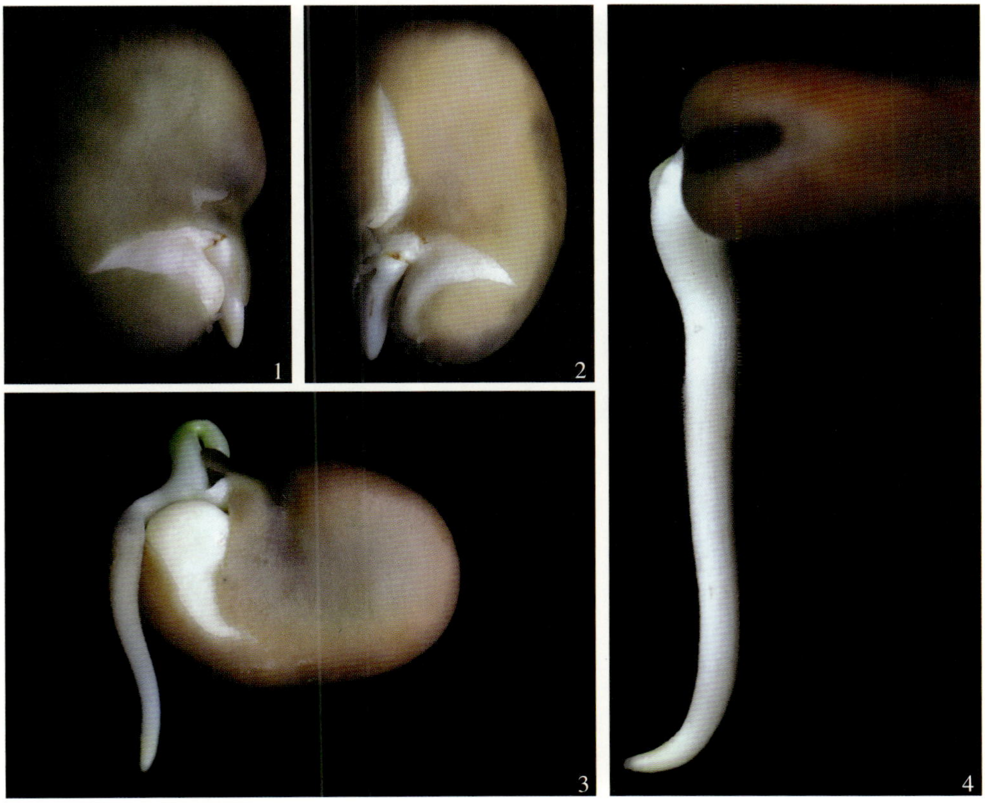

1.胚根刚萌发，种皮破裂；2.胚根继续伸长，两子叶间的胚芽开始萌发，种皮进一步破裂；3.胚芽发出，胚根向下延伸；4.种子平放时胚根仍垂直向下。

图 13–2 胚根

13.1.1.2 根系

当真叶从上胚轴上发出时，胚根开始萌发侧根，这标志着根的次生生长开始，根系逐渐形成。蚕豆的根系为主根系，又称为直根系。种子根产生侧根后变成主根，主根与侧根共同形成主根系。随着根系的生长，主根逐渐加粗，侧根数量不断增加，有时基叶节及分枝基部也参与根系的形成（图 13–3）。

蚕豆整个根系的外形上宽下窄，呈倒宽圆锥状。根系中的主根粗壮、强大，上粗下细，长者可入土深达 1 m。根系中一级侧根的数量多，先呈水平分布，后转向下生长，大部分集中于地表以下 40 cm 范围内。

1.种子根刚开始发生侧根；2.主根上的侧根进一步发育；3.基叶节及分枝基部发出侧根；4.主根粗壮，一级侧根细长、发达。

图 13–3　根系

13.1.1.3 根瘤

蚕豆根上有一个形态凸出的结构——根瘤（图 13–4）。根瘤呈粉红色，形状多样，有近圆球状、卵圆球状、长圆锥状等，还可分裂或分支。

根系上的根瘤单生或丛生，数量众多，常密集着生或簇生。根瘤在主根和侧根上均有分布；一般近地表的根上较多，深度超过 30 cm 的根上则很少。蚕豆的生长状况和产量与根瘤的发育状况密切相关。

1.根系上分布有许多根瘤；2.根瘤生于侧根末端；3.一级侧根基部的根瘤；4~6.分裂的根瘤。

图 13-4　根瘤

13.1.2 茎

蚕豆的茎直立，草质，中空，具四棱，坚强，不易倒伏。

13.1.2.1 外形与结构

蚕豆的茎包括分枝形成的茎状枝，粗壮，多汁，外表光滑，无毛。茎可以分为节和节间。

（1）节

节不仅是托叶、叶（叶柄）、花序和果序的着生处，也是腋芽或分枝的着生处（图 13-5）。一般主茎上的节数多于分枝上的节数。不同品种的节数有所不同。

1.节上着生叶柄、托叶和花序；2.茎下部节上仅着生托叶；3.节上着生腋芽和分枝；4.节上着生果序。

图 13-5　节

(2) 节间

蚕豆的茎主要由节间构成。全茎常以节间为结构单位，以节处为拐点，微呈“之”字形拐折，其中拐折外侧点为叶柄着生部位。

节间外形最明显的特征是具有 4 条棱（图 13-6）。棱凸出于茎外，似呈狭翅状。棱有 2 种，一种棱（a 棱）分布于茎同侧的上下两个叶柄着生点之间，另一种棱（b 棱）分布于上下两个叶柄基部两侧托叶的相近外端点之间。上下两节的托叶因叶互生而分布于相对的侧面上，而且托叶着生处宽度窄于同一侧面的节间宽度。由于蚕豆的复叶互生，因此连接相邻两节托叶外端点的棱会发生偏转，如此，不同节间之间托叶外端点间的棱呈“之”字形折曲。

1.节间具 4 条外凸的棱，两侧的棱（a 棱）为同侧叶柄之间的棱，中间的棱（b 棱）为托叶之间的棱；2.同一节间的 b 棱偏斜；3.相邻两个节间呈“之”字形折曲。

图 13-6　节间外形

茎的横切面近方形，中空，4 棱凸起（图 13-7）。茎壁可分成内外 4 层，其中最外层为表皮层，向内依次为皮层、排成一圈的维管束层和髓层（内含髓空腔）。随着茎的增粗，髓空腔渐大，髓层和皮层渐薄。棱内也分布有维管束。

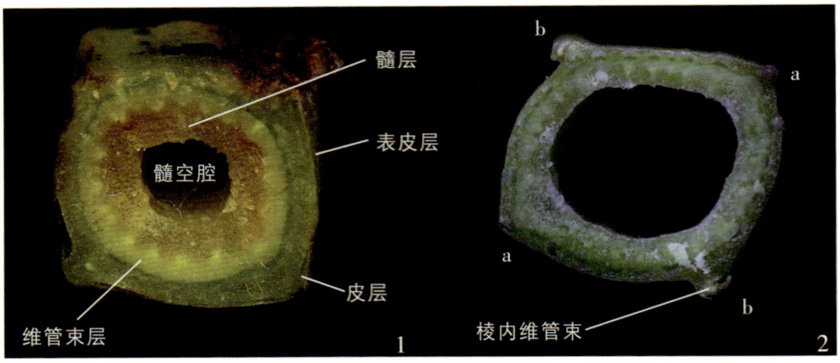

1.老茎，茎中央髓空腔较小，皮层和髓层较厚；2.幼茎，茎中央髓空腔较大。

图 13–7　节间横切面

13.1.2.2　茎色

蚕豆的幼茎和成年茎均呈绿色、紫色等颜色。茎的颜色变化较小，故其中幼茎的颜色是苗期鉴别品种和田间去杂提纯的重要标志。一般幼茎或成年茎为绿色的开白色花（图 13–8：1~3）；幼茎或成年茎为紫红色的开红色、淡红色或紫色花（图 13–8：4~6）。果实成熟后，无论茎是何颜色，最终都会变为黑褐色。

1~3.绿色茎：1.幼茎；2.成年茎；3.花期茎。4~6.紫色或绿色带紫色茎：4.幼茎；5.成年茎；6.花期茎。

图 13–8　茎色

13.1.2.3　株高

蚕豆的茎长可基本反映株高，但实际的株高还应包括顶部高出茎顶的叶，所以蚕豆的株高常用茎长加上茎顶部的叶长表示。

蚕豆植株的整体高度不是很高，一般为 30~100（~120）cm，但不同品种之间或生于不同环境条件下的同一品种的茎长仍有较大差异（图 13–9），短者仅 30 cm，长者可达 180 cm，甚至更长。

1.短茎；2.中等长茎；3.长茎。

图 13–9　茎长

13.1.2.4 分枝

蚕豆茎的分枝（图 13–10）能力比较强。分枝多位于茎的下部，多数从主茎基部 2 个节的叶腋中发出，少数从第三节或子叶节的叶腋中发出。茎上最下方的分枝是在主茎基部与子叶的叶腋间发出的分枝，一般发出 2 个分枝，称为子叶节分枝。茎上第四节以上的腋芽一般停止发育。来源于主茎的分枝称为一级分枝，一级分枝上长出的分枝称为二级分枝，二级分枝上长出的分枝称为三级分枝，依此类推。不过，二级分枝一般发生迟，且往往发育不良，即使能开花结果，也总是果小粒少，所以二级分枝往往属于无效分枝，一般不能正常发育结果。植株分枝数量与品种、播种期、栽培密度和土壤肥力等因素有关。

1.子叶节分枝；2.分枝较少；3、4.分枝较多；5.二级分枝。

图 13–10 分枝

13.1.3　叶

蚕豆的叶非常茂盛，多而密，均匀分布于细而长的茎和分枝上。蚕豆常见的叶为复叶，除此之外，还有子叶和基叶（单叶）。

13.1.3.1　子叶

蚕豆有 2 枚子叶，形成于胚，为种子的主要部分，是蚕豆的可食用部分。

蚕豆的下胚轴没有延伸性，种子萌发出苗时，子叶并不出土，故称为留土子叶。子叶的柄极短；子叶瓣呈椭圆形、斜矩状椭圆形、菱状椭圆形或肾状椭圆形，肥厚，白色或浅黄色（图 13–11）；2 个子叶柄着生的胚轴极短，胚轴的两端有胚根和胚芽，其中前者朝外或在子叶外，后者朝内或在子叶内。

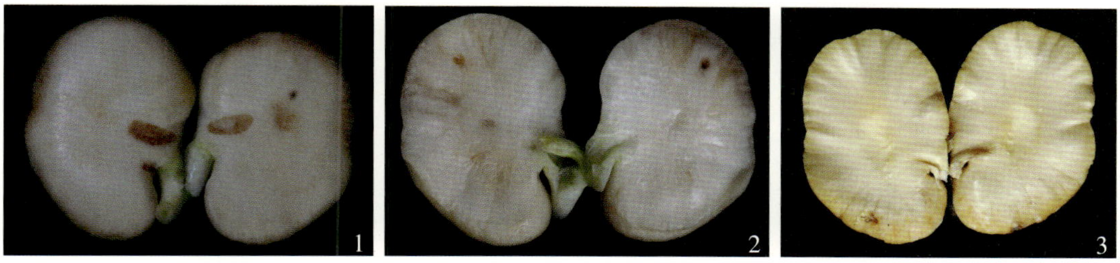

1.白色子叶背面，光滑；2.白色子叶腹面，平整，外侧具细浅的褶纹；3.浅黄色子叶腹面，平整，具显著的褶纹。

图 13–11　子叶

13.1.3.2　基叶

基叶（图 13–12）是茎上基部叶，不同于茎上常见的茎生叶：叶片为单叶，非常小，常早落。正常条件下，基叶出现在幼茎基部的 1~3 节。

最早发生的基叶是种子发芽后首先生长出的 2 片对生单叶，位于胚芽的基部，在茎上着生部位最低，可称为第一基叶。除此之外，种子萌发期间形成的幼茎或植株生长期间由基部新萌发的幼茎，其基部都可能出现基叶。此类叶彼此互生，无叶柄，呈托叶状，是第一基叶向复叶过渡的叶。

1、2.第一基叶：1.胚芽伸长时茎基部始发基叶；2.幼茎基部的一对基叶。
3.幼茎上的基叶，茎上第 2 片叶开始分裂（复叶的雏形）。
4.植株基部萌发的新茎基部具数个基叶，托叶状，交互生于棱间平面。

图 13–12 基叶

13.1.3.3 复叶

蚕豆的茎上在单叶之后陆续发生的叶多为复叶。复叶为一回羽状复叶，由叶柄、叶轴、小叶和托叶组成（图 13–13）。

（1）叶柄和叶轴

蚕豆叶柄是连接叶片与茎的中间部分。叶柄的基部着生于茎的节上，其基部的正中之下有茎棱，两侧各生 1 枚托叶；从基部至顶部由粗变细；正面平或下凹，具边棱；反面凸，有时可见背棱，或同时见背棱和中棱。

叶轴是叶柄的延续，二者之间自然过渡，形态基本一致。正面（即近轴面、上面或腹面）：平，两边具棱，中部幼时宽平，呈“⌴”形；后变窄，呈狭条或狭缝，呈“U”形；有的中部凸起呈条状，呈“W”形。反面（即远轴面、下面或背面）：向外圆凸，有时具背棱，甚至还有中棱。叶轴两侧着生有小叶的短柄（小叶柄）。叶轴在小叶着生处发生微折，整体呈“之”字形微折曲（图 13-14）。

图 13-13　复叶的组成与结构

1.叶柄与叶轴（正面）基本一致，叶柄基部两侧有托叶；2~4.叶片从幼年至成年，叶轴正面的凹陷宽度变化；5.叶轴正面中部凸起，两侧具 2 条沟，横切面呈“W”形；6.叶轴反面的背棱和中棱。

图 13-14　叶柄和叶轴

(2) 小叶

蚕豆复叶中，叶轴顶端的小叶对生或近对生，下方的小叶互生。小叶的叶柄（小叶柄）极短。小叶片大而肥厚，多肉质。

1）数量

复叶的小叶一般为3~6片，少时仅为2片，多时有6片以上（图13-15）。

图 13-15　复叶的小叶数

2）形状

小叶片的形状有长圆形、椭圆形、卵圆形和倒卵圆形等（图13-16）。

1.长圆形；2.狭长圆形；3.长椭圆形；4.狭椭圆形；5.倒卵状椭圆形；6.卵圆形；7.长卵圆形；8.狭长卵圆形；9.倒卵圆形；10.倒狭长卵形；11.偏倒长卵形。

图 13-16　小叶片的形状

3）叶缘

小叶片的叶缘可分为全缘和波状 2 类，其中后者还有微波状和波状皱褶 2 种变化（图 13-17）。

1.全缘。2、3.波状：2.微波状；3.波状皱褶。

图 13-17　小叶片的叶缘

4）颜色

小叶片的颜色常为绿色，少为绿色泛紫色或紫色。小叶片反面的颜色一般浅于正面的颜色，略泛白色（图 13–18）。

图 13–18　小叶片的颜色

5）大小

植株茎上最先长出的第一、二片叶最小，第三片及此后长出的叶较大。复叶具 3~6 片小叶的植株，小叶片普遍较大，茎的节间较长；而复叶的小叶数在 3 片以下或 6 片以上的植株，小叶片普遍较小，茎的节间较短。

(3) 托叶

在叶柄基部的两侧、与茎的相接处着生有 2 片托叶。

由种子萌发形成的幼茎，在单叶之后形成的第一个复叶的节上具有托叶（图 13–19：1、2）。此托叶（节）之下的节间中部隆起，此托叶（节）之上的节间形成 4 棱；在 2 片托叶之间已见叶柄，叶柄顶端有 2 片无柄小叶片，二者之间有短芒状的末端叶轴。此节的 2 片托叶均小，靠合幼茎，边缘光滑。

成年茎上复叶基部的托叶（图 13–19：3~6）很小，边缘膜质，有时分为上下两部分，上部较宽，呈三角形，下部较窄或极窄，边缘具缺刻状齿，齿顶端锐尖、渐尖或具芒齿。托叶的颜色常与小叶片的颜色相同。

1、2.单叶之上第一片复叶的托叶：1.托叶背面，可见叶柄及其顶端 2 片对生小叶；2.托叶腹面，在此以上的节间已形成 4 棱，托叶分别位于叶柄基部两侧和茎的两个侧面，向幼茎靠合。

3~6.成年茎上的托叶形状：3.上部较宽，呈三角形，下部具缺刻状齿；4.托叶宽阔，边缘具齿；5.上部宽，顶端具芒尖，下部锥状；6.上部呈长三角形，下部线状披针形，边缘齿裂。

图 13–19　托叶

13.1.4 花序

蚕豆的花排成总状花序（图 13–20），分布于茎上叶腋中，生于叶柄一侧的托叶内。花序短直，数花集中于花序上，花序梗极短，致使整个花序的花常呈簇生状。每个花序有 2~6（~9）朵花，但最终能成熟结果的仅有 1 或 2 朵，其余的花会在发育过程中败育。

图 13–20　花序

13.1.5　花

蚕豆的花属于花冠离瓣的两性完全花，色彩鲜艳，结构复杂，由花萼、花冠、雄蕊和雌蕊组成（图 13–21），其中花冠包括旗瓣、翼瓣和龙骨瓣。

全花各部具有套合或抱合的特点：花萼筒位于最外层，套着旗瓣；旗瓣下部两缘靠合，围成筒状，套着翼瓣；2 片翼瓣对生，各有 1 爪，分别着生于花的两侧，翼瓣的宽大瓣部夹包着龙骨瓣；龙骨瓣 2 片，下部成爪，两爪愈合成单边开口的管状柄，着生于翼瓣下方的内侧；雄蕊花丝中下部愈合成花丝管，着生于龙骨瓣的管状柄内；雌蕊生于花丝管内。

1、2.花的正面和半侧面，示各组成部分及其关系；3.花的侧面，示雄蕊和雌蕊。

图 13–21　花的组成与结构

13.1.5.1　花萼

花萼（图13–22）下部合成杯状或钟状，有时呈管状，浅绿色、紫色或紫红色，无毛。先端 5 裂，较小，齿状，称为萼齿或裂齿。萼齿不等大，呈卵形、长卵形或披针形，顶端尖锐或渐尖，中部绿色，边缘宽膜质；萼管口（横卧时）从上向下或从背部向腹部偏斜。5 齿在管口上依次排列，其中 3 齿位于中下口（或中腹部），中部的最长，两侧的次之；2 齿位于上口（或背部），短，等大，而且齿端相向弯曲，有时彼此靠合，甚至愈合成宽齿状。由于上部 2 齿明显短于下部 3 齿，有时花萼呈二唇状。

1.腹部萼齿大，中部齿大，侧面齿次之。
2~5.背部萼齿小：2.萼齿愈合为宽阔的单齿（花萼呈二唇状）；3~5.萼齿顶端相向弯曲。
6、7.萼管口偏斜，萼齿不等大：6.齿狭窄；7.齿较宽。

图 13-22 花萼

13.1.5.2 花冠

蚕豆的花冠为蝶形花冠，左右对称，由 1 片旗瓣、2 片翼瓣和 2 片龙骨瓣共 5 片花瓣组成。

（1）旗瓣

花冠最上面或最外部的 1 片花瓣最大，称为旗瓣（图 13-23）。花未开放时，旗瓣包被其余 4 片花瓣。花开放后，中上部开阔呈长圆形、椭圆形或卵圆形，顶端钝圆、微凹或深凹，有时具凸尖。旗瓣的中脉宽，肋状，向心面（腹面）下凹，背心面（背面）凸起。旗瓣的中肋两边有 2 级侧脉，一级侧脉为平行侧脉，有两种类型：一类靠近中肋，挺直，较短，斜展，密集，顶端止于弧形脉，其上很少有二级侧脉；另一类呈弧状，间隔较宽，3 或 4 条，其上有斜展的二级侧脉。

花开放时，旗瓣的颜色有纯白色、白色带紫纹、白色带褐纹、浅红色、红色、黄色、浅褐色、深褐色、紫色和黑色等。

1~5.旗瓣姿态：1.蕾期包被其余各瓣；2.向上斜展；3.向后翻；4.两侧向外合卷；5.顶端深凹。
6~10.旗瓣形状：6.长圆形；7、8.椭圆形；9.卵圆形；10.倒宽卵形。

图 13-23　旗瓣

(2) 翼瓣

旗瓣以内的左右两侧各有 1 片形状和大小相同的翼瓣（图 13–24：1、2）。翼瓣倒长卵形，基部有 1 条细长的爪和极短的距。在距的上方，翼瓣基部有 1 个圆圈状的透明腺体。2 片翼瓣相对，长爪和短距着生于相对应的位置。翼瓣一般为白色，中央有 1 个黑色大斑或紫红色斑，但也有白色、红色、黄色、褐色、紫色、黑色等颜色。

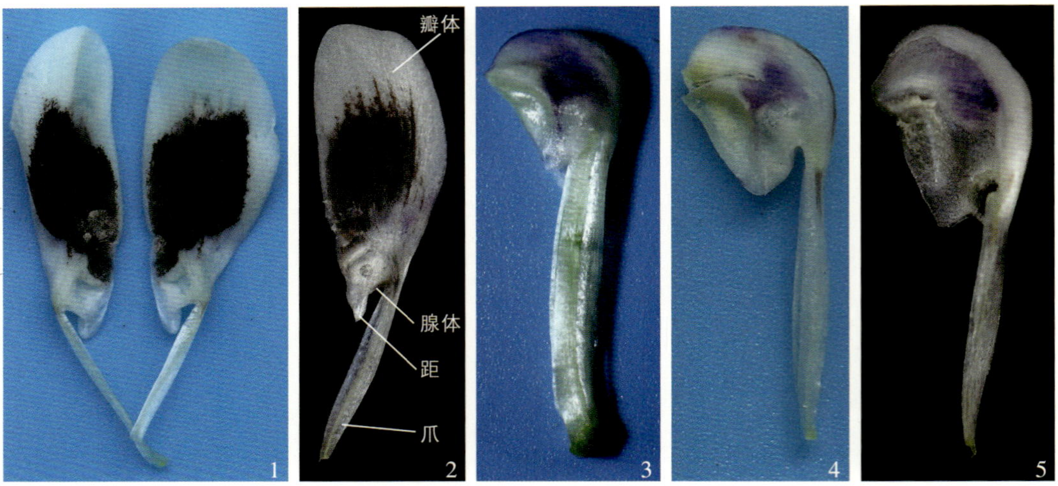

1、2.翼瓣：1.对生的翼瓣（背面）；2.翼瓣（腹面）基部的爪、距和腺体。
3~5.龙骨瓣：3.龙骨瓣 2 爪背侧边并合，腹侧边成缝口，形成细柄状（包托花丝管）；4.半片龙骨瓣的背面；5.半片龙骨瓣的腹面。

图 13–24　翼瓣和龙骨瓣

(3) 龙骨瓣

在翼瓣的下方内侧着生 2 片形似翼瓣的龙骨瓣（图 13–24：3~5）。与翼瓣不同的是：龙骨瓣的 2 片对生单瓣在下侧边连生在一起，顶端宽阔部分比翼瓣的短，呈半月状或新月状，其下半部分半膜质，基部变狭，但无距；2 个爪并生形成敞口、薄片状的细长柄，贴伏在花丝管上。整个花瓣形似船之龙骨，故称为龙骨瓣。

13.1.5.3　雄蕊

蚕豆的雄蕊群共有 10 枚雄蕊（图 13–25：1~3），其中 9 枚的花丝中下部合生成管状，另 1 枚单独分离，称为二体雄蕊，即“9+1”类型。花丝管上下粗细近相等，一侧裂开，9 根花丝的顶部在管口处的两侧从下向上依次脱离，形成偏斜的花丝管口；脱离管壁的花丝段向管裂口方向弯曲；花丝顶端渐细成喙；花药黄褐色，圆锥状、长卵圆状或长圆状，基部着生于花丝顶端，称为花药基着。

13.1.5.4　雌蕊

雌蕊 1 枚，位于花丝管中，包括子房、花柱和柱头 3 个部分（图 13–25：4、5）。子房长扁圆柱状，无柄，1 室，内侧着生胚珠 1 枚至多枚。花柱在子房顶端折弯，与花丝管顶端游离弯曲的方向和程度基本相同。柱头位于花药附近，棒状，密被白色硬毛或短柔毛。

1~3.雄蕊：1.花丝管；2.花丝管顶端游离、弯曲的雄蕊；3.花丝顶端渐细成喙，花药基着。
4、5.雌蕊：4.子房柄；5.雌蕊细长，花柱在顶端弯折，子房两侧压扁，柱头棒状，具密集的硬毛。

图 13–25　雄蕊和雌蕊

13.1.6 果实

蚕豆的果实为荚果，位于叶腋。荚果的大小、长短因品种而异。全株一般结荚 10~30 个，每荚果内一般有种子 2~4 粒，多的有 6~8 粒。

13.1.6.1 着生位置

荚果多生于茎的中下部。蚕豆的花序短，有花数朵，但多数花在发育过程中脱落，能发育成果实的很少，一般每个叶腋有 1 或 2 个果实，着生于粗短的果序梗上（图 13–26）。

1.果序上仅有 1 个果实（多数花中途脱落），果序生于叶柄一侧的托叶内；2.同一个托叶内着生 2 个果实，生于果序基部的节上；3.果基部的果序梗和果柄均极粗短。

图 13–26 荚果着生位置

13.1.6.2 着生姿态

荚果成熟时，在茎上着生的姿态有直立、水平和下垂 3 类（图 13–27）。

1.直立；2.水平；3.下垂。

图 13-27　荚果着生姿态

13.1.6.3　外形与结构

蚕豆的荚果（图 13-28）外形近似扁筒状。果基部通常有由子房柄发育而成的极短果柄；果下部较细，从下向上渐粗；果中上部较粗，种子之间稍缢缩；顶端有时变细，常宿存有由花柱发育的弯喙，喙顶端尖。

果壁在农作上称为荚壳，肥厚而多汁，表面有光滑和不光滑两种；果荚内侧有一层密集交织的白色丝绒状绵毛。成熟期果荚可根据质地分为硬荚和软荚。

未成熟的荚果为黄色、绿色或紫色；干熟的荚果常为黑色，也有的为黄色或深褐色。

1.果基部具子房柄发育的短柄，顶端具花柱形成的弯喙；2.果壁内侧为白色的丝绒状绵毛；3.硬荚果实；4.软荚果实。

图 13-28　荚果外形与结构

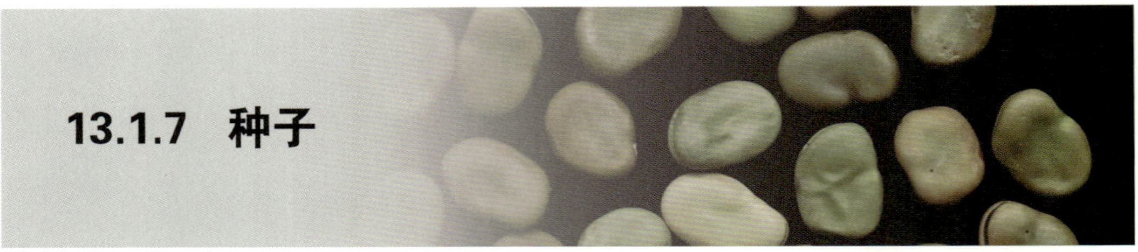

13.1.7 种子

蚕豆的种子属于无胚乳种子，较大，表面光滑，种皮坚硬，包着 2 片肥大的子叶。子叶富含蛋白质，供幼苗出土及其初期生长之用。种子的胚小，包藏在子叶的基部。

13.1.7.1 组成与结构

除了外部的种皮和种脐，蚕豆种子内部全为胚。由于胚轴极短，全胚仅见子叶、胚根和胚芽（图 13–29）。

蚕豆的种皮较厚，可分为 3 层：外种皮较均匀；中种皮厚度变化较大，不同部位厚薄不一；内种皮薄，外侧海绵质。种皮之外的种脐几乎占据整个种子下底部，其外有种阜，内部均为海绵质。

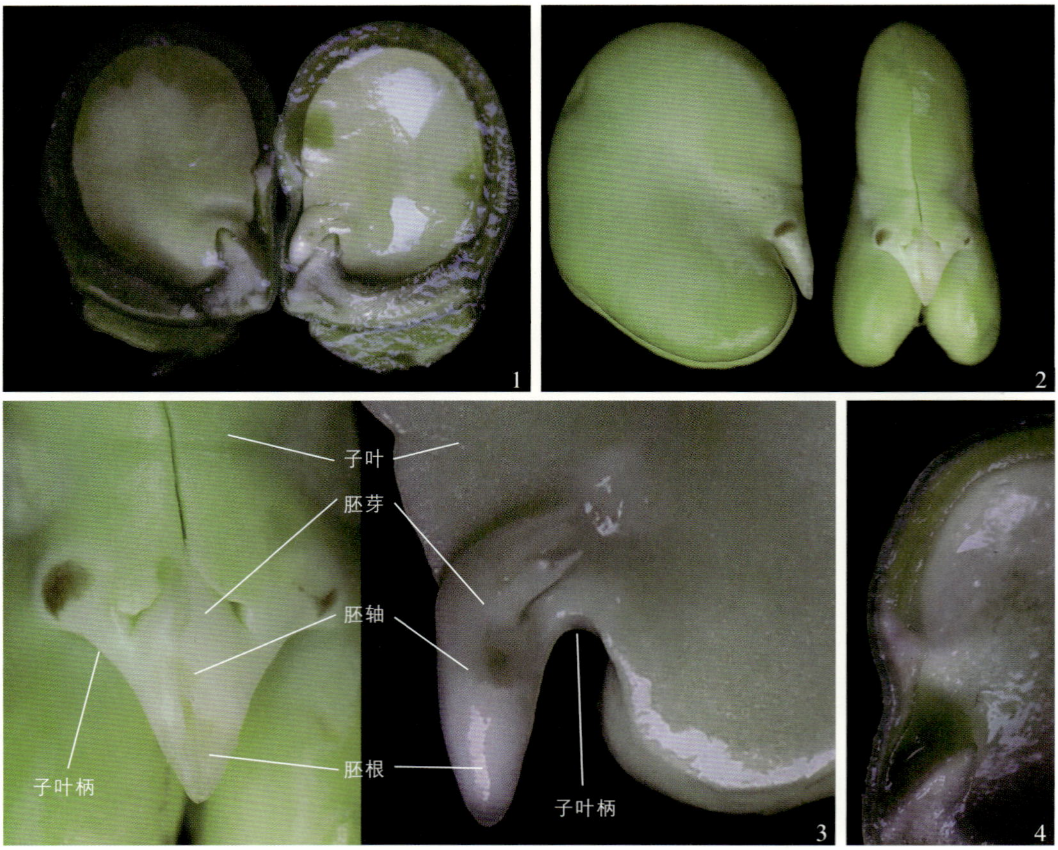

1.种子纵剖；2.胚侧面（左）和胚腹面（右），示子叶和胚根；3.胚根、胚芽、子叶的正面（左）和侧面（右）；4.种子不同部位的种壁结构；5.种脐外的种阜结构；6.种子成熟前种皮的内侧；7.种子成熟后种皮的外表面和内表面。

图 13–29　种子的组成与结构

子叶 2 枚，全形对生，几乎占据种子的全部体积。子叶宽大、肥厚，中部薄，四周厚，种脐端更厚，在胚根处向内斜凹。子叶背面可见子叶柄与子叶着生处有 1 个褐色斑点；子叶腹面可见极短子叶柄弯生于胚轴下方一侧。

胚根呈圆锥状，生于胚轴下部，位于子叶外。

胚芽短小，生于胚轴上部，弯向子叶内。

13.1.7.2　外部形态

不同品种的蚕豆种子的外部形态特征，如平整度、宽厚度及其颜色等有一定差异。

(1) 形状

1）平整度

种子表面的平整度是种子形状特征之一。蚕豆未成熟或快成熟的种子（鲜种子）比较饱满，相对平滑；成熟后的种子（农作上称为干种子）表面相对干瘪，有平滑、凹坑、皱褶等类型（图 13–30）。

2）宽厚度

蚕豆的种子多呈椭圆形，稍扁平，但成熟后的种子在宽度和厚度上则有不同变化，如窄而厚、窄而薄、阔而厚、阔而薄等。

(2) 颜色

蚕豆种子的颜色因品种而异，鲜种子的颜色有近白色、浅绿色、绿色或深绿色，干种子的颜色则有近白色、乳白色、灰色、黄色、红色、紫色、浅绿色、深绿色、浅褐色、深褐色或黑色等（图 13–31）。

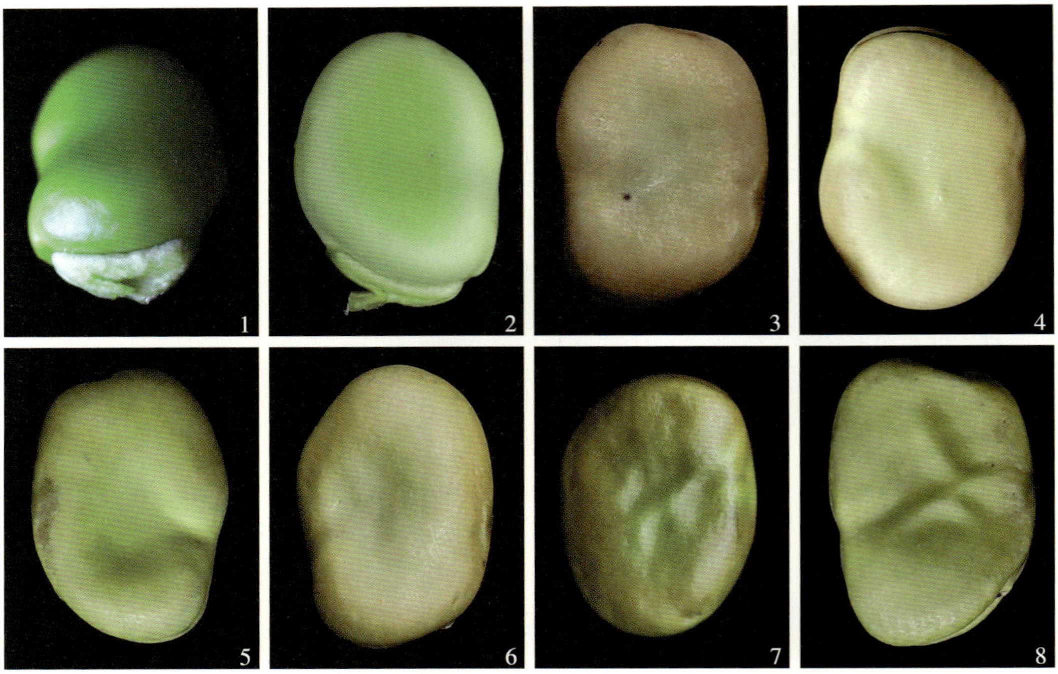

1、2.鲜种子：1.未成熟；2.近成熟。3~8.干种子：3.平滑；4~6.凹坑；7、8.皱褶。

图 13-30 种子的平整度

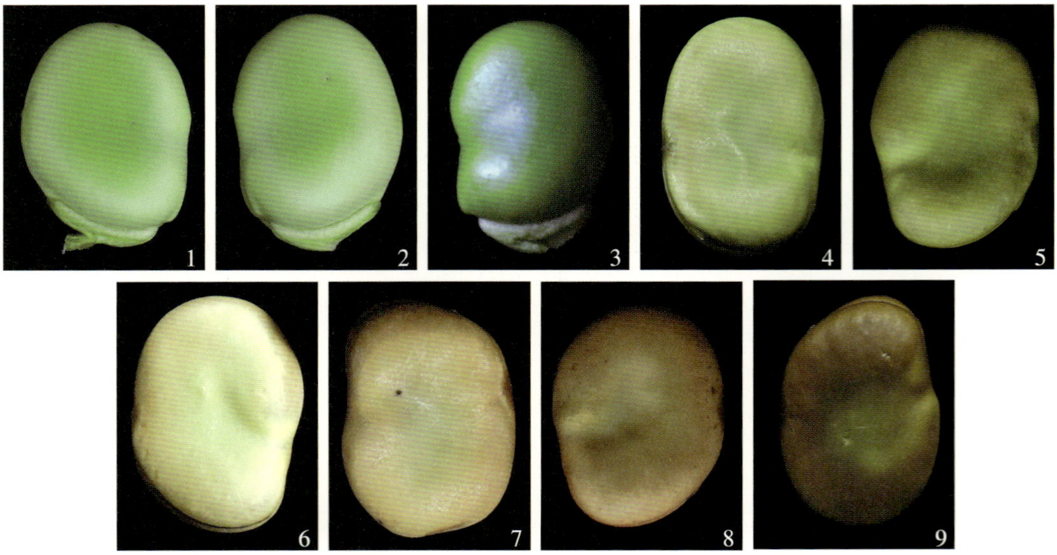

1~3.鲜种子；4~9.干种子。

图 13-31 种子的颜色

(3) 种脐与种阜

蚕豆种子比较突出的特征是具有较大的种脐。种脐的形状、大小和颜色是鉴别蚕豆品种的主要特征之一。

种子幼时，种柄基部膨大成长条形的种阜（图 13–32），着生于种子基部。种柄上端连接果壁的腹缝线，下端通过该结构与种子连接。种子发育成熟后，种阜或与种柄一起脱落，或暂时留在种子上，之后再脱落。种脐即种阜脱落后留下的痕迹，一端为合点，另一端为珠孔。当种子发芽时，胚根从珠孔伸出。种脐有灰白色、绿色、紫色、褐色和黑色等颜色。

1、2.未成熟种子：1.种柄、种阜和种脐的位置关系；2.种阜与果壁、种子、种柄和腹缝线的位置关系。3~5.种脐颜色：3.浅绿色；4.浅褐色；5.黑色。

图 13–32　种脐与种阜

13.1.7.3　大小

种子的大小因品种而异，农作上根据种子的大小，将蚕豆的种子分为不同粒型。我国栽培的蚕豆主要分为如下 3 种类型。

大粒型：种子宽薄，乳白色或绿色；植株高大；分布于青海、甘肃、四川、新疆和西藏。

中粒型：种子中薄（中等宽）和中厚（中等厚），乳白色或绿色；植株高度中等；分布于浙江至云南一带。

小粒型：种子窄厚，乳白色或绿色；植株矮小，结荚多；分布于陕西、山西、湖北和内蒙古。

13.2 蚕豆的野生近缘植物

蚕豆隶属于野豌豆属。目前，全球约有160种野豌豆属植物（广义的有230种），主要分布于北半球温带地区，非洲北部和东部、太平洋岛屿以及南美洲亦有分布。野豌豆属在中国南北地区均有分布，有40种2变种，其中13种为特有种，3种为引种。

蚕豆与野豌豆属中其他种类的关系并不是很紧密，对其分类的认识长期以来并不一致。1753年，Linné将其置于野豌豆属中。由于该种在属内地位特殊，Miller于1754年将其分离出来，独立成蚕豆属（*Faba* Mill.）。Alefeled（1866年）和Stankevicz（1978年）等也认同这种分类。但是，大多数学者仍认为蚕豆应置于在野豌豆属中。无论如何分类，蚕豆都是野豌豆属中与其他种类区别较大的独特种类。此外，蚕豆至今尚无与野豌豆属内野生植物杂交成功的先例。

鉴于上述原因，本书暂不将我国野豌豆属的其他野生种类作为蚕豆的野生近缘植物。

第14章
豌豆及其野生近缘植物

14.1　豌豆

◎ **植物名**

拉丁名：*Pisum sativum* L.

中文名：豌豆

别　名：荷兰豆、雪豆、麦豆、寒豆、回鹘豆、耳朵豆

◎ **商品名**　豌豆（种子）

豌豆（图 14-1）为豆科（Fabaceae）豌豆属（*Pisum* L.）一年生或越年生的攀缘草本植物。豌豆较耐瘠薄，耐低温，适应性强，地理分布广，是世界范围内重要的栽培作物之一。

豌豆是一种粮、菜、药、饲兼用作物。豌豆的种子及嫩荚、嫩苗均可食用；种子含淀粉和油脂，是仅次于菜豆的世界第二大食用豆类作物。其种子、茎和叶可作药用，茎、叶还可作绿肥、饲料或燃料；豌豆蛋白和豌豆纤维等深加工产品也越来越受到重视。豌豆是良好的前茬作物，其根部具有根瘤菌，可改善土壤肥力。

豌豆原产于中东地区，现分布于亚洲中西部和地中海地区。豌豆的栽培历史有 6000 年以上。新石器时代的遗址发掘和古希腊、古罗马时代的文献记载证实，豌豆在古代已被人类种植。目前，豌豆在世界各地均有种植，其中加拿大、俄罗斯、中国、美国、印度及乌克兰等国是主要生产国。

在中国，豌豆已被栽培利用 2000 多年，现遍及全国，主要分布于低海拔的温带地区和高海拔的季风气候带地区，其主要产区为东北的黑龙江、吉林、辽宁以及西南的云南、贵州、四川。豌豆在生产上有干、鲜 2 类，在分布上有北方和南方之分。以秦岭-淮河为界，可将我国豌豆产区分为 4 个区：北方干豌豆产区、南方干豌豆产区、北方鲜食豌豆产区、南方鲜食豌豆产区。

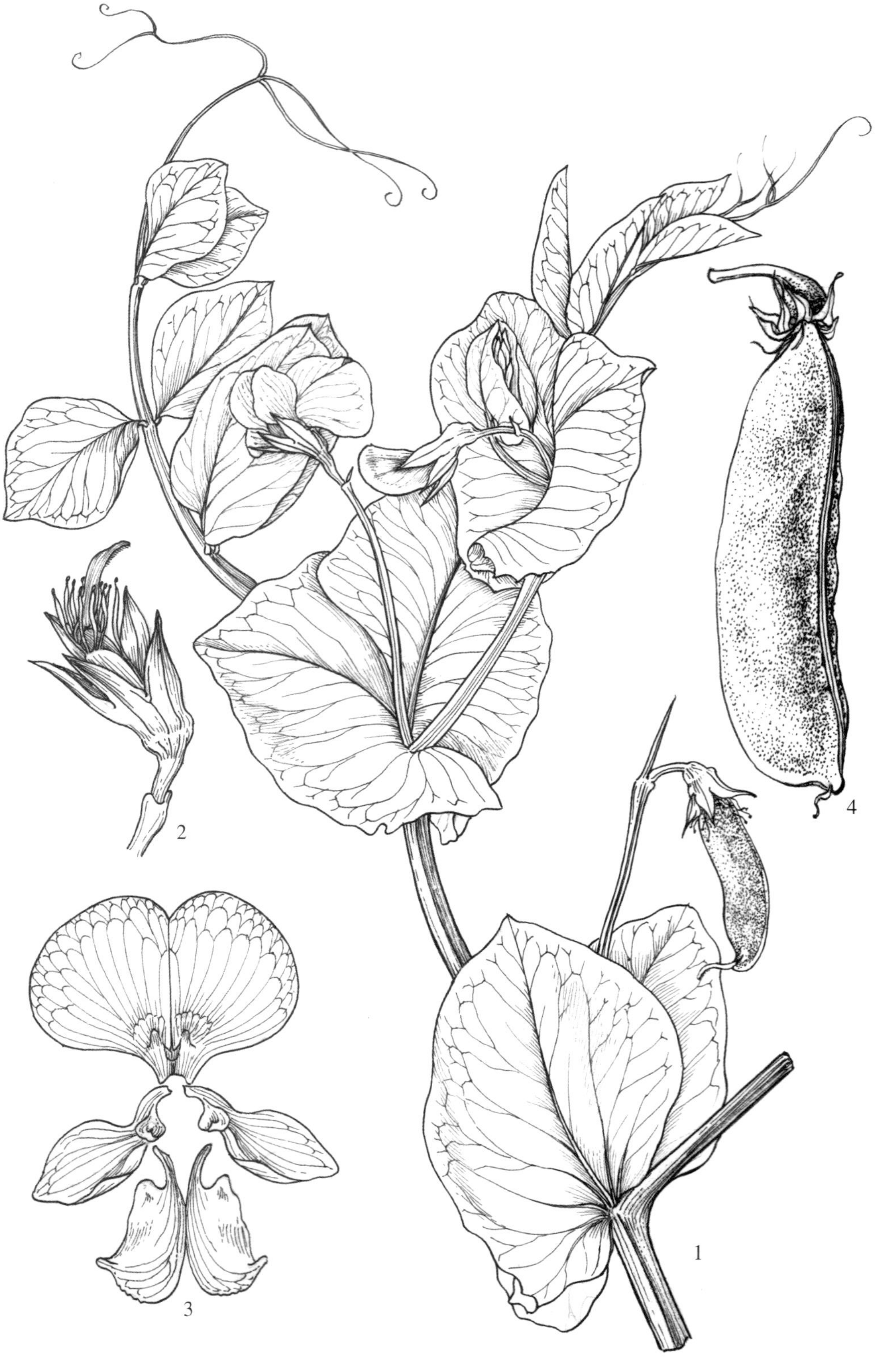

1.花枝；2.去花瓣的花，示花萼、雄蕊和雌蕊；3.花瓣，示旗瓣（上）、翼瓣（中）和龙骨瓣（下）；4.荚果。

图 14–1 豌豆

14.1.1　根

豌豆的根属于主根系，有时成年植株具有数根差异不大的支根，主根不是很明显。整个根系与须根系相似，并且具有根瘤。根据发育次序，首先发出的根为胚根，随后发出的支根及其侧根为豌豆的永久根。

14.1.1.1　胚根

豌豆的第一条根是种子萌发时发出的胚根（图 14–2）。胚根突破种皮，随后向下生长。如胚根萌发时的方向并不向下，胚根生长过程中会自然转为向下，发生弯曲。随着胚芽的发出，胚根向下快速延伸，出现根毛。此时，胚根称为种子根。胚芽形成幼茎的同时，胚根继续伸长，直至发出侧根前均为初生根。

1.胚根顶破种皮；2.胚根向外发出；3.胚根突破胚根鞘后向下发生弯曲；4 胚芽开始萌发，胚根向下伸长；5.胚芽开始形成幼茎，胚根继续伸长，出现根毛（水培，外面有水膜）。

图 14–2　胚根

14.1.1.2 根系

当豌豆幼茎发出真叶时，胚根的根毛区开始发出侧根。此时，豌豆的根有了主根和侧根之分，并形成初生根系（图 14–3）。之后，初生根上着生的侧根（一级侧根）开始增粗并伸长。随着一级侧根的增粗，主根逐渐不明显，同时发出大量细长的二级侧根（有时还会发出三级侧根），形成次生根系（图 14–4）。

图 14–3 初生根系

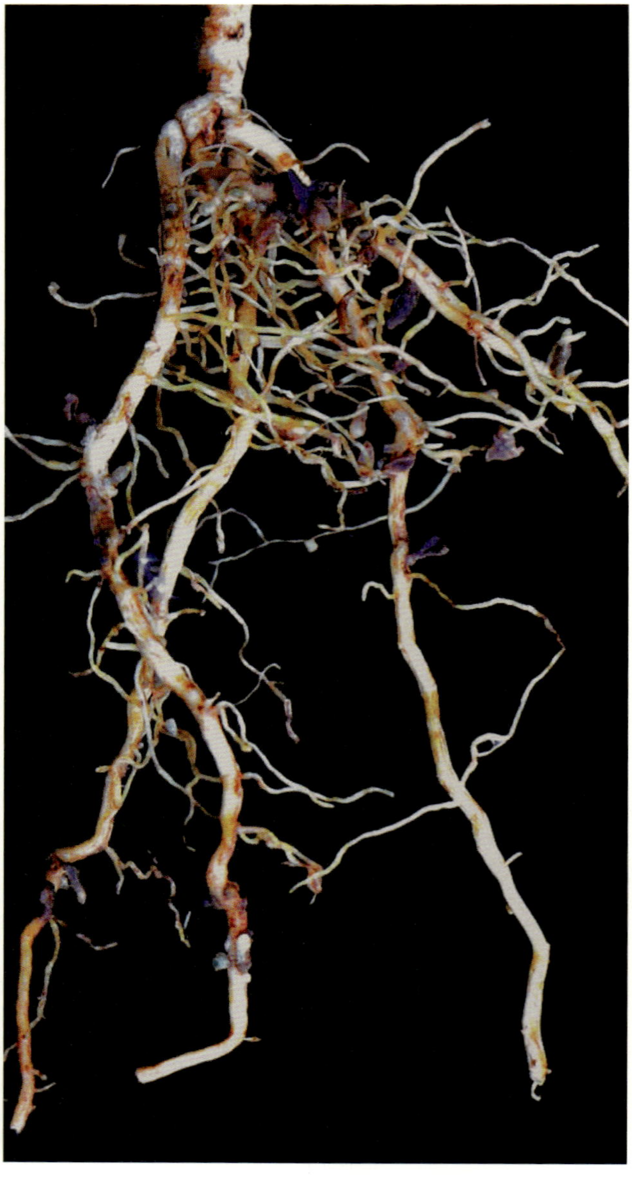

图 14–4 次生根系

14.1.1.3　根瘤

豌豆的根瘤（图 14–5）多集中在靠近地表部分的根上。主根和侧根上均着生根瘤，但主根上的根瘤数量多于侧根。根瘤大小不等，形状不一，可单生，也可数个聚集呈花瓣状或分叉。根瘤内的共生根瘤菌有显著的固氮能力，为豌豆及其后茬作物提供可利用的氮素。

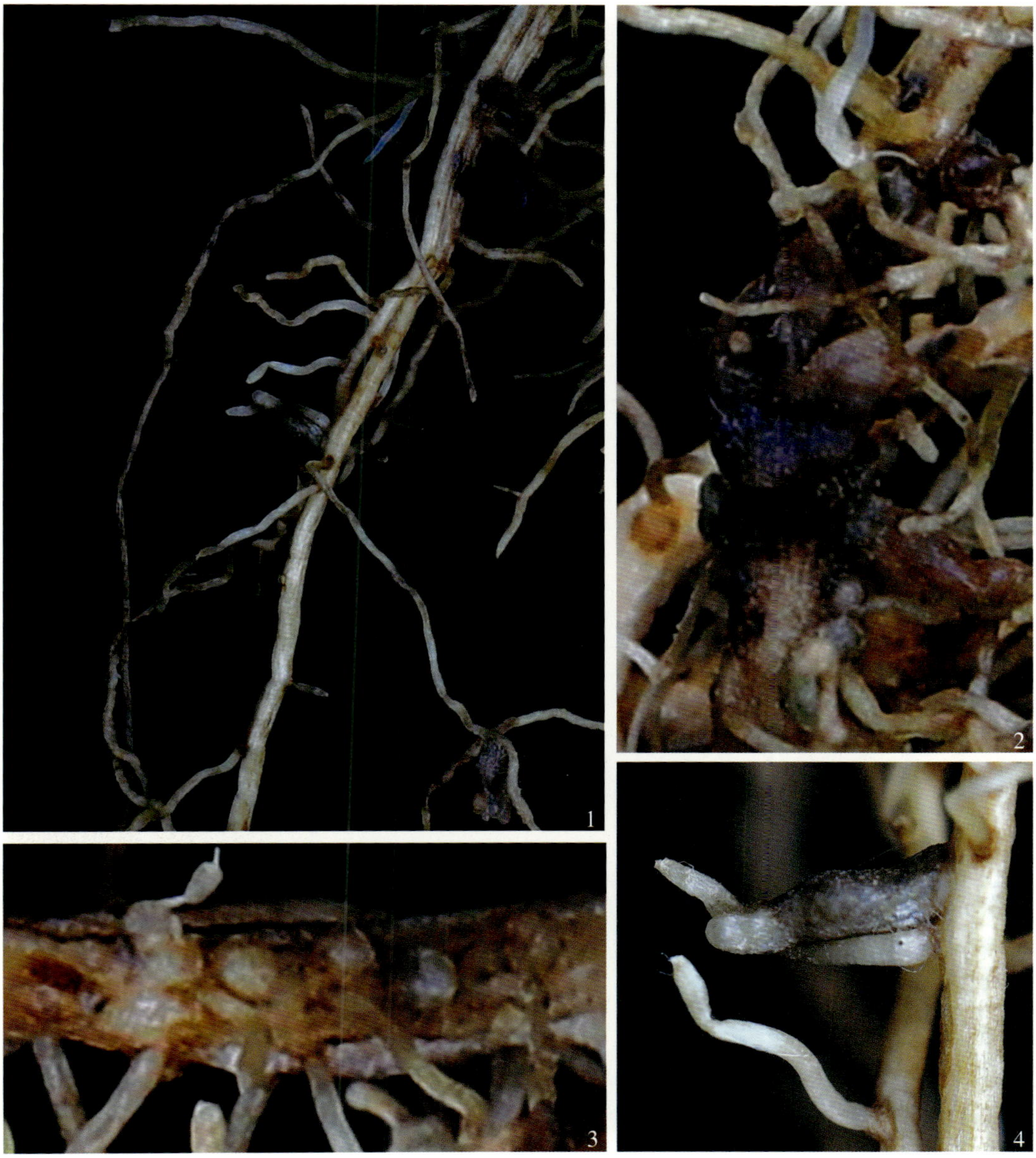

1.根瘤垂直着生于根上；2.根瘤聚集生长；3.主根上的根瘤呈小圆球状；4 呈根状凸起的根瘤。

图 14–5　根瘤

14.1.2 茎

豌豆为攀缘植物，其茎草质、柔软、多汁、质脆、细长、中空、易折，多分枝。植株最初可直立生长，后常借助叶卷须攀缘他物而伸展。豌豆的茎可明显区分出节和节间。

14.1.2.1 节

豌豆节的位置常以大型托叶为标志。除托叶外，节上还可着生叶柄、分枝、花序等（图 14-6）。节数一般早熟矮秆品种的较少，晚熟高秆品种的较多。

1、2.节上着生的托叶：1.正面；2.反面。3.茎上节着生的托叶、叶和花序；4.枝上节着生的托叶和叶。

图 14-6 节上着生的器官

14.1.2.2　节间

豌豆的节间外表光滑，多被白色蜡粉，细长、中空，具 3 或 4 棱，但茎顶部节间的棱渐不清晰。同一植株的茎，基部的节间较细，中部的节间逐渐变粗；中上部具花序的节间，自下而上的规律与之相反。节间横切面呈近圆形，壁上有 3 或 4 个外凸；茎基部节间的髓部较充实，并且自下而上髓部渐小、髓部空腔渐大，至茎中部，髓部全为空腔（图 14-7），直至顶部。节间颜色有黄色、绿色和紫色等。

1~4.节间外形：1.全株节间的长度和粗度从茎基部至顶部呈规律性分布；2.茎下部节间自下而上逐渐变长、变粗；3.节间具多棱；4.茎上部节间棱不明显。

5~7.节间横切面：5.茎基部节间；6.茎下部节间；7.茎中上部节间。

图 14-7　节间

14.1.2.3 株型

豌豆的株型取决于茎的高度、分枝和姿态，与茎的高度密切相关。豌豆为攀缘植物，茎柔软弯曲，长度不易测量，可用高度等级来评估茎长（可近似看作株高）。豌豆的茎长一般为 0.5~2 m，不同品种之间的茎长差异较大。

农作上，根据茎的生长习性可将豌豆株型分为直立型、半蔓生型和蔓生型3类；根据高度等级可将豌豆的株型大体分为矮生型（≤90 cm）、中间型(>90~140 cm）和高大型（>140 cm）3 种（图 14-8）。矮生型的植株仅有少量分枝，而中间型和高大型的植株则有较多分枝。矮生型的植株多为早熟或中熟品种，高大型的植株多为中熟或晚熟品种。

1.矮生型；2.中间型；3.高大型。

图 14-8　株型

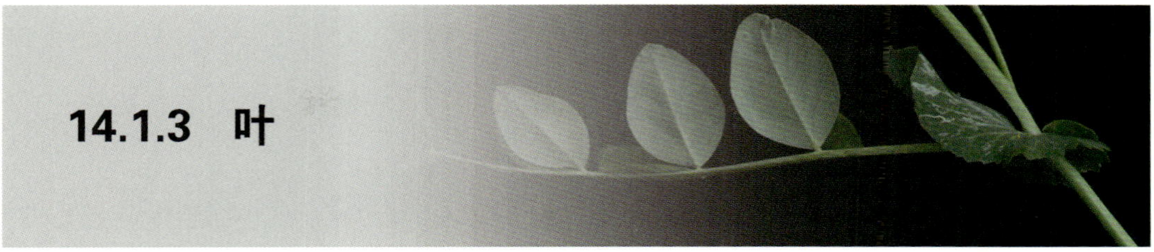

14.1.3 叶

豌豆的茎生叶是顶端具有卷须的复叶，拥有大型托叶，具有攀缘功能。叶在茎上互生，多而繁茂，叶片薄而绿，自下而上分布于细而长的茎上。除复叶外，广义的叶还包括子叶、基叶和托叶。

14.1.3.1 子叶

豌豆的子叶是胚性叶，2 枚，对生，钝圆且肥厚，保护着胚根和胚芽，为刚出土的幼苗提供养分。种子萌发过程中，子叶柄稍伸长，子叶膨大，逐渐突破包被其外的种皮（图 14–9）。由于胚轴没有延伸性，种子萌发时子叶并不出土。

1.子叶膨大，突破包被其外的种皮；2.子叶柄稍伸长。

图 14–9 子叶（萌发期）

14.1.3.2 基叶

豌豆的基叶为茎基的单叶，有两类，分别为第一基叶和幼茎基叶（图 14–10）。第一基叶是种子萌发时首先发出的 2 枚叶。第一基叶是豌豆的第一对真叶，很小，位于子叶柄与胚芽之间的幼茎基部。

幼茎基叶位于茎基部的前 2 节上，均为单叶，彼此互生。幼茎基叶为托叶状，仅有叶片，无叶柄，而且第一叶顶端缺刻状，第二叶中部 3 裂。在基叶之上的第三节上，叶开始分化出托叶，具有复叶的雏形。

1.幼茎及早期叶；2.胚芽茎基部的基叶原基；3.幼茎基部第一基叶；4.幼茎下部第二基叶；5.基叶之上的幼茎上部叶的分化。

图 14–10　基叶

14.1.3.3　复叶

豌豆复叶（图 14–11）为偶数羽状复叶，有时顶部 1~4 对小叶部分或全部卷须化；叶柄较粗，似枝；叶轴如同叶柄，自基部至顶部逐渐变细，至复叶顶部如同卷须。

图 14–11　复叶的组成与结构

豌豆复叶（图 14–12）有 4 类，分别为兼具卷须和小叶型（普通型）、仅具小叶型、仅具卷须型（无叶型）和小叶簇生型。

1.普通型；2.仅具小叶型；3.仅具卷须型。

图 14–12　复叶类型

豌豆复叶的小叶（图 14–13）有 2 类：一类是片状化的正常叶，位于复叶的中下部；另一类是卷须状的退化叶，位于复叶的顶部。正常的小叶在单个复叶上从叶轴基部向上逐渐变小，有对生、近对生和互生 3 种着生方式。

小叶片大多呈卵圆形、长圆形或椭圆形，极少数呈菱形或近圆形，有时偏斜，左右不对称。小叶片表面通常有蜡质层，正面呈浅灰绿色，反面颜色较淡。大多数豌豆品种的小叶光滑，无毛。

1、2.小叶排列方式：1.对生；2.对生、近对生、互生。
3~10.小叶片形状：3、4.长圆形（正、反面）；5、6.卵圆形（正、反面）；7.长卵圆形；8.近圆形（边缘具锯齿）；9.菱形；10.偏斜（不对称）。

图 14–13　小叶

仅具卷须型豌豆的小叶卷须化，能够在株间相互缠绕，形成棚架结构，从而提高植株的抗倒伏能力，还可以改善冠层结构和通风透光条件。

14.1.3.4 托叶

豌豆茎的节上有 2 枚大型托叶（图 14–14），明显大于复叶上的小叶片。同一节上的 2 枚托叶左右并生，合围茎节，形似一叶，近似心形。托叶以着生处为界，分为上下两部分：上部卵圆形，顶端尖或微凸，全缘；下部具牙齿、细齿或裂齿。节上 2 枚托叶的上部和下部有部分交叠，上部交叠较少，顶部分开，下部交叠较多，几成一体。

托叶的颜色有浅绿色、绿色或深绿色等，反面颜色均较正面的浅。有的托叶正面在着生的茎节处四周呈现不同颜色，常为紫红色，农作上称为叶腋花青斑。颜色有深浅变化，可分为明显、不明显、无 3 类。叶腋花青斑是苗期品种鉴定和田间去杂提纯的标志性状。

1、2.托叶：1.正面；2.反面。3~5.叶腋花青斑：3.明显；4.不明显；5.无。

图 14–14 托叶

14.1.4　花序

豌豆的花序（图 14–15）为总状花序，着生于叶腋处。花序生于茎的中上部节上，常多节连续发生。

每个花序上的花数较少，一般为 1 或 2 朵，少有 5 或 6 朵。若为单花，则独生于花序轴顶端。序轴顶端或被花柄完全覆盖，或同具花柄和芒尖（第二朵花退化后遗存的序轴节间或花柄）。单株开花的总数因品种和栽培条件而异。

豌豆的第一个花序着生于植株第 5~18 节的叶腋中，其具体着生节位因品种而异。一般早熟品种多着生于第 5~10 节，中熟品种多着生于第 11~14 节，晚熟品种多着生于第 14 节以上。

不同株型豌豆的始花节位也各不相同，一般矮生型的常在第 3~5 节，中间型的在第 10~12 节，高大型的在第 17~21 节。

1.花序连续分布于茎上各节；2.具单花；3、4.具 2 朵花；5.序轴顶端同时具花柄和芒尖。

图 14–15　花序

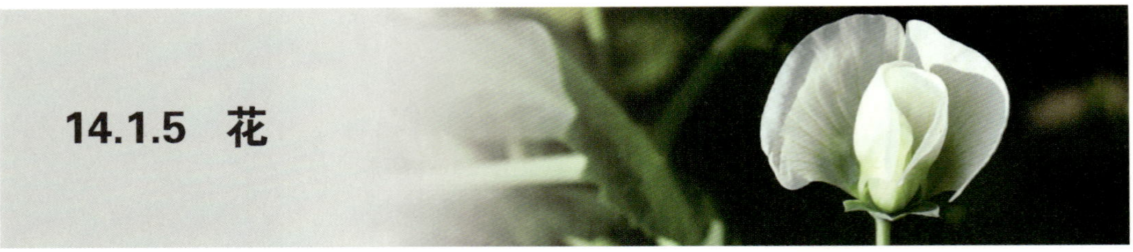

14.1.5 花

豌豆的花十分鲜艳，分布于植株的中上部。花生于花序轴上，序轴在茎上叶腋处向上斜伸，花柄向下弯曲，与序轴成一定角度，使得花冠口常朝向下方或外方。豌豆的花为两侧对称的两性完全花，由花萼、花冠、雄蕊和雌蕊组成。

14.1.5.1 花萼

豌豆的花萼小，绿色，基部愈合，全体呈钟状（图 14-16）。萼口微斜，中上部 5 裂，裂片 2 大 3 小，长圆形或披针形，蕾期呈覆瓦状排列，花开放后向外直伸或开展，后期稍向后反展。裂片基部在萼筒顶端处向内微凹，顶端尖锐或渐尖。裂片具一中肋，直通顶尖；2 枚大裂片稍不对称。

1.蕾期花萼；2.花萼裂片直伸；3.花下垂，花萼向外开展；4.花萼外观；5.花萼纵剖；6.花萼背面观。

图 14-16 花萼

14.1.5.2 花冠

豌豆的花冠是典型的蝶形花冠，由 5 片花瓣组成（图 14–17）。最上面 1 片最阔，向外翻转，宽大如旗，称为旗瓣；两侧 2 片向外张开如翅，称为翼瓣；下方 2 片小而下缘联合，形状如舟，底部凸尖如龙骨，称为龙骨瓣。

旗瓣可分为左右对称的两部分，顶端内凹，中肋外凸内凹，中肋顶端具小尖头，底边中部向外拱凸，顶端具 2 个小爪，腹面的基部有弧状、圆锥状或圆球状凸起的腺体，瓣片的一级纵脉呈辐射长网眼状，下部的中央部位有一圈醒目的横向脉环绕在腺体外。

2 片翼瓣基部均具长爪；宽阔瓣部的顶边向腹面内卷；2 片瓣片彼此相靠近的一侧有一狭长扁囊向腹面凸出，并在腹面向瓣中央折卷；在爪与宽瓣之间同样有狭窄的囊片向内卷。

2 片龙骨瓣在底边愈合成光滑的龙骨，在顶端合围成喙管，每片瓣片上边各有 2 个大皱褶，基部各有 1 个细爪。

豌豆花冠颜色多样，有白色、黄色、浅红色和紫红色等，因品种而异，但多为白色和紫红色。花色是用来鉴定豌豆品种的特征之一。

1.花冠全形；2.紫红色花的旗瓣腹面；3.白色花的旗瓣背面；4.白色花的旗瓣腹面；5.翼瓣的背面；6.翼瓣的腹面；7.龙骨瓣，示腹侧大皱褶；8.龙骨瓣 2 片瓣片（对剖）的腹面，示爪和喙的内凹面。

图 14–17　花冠

14.1.5.3　雄蕊和雌蕊

豌豆的雄蕊和雌蕊套合在一起，其中雌蕊位于花丝管内（图 14–18）。

雄蕊群有 10 枚雄蕊，其中 9 枚花丝中部以下合生，呈一侧开口的管状，另一枚花丝单独分生，整个雄蕊群形成“9+1”的二体雄蕊。花丝管上下等粗，管口有分离的 9 枚花丝；分离的花丝呈细线状，与管长近相等，顶端具喙，着生于花药基部。单独着生的花丝中部以下明显粗于中部以上，并且下部自基部向上逐渐变细。花药黄色或橙黄色，椭球状，双药室。

雌蕊 1 枚。子房上位，无毛，无腹柄，1 室，长条状，扁平。花柱与子房成一定角度折弯；整个花柱与柱头呈“S”形弯曲，两端细中间粗，其中基部扁平，前部弯曲面具硬毛，便于附着花粉。花柱及柱头在果实发育过程中常不脱落。

1.雄蕊与雌蕊成套合体；2.雌蕊，示“S”形的花柱和柱头；3.二体雄蕊（9+1），示花丝管和花丝的粗细变化；4.雄蕊的花丝顶端呈喙状，着生于花药基部。

图 14–18　雄蕊和雌蕊

14.1.6 荚果

豌豆每个果序一般结 1 或 2 个果实，以单果为多。果实为荚果，在植株上常因果柄下弯而呈下垂状态（图 14–19），基部宿存花萼，顶端残留花柱。

图 14–19　植株上的果实

14.1.6.1　外部形态

豌豆的荚果呈角果状，两侧不同程度压扁。幼果较扁平，随着果实发育及种子增大，果荚逐渐向外鼓胀，成熟时果体和首尾均偏斜。

不同品种豌豆的荚果形状不同，主要有平直形、联珠形、剑形、马刀形、镰刀形和弯刀形等（图 14–20）；顶端呈喙状，喙尖有锐、钝 2 类。

豌豆果实幼嫩时表面颜色有黄色、绿色和紫色等；未完全成熟时的颜色有蜡黄色、浅绿色、绿色和深绿色，某些品种还有紫色条块、斑纹或红晕；完全成熟的荚果通常为浅黄色，偶尔有褐色。

1~5.形状：1.平直形；2.联珠形；3.马刀形；4.镰刀形；5.弯刀形。6、7.顶端：6.锐；7.钝。

图 14–20　果实形状

14.1.6.2 内部结构

豌豆的果实为荚果，属于单果中的裂果。荚果的果壁在农作上称为荚皮，由外果壁、中果壁以及木质化的内果壁组成，其中内果壁光滑，有少量海绵质毛。果内有 1 排种子。种子以种柄着生于果壁的腹缝线上（图 14–21）。

豌豆的荚果是由单心皮发育而成的 2 爿果荚形成的，果壁中有 3 条维管束，形成 3 脉，其中 2 条位于腹缝线两侧，1 条位于背缝线上，均汇集于荚果末端，并与 2 爿果荚（果壁）中的次级小脉构成脉网。果实成熟干燥后，沿缝线分裂为 2 爿。

荚果按质地分硬荚、软荚和半软荚 3 类。硬荚类的果壁内侧由一层坚韧的革质层组成；软荚类的果壁内侧无革质层；半软荚类的果壁内侧革质层发育不良或呈条、块状分布。

图 14–21 果实内部结构

14.1.7　种子

豌豆的种子是可食用的重要器官，其成熟种子（农作上称为籽粒）由种皮、子叶和胚组成，属于无胚乳种子。

14.1.7.1　种子发育

豌豆种子发育过程中形态和颜色都会发生变化（图 14–22）。幼嫩的种子为绿色，快成熟的种子为黄绿色，成熟的种子为黄色。

1.幼果期；2、3.果中期；4.果熟期。

图 14–22　不同发育阶段的种子

14.1.7.2　种子形状

豌豆种子的形状有圆球状、扁球状和短柱状 3 类。

干种子表皮发白，形状因品种而异，大多为圆球状，根据表面平滑度分为光滑、凹坑、皱褶 3 类（图 14–23）。

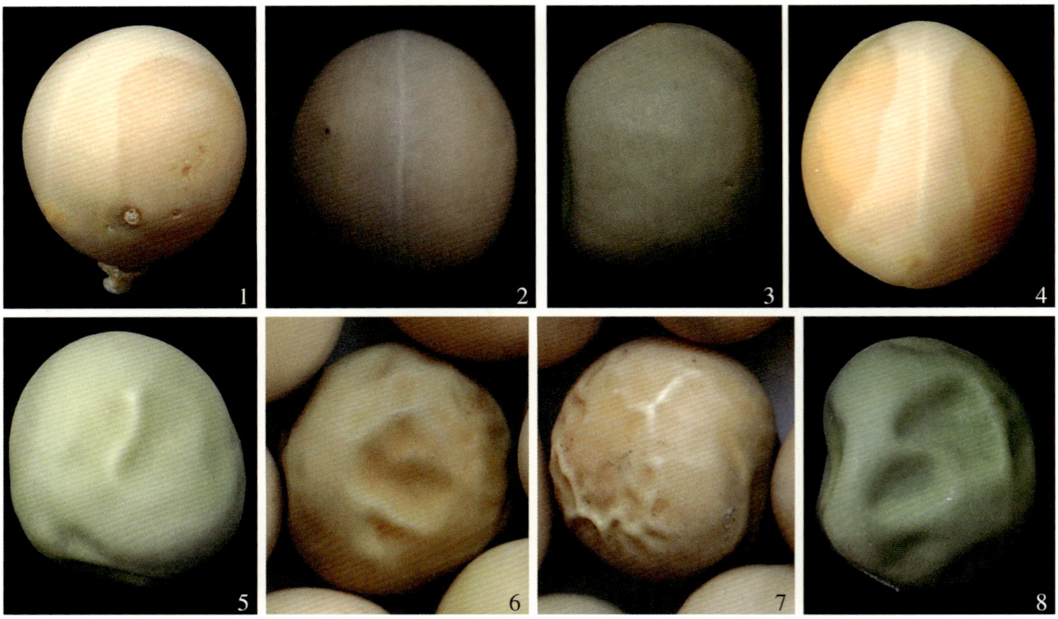

1~3.形状：1.圆球状；2.扁球状；3.短柱状。4~8.平滑度：4.光滑；5、6.凹坑；7、8.皱褶。

图 14–23　种子形状和平滑度

14.1.7.3　种子颜色

未成熟的豌豆鲜种子呈浅绿色、绿色或深绿色等颜色。干种子呈淡黄色、粉红色、绿色、褐色或紫黑色等颜色，有的为杂色（图 14–24）。

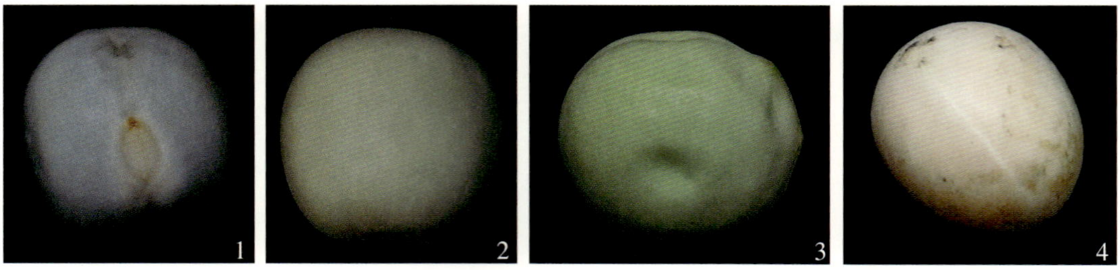

1~6.单色；7~9.杂色。

图 14–24　干种子颜色

14.1.7.4　种脐颜色

豌豆种皮的表面着生有种脐、种阜、种孔和合点等。种脐有黄色、灰白色、褐色和黑色等颜色（图 14–25）。种脐的颜色是用于鉴别豌豆品种的主要特征之一。

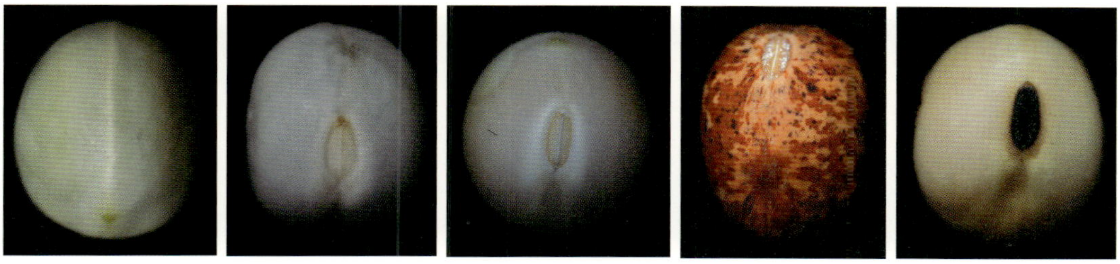

图 14–25　种脐颜色

14.2 豌豆的野生近缘植物

豌豆属植物通常是豌豆的近缘植物。由于豌豆属植物被广泛驯化栽培，且存在杂交渐渗现象，因而豌豆属的种类数量一直存在争议。主流观点认为，豌豆属共有 3 种 2 亚种 5 变种。其中：豌豆分为 2 个亚种，即 subsp. *sativum* 和 subsp. *elatius* (M. Bieb.) Asch. Graebn.，后者是豌豆的野生亚种，分布于中东和地中海地区，多样性丰富，具有典型的豌豆野生植物特征；第二个种是 *P. abyssinicum* A. Braun，为埃塞俄比亚和也门特有种，多样性贫乏，具有典型的栽培植物特征；第三个种是 *P. fulvum* Sm. Smith，仅分布于中东地区，种群多样性丰富，遗传分化明显，具有典型的野生植物特征。

在我国，除豌豆栽培亚种（subsp. *sativum*）外，无豌豆属其他种类分布。为提高豌豆产量和品质，实现增强抗病性和抗逆性等育种目标，可收集、保存和利用上述种质资源。

第15章

荞麦及其野生近缘植物

15.1　荞麦

◎ **植物名**

拉丁名：*Fagopyrum esculentum* Moench

中文名：荞麦

别　名：甜荞、净肠草、乌麦、三角麦

◎ **商品名**　荞麦（果实）

荞麦（图 15-1）为蓼科（Polygonaceae）荞麦属（*Fagopyrum* Mill.）一年生草本植物，是世界粮食作物中的小宗作物。荞麦全身是宝，其茎、叶、花、果等皆可利用，经济价值极高。

荞麦起源于中国，种植历史悠久。目前，荞麦在北半球温带地区广泛种植，在南半球也有栽培，分布区域广阔，全球种植面积和产量十分可观，是欧亚一些发展中国家和以素食为主的国家的重要作物。虽然荞麦在我国粮食作物中属于小宗作物，但在世界范围内我国是荞麦生产大国。在我国，荞麦分布广泛，各地都有种植，尤其是温带湿润地区，内蒙古、陕西、甘肃、山西、宁夏和黑龙江等地区种植面积较大。

荞麦是未被充分利用的作物，其遗传资源丰富，有待研究和充分利用。作为粮食作物，荞麦可以种植于土地贫瘠、气候寒冷、水源匮乏等环境条件相对较差的地区，在发展我国中西部地区特殊农业、提高区域经济等方面有重要价值。

1.具花序植株上部；2.花；3.花纵剖，示雄蕊、花被和腺状花盘；4.瘦果。

图 15–1 荞麦

15.1.1　根

荞麦的根为直根系，但是有时主根不发达，而侧根发达，接近或类似须根系，同时茎上还可生不定根，所以其根系比较复杂，兼具直根系与须根系的特点。荞麦的根有不同的分类，如地下根和地上根（不定根）、主根和侧根、定根（包括胚根、主根和侧根）和不定根、初生根（包括胚根和主根）和次生根（包括侧根和不定根）等。

15.1.1.1　定根

荞麦的定根是指地下根，包括早期的胚根（种子根），以及后来由其发育的主根和侧根。

（1）主根

荞麦的主根由种子的胚根发育而来。胚根是最早形成的根，其最初发出时为一条光滑的根，随着根的生长发育，子叶发出，在根的后部陆续发出侧根，此时原有的胚根即为主根（图 15-2）。主根继续垂直向下生长，并逐渐加粗，形成植株根系的主干。荞麦的主根通常较粗大。

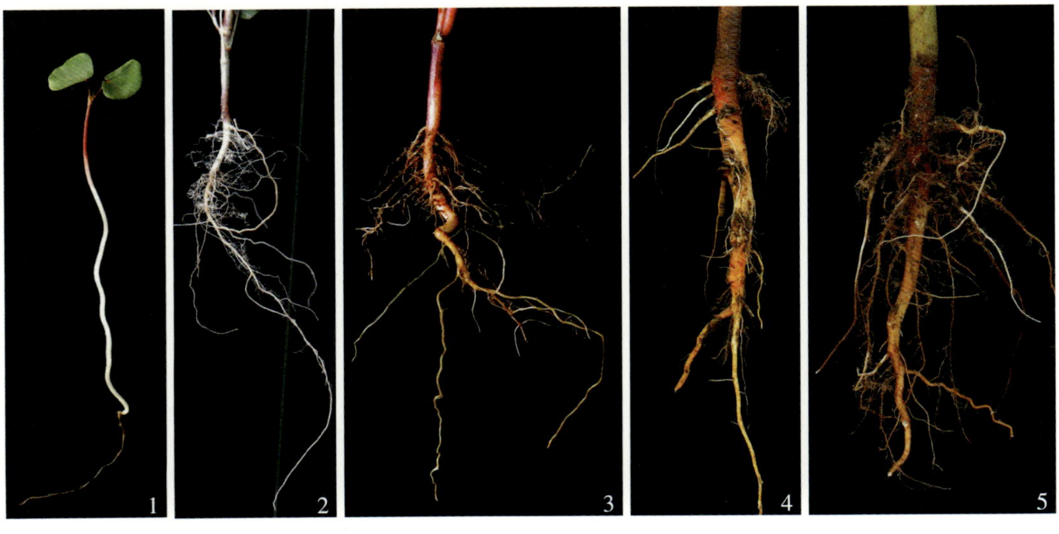

1.萌发期的主根（种子根）；2.苗期的主根，细长，上部生许多侧根；3~5.早期植株和成年植株的主根，比茎细，自上而下粗度渐减，差别明显。

图 15-2　不同发育期的主根

（2）侧根

从主根上发生的支根称为侧根。侧根属于次生根，包括从主根上发出的侧根，以及由侧根产生的较细的次级侧根，其中前者称为一级侧根，后者依次称为二级侧根、三级侧根等。侧根的粗度会因分支的级次而逐级变细。与主根不同，侧根先水平生长，然后向下生长。当主根出现受损、中断或发育不良等特殊情况时，侧根则异常发达，与主根差距变小，甚至代替主根，有时主根与侧根形态相近，根系呈须根系状。无论主根发育正常还是发育受阻，苗期植株（图 15–3）和成年植株（图 15–4）均如上所述。

1.子叶出土期，主根发育正常，侧根生于主根上下；2.苗前期，主根发育受阻，侧根发达，主根与侧根形态相近，根系呈须根系状。

图 15–3　苗期植株的根系

15.1.1.2　不定根

不定根（图 15–5）是指地上根，即在主根以上的茎上产生的根。地下茎和茎基部以及基部弯曲或匍匐的茎上易生不定根。从形态上看，不定根有时与定根中的侧根比较接近，但不定根常发生于茎段上，二者的发生位置和来源不同。

不定根也是次生根，但其是否发生及其发生位置和时期均不定，虽可入土，可再分侧根，却不属于定根。

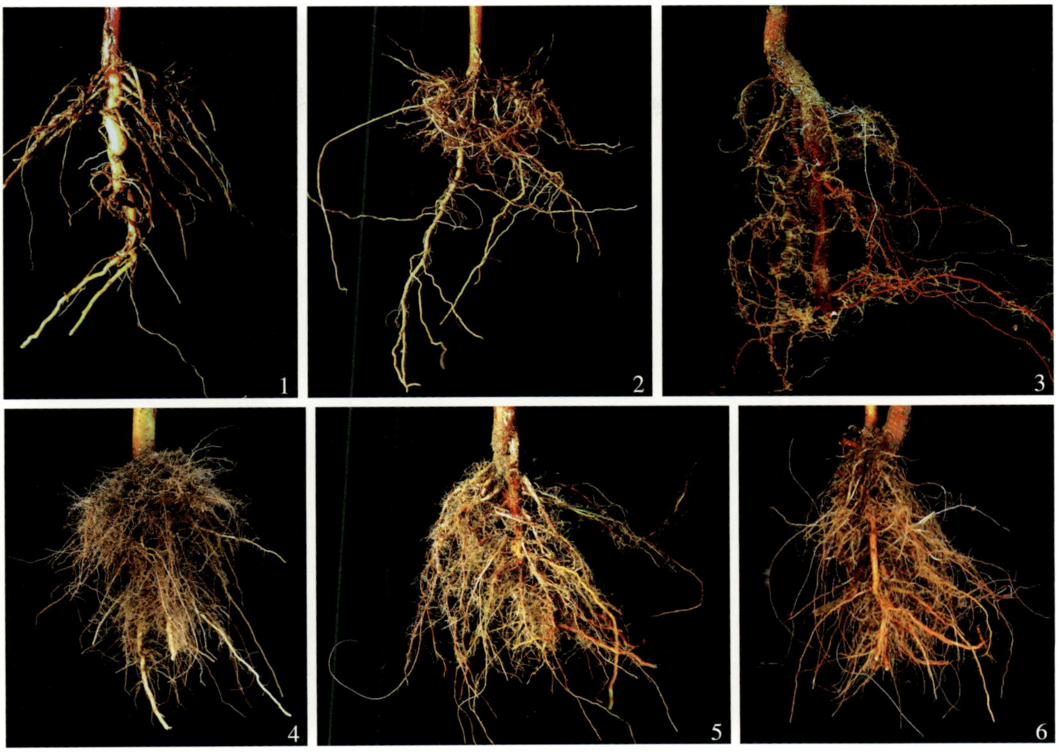

1、2.主根发育正常：1.侧根较粗；2.侧根与主根粗细相近。
3~6.主根发育受阻：3.侧根稀疏、细长；4.主根顶端分叉，侧根细密、发达，形成根群；5.主根顶端中断，侧根极发达；6.主根细弱，侧根多而长。

图 15–4　成年植株的根系

1.苗期茎基部（位于地下部分）发出的不定根；2.茎基部刚发出的不定根；3.形同侧根的不定根。

图 15–5　不定根

15.1.2 茎

荞麦的茎通常是指地面以上、生有枝叶、具节和节间的轴状系统，但广义的茎还包括位于地下的茎段、地上茎的分枝和序轴及序枝。本节的茎不包括序轴及序枝。

15.1.2.1 基部生根茎段

荞麦为子叶出土植物。种子萌发时，中胚轴伸长，将子叶连同胚芽同时推出土面。以子叶为标志，子叶以上的芽发育成常见的地上茎（含叶）。子叶与根之间为中胚轴，会形成基部生根茎段（图 15–6）。此段是茎的最基部，但是不具节，不能生叶、发芽，只能生不定根。该茎段下部常在地下，下端与根相接，与主根相似；上部在地上，顶端与子叶节相接，为地上茎的基部。

基部生根茎段的下部及其发生的众多不定根与其下由根发出的主根和侧根共同形成荞麦的根系，只是二者的来源及位置不同。由基部生根茎段形成的茎生不定根比根生侧根繁盛。

由中胚轴形成的基部生根茎段不同于在其之上的茎。它相当于一个节间，兼具根和茎的特点。此茎段在地面上的长度可长可短，有时与其上部的茎基部均生有不定根，彼此难以区分。

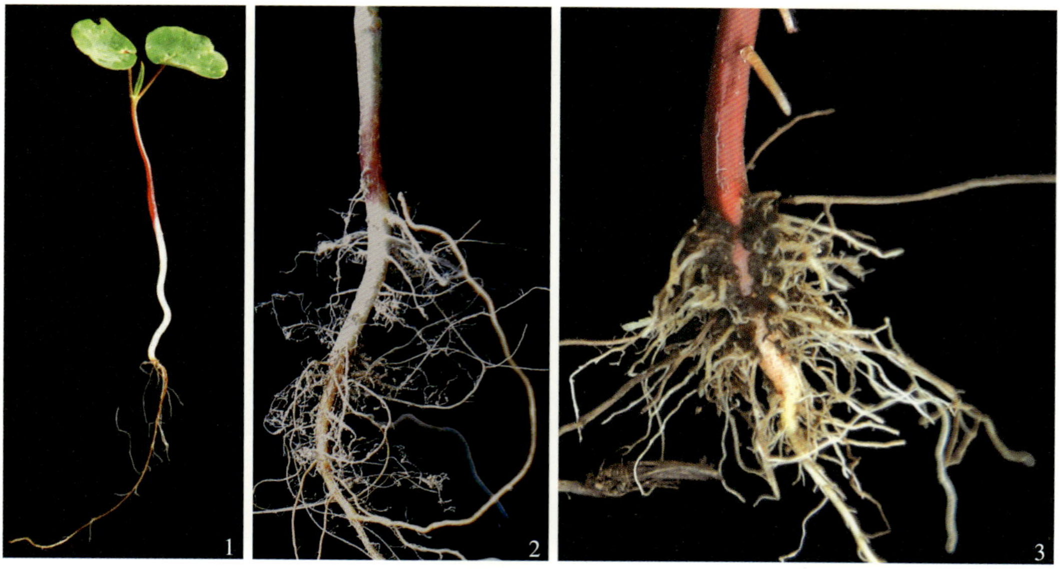

1.种子萌发期，中胚轴位于根与子叶之间，下部在地下（白色），上部在地上（紫红色）；2.幼年株基部生根茎段的下部（白色）与根（褐色）相接，生有形似侧根的不定根；3.成年株基部生根茎段（淡红色）的大量不定根形似侧根，上部在地上（紫红色），生有支持根；4.基部生根茎段与地上茎的不定根同生；5.无主根，基部生根茎段发生的不定根形成须根系；6.植株的主根已断，地下的根（即茎基部分枝以下部分）均为基部生根茎段形成的不定根。

图 15-6 基部生根茎段

15.1.2.2 具节的茎段

荞麦具节的茎段是指位于子叶节之上的地上茎部分。该茎段呈圆柱状，具有明显的节和节间（图 15-7）。

（1）节

荞麦的节是着生叶（叶鞘）、托叶鞘和腋芽，发枝，生不定根的部位，具有加强茎强度的作用。

1）节的外表

荞麦茎的节略向外膨大或膨大不明显。节下部向外凸出，顶端呈狭边，有时节上被短茸毛（图 15-8）。由于每节都着生托叶鞘，所以节常以托叶鞘（痕）为标志。

2）节数

荞麦的节数是指茎的节数（图 15-9），即自地表起至顶端的总节数，农作上是指主茎(当有分枝茎时）上的节数。

1.幼年株的茎（节有完整的托叶鞘）；2、3.成年株的茎（节上托叶鞘多破损，常具分枝）。

图 15-7 具节的茎段

1.微膨大；2.膨大不明显；3.被短茸毛。

图 15-8 节的外表

1.全节数为 26，具分枝的节（位于中下部）数为 3；2.全节数为 24，具分枝的节（位于中部）数为 1；3.全节数为 20，具分枝的节（位于上部）数为 5；4.全节数为 24，具分枝的节（位于上、中、下部）数为 8。

图 15–9　茎的节数

荞麦茎上的节有 4 种类型：①只有节位、其他均无的节（一般在茎下部）；②只有叶或腋芽的节（一般在茎上部）；③只有分枝的节（顶端可能有花序）；④只有腋生花序的节（无论基部有无叶）。

统计荞麦茎的节数时有 2 种情形：当只有顶生花序时，全节数为类型①②③的总数；当有腋生花序时，还应包含类型④的数量。前一种情形的节数常比后一种的少，有时相差较大。

节数与株高显著相关。节数主要与品种有关。茎的节数在 12 节以下的品种分布范围较广，以西南地区最多；12~18 节的品种主要分布在北方各省，其中 12~15 节的品种较多。

3）节上不定根

荞麦的茎在合适的环境条件下可以产生不定根，但不常见，一般出现在茎基部的节上。对于匍匐型植株，茎下部的节（甚至节间）易生不定根，其中生于节上的不定根称为节上不定根（图 15-10）。

1.茎和侧枝的节上不定根；2.茎下部节上不定根；3.茎基部节上不定根。

图 15-10　节上不定根

4）节上分枝

节上叶鞘与茎之间生有腋芽，部分节上的腋芽可以发育成分枝。荞麦的茎常有分枝，但每个节上常仅有 1 个分枝。通常节上的分枝细于茎，但有时差别不明显，尤其是中上部节上的分枝，与茎几乎相同，形成二叉状。直立型荞麦的节上分枝与茎之间的夹角均为锐角，常小于 45°，少数为 45°~60°，极少数超过 60°；分枝常位于茎的基部或下部（图 15-11）。匍匐型植株茎下部部分节上的腋芽形成的分枝甚至能形成新植株。

1.节上分枝，比茎细，主次分明；2.中部节上的分枝，与茎的粗度差别不明显；3.下部节上的分枝，与茎的粗度近相等；4.茎基部节上分枝，与茎的夹角超过 60°（偶见）。

图 15-11　节上分枝

（2）节间

茎是由节和节间组成的，但植株的高度或茎的长度主要取决于节间长度。农作上，一般常关注主茎的节间。

1）形态

节间呈圆柱状，内部中空，表面光滑，有时稍有棱角或槽，有时在一侧沿纵棱具乳头状凸起（图 15-12）。

1.中空；2.圆柱状，光滑；3.一侧具多槽；4.一侧具浅槽；5.茎节间和分枝节间均具粗棱；6、7.具细棱；3、8、9.节间的一侧沿纵棱具乳头状凸起。

图 15-12　节间形态

2）长度

荞麦茎上不同部位的节间长度常呈现出有规律性的变化（图 15-13）。茎基部的节间普遍短，茎中部的节间普遍长，且从基部向中部节间逐渐变长。分枝的第一个节间明显短于第二个节间，且第二个节间在整个分枝中最长；分枝或具花序分枝，除第一个节间外，其余节间自下而上逐渐变短。不同植株茎的节间长度有所不同，与品种和栽培条件有关。

3）粗度

节间的粗度取决于茎上节间的位置。一般茎下部的节间最粗，自下而上节间逐渐变细。不同植株的节间粗度变化也有一定差异。

1.分枝的节间比茎的长；2.一、二级分枝的节间均比茎的长；3.茎的节间从基部至中部逐渐变长；4.分枝的节间自下而上逐渐变短。

图 15-13　节间长度

4）颜色

荞麦的节间颜色是指茎上节间的颜色，常见的有浅绿色、绿色、深绿色、红绿色、淡红色、红色、紫红色和紫色等（图 15-14）。

图 15-14 节间颜色

5）生根

在特殊环境条件下，节间也可生根。例如，被视为一个节间的基部生根茎段(图 15–6) 以及匍匐型植株茎下部的节间，均可生不定根。

15.1.2.3　株高

荞麦的株高是指从茎基部至茎（或最长枝）顶端的长度（图 15–15），荞麦的平均株高为（100±20）cm。一般来说，荞麦的株高与品种有关，生育期长的品种偏高，生育期短的品种较矮，且不同地区间差异较大，高纬度地区的品种株高普遍较高。

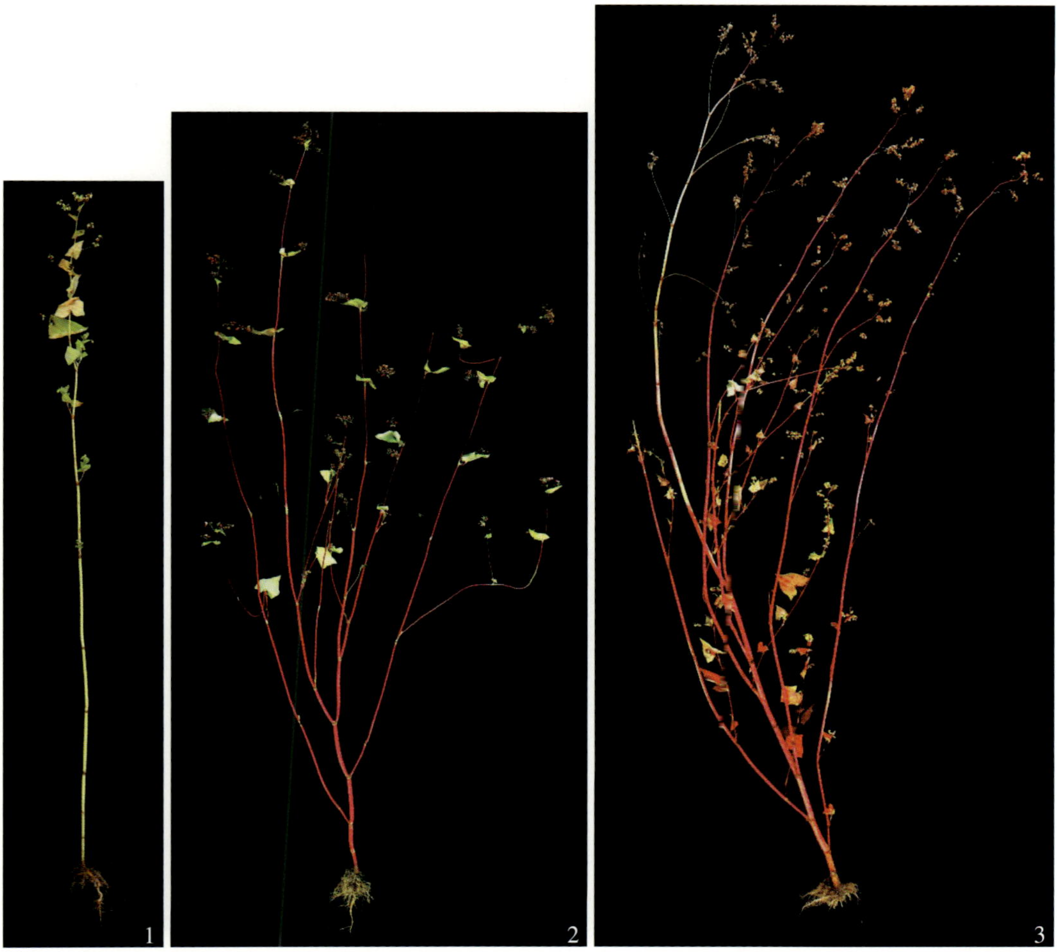

1、2.较矮；3、4.中等；5、6.较高。

图 15-15　株高

15.1.2.4 茎色

节间的颜色能够反映茎上不同部位的颜色，也能够在一定程度上反映全株茎的颜色，但描述植株颜色时往往以综合性的、占比较大的颜色为准。荞麦全株茎的颜色分布有全体同一色、全体上下不同色、全体局部不同色等式样（图 15–16）。

图 15–16 茎色

15.1.2.5 株型

(1) 直立型

直立型植株茎、枝分明，茎显著直立、较长，一级分枝斜展。一般高 60~150 cm，最高可达 300 cm。由于分枝的位置、角度、长度和弯曲度等有变化，所以植株外形变化丰富，可分为如下 4 种类型（图 15-17）。

1、2.少分枝；3.上部分枝；4、5.中上部分枝；6、7.中下部以上分枝。

图 15-17 直立型植株

Ⅰ. 少分枝：分枝能力较差，无分枝或仅有 2 或 3 个分枝，不具二级分枝。

Ⅱ. 上部分枝：分枝较密，冠幅宽。

Ⅲ. 中上部分枝：分枝较疏，冠幅较窄。

Ⅳ. 中下部分枝：分枝多，长短差异大。

(2) 半直立型

半直立型植株（图 15-18）与直立型植株有多处不同：总体上茎、枝难以区分；茎虽直立，但较短，只在植株下部明显可辨，且节间短；一级分枝始于基部，并集中于中下部；分枝长，下部多弧弯，枝节间多长于茎节间。

1.分枝稍弯；2.分枝较弯。

图 15-18 半直立型植株

(3) 匍匐型

匍匐型植株较少见。茎匍匐且多位于茎下部，较粗，在节上或节间处均能长出许多不定根，部分节上能发出新植株。该类型植株的茎、枝难分，可以有多个茎状的分枝（图 15-19）。

1.茎多、弯曲、密集；2.匍匐型植株示意图。

图 15-19　匍匐型植株

15.1.2.6　茎的分段

荞麦的植株具有基部可生根、中部多分枝、茎枝顶端多花序的特点。对于直立型植株，据此将茎大体分为基部、中部和顶部 3 个区段（图 15-20），农作上分别称为不定根形成区、分枝区和结实区。

基部区段（a 段）是指子叶节以下的茎段，即茎基部，常形成不定根，属于不定根形成区，或称为基部生根茎段。不定根的长度取决于播种的深度和密度，种子覆土较深或幼苗较密时，该区段的长度就会增加。多年生荞麦品种在此段积累养分，形成球状块茎或姜状块茎。

中部区段（b 段）是指从子叶节向上到最后一个具分枝节位的茎段，即茎中部，属于可分枝区，是茎的主体。其长度取决于下段（b_1 段）的无枝段（茎上可有叶或无叶）和上段（b_2 段）的分枝段（分枝上有 2 片叶或更多）。

顶部区段（c 段）是指从主茎始现花序的着生节位到茎顶的茎段，即茎顶部，是荞麦的花序区（结实区），每个茎节上具有 1 片叶（或苞片）和 1 个花序(或果序)。

1.花期茎的分段，基部（a 段）生不定根，中部（b_1 段和 b_2 段）有分枝，上部（c 段）各节具花序；2.中部区段的 b_1 段和 b_2 段（c 段断缺）长度较接近；3.中部区段的 b_2 段分枝集中，远短于 b_1 段，c 段较短。

图 15–20　茎的分段

15.1.2.7　茎的分枝性

荞麦的茎富有分枝性，全株上下均可分枝，可形成不同式样。例如：分枝可形成丛生状、伞房状（包括下部分枝、中部分枝和上部分枝）、圆锥状等不同形状；分枝可从茎基部开始，多集中在茎的中上部或上部；分枝多直挺，少弯曲；分枝短者似芽，长者如茎。

（1）分枝式样

分枝式样与株型密切相关。荞麦的分枝式样一般取决于分枝长度以及与茎之间的夹角大小，可分为紧凑型、半紧凑型和松散型（图 15–21）。

（2）分枝数

从茎节的叶腋中发出的分枝为一级分枝，在一级分枝上的节处或叶腋处长出的分枝为二级分枝，在良好的栽培条件下，还可发出三级分枝。

荞麦茎的分枝数在农作上是指茎上着生的一级分枝数（图 15–22），一般为 3~5 枝。分枝数与遗传基因有关，也受无霜期栽培条件等因素的影响。

1、2.紧凑型；3、4.半紧凑型；5、6.松散型。

图 15-21　茎的分枝式样

1.具 1 分枝；2.具 2 分枝；3、4.具 3 分枝；5.具 4 分枝；6.具 5 分枝；7、8.具 6 分枝；9.具 7 分枝。

图 15–22　茎的分枝数

15.1.3 叶

荞麦的叶为单叶，在茎上互生。其叶有几种类型，包括种子萌发形成的子叶（出土胚叶）、真叶（营养叶或茎生叶）和苞叶（花序托叶或苞片）。

真叶是指生于茎上的叶，是由叶片、叶柄和托叶 3 个部分组成的完全叶。从叶片类型看，真叶可以分为两类：一类是种子萌发期间形成的唯一一片真叶，小且早枯，称为第一真叶；另一类是生于茎上的常见叶，称为茎生叶。

15.1.3.1 子叶

荞麦的子叶是指种子萌发时由胚发育而成并出土的 2 片叶。子叶对生于子叶节上。叶柄细长，绿色或紫红色。叶片呈倒菱状宽圆形或肾圆形，正面绿色，反面浅绿色，中脉两侧的叶片基部下延并超过叶柄顶端，整个叶片基部呈小内湾状，具掌状 3 脉，侧脉为网状脉，叶脉绿色或紫红色（图 15-23）。有些荞麦品种的子叶表皮微带紫红色。

1、2.叶脉绿色；3、4.叶脉紫红色。

图 15-23 子叶

15.1.3.2 第一真叶

荞麦种子萌发时，在子叶之后发出的第一片叶为第一真叶（图15-24）。该叶与子叶最明显的不同是节上仅生 1 片。此外，它的叶片与在其之前发出的子叶和在其之后发出的真叶在顶端和基部的形状方面均不同。

第一真叶与子叶的不同之处在于，叶片基部向两侧展开，由叶片的中部以下向内收缩，变成两侧向外展开变宽，两端呈角状，叶片底边中部的“内湾”加宽，具基出 5 脉。第一真叶与其后发出的真叶的不同之处在于，顶端不具有向外凸起的锐尖，而是向内凹，形成底面平缓的宽内湾状。

1.第一真叶；2.叶片正面；3.叶片反面。

图 15-24　第一真叶

15.1.3.3 茎生叶

(1) 叶片

茎生叶的叶片薄，基本形状为三角形或卵状三角形，顶端渐尖，基部心形；叶脉为掌状网脉，正面下凹，反面凸出；两面沿叶脉具短毛或乳头状凸起，叶缘具短毛（图 15-25）。

1、2.叶片正面，叶脉下陷：1.叶片三角形，基部“内湾”宽大；2.叶片卵状三角形，基部“内湾”狭窄。3.叶片反面，叶脉凸起，脉上被毛。4.叶缘具短毛。

图 15-25　叶片

1）颜色

荞麦的叶片一般呈不同程度的绿色。随着季节的变化和荞麦的生长发育，叶片的颜色会发生丰富的变化（图 15-26），其中叶缘可呈绿色、粉色或红色等颜色，叶脉可呈绿色、黄色或红色等颜色。

2）形状

荞麦叶片的形状多样，大致可分为三角形、卵状三角形、卵形、戟形、剑形和心形等（图 15-27），顶端渐尖或尖，基部心形或箭形，叶边为全缘。

叶片的大小及形状在不同生育阶段会有所不同。在同一植株上，会因生长部位和受光量而异（图 15-28）。植株基部叶片形状多呈卵圆形；中部叶片形状类似心形，叶面积较大；顶部叶片逐渐变小，渐趋箭形。

(2) 叶柄

荞麦茎上不同部位叶的叶柄长度有变化。茎基部、中部的较长，可达 7~8 cm，甚至更长，而茎上部的则逐渐缩短，直至无叶柄（图 15-29）。

叶柄的颜色为不同程度的绿色或红色等（图 15-30）。

(3) 托叶鞘

荞麦的托叶合生成鞘，称为托叶鞘。该鞘膜质、半透明，位于节上方，环绕着茎，底边与微膨大的叶柄基部两侧相接，在叶柄基部紧包着茎以及腋芽或枝，呈短筒状，端口从茎向叶柄向下偏斜，顶端钝圆或具尖头。托叶鞘初时为白色，随着植株的发育生长，从植株下部向上逐渐衰老，变成褐色，而且托叶鞘变褐先从鞘的顶部开始，逐步向下延伸。当节上具毛被时，有时鞘下部也会具毛被（图 15-31）。

图 15-26　叶片颜色

1.三角形类；2.卵形类；3.卵状三角形类；4.心形类；5.戟形类；6.箭头形类；7.戟状剑形类。

图 15–27　叶片形状

1.大叶片（基部与顶部的大小差异极显著）；2.小叶片（基部与顶部的大小差异较小）；3、4.中等叶片。

图 15-28 同一株上叶片形状对比（从左向右为基部至顶部）

图 15-29　同一株上叶柄长度对比（从左向右为基部至顶部；上排为正面，下排为反面）

图 15-30　叶柄颜色

1.侧面观，托叶鞘具斜口，示鞘与茎、叶柄和分枝的关系；2.背面观，顶端钝圆；3.背面观，顶端尖；4.托叶鞘与腋芽的关系；5.基部具毛被；6.上部变褐。

图 15–31　托叶鞘

15.1.3.4　苞叶（苞片）

荞麦的苞片是一种简化叶或变态叶，位于花序或花的基部，或包被花序或花(图 15–32)。当其较大且位于花序的基部，发育成叶状（至少具有叶片）时，称为序托叶或苞叶，常无叶柄，有时具短叶柄或极短的叶柄。当其很小且仅为鞘状时，称为苞片。在荞麦的花序上，苞叶和苞片均较常见。其中：苞叶位于花序基部或花序分枝基部，有大有小，甚至近苞片状；苞片绿色，长 2~3 mm，片状或半圆筒状，从基部向上逐渐倾斜，至顶端成尖形，边缘膜质，具有保护幼小花蕾的功能。

1.花蕾期的苞片；2.果期的苞叶。

图 15–32　苞叶和苞片

15.1.4　花序

荞麦的花较多，常形成花簇，再以花簇排成花序。荞麦的花序为总状花序，有时总状花序再组成伞房状或圆锥状花序，属于复式混合型花序。这些花序会因茎上分枝式样不同而形成不同序形。

15.1.4.1　组成与结构

荞麦花序有 3 层结构：花簇、总状花序和各式复花序。

荞麦花序的第一层结构是花簇。荞麦的花生于苞片内。苞片下部呈筒状。每个苞片内有 2~5 朵小花，组成螺状聚伞花序。该花序极短，位于苞片底部，致使各小花呈簇生状，所以荞麦蕾期的花从外观上看均簇生于苞片内。

荞麦花序的第二层结构是以苞片及其内的螺状聚伞花序为基本单位组成的总状花序。总状花序有 3 个特点：一是花序梗远长于序轴节间，序轴节间短，花簇排列较密集；二是序轴长短差异大，花开后花序长者呈条状，花序短者呈簇状；三是序轴有时发生分枝，花开后呈团簇状，更显繁盛。

荞麦花序的第三层结构是以总状花序为单位排成的各式复花序。

荞麦的花序主要生于茎顶部或枝上的叶腋中，其中生于茎顶和枝顶者多有分枝，很少不分枝，而生于枝顶以下者则相反，多不分枝。不分枝的花序仅为总状花序，而分枝的花序则形成各种复总状花序。

茎顶部和枝顶部花序的序轴节间较短，且短缩程度不同，其上所生花序分枝相对靠近且间隔大小不等，尤其是茎顶部的花序，会形成各种不同式样的复花序。当序轴节间较长时，花序分枝会形成复总状圆锥花序。但序轴节间通常特别短或近无，此时花序分枝（一级序枝）会形成簇生状（序枝短而集中）、指状（序枝长而集中）、伞房状（下部序枝分散、较长，且向顶端逐渐变短）、聚伞花序状（序枝长短相间，长的在外侧，短的在内侧）等式样（图 15-33）。

就全株花序类型及分布而言，通常以总状（腋生者）和伞房状（顶生者）为主，其中前者多为腋生花序，后者多为顶生花序。

1
2
3
4
5
6
7

1.总状花序。

2~11.复总状花序：2~5.总状花序排成指状；6.总状花序短缩成簇生状；7.总状花序排成聚伞花序状；8.二回总状花序排成伞房状；9.二回聚伞花序排成伞房状；10.一回聚伞花序排成伞房状；11.多回聚伞花序排成伞房状。

图 15-33　花序式样

15.1.4.2　序密型

荞麦的序密型是指盛花期植株上花序整体分布的密度及外形。由于花序分布于茎上部以及分枝上，特别是茎、枝的顶部，所以植株上的花序分布会形成不同的序密型。序密型一方面与花序分枝多少有关，另一方面与茎上节间长短有关。序密型可分为疏松型（常为总状）、半密型（常为伞房状）和紧密型（常为圆锥状）3 类（图 15-34）。

1、2.疏松型（总状）；3、4.半密型（伞房状）；5、6.紧密型（圆锥状）。

图 15-34　序密型

15.1.4.3　序枝

荞麦花序的基本花序是总状花序，花序上的分枝称为序枝。当花序无序枝时，荞麦的花序为无序枝花序，即总状花序。当花序有序枝时，荞麦的花序为有序枝花序，即以总状花序形成的复花序，其中从原花序（总状花序）上分出的序枝称为一级序枝。序枝的有无对应不同的花序类别（即单花序还是复花序），序枝分布的位置、式样及数量决定花序的类型。

1~3.无序枝花序；4、5.有序枝花序。

图 15-35　序枝

15.1.4.4 花序的枝、梗颜色

除红色和绿色外，荞麦花序梗及序枝表面还有其他颜色（图 15–36）。

图 15–36 花序梗及序枝颜色

15.1.5　花

荞麦的花为单被、辐射对称的两性花。花较小，不单生，数花成序生于苞片内。不同品种的荞麦，花的大小、颜色、结构有一定差异。

15.1.5.1　组成与结构

荞麦的花由花被、雄蕊、雌蕊、蜜腺以及花柄和花托组成。花柄细长，白色；花托稍膨大，外有花被愈合；花被生于花托边缘，基部联合，花被深裂几达基部；雄蕊生于花被片基部；花托顶部具蜜腺盘，蜜腺的腺体排成一圈；雌蕊位于花的中央，子房上位，其上有 2 枚花柱，柱头圆球状（图 15–37）。

1.外部形态，示花的组成；2.去除花被的花，示雄蕊、雌蕊和蜜腺。

图 15–37　花的组成与结构

(1) 花被

1）形状

荞麦的花被（图 15–38）呈花冠状，花开后常呈白色、淡红色或红色等，常 5 深裂，少有 4 或 6 裂；蕾期侧面观呈卵圆状，花期俯视呈五角形或近圆状五角形。裂片的形状有长圆状卵形、椭圆状卵形或倒卵形，顶端凸尖；或宽卵形、圆卵形和倒卵形等，顶端钝圆。裂片呈覆瓦状排列。

1.花蕾，侧面观呈卵圆状；2.花被半开，露出短于花被裂片的雄蕊；3.花被正面，裂片呈覆瓦状排列；4.花被侧面，裂片背部的下部和中部带绿色；5.花纵剖面，裂片内侧基部带绿色，可见黄色腺体；6.花被裂片背面，呈长圆形、椭圆形或倒卵形；7.花被裂片腹面；8、10.淡粉色花被裂片背面，裂片宽卵形或圆卵形，顶端圆，有斑点和条纹；9、11.粉红色花被裂片背面，裂片宽卵形，顶端稍圆，下部绿色，中部有脉纹；12.花被裂片倒卵形。

图 15–38　花被及其裂片形状

2）花色

荞麦的花色是指盛花期的花被颜色，常见的有白色、黄绿色、淡绿色、绿色、粉色和红色等颜色（图 15–39）。

图 15-39 花色

（2）雄蕊和蜜腺

荞麦花的雄蕊一般为 8 枚，由花丝和花药构成，呈 2 轮环绕子房排列。花药似肾形，2 室，呈“人”字形排列，侧面观呈长圆形，顶面观呈三角形，其间有药隔相连，常见的颜色有紫红色和粉红色等；花药呈背着式，于“人”字形敞开一侧的中点着生于花丝上。花丝细长，基部粗，顶端细，浅黄色或白色，长度因品种而异。在 2 轮花丝之间和各花丝基部之间生有发达的黄色透明圆球状蜜腺(图 15–40)，一般为 6~10 枚，常为 8 枚，能分泌蜜液，蜜液呈油状，有香味。

1.花丝黄色，下粗上细，顶端为极细喙状，基部有腺体，花药紫红色；2.花丝白色，花药粉红色，基部蜜腺较大且呈黄色，示雄蕊、花被和蜜腺的位置关系；3、4.花丝下弯，花药呈不同角度。

图 15–40　雄蕊和蜜腺

（3）雌蕊

荞麦花的雌蕊由子房、花柱和柱头组成（图 15–37、图 15–41）。子房三棱状，白色、绿白色或黄色，3 心皮合生，1 室；花柱 3 枚，细长，基部靠合，中上部彼此分离，微外弯；柱头膨大为球状，有乳头状凸起，成熟时有分泌物。

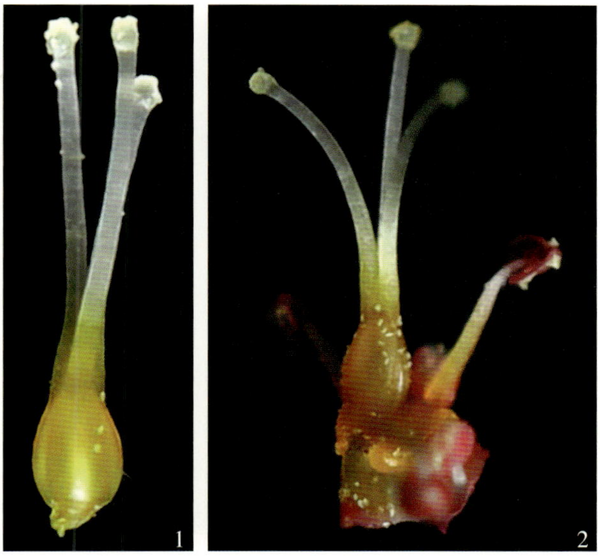

1.子房黄色，花柱基部黄色，向上黄色渐褪；2.雌蕊与雄蕊，示二者的位置关系。

图 15-41　雌蕊

15.1.5.2　花型

荞麦花的雄蕊（花丝）与雌蕊（花柱）的长短比例各异（图 15-42），可形成 3 种花型：雄蕊短于雌蕊（Ⅰ型）、雄蕊与雌蕊等长（Ⅱ型）和雄蕊长于雌蕊（Ⅲ型）。通常同一株上的花为同一类型，且绝大部分花的雌蕊与雄蕊不等长。只有Ⅰ型花与Ⅲ型花杂交才能受精结实，结实率一般为 4%~20%。自花授粉和同型花授粉的结实率极低，一般不到 1%。

1.雄蕊短于雌蕊（Ⅰ型）；2.雄蕊长于雌蕊（Ⅲ型）。

图 15-42　花型

15.1.6 果实

荞麦的果实为瘦果，果壁与种壁贴合，自然状态下果实成熟时种子不易与果皮分离，农作上将其称作籽或籽粒。

荞麦成熟果实的外形有 3 个特征：一是基部有宿存的花被；二是具三棱；三是顶端有一个喙状宿存花柱。这 3 个特征在花后期即显现（图 15–43：1、2）。发育过程中，花被大小并没有变化，但硬度渐大，直至瘦果成熟仍然包着果实基部。子房后期呈三棱状；花后期，幼果增大，果棱逐渐显现，至瘦果成熟时果棱发展成翅。花柱 3 枚，在基部合生为一体，呈很短的圆柱状基柱；至果实成熟时分离的 3 个花柱断裂，但花柱的基柱仍宿存，呈小喙状，有时不太明显。

荞麦同一植株上的果实成熟度很不一致，即使是同一花序上的果实，其成熟度也有明显差异(图 15–43：3、4)。

1、2.花后幼果期，可见花被、果棱和花柱（花柱的基柱宿存）；3、4.果熟期，同一花序上的果实成熟度不一致且许多花败育。

图 15–43　果实发育

15.1.6.1　果实形状

荞麦的瘦果果皮革质，内含 1 粒种子，基部具 5 裂宿萼。荞麦果实具三棱，从基部向顶部渐尖，俯视呈三角形，但侧面观形状多样，常见的有卵圆形、长锥形、短锥形、心形、三角形和楔形等（图 15-44），还有少数其他形状。

1、2.一个果实的两面观：1.侧面观呈长卵形；2.底面观呈三角形。
3~8.果实侧面观：3.卵形；4.宽卵形；5.狭卵形；6.倒长圆状卵形；7.圆状卵形；8.倒矩状卵圆形。

图 15-44　果实形状

15.1.6.2　果实颜色

荞麦正常成熟果实的颜色（图 15-45）在农作上称为粒色，常见的有浅灰色、灰色、深灰色、浅褐色、深褐色、灰黑色、黑色以及杂色等，多为褐色，灰色次之，黑色占比最低。

图 15-45 果实颜色

15.1.7 种子

种子是荞麦的可食用部分，由种皮、胚乳和胚三部分组成，其中胚乳占绝大部分。

15.1.7.1 种子形状

荞麦种子的基本形状为四面呈三角形的三角锥状体，基部宽，顶端尖。但是，由于果棱的宽度和高度不同，所以种子的形状有一定变化，常见的有长锥状、短锥状、心状、三角状和楔状等（图 15-46）。种子的种脐为近圆形，位于种子基部的正中，呈红褐色。

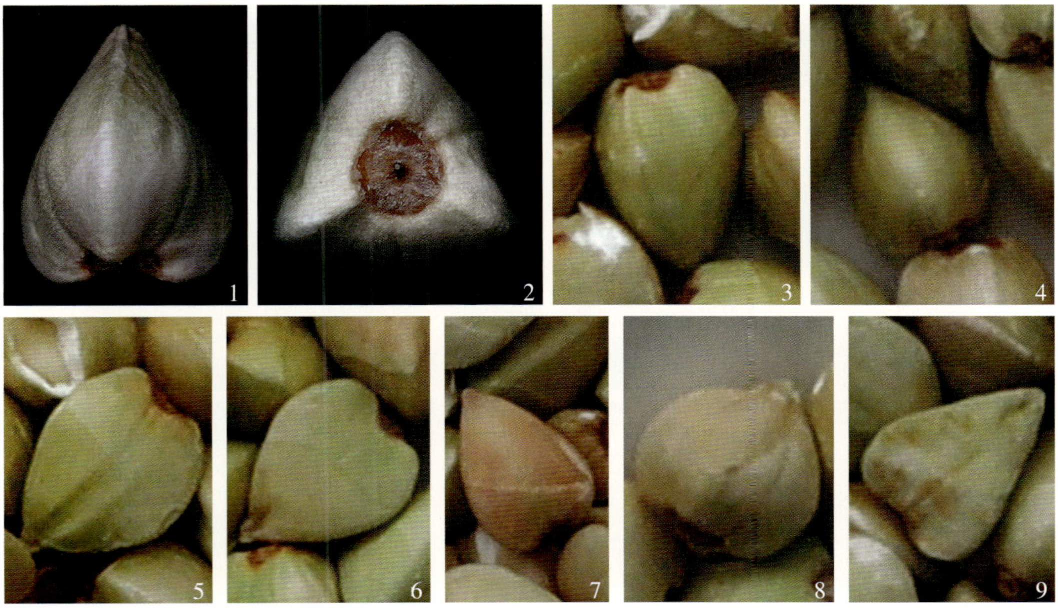

1、2.一粒种子的两面观：1.侧面观呈长三角形；2.底面观呈正三角形，可见红褐色的圆形种脐。3~9.种子侧面观：3、4.长锥状；5、6.卵状；7.长卵状；8.宽心状；9.三角状。

图 15-46 种子形状

15.1.7.2 种子颜色

荞麦种子的颜色是指成熟瘦果被剥离果皮后的种皮颜色。除种脐外，整个种子的颜色有灰白色、黄绿色、淡绿色、绿色、淡褐色或褐色等（图 15-47）。

图 15-47 种子颜色

15.2 荞麦的野生近缘植物

荞麦属植物约有 30 种，主要分布于亚洲（喜马拉雅周边地区），以我国（特别是西南地区）种类最多。据《中国植物志》和 *Flora of China* 的记载，我国荞麦属共有 10 种 1 变种。但随着调查和研究的不断深入，近些年该属的种类不断增加。目前，根据文献记载，该属的种类达到 27 种，其中 2 种为栽培种，除本节中作为中国荞麦野生近缘植物介绍的 9 种外，其余种类分别为 *F. callianthum* Ohnishi（四川）、*F. capillatum* Ohnishi（云南）、*F. crispatifolium* J. L. Liu（四川）、*F. densivillosum* J. L. Liu（四川）、*F. gilesii* (Hemsl.) Hedberg（四川）、*F. gracilipedoides* Ohsako & Ohnishi（云南）、*F. homotropicum* Ohnishi（四川、云南）、*F. jinshaense* Ohsako & Ohnishi（四川、云南）、*F. longistylum* M. L. Zhou & T. Yu（四川）、*F. longzhoushanense* J. R. Shao（四川）、*F. luojishanense* J. R. Shao（四川）、*F. macrocarpum* Ohsako & Ohnishi（四川）、*F. pleioramosum* Ohnishi（四川）、*F. pugense* T. Yu（四川）、*F. qiangcai* D. Q. Bai（四川）、*F. rubrifolium* Ohsako & Ohnishi（四川）、*F. tibeticum* (A. J. Li) Adr. Sanchez & Jan. M. Burke（四川）和 *F. wenchuanense* J. R. Shao（四川），均分布于四川和云南地区。

疏穗野荞麦

Fagopyrum caudatum (Sam.) A. J. Li

茎： 高 30~50 cm，基部分枝。枝纤细，外倾上升，具条纹；节间长 1.5~3 cm，上部节间可达 8 cm。

叶： 叶柄长 8~12 mm。叶片三角状箭形或狭箭形，长 1~3 cm，宽 4~10 mm，基部裂片披针形，顶端锐尖，两面均无毛，反面中脉凸出。托叶鞘斜生，黄褐色，膜质，长 4~5 mm，顶端锐尖。

花序/花： 数个顶生或腋生的总状花序排成圆锥状；总状花序长 3~6 cm，非常稀疏，间断，呈穗状。苞片斜生，黄棕色，膜质，长 2~2.5 mm，顶端渐尖；每苞内生 2 或 3 朵花。花柄纤细，长 3~4 mm，顶部具节。花被白色或粉红色，5 深裂；花被裂片椭圆形，长约 1.5 mm，成熟时稍

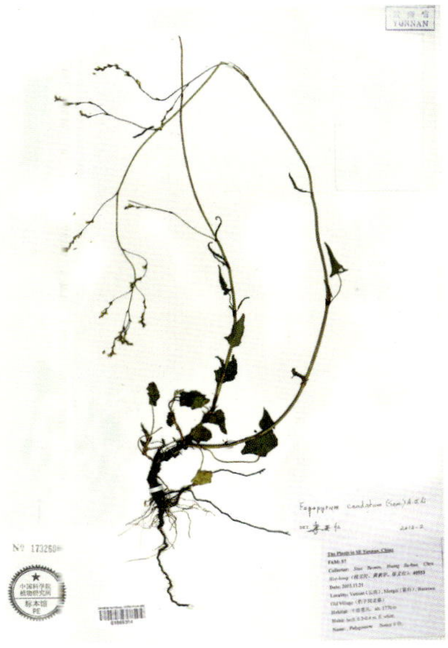

图 15-48 疏穗野荞麦

增大，顶端钝圆。雄蕊 8 枚，内藏；花药椭球状。花柱 3 枚；柱头头状。

果实：瘦果宽卵球状，长 4~5 mm，长于宿存花被，表面稍有光泽，具 3 锐棱。

金荞麦（别名：野生甜荞、土荞麦、野荞麦、天荞麦、苦荞头）

Fagopyrum dibotrys (D. Don) Hara

茎：根状茎黑褐色，木质化，粗壮。茎直立，绿色或褐色，高 0.4~1 m；分枝多，具纵棱，无毛。

叶：叶柄长 2~10 cm。叶片三角形，长 4~12 cm，宽 3~11 cm，两面具乳头状凸起或被柔毛，基部近戟形，全缘，顶端渐尖。托叶鞘褐色，筒状，膜质，长 5~10 mm，略倾斜，顶端截形，不具缘毛。

花序/花：总状花序排成伞房状，顶生或腋生。苞片卵状披针形，长约 3 mm，顶端尖，边缘膜质；每苞内生 2~4 朵花。花柄与苞片等长，中部具节。花被白色，具 5 深裂；花被裂片狭椭圆形，长约 2.5 mm。腺体 8 枚，黄色。雄蕊 8 枚，短于花被。花柱 3 枚，多长于宿存花被；柱头头状。

果实：瘦果黑褐色，宽卵球状，长 6~8 mm，表面无光泽，具 3 锐棱，有时具狭翅，顶端锐尖。

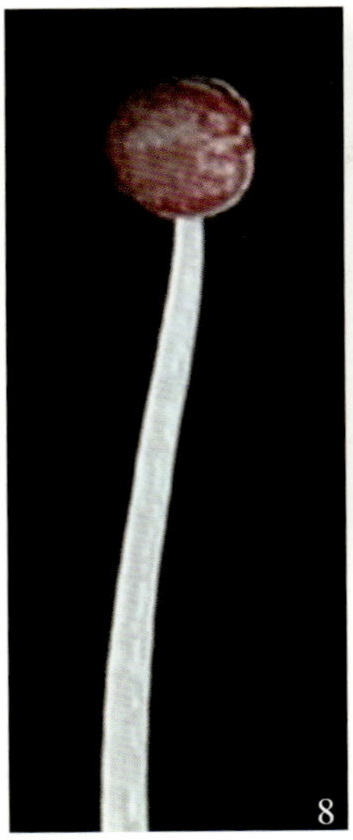

1.植株局部，示叶的着生方式；2.叶；3.茎节间及节上的托叶鞘；4.花序；5.花侧面；6.花正面，示腺体；7.花背面；8.雄蕊；9.雌蕊；10.果实及宿存花被；11.种子。

图 15–49　金荞麦

心叶野荞麦（别名：岩野荞麦）

Fagopyrum gilesii (Hemsl.) Hedberg

茎：直立，高 10~30 cm，最高可达 50 cm；自基部分枝，表面无毛，具条纹。

叶：叶柄长 1.5~3 cm，长于叶片。叶片心形，长 10~30 mm，宽 8~25 mm，正面绿色，无毛，反面淡绿色，沿叶脉具小乳突。托叶鞘斜生，膜质，长 3~5 mm，无毛，顶端锐尖。

花序/花：总状花序密集排列呈头状，通常成对；花序梗二歧分叉。苞片漏斗状，长 2.5~3 mm，顶端锐尖，表面无毛；每苞内生 2 或 3 朵花。花柄纤细，长 3~4 mm，顶部具节。花被粉红色，具 5 深裂；花被裂片椭圆形，长 2~2.5 mm。雄蕊内藏，短于花被。花柱 3 枚；柱头头状。

果实：瘦果黄褐色，狭卵球状，长 3~4 mm，稍有光泽，长于宿存花被，表面具 3 棱。

图 15–50　心叶野荞麦

细柄野荞麦（别名：普格荞麦、羌彩野荞麦、长花柱野生荞麦）

Fagopyrum gracilipes (Hemsl.) Damm. ex Diels

茎：直立，高 20~70 cm，最高可达 80 cm；自基部分枝，表面具条纹，疏生短糙伏毛。

叶：上部叶的叶柄较短或近无柄，下部叶的叶柄长 1~3 cm，表面具短糙伏毛。叶片卵状三角形，长 2~4 cm，宽 1.5~3 cm，基部心形或矛状，先端渐尖，两面均具稀疏短糙伏毛。托叶鞘斜生，膜质，长 4~5 mm，表面具短糙伏毛，先端锐尖。

花序/花：总状花序，腋生或顶生；花序长 2~4 cm，间断，非常稀疏；花序梗纤细，下垂。苞片绿色，呈漏斗状，上部边缘膜质，中下部草质；每苞内生 2 或 3 朵花。花柄纤细，长 2~3 mm，长于苞片，顶部具节。花被粉红色，具 5 深裂，成熟期稍增大；花被裂片椭圆形，不等长，长 2~2.5 mm，背面具明显的绿色脉。雄蕊 8 枚，内藏，短于花被。花柱 3 枚；柱头头状。

果实：瘦果宽卵球状，长约 3 mm，长于宿存花被，表面有光泽，具 3 锐棱，有时沿棱生狭翅。

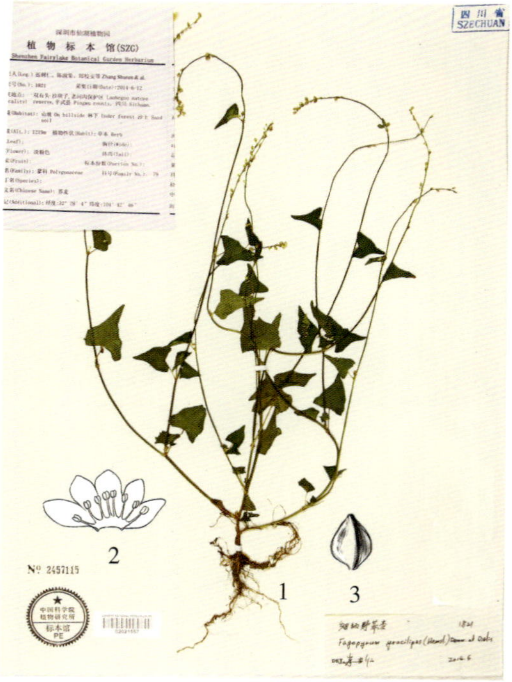

1.具花序植株（标本）；2.花纵剖，示花冠和雄蕊；3.果实。

图 15–51　细柄野荞麦

图 15–52　小野荞麦

小野荞麦
Fagopyrum leptopodum (Diels) Hedberg

茎：纤细，高 6~30 cm，表面光滑，近无毛；下部分枝，上部无叶。

叶：叶柄纤细，长 1~1.5 cm。叶片三角形或三角状卵形，长 15~25 mm，宽 10~15 mm，顶端锐尖，基部箭形或截平，边缘全缘，正面粗糙，反面叶脉稍凸出，沿叶脉具乳凸起。托叶鞘斜生，白色或浅褐色，膜质，顶端锐尖。

花序/花：数个总状花序密集排成圆锥状。苞片斜生，膜质，顶端锐尖；每苞内生 2 或 3 朵花。花柄纤细，长约 3 mm，长于苞片，顶部具节。花被白色或粉红色，具 5 深裂；花被裂片椭圆形，长 1.5~2 mm。雄蕊 8 枚，内藏。花柱 3 枚，丝状，自基部离生；柱头头状。

果实：瘦果黄棕色，卵球状，长2~2.5 mm，稍长于宿存花被，表面具3 棱。

疏穗小野荞麦
var. *grossii* (H. Lév.) Lauener & D. K. Ferguson

主要特征：总状花序排列非常疏松。

线叶野荞麦
Fagopyrum lineare (Sam.) Haraldson

茎：直立，纤细，高 30~40 cm，从基部分枝，表面无毛，具细条纹。

叶：叶柄长 2~4 mm。叶片线形，长 1.5~3 cm，宽 2~5 mm，基部具短尖，先端锐尖，两侧裂片较小，边缘全缘，外卷，两面均无毛，反面中脉凸出，侧脉不显著。托叶鞘斜生，膜质，长 2~3 mm，顶端锐尖。

花序/花：数个总状花序排成圆锥状。苞片斜生，淡紫色，长约 1.5 mm；每苞内生 2 或 3 朵花。花柄纤细，长于苞片，顶部具节。花被白色或淡红色，具 5 深裂；花被裂片椭圆形，长约 1.5 mm。雄蕊 8 枚，内藏，短于花被。花柱 3 枚；柱头头状。

果实：瘦果褐色，宽椭球状，长于宿存花被，表面有光泽，具 3 锐棱。

图 15-53 线叶野荞麦

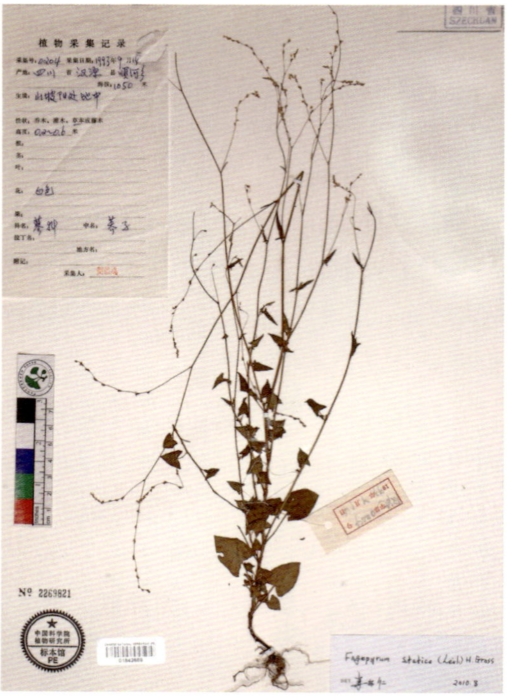

图 15-54 长柄野荞麦

长柄野荞麦（别名：抽葶野荞麦）

Fagopyrum statice (H. Lév.) H. Gross

茎：根状茎黑色，木质化，较粗壮。茎直立，高 40~50 cm，最高可达 65 cm；基部分枝，表面无毛，具细纵棱，茎、枝上部无叶。

叶：叶柄长 2~4 cm。叶片宽卵形或三角形，长 2~3 cm，宽 1.5~2.5 cm，基部宽心形或近截形，顶端锐尖，正面平滑，反面叶脉稍凸出，两面均无毛。托叶鞘斜生，膜质，先端锐尖，无缘毛。

花序/花：数个呈穗状的总状花序稀疏排成圆锥状。苞片漏斗状；每苞内生 2 或 3 朵花。花柄纤细，长 2~2.5 mm，长于苞片，顶部具节。花被具 5 深裂；花被裂片椭圆形，长 1~1.5 mm。雄蕊 8 枚，与花被等长。花柱离生；柱头头状。

果实：瘦果卵球状，长 2~2.5 mm，表面有光泽，具 3 棱。

苦荞麦(别名：鞑靼荞麦)

Fagopyrum tataricum (L.) Gaertn.

茎：直立，绿色或泛紫色，高 30~70 cm，最高可达 100 cm；分枝，表面具细纵棱，一侧有乳突。

叶：上部叶较小，具短柄；下部叶具长叶柄，与叶片约等长。叶片宽三角形，长 2~7 cm，宽 2~8 cm，正、反面均沿叶脉具乳突，顶端锐尖，基部平截或呈条索状，边缘整齐。托叶鞘斜生，褐色，膜质，长约 5 mm。

花序/花：总状花序稀疏排成圆锥状，顶生或腋生。苞片卵形，长 2~3 mm；每苞内生 2~4 朵花。花柄长 3~4 mm，中部具节。花被白色或淡绿色，具 5 深裂；花被裂片椭圆形，长约 2 mm。雄蕊 8 枚，内藏，短于花被。花柱 3 枚；柱头头状。

果实：瘦果黑褐色，狭卵球状，长 5~6 mm，表面无光泽，长于宿存花被，表面具 3 棱及槽沟，上部棱角锐尖，中部以下钝圆，有时沿角呈锯齿状。

1.茎上节，膨大；2.托叶鞘；3.叶；4.花序（果序）；5.花被；6.雄蕊；7.雌蕊；8.幼果及宿存花被。

图 15–55　苦荞麦

硬枝野荞麦(别名:硬枝万年荞、万年荞)

Fagopyrum urophyllum (Bureau & Franch.) H. Gross

茎： 近直立，高 60~90 cm，分枝多。当年生新枝草质，被绿色条纹；老枝木质，表皮红褐色，稍脱落。

叶： 叶柄长 2~5 cm，被短柔毛。叶片箭形或卵状长三角形，长 2~8 cm，宽 1.5~4 cm，正面绿色，反面淡绿色，两面沿叶脉均具短柔毛，基部宽箭形，全缘，先端渐尖或尾状尖。托叶鞘斜生，褐色，膜质，长 4~6 mm。

花序/花： 总状花序排成大型圆锥花序状，顶生；花序长 15~20 cm，分枝开展，排列稀疏。苞片淡绿色，狭漏斗状，长 2~2.5 mm，顶端锐尖；每苞内生 2~4 朵花。花柄长于苞片，长 3~3.5 mm，纤细，顶部具节。花被白色；花被裂片椭圆形，长 2~3 mm。雄蕊 8 枚，内藏。花柱离生；柱头头状。

果实： 瘦果黑棕色，宽卵球状，长 3~4 mm，长于宿存花被，表面有光泽，具明显 3 棱。

1.具花序茎段（标本）；2.花；3.果（具宿萼）。

图 15–56　硬枝野荞麦

第16章

藜麦及其野生近缘植物

16.1　藜麦

◎ **植物名**

拉丁名：*Chenopodium quinoa* Willd.

中文名：藜麦

别　名：南美藜、昆诺阿藜、印第安麦、金谷子、藜谷

◎ **商品名**　藜麦（果实）

藜麦（图 16-1）为苋科（Amaranthaceae）藜属（*Chenopodium* L.）一年生双子叶草本植物，是一种营养价值极高的粮食作物。藜麦具有耐寒、耐旱、耐盐碱等特性，适合高海拔、干旱或冷凉地区种植。

藜麦富含蛋白质、膳食纤维、矿物质和维生素，以及谷类粮食中缺乏的赖氨酸、蛋氨酸等，其营养价值优于一般的谷类食品，而且在保健品、药品、化妆品开发等方面具有重要的研究价值。

藜麦的栽培历史已有 7000 多年。藜麦原产于南美洲安第斯山区，是印加人的主要传统食物，具有独特、丰富、全面的营养价值，被誉为“粮食之母”。为了促进人类营养健康和食品安全，联合国将 2013 年定为“国际藜麦年”。近年，全球藜麦种植面积呈上升趋势。以 2022 年为例，全球藜麦种植面积达到 19.4 万 hm^2，产量达到 15.9 万 t。

20 世纪 80 年代，我国从国外引进藜麦。目前，藜麦在山西、内蒙古、吉林、甘肃、青海、西藏、云南等高海拔地区多有种植。

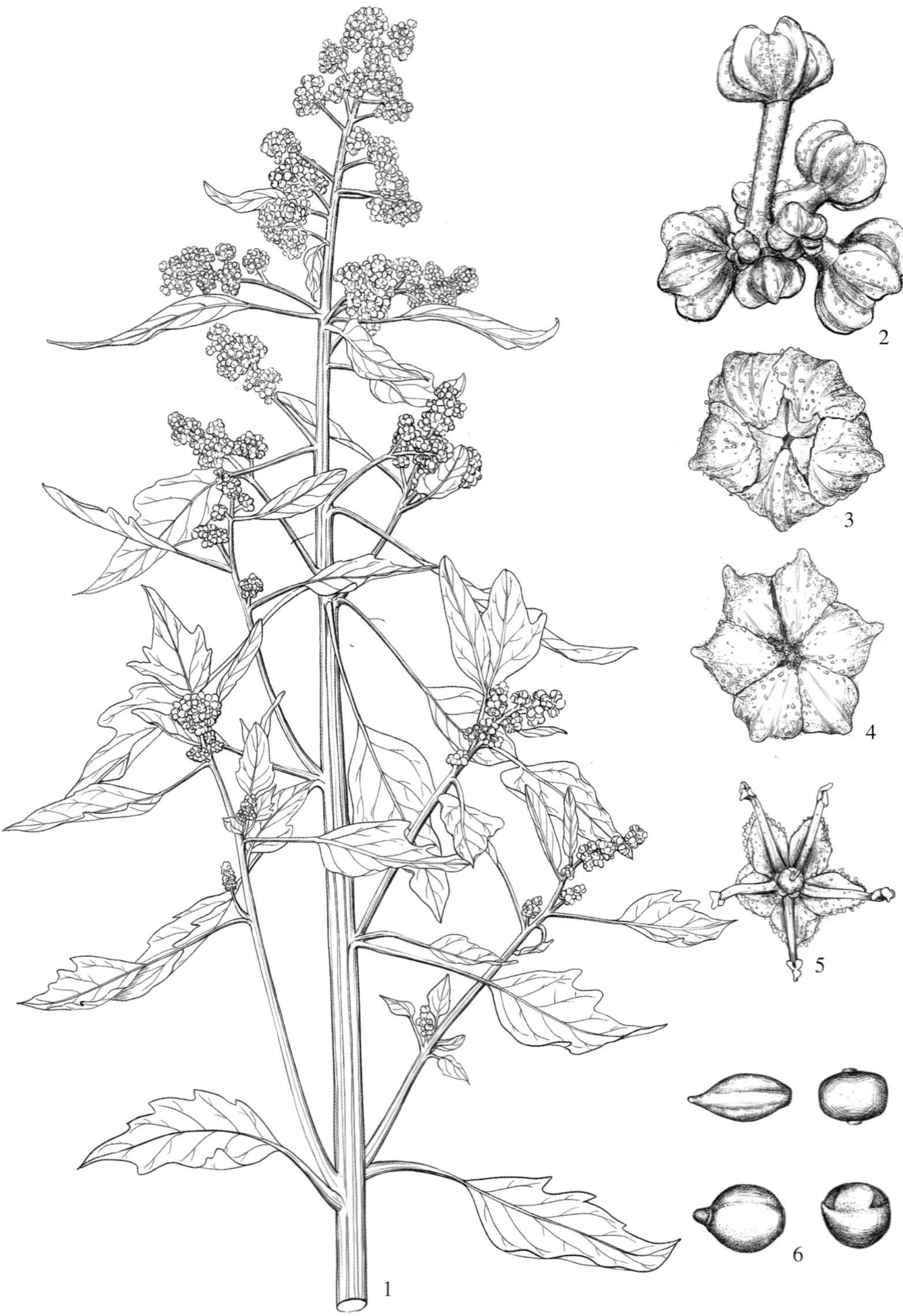

1.具花序的植株上部；2.花序局部（团伞花序）；3.花被 5 裂；4.花被 6 裂；5.开放的花；6.种子。

图 16–1　藜麦

16.1.1　根

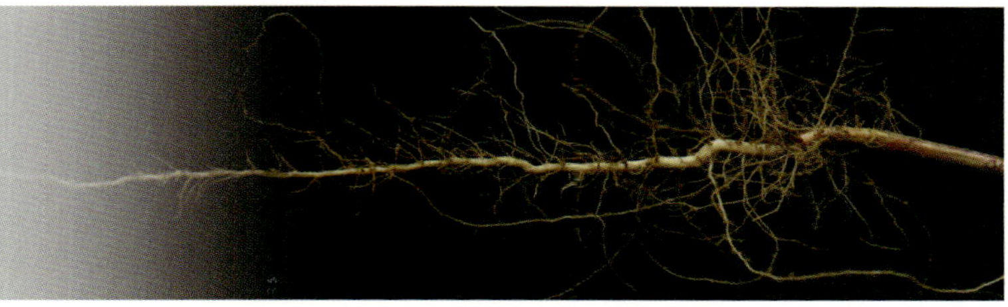

藜麦的根为直根系，多分布于地表下 15~40 cm 的土层中。其根系发达，具有抵抗干旱、贫瘠、大风等恶劣环境的优势。

16.1.1.1　初生根

藜麦的初生根主要是指种子萌发的胚根及其发育形成的主根，为最早形成、早期形态的根。在藜麦的发育过程中，以第一真叶发出或叶片展开为标志，在此之前发育的根属于初生根，即种子萌发期间形成的种子根或幼苗期间形成的幼根。

初生根源于胚根的发育。胚根发出后，继续向前伸长，在根尖之后开始发出根毛，在其之后再发生侧根的雏形。此时，胚根生长形成的主根尚细弱，属于初生根。

16.1.1.2　次生根

藜麦的次生根是指在真叶形成之后陆续发育形成的根，属于成年根，即常见的根。此根不同于初生根，它有随机分布的多级侧根（又称枝根、支根或分根），与主根共同形成主根系。次生根包括由初生根发育形成的次级根以及由茎基部发生的不定根。

（1）主根系

胚根形成的初生主根继续向下生长，会不断增粗，木质化程度增大，能够深达地表下 150 cm。随着主根的生长发育，其上不断发出侧根，侧根不断增粗、伸长，向侧方延伸，同时侧根再继续发出侧根，繁复生长，形成主根系。整个根系较为发达，呈网状分布（图 16–2）。

（2）不定根

藜麦的根系通常是指生于地下的根系，但在特殊条件下，茎基部会萌生不定根（图 16–3）。不定根通常发生于由中胚轴形成的、贴生于地面（茎弯曲）或埋在土中的茎基部，以及茎基部分枝的基部。

1~3.主根细长：1.早期根系，侧根少、细、短；2、3.侧根细长。

4.主根细，侧根发达，密而长。5.主根粗壮，侧根多、细、短且分布均匀。

图 16–2　主根系

1.贴生于地面茎基部的不定根；2.茎基部分枝基部的不定根。

图 16–3 不定根

16.1.2 茎

藜麦的茎直立。成年植株的茎较粗，木质化程度高，分枝多，其高度、粗度和颜色等因品种和栽培条件而异。藜麦的茎有狭义和广义之分，广义的茎还包括茎顶端生长的花序轴。

16.1.2.1　株高

藜麦的株高为茎的高度，是指植株主茎自地面至主穗顶部的高度。藜麦作为一年生草本作物，在粮食作物中属于高植株类型，最高可达 300 cm，常为 60~200 cm。不同品种、不同生长环境下株高差异较大。

藜麦的株高可分为较矮（≤50 cm）、矮（>50~80 cm）、中等高（>80~150 cm）、较高（>150~200 cm）、高（>200~250 cm）、很高（>250 cm）等多个等级（图 16–4）。

1.矮；2.中等高；3.较高；4.高。

图 16–4　株高

16.1.2.2 表面

藜麦茎的表面主要是指主茎的表面，有时也包括粗大分枝的表面。

（1）光滑度

茎的表面常光滑，尤其是中下部的茎，但上部茎（尤其是幼茎）的表面有时会有鳞毛，使得表面粗糙；有时表面被白粉（图 16–5）。

1、2.光滑；3.具鳞毛；4.具白粉。

图 16–5 茎的光滑度

（2）起伏度

藜麦茎常有棱和槽，使得不同部位的表面有不同程度的起伏（图 16–6）。主茎表面在近地表处常平滑或无起伏；中上部或大分枝表面有高低不等的起伏或棱，棱间成槽，有时槽较大而宽，致使茎不呈圆柱状；茎或枝的顶端部分为圆柱状。茎表面的起伏或棱会随着植株的发育和茎的增粗而逐渐显现，且不断加宽、加深。

1.无起伏；2.微起伏；3、4.突起呈钝圆棱，棱间槽浅而宽；5、6.突起呈粗大圆棱，棱槽狭而深；7.起伏显著，棱狭而高，棱槽宽而深。

图 16–6 茎（中部）的起伏度

(3) 颜色

藜麦茎的颜色简称为茎色。从幼苗期至成熟期，茎的颜色会发生变化。农作上，藜麦茎的颜色是指花果期主茎中部表面的颜色。

茎上的颜色可以分为纯色和复色 2 类。前者为全茎单一色；后者多为在底色上复合其他不同的色条，同一茎上的色条可以是单一色或多种色。茎上常显现宽窄不一、间距不等的纵向有色条纹。

藜麦茎的颜色非常丰富（图 16–7），除单纯、常见的白色、绿色、黄色、粉色、橙色、红色、紫色外，还有不同颜色的条纹混生一茎。茎色因品种和栽培条件而异。

1~5.单色；6~18.复色。

图 16–7　茎的颜色

16.1.2.3 分枝

藜麦茎的分枝较多，从基部至顶部均可分枝，农作上常用主茎腋芽萌生的一级有穗（花序）分枝的数量表示植株分枝性的强弱。

根据植株分枝性，藜麦的茎分枝可分为单枝、具主穗基部小分枝、具主穗基部大分枝和无主穗分枝 4 类。根据分枝在茎上的分布，藜麦的茎分枝有全茎分枝、仅基部分枝、中上部分枝、仅上部分枝等不同类型（图 16-8）。分枝的数量因品种、环境以及播种密度而异。

1.全茎分枝，具主穗基部小分枝；2.仅基部分枝，无主穗分枝；3、4.中上部分枝，具主穗基部小分枝；5.无分枝，无主穗分枝；6.全茎分枝，具主穗基部大分枝；7.仅基部分枝，具主穗基部大分枝。

图 16–8　茎的分枝

16.1.2.4　株型

藜麦的株型主要是指植株的外形，由分枝的角度以及分枝的长度，即与主茎的紧密程度决定，可分为紧凑型、半紧凑型和松散型 3 类（图 16–9）。

1、2.紧凑型；3、4.半紧凑型；5.松散型。

图 16–9　株型

16.1.3　叶

藜麦的叶为单叶。在整个生长发育过程中先后出现 4 类叶，即子叶、第一真叶、苗期叶（即幼苗叶）和成株期叶（即成年叶或茎生叶，含茎顶端的幼叶）。它们在着生方式和叶片形状上有所不同：子叶 2 片对生，其余叶单片互生。子叶狭长；第一真叶小而偏宽圆；苗期叶基部扩展，呈三裂或戟形；茎生叶中下部扩展，呈菱形，并且颜色会发生显著变化。

藜麦的叶具囊状毛，苗期叶以及茎或枝顶端的幼叶通常毛被较多，心叶（茎顶端呈芽状的最幼嫩叶）毛被尤为丰富。

16.1.3.1　子叶

藜麦子叶 2 片，由中胚轴伸长推出土表（称为出苗），呈对生状。出土的单片子叶呈长披针形、线状披针形或长条形（图 16–10），顶端钝圆，下部渐狭，无叶片与叶柄分形，属于不完全叶。子叶出土后表面有蜡粉，颜色可分为黄绿色、绿色、紫色和红色等。

图 16–10　子叶

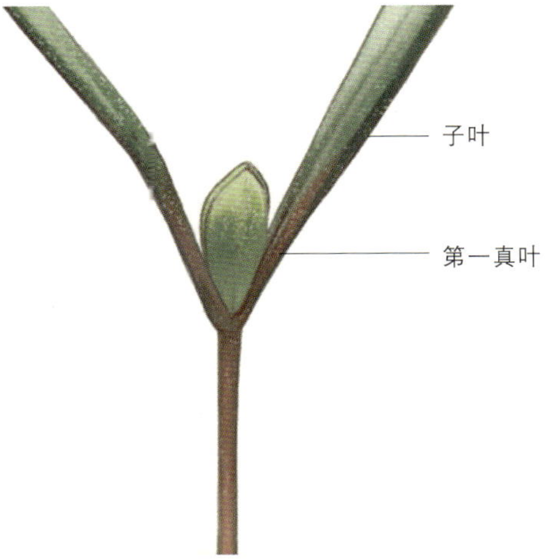

图 16–11　第一真叶

16.1.3.2 第一真叶

第一真叶是指在子叶发出后出现的第一片叶（图 16–11）。它是藜麦的第一片真正的完全叶和茎生叶，也是茎基部第一叶。此叶很小，位于茎顶端，叶片平展，近圆形或长圆形，顶端钝圆，全缘，叶柄极短。

16.1.3.3 苗期叶

藜麦苗期叶通常是指在子叶之后，五叶期或六叶期（含第一真叶）时的叶。随叶片逐渐扩大，形状发生改变，表面多覆盖囊状毛（又称蜡粉），叶柄逐渐伸长。苗期叶不同于子叶，属于真叶，也是茎生叶，但它与茎上的成株期叶在叶片的大小、形状及颜色等方面有一定的差异。

（1）颜色

苗期叶的正反面颜色基本一致，但一般情况下反面颜色较正面的稍浅。叶片的颜色可分为黄绿色、绿色、深绿色、紫绿色、粉色和红色等。其中位于最顶端、呈芽状的最幼嫩叶又称心叶，颜色有些许不同，可分为绿色、红绿色、浅红色和红色（图 16–12）。

图 16–12　苗期叶（含心叶）的颜色

(2) 形状

苗期叶的叶片比第一真叶大，而且偏长，其形状可分为卵形、长卵形、长圆形、椭圆形、菱状卵形、长圆状卵形、戟状卵形和披针状卵形等（图 16–13）。叶片具有 4 个特点：一是叶片相对较小；二是顶端钝圆；三是基部呈角状向两侧扩展；四是基部在叶柄顶端对称或不对称（上下错位）。

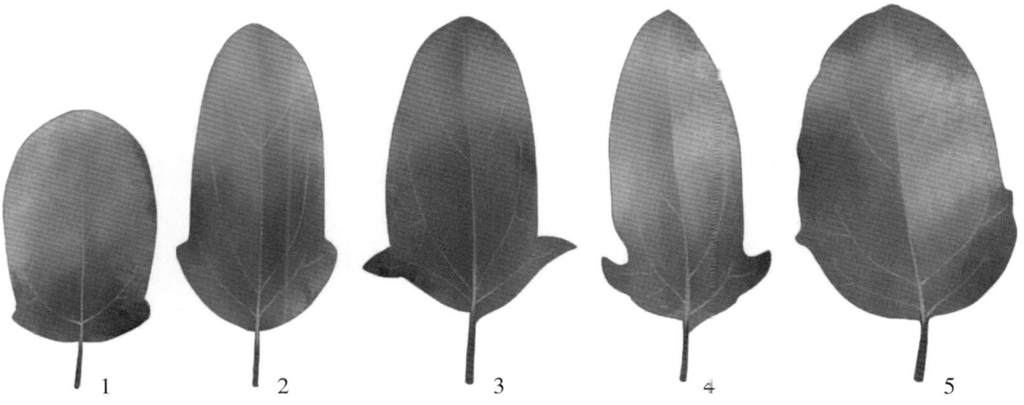

1~4.叶片基部两侧扩展呈角状：1.叶片长圆形，顶端圆，基部平；2.叶片椭圆形，顶端钝圆，基部稍圆；3.叶片长卵形，顶端钝圆，基部三角形；4.叶片披针形，顶端稍圆，基部偏斜。
5.叶片长卵形，顶端钝圆，下部两侧具小凸起。

图 16–13　苗期叶的形状

16.1.3.4　成株期叶

(1) 叶片

1) 大小

藜麦成株期茎生叶的叶片大小在同一茎上的不同部位有差异（图 16–14），一般长6~15 cm。茎基部或下部的叶片偏小，中部或中下部的较大，上部或顶部的较小，其中植株上部具序分枝上的叶明显小于主茎上的叶，而且自下而上叶片逐渐变狭、变小，直至无叶。农作上，叶片的长和宽分别指藜麦开花期主茎中部最大叶片基部至端部的长度和最宽处的宽度。

1.宽菱形至披针形；2.长菱形至披针形。

图 16–14 叶片的形状和大小对比（茎下部至顶部叶片按从左到右排成 2 行）

2）形状

藜麦成株期叶形是指开花期植株中部叶片的形状，可分为卵形、菱形、披针形和戟形等（图 16–15）。植株基部的叶呈卵形或菱形，中部叶为戟形、宽戟形或三角形，上部叶呈宽披针形（或柳叶形）。植株上部具序分枝上的叶从下向上逐渐变成披针形，并渐狭、渐小（图 16–16）。

① 叶片上部形状

叶片上部形状是指叶片中部以上或最宽处以上的形状，又称为叶尖形状，可分为卵状三角形、长三角形、披针状三角形、矩状三角形等（图 16–17），其中叶片尖端形状有钝圆、急尖、尖、渐尖等。

1~3.菱形；4、5.戟形；6.披针形。

图 16-15　成株期叶形

图 16-16　具序分枝上的叶

1、2.卵状三角形；3、4.长三角形；5、6.披针状三角形；7、8.矩状三角形。

图 16-17　叶片上部形状

② 叶片基部形状

叶片基部形状是指叶片中部以下或最宽处以下的形状，又称为叶基形状，可分为钝圆、楔形、渐狭和戟形 4 种。叶片基部两侧有错位和不错位 2 种情况，分别形成叶片基部对称和不对称（偏斜）2 类形状（图 16–18）。

1~6.基部对称；1、2.钝圆；3.渐狭；4~6.楔形。7、8.基部不对称。

图 16–18　叶片基部形状

③ 叶缘形状

叶片边缘形状简称为缘形，农作上是指藜麦主茎中部叶片边缘的形状，可分为全缘（或平滑）、具齿、具缺刻、近波状等类型（图 16–19）。

1~3.全缘或近全缘；4~7.具齿；8~11.具缺刻；12.近波状。

图 16–19　叶缘形状

3）颜色

藜麦成株期叶片的颜色常称为叶色，在不同生长阶段呈现多样化。藜麦叶片正反面的颜色仅深浅有差异，常以正面的颜色代表叶片的颜色。农作上，叶片颜色是指开花期主茎中部最大叶片正面的颜色，常见的有绿色、紫绿色、红色和紫红色，果期叶片颜色更加丰富，还有黄色及橙色等（图 16–20）。

图 16–20　叶片颜色

4）毛被

藜麦的幼叶通常有粉状毛被（呈囊状，图 16–21）；随着叶片的生长，毛被逐渐脱落，正面通常无粉，有时反面有粉；老叶均无毛被。

图 16–21　叶片反面毛被（右图为左图局部放大）

（2）叶柄

1）长度

叶柄长度简称为柄长，农作上是指藜麦开花期主茎中部最大叶的叶柄长度，即自主茎连接处至叶片基部的长度。主茎上叶的叶柄长度大于分枝上叶的叶柄长度。同一株上，一般茎中部叶片大且叶柄长，上部叶片小且叶柄短（图 16-22）；同一枝上，基部叶的叶柄长于顶端叶的叶柄。

1.茎下、中、上部叶的叶柄长度对比；2、3.茎中部至上部叶的叶柄长度对比。

图 16-22　同一株上叶柄的长度对比

2）颜色

叶柄的颜色常与叶片的颜色相同，农作上是指藜麦主茎中部叶的叶柄颜色，常见的有黄绿色、绿色、紫绿色、红色、黄色、黄褐色和紫红色等（图 16-20）。

16.1.4 花序

藜麦的花序十分发达，常生于茎顶和枝顶或茎中上部的叶腋，在植株上部亦形成结构复杂的大型花序丛。藜麦花序的基础花序为聚伞花序聚集成的团伞花序，常形成花簇；以花簇为基本单位，可排列成腋生或顶生的各式花序，如圆锥状、总状、穗状、伞房状或复二歧式聚伞状，所以藜麦植株上的花序外形与茎的分枝密切相关，而且有主花序和枝生花序之分，花序的序轴上有多回/级序枝。

16.1.4.1 花序外形

藜麦的花序长 15~70 cm，常生于茎顶或枝顶（顶生），有时也生于茎中上部叶腋。

(1) 主花序外形

藜麦的花序主要集中在茎的顶端，为茎顶生花序，称为主花序；有时位于茎上分枝顶端的枝生花序与茎顶生花序相近，也作为主花序的组成部分。主花序常呈圆锥状，有时也呈卵球状、头状、纺锤状、长梭状、圆柱状、塔状或火炬状等(图 16–23)。

1.圆锥状；2.卵球状；3.头状；4.纺锤状；5.长梭状；6.圆柱状；7 塔状；8.火炬状。

图 16–23　主花序外形

(2) 株顶花序外形

具花序的植株，在主花序之下、茎上部的分枝常具花序，称为具序分枝。具序分枝的花序主要位于枝顶和枝上部或中上部，其下部或中下部具叶，每个叶腋内常分布 1 个小花序枝，并且在具序分枝上从下向上逐渐增大，具序分枝的上部全为无叶的花序，为枝生花序。这些具序分枝互生于茎的上部或中上部。

枝生花序与茎顶的主花序共同构成植株顶部花序或序丛，即株顶花序。相对于主花序，株顶花序更大且更疏松，常呈狭柱状、圆柱状、纺锤状、圆头状、圆锥状、伞房状、分指状、丛生状或羽毛状等形状（图 16–24）。

(3) 主花序分枝性

藜麦的花序分枝繁复。农作上将花序的分枝能力称为主花序分枝性（图 16–25），以（一级）分枝数量为标准，可将主花序分枝性分为极少分枝（≤3个）、少分枝（4 或 5 个）、中等分枝（6~10 个）和多分枝（>10 个）4 个等级。

3
4
5
6

1.圆锥状；2.分指状；3、4.伞房状；5、6.丛生状；7.狭柱型；8、9.圆筒型；10、11.纺锤型；12.羽毛型；13.圆头型。

图 16–24　株顶花序外形

1、2.少分枝；3.中等分枝；4、5.多分枝。

图 16-25 主花序分枝性

16.1.4.2 主花序颜色

藜麦主花序颜色是指盛花期主花序的颜色，也可指果期主花序的颜色，主要由花被的颜色决定。农作上，同一品种的主花序颜色以大多数植株的主花序颜色为准，常见的有绿色、黄色、红色、橙色、褐色和紫色等（图 16-26）。

图 16–26　主花序颜色

16.1.4.3 花序结构

藜麦的花序为分枝较多的圆锥聚伞花序，其中末级序枝上分布许多由二歧聚伞花序形成的花簇。

(1) 花序分枝

藜麦的花序分枝繁复。以主花序为例，主花序轴（称为主序轴）是茎的延伸，其上着生多级花序分枝，简称为序枝（又称为序侧枝），其中每级序枝互生。序枝分布可分为 2 类（图 16–27）：第一类仅具 2 级序枝，花簇直接生于二级序枝上(实际是末级序枝)，花序整体结构较疏松；第二类具 3 级或更多级序枝，其中一级序枝长，二级序枝中等长，三级序枝短，各级序枝长度递减，花簇生于三级序枝或末级序枝上，花序整体结构较致密。

(2) 花簇

藜麦花序中的花簇由二歧聚伞花序构成，是多级序枝的聚伞花序（二歧聚伞花序）的集缩，是形成花序的结构单元，位于序枝的顶端，互生于末级序枝上。因其花多且密集，常呈团状，又被称为团伞花序或小花球。由于花簇内部分枝的级数有多有少，结构疏密不同，因此花簇常呈不同类型（图 16–28）。

花簇的结构为多级分枝。为了与主花序的序枝相区别，将花簇中的各级分枝称为花枝。花簇的主轴为主花枝，生于主花枝上的各级分枝称为侧花枝，包括一级花枝、二级花枝、三级花枝等。每一级花枝均为对生，其中末级花枝为二歧聚伞花序中的一个分枝。

除主花枝顶端有 1 朵顶生两性花外，花簇中花枝级数以及不同类型花的分布有许多变化，据此可将花簇分为 4 类 10 种分布结构式样（图 16–29）。

类型Ⅰ为具 2 级花枝的花簇，有 3 种分布式样：

①一级花枝的顶花为侧生两性花，二级花枝的花为具花被大雌花。

②一级花枝的顶花为具花被大雌花，二级花枝的花为具花被小雌花。

③一级花枝的顶花为具花被大雌花，二级花枝的花为无花被小雌花。

类型Ⅱ为具 3 级花枝的花簇，有 2 种分布式样：

④一级花枝的顶花为侧生两性花，二级花枝的顶花为具花被大雌花，三级花枝的花为具花被小雌花。

⑤与④类似，但三级花枝的花为无花被小雌花。

类型Ⅲ为具 4 级花枝的花簇，有 4 种分布式样：

⑥一、二、三级花枝的顶花均为侧生两性花，末级花枝（四级花枝）的花为具花被小雌花。

1~3.具 2 级序枝的花序：1.花序；2.一级序枝及其花簇分布；3.花簇，示主花枝。
4~6.具 3 级序枝的花序：4.花序；5.一级序枝；6.二、三级序枝。

图 16–27　花序分枝

1、2.松散型结构：1.花簇在末级序枝上均匀分布；2.花簇上主花枝及小花柄普遍较长。
3、4.紧凑型结构：3.花簇在末级序枝上呈团状分布；4.花簇上主花枝及小花柄普遍较短。
5、6.致密型结构：5.花簇在末级序枝上呈密集分布；6.主花枝及小花柄均极短，结构紧密，呈颗粒状。
7~10.多种松散型结构的花簇。

图 16–28　花簇类型

⑦一级花枝的顶花为侧生两性花，二级花枝的顶花为具花被大雌花，其余的花（含三、四级花枝的花）均为具花被小雌花。

⑧与⑦类似，但末级花枝（四级花枝）的花为无花被小雌花。

⑨与⑧类似，但一级花枝的顶花为具花被大雌花。

类型Ⅳ为具 5 级花枝的花簇，仅有 1 种分布式样：

⑩一、二级花枝的顶花为侧生两性花，三级花枝的顶花为具花被大雌花，四、五级花枝的花均为无花被小雌花。

图 16-29 花簇的结构

16.1.5 花

藜麦的花多，但普遍较小（图 16–30），常形成花序。藜麦的花虽小，但类型和结构仍有不同。花为不完全花，从结构组成看有 3 轮（花具单花被、雄蕊和雌蕊）、2 轮（花具单花被和雌蕊）和 1 轮（花仅具雌蕊）3 类；花性有两性花和单性花；花被为单被或无花被；不同位置的花大小不一，即有大花和小花之分；花外形呈扁圆球状，俯视却呈五角形或六角形等形状；花柄有长柄、短柄和无柄。藜麦的花无花冠，但被彩色的萼状花被所包，所以通常绚丽多彩。

图 16–30　花序上不同角度的花

16.1.5.1　花的组成与结构

以两性花为例，藜麦的花（除花柄外）由花被、雄蕊和雌蕊组成（图 16–31）。

花被：小，不显著，仅 1 层，呈花萼状（亦称为萼状花被，或简称为花萼）。花被中下部合生，上部常 5 或 6 裂，有时多达 8 裂，偶无花被。花被肉质，裂片卵形，顶端钝圆或微尖，腹面凹，背面中肋粗，隆起成脊，边缘膜质；花被外部被囊状毛，粗看似粉，有时称为粉或粉粒。花被裂片自始至终向内弯曲，彼此靠合，裂片平时弯闭，只有当花开放时才展开，开放后仍回复原位。藜麦花的外形呈团状，俯视常呈近圆形或五角形。果期花被宿存，包被果实，形状不变。

雄蕊：4~8 枚，常为 5 枚，与花被裂片对生。花丝着生于子房基部，稍长于花被裂片，花药伸出花被。花药矩圆状，黄色，药室 2 个。

雌蕊：子房球状，稍扁，上位。花柱不明显。柱头短小，常为 2 或 3 枚，偶有4 枚（常败育）。

1~3.不同阶段的花：1.开放前的花（正面），示 5 个花被裂片；2.开放的花，示花被、雄蕊和雌蕊等各组成部分（药室已开）；3.开放后的花，示恢复原位的花被及囊状毛（或粉）。
4~7.花被及花形（花后果期）：4、5.花被 5 裂的花，正面（4）、反面（5）；6、7.花被 6 裂的花，近圆形（6）、六角形（7）。

图 16–31　花的组成与结构

16.1.5.2　花的颜色

藜麦花的颜色实际是指花被的颜色，常见的有绿色、黄色、橙色、红色、紫色、粉红色和黑色等，以及同色渐变或多色混合（图 16–32）。

图 16-32　花的颜色

16.1.5.3 花的类型

藜麦的花均生于花簇中，多为两性花，但兼有雌性或雄性败育花，为雌、全花同序类型（又称雌全同序）。花通常有花被，但末级花枝上的花有时无花被。花序分枝繁复，不同位置上的花大小亦有不同。根据花被、花性、大小和着生位置，可将藜麦的花分为 5 种类型（图 16–33）：

①顶生两性花：花最大，宽约 2 mm，顶生，位于花簇的顶端，或生于主花枝的顶端（顶花）。

②侧生两性花：花较大，侧花枝顶生，分散在一、二、三级花枝的顶端（顶花）。

③具花被大雌花：花较大，顶生或侧花枝顶生，可分布于一、二、三级花枝的顶端（顶花）或具 2 级花枝的花簇的末级侧花枝（侧花）上，大小为两性花的一半（宽约 1 mm）。

④具花被小雌花：花较小，宽约0.5 mm，形态上与具花被大雌花相似，侧生，分布于末级花枝上。

⑤无花被小雌花：花最小，只有裸露的心皮，没有花被，侧生，分布于末级花枝上。

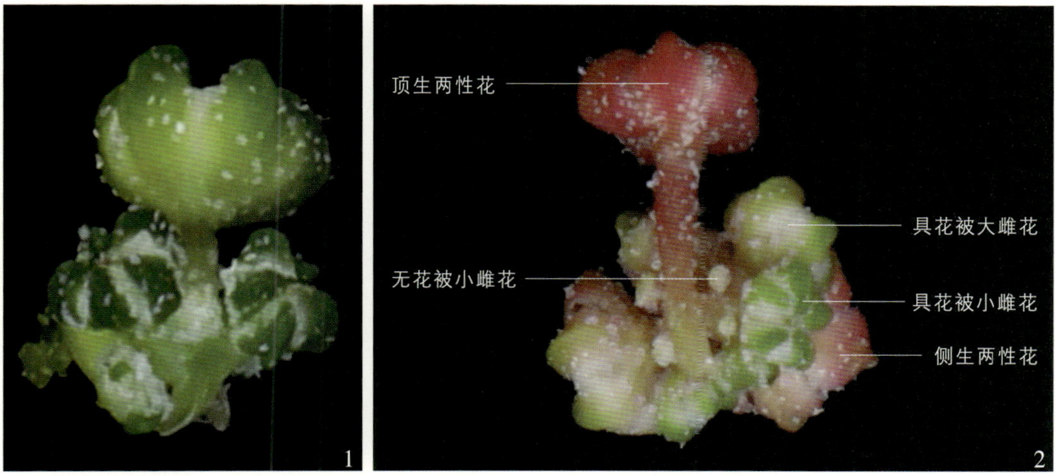

1.单个二歧聚伞花序；2.花簇（侧视），示各类花及其着生位置。

图 16–33　聚伞花序上花的类型

16.1.6 果实

藜麦的果实为胞果，较小。果实外有宿存的萼状花被，简称宿萼。由于宿萼包被着果实，所以藜麦的果实往往是具萼胞果，其形状为宿萼的形状。尽管果实(胞果)有不同颜色,但绝大部分被宿萼的颜色所掩盖。

宿萼:果实成熟时包被在外的花萼。随着果实的发育和不断成熟,花被有时会逐渐开展,显露出部分胞果。宿萼边缘宽膜质,背部脊状加厚,常呈角状隆起,致使果实外形呈扁球状,俯视呈五角形或六角形等形状。宿萼的颜色非常丰富。

胞果：藜麦的胞果包被在宿萼中（图 16–34）。果体扁球状，果皮薄膜质，不开裂。胞果的果皮与种子贴生，果体与种子的形状基本相同。胞果的颜色受种子颜色的影响，但与种子颜色不同，常见的颜色有黄色、红色、橙色、粉色和紫色等。

1.胞果；2.具萼胞果。

图 16–34　胞果及其颜色

16.1.7 种子

藜麦的种子较小，直径 1.5~2.2 mm，大小与小米相近，但比小米轻。

16.1.7.1 形状

藜麦的种子扁而圆，正面观呈圆形或近圆形，侧面观较厚，中部有不同程度的隆起，呈现出不同形状。

农作上，藜麦的种子形状是指成熟种子的侧面形状，可分为双凸镜状、圆柱状、椭球状和圆锥状（图 16–35）。

1.扁圆柱状种子的正面和侧面。
2~5.种子侧面：2.双凸镜状；3.扁圆柱状；4.圆柱状（腹面）；5.椭球状。6.扁平状种子（侧面和正面）。
7~15.种子正面：7.扁平，边界极明显；8~10.两面凸弯，边界清晰；11、12.两面中央凸拱，边界明显；13、14.椭球状凸起，无边界；15.圆球状凸圆，无边界。

图 16-35　种子形状

16.1.7.2　表面

（1）颜色

藜麦种子的种皮壳质，平滑或具点洼。成熟种子的颜色十分丰富，常见的有白色、奶油色、黄色、橙色、粉红色、红色、紫色、褐色、深褐色、茶绿色和黑色等，主要为黑色、白色和红色等（图 16-36）。

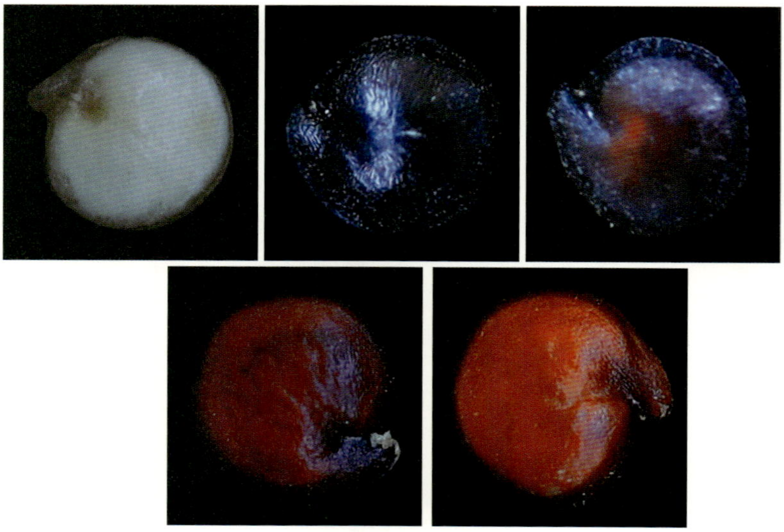

图 16-36　种子颜色

(2) 光泽

藜麦的种子可分为表面具光泽和无光泽两种（图 16-37）。前者表面光滑，有反光；后者表面无反光，通常暗哑。二者种皮颜色均有深浅之分。

1、2.具光泽；3、4.无光泽。

图 16-37　种子光泽

16.2 藜麦的野生近缘植物

通常认为，藜麦的近缘植物来自藜属。藜属植物约 170 种，分布遍及世界各地，主产于温带和亚热带。我国共有藜属植物 15 种，均为野生种类。但是，根据近年来分子系统学研究，其中 4 种并入红叶藜属（*Oxybasis* Kar. & Kir.），2 种并入麻叶藜属（*Chenopodiastrum* S. Fuentes, Uotila & Borsch），1 种并入球花藜属（*Blitum* L.）。对于这些种类，本书仍作为藜属种类收载。

尖头叶藜
Chenopodium acuminatum Willd.

茎：高 20~80 cm。直立，多分枝，常具绿色条纹，有时具紫红色条纹，具肋；分枝斜升，纤细。

叶：叶柄长 1.5~2.5 cm。叶片呈宽卵形、卵形至狭卵形，长 2~4 cm，宽 1~3 cm；正面淡绿色且不被粉（或仅中度被粉），反面被灰白色粉；基部呈宽楔形、圆形或近截形；边缘全缘，先端楔形或短渐尖、短尖。

花序/花：团伞花序排列成密集或间断的穗状花序或穗状圆锥花序。序轴上有圆柱状多细胞毛束。花两性。花被呈扁球状，5 深裂；裂片呈宽卵形，多数背面加厚，果期变为星形，泛红色或淡黄色，或变为红色，边缘膜质。雄蕊 5 枚；花药长约 0.5 mm。柱头 2 枚。

果实：胞果，球状或卵球状，顶部下凹。

种子：横生，黑色，直径约 1 mm，稍有凹痕。

1

1.花序枝；2.腋生花序，示叶片正面；3.团伞花序在序轴上的分布；4、5.团伞花序（俯视和底视），花被肉质，红色；6.花被裂片侧面观，花被绿色。

图 16–38　尖头叶藜

狭叶尖头叶藜

subsp. *virgatum* (Thunb.) Kitam.

主要特征：叶片呈狭卵形、披针形或长圆形，长度明显大于宽度。

藜

Chenopodium album L.

茎：高 15~150 cm。直立，多分枝，具绿色或紫红色条纹，粗壮，具肋；幼茎被囊状毛；分枝偏斜或平展。

叶：叶片呈菱状卵形至宽披针形，长 3~6 cm，宽 2.5~5 cm，长度为叶柄的 1~2 倍；正面通常无粉（囊状毛），有时幼叶上有红紫色的囊状毛（粉），反面被粉；基部呈楔形至宽楔形，边缘具不规则锯齿，先端微钝或锐尖。

花序/花：团伞花序在枝条上部，排列成圆锥花序或穗状圆锥花序。花两性。花被裂片 5 枚，呈宽卵形至椭圆形，背面具纵隆脊，被粉，边缘膜质，先端锐尖或稍微缺。雄蕊 5 枚；花药外露。柱头 2 枚。

果实：胞果，扁球状或双凸镜状；果皮薄膜质，有放射状皱纹和小瘤，与种子贴生。

种子：横生，黑色，有光泽，透镜状，直径 1~1.5 mm，具浅沟纹和旋涡状隆起，边缘钝。

1.幼株顶部叶；2 叶片反面的囊状毛；3.圆锥花序；4.团伞花序及花；5.胞果及宿存花被；6.种子。

图 16–39　藜

菱叶藜

Chenopodium bryoniifolium Bunge

茎：高 50~80 cm。直立，上部多分枝，下部圆柱状，上部有绿色条纹和稍钝的棱；分枝斜升，纤细。

叶：叶柄纤细。中下部叶片呈卵状三角形至卵状菱形，明显 3 裂，通常长 3~4 cm，宽 2~3 cm，长度为叶柄的 3~4 倍；正面不被粉，反面稍被粉；基部呈宽楔形，先端锐尖；中裂片呈三角形，侧裂片近基部通常具 2 齿。上部叶片较小，近戟形。

花序/花：团伞花序在上部枝条排列成纤细的穗状圆锥花序。花两性。花被裂片 5 枚，在果期稍平展，卵形，背面脊状，被粉。

果实：胞果，扁圆球状或双凸镜状；果皮暗褐色，与种子贴生。

种子：横生，黑色，稍有光泽，透镜状，直径 1.3~1.5 mm，具明显辐射状纹。

1.植株上部，示花枝；2.果实。

图 16-40　菱叶藜

合被藜

Chenopodium chenopodioides (L.) Aellen

茎：高 20~50 cm。直立，多分枝，具绿色条纹，有棱，通常不被粉。

叶：叶片正面深绿色，反面绿色，呈宽三角形，长 3~4 cm，稍肉质，无粉或稍被粉；基部截形或宽楔形，下延至叶柄基部，边缘有锯齿或近全缘，先端钝或短渐尖。

花序/花：团伞花序在枝的顶部排列成穗状圆锥花序。团伞花序的中心花为两性花，侧花为雌花。两性花：花被下凹呈半球状，4或5深裂；雄蕊与花被裂片数相同。雌花：花被呈倒圆锥状，2~4裂，肉质；裂片匙形，不等长，背面龙骨状。

种子：直立（雌花形成）或横生（两性花形成），黄褐色，几有光泽，扁卵形，直径0.5~0.75 mm，稍有凹痕，边缘钝。胚环状。

注：根据近年来的分子系统学研究，本种并入红叶藜属。

图 16–41　合被藜

小藜
Chenopodium ficifolium Sm.

茎：高 20~50 cm。直立，具绿色条纹，有棱。

叶：叶片呈卵状长圆形，长 2.5~5 cm，宽 1~3.5 cm，边缘通常 3 裂。中裂片边缘几乎平行，近全缘至具深波状锯齿，先端钝或近尖、短尖。侧裂片位于叶片下部 1/3 或近基部，边缘全缘或具浅裂齿。

花序/花：团伞花序排列成顶生圆锥花序。花两性。花被近球状，5深裂；裂片在蕾期呈镊合状，花期开放，宽卵形，背面具微纵隆脊并密被囊状毛（呈粉状）。雄蕊 5 枚，花期外露。柱头 2 枚，丝状。

果实：胞果，在花被内，成熟后与花被一起从植株上脱落；果皮与种子贴生。

种子：横生，黑色，有光泽，直径约 1 mm，有明显的六角形凹坑，边缘微钝。胚环状。

1.植株上部，示叶；2.腋生和顶生的圆锥花序；3.团伞花序在序轴上呈总状分布；4.团伞花序，示花被和毛被（粉）；5.盛花期的花，示花被、雄蕊、雌蕊的位置关系；6 果期的花被，中部隆起，边缘绿色膜质。

图 16–42　小藜

球花藜

Chenopodium foliosum (Moench) Asch.

茎： 高 20~70 cm。多数自基部分枝；分枝直立或斜升，淡绿色，纤细，无毛。

叶： 茎下部叶片两面淡绿色，呈狭三角状卵形，长 2~5 cm，宽 2~3 cm，与叶柄等长或长于叶柄，不被粉或仅稍被粉；基部呈楔形、截形或戟形，边缘具不规则锯齿，先端渐尖，近基部的齿稍下弯。茎上部和分枝上的叶片披针形或卵状戟形，边缘具 1~4 对双侧齿或全缘。

花序/花： 花两性兼有雌性，在腋生短枝上排列成球状或圆筒状团伞花序。花被淡绿色，在果期变为红色，通常为 3 深裂，肉质。雄蕊 1~3 枚。花柱非常短；柱头 2 枚，略叉开。

果实： 胞果，扁球状；果皮膜质，与种子贴生。

种子： 直立，红棕色至黑色，有光泽，直径约 1 mm，边缘钝或稍凹。胚半环状。

注： 有人认为本种应归入球花藜属。

1.果枝；2.叶；3.花被及幼果。

图 16-43　球花藜

杖藜

Chenopodium giganteum D. Don

茎： 高达 3 m。直立，粗壮，上面多分枝，具红绿色或红紫色条纹，具肋，基部直径达 5 cm。

叶：叶片正面深绿色，反面淡绿色，菱形至卵形，长可达 20 cm，宽可达 16 cm，与叶柄等长；正面不被粉，反面被粉或老后脱落；基部呈宽楔形，边缘有不规则波状锯齿，先端通常钝。上部叶片卵形至卵状披针形，幼时有红色或金黄色泡状毛，边缘具锯齿或全缘。

花序/花：大型顶生圆锥花序，被粉，通常在果期下垂。花两性，数朵团集或单生。花被裂片 5 枚，绿色或深紫色，卵形，边缘膜质。雄蕊 5 枚。

果实：胞果，双凸镜状；果皮膜质。

种子：横生，黑色或红黑色，直径约 1.5 mm，表面具浅网纹，边缘钝。

1.花枝；2.叶；3.种子。

图 16-44　杖藜

灰绿藜

Chenopodium glaucum L.

茎：高 20~40 cm。外倾或平卧，绿色或紫红色，具条纹，具肋。

叶：叶柄长 5~10 mm。叶片呈长圆状卵形至披针形，长 2~4 cm，宽 0.6~2 cm，肉质；正面无粉，反面有粉而呈灰白色，有时稍带红紫色；基部渐狭，边缘不规则啮蚀状至具牙齿（有时具不清晰浅裂），先端锐尖或钝；中脉凸出，黄绿色。

花序/花：花两性兼有雌性，通常数花聚成团伞花序，再于分枝上排列成有间断而通常短于叶的穗状或圆锥状花序。花被裂片 3 或 4 枚，淡绿色，呈狭长圆形或倒卵状披针形，长不到 1 mm，稍肉质，通常不被粉，先端通常钝。雄蕊 1 或 2 枚；花丝不伸出花被；花药球状。柱头 2 枚，极短。

果实：胞果，顶端露出花被外；果皮黄白色，膜质。

种子：横生、斜生或直立，暗褐色或红褐色，扁球状，直径约 0.75 mm，具洼点，边缘钝。

注：根据近年来的分子系统学研究，本种并入红叶藜属。

1.植株平卧；2.具花序枝；3.团伞花序，叶上有粉粒。

图 16–45　灰绿藜

细穗藜

Chenopodium gracilispicum H. W. Kung

茎：高 40~70 cm。直立，上面疏生纤细分枝，绿色，具条纹，圆柱状，有棱，稍被粉。

叶：叶柄纤细，长 0.5~2 cm。叶片正面鲜绿色，反面灰绿色，菱形至卵形，长 3~5 cm，宽 2~4 cm；基部宽楔形，边缘全缘或近基部具 2 侧裂片，无半透明环边，先端锐尖或短渐尖，近无毛。

花序/花：花两性，通常 2 或 3 朵团集，间断排列于长 2~15 mm 的细枝上，构成穗状花序，生于叶腋并在茎的上部排列成狭圆锥状花序。花被裂片 5 枚，深裂；裂片呈狭倒卵形或线形，仅在基部合生，背面中心稍肉质并具纵龙骨状凸起，边缘膜质，先端钝。雄蕊 5 枚，着生于花被基部。

果实：胞果，双凸镜状，顶部下凹；果皮与种子贴生。

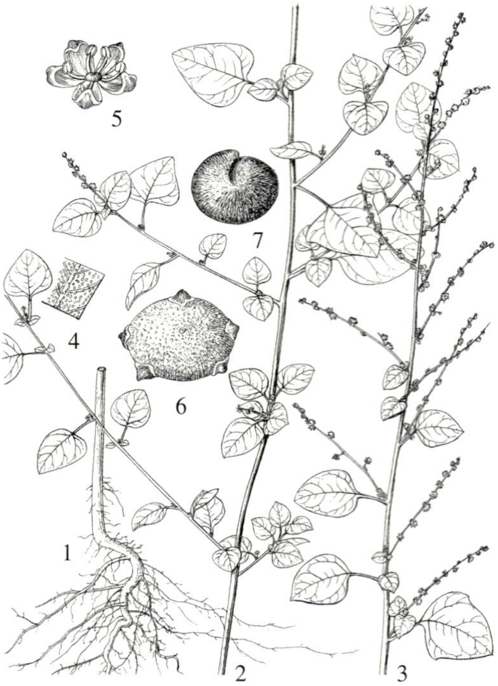

1.根；2.植株中部，示分枝；3.植株上部，示花序；4.叶片局部放大；5.花；6.胞果及花被；7.种子。

图 16–46　细穗藜

种子： 横生，黑色，有光泽，形状与胞果相同，直径 1.1~1.5 mm，有明显凹痕。

注： 根据近年来的分子系统学研究，本种并入麻叶藜属。

杂配藜

Chenopodium hybridum L.

茎： 高 0.4~1.2 m。直立，粗壮，上部疏生分枝，具浅黄色或紫色棱，无粉或疏被粉。

叶： 叶柄长 2~7 cm。叶片两面亮绿色，宽卵形至卵状三角形，长 6~15 cm，宽 5~13 cm，无粉或稍被粉；基部圆形、截形或近心形，边缘掌状浅裂至具深啮蚀状锯齿，先端锐尖或渐尖；裂片 2 或 3 对，不等长，先端通常锐尖或渐尖。上部叶片较小，叶片多呈三角状戟形，边缘有数枚浅裂状锯齿，有时近全缘。

花序/花： 团伞花序通常数朵团集，排列成开散的圆锥花序。花两性兼有雌性。花被裂片 5 枚，狭卵形，背面具纵脊并稍被粉，边缘膜质，先端钝。雄蕊 5 枚。

果实： 胞果，双凸镜状；果皮膜质，有白色斑点，与种子贴生。

种子： 横生，黑色，无光泽，形状与胞果相同，直径通常 2~3 mm，有明显的圆形洼点。胚环状。

注： 根据近年来的分子系统学研究，本种并入麻叶藜属。

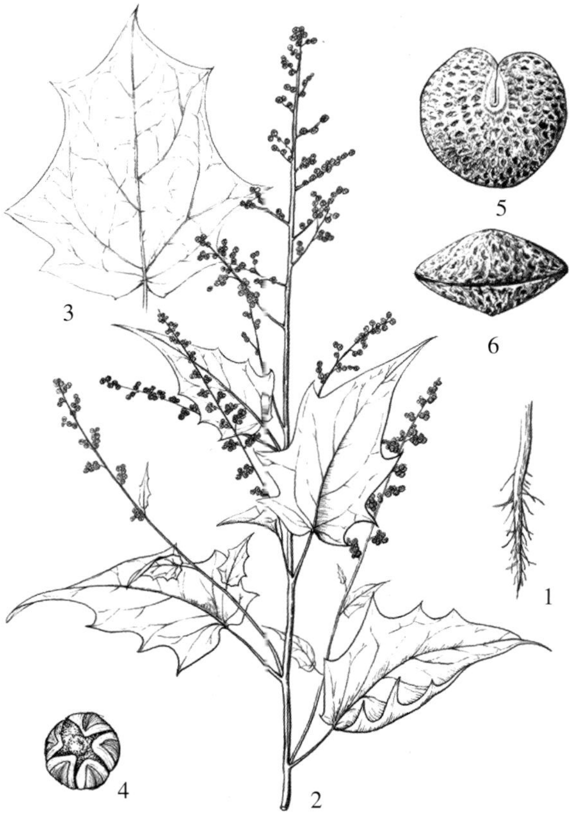

1.根；2.植株上部，示花序；3.叶；4.果实；5.种子正面；6.种子侧面。

图 16-47　杂配藜

小白藜
Chenopodium iljinii Golosk.

茎：高 10~30 cm，全株被粉。匍匐或斜升，多分枝，有时仅自基部分枝。

叶：叶柄纤细，长 0.4~1 cm。叶片灰绿色，呈卵形至卵状三角形，长 5~15 mm，宽 4~12 mm，两面被粉；基部呈宽楔形，边缘全缘或 3 裂，先端微钝或锐尖；侧裂片着生于叶片近基部，先端钝。

花序/花：团伞花序在腋生小枝上排列成短穗状花序。花被裂片 4 或 5 枚，呈倒卵状线形至长圆形，无隆脊，背面密被粉。花丝稍短于花被，花药呈宽长圆形。花柱不明显；柱头 2 枚，丝状。

果实：胞果，顶部下凹。

种子：横生，很少偏斜，黑色，近有光泽，双凸镜状，有时为扁卵形，直径 0.8~1.2 mm，近光滑或稍具沟纹。

1.植株；2.花序及叶；3.种子。

图 16–48　小白藜

平卧藜

Chenopodium karoi (Murr) Aellen

茎：高 20~40 cm。匍匐或斜升，多分枝，绿色，具条纹，圆柱状或具钝棱。

叶：叶柄纤细，长 1~3 cm。叶片正面灰绿色，反面灰白色，呈卵形至宽卵形，长 1.5~3 cm，宽 1~2.5 cm；正面不被粉或仅稍被粉，反面密被粉，具显著 3 脉；基部呈宽楔形，边缘通常 3 裂，先端钝或锐尖并有短尖头。中央裂片边缘全缘，很少稍具圆齿。侧裂片位于叶片近中部，边缘钝而全缘。

花序/花：花数朵簇生，在小分枝上排列成短于叶的腋生圆锥状花序。花被裂片 4 或 5 枚，通常在果期闭合，卵形，背面微具纵隆脊，边缘淡黄色，膜质，先端钝。雄蕊与花被裂片同数；花药在花期外露。柱头 2 或 3 枚，丝状。

果实：果皮黄褐色，膜质，与种子贴生。

种子：横生，黑色，近有光泽，双凸镜状，直径 1~1.2 mm，具细凹痕。

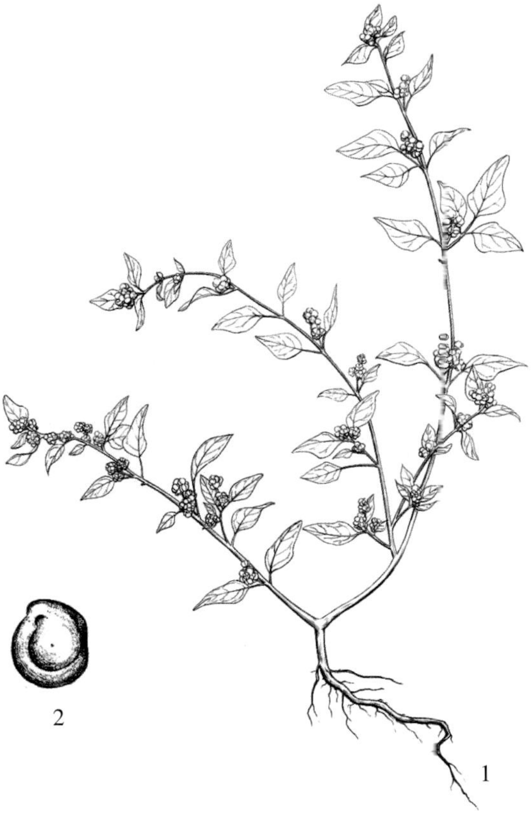

1.植株；2.种子。

图 16–49　平卧藜

红叶藜

Chenopodium rubrum L.

茎： 高 30~80 cm。直立或斜升，淡绿色或带红色，具不明显条纹，具肋，无毛；上部分枝长 2~8 cm。

叶： 叶片两面绿色或有时带红色，卵形至菱状卵形，长 4~8 cm，宽 2~6 cm，长度为叶柄的 3~5 倍，肉质，正面稍被粉至近无粉；基部楔形，边缘有锯齿至浅裂，很少全缘，先端渐尖；裂齿 3~5 对，三角形，不等长，通常稍弯曲，先端微钝。

花序/花： 花两性兼有雌性，数朵团集，在分枝上排列成穗状圆锥花序。花被裂片 3 或 4（5）枚，绿色，成熟时通常变为红色，倒卵形；背面中心稍肉质，正面凹，果期无变化，无粉或稍被粉。柱头 2 枚，非常短。

果实： 果皮膜质，带白色，不与种子贴生。

种子： 直立、斜生及横生，红黑色至黑色，球状或宽卵球状，顶部稍下陷，直径 0.75~1 mm，具明显的长圆形点纹，边缘钝。

注： 根据近年来的分子系统学研究，本种并入红叶藜属。

1.植株上部，示花序；2.花；3.果实及宿存花被。

图 16–50　红叶藜

圆头藜

Chenopodium strictum Roth

茎：高 20~50 cm。直立或外倾，基部分枝上升，上部分枝通常直立；茎和分枝绿色和红色，具条纹，成熟时通常变为深红色，具肋。

叶：叶片卵状长圆形至长圆形，长 1.5~3（~4）cm，宽 8~18（~25）mm，长度为叶柄的 2~3 倍；正面近无粉，反面中等至密被粉；基部宽楔形，高于基部的边缘近全缘至有锯齿或具牙齿，先端圆形，有时短尖。

花序/花：团伞花序在枝条上部排列成狭窄、间断的穗状或念珠状圆锥花序。花两性。花被裂片 5 枚，倒卵形，背面有微隆脊，边缘膜质。柱头 2 枚，丝状，下弯。

果实：胞果，顶部下凹，果皮与种子贴生。

种子：黑色或黑红色，近有光泽，扁卵球状，直径约 1 mm，稍具浅沟纹，边缘具锐棱。

1.植株下部，示根和叶；2.植株上部，示花序；3.果实及宿存花被。

图 16–51　圆头藜

市藜

Chenopodium urbicum L.

茎：高 20~100 cm。直立，较粗壮，分枝或不分枝，具条纹，有棱，不被粉（幼叶和序轴有时稍被绒毛）。

叶：叶柄长 2~4 cm。叶片正反面同色，呈三角形或菱状卵形，长3~8 cm（下部叶片有时长达 15 cm），长宽比小于等于 1，稍肉质；基部近截形或宽楔形，边缘有不规则锯齿，先端锐尖或渐尖。

花序/花：团伞花序少花或多花，形成腋生或顶生的直立穗状圆锥花序。花两性兼有雌性。花被裂片 3~5 枚。花丝稍短于花被，花药长圆形。

果实：胞果，双凸镜状；果皮棕色。

种子：横生，偏斜或直立，红棕色至黑色，近有光泽，直径 0.5~1 mm，顶部有不明显或明显的凹坑，边缘钝或锐尖。

注：根据近年来的分子系统学研究，本种并入红叶藜属。

东亚市藜

subsp. *sinicum* H. W. Kung & G. L. Chu

主要特征：叶片呈菱状卵形，下部叶片长达 15 cm，边缘近基部有 1 对大齿。团伞花序多花，主要形成顶生的穗状圆锥花序。花被裂片 3~5 枚，狭倒卵形至匙形。种子横生、斜生及直立，直径 0.5~0.7 mm，具明显洼点，边缘锐尖。

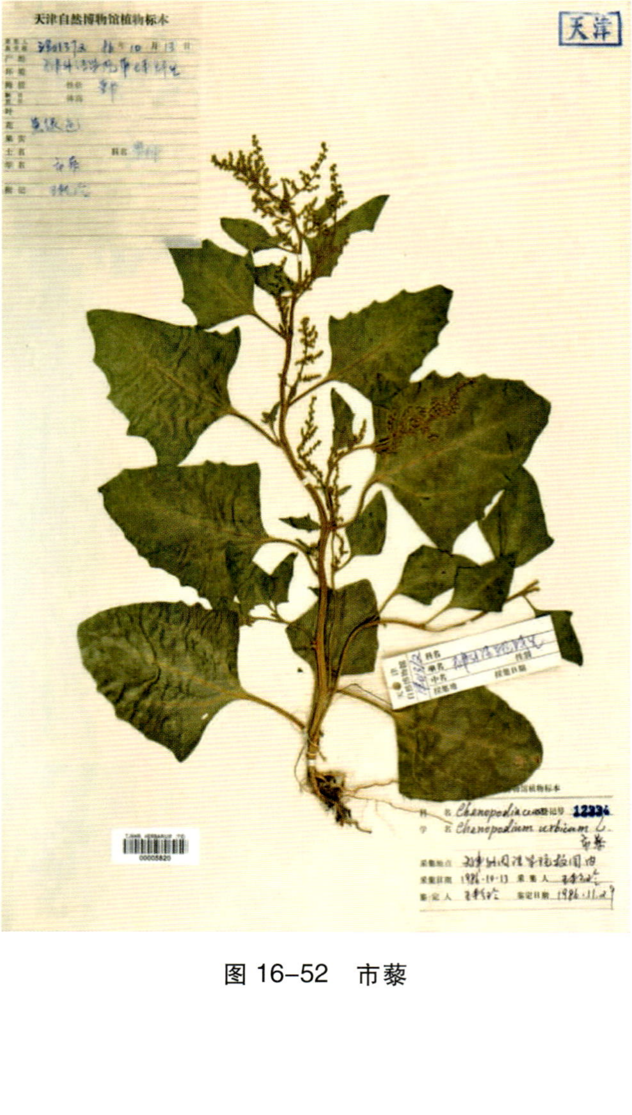

图 16–52　市藜

中文名索引

拉丁名索引

参考文献

[1] BELAY E, TESHOME B. Diversity of rhizobacteria associated with sorghum wild relatives in assosa zone of Ethiopia and their ability to solubilize phosphate[J]. Frontiers in Environmental Microbiology, 2021, 7(2): 63–68.

[2] CHEN Y, ZHU P, WU S, et al. Identification and expression analysis of *GRAS* transcription factors in the wild relative of sweet potato *Ipomoea trifida*[J]. BMC Genomics, 2019, 20(1): 911.

[3] FAN Z, WANG K, FAN Y, et al. Combining ability analysis on rhizomatousness via incomplete diallel crosses between perennial wild relative of rice and Asian cultivated rice[J]. Euphytica: International Journal of Plant Breeding, 2020, 216: 140.

[4] GAIKWAD K B, SINGH N, PARAMPREET K, et al. Deployment of wild relatives for genetic improvement in rice (*Oryza sativa*)[J]. Plant Breeding, 2020, 140(1): 23–52.

[5] GAMAR Y A, BAKHIT O A, MURDI H G, et al. Assessment of *Striga* resistance in wild relatives of sorghum under field conditions [J]. Journal of Agricultural Sciences, 2018, 63(4): 367–377.

[6] HAJJAR R, HODGKIN T. The use of wild relatives in crop improvement: a survey of developments over the last 20 years[J]. Euphytica, 2007, 156: 1–13.

[7] HAKE S, RICHARDSON A. Using wild relatives to improve maize[J]. Science, 2019, 365 (6454): 640–641.

[8] JENA K K. The species of the genus *Oryza* and transfer of useful genes from wild species into cultivated rice, *O. sativa*[J]. Breeding Science, 2010, 60(5): 518–523.

[9] KUMAR A, SHARMA A, SHARMA R, et al. Exploration of wheat wild relative diversity

from Lahaul valley: A cold arid desert of Indian Himalayas[J]. Cereal Research Communications, 2022, 50(2): 305–320.

[10] LI Z, HAN L, LUO Z, et al. Single-molecule long-read sequencing reveals extensive genomic and transcriptomic variation between maize and its wild relative teosinte (*Zea mays* ssp. *parviglumis*)[J]. Molecular Ecology Resources, 2022, 22(1): 272–282.

[11] LUO Y, REID R, FREESE D, et al. Salt tolerance response revealed by RNA-Seq in a diploid halophytic wild relative of sweet potato[J]. Scientific Reports, 2017, 7: 9624.

[12] MONTCHO D, SOW M, KOLADE O, et al. Genetic diversity study of African rice (*Oryza glaberrima*) and its wild relatives using microsatellites markers[J]. Annual Research & Review in Biology, 2021, 36(5): 75-87.

[13] OCHIENG G, NGUGI K, WAMALWA L N, et al. Novel sources of drought tolerance from landraces and wild sorghum relatives[J]. Crop Science, 2020, 61(1): 104–118.

[14] PRAKASH N R, CHHABRA R, ZUNJARE R U, et al. Molecula characterization of *teosinte branched1* gene governing branching architecture in cultivated maize and wild relatives[J]. 3 Biotech, 2020, 10(2): 77.

[15] RAHMAN W, BREHM J M, MAXTED N, et al. Gap analyses of priority wild relatives of food crop in current ex situ and in situ conservation in Indonesia[J]. Biodiversity & Conservation, 2021, 30(10): 2827–2855.

[16] RAMAKRISHNA G, KAUR P, SINGH A, et al. Comparative transcriptome analyses revealed different heat stress responses in pigeonpea (*Cajanus cajan*) and its crop wild relatives[J]. Plant Cell Reports, 2021, 40(5): 881–898.

[17] ROJAS-BARRERA I C, WEGIER A, SÁNCHEZ GONZáLEZ J J, et al. Contemporary evolution of maize landraces and their wild relatives influenced by gene flow with modern maize varieties[J]. Proceedings of the National Academy of Sciences of the United States of America, 2019, 116(42): 21302–21311.

[18] WU Z, RAVEN P H. Flora of China: Vol. 16[M]. Beijing: Science Press ,1995.

[19] WU Z, RAVEN P H. Flora of China: Vol. 5[M]. Beijing: Science Press,2003.

[20] WU Z, RAVEN P H. Flora of China: Vol. 22[M]. Beijing: Science Press,2006.

[21] WU Z, RAVEN P H. Flora of China: Vol. 10[M]. Beijing: Science Press,2010.

[22] DE WET J, RAO K P, 杨立国. 高粱的近缘野生种及其利用[J]. 国外农学–杂粮作物,

1987(3): 51–55.

[23] 毕楚韵, 黄小芳, 周丽香, 等. 三浅裂野牵牛 NBS-LRR 类抗病基因的鉴定和分析[J]. 分子植物育种, 2021, 19(9): 2826-2836.

[24] 蔡联炳. 中国禾草三新种[J]. 广西植物, 1996, 16 (3): 199–202.

[25] 蔡联炳. 中国西部地区鹅观草属新植物[J]. 植物分类学报, 1996, 34(3): 327–335.

[26] 蔡联炳. 中国鹅观草属的分类研究[J]. 植物分类学报, 1997, 35(2): 148–177.

[27] 曹卫星. 作物栽培学总论[M]. 3 版. 北京: 科学出版社, 2017.

[28] 陈守良. 华东禾本科植物志[M]. 南京: 江苏人民出版社, 1962.

[29] 陈雪燕. 小麦及其近缘种属品质相关基因 avenin-like b 和 *NAM-B*1 的研究[D]. 杨凌: 西北农林科技大学, 2016.

[30] 陈有军. 糙毛仲彬草(*Kengyilia hirsuta*)苗期根鞘形态建成及其发生机理研究[D]. 西宁: 青海大学, 2020.

[31] 程景福. 甘薯与月光花嫁接植株的解剖观察[J]. 科学与教学, 1958(1): 89–91.

[32] 程须珍, 王素华, 王丽侠, 等. 绿豆种质资源描述规范和数据标准 [M]. 北京: 中国农业出版社, 2006.

[33] 邓梦秋. 钙生鹅观草的染色体组组成及分类研究[D]. 雅安: 四川农业大学, 2018.

[34] 丁春邦. 拟鹅观草属植物的生物系统学研究[D]. 雅安: 四川农业大学, 2004.

[35] 丁春邦, 周永红. 小麦族拟鹅观草属研究进展 [J]. 四川农业大学学报, 2004, 22(3): 269–273.

[36] 董宜全. 适合我国西北地区栽培的三种鹅观草[J]. 农村百事通, 2010(24): 46–47, 81.

[37] 董玉琛, 刘旭. 中国作物及其野生近缘植物: 粮食作物卷[M]. 北京: 中国农业出版社, 2006.

[38] 段绍光. 马铃薯种质资源遗传多样性评价和重要性状的遗传分析 [D]. 北京: 中国农业科学院, 2017.

[39] 方智远, 张武男. 中国蔬菜作物图鉴[M]. 南京: 江苏科学技术出版社, 2011.

[40] 冯俊彦, 康乐, 郎涛, 等. 基于 SCoT 分子标记的甘薯及其野生种遗传多样性分析[J]. 华北农学报, 2021, 36(1): 18–26.

[41] 高飞. 小麦野生近缘植物中华鹅观草(*Roegneria sinica*)的遗传多样性研究[D]. 杨凌: 西北农林科技大学, 2006.

[42] 高立荣, 周美亮. 普通荞麦野生近缘种观察与利用 [C] //中国作物学会. 2019 年中国

作物学会学术年会论文摘要集, 2019: 107.
[43] 葛荣朝, 张敬原, 赵宝存, 等. 一个耐盐小麦–多枝赖草二体异附加系外源染色体的鉴定[J]. 中国农业科学, 2006, 39(1): 193–198.
[44] 葛荣朝, 赵茂林, 李国亮. 赖草属的优良基因导入小麦的研究进展[J]. 河北师范大学学报(自然科学版), 2001, 25(4): 512–516.
[45] 耿以礼. 中国主要植物图说: 禾本科[M]. 北京: 科学出版社, 1959.
[46] 耿以礼, 陈守良. 国产鹅观草属 ROEGNERIA C. Koch 之订正[J]. 南京大学学报(生物学). 1963(1): 1–92.
[47] 勾晓婉, 侯文倩, 平艳飞, 等. 甘薯及其野生近缘种的基因组测序研究进展[J]. 江苏师范大学学报(自然科学版), 2020, 38(2): 52–54.
[48] 关惜今, 朱智国, 郑昊吉, 等. 马铃薯与其野生近缘种叶绿体基因组差异分析[J]. 云南师范大学学报(自然科学版), 2021, 41(4): 33–40.
[49] 哈斯巴根, 音扎布. 内蒙古藜科野生可食植物资源的研究[J]. 内蒙古师大学报(自然科学汉文版), 1995(3): 59–63.
[50] 韩龙植, 魏兴华, 等. 水稻种质资源描述规范和数据标准[M]. 北京: 中国农业出版社, 2006.
[51] 贺超兴. 西藏扎布耶盐湖植物考察[J]. 植物杂志, 1998(3): 14–15.
[52] 侯文倩, 李小梅, 谢玫瑰, 等. 小麦野生近缘植物多药抗性基因 *PDR*7 的生物信息学分析[J]. 分子植物育种, 2018, 16(24): 7913–7924.
[53] 胡锦祥, 肖仁杰, 柳志华, 等. 基于玉米野生近缘种大刍草渗入系群体的出苗率 QTL 定位分析[J]. 植物遗传资源学报, 2020, 21(6): 1561–1567.
[54] 胡立勇, 丁艳锋. 作物栽培学[M]. 2 版. 北京: 高等教育出版社, 2019.
[55] 胡易冰, 刘明芳. 对小麦近缘植物优异基因发掘和小麦遗传改良的分析[J]. 吉林农业, 2018(23): 67.
[56] 黄承彦, 楚秀生, 等. 山东小麦图鉴: 第 1 卷 地方品种[M]. 北京: 中国农业出版社, 2015.
[57] 霍恺森, 成小威, 曹清河, 等. 甘薯近缘野生种马鞍藤对盐胁迫的生理生化响应特征[J]. 江苏农业科学, 2019, 47(3): 86–90.
[58] 贾礼聪. 甘薯及其近缘野生种种间体细胞杂种的特性鉴定与遗传组成分析[D]. 北京: 中国农业大学, 2016.
[59] 贾子苗, 邱玉亮, 林志珊, 等. 利用近缘种属优良基因改良小麦研究进展[J]. 作物杂志,

2021(2): 1–14.

[60] 蒋继明, 刘大钧. 鹅观草与大麦属间杂种的形态和细胞遗传学研究[J]. 遗传学报, 1990, 17(5): 373–376, 416.

[61] 蒋礼玲, 王琳超, 黄新荣, 等. 藜属植物叶绿体基因组结构与系统进化[J]. 应用与环境生物学报, 2022, 28(5): 1255–1261.

[62] 金黎平, 屈冬玉, 谢开云, 等. 马铃薯及其近缘种的利用[C] //中国作物学会马铃薯专业委员会. 2005 年全国马铃薯产业学术年会论文集, 2005: 225–232.

[63] 孔令让. 植物育种学[M]. 2 版. 北京: 高等教育出版社, 2019.

[64] 郎涛. 小麦及其近缘物种串联重复序列的全基因组发掘与染色体区段鉴定[D]. 成都: 电子科技大学, 2019.

[65] 雷映霞. 鹅观草属及其近缘属物种的分子系统与进化研究[D]. 雅安: 四川农业大学, 2018.

[66] 李灿. 山东近海岛屿和大陆环境中纤毛鹅观草和山东鹅观草的遗传多样性和遗传分化研究[D]. 青岛: 青岛科技大学, 2016.

[67] 李长慧, 李淑娟, 刘艳霞, 等. 低温胁迫对 10 份鹅观草属野生种质抗寒生理指标的影响[J]. 草业科学, 2018, 35(1): 123–132.

[68] 李德铢. 中国维管植物科属志: 全 3 册[M]. 北京: 科学出版社, 2020.

[69] 李立会, 李秀全, 等. 小麦种质资源描述规范和数据标准[M]. 北京: 中国农业出版社, 2006.

[70] 李立会, 杨欣明, 等. 小麦野生近缘植物种质资源描述规范和数据标准[M]. 北京: 中国农业出版社, 2006.

[71] 李丽, 李云, 张璠, 等. 甘薯近缘野生种 *Ipomoea trifida* (4 x)的染色体核型分析[J]. 种子, 2020, 39(12): 17–19, 24.

[72] 李毛. 小麦近缘植物滨麦抗盐相关基因的克隆和功能验证[D]. 杨凌: 西北农林科技大学, 2020.

[73] 李启业, 黄海燕, 铁桂春. 糙毛鹅观草的特征特性与栽培技术[J]. 现代农业科技, 2007(12): 45, 47.

[74] 李强, 刘庆昌, 马代夫. 甘薯近缘野生种研究利用现状及展望[J]. 分子植物育种, 2006, 4(6S): 105–110.

[75] 李晓燕, 王曙光, 李瑞, 等. 黑麦优良基因在小麦育种中的应用[J]. 山西农业科学,2007, 35(10): 15–19.

[76] 李雪华, 曹清河, 孙存华. PEG-6000 模拟干旱胁迫对甘薯近缘野生种幼苗生理生化指标的影响 [C] //江苏省遗传学会. 江苏省遗传学会 2014 年学术研讨会会议论文摘要集, 2014: 22-23.

[77] 李扬汉. 禾本科作物的形态与解剖[M]. 上海: 上海科学技术出版社, 1979.

[78] 李兆孟. 国产赖草属的系统学与植物地理学研究[D]. 西宁: 青海师范大学, 2016.

[79] 廖文波, 刘蔚秋, 冯虎元, 等. 植物学[M]. 3 版. 北京: 高等教育出版社, 2020.

[80] 刘芳, 孙根楼. 赖草属七个种同工酶研究[J]. 广西植物, 1997, 17(2): 169-173.

[81] 刘敏轩, 许月, 陆平. 中国野生黍稷资源收集保存与遗传多样性研究进展[J]. 植物遗传资源学报, 2020, 21(6): 1435-1445.

[82] 刘穆. 种子植物形态解剖学导论[M]. 4 版. 北京: 科学出版社, 2008.

[83] 刘启新. 江苏植物志: 第 4 卷[M]. 南京: 江苏凤凰科学技术出版社, 2015.

[84] 刘启新. 江苏植物志: 第 5 卷[M]. 南京: 江苏凤凰科学技术出版社, 2015.

[85] 刘启新. 江苏植物志: 第 2 卷[M]. 南京: 江苏凤凰科学技术出版社, 2017.

[86] 刘强, 赵丽, 郭虹霞, 等. 玉米野生近缘种大刍草幼苗叶片的转录组 SSR 分析[J]. 玉米科学, 2020, 28(2): 69-75.

[87] 刘青, 刘欢, 林磊. 燕麦属系统学研究进展[J]. 热带亚热带植物学报, 2014, 22(5): 516-524.

[88] 刘荣, 杨涛, 黄宇宁, 等. 豌豆及其野生近缘种种质资源研究进展[J]. 植物遗传资源学报, 2020, 21(6): 1415-1423.

[89] 刘喜才, 张丽娟, 等. 马铃薯种质资源描述规范和数据标准[M]. 北京: 中国农业出版社, 2006.

[90] 刘以道, 杨虎彪. 海南禾本科新记录种洋野黍[J]. 热带农业科学, 2013, 33(8): 34-35, 41.

[91] 卢庆善, 朱凯, 张志鹏, 等. 高粱的野生近缘种及其利用价值[J]. 杂粮作物, 2006, 26(5): 322-325.

[92] 陆峻, 刘志勇, 白玉亭, 等. 新疆的小麦族野生植物资源 [J]. 作物品种资源, 1998(2): 28-30.

[93] 陆平. 高粱种质资源描述规范和数据标准[M]. 北京: 中国农业出版社, 2006.

[94] 陆平. 谷子种质资源描述规范和数据标准[M]. 北京: 中国农业出版社, 2006.

[95] 罗粤川, 邓雪雪, 吴丹丹, 等. 鹅观草不同居群赤霉病抗性评价及抗病种质鉴定[J]. 植物遗传资源学报, 2021, 22(3): 725-733.

[96] 吕文河，秦昕，王凤义，等. 中国马铃薯野生种近缘栽培种利用研究进展 [C] //中国作物学会. 中国马铃薯学术研讨会与第五届世界马铃薯大会论文集, 2004: 83-86.

[97] 马炜梁. 植物学[M]. 3 版. 北京: 高等教育出版社, 2022.

[98] 盘波，蒋凯文，邓涛，等. 广西豆科植物新记录属: 镰瓣豆属 [J]. 广西植物, 2018, 38(11): 1471-1474.

[99] 彭程. 中国特有植物山东鹅观草（小麦族: 鹅观草属）的遗传多样性研究[D]. 青岛: 青岛科技大学, 2012.

[100] 强胜. 植物学[M]. 2 版. 北京: 高等教育出版社, 2017.

[101] 秦培友，崔宏亮，周帮伟. 藜麦种质资源描述规范和数据标准 [M]. 北京: 中国农业出版社, 2020.

[102] 任翠娟. 荞麦属（*Fagopyrum*）植物资源的 RAPD 研究[D]. 贵阳: 贵州师范大学, 2006.

[103] 任得强. 小麦及近缘植物氮效率性状的 QTL 定位及利用[D]. 泰安: 山东农业大学, 2018.

[104] 佘朝文，蒋向辉，宋运淳，等. 玉米近缘种中玉米着丝粒序列的 FISH 检测[J]. 遗传, 2010, 32(3): 264-270.

[105] 沈淞海，沈海铭，吴建华，等. 月光花素调控下甘薯的生长发育[J]. 浙江农业大学学报, 1994, 20(3): 254-258.

[106] 盛万民. 马铃薯野生种 *Solanum demissum* 与栽培品种杂交后代的遗传分析[D]. 哈尔滨: 东北农业大学, 2009.

[107] 石凡涛，阎高峰，李建平，等. 青海省浅山、半浅山地区八种牧草适宜性的初步研究[J]. 黑龙江畜牧兽医, 2004(1): 51-52.

[108] 石云素，等. 玉米种质资源描述规范和数据标准[M]. 北京: 中国农业出版社, 2006.

[109] 史建强，李艳琴，张宗文，等. 荞麦及其野生种遗传多样性分析[J]. 植物遗传资源学报, 2015, 16(3): 443-450.

[110] 孙根楼，颜济，杨俊良. 华山新麦草同高加索鹅观草和糙毛仲彬草间物种生物学研究[J]. 草业学报, 1995, 4(4): 39-45.

[111] 孙宗华，张玥，邓梦秋，等. 7 个鹅观草居群的形态学和细胞遗传学研究[J]. 植物遗传资源学报, 2017, 18(6): 1032-1038.

[112] 王崇，王连军，田小海，等. 基于 mtDNA 和 cpDNA 序列的甘薯栽培种及近缘野生种分析[J]. 华南农业大学学报, 2021, 42(4): 25-32.

[113] 王春海. 中国藜属及近缘属植物的系统学研究[D]. 曲阜: 曲阜师范大学, 2015.

[114] 王春妹, 张敏, 张利苹, 等. 藜麦(*Chenopodium quinoa*)重要农艺性状 SNP 标记发掘[J/OL]. 分子植物育种: 1–23 [2024–07–08]. http://kns.cnki.net/kcms/detail/46.1068.S.20231227.1330.012.html.

[115] 王凤宝, 刘志勇, 黄云祥, 等. 多花黑麦草与普通小麦的杂交[J]. 遗传, 1995, 17(1): 19–21.

[116] 王宏伟, 李安飞, 马信, 等. 小麦近缘植物优异基因发掘和小麦遗传改良 [C] //中国作物学会. 第八届全国小麦基因组学及分子育种大会摘要集, 2017: 32.

[117] 王季春, 郭华春. 作物学各论[M]. 北京: 科学出版社, 2023.

[118] 王君梅, 蒋旭亮, 雍军. 宁夏盐池县小麦野生近缘植物蒙古冰草保护模式探究[J]. 中国工程咨询, 2016(1): 46–49.

[119] 王君梅, 马静姝, 刘王锁. 小麦近缘植物沙芦草围封保护效果研究[J]. 宁夏农林科技, 2016, 57(10): 1–3.

[120] 王丽侠, 陈新, 王素华, 等. 豇豆属野生近缘种资源研究进展[J]. 植物遗传资源学报, 2020, 21(6): 1407–1414.

[121] 王宁, 赵振勇, 张心怡, 等. 几种藜科盐生植物吸盐能力及生态学意义[J]. 植物营养与肥料学报, 2022, 28(6): 1104–1112.

[122] 王佺珍, 呼天明, 等. 大麦属牧草种质资源描述规范和数据标准[M]. 北京: 中国农业出版社, 2012.

[123] 王世金, 李健华. 小麦族植物作为牧草种质资源的初步评介[J]. 草业科学, 1993, 2(1): 60–70.

[124] 王星玉, 王纶, 等. 黍稷种质资源描述规范和数据标准[M]. 北京: 中国农业出版社, 2006.

[125] 王洋, 杜会石, 鲍庆晗. 藜麦种质资源萌发期抗旱性综合评价及抗旱指标筛选[J]. 江苏农业科学, 2023, 51(19): 62–68.

[126] 王洋, 潘晓为, 杜会石, 等. 藜麦植物资源开发利用与抗逆性研究进展[J]. 吉林师范大学学报(自然科学版), 2023, 44(4): 118–122.

[127] 王勇, 徐春波, 松梅. 我国新麦草属牧草研究进展[J]. 中国草地, 2005, 27(2): 66–71.

[128] 魏志敏, 吕玮, 赵宇, 等. 藜麦遗传改良现状与发展方向[J]. 中国种业, 2024(1): 35–39.

[129] 翁益群, 刘大钧. 鹅观草(*Roegneria* C. Koch)与普通小麦(*Triticum aestivum* L.)属间杂种 F1 的形态、赤霉病抗性和细胞遗传学研究[J]. 中国农业科学, 1989, 22(5): 1–7, 95.

[130] 吴玉虎. 新疆赖草属二新种[J]. 植物研究, 1992, 12(4): 343–347.

[131] 武田. 二倍体马铃薯 DM 及几个野生近缘种染色体识别和比较 FISH 的分析[D]. 呼

和浩特: 内蒙古大学, 2017.

[132] 徐粤宇, 周玉雷, 宋琳琳, 等. 多枝赖草基因组可转化人工染色体(TAC)文库的构建和鉴定[J]. 中国科学(C辑: 生命科学), 2008, 38(4): 328–336.

[133] 闫伟红. 冰草属和鹅观草属部分植物种质资源遗传分析[D]. 北京: 中国农业科学院, 2010.

[134] 颜济, 杨俊良. 小麦族生物系统学: 第1卷[M]. 北京: 中国农业出版社, 1999.

[135] 颜济, 杨俊良. 小麦族生物系统学: 第2卷[M]. 北京: 中国农业出版社, 2004.

[136] 颜济, 杨俊良. 小麦族生物系统学: 第3卷[M]. 北京: 中国农业出版社, 2006.

[137] 颜济, 杨俊良. 小麦族生物系统学: 第4卷[M]. 北京: 中国农业出版社, 2011.

[138] 颜旸, 刘大钧. 纤毛鹅观草与普通小麦属间杂种的产生及其细胞遗传学研究[J]. 中国农业科学, 1987, 20(6): 17–21, 96.

[139] 杨瑞武. 赖草属植物的系统与进化研究[D]. 雅安: 四川农业大学, 2003.

[140] 杨瑞武, 周永红, 郑有良, 等. 11个四倍体赖草属物种的核型研究[J]. 植物分类学报, 2004, 42(2): 154–161.

[141] 杨远昭. 新疆三种盐生植物种子萌发对主要生态因子响应的研究[D]. 乌鲁木齐: 新疆农业大学, 2007.

[142] 俞立璇, 刘美艳, 曹清河, 等. 栽培种甘薯及其近缘野生种 nrDNA ITS 序列分析[J]. 植物科学学报, 2014, 32(1): 40–49.

[143] 袁谦, 甄士聪, 赵永涛, 等. 小麦近缘属野生植物抗赤霉病及远缘杂交技术研究进展[J]. 大麦与谷类科学, 2016, 33(4): 1–5.

[144] 原红军, 周永红, 焦国成. 鹅观草与披碱草属间杂种的形态学和细胞学研究[J]. 西藏农业科技, 2010, 32(2): 20–24.

[145] 曾建. 小麦族仲彬草属植物的细胞学和生化标记以及ITS序列分析[D]. 雅安: 四川农业大学, 2007.

[146] 曾建. 仲彬草属植物分子系统学及偃麦草属外源新种质分子细胞遗传学研究[D]. 雅安: 四川农业大学, 2011.

[147] 曾建, 张利, 凡星, 等. 仲彬草属植物 ITS 序列 PCR 产物直接测序与克隆测序比较分析[J]. 四川农业大学学报, 2006, 24(4): 369–374.

[148] 曾亮, 李敏权, 杨晓明. 豌豆属种质资源遗传多样性的 ISSR 分析[J]. 草业学报, 2012, 21(3): 125–131.

[149] 张海琴. 小麦族猬草属植物基因组组成及其分类地位研究[D]. 雅安: 四川农业大学, 2006.

[150] 张海琴, 凡星, 付敏, 等. 两个鹅观草与披碱草属间杂种的染色体配对分析[J]. 四川农业大学学报, 2010, 28(1): 5–9.

[151] 张海琴, 周永红. 小麦族猬草属植物分类处理研究[C] //中国植物学会. 生态文明建设中的植物学: 现在与未来——中国植物学会第十五届会员代表大会暨八十周年学术年会论文集, 2013.

[152] 张金兰. 假高粱及其近缘种的鉴别[J]. 植物检疫, 1991, 5(1): 12–16.

[153] 张立. 赖草属植物主要生物质能指标的测定及应用潜能的初步评价[D]. 雅安: 四川农业大学, 2015.

[154] 张利, 周永红, 郑有良. 小麦族仲彬草属植物的研究进展[J]. 四川农业大学学报, 2004, 22(3): 263–268.

[155] 张利, 周永红, 郑有良, 等. 仲彬草属八个物种的核型 [J]. 云南植物研究, 2005, 27(1): 81–86.

[156] 张蕊. 山东鹅观草居群的遗传结构和间作植物对土壤质量影响的初探[D]. 青岛: 青岛科技大学, 2014.

[157] 张天真. 作物育种学总论[M]. 4 版. 北京: 中国农业出版社, 2022.

[158] 张新军, 周海涛, 李天亮, 等. 燕麦野生资源的收集评价与利用[J]. 河北农业科学, 2011, 15(1): 6–7, 10.

[159] 张新全, 伍碧华, 杨俊良, 等. 窄颖仲彬草生物系统学研究[J]. 云南植物研究, 1999, 21(4): 449–454.

[160] 张新全, 杨俊良, 颜济, 等. 鹅观草与大鹅观草杂种的细胞遗传学及形态学研究[J]. 广西植物, 1999, 19(4): 355–358, 398.

[161] 张新全, 杨俊良, 颜济, 等. 青海仲彬草和黑药仲彬草的生物系统学研究 [C] //中国植物保护学会生物入侵分会. 四川草业科技十年进展, 2004: 33–36.

[162] 张一弓, 张荟荟, 付爱良, 等. 新疆牧草种质资源现状及发展前景[J]. 草食家畜, 2012(2): 5–9.

[163] 张允刚, 房伯平, 等. 甘薯种质资源描述规范和数据标准[M]. 北京: 中国农业出版社, 2006.

[164] 张宗文, 林汝法. 荞麦种质资源描述规范和数据标准 [M]. 北京: 中国农业出版社,

2007.

[165] 赵富强, 张海琴, 孙宗华, 等. 鹅观草不同居群条锈病和白粉病抗性评价[J]. 草业学报, 2016, 25(4): 149–158.

[166] 赵丽娟. 荞麦种质资源遗传多样性分析[D]. 北京: 中国农业科学院, 2006.

[167] 赵琳, 骆乐谈, 詹生华, 等. 野生近缘种类玉米的相关研究进展[J]. 黑龙江农业科学, 2018(9): 148–150.

[168] 赵美丞, 刁现民. 谷子近缘野生种的亲缘关系及其利月研究[J]. 作物学报, 2022, 48(2): 267–279.

[169] 赵艳丽, 温小冬, 孙汝龙, 等. 玉米野生近缘属—摩擦禾属的研究和利用[J]. 玉米科学, 2020, 28(2): 1–10.

[170] 赵耀, 李耕耘, 杨继. 栽培植物野生近缘种的保护与利用[J]. 生物多样性, 2018, 26(4): 414–426.

[171] 赵一之, 赵利清, 曹瑞. 内蒙古植物志: 全 6 册[M]. 3 版. 呼和浩特: 内蒙古人民出版社, 2020.

[172] 郑殿升. 中国作物遗传资源的多样性[J]. 中国农业科技导报, 2000, 2(2): 45–49.

[173] 郑殿升. 中国禾谷类作物野生近缘植物在育种中的利用[J]. 植物遗传资源学报, 2005, 6(3): 354–358.

[174] 郑殿升, 王晓鸣, 张京. 燕麦种质资源描述规范和数据标准[M]. 北京: 中国农业出版社, 2006.

[175] 郑殿升, 杨庆文. 中国作物野生近缘植物资源[J]. 植物遗传资源学报, 2014, 15(1): 1–11.

[176] 郑科. 小麦及其近缘属种籽粒淀粉特性、燕麦籽粒淀粉生物合成研究[D]. 雅安: 四川农业大学, 2014.

[177] 郑晓明, 陈宝雄, 宋玥, 等. 作物野生近缘种的原生境保护[J]. 植物遗传资源学报, 2019, 20(5): 1103–1109.

[178] 中国科学院植物研究所. 中国主要植物图说: 第 5 册 豆科[M]. 北京: 科学出版社, 1955.

[179] 中国科学院中国植物志编辑委员会. 中国植物志: 第 25 卷第 2 分册[M]. 北京: 科学出版社, 1979.

[180] 中国科学院中国植物志编辑委员会. 中国植物志: 第 64 卷第 1 分册[M]. 北京: 科学出版社, 1979.

[181] 中国科学院中国植物志编辑委员会. 中国植物志: 第 9 卷第 3 分册[M]. 北京: 科学出

版社, 1987.

[182] 中国科学院中国植物志编辑委员会. 中国植物志: 第 10 卷第 1 分册[M]. 北京: 科学出版社, 1990.

[183] 中国科学院中国植物志编辑委员会. 中国植物志: 第 42 卷第 1 分册[M]. 北京: 科学出版社, 1993.

[184] 中国科学院中国植物志编辑委员会. 中国植物志: 第 10 卷第 2 分册[M]. 北京: 科学出版社, 1997.

[185] 中国科学院中国植物志编辑委员会. 中国植物志: 第 25 卷第 1 分册[M]. 北京: 科学出版社, 1998.

[186] 中国农学会遗传资源学会. 中国作物遗传资源[M]. 北京: 中国农业出版社, 1994.

[187] 中华人民共和国农业部. 木薯种质资源描述规范: NY/T 1943–2010 [S]. 北京: 中国农业出版社, 2010.

[188] 周荣华, 贾继增, 李立会, 等. 新麦草属 4 个种的生化标记分析[J]. 作物品种资源, 1996 (2): 1–5, 57.

[189] 周荣华, 许树军, 董玉琛, 等. 黄土高原小麦族遗传资源考察[J]. 作物品种资源, 1989 (4): 1–4.

[190] 周湘英, 贺文琪, HESLOP-HARRISON J S, 等. 燕麦属细胞遗传学研究进展[J]. 热带亚热带植物学报, 2017, 25(4): 409–418.

[191] 周永红. 广义偃麦草属植物的系统分类与演化研究 [C] //中国作物学会. 2018 中国作物学会学术年会论文摘要集, 2018: 41–42.

[192] 周永红, 丁春邦, 周绍莉. 小麦×猬草的受精作用和胚胎发育[J]. 植物学通报, 1996, 13 (专辑): 42–44.

[193] 周永红, 万永芳. 鹅观草、大麦及其属间杂种赤霉病抗性研究初报[J]. 四川农业大学学报, 1994, 12(1): 34–36.

[194] 周永红, 颜济, 杨俊良. 鹅观草×大麦属间杂种的研究[J]. 四川农业大学学报, 1995, 13 (2): 144–149, 253–254.

[195] 宗绪晓, 包世英, 关建平, 等. 蚕豆种质资源描述规范和数据标准[M]. 北京: 中国农业出版社, 2006.

[196] 宗绪晓, 王志刚, 关建平, 等. 豌豆种质资源描述规范和数据标准[M]. 北京: 中国农业出版社, 2005.

后 记

在完成本书之际，作为主编之一，我心中充满了感慨：这本书不仅是一部学术著作、一项编研成果，更是对与人类生存息息相关的自然植物的一次较为深入的探索。本书汇集了众多有识之士的智慧与努力，得到了许多专家和机构的支持。对此,我深表感激,并铭记在心。

动力

作为一名植物分类学研究者，我对农作物与野生植物形态关系的探索充满热忱。自然界中植物种类繁多，在漫长的进化过程中，既保持了遗传上的联系，又在形态上展现出各自独特的演化路径，彰显了它们独有的价值。正是这种纵向进化发展的共性和横向多样性发展的个性，成就了当今丰富、灿烂的植物世界。

本书以“粮食作物及其野生近缘植物”为主题，揭示这些植物在形态结构上的共性与多样性。从农业生产发展角度考虑，我们迫切需要了解和认识对农作物改良有帮助、关系密切的野生植物——基于共性；从植物学研究角度考虑，我们希望向更多人展示千差万别的植物——基于多样性。除此之外，植物还具有另一个重要属性——美，包括形态美和色彩美。植物的形态美和色彩美，不仅是多样性的体现，也是我们理解植物的重要途径。植物的美深植于其形态结构之中。无论是农业生产还是植物学研究，都离不开对植物形态结构的深入理解。而直观反映植物形态结构及植物美的最佳方式，无疑是图文并茂的图志。编写这样一本书，正是我的动力所在。通过全方位展现植物的形态结构和美感，本书旨在更全面地介绍农作物及其野生近缘植物，为农业生产和植物研究提供新的视角和资料，同时也让人们在获取科学知识的同时，能够感受到植物之美。

致谢

我深知，作为一本图志，图片是最重要的组成部分，为了更好地展现农作物的形态多样性，本书不仅收录了展现栽培农作物植株形态以及大田栽培场景的图片，而且配有大量植物不同器官的外部形态和内部结构的图片，包括拍摄自野外活植物和标本的彩色照片、植物解剖彩色照片，以及植物的彩绘图和精细墨线图。对此，我要衷心感谢以下机构和个人，他们的支持和帮助对本书的出版至关重要。

活植物照片： 除极少数照片由相关专家提供（刘晓东提供6张大麦果穗照片，王俊提供15张玉米果实照片，刘新亮提供25张甘薯块根照片，徐克学提供2张木薯果实照片，陈又生提供1张木薯花序照片），书中绝大部分彩色照片由我和阮俊平先生拍摄完成。如果没有阮俊平的热情、坚韧和专业精神以及精湛的摄影技术和经验，可能无法确保拍摄水平，难以完成图片采集工作。本书图片采集过程中得到了业内专家的宝贵指导。在他们的帮助下，我们拍摄了精细、系统的照片，从而确保了粮食作物图片的科学性、准确性和丰富性。对他们的贡献，我表示衷心的感谢。

植物标本照片： 图片采集过程中，我们还利用植物标本拍摄了标本照片和部分器官的解剖照片，尤其是谷类作物野生近缘植物（禾本科）小穗的彩色解剖照片。这一方面是丰富植物图片的类型和数量的一种途径，另一方面也是弥补缺乏活植物的一种尝试。本书中的植物标本照片由中国国家标本资源平台提供，具体标本来自中国科学院植物研究所标本馆、中国科学院昆明植物研究所标本馆、四川农业大学小麦研究所标本室、江苏省中国科学院植物研究所标本馆和中国科学院华南植物园标本馆，以及北京林业大学博物馆、华中农业大学博物馆植物标本馆、中国科学院成都生物研究所植物标本馆、上海辰山植物标本馆、广西中医药研究院植物标本馆、广西药用植物园中药材标本馆、中国科学院西双版纳热带植物园标本馆、广西植物研究所标本馆、中国科学院西北高原生物研究所植物标本馆、吉首大学生物系植物标本馆和天津自然博物馆植物标本室等，在此一并致谢。

彩绘图和墨线图： 本书中还配有许多彩绘图和大量精细墨线图，其中刘然绘制了全部彩绘图和大量墨线图，并进行了绘图的策划和组织，其余墨线图由我与顾子霞、尹颜、万璐和张鹏远等绘制。本书中的墨线图基本在参考了植物标本、照片和相关资料的基础上绘制而成，少量墨线图参考了《中国禾本科植物图说》《小麦族生物系统学》《中国植物志》《江苏植物志》《新疆植物志》和 *Flora of China* 等书籍，以及《植物分类学报》《南京大学学报》等期刊论文中史谓清、仲世奇、韦周光、韦力生、冯晋庸、颜济、王静、王颖、阎翠兰、谭丽霞和张荣生等人所绘的墨线图，在此一并致谢。由于绘图力量不足，加之出版时间有限，有极少数墨线图直接引用（5幅，已在图中标注引用源）或描自前人所绘的墨线图。遗憾的是，对于这些图片，虽经努力，仍未能与原作者取得联系，我深表歉意。诚请原作者或其家人与我联系（邮箱：naslqx@qq.com），届时再当面致谢并支付图片使用费。

本书的图片采集工作还要感谢以下单位及个人的大力支持：江苏省中国科学院植物研究所为本书提供了档案室保存的部分植物墨线图；四川农业大学小麦研究所的周永红教授为植物标本拍摄给予大力支持；安徽省农业科学院的何贤芳，江苏省农业科学院的张所兵，张家口市农业科学院和张北喜顺沟基地的范光宇、曹世卢、朱学海、张新军和周海军等为农作物彩色照片的拍摄提供了极大方便，给予了热情配合；华南农业大学的崔大方教授为木薯拍摄提供了完整的样本。

本书得以面世，还要特别感谢江苏省中国科学院植物研究所植物分类与保护课题组和安徽吴楚传媒股份有限公司为本书的编写给予的积极配合和有力保障。本书的编写过程中，副主编张志转女士发挥了不可或缺的作用。从立项阶段起，她便全面参与了组织协调、人员沟通、文献搜集等工作，并在编写过程中提供了持续的支持。她的全方位贡献对于本书的顺利完成至关重要。没有她的努力，本书的编写不会如此顺利。此外，还需感谢金苹、刘赟、郑丹丹、熊章琴、李杨、陈红霞、孙敏等人，他们为本书的编写提供大量基础资料，朱守焕等人在排版工作中所作的贡献。最后，感谢安徽大学出版社为本书的编辑、装帧设计和出版做出的努力。

在本书付梓之际，我要特别感谢我的家人。是他们的鼓励和支持，赋予了我勇气和决心，让我能够全心投入本书的编撰之中。

期望

植物学和农学是两门大学问，本人自知学识疏浅，书中难免存在许多不足。尽管在论述深度和图片质量上或许还有提升的空间，我依然期望本书能够为读者带来一些价值和启发。即便本书未能完全达到我心中的理想标准，但它的完成本身就是一次宝贵的尝试。我期待未来能以更多样的形式和途径，将研究工作扩展至更广泛的农作物领域。同时，我也憧憬着将来能有更多精良的著作问世。

从立项之初至完稿之际，我的愿望一直是通过本书引发读者对农作物及其野生种质资源的关注和研究，激发更多人对植物世界的兴趣和好奇心，鼓励他们投身于植物保护与可持续利用的行动中。希望本书能成为连接农学与植物学、实现跨学科交流的桥梁，激发起读者对我国农作物及其野生近缘植物资源研究的热情。期盼本书能成为粮食作物遗传育种、植物学研究和自然教育领域的重要参考资料，为我国的粮食作物研究以及国家的粮食安全贡献绵薄之力。

在此，我以一颗感激和敬畏之心，将本书献给所有关心自然、热爱植物的朋友们。

刘启新

2024 年 5 月